鸢尾花数学大系
从加减乘除到机器学习

编程不难

全彩图解 + 微课 + Python编程

姜伟生 著

清华大学出版社
北京

内 容 简 介

本书是"鸢尾花数学大系——从加减乘除到机器学习"丛书的第一册，也是"编程"板块的第一册，着重介绍如何零基础入门学 Python 编程。虽然本书主要讲解 Python 编程，但是也离不开数学。本书尽量避免讲解数学概念公式，而且用图形和近乎口语化的语言描述程序设计、数据分析、机器学习背后常用的数学思想。

本书分为预备、语法、绘图、数组、数据、数学、机器学习、应用八大板块，共 36 章，内容"跨度"极大！从 Python 基本编程语法，到基本可视化工具，再到各种数据操作工具，还介绍常用 Python 实现的各种复杂数学运算，进入数据分析和机器学习之后，还讲解如何搭建应用 App。我们可以把本书看作从 Python 编程角度对"鸢尾花书"全系内容的总览。

本书提供代码示例和讲解，而且提供习题，每章还配套 Jupyter Notebook 代码文件（Jupyter Notebook 不是可有可无的，而是学习生态的关键一环，"鸢尾花书"强调在 JupyterLab 自主探究学习才能提高大家编程技能）。本书配套微课也主要以配套 Jupyter Notebooks 为核心，希望读者边看视频，边动手练习。

本书读者群包括所有试图用编程解决问题的朋友，尤其适用于初级程序员进阶、高级数据分析师、机器学习开发者。

图书在版编目(CIP)数据

编程不难：全彩图解＋微课＋Python 编程 / 姜伟生著 . 一北京：清华大学出版社，2024.4（2024.10重印）
（鸢尾花数学大系：从加减乘除到机器学习）
ISBN 978-7-302-66033-0

Ⅰ . ①编… Ⅱ . ①姜… Ⅲ . ①软件工具－程序设计 Ⅳ . ① TP311.561

中国国家版本馆 CIP 数据核字 (2024) 第 071022 号

责任编辑：栾大成
封面设计：姜伟生 杨玉兰
责任校对：徐俊伟
责任印制：杨 艳

出版发行：清华大学出版社
　　　　　网　　　址：https://www.tup.com.cn，https://www.wqxuetang.com
　　　　　地　　　址：北京清华大学学研大厦 A 座　　　　　　　　　邮　　编：100084
　　　　　社 总 机：010-83470000　　　　　　　　　　　　　　　邮　　购：010-62786544
　　　　　投稿与读者服务：010-62776969，c-service@tup.tsinghua.edu.cn
　　　　　质 量 反 馈：010-62772015，zhiliang@tup.tsinghua.edu.cn
印 装 者：涿州汇美亿浓印刷有限公司
经　　销：全国新华书店
开　　本：188mm×260mm　　　　印　　张：42.75　　　　字　　数：1355 千字
版　　次：2024 年 5 月第 1 版　　　印　　次：2024 年 10 月第 2 次印刷
定　　价：268.00 元

产品编号：101991-01

前言

感谢

首先感谢大家的信任。

作者仅仅是在学习应用数学科学和机器学习算法时，多读了几本数学书，多做了一些思考和知识整理而已。知者不言，言者不知。知者不博，博者不知。由于作者水平有限，斗胆把自己有限所学所思与大家分享，作者权当无知者无畏。希望大家在 B 站视频下方和 GitHub 多提意见，让"鸢尾花数学大系——从加减乘除到机器学习"丛书成为作者和读者共同参与创作的优质作品。

特别感谢清华大学出版社的栾大成老师。从选题策划、内容创作到装帧设计，栾老师事无巨细、一路陪伴。每次与栾老师交流，都能感受到他对优质作品的追求、对知识分享的热情。

出来混总是要还的

曾经，考试是我们学习数学的唯一动力。考试是头悬梁的绳，是锥刺股的锥。我们中的绝大多数人从小到大为各种考试埋头题海，学数学味同嚼蜡，甚至让人恨之入骨。

数学给我们带来了无尽的"折磨"。我们甚至恐惧数学，憎恨数学，恨不得一走出校门就把数学抛之脑后，老死不相往来。

可悲可笑的是，我们很多人可能会在毕业五年或十年以后，因为工作需要，不得不重新学习微积分、线性代数、概率统计，悔恨当初没有学好数学，走了很多弯路，没能学以致用，甚至迁怒于教材和老师。

这一切不能都怪数学，值得反思的是我们学习数学的方法和目的。

再给自己一个学数学的理由

为考试而学数学，是被逼无奈的举动。而为数学而学数学，则又太过高尚而遥不可及。

相信对于绝大部分的我们来说，数学是工具，是谋生手段，而不是目的。我们主动学数学，是想用数学工具解决具体问题。

现在，本丛书给大家带来一个"学数学、用数学"的全新动力——数据科学、机器学习。

数据科学和机器学习已经深度融合到我们生活的方方面面，而数学正是开启未来大门的钥匙。不是所有人生来都握有一副好牌，但是掌握"数学 + 编程 + 机器学习"的知识绝对是王牌。这次，学习数学不再是为了考试、分数、升学，而是为了投资时间，自我实现，面向未来。

未来已来，你来不来？

本丛书如何帮到你

为了让大家学数学、用数学，甚至爱上数学，作者可谓颇费心机。在丛书创作时，作者尽量克服传统数学教材的各种弊端，让大家学习时有兴趣、看得懂、有思考、更自信、用得着。

为此，丛书在内容创作上突出以下几个特点。

◀ **数学 + 艺术**——全彩图解，极致可视化，让数学思想跃然纸上、生动有趣、一看就懂，同时提高大家的数据思维、几何想象力、艺术感。

◀ **零基础**——从零开始学习Python编程，从写第一行代码到搭建数据科学和机器学习应用。

◀ **知识网络**——打破数学板块之间的壁垒，让大家看到代数、几何、线性代数、微积分、概率统计等板块之间的联系，编织一张绵密的数学知识网络。

◀ **动手**——授人以鱼不如授人以渔，和大家一起写代码，用Streamlit创作数学动画、交互App。

◀ **学习生态**——构造自主探究式学习生态环境"微课视频 + 纸质图书 + 电子图书 + 代码文件 + 可视化工具 + 思维导图"，提供各种优质学习资源。

◀ **理论 + 实践**——从加减乘除到机器学习，丛书内容安排由浅入深、螺旋上升，兼顾理论和实践；在编程中学习数学，学习数学时解决实际问题。

虽然本书标榜"从加减乘除到机器学习"，但是建议读者朋友们至少具备高中数学知识。如果读者正在学习或曾经学过大学数学 (微积分、线性代数、概率统计)，那么就更容易读懂本丛书了。

聊聊数学

数学是工具。锤子是工具，剪刀是工具，数学也是工具。

数学是思想。数学是人类思想高度抽象的结晶体。在其冷酷的外表之下，数学的内核实际上就是人类朴素的思想。学习数学时，知其然，更要知其所以然。不要死记硬背公式定理，理解背后的数学思想才是关键。如果你能画一幅图、用大白话描述清楚一个公式、一则定理，这就说明你真正理解了它。

数学是语言。就好比世界各地不同种族有自己的语言，数学则是人类共同的语言和逻辑。数学这门语言极其精准、高度抽象，放之四海而皆准。虽然我们中大多数人没有被数学"女神"选中，不能为人类对数学认知开疆拓土，但是这丝毫不妨碍我们使用数学这门语言。就好比，我们不会成为语言学家，但是我们完全可以使用母语和外语交流。

数学是体系。代数、几何、线性代数、微积分、概率统计、优化方法等，看似一个个孤岛，实际上都是数学网络的一条条经织线。建议大家学习时，特别关注不同数学板块之间的联系，见树，更要见林。

数学是基石。拿破仑曾说："数学的日臻完善和国强民富息息相关。"数学是科学进步的根基，是经济繁荣的支柱，是保家卫国的武器，是探索星辰大海的航船。

数学是艺术。数学和音乐、绘画、建筑一样，都是人类艺术体验。通过可视化工具，我们会在看似枯燥的公式、定理、数据背后，发现数学之美。

数学是历史，是人类共同记忆体。"历史是过去，又属于现在，同时在指引未来。"数学是人类的集体学习思考，它把人的思维符号化、形式化，进而记录、积累、传播、创新、发展。从甲骨、泥板、石板、竹简、木牍、纸草、羊皮卷、活字印刷、纸质书，到数字媒介，这一过程持续了数千年，至今绵延不息。

数学是无穷无尽的**想象力**，是人类的**好奇心**，是自我挑战的**毅力**，是一个接着一个的**问题**，是看似荒诞不经的**猜想**，是一次次胆大包天的**批判性思考**，是敢于站在前人臂膀之上的**勇气**，是孜孜不倦地延展人类认知边界的**不懈努力**。

家园、诗、远方

诺瓦利斯曾说："哲学就是怀着一种乡愁的冲动到处去寻找家园。"

在纷繁复杂的尘世，数学纯粹得就像精神的世外桃源。数学是一束光、一条巷、一团不灭的希望、一股磅礴的力量、一个值得寄托的避风港。

打破陈腐的锁链，把功利心暂放一边，我们一道怀揣一份乡愁，心存些许诗意，踩着艺术维度，投入数学张开的臂膀，驶入它色彩斑斓、变幻无穷的深港，感受久违的归属，一睹更美、更好的远方。

Acknowledgement

致谢

To my parents.

谨以此书献给我的母亲和父亲。

How to Use the Book

使用本书

丛书资源

本系列丛书提供的配套资源有以下几个。

◀ 纸质图书。

◀ PDF文件，方便移动终端学习；请大家注意，纸质图书经过出版社五审五校修改，内容细节上会与PDF文件有出入。

◀ 每章提供思维导图，纸质图书提供全书思维导图海报。

◀ Python代码文件，直接下载运行，或者复制、粘贴到Jupyter运行。

◀ Python代码中有专门用Streamlit开发的数学动画和交互App的文件。

◀ 微课视频，强调重点、讲解难点、聊聊天。

在纸质图书中，为了方便大家查找不同配套资源，作者特别设计了以下几个标识。

 数学家、科学家、艺术家等语录

 代码中核心Python库函数和讲解

 思维导图总结本章脉络和核心内容

 配套Python代码完成核心计算和制图

 用Streamlit开发制作App

 介绍数学工具、机器学习之间的联系

 引出本书或本系列其他图书相关内容

 提醒读者格外注意的知识点

 每章配套微课视频二维码

 相关数学家生平贡献介绍

 每章结束总结或升华本章内容

 本书核心参考文献和推荐阅读文献

微课视频

本书配套微课视频均发布在B站——生姜DrGinger。

https://space.bilibili.com/513194466

微课视频是以"聊天"的方式，和大家探讨某个数学话题的重点内容，讲解代码中可能遇到的难点，甚至侃侃历史、说说时事、聊聊生活。

本书配套微课视频的目的是引导大家自主编程实践、探究式学习，并不是"照本宣科"。

纸质图书上已经写得很清楚的内容，视频课程只会强调重点。需要说明的是，图书内容不是视频的"逐字稿"。

App开发

本书配套多个用Streamlit开发的App，用来展示数学动画、数据分析、机器学习算法。

Streamlit是个开源的Python库，能够方便快捷地搭建、部署交互型网页App。Streamlit简单易用，很受欢迎。Streamlit兼容目前主流的Python数据分析库，比如NumPy、Pandas、Scikit-Learn、PyTorch、TensorFlow等。Streamlit还支持Plotly、Bokeh、Altair等交互可视化库。

本书中很多App设计都采用Streamlit + Plotly方案。此外，本书专门配套教学视频手把手和大家一起做App。

大家可以参考如下页面，更多了解Streamlit：

https://streamlit.io/gallery
https://docs.streamlit.io/library/api-reference

实践平台

本书作者编写代码时采用的IDE (Integrated Development Environment) 是Spyder，目的是给大家提供简洁的Python代码文件。

但是，建议大家采用JupyterLab或Jupyter Notebook作为"鸢尾花书"配套学习工具。

简单来说，Jupyter集"浏览器 + 编程 + 文档 + 绘图 + 多媒体 + 发布"众多功能于一身，非常适合探究式学习。

运行Jupyter无须IDE，只需要浏览器。Jupyter容易分块执行代码。Jupyter支持inline打印结果，直接将结果图片打印在分块代码下方。Jupyter还支持很多其他语言，如R和Julia。

使用Markdown文档编辑功能，可以在编程的同时写笔记，不需要额外创建文档。在Jupyter中插入图片和视频链接都很方便，此外还可以插入LaTex公式。对于长文档，可以用边栏目录查找特定内容。

Jupyter发布功能很友好，方便打印成HTML、PDF等格式文件。

Jupyter也并不完美，目前尚待解决的问题有几个：Jupyter中代码调试不是特别方便。Jupyter没有variable explorer，可以在线打印数据，也可以将数据写到CSV或Excel文件中再打开。Matplotlib图像结果不具有交互性，如不能查看某个点的值或者旋转3D图形，此时可以考虑安装 (Jupyter Matplotlib)。注意，利用Altair或Plotly绘制的图像支持交互功能。对于自定义函数，目前没有快捷键直接跳转到其定义。但是，很多开发者针对这些问题正在开发或已经发布相应插件，请大家留意。

大家可以下载安装Anaconda，将JupyterLab、Spyder、PyCharm等常用工具，都集成在Anaconda中。下载Anaconda的地址为：

```
https://www.anaconda.com/
```

JupyterLab探究式学习视频：

代码文件

"鸢尾花书"的Python代码文件下载地址为：

同时也在如下GitHub地址备份更新：

```
https://github.com/Visualize-ML
```

Python代码文件会不定期修改，请大家注意更新。图书原始创作版本PDF(未经审校和修订，内容和纸质版略有差异，方便移动终端碎片化学习以及对照代码)和纸质版本勘误也会上传到这个GitHub账户。因此，建议大家注册GitHub账户，给书稿文件夹标星 (Star) 或分支克隆 (Fork)。

考虑再三，作者还是决定不把代码全文印在纸质书中，以便减少篇幅，节约用纸。

本书编程实践例子中主要使用"鸢尾花数据集"，数据来源是Scikit-Learn库、Seaborn库。要是给"鸢尾花数学大系"起个昵称的话，作者乐见**"鸢尾花书"**。

学习指南

大家可以根据自己的偏好制定学习步骤，本书推荐如下步骤。

1 浏览本章思维导图，把握核心脉络

2 下载本章配套 Python 代码文件

3 观看微课视频，阅读本章正文内容

4 用Jupyter 创建笔记，编程实践

5 尝试开发数学动画、机器学习 App

6 翻阅本书推荐参考文献

学完每章后，大家可以在社交媒体、技术论坛上发布自己的Jupyter笔记，进一步听取朋友们的意见，共同进步。这样做还可以提高自己学习的动力。

另外，建议大家采用纸质书和电子书配合阅读学习，学习主阵地在纸质书上，学习基础课程最重要的是沉下心来，认真阅读并记录笔记，电子书可以配合查看代码，相关实操性内容可以直接在电脑上开发、运行、感受，Jupyter笔记同步记录起来。

强调一点：**学习过程中遇到困难，要尝试自行研究解决，不要第一时间就去寻求他人帮助。**

意见和建议

欢迎大家对"鸢尾花书"提意见和建议，丛书专属邮箱地址为：

jiang.visualize.ml@gmail.com

也欢迎大家在B站视频下方留言互动。

Contents

目录

绪论
动手编程；知其然，不需要知其所以然

0.1 本册在"鸢尾花书"的定位

"鸢尾花书"共有七册，分为三大板块——编程、数学、实践，如图0.1所示。

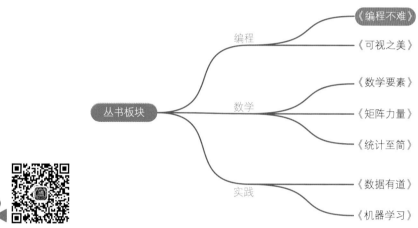

图0.1 "鸢尾花书"板块布局

《编程不难》是"鸢尾花书"的第一册，也是"编程"板块的第一册，着重介绍如何零基础入门学Python编程。"编程"板块的第二册《可视之美》则探讨如何用Python完成数学、数据可视化。

虽然《编程不难》主要讲解Python编程，但是也离不开数学。本书尽量避免讲解数学概念公式，而且用图形和近乎口语化的语言描述程序设计、数据分析、机器学习背后常用的数学思想。

我们把理解这些数学工具的任务放在了鸢尾花书"数学"板块，也叫"数学三剑客"——《数学要素》《矩阵力量》《统计至简》。

《编程不难》"跨度"极大！从Python基本编程语法，到基本可视化工具，再到各种数据操作工具，还介绍常用Python实现各种复杂数学运算，进入数据分析和机器学习之后，还讲解如何搭建应用App。我们可以把《编程不难》看作是从Python编程角度对"鸢尾花书"全系内容的总览。类似地，《可视之美》相当于从美学角度全景展示"鸢尾花书"各个板块。

《编程不难》正文提供代码示例和讲解，而且提供习题，每章还配套Jupyter Notebook代码文件。配套的Jupyter Notebook不是可有可无的，而且是《编程不难》学习生态关键一环。首先，"鸢尾花书"强调在JupyterLab自主探究学习，只有动手练习Jupyter Notebooks才能提高大家编程技能。此外，限于篇幅，《编程不难》不可能把所有代码写全，所以需要大家移步到Jupyter Notebook查看完整代码。还有，本书配套微课也主要以配套Jupyter Notebooks为核心，希望大家边看视频，边动手练习。

0.2 结构：八大板块

本书一共有36章，可以归纳为八大板块——预备、语法、绘图、数组、数据、数学、机器学习、应用，如图0.2所示。

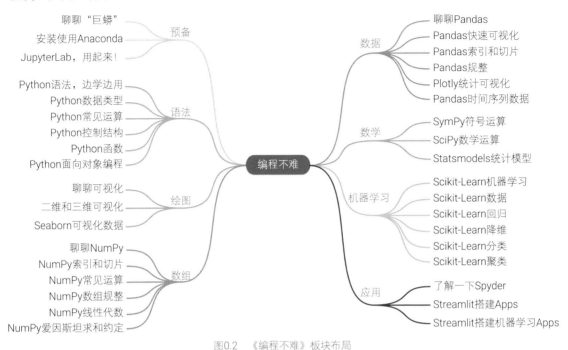

图0.2 《编程不难》板块布局

预备

这部分有3章，占全书1/12。

第1章聊了聊Python和可视化、数学、机器学习之间的关系。

第2章介绍如何安装、测试、使用Anaconda。

第3章介绍如何使用JupyterLab。对于"鸢尾花书"系列图书，JupyterLab特别适合大家进行探究式学习。还介绍如何用LaTeX语言在JupyterLab Markdown中编写常用数学表达。这一章中，学习并熟练使用快捷键是重中之重，因为快捷键可以极大提高生产力。

语法

这部分有6章，占全书1/6，主要介绍Python基本语法。

注意：本书在介绍Python语法时，本着够用就好的原则，不追求大而全的字典范式。希望大家学习Python时，也不要为了学Python而学Python，建议大家学习时"功利心"不妨强一些，即为了用Python解决具体问题而学Python。暂时没用的语法，先放到一边。语法函数记不住，也别怕，多用几次习惯了就好了。千万别有思想包袱！用到时再学，不晚！

第4章主要介绍注释、缩进、变量、包、Python风格等基础概念。这一章还简单提了提Python自定义函数、Python控制结构。

第5章讲解Python常用数据类型，如数字、字符串、列表、字典。还介绍了线性代数中的矩阵和向量这两个概念。最后还简单介绍了NumPy数组、Pandas数据帧，这两个"鸢尾花书"中最常见的数据类型。

第6章讲解Python常见运算，如算术、比较、逻辑、赋值、成员、身份等运算符。学习时，请大家注意这些运算符的优先级。最后还介绍了math、random、statistics库的常见函数。需要大家注意的是，在日后编程中我们很少使用这三个库，因为这些函数不方便向量化运算。

第7章介绍Python控制结构，如条件语句、循环语句、迭代器等概念。还介绍了如何自己写代码实现线性代数中的向量内积、矩阵乘法等运算。日后，我们肯定用不上自己写的这些函数。但是这些练习一方面帮我们掌握Python控制结构；此外，在编写代码时，我们对这些线性代数运算规则的理解也会更加深入。

第8章介绍Python函数，如自定义函数、匿名函数，以及如何构造模块、库。还会用自定义函数完成更多线性代数运算。

第9章简介Python面向对象编程，其中包括属性、方法、装饰器、父类、子类等概念。这一章仅仅介绍了Python面向对象编程的冰山一角。

绘图

可视化是整套"鸢尾花书"核心的特色之一，所以特别创作了《可视之美》一册专门讲解数学、数据可视化。

《编程不难》中的"绘图"部分仅仅蜻蜓点水地介绍了本册常用的可视化工具，因此这部分仅仅安排了3章，占全书1/12，主要介绍Matplotlib、Plotly、Seaborn这三个库中最常用的几种可视化函数。

第10章首先介绍了一幅图的重要组成元素，并讲解如何用Matplotlib和Plotly绘制线图。

第11章介绍几种最常用的二维和三维可视化方案，比如散点图、等高线图、热图、网格曲面图等。大家如果对可视化特别感兴趣的话，也可以在学习《编程不难》时平行阅读《可视之美》。

第12章主要介绍如何用Seaborn完成样本数据统计描述，这章讲解的可视化方案包括直方图、小提琴图、箱型图、散点图、概率密度分布等。本书后续还会介绍Pandas中常见的可视化函数，大家可以对比学习。

数组

这个板块主要介绍NumPy，一共有6章，占全书1/6。

NumPy是一个用于科学计算和数据分析的Python库。它提供了高效的多维数组对象，以及用于对这些数组执行各种数学、逻辑、统计操作的函数。

在机器学习中，NumPy具有重要的作用，因为它为数据处理、数值计算和数组操作提供了强大的工具，为机器学习算法的实现和优化提供了基础支持。

第13章介绍数组、数列、网格数据、随机数、导入、导出等NumPy库基本概念。

第14章介绍如何对NumPy数组进行索引和切片。请大家务必注意视图、副本这两个概念。

第15章介绍NumPy常见运算，如基本算术、代数、统计运算。请大家务必掌握广播原则。

第16章介绍NumPy中常用的各种数组规整方法，如变形、旋转、镜像、堆叠、重复、分块等规整操作。

第17章走马观花地介绍NumPy的linalg模块中常用的线性代数工具，如向量的模、向量内积、矩阵乘法、Cholesky分解、特征值分解、奇异值分解等。

第18章介绍了一种强大的运算工具——爱因斯坦求和约定。这一章对理解各种线性代数工具的运算规则提供了一种全新视角。

如果大家之前没有学过线性代数，第17、18章可以跳过；日后用到时，再学不晚。

想要进一步深入学习理解各种线性代数工具，请大家参考《矩阵力量》。

数据

这个板块主要介绍Pandas，一共有6章，占全书1/6。

Pandas是一个用于数据分析和数据处理的Python库，它提供了高效的数据结构和数据操作工具，特别适用于处理和分析结构化数据。

在机器学习中，Pandas很重要，因为Pandas能高效地加载、处理、清洗、转换、探索、分析数据，为机器学习建模和分析提供了强大的支持。

第19章介绍如何创建数据帧DataFrame，以及常见数据帧操作、基本数值运算、统计运算等。这章最后还介绍如何通过不同方式读取数据。

第20章聊一聊Pandas中一些常用快速可视化的函数；要想绘制更为复杂的统计可视化方案，还是要借助Matplotlib、Seaborn、Plotly等库。

第21章讲解如何对Pandas DataFrame进行索引和切片，如提取特定行、特定列、条件索引、多层索引等。

第22章讲解各种数据帧的规整方法，比如用concat()、join()、merge() 方法对DataFrame进行拼接和合并，再如用pivot()、stack()、unstack() 方法对DataFrame进行重塑和透视。这章最后还介绍如何用groupby()、apply() 方法完成聚合和自定义操作。

第23章向大家展示Pandas + Plotly用数据分析和可视化"讲故事"的力量！大家会看到很多有趣的可视化方案，如柱状图、堆叠柱状图、饼图、太阳爆炸图、冰柱图、矩形树形图等。

第24章讲解Pandas时间序列数据，包括缺失值、移动平均、统计分析等操作。本章还介绍如何用Plotly完成各种时间序列、统计描述的可视化操作。

数学

这个板块主要介绍SymPy、SciPy、Statsmodels三个库，一共有3章，占全书1/12。

第25章介绍SymPy，SymPy是一个 Python 的符号数学计算库。大家可以用这一章回顾或了解常用的代数、线性代数概念。限于篇幅，这一章没有涉及用SymPy求解微积分问题。

第26章介绍SciPy，并且举了三个例子——距离、插值、高斯分布。高斯分布一节中，大家会看到一元和二元高斯分布的可视化方案。

第27章介绍Statsmodels模块，并介绍如何利用Statsmodels完成线性回归、主成分分析、概率密度估计。

学习这三章时，只要求大家掌握如何调用各种常用函数，不要求大家深入了解这些函数背后的数学工具。鸢尾花书"数学三剑客"《数学要素》《矩阵力量》《统计至简》会专门介绍各种常用数学工具。

机器学习

这个板块主要介绍Scikit-Learn，一共有6章，占全书1/6。Scikit-Learn是一个用于机器学习和数据挖掘的Python库，它建立在NumPy、SciPy和Matplotlib等库的基础之上，提供了丰富的机器学习算法、工具和函数，用于实现各种机器学习任务，如分类、回归、聚类、降维、模型选择等。

第28章简述了有标签数据、无标签数据、回归、降维、分类、聚类等机器学习基本概念。

第29章介绍了Scikit-Learn中数据集、生成样本数据、处理缺失值、处理离群值、特征缩放等方法。

第30 ~ 33章分别介绍了回归、降维、分类、聚类四个机器学习问题。这四章在介绍各种算法时会利用图解方式，尽量避免提及各种数学工具。

要想深入学习回归、降维、分类、聚类算法，请大家参考《数据有道》《机器学习》两册。

应用

这一板块有3章，占全书1/12。

第34章介绍如何使用Spyder完成Python编程开发。这一章介绍的Spyder是为下一章开发Streamlit提供IDE工具。

第35章介绍如何用Streamlit搭建应用App。Streamlit 是一个用于创建交互式数据应用程序的Python 库。它的主要目标是让数据科学家、工程师和开发人员能够快速、轻松地将数据融入到应用程序中，而无须深入了解前端开发。使用 Streamlit，可以将数据可视化、机器学习模型、分析结果等内容转化为具有用户界面的应用，从而方便地与用户进行交互。

第36章，也是本书的最后一章，我们将用Streamlit开发几个数学学习、机器学习应用Apps。这一章也总结了我们在本书学到的各种Python工具。

0.3 特点：知其然，不需要知其所以然

《编程不难》极力避免"Python语法书"这种工具书范式。

《编程不难》想要以轻松的心态、图解的方式，为零基础入门读者提供可读性高、学以致用的内容。

本书的目标是让读者"学得进去，学得出来"。"学得进去"是想让大家阅读本书时兴致勃勃、眼界大开，立刻有"收获感"，并有持续动力、浓厚兴趣继续深入学习。"学得出来"是希望大家读完本册感觉收获满满、意犹未尽，而且能够立刻学有所用。

在创作《编程不难》时，很多读者通过各种渠道建议作者务必考虑零基础读者学习体验，最大限度降低零基础读者入门门槛。因此，作为"鸢尾花书"系列的第一册，《编程不难》格外强调"零基础入门"学习Python，力争给大家提供"保姆式"手把手的学习体验。鉴于此，有Python基础的读者要是觉得本书在行文上显得"婆婆妈妈"，还请体谅！

纸质书读者可以扫码从清华大学出版社下载本书配套的所有Jupyter Notebook，没有任何额外收费。《编程不难》配套的所有Jupyter Notebook并不是"可有可无"的，这些代码是学习Python编程的重要一环。请大家一边阅读本书，一边在JupyterLab中实践。大家如果学习时间宽裕，强烈建议自己把本书印制出来的代码至少敲一遍。如果学习时间太紧，至少把代码跑一遍，逐行注释。

为了方便大家由浅入深学习Python编程，本书靠前章节配套代码文件一般都比较简短；因此，每章的代码文件较多。随着大家逐渐掌握Python，配套代码也会变得越来越长。为了节省篇幅，纸质书中印制的代码和配套Jupyter Notebook内容稍有偏移。配套Jupyter Notebook会有一些额外资料；但是，纸质书正文中代码讲解更为全面细致。

此外，建议大家在阅读本书代码文件时，养成逐行注释的习惯。特别是对于不理解的语句，一定要查找官方技术文档解决问题，然后注释清楚。注释一遍记不住，就在不同场合多注释几遍；本册也是采用这个策略帮助大家记忆关键语句。

值得反复强调的是，学习Python编程时，希望大家一定要吸取英语学习失败的教训，不能死磕语法。千万不要死记硬背，一定要边学边用、活学活用、以用为主！错误的方法，错误的路径，吃了再多苦头，走了再多弯路，也苦不出来，也走不出来！

《编程不难》不需要大家掌握Python库中常用函数背后的数学工具、数学思想，即"知其然，不需要知其所以然"。即便《编程不难》提到了某些数学工具，我们也只用文字和图解方式介绍，因此大家在本书中不会看到各种编号公式。

《编程不难》目的是让大家学会用Python学习掌握数学工具、数据分析、机器学习，最终来解决实际问题，本书绝不致力于把大家培养成"码农"。因此，对于我们来说，Python是手段，不是目的。

下面，让我们正式开启"鸢尾花书"第一册《编程不难》的学习之旅。

Section 01

预　备

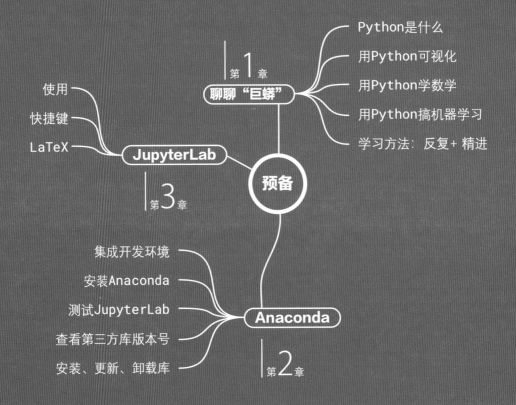

Python是什么

用Python可视化

用Python学数学

用Python搞机器学习

学习方法：反复+精进

第1章

聊聊"巨蟒"

使用

快捷键

LaTeX

JupyterLab

第3章

预备

集成开发环境

安装Anaconda

测试JupyterLab

查看第三方库版本号

安装、更新、卸载库

Anaconda

第2章

学习地图 | 第 1 板块

01 About Python
聊聊 "巨蟒"
"反复 + 精进" 的力量：从加减乘除到机器学习

方悟天地纵横交错，始知万物相生互联。而你我也系其中一环，一念一动皆牵动周身。

There is urgency in coming to see the world as a web of interrelated processes of which we are integral parts, so that all of our choices and actions have consequences for the world around us.

——阿尔弗雷德 • 怀特海 (Alfred Whitehead) | 英国数学家、哲学家 | 1861 — 1947年

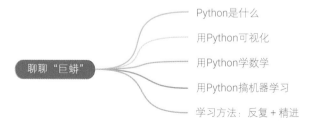

聊聊 "巨蟒"
- Python是什么
- 用Python可视化
- 用Python学数学
- 用Python搞机器学习
- 学习方法：反复 + 精进

1.1 Python? 巨蟒?

Python由Guido van Rossum于1991年正式发布，Python的首个版本是0.9.0。Python免费开源，语言语法友好，而且社区活跃。此外，Python的用途极为广泛（见图1.1），特别是在机器学习、深度学习领域。这就是为什么"鸢尾花书"系列会选择用Python作为编程语言的原因。

图1.1　Python应用场景

如图1.2所示，Python的版本在持续演进。其中Python 2.x和3.x系列并存了一段时间，但现在3.x系列是主要发展方向，建议大家学习时使用最新版本，以便享受最新功能和安全性。

另外，建议读者通过Anaconda来安装和管理Python环境。下一章会手把手教大家如何下载、安装、测试Anaconda。

什么是Python?
Python是一种高级编程语言，使用动态类型系统和自动内存管理。Python具有简单易学、易于阅读和编写、可移植性强等特点，广泛应用于Web开发、数据分析、人工智能、科学计算、自动化等领域。Python具有丰富的标准库和第三方库，可支持各种编程任务，例如文件处理、网络编程、GUI开发、图像处理、数据可视化、机器学习等。Python的语法简洁清晰，易于阅读和理解，因此也被广泛应用于教育和科研领域。Python的解释器可用于不同的操作系统，例如Windows、macOS、Linux等，因此Python具有很好的跨平台性。

本章很多问题都采用了ChatGPT的答案(有用的废话)，作者只是对回答文本略加编辑。

本书中，ChatGPT的答案用🌀标识。建议大家在学习时，不管是在概念、程序，还是在数学上遇到问题，都可以使用类似ChatGPT的工具作为助手。

值得注意的是，本书创作时的ChatGPT时而废话连篇、胡说八道，请大家注意甄别，切不可不假思索、照单全收。

什么是ChatGPT？
ChatGPT是一种基于自然语言处理（Natural Language Processing，NLP）技术的人工智能（Artificial Intelligence，AI）应用程序，它是由OpenAI公司开发的一种大规模预训练语言模型。ChatGPT使用深度神经网络来模拟人类的对话过程，它可以理解和生成人类语言，可以用于实现聊天机器人、智能客服、智能助手等应用。ChatGPT还可以帮助用户进行文本自动生成、文本摘要、文本分类、情感分析等任务。ChatGPT使用Python编程语言进行搭建。在搭建ChatGPT时，OpenAI使用了Python的深度学习框架TensorFlow和PyTorch，以及一些其他的Python库和工具来完成。

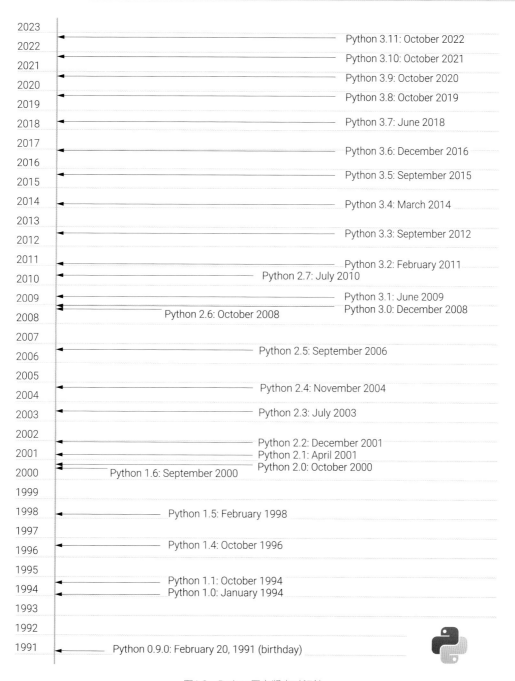

图1.2　Python历史版本时间轴

我们为什么要学Python？

Python具有广泛的用途，比如以下几种。

◀ **机器学习：** Python在数据科学和机器学习领域非常受欢迎，因为它有很多强大的库和工具，如NumPy、Pandas、Scikit-Learn等。
◀ **深度学习：** Python的深度学习工具，如PyTorch、TensorFlow，常用来开发各种人工智能应用，如智能设备、无人驾驶、自然语言处理工具等。
◀ **Web开发：** Python可以用于Web开发，有许多流行的Web框架，如Django、Flask等。
◀ **自动化脚本：** Python可以用于自动化任务，如自动备份、自动化测试、爬虫等。
◀ **游戏开发：** Python可以用于游戏开发，如Pygame等库和工具。
◀ **系统管理和网络编程：** Python可以用于系统管理和网络编程，如网络爬虫、服务器开发、安全工具等。

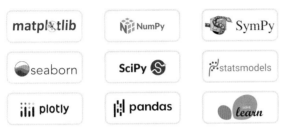

整套"鸢尾花书"用到的主要是Python在可视化、数学、数据分析、机器学习方面的工具。图1.3所示为本书涉及的9个重要的Python数学运算和可视化库。

图1.3 《编程不难》涉及的Python库

> **Python中，什么是模块、包、库？**
>
> 在Python中，模块(Module)、包(Package)、库(Library)是三个常见的概念，它们的含义如下。
>
> 模块：是一个Python程序文件，包含了一组相关的函数、类、变量和常量等，可供其他程序引用。Python中的模块是一种可重用的代码组件，可用于将相关的代码组织到一起，以便更好地管理和维护代码。一个模块可以包含多个函数、类、变量和常量等，可以被其他模块或程序引用和调用。
>
> 包：是一组相关模块的集合，用于组织Python代码的层次结构。一个包是一个文件夹，其中包含其他模块或子包。包是一种通过模块命名空间进行模块组织的方式，可更好地组织和管理大型代码库。
>
> 库：是由一组模块和包组成的软件组件，提供了一系列函数、类、变量和常量等，用于解决特定问题。Python标准库是Python官方提供的一组库，包含了大量的模块和功能，可以直接使用。此外，还有第三方库，如NumPy、Pandas、Matplotlib等，用于数据处理、科学计算、可视化等领域。
>
> 需要注意的是，模块是最小的可重用代码单元，而包和库是由多个模块组成的更大的结构。在Python中，通常使用import语句来引入需要使用的包、库或模块。

本书每个板块的工具

图1.4所示为《编程不难》每个板块涉及的核心工具。这些工具中有些是Python基本语法，有些则是Python常用包，剩下一些是Python编程工具。

面向准人工智能时代的教育

作者认为，面向人工智能时代的教育，特别是数学教育，必须结合编程、可视化、实际应用。而Python既是编程工具，也拥有大量可视化工具，同时可以用来完成各种数据科学和机器学习任务。

基于这样的考虑，"鸢尾花书"整套图书在创作时都采用了"编程 + 可视化 + 数学 + 机器学习"这个内核，只不过各个分册的侧重各有不同。

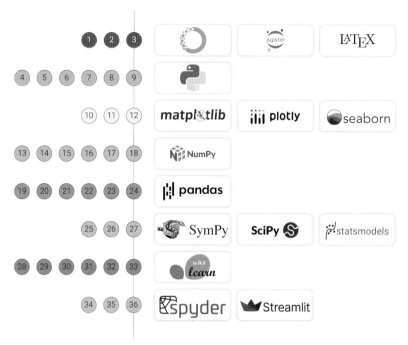

图1.4 《编程不难》每个板块涉及的核心工具

对于初高中生、大学生，学习Python有很多好处，比如以下几点。

◀ **培养编程思维：** Python作为一种编程语言，可以帮助大家培养编程思维能力。大家可以通过编写简单的程序和解决各种问题，锻炼逻辑思考、问题解决和创造力等能力。

◀ **高效地学习数学及其他学科：** 将公式、模型写成Python代码的过程，本身就是一种做"习题"的过程。而且这类习题比传统课本习题更能激发大家的兴趣。

◀ **图形化强化记忆：** 公式、定理、定义、解题技巧等，大家考完试也就忘记了。但是利用Python编程，把公式、定理、定义变成一幅幅活生生的图形之后，这些概念将会深深地刻在大家脑中，甚至一辈子不会忘记。

◀ **提高学习效率：** Python可以用于自动化各种重复性的任务，如数据处理、文本处理等。大家可以通过编写Python程序来自动化这些任务，从而节省时间和精力，提高学习效率。

◀ **为未来的学习和职业做准备：** Python是一种非常流行的编程语言，它在数据科学、机器学习、人工智能等领域有很多应用，大家可以通过学习Python，为未来的学习和职业做准备，提前掌握一些必要的技能和知识。

◀ **增强实践能力：** 学习Python可以让大家更容易地将学到的知识应用到实践中，如编写简单应用程序、游戏、网站等，这有助于大家增强实践能力和探索新领域的能力。

◀ **培养团队合作意识：** 学习Python可以让大家更容易地与他人合作，如在编写程序时可以分工合作、交流想法等，这有助于培养团队合作意识和沟通能力。

怎么学Python？

和汉语、英语一样，Python也是语言。只不过，Python是人和机器交互的语言。Python的语法有绝对的对错，不能模棱两可。错误的命令，要么出bug，要么得出错误的结果。

我相信"鸢尾花书"的读者没人是拿字典学会汉语的，同样别指望用Python语法书学好编程。

在学习 Python 的过程中，一定要吸取英语教育的教训。很多人学了十几年的英语之后仍然不会说，就是因为他们只注重死记硬背词汇、语法，而没有真正把语言用起来，进行口头和书面交流。

因此，在学习 Python 时，大家不妨"功利"一些，边学边练——马上开始编码 (code) 和调试

(debug)。先写几段代码，跑起来；现在暂时用不到的语法细枝末节先放到一边。

千万别把Python编程当文科来学！语法、指令、函数、逻辑等，记不住，不要紧！用多了，就好了。无他，但手熟尔。"鸢尾花书"有编程、可视化、数学、机器学习这几个重要的元素，而这几个元素都离不开Python。下面我们逐一聊一下。

学习Python和学习英语有什么相似之处？

学习Python和学习英语有一些相似之处，比如以下几点。

都需要掌握基础知识：学习Python和学习英语都需要掌握基础知识，Python的基础语法、数据类型、流程控制语句、函数等，英语的基本词汇、语法、发音等。

都需要不断练习：学习Python和学习英语都需要不断地练习，Python需要编写程序来实践，英语需要口语练习和写作练习。

都需要实践和应用：学习Python和学习英语都需要不断地实践和应用，Python可以应用到数据处理、人工智能、游戏开发等领域，英语可以应用到国际交流、留学、工作等方面。

都需要耐心和坚持：学习Python和学习英语都需要耐心和坚持，需要花费大量时间和精力来学习和练习，才能达到良好的掌握和应用水平。

总之，学习Python和学习英语都需要掌握基础知识、不断练习、实践和应用，同时也需要耐心和坚持。虽然二者是不同的领域，但都是对自己未来发展非常有帮助的技能。

1.2 Python和可视化有什么关系？

Python和可视化关系密切。Python中有很多强大的可视化库和工具，可以帮助用户对数据进行可视化呈现。"鸢尾花书"的任何一册，都有大量彩图，其中绝大部分是用Python编码生成。

以下是Python和可视化的一些关系。

◀ **数据可视化：** Python中有许多数据可视化的库，如Matplotlib、Seaborn、Plotly等，可以帮助用户将数据可视化呈现出来，从而更好地理解数据的分布、趋势等信息。本书的绘图部分将蜻蜓点水地讲解Matplotlib、Seaborn、Plotly常用绘图命令。"鸢尾花书"的《可视之美》一册将专门讲解数据可视化这一话题。

◀ **图像处理：** Python中有许多图像处理的库，如OpenCV等，可以帮助用户进行图像处理和分析，同时也可以将处理后的图像进行可视化呈现。

◀ **交互式可视化：** Python中也有许多用于交互式可视化的库，如Bokeh、Altair等，可以帮助用户建立交互式的数据可视化应用程序。

◀ **3D可视化：** Python中也有许多用于3D可视化的库，如Mayavi、VisPy等，可以帮助用户对三维数据进行可视化呈现。

1.3 Python和数学有什么关系？

Python和数学有着密切的关系。Python是一种非常适合数学建模和数据分析的编程语言，拥有大量的数学计算库和工具。

以下是Python和数学的一些关系。

◀ **数学计算**：Python中有很多用于数学计算的库和工具，如NumPy、SciPy等，可以帮助用户进行矩阵运算、微积分、最优化、统计分析等数学计算任务。

◀ **数据分析**：Python中有很多用于数据分析的库和工具，如Pandas、Matplotlib、Seaborn等，可以帮助用户对数据进行统计分析、可视化呈现等。

◀ **数学建模**：Python中还有很多用于数学建模的库和工具，如SymPy等，可以帮助用户进行数学建模和优化任务。

◀ **教学和研究**：Python也被广泛应用于数学教学和研究领域，如用Python实现数学实验、数学模型的探索、算法的实现等。

以二元高斯分布为例

下面给大家举个例子。式 (1.1) 是大名鼎鼎的**二元高斯分布** (bivariate Gaussian distribution) **概率密度函数** (Probability Density Function，PDF)。

$$f(x,y) = \frac{1}{2\pi\sigma_X\sigma_Y\sqrt{1-\rho_{X,Y}^2}} \exp\left(-\frac{1}{2(1-\rho_{X,Y}^2)}\left[\left(\frac{x-\mu_X}{\sigma_X}\right)^2 - 2\rho_{X,Y}\left(\frac{x-\mu_X}{\sigma_X}\right)\left(\frac{y-\mu_Y}{\sigma_Y}\right) + \left(\frac{y-\mu_Y}{\sigma_Y}\right)^2\right]\right) \quad (1.1)$$

如果大家在这之前没有接触过这个公式，不要紧！

大家仅仅需要知道二元高斯分布不仅仅是概率统计的重要知识点，也和**几何** (geometry)、**微积分** (calculus)、**线性代数** (linear algebra) 有关，更是机器学习各种算法的常客。"鸢尾花书"会在本册以及其余分册中以各种视角帮大家剖析这个公式。

下面，我们来聊聊Python编程对理解这个"让人头大"的公式有什么帮助。

首先，借助NumPy之类的Python库，我们可以自己写代码计算上述函数的数值。更方便的是，SciPy库就有二元高斯分布现成的函数。当然，自己编码自定义函数肯定印象更深刻。

然后，利用Matplotlib等可视化工具，我们可以"看见"这个函数，如图1.5所示。大家可能惊奇地发现，等高线呈现的形状是一组同心椭圆！

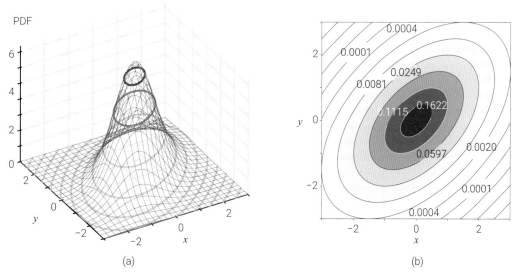

图1.5 一组特定参数下的二元高斯分布概率密度函数

并且，大家很快就会发现，这个椭圆和**线性回归** (linear regression)、**主成分分析** (principal component analysis) 有直接关系。

如图1.6和图1.7所示，我们还可以看到不同参数对这些图形的影响。

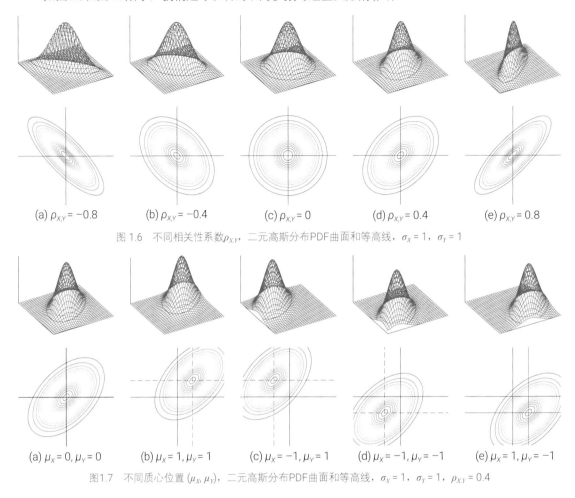

(a) $\rho_{X,Y} = -0.8$ (b) $\rho_{X,Y} = -0.4$ (c) $\rho_{X,Y} = 0$ (d) $\rho_{X,Y} = 0.4$ (e) $\rho_{X,Y} = 0.8$

图 1.6 不同相关性系数 $\rho_{X,Y}$，二元高斯分布PDF曲面和等高线，$\sigma_X = 1$，$\sigma_Y = 1$

(a) $\mu_X = 0, \mu_Y = 0$ (b) $\mu_X = 1, \mu_Y = 1$ (c) $\mu_X = -1, \mu_Y = 1$ (d) $\mu_X = -1, \mu_Y = -1$ (e) $\mu_X = 1, \mu_Y = -1$

图1.7 不同质心位置 (μ_X, μ_Y)，二元高斯分布PDF曲面和等高线，$\sigma_X = 1$，$\sigma_Y = 1$，$\rho_{X,Y} = 0.4$

多视角

"可视化"在"鸢尾花书"系列每一册都是重头戏。因为大家很快就会发现，可视化让很多困扰我们多年的问题迎刃而解。不同的可视化方案就像是一束束光从不同角度射向同一个问题，这些丰富的视角可以帮助我们更深入地理解同一个问题。

举个例子，图1.8所示为几个不同视角下的**相关性系数** (Pearson Correlation Coefficient，PCC)。

一组有趣的椭圆

类似地，有了Python这个工具，我们可以解剖上述函数。比如，图1.9展示式 (1.2)和一组有趣的椭圆有关。这组椭圆都和同一矩形的四个边相切，而这个矩形又和二元高斯分布的参数直接相关。

利用Python可视化，我们可以清楚地看到这一点。更重要的是，这个性质又和**条件概率分布** (conditional probability distribution)、**线性回归** (linear regression) 密不可分。

$$\frac{1}{(1-\rho_{X,Y}^2)}\left[\left(\frac{x-\mu_X}{\sigma_X}\right)^2 - 2\rho_{X,Y}\left(\frac{x-\mu_X}{\sigma_X}\right)\left(\frac{y-\mu_Y}{\sigma_Y}\right) + \left(\frac{y-\mu_Y}{\sigma_Y}\right)^2\right] = 1 \tag{1.2}$$

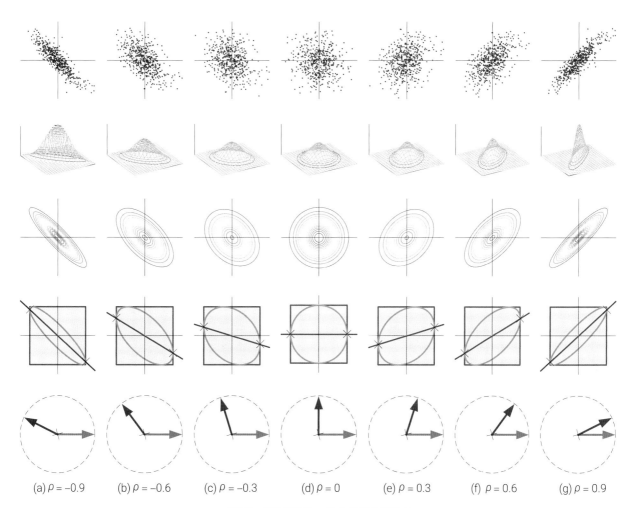

(a) $\rho = -0.9$ (b) $\rho = -0.6$ (c) $\rho = -0.3$ (d) $\rho = 0$ (e) $\rho = 0.3$ (f) $\rho = 0.6$ (g) $\rho = 0.9$

图1.8 相关性系数 $\rho_{X,Y}$ 的几种可视化方案

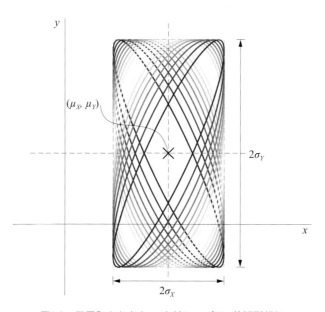

图1.9 椭圆和中心在 (μ_X, μ_Y) 长 $2\sigma_X$、宽 $2\sigma_Y$ 的矩形相切

马氏距离

给式 (1.2) 开个平方根，令其为d，如式 (1.3) 所示，我们便得到机器学习中大名鼎鼎的**马氏距离** (Mahalanobis distance)！

$$d = \sqrt{\frac{1}{(1-\rho_{X,Y}^2)}\left[\left(\frac{x-\mu_X}{\sigma_X}\right)^2 - 2\rho_{X,Y}\left(\frac{x-\mu_X}{\sigma_X}\right)\left(\frac{y-\mu_Y}{\sigma_Y}\right) + \left(\frac{y-\mu_Y}{\sigma_Y}\right)^2\right]} \tag{1.3}$$

图1.10所示为一组马氏距离等距线，从中我们立刻发现了椭圆的存在。

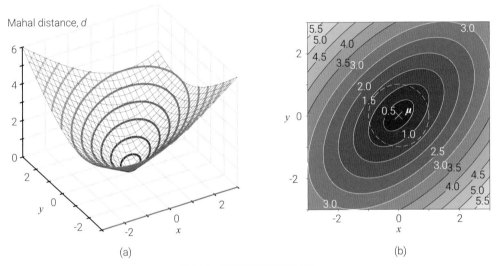

(a)　　　　　　　　　　　　　　(b)

图1.10　马氏距离椭圆等高线

欧氏距离 (Euclidean distance) 就是两点之间的线段。而不同于欧氏距离，马氏距离考虑了数据的分布形状。图1.11中，可以看到马氏距离等距线一层层紧紧地包裹着样本散点数据。

图1.5和图1.11的椭圆几何角度存在很多差异，但是两者又存在紧密联系。而两者的联系就是**高斯函数** (Gaussian function)。高斯函数是微积分的重要研究对象之一，也是机器学习各种算法的熟客。

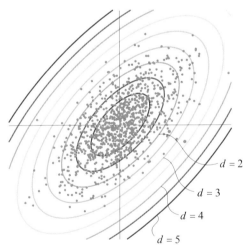

图1.11　马氏距离等距线

几何变换

如图1.12所示，想要更深入理解马氏距离，我们需要借助几何视角，如**平移** (translation)、**旋转** (rotation)、**缩放** (scaling)。

大家可能会好奇，到底旋转多少角度、缩放多大比例？

想要回答这个问题，就需要祭出线性代数大杀器——**特征值分解** (Eigen Value Decomposition，EVD)。

《矩阵力量》会专门介绍特征值分解，现在大家有个印象就好。

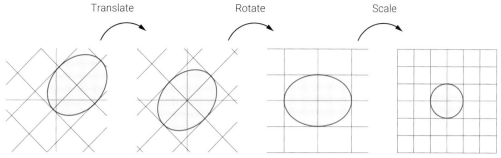

图1.12 通过几何变换理解马氏距离：平移 → 旋转 → 缩放

用Streamlit做应用App

如果大家还觉得不过瘾，《编程不难》最后还介绍如何用Streamlit制作App，如图1.13所示。这个App采用的交互形式让大家更加清楚地理解各种参数对二元高斯分布的影响。

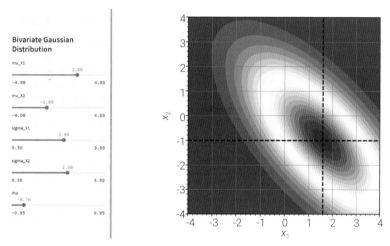

图1.13 用Streamlit创建的二元高斯分布App

在数学知识可视化方面，3Blue1Brown绝对是"村霸"！他们开发的Python数学动画工具Manim更是很多知识类博主的利器。

但是，几经权衡还是没有把Manim纳入"鸢尾花书"体系。主要原因是，Manim更适合制作知识类分享视频，代码可迁移性差。哪怕"鸢尾花书"提供一些用Manim制作的动画，同学们也是被动观看，不可能主动参与编程实践。

"鸢尾花书"系列考虑再三最后采用了Streamlit。Streamlit不但可以做交互式数学演示，还可以做数据分析、机器学习App。

大家会在"鸢尾花书"各个分册经常看到用Streamlit做的各种应用App。这些App一方面帮大家理解各种数学工具、算法逻辑，另一方面还可以帮大家学会用Streamlit快速搭建可交互应用App。

三元、多元高斯分布

大家可能会问，有了一元、二元高斯分布，就肯定有三元，乃至**多元高斯分布** (multi-variate Gaussian distribution)。Python能帮助我们理解这些高斯分布吗？

答案是肯定的！

这就需要我们进一步借助各种数学工具和可视化手段继续升维！如图1.14所示，三元高斯分布就变成了椭球！

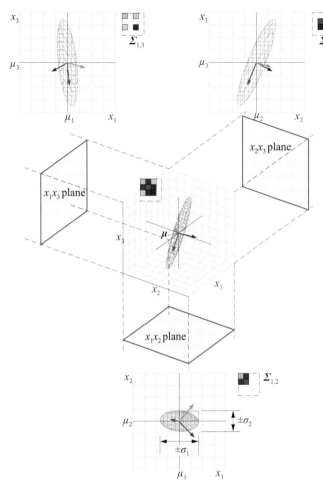

而这些椭球在平面的投影是椭圆，对应的就是二元高斯分布。这些都是借助Python达成知识"升维"的！

看到这里，大家如果觉得有点吃不消，不要怕。一步一个脚印，对于Python零基础的读者，请先耐心读完本册《编程不难》和下一册《可视之美》。

紧接着，鸢尾花书"数学三剑客"给大家提供了大量的"编程 + 可视化"方案来帮大家深入理解这些数学工具。

通过上述例子，大家可能已经发现了Python对于学习数学的意义。"鸢尾花书"整个系列丛书希望给大家提供一个学习、理解、掌握、应用数学工具的全新路径。

用习题集学习数学给大家养成一个坏习惯——期待标准答案，指望解题技巧！

而在真实世界面对的各种问题根本没有标准答案，也不存在什么解题技巧。大家需要利用"编程 + 可视化 + 数学 + 机器学习"自主探索。因此，培养大家的自主探究学习能力也是"鸢尾花书"的目的之一，这就是为什么我们要在整套书都引入JupyterLab作为学习平台的原因。

图1.14 "旋转"椭球投影到三个二维平面

1.4 Python和机器学习有什么关系？

Python与机器学习有非常密切的关系。Python是一种简单易学、可读性强的编程语言，同时也拥有丰富的第三方库和工具，这使得Python成为机器学习领域的重要工具之一。

机器学习是一种应用人工智能的技术，通过让计算机从数据中学习并改善性能，来实现对未知数据的预测和决策。

Python在机器学习领域的应用非常广泛，其中主要有以下几个方面。

◂**数据处理和分析**：Python中有许多用于数据处理和分析的库，如Pandas、NumPy和SciPy，这些库能够帮助用户轻松地处理和分析数据。

◂**机器学习框架**：Python中也有许多用于机器学习的框架，如TensorFlow、PyTorch和Scikit-Learn等，这些框架可以帮助用户更加高效地进行机器学习建模和预测。

◂**可视化工具**：Python中的Matplotlib和Seaborn等可视化库，可以帮助用户更加清晰地理解数据和模型，以及呈现结果。

◂**自然语言处理**：Python中的自然语言处理库，如NLTK和Spacy等，可以帮助用户进行文本数据的处理、分析和预测。

什么是机器学习?

机器学习是一种人工智能技术,它使计算机系统能够通过数据和经验自主学习和改进,而无须显式地编程指令。简单来说,机器学习是通过训练算法从数据中学习模式和规律,然后利用这些模式和规律来进行预测或决策。在机器学习中,模型是通过训练算法从大量数据中学习而来的,这些数据被称为训练数据集。训练数据集包含已知结果的输入输出对,这些输入输出对用于训练模型来预测未知数据的输出。训练数据集中的数据越多,训练时间越长,模型就越准确。机器学习可以应用于各种领域,如语音识别、图像识别、自然语言处理、推荐系统和金融分析等。它已成为当今科技领域中最热门和最具前途的领域之一。

当然,不管是数据分析,还是机器学习,我们到处都可以看到各种各样的数学工具。

还是以高斯分布为例,我们可以在很多算法中看到高斯的名字,如**高斯朴素贝叶斯** (Gaussian naive Bayes)、**高斯判别分析** (Gaussian discriminant analysis)、**高斯过程** (Gaussian process)、**高斯混合模型** (Gaussian mixture model) 等。

1.5 相信 "反复 + 精进" 的力量!

反复,不是机械重复,不是当一天和尚撞一天钟。而是在反复中,日拱一卒,不断精进!

"鸢尾花书"几乎所有的知识点都是采用这种"反复 + 精进"的模式编写的。比如,大家会在"鸢尾花书"的几乎每一分册都看到"回归分析"的影子。

下面,我们就以"回归分析"为例聊聊"反复 + 精进"的力量!

一组散点

如图1.15所示,平面有一组散点。从数据角度,我们面对的无非就是两列数字。把每行看成坐标画在平面直角坐标系上便得到二维散点图。这幅图中,我们似乎看到了某种"线性"关系。

换个角度,图1.15中简简单单的散点图也让我们看到了可视化的力量。通过各种可视化方案,我们可以呈现数据、发现规律。然后再用各种数学工具来量化分析这些可能存在的关系。

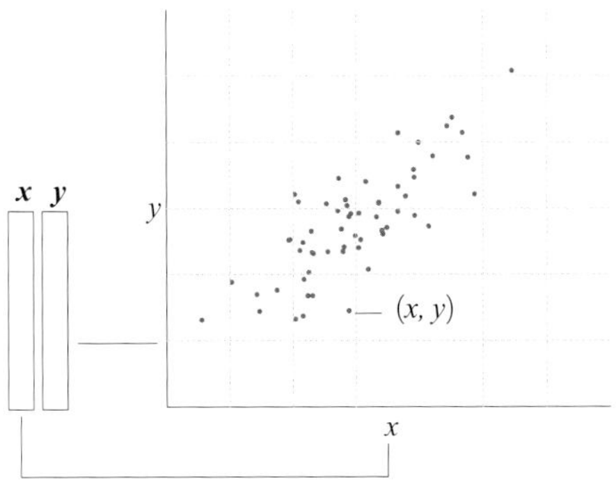

图1.15 二维散点图

画一条直线

然后,利用Python第三方库函数,比如:

◀ SciPy (scipy.stats.linregress),
◀ Statsmodels (statsmodels.regression.linear_model.OLS),
◀ Scikit-Learn (sklearn.linear_model.LinearRegression)。

我们可以很轻松地获得图1.16这条一元线性回归直线。调用Python的各种包完成计算的过程简称"调包"。

从代数角度来看，这条直线不过就是一元一次函数。它的两个重要参数可以是**斜率** (slope) 和**截距** (intercept)。

我相信所有读者在初中阶段一定接触过一元一次函数。这个函数看上去简单，但是在数据分析和机器学习领域却很实用。

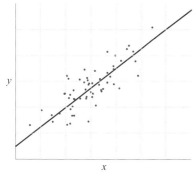

图1.16 平面上，一元线性回归

我们通过"调包"的确获得了图1.16这条直线，且计算得到了它的斜率和截距。但是，希望"鸢尾花书"的读者能够多问几个问题。比如，图1.16这条直线是怎么算出来的？用到了什么数学工具？怎么评价这个回归结果的好坏？

问这些问题有很多好处。

第一，机器学习模型不是黑盒子。只有能合理解释的模型才让人信服，想调参训练模型的话，就必须要了解其背后的数学原理和算法逻辑。调包虽然方便，但有时会导致对模型的理解不足。这种情况下，无法解释模型的决策过程，无法识别模型的潜在偏差或不适用性。了解数学背后的工具和算法可以帮助你理解模型的内部机制，提高模型的可解释性。

第二，机器学习的算法层出不穷。知道数学工具和算法逻辑的局限性和适用性有助于选择合适的算法，避免不必要的错误。

第三，很多时候标准模型不可能解决你的"定制化"问题，我们常常需要根据问题的具体特征改进、创新算法。

一个优化问题

对于一元线性回归，我们可以利用**最小二乘法** (Ordinary Least Square，OLS) 来求解模型参数。

简单来说，最小二乘法的核心思想是通过最小化观测数据与模型预测值之间的残差平方和来找到最优的模型参数。如图1.17所示，利用线段展示残差项。

利用可视化方案，残差的平方和就更容易理解了。如图1.18所示，残差的平方和无非就是图中所有正方形的面积之和。这样，又"精进"了一步，我们把代数和几何联系在一起了。

最小二乘法就是找到最合适的一元一次函数斜率和截距让这些正方形的面积之和最小。想要解决这个问题，我们就需要微积分和优化方面的知识。

"日拱一卒"，在扩充自己数学工具箱的同时，我们也发现了看似割裂的数学板块，实际上并不是一个个孤岛，它们之间有着千丝万缕的联系。

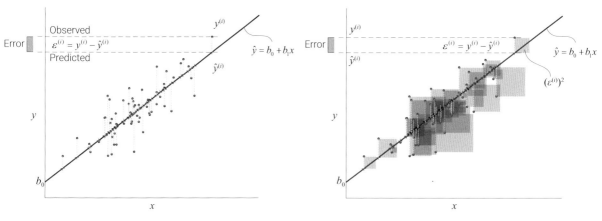

图1.17 一元线性回归中的残差项　　　　　图1.18 残差平方和的几何意义

线性代数

然而，这个"精进"过程远未结束！有了线性代数这个数学工具，我们还能从投影这个视角理解一元线性回归问题，具体如图1.19所示。在线性代数这个百宝箱中，和回归分析相关的数学工具简直不胜枚举，如范数、超定方程组、伪逆、QR分解、SVD分解等。

线性代数实在太有用，但是很多读者却又学不好！因此从第一册《编程不难》开始，"鸢尾花书"便将不厌其烦地在各个板块见缝插针地讲解线性代数知识。

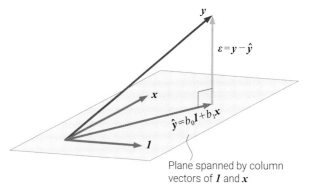

图1.19　几何角度解释一元最小二乘结果，二维平面

概率统计

概率统计怎么能缺席回归分析！如图1.20所示，在《统计至简》中，大家很快就会发现我们还可以从条件概率角度理解线性回归。

大家如果利用Statsmodels库中函数完成线性分析，一定会看到方差分析ANOVA、拟合优度、F检验、t检验等这些概念。简单来说，这些数学工具从不同角度告诉我们一个线性回归模型的好坏。

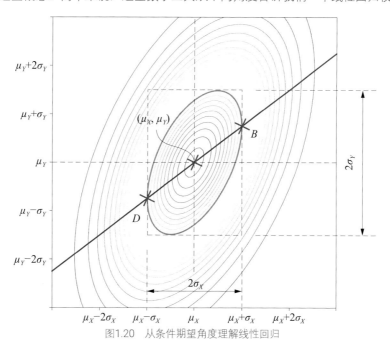

图1.20　从条件期望角度理解线性回归

贝叶斯学派

谈到概率统计，怎么能少了贝叶斯学派？

统计推断有两大学派——**频率学派推断**(frequentist inference)和**贝叶斯学派推断**(Bayesian inference)。

频率学派认为真实参数确定，但一般不可知。真实参数就好比上帝视角能够看到一切随机现象表象下的本质。

贝叶斯学派则认为参数本身也是不确定的，也是随机变量，因此也服从某种概率分布。很重要的是，贝叶斯学派可以引入我们自身经验，是一种"经验 + 数据"的学习模式，类似人脑原理。

用到一元线性回归上，在贝叶斯学派视角下，我们看到的图景如图1.21所示。一元线性回归不再是"一条直线"，而是无数可能直线中的某一条。有了这个视角，我们的数学工具箱、机器学习工具箱就再添新工具了！

二元线性回归

我们还可以继续"升维"，将一元线性回归分析提升到如图1.22所示的**二元线性回归** (bivariate linear regression)。这时，我们看到的就不再是一条直线，而是一个平面。而代数角度来看，这个平面是一个二元一次函数。

当然，如果二元线性回归满足不了需求，我们还可以进一步升维到**多元线性回归** (multi-variate linear regression)。处理这些高维度的回归模型，线性代数工具从未缺席。

但是，不断引入变量会导致模型过于复杂，从而引发过拟合问题。简单来说，如果一个模型在训练数据上表现很好，但是在新数据上表现糟糕的话，这就是一个典型的**过拟合** (overfitting) 问题。

我们可以引入线性代数中的范数工具，即**正则化** (regularization)，来解决过拟合问题。

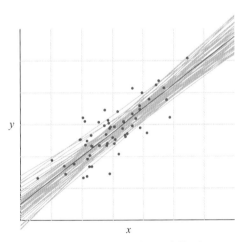

图1.21　贝叶斯统计视角下看线性回归

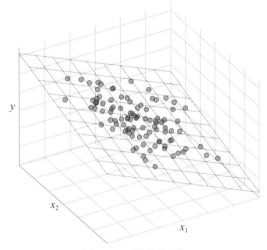

图1.22　二元线性回归

非线性回归

实际应用中，我们会发现很多变量的关系还可能是"非线性"！这时，我们就需要比一次函数更复杂的模型，比如图1.23所示的**多项式回归** (polynomial regression) 模型，再如图1.24所示的**逻辑回归** (logistic regression) 模型。

我们发现，那些形状千奇百怪的函数原来都有自己的用武之地！

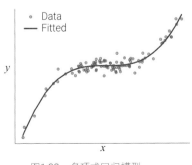

图1.23　多项式回归模型

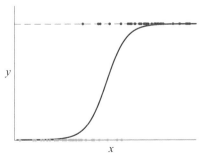

图1.24　逻辑回归模型

机器学习视角下的回归

读到这里，我们有必要提醒自己一下，回归到底是什么？

图1.25告诉我们，机器学习主要包括两大类问题——**有监督学习** (supervised learning) 和**无监督学习** (unsupervised learning)。如图1.25所示，站在机器学习的角度来看，回归是有监督学习任务的一种。简单来说，回归用于分析和建模变量之间的关系，通常用来预测或解释一个或多个因变量与一个或多个自变量之间的关联。

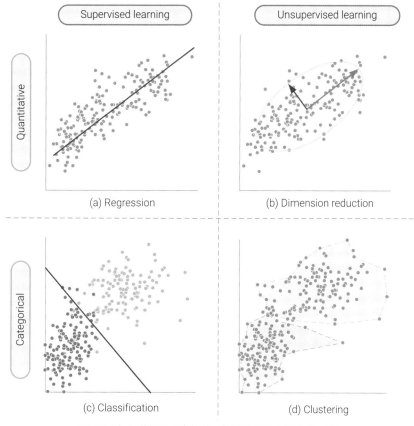

图1.25 根据数据是否有标签、标签类型细分机器学习算法

和分类算法的联系

很快我们就会发现一些回归算法还可以用来解决机器学习的**分类** (classification) 问题。比如，图 1.26所示逻辑回归模型用于二分类问题。

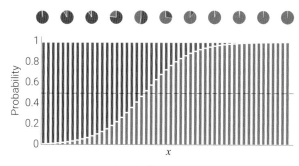

图1.26 逻辑回归模型用于二分类问题

和降维算法的联系

回看图1.17，我们会发现，在一元线性回归中，最小二乘法定义的残差沿着纵轴。如果我们要是关注点到直线的距离的话，得到的直线又是什么？

图1.27便回答了这个问题。图1.27 (b) 这种线性回归模型叫作正交回归。

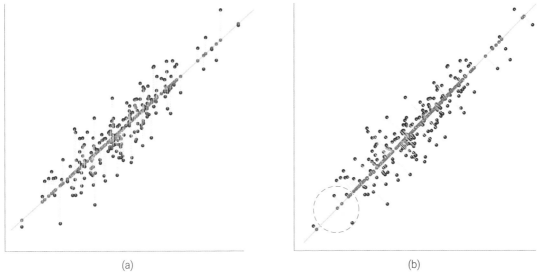

(a)   (b)

图1.27　对比最小二乘回归和正交回归

有意思的是，如图1.28所示，解释正交回归的最好办法是机器学习中的一种常用降维算法——**主成分分析** (Principal Component Analysis，PCA)。而基于主成分分析，我们又可以拓展出其他各种回归方法。

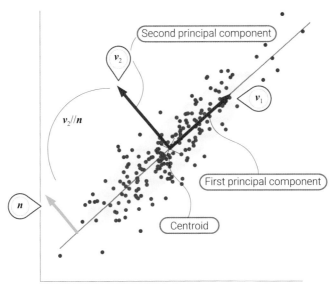

图1.28　正交回归和主成分分析的关系

从点到线、由线及面

很难想象，从图1.15中平淡无奇的散点图走来，我们竟然走了这么远!
而且图1.29告诉我们脚下的路还在沿着各个方向蜿蜒。

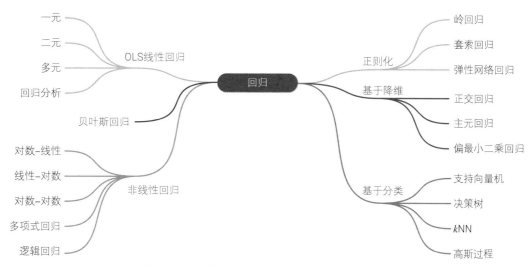

图1.29 从一元线性回归开始，不断"反复 + 精进"

这是一个从点到线、由线及面的故事。从一个个孤岛开始，不断扩展直到整片海洋。

正如本书前言写的那样，利用"编程 + 可视化"，我们可以打破数学板块之间的壁垒，让大家看到代数、几何、线性代数、微积分、概率统计、优化、数据分析、机器学习等板块之间的联系，编织一张绵密的数学知识网络，如图1.30所示。

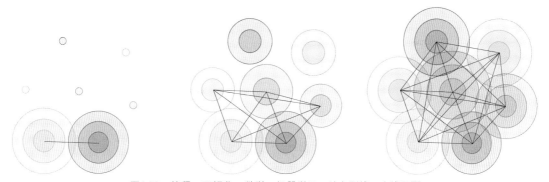

图1.30 编程 + 可视化 + 数学 + 机器学习：从点到线，由线及面

一张学习地图

在我们一起踏上这段奇妙旅途伊始，再次强烈建议各位"鸢尾花书"读者不要仅仅满足于"调包"。希望大家在"调包"时，更要了解这些工具背后的数学原理、算法流程。

虽然《编程不难》《可视之美》仅仅要求大家知其然，不需要知其所以然；但是，鸢尾花书《数学要素》《矩阵力量》《统计至简》专门介绍各种常见的数学工具原理。

《数据有道》《机器学习》则介绍机器学习各种常用的算法原理。这五本书会循序渐进给大家解释很多Python工具背后的原理，大家可以以如图1.31所示路径进行学习。

虽然"鸢尾花书"每一册自成体系，但又相互高度依赖，难以避免给大家造成"套娃""挤牙膏"的既视感，希望大家体谅。"鸢尾花书"全系列免费开源，大家可以从GitHub下载草稿和Python文件，根据自己的节奏、偏好自主探索。

希望"鸢尾花书"不仅仅能够给大家提供"Python编程 + 可视化 + 数学 + 机器学习"这套强有力的组合拳，还能够给大家提供一种自主探究的学习方法。

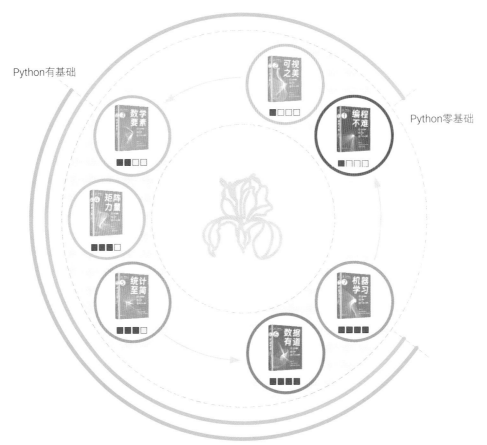

图1.31 整套"鸢尾花书"和大家一起持续"重复+精进"

　　相信滴水穿石的力量！"反复+精进"会把最陡峭的学习曲线拉平，推动我们一步步登上看似无路可爬的山峰。

　　不积跬步，无以至千里；不积小流，无以成江海。

　　脚下的路沿着四面八方伸延而去。

　　从今天起，做一个旅人，日拱一卒，功不唐捐。

Install and Use Anaconda
安装使用Anaconda
整套"鸢尾花书"都离不开Anaconda这个工具库

依我看来，世间万物皆数学。

But in my opinion, all things in nature occur mathematically.

—— 勒内·笛卡儿 (René Descartes) | 法国哲学家、数学家、物理学家 | 1596 — 1650年

◄ joypy.joyplot() 绘制山脊图
◄ numpy.percentile() 计算百分位
◄ pandas.plotting.parallel_coordinates() 绘制平行坐标图
◄ seaborn.boxplot() 绘制箱型图
◄ seaborn.heatmap() 绘制热图
◄ seaborn.histplot() 绘制频数 / 概率 / 概率密度直方图
◄ seaborn.jointplot() 绘制联合分布和边缘分布
◄ seaborn.kdeplot() 绘制 KDE 核概率密度估计曲线
◄ seaborn.lineplot() 绘制线图
◄ seaborn.lmplot() 绘制线性回归图像
◄ seaborn.pairplot() 绘制成对分析图
◄ seaborn.swarmplot() 绘制蜂群图
◄ seaborn.violinplot() 绘制小提琴图

集成开发环境

安装Anaconda

Anaconda — 测试JupyterLab

查看第三方库版本号

安装、更新、卸载库

2.1 集成开发环境

简单来说，**IDE** (集成开发环境) 就是我们写代码、跑代码的地方。

Python有很多常用的IDE，比如以下几个。

◀**JupyterLab：** 基于Web的交互式开发环境，支持多种编程语言，包括Python，可以快速编写、测试和共享代码，非常适合数据科学和机器学习领域。作者认为，JupyterLab和Jupyter Notebook非常适合大家做探究式学习。目前，《编程不难》《可视之美》两册配套的代码多是Jupyter笔记。后文将详细介绍如何使用JupyterLab。

◀**Spyder：** 基于Qt开发的Python IDE，提供了一个集成的开发环境，包括编辑器、调试器和控制台，非常适合科学计算和数据分析。虽然"鸢尾花书"剩余几册的代码都是在Spyder中完成的，但是建议初学者还是在JupyterLab中分段运行代码。本书最后两章会用Spyder开发Streamlit Apps。对于MATLAB转Python的读者来说，Spyder可能是最容易上手的IDE。在所有的Python IDE中，Spyder最像MATLAB。

◀**PyCharm：** JetBrains公司开发的跨平台Python IDE，提供了许多功能，包括代码智能提示、代码自动完成、调试和单元测试等。建议有Python开发经验的读者使用PyCharm运行本书代码。

什么是集成开发环境?

集成开发环境 (Integrated Development Environment，IDE) 是一种用于软件开发的工具。它通常包括一个代码编辑器、一个调试器和一个构建工具，以及其他功能，如自动补全、语法高亮、代码重构等。IDE的目的是提供一个集成的工作环境，使开发人员能够更高效地编写、调试和测试代码。使用IDE可以极大地提高开发效率。例如，它可以帮助开发人员在编写代码时自动补全函数名称、参数等，减少打错代码的风险；它可以提供一些调试工具来检测和修复代码中的错误，使得开发人员更容易发现问题；它可以通过自动构建工具来编译和构建代码，减少手动操作的烦琐过程。总之，IDE是一种开发人员必备的工具，可以让开发人员更加专注于编写高质量的代码。

Anaconda可谓"科学计算全家桶"，包含科学计算领域可能用到的大部分 Python工具，如Python 解释器、常用的第三方库、包管理器、IDE 等。

前文提到的JupyterLab、Spyder、PyCharm这3个IDE都在Anaconda中。

对3个常用IDE的比较如表2.1所示。

表2.1　比较3个常用的IDE

维度	JupyterLab	Spyder	PyCharm
适用场景	数据科学、机器学习、交互式	科学计算、数据分析	通用编程、开发
编辑器	基于Web的文本编辑器	Qt构建的文本编辑器	IntelliJ IDEA编辑器
调试器	内置的交互式调试器	内置的调试器	内置的调试器
插件支持	丰富的插件生态系统	插件支持较少	丰富的插件生态系统
社区支持	由Jupyter项目支持	由Spyder社区支持	由JetBrains公司支持
扩展性	支持自定义和扩展	可以自定义外观和行为	支持自定义和扩展
学习曲线	平缓	友好	稍微陡峭
收费/免费	免费	免费	有免费和付费版本
平台支持	支持Windows、Mac和Linux	支持Windows、Mac和Linux	支持Windows、Mac和Linux

什么是Anaconda?

Anaconda是一个流行的Python发行版,由Anaconda, Inc.开发和维护,旨在为数据科学、机器学习和科学计算提供一个全面的工具包。Anaconda集成了许多常用的Python库和工具,如NumPy、SciPy、Pandas、Matplotlib、Scikit-Learn、Jupyter Notebook等。它还包括一个名为Conda的软件包管理器,可以帮助用户安装、更新和管理Python库和依赖项。Anaconda还提供了一个名为Anaconda Navigator的图形用户界面,用户可以通过这个界面轻松地管理自己的Python环境、安装和卸载库、启动Jupyter Notebook等操作。除了Python环境和库之外,Anaconda还包括许多其他工具和应用程序,如Spyder、PyCharm、VS Code、R语言环境等,使得它成为数据科学家和研究人员的首选工具之一。Anaconda可以安装在多个平台上,包括 Windows、Linux 和 macOS X。

2.2 如何安装Anaconda?

下文手把手教大家如何在Windows上安装、测试Anaconda,有经验的读者可以跳过。

对于Mac用户,大家可以参考以下网址中的内容安装Anaconda:

```
https://docs.anaconda.com/anaconda/install/mac-os/
```

要是想安装某个特定版本的Python,请参考:

```
https://pythonhowto.readthedocs.io/zh_CN/latest/install.html
```

在Windows上安装Anaconda可以按照以下步骤进行。

❶ 下载:在Anaconda官网 (https://www.anaconda.com/) 下载适合大家操作系统的Anaconda版本,选择对应的Python版本 (一般建议选择最新版Python 3.x),并下载对应的安装程序。

⚠️ 注意：Anaconda安装后大概占用5G空间。有Python开发经验的读者，可以根据需求自行分别安装JupyterLab、Spyder、PyCharm。Anaconda不断推出新版本，大家下载的版本号肯定和图2.1所示的版本号不同。建议大家从官网下载最新版本安装程序。

Anaconda3-2023.03-Windows-x86_64.exe

图2.1　安装程序图标

❷ 运行安装程序：下载完毕后，双击下载文件运行安装程序。在安装程序打开后，单击Next按钮进入下一步，如图2.2所示。

❸ 阅读协议：阅读协议并单击I Agree按钮，然后单击Next按钮，如图2.3所示。

图2.2　运行安装程序　　　　　　　　　　　　图2.3　阅读协议

❹ 安装类型：推荐选择默认"Just Me"；对于多用户PC，可以选择"All Users"。然后单击Next按钮，如图2.4所示。

❺ 安装路径：指定Anaconda的安装路径（建议零基础读者选择默认路径），然后单击Next按钮，如图2.5所示。

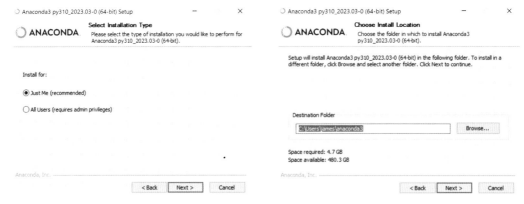

图2.4　安装类型　　　　　　　　　　　　　　图2.5　安装路径

❻ 配置环境变量：选择是否将Anaconda添加到系统环境变量中，建议勾选该选项，这样就可以在命令行中使用Anaconda的工具了。然后单击Install按钮进行安装，如图2.6所示。

❼ 等待安装完成：安装过程如图2.7所示，可能持续10min左右。等待安装完成后，会弹出Installation Complete对话框，此时单击Next按钮，如图2.8所示。然后还会弹出一个对话框，此时也单击Next按钮，如图2.9所示。如果这步持续时间过长（超过一小时），建议强制停止安装，删除安装包。然后关机再开机，重新下载安装包从头开始再尝试安装。

图2.6　安装选择

图2.7　等待安装完成

图2.8　安装完成

图2.9　广告时间，单击Next按钮

图2.10　确认完成

❽ 完成安装：单击Finish按钮完成Anaconda的安装，如图2.10所示。之后会跳出两个网页，不需要理会，关闭即可。

安装完成后，可以在"开始菜单"中找到Anaconda的安装目录，并启动Anaconda Navigator来使用Anaconda的工具和功能。同时，也可以在命令行中使用Anaconda的工具和命令，例如使用Conda命令来管理Python的虚拟环境和安装依赖包等。

2.3　测试JupyterLab

要打开并测试JupyterLab，可以按照以下步骤进行。

❶ 找到并打开Anaconda Navigator (计算机慢的话，至少需要1min左右才能打开，稍安勿躁)，单击JupyterLab对应的Launch按钮，如图2.11所示。马上一个网页将会跳出来，建议大家默认使用Chrome浏览器 (兼容性更好)，当然Firefox或Edge也都可以。

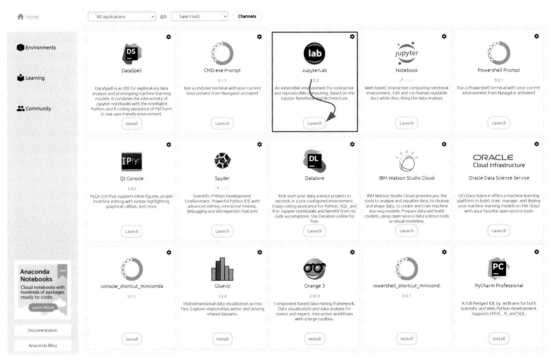

图2.11　Anaconda Navigator界面

❷ 进入JupyterLab界面，单击Notebook中的"Python 3"，创建Jupyter Notebook，如图2.12和图2.13所示。

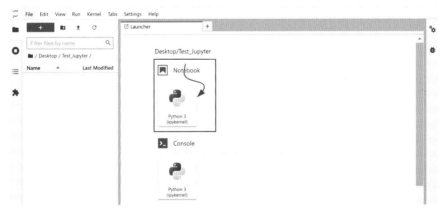

图2.12　JupyterLab界面

图2.13　创建Jupyter Notebook

❸ 在下面窗口中键入 "1 + 2"，然后按Ctrl + Enter快捷键，运行并得到3这个结果，如图2.14所示。大家也可以尝试按Shift + Enter快捷键，运行代码同时生成新区块，大家自己可以先玩一会儿。下一章将专门讲解如何使用JupyterLab。

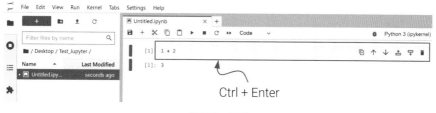

图2.14　运算

2.4 查看Python第三方库版本号

在安装Anaconda时，已经将各种常用的Python工具顺便安装完成。而有些时候，我们需要查看Python各种库的版本号，下面介绍几种查看方法。

❶ 大家可以进入Anaconda.Navigator，单击Environments (如果有不同环境的话，选择特定的环境)，此时在右侧可以看到所有已安装Python库的版本号，如图2.15所示。

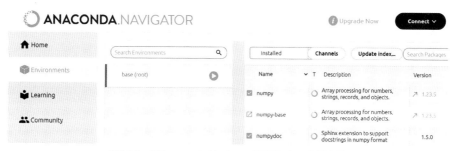

图2.15　在Anaconda.Navigator查看Python库版本号

❷ 在电脑中搜索Anaconda Prompt，然后键入conda list，也可以调取所有已安装Python库的版本号，如图2.16所示。

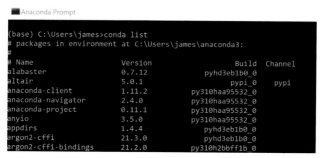

图2.16　在Anaconda Prompt查看Python库版本号

此外还有一种方法可以打开Anaconda Prompt，即在图2.15所示页面中单击绿色三角图标 (播放图标)，然后在菜单中单击Open Terminal。

❸ 在Anaconda Prompt中，我们可以用"pip show 库名"，如"pip show numpy"，来调取某个特定Python库的信息，如图2.17所示。

```
(base) C:\Users\james>pip show numpy
Name: numpy
Version: 1.23.5
Summary: NumPy is the fundamental package for array computing with Python.
Home-page: https://www.numpy.org
Author: Travis E. Oliphant et al.
Author-email:
License: BSD
Location: c:\users\james\anaconda3\lib\site-packages
Requires:
Required-by: altair, astropy, basemap, bokeh, Bottleneck, Cartopy, contourpy, daal4py, datashader, datashape, gensim, gi
zeh, h5py, holoviews, hvplot, imagecodecs, imageio, imbalanced-learn, matplotlib, mkl-fft, mkl-random, moviepy, numba, n
umexpr, pandas, patsy, pyarrow, pydeck, pyerfa, PyWavelets, scikit-image, scikit-learn, scipy, seaborn, shapely, statsmo
dels, streamlit, tables, tifffile, transformers, xarray
```

图2.17　在Anaconda Prompt查看某个特定Python库版本号

❹ 在JupyterLab中，我们也可以用"!pip list"查看所有已安装Python库的版本号，如图2.18所示。在JupyterLab中，感叹号 (exclamation mark) "!" 用于执行操作系统命令或外部程序。比如，用"!dir"可以调取当前文件的目录；还可以用"!pip install"安装特定Python库。

❺ 对于特定Python包，我们还可以用图2.19所示语句查看其版本号。

```
[2]: !pip list
     Package                    Version
     -------------------------- ---------------
     alabaster                  0.7.12
     altair                     5.0.1
     anaconda-client            1.11.2
     anaconda-navigator         2.4.0
     anaconda-project           0.11.1
     anyio                      3.5.0
     appdirs                    1.4.4
```

```
[1]: import numpy
     print(numpy.__version__)

     1.23.5
```

图2.18　在JupyterLab中查看Python库版本号　　　图2.19　在JupyterLab中查看某个特定Python库版本号

在《编程不难》《可视之美》两本书中，大家会经常看到代码2.1实例，书中会对代码中关键语句编号并讲解。虽然这些代码都可以在配套代码文件中找到，但是依然**强烈建议**大家在JupyterLab中自己敲一遍。

代码2.1　查看常用Python库版本号 | ⊕ Bk1_Ch2_01.ipynb ○○○

```python
# 检查常用Python库版本号
import scipy
print('scipy: %s' % scipy.__version__)

import numpy
print('numpy: %s' % numpy.__version__)

import matplotlib
print('matplotlib: %s' %
matplotlib.__version__)

import pandas
print('pandas: %s' % pandas.__version__)

import statsmodels
print('statsmodels: %s' %
statsmodels.__version__)

import sklearn
print('sklearn: %s' % sklearn.__version__)
```

对于编程零基础读者，特别推荐大家逐行注释。

下面，我们就讲解代码2.1。

ⓐ这句话就是注释。简单来说，代码中的注释是给人看的，机器对其视而不见。在Python中，符号#用于创建单行注释。注释是用于解释代码的文本，它不会被Python解释器执行，因此不会影响程序的运行。

本书第4章专门介绍如何注释代码。

即便如此，编程时注释并不是可有可无的部分。我们可以使用注释来解释代码的目的、功能或特殊注意事项。毫不夸张地说，自己写完的代码，过不了一个月可能就会忘了某些具体语句或逻辑，而代码注释就能完美解决这一问题。此外，代码注释对于其他开发人员阅读和理解代码非常有帮助。

在调试或测试代码时，我们也可以使用临时注释来暂时禁用或跳过某些代码行。

此外，在自定义函数时，我们也可以添加多行注释，来生成代码文档。本书第8章会专门介绍自定义函数。

ⓑ导入SciPy库。SciPy是一个用于科学计算和数据分析的开源Python库，它包含了许多用于数学、科学和工程计算的功能和工具。

本书第26章专门介绍SciPy库。

在Python中，import 是一个关键字，用于导入其他Python库/包/模块。

本书第4章专门介绍如何使用import。

在JupyterLab中，只有成功导入某个库或模块后，才能调用其中函数。

ⓒ print() 是Python的内置函数，用来打印，p小写。

'scipy: %s' 是一个包含占位符的字符串，其中%s是一个占位符，表示后面将被替换成一个字符串的值。在Python中，**字符串** (string) 是一种数据类型，用于表示纯文本数据。

注意：SciPy (S和P大写) 是这个Python库的名字，而在JupyterLab中，导入这个库时，scipy为全小写无空格。

scipy.__version__是SciPy库的一个属性，它包含了当前导入的SciPy版本的字符串。通过scipy.__version__，我们可以获取计算机中当前SciPy库的版本信息。

ⓓ在Python中用于导入NumPy库的语句。NumPy是Python中用于科学计算和数值操作的一个强大的开源库。它提供了多维数组 (NumPy array) 和一系列用于操作这些数组的函数。NumPy广泛用于数据分析、科学计算、机器学习等领域。

本书第5章专门介绍包括字符串在内的常用数据类型。

ⓔ导入Matplotlib库的语句。Matplotlib是一个用于创建各种类型的图形和可视化的Python库。

本书第13～18章专门介绍NumPy库常用工具。

ⓕ导入Pandas库。Pandas是Python中用于数据分析和数据操作的高性能库。Pandas提供了两种主要数据结构：Series和DataFrame，用于处理和操作各种类型的数据，包括表格数据、时间序列数据等。

本书第10～12章专门介绍常用可视化工具。

本书第19～24章介绍Pandas库常用工具。

ⓖ导入Statsmodels库。Statsmodels是一个Python库，用于执行统计分析和建立统计模型，包括线性回归、时间序列分析、假设检验和许多其他统计方法。

本书第27章专门介绍Stats-models库。

ⓗ导入Scikit-Learn库。Scikit-Learn，也称sklearn，是一个强大的开源机器学习库，提供了用于各种机器学习任务的工具和算法。它包括分类、回归、聚类、降维、模型选择、模型评估等各种机器学习任务的实现。Scikit-Learn还包括用于数据预处理和特征工程的功能。

本书第28～33章专门介绍Scikit-Learn库常用工具。

2.5 安装、更新、卸载Python第三方库

即便安装Anaconda时，各种常用Python库已经安装好；但是，在使用时，我们经常会安装其他库，抑或更新已经安装的库，如pandas-datareader，本书后续会利用pandas-datareader下载金融数据。在安装Anaconda时，这个库没有被安装，需要我们自行安装。库的安装方法有以下几种。

❶ 使用pip安装。pip 是Python的包管理器，它是最常用的安装库的方法。打开Anaconda Prompt，然后运行pip install pandas-datareader命令来安装库，如图2.20所示。

图2.20 安装pandas-datareader

❷ 如果使用的是Anaconda Python环境，有时也可以使用Conda包管理器来安装库，如conda install library_name。具体采用pip还是Conda，建议大家在安装任何第三方库之前，首先查看这个库的技术文档，了解库的版本、更新情况、使用说明、常见案例。比如，pandas-datareader的技术文档：

https://pandas-datareader.readthedocs.io/en/latest/

在这个网页首页，我们看到推荐pip install pandas-datareader安装pandas-datareader。

如果大家有多个Anaconda环境，安装特定库时需要选择特定环境。如图2.21所示，当前Anaconda有两个环境，如果我们想在demo环境安装Streamlit的话，单击绿色三角图标，在菜单中单击Open Terminal按钮，调出对应环境的Anaconda Prompt。然后利用pip install streamlit安装Streamlit，如图2.22所示。

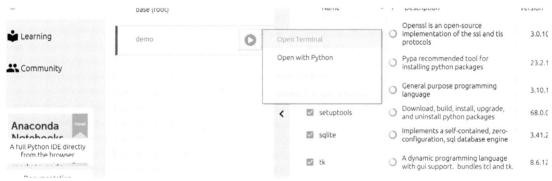

图2.21 在特定Anaconda环境安装Python库

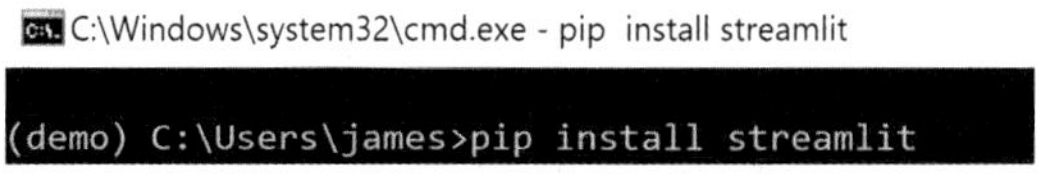

C:\Windows\system32\cmd.exe - pip install streamlit

(demo) C:\Users\james>pip install streamlit

图2.22 安装Streamlit

顺便提一下，在Anaconda Navigator中可以很轻松地创建全新Python环境。如图2.23所示，大家只需要单击左下角加号 Create，在弹出的对话框中输入环境名称，选择Python版本号。如果使用R语言的话，还可以创建R语言环境。

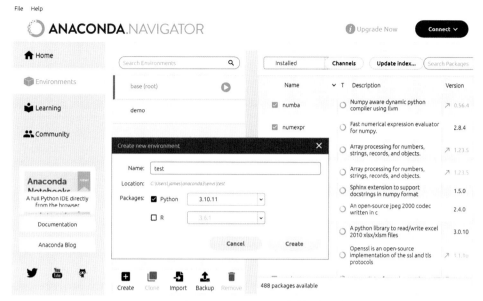

图2.23　在Anaconda Navigator中创建新环境

Streamlit 是一个用于创建Web应用程序的Python库，它可以让数据科学家、工程师和分析师轻松地将数据应用程序转化为交互式Web应用程序，无须深入的前端开发经验。本书最后两章将利用Streamlit搭建数学动画、数据分析、机器学习App。请大家在安装Streamlit前，查看其技术文档：

```
https://docs.streamlit.io/library/get-started/installation
```

给大家一个任务，请大家首先安装pandas-datareader，然后再安装Streamlit库。

有时，我们也可以从库的源代码安装库，下载或克隆压缩文件，利用类似python setup.py install的命令安装。但是，这种方法不推荐初学者使用。

此外，我们也可以在JupyterLab中，用! pip install library_name方法安装特定库。但是，这种方法也不推荐初学者使用。注意，感叹号 (!) 为半角。

想要卸载特定Python库也很容易，大家在Anaconda Prompt中键入"pip uninstall library_name"即可。

想要更新某个Python库，可以使用pip install library_name --upgrade。如图2.24所示，大家也可以在Anaconda Navigator中查看某个Python库是否有更新。如果出现蓝色箭头，这说明该库有新版本。

> ⚠️ 注意：由于Python库由不同第三方开发者开发、维护，更新库时要小心兼容性问题。这就是为什么我们有时需要不同Anaconda环境的原因，其实是为了控制不同库的版本。

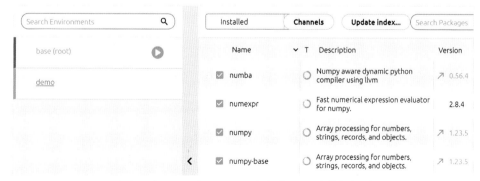

图2.24　在Anaconda Navigator中查看Python库是否有更新

库的健康情况

Python第三方库都是由社区开发者开发、维护，在使用一些生僻的Python库之前，建议大家了解一下这个库的健康情况。

大家可以查看库在GitHub或其他代码托管平台上的维护更新情况，比如最近提交日期、版本历史、日志更新，以及提交频率等信息。此外，大家也可以看看GitHub上库的安装使用、标星 (star)、问题 (issue) 等是否活跃。某个Python库的技术文档质量、更新情况也可以作为衡量其健康程度的指标。

此外，最简单的办法就是通过Synk Advisor打分来评估Python库的健康情况：

```
https://snyk.io/advisor/python/scoring
```

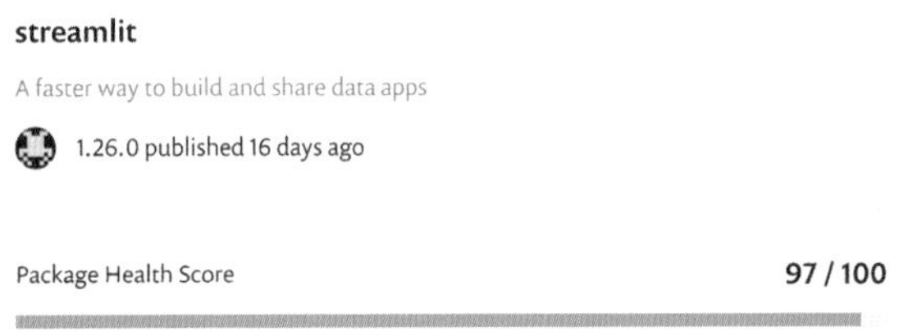

streamlit

A faster way to build and share data apps

1.26.0 published 16 days ago

Package Health Score   **97 / 100**

图2.25   Synk Advisor对Streamlit库的评分，2023年9月

图2.25所示为Streamlit库在2023年9月份的评分。一般来说，评分在85分左右的Python库可以一试。评分如果在95分上下，说明Python库的健康程度很好。

吐槽一下，`pandas-datareader`这个Python库的维护就很差，2023年9月份这个库在Snyk Advisor评分仅为62分，刚及格。也就是说这个库凑合能用，但是出现bug后果自负。

在撰写本书时，作者还能用pandas-datareader从**FRED** (Federal Reserve Economic Data) 下载金融数据。为了避免pandas-datareader失效，作者对本书中用到的金融数据都做了备份，大家可以在本书配套代码中找到。

万一下载失败，可以用pandas.read_csv() 函数导入CSV数据。很期待开发者能尽快更新库，并解决Yahoo金融数据下载问题。

请大家完成以下题目。

Q1. 安装Anaconda。

Q2. 从Anaconda Navigator进入JupyterLab并完成测试。编写并执行代码2.1。再次提醒，按快捷键Ctrl + Enter可以完成当前代码块运算。

Q3. 打开Anaconda Navigator，查看已安装Python库的版本。

Q4. 从Anaconda Navigator 进入Anaconda Prompt，然后安装pandas-datareader和Streamlit。

* 这些题目很基础，本书不给答案。

本章最重要的任务就是成功安装Anaconda，并试运行JupyterLab。

下一章，我们将深入了解"鸢尾花书"自主探究学习的利器——JupyterLab。

JupyterLab，用起来！

特别适合探究式学习，代码、绘图、脚本、公式 ……

教育不是为生活做准备；教育就是生活本身。

Education is not a preparation for life; education is life itself.

—— 约翰·杜威 (John Dewey) ｜ 美国著名哲学家、教育家、心理学家 ｜ 1859 — 1952年

- ◄ `ax.plot_wireframe()` 用于在三维子图ax上绘制网格
- ◄ `fig.add_subplot(projection='3d')` 用于在图形对象fig上添加一个三维子图
- ◄ `matplotlib.pyplot.figure()` 用于创建一个新的图形窗口或画布，用于绘制各种数据可视化图表
- ◄ `matplotlib.pyplot.grid()` 在当前图表中添加网格线
- ◄ `matplotlib.pyplot.plot()` 绘制折线图
- ◄ `matplotlib.pyplot.scatter()` 绘制散点图
- ◄ `matplotlib.pyplot.subplot()` 用于在一个图表中创建一个子图，并指定子图的位置或排列方式
- ◄ `matplotlib.pyplot.subplots()` 创建一个包含多个子图的图表，返回一个包含图表对象和子图对象的元组
- ◄ `matplotlib.pyplot.title()` 设置当前图表的标题，等价于`ax.set_title()`
- ◄ `matplotlib.pyplot.xlabel()` 设置当前图表x轴的标签，等价于`ax.set_xlabel()`
- ◄ `matplotlib.pyplot.xlim()` 设置当前图表x轴显示范围，等价于`ax.set_xlim()` 或 `ax.set_xbound()`
- ◄ `matplotlib.pyplot.xticks()` 设置当前图表x轴刻度位置，等价于`ax.set_xticks()`
- ◄ `matplotlib.pyplot.ylabel()` 设置当前图表y轴的标签，等价于`ax.set_ylabel()`
- ◄ `matplotlib.pyplot.ylim()` 设置当前图表y轴显示范围，等价于`ax.set_ylim()` 或 `ax.set_ybound()`
- ◄ `matplotlib.pyplot.yticks()` 设置当前图表y轴刻度位置，等价于`ax.set_yticks()`
- ◄ `numpy.arange()` 生成一个包含给定范围内等间隔的数值的数组
- ◄ `numpy.linspace()` 生成在指定范围内均匀间隔的数值，并返回一个数组
- ◄ `numpy.meshgrid()` 用于生成多维网格化数据
- ◄ `plotly.express.data.iris` 从Plotly库里加载鸢尾花数据集
- ◄ `plotly.express.scatter()` 绘制可交互的散点图
- ◄ `plotly.graph_objects.Figure()` 用于创建一个新的图形对象，用于绘制各种交互式数据可视化图表
- ◄ `plotly.graph_objects.Surface()` 绘制可交互的网格曲面
- ◄ `seaborn.scatterplot()` 绘制散点图

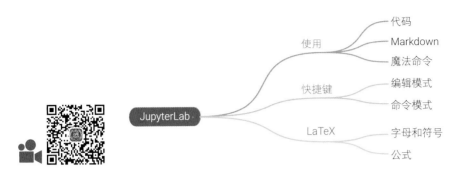

3.1 什么是JupyterLab?

JupyterLab是集"浏览器 + 编程 + 文档 + 绘图 + 多媒体 + 发布"众多功能于一体的工具。在"鸢尾花书"不同场合反复提过,对于初学者,哪怕是有开发经验的读者来说,JupyterLab相当于是"实验室",特别适合探究式学习。

目前《编程不难》和《可视之美》中,几乎所有的代码都是用JupyterLab写的。如果大家对JupyterLab反馈正面,其他分册也会考虑提供Jupyter Notebook配套文件。

这一章将和大家聊一聊如何使用JupyterLab。

> 注意:本章不求"事无巨细"地介绍JupyterLab,而是要全景地浏览JupyterLab的主要功能,保证"够用就好",以便大家轻装上阵。

对于JupyterLab的外观、窗口布局等细节问题,在这一章就不展开聊了,大家如果有需要可以很容易搜索到结果。当大家对JupyterLab熟悉之后,建议大家了解如何用JupyterLab的debug功能。此外,很多开发者专门针对JupyterLab开发了各种小插件,很多插件的确能提高工作效率,也建议大家自行了解。

大家学完这一章内容之后,会发现这一章最重要的内容就一个——快捷键。

什么是JupyterLab?
JupyterLab是一个交互式开发环境,可以让用户创建和共享Jupyter笔记本电脑、代码、数据和文档。它是Jupyter Notebook的升级版本,提供了更强大的功能和更直观的用户界面。JupyterLab支持多种语言,包括Python、R、Julia和Scala等。它还提供了多个面向数据科学的扩展,如JupyterLab Git、JupyterLab LaTeX和JupyterLab Debugger等,使得数据科学家和开发人员可以更加高效地进行数据分析、机器学习和模型开发等工作。JupyterLab的主要特点包括:基于Web的用户界面,可以让用户同时在一个界面中管理多个笔记本电脑和文件;支持多种文件格式,包括Jupyter笔记本电脑、Markdown文档、Python脚本和CSV文件等;可以通过拖放和分栏等方式来组织和管理笔记本和文件;提供了一组内置的编辑器、终端、文件浏览器和输出查看器等工具;可以通过扩展系统来扩展和定制JupyterLab的功能。

3.2 使用JupyterLab：立刻用起来

新建Notebook

大家首先通过Anaconda Navigator打开JupyterLab (上一章内容)。

如图3.1所示，不管单击A还是B都会看到C这个图标，单击C就会生成一个Notebook。此外，新建Notebook前，单击图3.1中的D，我们可以改变文件路径。

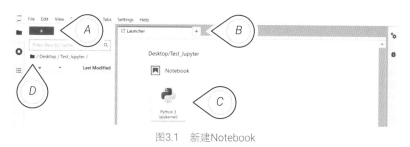

图3.1　新建Notebook

如图3.2所示，Notebook界面有很多板块。

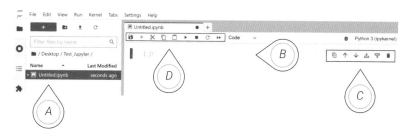

图3.2　JupyterLab中新建Notebook界面

JupyterLab中的Cell是什么?

在JupyterLab中，Cell (单元格) 是指一个包含代码或文本的矩形区域，它是用户编写和执行代码、编写文本和渲染Markdown的基本单位。Cell可以包含多种类型的内容，包括代码、Markdown、LaTeX公式等。JupyterLab中的Cell可以通过交互式的方式进行编辑和执行。例如，在Code Cell中，用户可以编写Python代码，并使用Shift+Enter快捷键执行代码并显示结果；在Markdown Cell中，用户可以使用Markdown语法编写文本，并使用Shift+Enter快捷键渲染Markdown文本。JupyterLab中的Cell还支持多种交互式扩展，例如使用IPython Magic命令、使用自动完成、代码补全和代码调试等。Cell也可以被复制、剪切、粘贴、移动和删除，使得用户可以轻松地组织和管理笔记本中的内容。

对于初学者，大家先注意以下四点。

◀ 图3.2中的A对应的是Notebook默认的名字。右击后可以对文件进行各种操作，如重命名、剪切、复制、粘贴、删除等。

◀ 图3.2中的B是Notebook中第一个Cell。在Notebook里，一个基本的代码块被称作一个Cell。注意，一个Notebook可以有若干Cell；而一个Cell理论上可以有无数行代码。

◀ 图3.2中的C对应的是对Cell的几个常见操作——复制并向下粘贴Cell、向上移动Cell、向下移动Cell、向上加Cell、向下加Cell、删除当前Cell，如图3.3所示。

◀ 图3.2中的D对应的操作——保存Notebook文件、向下加Cell、剪切Cell、复制Cell、粘贴Cell、运行当前Cell后移动到 (或创建) 下一个Cell、停止运行、重启内核、重启重跑所有Cell、Code/Markdown转换，如图3.4所示。

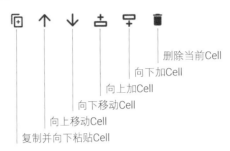

图3.3　C对应的是对Cell的几个常见操作

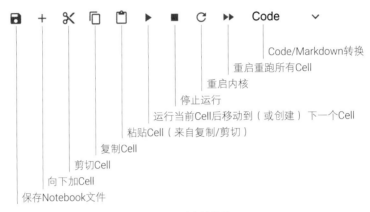

图3.4　D对应的操作

JupyterLab中的内核是什么？

JupyterLab中，内核 (kernel) 是指与特定编程语言交互的后台进程，它负责编译和执行用户在JupyterLab中编写的代码，并返回执行结果。内核与JupyterLab之间通过一种称为"Jupyter协议"的通信协议进行交互。打开一个新的Notebook或Console时，JupyterLab会自动启动一个内核，这个内核将与该Notebook或Console中编写的代码进行交互。在Notebook或Console中编写代码，并使用内核来执行它们。内核还可以保存笔记本中的变量和状态，使得大家可以在多个代码单元格之间共享变量和状态。JupyterLab支持多种编程语言的内核，可以在启动Notebook或Console时选择要使用的内核。例如，如果想使用Python内核，可以选择"Python 3"内核。一旦选择了内核，JupyterLab将与该内核建立连接，并使用它来执行该Notebook或Console中编写的代码。如果希望在Notebook或Console中使用其他语言的内核，需要先安装并配置这些内核。

代码 vs 文本

Jupyter的Cell常用两种状态——代码、文本。文本也叫**Markdown**。两种状态之间可以相互转换。

顾名思义，**代码** (Code) 状态的Cell中的内容会被视为"代码"，#开头的部分会被视为"注释"。

文本 (Markdown) 状态下，整个Cell的内容可以是文本/LaTeX公式/超链接/图片等等，这个Cell不会被当成代码执行。图3.4中的"Code/Markdown"选项可以帮助我们进行两种Cell状态的切换。

我们常在JupyterLab中敲入各种LaTex公式，本书后续将会见缝插针地讲解如何用LaTex写各种公式。

多数时候为了提高切换效率，我们通常使用快捷键。下面介绍JupyterLab中常用的快捷键。

本节配套的Jupyter Notebook文件Bk1_Ch3_01.ipynb向大家展示如何在Jupyter Notebook中进行探究式学习。本节配套的微课视频会逐Cell讲解这个Notebook文件。

JupyterLab中的Markdown是什么？

在JupyterLab中，Markdown是一种轻量级标记语言，可以用于编写文档、笔记和报告等。通过使用Markdown语法，用户可以在JupyterLab中轻松地创建格式化文本、插入图片、添加链接、创建列表等。Markdown语法非常简单，易于学习和使用。例如，使用Markdown语法，用户可以使用井号 (#) 来创建标题，使用"-"或"*"符号加上空格来创建bullet list，使用双星号(**)来加粗文本，使用单星号(*)来斜体文本，等等。用户可以在Markdown单元格中编写Markdown语法，然后使用Shift+Enter快捷键来渲染Markdown文本。JupyterLab中的Markdown支持LaTeX语法，用户可以使用LaTeX语法来插入数学公式，从而方便地创建数学笔记和报告。

Markdown元素

在本章配套的Jupyter Notebook文件中大家可以看到，在Markdown中，我们可以创建文本、标题、公式等格式和元素丰富的文档。

表3.1总结了Markdown中各种常用元素。

表3.1 Markdown中各种常用元素 | ⊕ Bk1_Ch3_02.ipynb

Markdown元素	介绍
# Level 1 Header	一级标题：1个井号 (hash) 后紧跟一个半角空格
## Level 2 Header	二级标题：2个井号相连，后紧跟一个半角空格
### Level 3 Header	三级标题：3个井号相连，后紧跟一个半角空格
#### Level 4 Header	四级标题：4个井号相连，后紧跟一个半角空格
##### Level 5 Header	五级标题：5个井号相连，后紧跟一个半角空格
<h1> Level 1 Header </h1> <h2> Level 2 Header </h2> <h3> Level 3 Header </h3> <h4> Level 4 Header </h4> <h5> Level 5 Header </h5>	HTML语句呈现分级标题
<font color=blue> colored text</font>	指定颜色渲染文本
italic text	文字倾斜；第一个星号 (asterisk) *之后、第二个星号*之前没有空格
italic text	文字倾斜；第一个下画线 (underscore) _ 之后、第二个下画线_之前没有空格；下画线是英文状态下输入的半角字符
italic text	文字倾斜
bold text	文字加粗；第一对星号**之后、第二对星号**之前没有空格
bold text	文字加粗
bold text	文字加粗

Markdown元素	介绍
__bond text__	文字加粗；第一对下画线__之后、第二对下画线__之前没有空格
bold and italic text ___bold and italic text___ <strong><em> bold and italic text </em></strong>	文字加粗倾斜
~~Scratch this~~ <del>Scratch this</del>	划去
*** --- ___ <hr>	画一条横向分隔线；有4种方法：3个星号，或3个连字符 (hyphen)，或3个下画线，或<hr>
* bullet point 1 * bullet point 2	项目符号；星号之后有一个半角空格
- bullet point 1 - bullet point 2	项目符号；连字符之后有一个半角空格
- bullet point 1 　- bullet point 1.1 　　- bullet point 1.1.1 　　- bullet point 1.1.2 　- bullet point 1.2	分级项目符号 第2级：4个空格，跟着一个连字符，再跟1个空格 第3级：8个空格，跟着一个连字符，再跟1个空格
1. bullet point 2. bullet point	编号；数字后有一个半角句点，紧跟着一个空格
<ul> <li>item 1</li> <li>item 2</li> <li>item 3</li> </ul>	项目符号
<ol> <li>item 1</li> <li>item 2</li> <li>item 3</li> </ol>	自动编号
- [x] Done - [] To Do	可以用来区分已做事项和未做事项
paragraph 1 paragraph 2 	分行符号；也可以用两个半角空格分行
<p>paragraph 1</p> <p>paragraph 2</p>	分段符号
> Quote	一段引用文本
> Quote level 1 >> Quote level 2 >>> Quote level 3	分级引用
π	插入符号、公式
$$\pi$$	居中插入符号、公式

Markdown元素	介绍
| col 1 | col 2 | col 3 | |:-: |:-: |:-: | | 1 | A | a | | 2 | B | b |	表格；:-: 代表居中对齐，:-代表左对齐；-:代表右对齐
*	直接显示星号 (*)
Repos [link](https://github.com/Visualize-ML).	超链接
~~python print('Python is fun!') ~~~	在Markdown中展示Python代码；~是波浪号 (tilde)，下一节会介绍这些常用键盘符号

魔法命令

在JupyterLab中，**魔法命令** (magic command) 是特殊的命令，以一个百分号 (%) 或两个百分号 (%%) 开头，用于在Jupyter Notebook中执行一些特殊的操作或提供额外的功能。这些命令可以方便地控制代码的执行方式、访问系统信息以及进行其他一些有用的操作。一些常用的JupyterLab魔法命令，如表3.2所示。

一个百分号 (%) 开头的叫**行魔法命令** (line magic)，是只针对当前行生效的方法；两个百分号 (%%) 开头的叫**单元格魔法命令** (cell magic)，对当前整个代码输入框Cell生效。

表3.2　JupyterLab中常用魔法命令

魔法命令	描述
%lsmagic	列表查看所有的魔法命令
%lsmagic?	在任何魔法命令后加半角 (?)，查看特定魔法命令用法
%magic	详细说明所有魔法命令用法
%cd	切换工作目录
%timeit	统计 (多次运行算均值和标准差) 某行代码的运行时间，比如 import numpy as np %timeit data = np.random.uniform(0,1,10000)
%%time	用于记录该Cell运行的时间，比如以下矩阵乘法运算 %%time import numpy as np A = np.random.uniform(0,1,(1000,1000)) B = np.random.uniform(0,1,(1000,1000)) C = A @ B
%pip	执行pip命令，比如 %pip install numpy
%conda	执行conda命令
%who	调出所有的全局变量。通过以下用法可以找到特定类型的变量 %who str %who dict %who float %who list

魔法命令	描述
%%writefile	将某个单元格代码写入并保存在某个文档中，比如 %%writefile C:\Users\james\Desktop\test\test.txt import numpy as np A = np.random.uniform(0,1,(1000,1000)) B = np.random.uniform(0,1,(1000,1000)) C = A @ B
%pwd	打印当前工作目录
%run python_file.py	执行当前文件夹中的.py文件

3.3 快捷键：这一章可能最有用的内容

建议大家使用**快捷键** (keyboard shortcuts)完成常见Cell操作。JupyterLab的快捷键分成两种状态：① 编辑模式；② 命令模式。

编辑模式：允许大家向Cell中敲入代码或Markdown文本。表3.3总结了编辑模式下常用快捷键。为了帮助大家识别这些快捷键组合，图3.5给出了标准键盘主键盘上各个按键的位置。

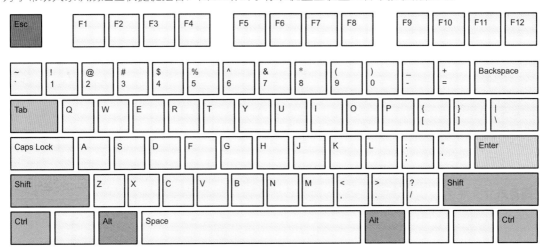

图3.5 标准键盘，Mac的command对应Ctrl

命令模式：按 Esc 进入命令模式，这时可以通过键盘键入命令快捷键。表3.4总结了命令模式下常用快捷键。

表3.3和表3.4两个表格中都是常用默认快捷键。如果大家对某个快捷键组合不满意，可以自行修改。特别是需要在多个IDE之间转换时，由于不同IDE的默认快捷键不同，一般都会将常用快捷键统一设置成自己习惯的组合。

表格中的加号"+"表示"一起按下"，不是让大家按加号键。加号前后的按键没有先后顺序。

JupyterLab中修改快捷键的路径为Settings → Advanced Settings Editor (或Esc → Ctrl + ,) → 搜索 Keyboard Shortcuts。

注意：不建议初学者修改默认快捷键。除非大家需要跨IDE编程，比如并用JupyterLab和PyCharm，或者并用JupyterLab和Spyder，则可以通过修改快捷键，保证不同IDE中快捷键一致，这样更顺手。

表3.3　编辑模式下常用快捷键

快捷键组合	功能
`Esc`	进入命令模式；单击任何Cell返回，或按Enter返回编辑模式
`Ctrl` + `M`	进入命令模式
`Ctrl` + `S`	保存；尽管JupyterLab会自动保存，建议大家还是要养成边写边存的好习惯
`Shift` + `Enter`	执行 + 跳转；运行当前Cell中的代码，光标跳转到下一个Cell
`Ctrl` + `Enter`	执行；运行当前Cell中的代码
`Alt` + `Enter`	执行 + 创建Cell；运行当前Cell中的代码，并在下方创建一个新Cell
`Ctrl` + `Shift` + `⊖`	分割；在光标所在位置将代码/文本分割成两个Cells
`Ctrl` + `/`	注释/撤销注释；对所在行，或选中行进行注释/撤销注释操作
`Ctrl` + `[`	向左缩进；行首减四个空格
`Ctrl` + `]`	向右缩进；行首加四个空格
`Ctrl` + `A`	全选；全选当前Cell内容
`Ctrl` + `Z`	撤销；撤销上一个键盘操作
`Ctrl` + `Shift` + `Z`	重做；恢复刚才撤销命令对应操作，相当于撤销"撤销"
`Ctrl` + `C`	复制；复制选中的代码或文本
`Ctrl` + `X`	剪切；剪切选中的代码或文本
`Ctrl` + `V`	粘贴；粘贴复制/剪切的代码或文本
`Ctrl` + `F`	查询；实际上就是浏览器的搜索
`Home`	跳到某一行开头
`End`	跳到某一行结尾
`Ctrl` + `Home`	跳到多行Cell第一行开头
`Ctrl` + `End`	跳到多行Cell最后一行结尾
`Tab`	代码补齐；忘记函数拼写时，可以给出前一两个字母，按Tab键得到提示
`Shift` + `Tab`	对键入的函数提供帮助文档
`Ctrl` + `B`	展开/关闭左侧sidebar

表3.4　命令模式下常用快捷键

快捷键组合	功能
`Esc`	编辑模式下，进入命令模式；单击任何Cell返回，或单击Enter返回编辑模式
`Esc` ➤ `M`	在按下Esc进入命令模式后，将当前Cell从代码转成Markdown文本

快捷键组合	功能
Esc → Y	将当前Cell从文本Markdown转成代码
Enter	从命令模式进入编辑模式，或者单击任何Cell
Esc → A	插入；在当前Cell上方插入一个新Cell
Esc → B	插入；在当前Cell下方插入一个新Cell
Esc → D → D	删除；在按下Esc进入命令模式后，连续按两下D，删除当前Cell
Esc – 0 → 0	重启kernel；在按下Esc进入编辑模式后，连续按两下0，重启kernel
Esc → Ctrl + B	展开/关闭左侧sidebar
Esc → Ctrl + A	选中所有Cells
Esc → Shift + ▲	选中当前和上方Cell，不断按Shift + ▲不断选中更上一层Cell
Esc → Shift + ▼	选中当前和下方Cell，不断按Shift + ▼不断选中更下一层Cell
Shift + M	合并；将所有选中的Cells合并；如果没有多选Cell，则将当前Cell和下方Cell合并
Shift + Enter	执行 + 跳转；运行当前Cell中的代码，光标跳转到下一Cell；和编辑模式一致
Ctrl + Enter	执行；运行当前Cell中的代码；和编辑模式一致
Alt + Enter	执行 + 创建Cell；运行当前Cell中的代码，并在下方创建一个新Cell；和编辑模式一致
Esc → ①	一级标题，等同于Markdown状态下 #
Esc → ②	二级标题，等同于Markdown状态下 ##
Esc → ③	三级标题，等同于Markdown状态下 ###，以此类推

表3.5总结了键盘上常用的中英文名称，这些会帮助大家阅读各种技术手册以及工作交流。

表3.5　键盘上常用按键中英文名称

按键	名称	按键	名称
#	井号 (pound, hash, number sign)	@	at符号 (at sign, address sign)
?	问号 (question mark)	~	波浪号 (tilde)
Esc	退出键 (escape key)	`	重音符 (grave accent)
Tab	制表符 (tab key)	Spacebar	空格键 (spacebar, space key)
!	感叹号 (exclamation mark)	'	单引号 (single quotation mark)
.	句点 (period, dot, full stop)	"	双引号 (double quotation mark)
,	逗号 (comma)	;	分号 (semicolon)
<	小于 (less than sign) 左尖括号 (left/open angle bracket)	:	冒号 (colon)
>	大于 (greater than sign) 右尖括号 (right/closed angle bracket)	/	正斜杠 (forward slash) 除号 (division sign)
|	竖线 (pipe, vertical bar)	\	反斜杠 (backslash, backward slash)
[	左方括号 (left/open bracket)	(	左圆括号 (left/open parenthesis)

按键	名称	按键	名称
]	右方括号 (right/closed bracket)	)	左圆括号 (right/closed parenthesis)
{	左大括号 (left/open curly bracket)	=	等号 (equal sign)
}	右大括号 (right/closed curly bracket)	+	加号 (plus sign)
*	星号 (asterisk, star)	-	连字符 (hyphen) 减号 (minus sign)
%	百分号 (percent, percentage sign)	_	下画线 (underscore)
&	与号 (ampersand, and symbol)	^	音调符号 (caret, circumflex, hat)

3.4 什么是LaTeX?

LaTeX是一种用于排版科学和技术文档的系统。根据官网介绍，LaTeX的正确发音为Lah-tech或Lay-tech。

与常见的字处理软件不同，LaTeX使用纯文本文件作为输入，并通过预定义的命令和语法描述文档结构和格式。LaTeX可以处理复杂的数学公式、表格、图表和引用，并提供高级功能，如自动编号和交叉引用。

LaTeX是开源的，可在多个操作系统上运行，并有丰富的扩展包和模板可供使用。LaTeX被广泛应用于学术界和科技领域。通过使用LaTeX，用户可以轻松创建高质量、规范的学术论文、期刊文章和演示文稿。

本章后文不会讲怎么用LaTeX写论文，仅仅介绍如何在Jupyter Notebook的Markdown中嵌入LaTeX数学符号、各类常用公式，比如代码3.1和代码3.2两个例子。

LaTeX更像是编程，比如代码3.1中，\begin{bmatrix}代表左侧方括号，\end{bmatrix}代表右侧方括号。\cdots代表水平省略号，\vdots代表竖直省略号，\ddots代表对角省略号。

再比如代码3.2中，{\frac {1}{2}} 为分式，第1个 {} 内为分子，第2个 {} 内为分母。\left(代表左括号，\right) 代表右括号。\sqrt 代表根号。LaTeX语句非常直观，很容易理解，本章后文不再逐一讲解LaTeX语句。

> ⚠ 注意：在JupyterLab Markdown单元格中，要在文本中插入 (inline) 一个简单的公式，需要用左右 $ (半角) 将公式括起来，比如$E=mc^2$。要让公式单独一行需要用左右 $$ 将公式括起来，比如$$E=mc^2$$。

本章如下内容，建议大家现用现学，千万别死记硬背；如果现在用不到的话，可以跳过不看。

代码3.1 用LaTeX写矩阵 | ⊕ Bk1_Ch3_03.ipynb

```
ⓐ $$A_{m\times n} =
ⓑ  \begin{bmatrix}
ⓒ  a_{1,1} & a_{1,2} & \cdots & a_{1,n} \\
    a_{2,1} & a_{2,2} & \cdots & a_{2,n} \\
ⓓ  \vdots  & \vdots  & \ddots & \vdots  \\
    a_{m,1} & a_{m,2} & \cdots & a_{m,n}
ⓔ  \end{bmatrix}$$
```

$$A_{m\times n} = \begin{bmatrix} a_{1,1} & a_{1,2} & \cdots & a_{1,n} \\ a_{2,1} & a_{2,2} & \cdots & a_{2,n} \\ \vdots & \vdots & \ddots & \vdots \\ a_{m,1} & a_{m,2} & \cdots & a_{m,n} \end{bmatrix}$$

L^AT_EX

ⓐ `$$f_X(x)={\frac {1}{\sigma {\sqrt {2\pi }}}}`

ⓑ `\exp \left({-{\frac {1}{2}}`

ⓒ `\left({\frac {x-\mu }{\sigma}}\right)^{2}}\right)$$`

$$\overbrace{\frac{1}{\sigma\sqrt{2\pi}}}\quad -\frac{1}{2}\quad \left(\frac{x-\mu}{\sigma}\right)^2$$

$$f_X(x) = \frac{1}{\sigma\sqrt{2\pi}}\exp\left(-\frac{1}{2}\left(\frac{x-\mu}{\sigma}\right)^2\right)$$

LaTeX

3.5 字母和符号

字母样式

英文中常用字母样式主要有：**正体**Aa (regular)、**粗体Aa** (bold)、*斜体Aa* (italic)、**粗体斜体*Aa*** (bold italic)、**无衬线体** (sans-serif)、**衬线体** (serif)、**花体** (calligraphy)、**上标**^{Aa} (superscript)、**下标**$_{Aa}$ (subscript)。

无衬线体是指在字母末端没有装饰性衬线，如图3.6 (a) 所示。无衬线体字体的设计更加简洁、直接，没有额外的装饰。

无衬线体常常被用于数字屏幕上，如计算机屏幕、手机、平板电脑等，因为在低分辨率的显示条件下，无衬线体更容易阅读。常用的无衬线体字体有Arial、Roboto等。本书图片注释文字很多便采用Roboto。Roboto是Google开源字体。

衬线体是指在字母末端有装饰性衬线的字体，如图3.6 (b) 所示。这些图3.6 (c) 所示小线条使得衬线体在打印和长段落文字中更易于阅读。它们在印刷物、书籍、报纸等传统媒体中被广泛使用。最常见的衬线体莫过于Times New Roman。"鸢尾花书"中大量使用Times New Roman，特别是在公式中。

此外，还必须要提到编程中常用的另外一种字体——**等宽字体** (monospaced font, Mono)。在Mono字体中，每个字符 (包括字母、数字、标点符号、空格等) 都占据相同的水平宽度，这使得每列字符在视觉上都保持对齐，进而使得排版看起来整齐和规整。

⚠ 注意：ISO标准推荐向量、矩阵记号采用粗体、斜体、衬线体，如 $\boldsymbol{a}$、$\boldsymbol{b}$、$\boldsymbol{x}$、$\boldsymbol{A}$、$\boldsymbol{B}$、$\boldsymbol{X}$。"鸢尾花书"采用这一样式。

在编程中需要对齐代码，使其易于阅读和维护，因此Mono字体在代码编辑器中得到广泛应用。最常见的Mono字体为Courier New。"鸢尾花书"很多地方也会采用Courier New。

大家读到此处应该非常熟悉本书代码中使用的这种Mono字体 (见图3.7)，它就是Google开源字体Roboto Mono Light。Roboto Mono Light是无衬线等宽字体。

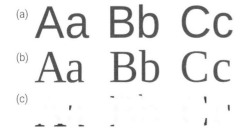

图3.6　比较无衬线体、衬线体 (图片改编自Wikipedia)

图3.7　等宽字体Roboto Mono Light

数学中字母样式如表3.6所示。

表3.6 数学中字母样式 | ⊕ Bk1_Ch3_03.ipynb

LaTeX	样式	说明
$ {AaBbCc} $	*AaBbCc*	斜体,用于大部分数学符号、表达式
$ \mathrm {AaBbCc} $	AaBbCc	正体,用于公式中的单位或文字
$ \mathbf {AaBbCc} $	**AaBbCc**	粗体,用于向量、矩阵
$ \boldsymbol {AaBbCc} $	***AaBbCc***	粗体、斜体,用于向量、矩阵
$ \mathtt {AaBbCc} $	AaBbCc	等宽字体,常用于代码
$ \mathcal {ABCDEF} $	$\mathcal{ABCDEF}$	花体,用于表示数学中的集合、代数结构、算子
$ \mathbb {CRQZN} $	$\mathbb{CRQZN}$	黑板粗体 (blackboard bold),常用来表达各种集合
$\text {Aa Bb Cc}$	Aa Bb Cc	用来写公式中的文字
$\mathrm{d}x$	dx	ISO规定导数符号d为正体
T	T	运算符

各种字母英文表达如表3.7所示。

表3.7 各种字母英文表达

英文字母	英文表达
A	capital a, cap a, upper case a
a	small a, lower case a
A	italic capital a, italic cap a
a	italic a
A	boldface capital a, bold cap a
a	boldface a, bold small a
A	bold italic cap a
a	bold italic small a
$\mathfrak{A}$	Gothic capital a
$\mathfrak{a}$	Gothic a
$\mathscr{A}$	script capital a
$\mathscr{a}$	script a

标记

数学符号、表达式中还常用各种特殊**标记** (accent),表3.8总结了常用特殊标记。

表3.8 数学中字母标记 | ⊕ Bk1_Ch3_03.ipynb

LaTex	数学表达	英文表达
x' $x^{\prime}$	x'	x prime
x''	x''	x double prime
$\overrightarrow{AB}$	$\overrightarrow{AB}$	a vector pointing from A to B
$\underline{x}$	$\underline{x}$	x underline
$\hat{x}$	$\hat{x}$	x hat
$\bar{x}$	$\bar{x}$	x bar
$\dot{x}$	$\dot{x}$	x dot
$\tilde{x}$	$\tilde{x}$	x tilde

LaTex	数学表达	英文表达
x_i	x_i	x subscript i, x sub i
x^i	x^i	x to the i, x to the ith, x to the i-th power x raised to the i-th power
$\ddot{x}$	$\ddot{x}$	x double dot
x^*	x^*	x star, x super asterisk
$x\dagger$	$x\dagger$	x dagger
$x\ddagger$	$x\ddagger$	x double dagger
${\color{red}x}$	x	red x

希腊字母

表3.9总结了常用大小写希腊字母，表3.10给出了常用作变量的希腊字母。比如，《统计至简》就会用到 ϑ。

表3.9 常用大小写希腊字母

小写	LaTeX	大写	LaTeX	英文拼写	英文发音
α	α	A	A	alpha	/ˈælfə/
β	β	B	B	beta	/ˈbeɪtə/
γ	γ	Γ	Γ	gamma	/ˈgæmə/
δ	δ	Δ	Δ	delta	/ˈdeltə/
ε	ϵ	E	E	epsilon	/ˈepsɪlɑːn/
ζ	ζ	Z	Z	zeta	/ˈziːtə/
η	η	H	H	eta	/ˈiːtə/
θ	θ	Θ	Θ	theta	/ˈθiːtə/
ι	ι	I	I	iota	/aɪˈoʊtə/
κ	κ	K	K	kappa	/ˈkæpə/
λ	λ	Λ	Λ	lambda	/ˈlæmdə/
μ	μ	M	M	mu	/mjuː/
ν	ν	N	N	nu	/njuː/
ξ	ξ	Ξ	Ξ	xi	/ksaɪ/ 或 /zaɪ/ 或 /gzaɪ/
o	$\omicron$	O	O	omicron	/ˈɑːməkrɑːn/
π	π	Π	Π	pi	/paɪ/
ρ	ρ	P	P	rho	/roʊ/
σ	σ	Σ	Σ	sigma	/ˈsɪgmə/
τ	τ	T	T	tau	/taʊ/
υ	υ	Y	Y	upsilon	/ˈʊpsɪlɑːn/
φ	ϕ	Φ	Φ	phi	/faɪ/
χ	χ	X	X	chi	/kaɪ/
ψ	ψ	Ψ	Ψ	psi	/saɪ/
ω	ω	Ω	Ω	omega	/oʊˈmegə/

表3.10 常用作变量的希腊字母

LaTeX	样式	LaTeX	样式
ϑ	ϑ	ϱ	ϱ
$\varkappa$	$\varkappa$	φ	φ
ϖ	ϖ	ε	ε
ς	ς		

常用符号

表3.11总结了常用符号。

此外，请大家注意区分：- **不间断连字符** (nonbreaking hyphen)、- **减号** (minus sign)、- **短破折号** (en dash)、— **长破折号** (em dash)、_ **下画线** (underscore)、/ **前斜线** (forward slash)、\ **反斜线** (backward slash, backslash, reverse slash)、| **竖线** (vertical bar, pipe)。

表3.11 常用符号

LaTex	数学符号	英文表达	中文表达
$\times$	×	multiplies, times	乘
$\div$	÷	divided by	除以
$\otimes$	⊗	tensor product	张量积
$($	(	open parenthesis, left parenthesis, open round bracket, left round bracket	左圆括号
$)$	)	close parenthesis, right parenthesis, close round bracket, right round bracket	右圆括号
$[$	[	open square bracket, left square bracket	左方括号
$]$	]	close square bracket, right square bracket	右方括号
$\{$	{	open brace, left brace, open curly bracket, left curly bracket	左花括号
$\}$	}	close brace, right brace, close curly bracket, right curly bracket	右花括号
$\pm$	±	plus or minus	正负号
$\mp$	∓	minus or plus	负正号
$<$	<	less than	小于
$\leq$	≤	less than or equal to	小于等于
$\ll$	≪	much less than	远小于
$>$	>	greater than	大于
$\geq$	≥	greater than or equal to	大于等于
$\gg$	≫	much greater than	远大于
$=$	=	equals, is equal to	等于
$\equiv$	≡	is identical to	完全相等
$\approx$	≈	is approximately equal to	约等于
$\propto$	∝	proportional to	正比于
∂	∂	partial derivative	偏导
∇	∇	del, nabla	梯度算子
∞	∞	infinity	无穷
$\neq$	≠	does not equal, is not equal to	不等于

LaTex	数学符号	英文表达	中文表达
$\parallel$	∥	parallel	平行
$\perp$	⊥	perpendicular to	垂直
$\angle$	∠	angle	角度
$\triangle$	△	triangle	三角形
$\square$	□	square	正方形
$\sim$	~	similar	相似
$\exists$	∃	there exists	存在
$\forall$	∀	for all	任意
$\subset$	⊂	is proper subset of	真子集
$\subseteq$	⊆	is subset of	子集
$\varnothing$	∅	empty set	空集
$\supset$	⊃	is proper superset of	真超集
$\supseteq$	⊇	is superset of	超集
$\cap$	∩	intersection	交集
$\cup$	∪	union	并集
$\in$	∈	is member of	属于
$\notin$	∉	is not member of	不属于
$\mathbb{N}$	ℕ	set of natural numbers	自然数集合
$\mathbb{Z}$	ℤ	set of integers	整数集合
$\rightarrow$	→	arrow to the right	向右箭头
$\leftarrow$	←	arrow to the left	向左箭头
$\mapsto$	↦	maps to	映射
$\implies$	⇒	implies	推出
$\uparrow$	↑	arrow pointing up, upward arrow	向上箭头
$\Uparrow$	⇑	arrow pointing up, upward arrow	向上箭头
$\downarrow$	↓	arrow pointing down, downward arrow	向下箭头
$\Downarrow$	⇓	arrow pointing down, downward arrow	向下箭头
$\therefore$	∴	therefore sign	所以
$\because$	∵	because sign	因为
$\star$	⋆	asterisk, star, pointer	星号
$!$	!	exclamation mark, factorial	叹号，阶乘
$\| x \|$	$|x|$	absolute value of x	绝对值
$\lfloor x \rfloor$	$\lfloor x \rfloor$	the floor of x	向下取整
$\lceil x \rceil$	$\lceil x \rceil$	the ceiling of x	向上取整
$x!$	$x!$	x factorial	阶乘

3.6 用LaTex写公式

代数

表3.12 ~ 表3.17总结了一些常用的LaTeX代数表达式，请大家自行学习。

表3.12　几个有关多项式的数学表达　|　⊕ Bk1_Ch3_03.ipynb

LaTeX	数学表达
`$x^{2}-y^{2} = \left(x+y\right)\left(x-y\right)$`	$x^2 - y^2 = (x+y)(x-y)$
`$a_{n}x^{n}+a_{n-1}x^{n-1}+\dotsb + a_{2}x^{2} + a_{1}x + a_{0}$`	$a_n x^n + a_{n-1}x^{n-1} + \cdots + a_2 x^2 + a_1 x + a_0$
`$\sum_{k=0}^{n}a_{k}x^{k}$`	$\sum_{k=0}^{n} a_k x^k$
`$ ax^{2}+bx+c=0\ (a\neq 0) $`	$ax^2 + bx + c = 0\,(a \neq 0)$

表3.13　几个有关根式的数学表达　|　⊕ Bk1_Ch3_03.ipynb

LaTeX	数学表达
`${\sqrt[{n}]{a^{m}}}=(a^{m})^{1/n}=a^{m/n}=(a^{1/n})^{m}=({\sqrt[{n}]{a}})^{m}$`	$\sqrt[n]{a^m} = (a^m)^{1/n} = a^{m/n} = (a^{1/n})^m = (\sqrt[n]{a})^m$
`$\left({\sqrt {1-x^{2}}}\right)^{2}$`	$\left(\sqrt{1-x^2}\right)^2$

表3.14　几个有关分式的数学表达　|　⊕ Bk1_Ch3_03.ipynb

LaTeX	数学表达
`${\frac {1}{x+1}}+{\frac {1}{x-1}}={\frac {2x}{x^{2}-1}}$`	$\dfrac{1}{x+1}+\dfrac{1}{x-1}=\dfrac{2x}{x^2-1}$
`$x_{1,2}={\frac {-b\pm {\sqrt {b^{2}-4ac}}}{2a}}$`	$x_{1,2} = \dfrac{-b \pm \sqrt{b^2-4ac}}{2a}$

表3.15　几个有关函数的数学表达　|　⊕ Bk1_Ch3_03.ipynb

LaTeX	数学表达
`$f(x)=ax^{2}+bx+c~~{\text{ with }}~~a,b,c\in \mathbb {R} ,\ a\neq 0$`	$f(x) = ax^2 + bx + c \ \text{ with } \ a,b,c \in \mathbb{R}, a \neq 0$
`$f(x_1, x_2) = x_1^2 + x_2^2 + 2x_1x_2$`	$f(x_1,x_2) = x_1^2 + x_2^2 + 2x_1x_2$
`$\log_{b}(xy)=\log_{b}x+\log_{b}y$`	$\log_b(xy) = \log_b x + \log_b y$
`$\ln(xy)=\ln x+\ln y{\text{ for }} x>0 {\text{ and }} y>0$`	$\ln(xy) = \ln x + \ln y \text{ for } x>0 \text{ and } y>0$
`$f(x)=a\exp \left(-{\frac {(x-b)^{2}}{2c^{2}}}\right)$`	$f(x) = a \exp\left(-\dfrac{(x-b)^2}{2c^2}\right)$

表3.16　几个三角恒等式　| ⊕ Bk1_Ch3_03.ipynb

LaTeX	数学表达
`$\sin ^{2}\theta +\cos ^{2}\theta =1$`	$\sin^2\theta + \cos^2\theta = 1$
`$\sin 2\theta =2\sin \theta \cos \theta$`	$\sin 2\theta = 2\sin\theta\cos\theta$
`$\sin(\alpha \pm \beta )=\sin \alpha \cos \beta \pm \cos \alpha \sin \beta$`	$\sin(\alpha \pm \beta) = \sin\alpha\cos\beta \pm \cos\alpha\sin\beta$
`$\tan(\alpha \pm \beta )=\frac {\tan \alpha \pm \tan \beta }{1\mp \tan \alpha \tan \beta }$`	$\tan(\alpha \pm \beta) = \dfrac{\tan\alpha \pm \tan\beta}{1 \mp \tan\alpha\tan\beta}$

表3.17　几个有关微积分数学表达　| ⊕ Bk1_Ch3_03.ipynb

LaTeX	数学表达
`$\exp(x)=\sum _{k=0}^{\infty }{\frac {x^{k}}{k!}}=1+x+{\frac {x^{2}}{2}}+{\frac {x^{3}}{6}}+{\frac {x^{4}}{24}}+\cdots $`	$\exp(x) = \sum_{k=0}^{\infty} \dfrac{x^k}{k!} = 1 + x + \dfrac{x^2}{2} + \dfrac{x^3}{6} + \dfrac{x^4}{24} + \cdots$
`$ \left(\sum _{i=0}^{n}a_{i}\right)\left(\sum _{j=0}^{n}b_{j}\right)=\sum _{i=0}^{n}\sum _{j=0}^{n}a_{i}b_{j}$`	$\left(\sum_{i=0}^{n} a_i\right)\left(\sum_{j=0}^{n} b_j\right) = \sum_{i=0}^{n}\sum_{j=0}^{n} a_i b_j$
`$\exp(x) =\lim _{n\to \infty }\left(1+{\frac {x}{n}}\right)^{n}$`	$\exp(x) = \lim_{n\to\infty}\left(1 + \dfrac{x}{n}\right)^n$
`$\frac {\mathrm{d}}{\mathrm{d}x} \exp(f(x)) =f'(x) \exp(f(x))$`	$\dfrac{\mathrm{d}}{\mathrm{d}x}\exp(f(x)) = f'(x)\exp(f(x))$
`$\int_{a}^{b}f(x) \mathrm {d} x$`	$\int_a^b f(x)\mathrm{d}x$
`$\int _{-\infty }^{\infty }\exp(-x^{2})\mathrm{d}x={\sqrt {\mathrm{\pi}}}$`	$\int_{-\infty}^{\infty}\exp(-x^2)\mathrm{d}x = \sqrt{\pi}$
`$\int _{-\infty }^{\infty }\int _{-\infty }^{\infty } \exp \left({-\left(x^{2}+y^{2}\right)} \right) {\mathrm{d}x} {\mathrm{d}y} = \pi$`	$\int_{-\infty}^{\infty}\int_{-\infty}^{\infty} \exp\left(-\left(x^2+y^2\right)\right)\mathrm{d}x\mathrm{d}y = \pi$
`$\frac {\partial ^{2}f}{\partial x^{2}}=f_{xx}=\partial _{xx}f=\partial _{x}^{2}f$`	$\dfrac{\partial^2 f}{\partial x^2} = f_{xx} = \partial_{xx}f = \partial_x^2 f$
`${\frac {\partial ^{2}f}{\partial y \partial x}}={\frac {\partial }{\partial y}}\left({\frac {\partial f}{\partial x}}\right)=f_{xy}$`	$\dfrac{\partial^2 f}{\partial y\partial x} = \dfrac{\partial}{\partial y}\left(\dfrac{\partial f}{\partial x}\right) = f_{xy}$

线性代数

表3.18和表3.19总结了一些常用的LaTeX线性代数相关表达式，请大家自行学习。

表3.18　几个有关向量的表达　| ⊕ Bk1_Ch3_03.ipynb

LaTeX	数学表达
`$\mathbf {a} = {\begin{bmatrix} a_{1} \\ a_{2} \\ a_{3} \end{bmatrix}} = [a_{1}\ a_{2}\ a_{3}]^{\operatorname {T} }$`	$\boldsymbol{a} = \begin{bmatrix} a_1 \\ a_2 \\ a_3 \end{bmatrix} = [\,a_1\ a_2\ a_3\,]^{\mathrm{T}}$
`$\left\|\mathbf {a} \right\|=\sqrt {a_{1}^{2}+a_{2}^{2}+a_{3}^{2}}$`	$\|\boldsymbol{a}\| = \sqrt{a_1^2 + a_2^2 + a_3^2}$
`$\mathbf {a} \cdot \mathbf {b} = a_{1}b_{1} + a_{2}b_{2} + a_{3}b_{3}$`	$\boldsymbol{a} \cdot \boldsymbol{b} = a_1 b_1 + a_2 b_2 + a_3 b_3$

LaTeX	数学表达
`$\mathbf {a} \cdot \mathbf {b} =\left|\mathbf {a} \right|\left|\mathbf {b} \right|\cos \theta $`	$\boldsymbol{a} \cdot \boldsymbol{b} = \|\boldsymbol{a}\|\|\boldsymbol{b}\|\cos\theta$
`$\|\mathbf {x} \|_{p}=\left(\sum _{i=1}^{n}\left\|x_{i}\right\|^{p}\right)^{1/p}$`	$\|x\|_p = \left(\sum_{i=1}^{n} \|x_i\|^p\right)^{1/p}$

表3.19　几个有关矩阵的表达 | ⊕ Bk1_Ch3_03.ipynb

LaTeX	数学表达
`$\mathbf {A} = {\begin{bmatrix} 1 & 2\\ 3 & 4 \\ 5 & 6 \end{bmatrix}}$`	$\boldsymbol{A} = \begin{bmatrix} 1 & 2 \\ 3 & 4 \\ 5 & 6 \end{bmatrix}$
`$\mathbf {A} ={\begin{bmatrix}a_{11}&a_{12}&\cdots &a_{1n}\\a_{21}&a_{22}&\cdots &a_{2n}\\\vdots &\vdots &\ddots &\vdots \\a_{m1}&a_{m2}&\cdots &a_{mn}\end{bmatrix}}$`	$\boldsymbol{A} = \begin{bmatrix} a_{11} & a_{12} & \cdots & a_{1n} \\ a_{21} & a_{22} & \cdots & a_{2n} \\ \vdots & \vdots & \ddots & \vdots \\ a_{m1} & a_{m2} & \cdots & a_{mn} \end{bmatrix}$
`$\left(\mathbf {A} +\mathbf {B} \right)^{\operatorname {T} }=\mathbf {A} ^{\operatorname {T} }+\mathbf {B} ^{\operatorname {T} }$`	$(\boldsymbol{A}+\boldsymbol{B})^{\mathrm{T}} = \boldsymbol{A}^{\mathrm{T}} + \boldsymbol{B}^{\mathrm{T}}$
`$\left(\mathbf {AB} \right)^{\operatorname {T} }=\mathbf {B} ^{\operatorname {T} }\mathbf {A} ^{\operatorname {T} }$`	$(\boldsymbol{AB})^{\mathrm{T}} = \boldsymbol{B}^{\mathrm{T}}\boldsymbol{A}^{\mathrm{T}}$
`$ \left(\mathbf {A} ^{\operatorname {T} }\right)^{-1}=\left(\mathbf {A} ^{-1}\right)^{\operatorname {T} }$`	$\left(\boldsymbol{A}^{\mathrm{T}}\right)^{-1} = \left(\boldsymbol{A}^{-1}\right)^{\mathrm{T}}$
`$\mathbf {u} \otimes \mathbf {v} = \mathbf {u} \mathbf {v} ^ {\operatorname {T}} = {\begin{bmatrix}u_{1} \\ u_{2} \\ u_{3} \\ u_{4} \end{bmatrix}} {\begin{bmatrix} v_{1}&v_{2}&v_{3} \end{bmatrix}} = {\begin{bmatrix} u_{1}v_{1} & u_{1}v_{2} & u_{1}v_{3} \\ u_{2}v_{1} & u_{2}v_{2} & u_{2}v_{3} \\ u_{3}v_{1} & u_{3}v_{2} & u_{3}v_{3} \\ u_{4}v_{1} & u_{4}v_{2} & u_{4}v_{3} \end{bmatrix}}$`	$\boldsymbol{u} \otimes \boldsymbol{v} = \boldsymbol{uv}^{\mathrm{T}} = \begin{bmatrix} u_1 \\ u_2 \\ u_3 \\ u_4 \end{bmatrix} \begin{bmatrix} v_1 & v_2 & v_3 \end{bmatrix} = \begin{bmatrix} u_1v_1 & u_1v_2 & u_1v_3 \\ u_2v_1 & u_2v_2 & u_2v_3 \\ u_3v_1 & u_3v_2 & u_3v_3 \\ u_4v_1 & u_4v_2 & u_4v_3 \end{bmatrix}$
`$\det {\begin{bmatrix} a & b \\ c & d \end{bmatrix}} = ad-bc$`	$\det \begin{bmatrix} a & b \\ c & d \end{bmatrix} = ad - bc$

概率统计

表3.20总结了一些常用的LaTeX概率统计相关表达式，请大家自行学习。

表3.20　几个有关概率统计的表达 | ⊕ Bk1_Ch3_03.ipynb

LaTeX	数学表达
`$\Pr(A\vert B)={\frac {\Pr(B\vert A)\Pr(A)}{\Pr(B)}}$`	$\Pr(A\mid B) = \dfrac{\Pr(B\mid A)\Pr(A)}{\Pr(B)}$
`$ f_{X\vert Y=y}(x)={\frac {f_{X,Y}(x,y)}{f_{Y}(y)}}$`	$f_{X\mid Y=y}(x) = \dfrac{f_{X,Y}(x,y)}{f_Y(y)}$
`$\operatorname {var} (X) = \operatorname {E} \left[X^{2}\right]-\operatorname {E} [X]^{2}$`	$\mathrm{var}(X) = \mathrm{E}\left[X^2\right] - \mathrm{E}[X]^2$

LaTeX	数学表达
$\operatorname {var} (aX+bY)=a^{2}\operatorname {var} (X) + b^{2}\operatorname {var} (Y) + 2ab \operatorname {cov} (X,Y)$	$\operatorname{var}(aX+bY) = a^2 \operatorname{var}(X) + b^2 \operatorname{var}(Y) + 2ab\operatorname{cov}(X,Y)$
$\operatorname {E} [X]=\int _{-\infty }^{\infty }xf_{X}(x) \operatorname {d}x$	$\mathrm{E}[X] = \int_{-\infty}^{\infty} x f_X(x)\,\mathrm{d}x$
$X\sim N(\mu ,\sigma ^{2})$	$X \sim N(\mu, \sigma^2)$
$\frac {\exp \left(-{\frac {1}{2}}\left({\mathbf {x} }-{\boldsymbol {\mu }}\right)^{\mathrm {T} }{\boldsymbol {\Sigma }}^{-1}\left({\mathbf {x} }-{\boldsymbol {\mu }}\right)\right)}{\sqrt {(2\pi)^{k}|{\boldsymbol {\Sigma }}|}}$	$\dfrac{\exp\left(-\dfrac{1}{2}\left(\mathbf{x}-\boldsymbol{\mu}\right)^{\mathrm{T}}\boldsymbol{\Sigma}^{-1}\left(\mathbf{x}-\boldsymbol{\mu}\right)\right)}{\sqrt{(2\pi)^k |\boldsymbol{\Sigma}|}}$

请大家完成以下题目。

Q1. 请大家从零开始复刻Bk1_Ch3_01.ipynb，并在创建Jupyter Notebook文档的过程中使用快捷键。

Q2. 请大家在JupyterLab中复刻本章介绍的各种LaTeX公式。

* 题目很基础，本书不给答案。

JupyterLab是"鸢尾花书"自主探究学习的利器，请大家务必熟练掌握。可以这样理解，JupyterLab相当于"实验室"，可以做实验，也可以写图文并茂、可运行、可交互的报告，可以和其他人交流自己的成果。

JupyterLab特别适合探索性分析、快速原型设计、实验；但是，对于项目开发、测试、维护，则需要用Spyder、PyCharm、Visual Studio等IDE。

本书第34章将专门介绍Spyder，第35、36两章用Spyder和Streamlit搭建机器学习应用App。本书其余章节则都使用JupyterLab作为编程IDE。

下面，我们进入本书下一板块，开始Python语法学习。

Section 02

语　法

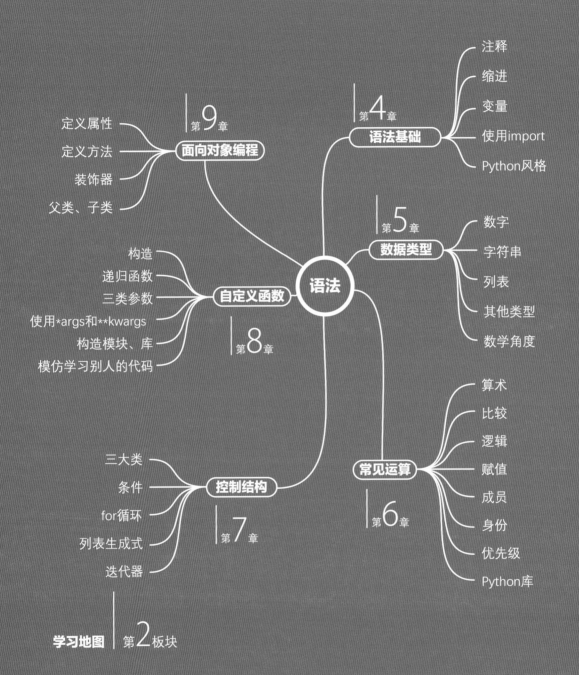

第9章　面向对象编程
- 定义属性
- 定义方法
- 装饰器
- 父类、子类

第4章　语法基础
- 注释
- 缩进
- 变量
- 使用import
- Python风格

第5章　数据类型
- 数字
- 字符串
- 列表
- 其他类型
- 数学角度

第8章　自定义函数
- 构造
- 递归函数
- 三类参数
- 使用*args和**kwargs
- 构造模块、库
- 模仿学习别人的代码

语法

第6章　常见运算
- 算术
- 比较
- 逻辑
- 赋值
- 成员
- 身份
- 优先级
- Python库

第7章　控制结构
- 三大类
- 条件
- for循环
- 列表生成式
- 迭代器

学习地图　第2板块

04 Fundamentals of Grammar in Python
Python语法，边学边用
吸取英语学习失败的教训，不能死磕语法

当你建造空中楼阁时，它不会倒塌；空中楼阁本应属于高处。现在，撸起袖子把地基夯实。

If you have built castles in the air, your work need not be lost; that is where they should be. Now put the foundations under them.

—— 亨利•戴维•梭罗 (Henry David Thoreau) | 作家、诗人 | 1817 — 1862年

◀ `float()` Python内置函数，将指定的参数转换为浮点数类型，如果无法转换则会引发异常

◀ `for ... in ...` Python循环结构，用于迭代遍历一个可迭代对象中的元素，每次迭代时执行相应的代码块

◀ `from numpy import *` 从NumPy库中导入了所有函数和对象，使得我们可以直接使用NumPy的所有功能，无须使用前缀 "numpy." 来调用。不建议使用这种方法

◀ `from numpy import array` 从NumPy库中导入了array函数，使得我们可以直接使用array函数而无须使用 "numpy.array" 来创建数组

◀ `if ... elif ... else ...` Python条件语句，用于根据多个条件之间的关系执行不同的代码块，如果前面的条件不满足则逐个检查后续的条件

◀ `if ... else ...` Python条件语句，用于在满足if条件时执行一个代码块，否则执行另一个else代码块

◀ `import numpy as np` 将NumPy库导入为别名np，使得我们可以使用np来调用NumPy的函数和方法

◀ `import numpy` 将NumPy库导入到当前的Python环境中，调用时使用完整的numpy作为前缀

◀ `input()` Python内置函数，用于从用户处接收输入

◀ `int()` Python内置函数，用于将指定的参数转换为整数类型，如果无法转换则会引发异常

◀ `list()` Python内置函数，将元组、字符串等转换为列表

◀ `numpy.arange()` 创建一个包含给定范围内等间隔的数值的数组

◀ `numpy.array()` 输入数据转换为NumPy数组，从而方便进行数值计算和数组操作

◀ `numpy.random.rand()` 在 [0, 1) 区间，即0（包含）到1（不包含）之间，生成满足连续均匀分布的随机数

◀ `print()` Python内置函数，将指定的内容输出到控制台或终端窗口，方便用户查看程序的运行结果或调试信息

◀ `range()` Python内置函数，用于生成一个整数序列，可用于循环和迭代操作

◀ `set()` Python内置函数，创建一个无序且不重复元素的集合，可用于去除重复元素或进行集合运算

◀ `str()` Python内置函数，用于将指定的参数转换为字符串类型

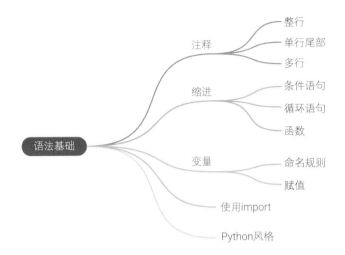

4.1 Python也有语法？

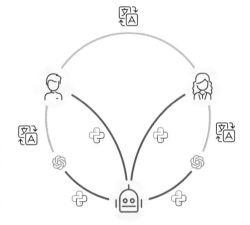

和汉语、英语、法语等人类语言一样，Python也是语言。只不过Python是编程语言，是人和计算机交互的语言，如图4.1所示。凡是语言就有语法——一套约定俗成的交流规则。

有了类似ChatGPT这样的自然语言处理工具，人类的确可以直接使用人类语言和机器交流。但是，ChatGPT也是用Python开发而成的，Python不过是退隐幕后罢了。

Python语法使用数量极少的英语词汇，而且都是很基本的词汇；Python和英语都有一些关键词，例如Python中的if、else、for、while等关键词，和英语中的if、else、for、while等单词是一样的；Python和英语都有语法结构，例如Python中的if语句和英语中的条件句都是用来表示条件语句的结构；Python和英语都有一些语法规则，例如Python中的缩进规则和英语中的句子结构规则都是用来规范语法的；Python语法相对来说比英语语法容易掌握，因为Python语法的规则和规范性更强。

图4.1 Python也是语言

> ⚠ **注意**：请大家注意大小写，特别是True、False、None需要首字母大写。

表4.1总结了Python中常用英语关键词，这些并不需要大家背诵，浏览一遍就好。本书后续会介绍常用关键词。

表4.1 Python中常用英语关键词

英语	汉语	描述
and	和	逻辑操作符，要求两个条件都满足时才返回True
argument	参数	print ('Hey you!') 中的 'Hey you' 是函数 print() 的输入参数
as	作为	用于别名，可以给模块、函数或类指定另一个名称，如import numpy as np
assert	断言	用于测试代码的正确性，如果条件不成立则会引发异常

英语	汉语	描述
boolean	布尔值	True 和 False 是两个布尔值
break	中断	用于跳出循环语句
class	类	定义一个类，包含属性和方法
complex	复数	8 + 8j 是一个复数
condition	条件	if x > 0: 是一个条件语句
continue	继续	用于跳过当前循环的剩余部分，继续执行下一次循环
def	定义	定义一个函数
del	删除	用于删除变量或对象
dictionary	字典	{'name': 'James', 'age': 18} 是一个字典
elif	否则如果	用于在if语句中添加多个条件判断
else	否则	用于if语句中，当所有条件都不满足时执行
except	除外	用于捕获异常
False	假	表示布尔值为假
finally	最后	用于定义无论是否发生异常都要执行的代码块
float	浮点数	3.14 是一个浮点数
for	循环	用于迭代遍历序列、集合或其他可迭代对象
from	来自	用于从模块中导入特定函数、类或变量，如from numpy import random
function	函数	print() 是一个函数
global	全局	用于在函数中引用全局变量
if	如果	用于条件判断，如if x > 0:
import	导入	用于导入模块，如import numpy
in	在	用于检查元素是否存在于序列、集合或其他可迭代对象中
integer	整数	88是一个整数
is	是	用于检查两个对象是否相同
lambda	匿名	定义一个匿名函数
list	列表	[1, 2, 3] 是一个列表
loop	循环	for i in range(10): 是一个循环语句
module	模块	import math 导入了 Python 的 math 模块
None	空	表示一个空值或缺少值
not	非	逻辑操作符，将True变为False，将False变为True
object	对象	my_object = MyClass() 中 my_object 是一个 MyClass 类的对象
or	或	逻辑操作符，只要一个条件满足就返回True
package	包	import numpy 导入了 Python 的 numpy 包
pass	跳过	用于占位符，不执行任何操作
raise	引发异常	用于引发异常，如raise ValueError("Invalid value.")
return	返回	用于从函数中返回值
set	集合	{1, 2, 3} 是一个集合
statement	语句	x = 88.8 是一个赋值语句
string	字符串	'Hey you!' 是一个字符串
True	真	表示布尔值为真
try	尝试	用于包含可能引发异常的代码块，如try: except ValueError:

英语	汉语	描述
tuple	元组	(1, 2, 3) 是一个元组
variable	变量	x = 8 中 x 是一个变量
while	当	用于创建循环，只要条件为真就重复执行代码块
with	使用	用于自动管理资源，如文件句柄或数据库连接
yield	产生	用于生成器函数，暂停函数执行并返回一个值

Python vs C语言

Python是一种高级的面向对象编程语言。而C语言是一种编译型语言，非常适合编写底层的系统软件，如操作系统、编译器和设备驱动程序等。C语言的优势在于其对硬件和操作系统的底层控制，而这也是Python所缺乏的。Python在处理复杂的数据结构和算法时，通常比C语言慢得多。

Python的优势主要是其强大的第三方库和工具生态系统，这使得Python可以用于更高层次的机器控制和自动化任务，如数据处理、机器学习和自然语言处理等。

什么是面向对象编程语言? 什么是编译型语言?

面向对象编程语言是一种编程范式，它将现实世界中的概念和模型转化为计算机程序中的类和对象。面向对象编程中的核心概念包括封装、继承和多态性。

编译型语言是指需要先通过编译器将源代码转换成可执行代码的编程语言。在编译过程中，编译器会对代码进行语法分析、词法分析、语义分析、优化等操作，将源代码转换成二进制可执行文件。编译型语言的执行速度更快，但开发效率较低，因为需要编写和编译源代码。

学习板块

本书有关Python语法的章节主要包括以下几个。

◀ 基础语法 (本章)：注释、缩进、变量、包、代码风格等。
◀ 数据类型 (第5章)：数字、字符串、列表、元组、字典等。
◀ 运算符 (第6章)：算术运算符、比较运算符、逻辑运算符、位运算符等。
◀ 控制结构 (第7章)：条件语句、循环语句、异常处理语句等。
◀ 函数和模块 (第8章)：函数和模块的定义和使用。
◀ 面向对象编程 (第9章)：定义类、对象、方法、属性等。

4.2 注释：不被执行，却很重要

Python**注释** (comment) 就是在写Python代码时，为了方便自己和别人理解代码，添加的文字说明。这些文字说明不会被Python**解释器** (interpreter) 执行，只是为了让代码更易读懂和更易维护。

在Python代码中，我们可以使用 # (hash, hashtag, hashmark) 符号来添加注释。

当Python解释器读取代码时，如果遇到 # 符号，它就会将 # 所在行后面的内容视为注释，而不是代码的一部分。

后面的字符开始直到该行的结尾都被认为是注释。

好记性不如烂笔头！对于初学者，特别是零基础读者，逐行注释是快速学习掌握编程的小窍门！关键语句记不住的话，在不同位置反复注释。

#注释：整行、单行尾部

如代码4.1所示，可以把注释 (图中高亮部分) 看作是给代码添加的"贴纸"，用来解释代码的用途、原理、变量的含义等。机器遇到图中高亮部分文字就自然跳过。

代码4.1展示了两种注释：① 整行注释；② 单行尾部注释。

代码4.1　举例说明Python代码中的注释 | ⊕ Bk1_Ch04_01.ipynb

ⓐ
```
import numpy as np
# 导入名为NumPy的第三方库，并将其重命名为np ——— 📄
```

ⓑ
```
x_array = np.arange(10) # x_array有10个元素 ——— 📄
# 这行代码使用NumPy库中的函数numpy.arange() ——— 📄
# 创建了一个名为x_array的一维数组 ——— 📄
# 包含从0~9共10个整数 ——— 📄
```

ⓒ
```
print(x_array) # 打印数组 ——— 📄
```

下面简单讲解代码4.1。

ⓐ 将numpy (正式名称为NumPy) 导入到当前Python环境中，并给numpy一个别名np。这样我们可以使用np来调用NumPy的函数和方法。这是一种在Python中较为常用的导入第三方库的方法。本章后文还会介绍其他几种导入库的方法。

ⓑ 用np.arange() 调用numpy (别名np) 库中的arange() 函数。如图4.2所示，np.arange(10) 产生 0 ~ 9这10个整数构成的数组，array([0, 1, 2, 3, 4, 5, 6, 7, 8, 9])，并赋值给变量x_array。

ⓒ 利用print() 函数打印变量x_array中保存的array([0, 1, 2, 3, 4, 5, 6, 7, 8, 9])。

请大家在JupyterLab中练习代码4.1。

在Jupyter Notebook中，Markdown的功能和注释显然不同。Markdown相当于笔记，可以是标题、文本段落、列表、图片、链接等。而注释是在代码块中添加对具体代码的说明和解释。

→ 本书第13 ～ 18章专门介绍NumPy。

numpy.arange (10)

图4.2　一维NumPy数组

⚠ 注意：再次提醒，JupyterLab中注释和取消注释（uncomment）默认快捷键为 ctrl + /。

'''或"""注释：多行

此外，我们还可以用成对三个引号 ('''或""") 来添加多行注释。

比如，要在Python代码中添加一段多行注释，来描述一个函数的功能和用法，那么可以使用三个引号来实现。代码4.2是一个例子。

代码4.2中，**ⓐ**利用def定义了一个名为"my_function"的函数，然后使用三个引号来添加多行注释。"my_function"是个自定义函数，括号内有两个输入x和y。

在Python中，自定义函数是一种将一段可重用代码封装起来的方法。大家可能会好奇，Python各种库已经提供大量函数，我们为什么还需要自定义函数？

首先，除了通用函数之外，我们需要各种满足个人定制化需要的函数。自定义函数让代码模块化，便于管理和维护。

第4章　Python语法，边学边用　《编程不难》　67

ⓐ
```
def my_function(x, y):
    """
    这个自定义函数计算两个数值x和y的和
    函数输入为:
        x: The first number to be added.
        y: The second number to be added.
    函数输出为:
        The sum of x and y.
    """
```
ⓑ `4 spaces return x + y`

```
# 打印结果
```
ⓒ `print(my_function(1.5, 2))`

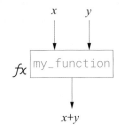

本书第8章专门讲解
自定义函数。

一旦创建了一个函数，我们可以在不同的地方多次调用它，而不必重复编写相同的代码。将部分代码封装在自定义函数中，还可以提高代码的可读性，让代码更简洁，方便调试，降低错误。

⚠

注意：ⓐ这句以**冒号** (colon) (:) 结束。一般情况下，Python代码语句不需要用**分号** (semi-colon) (;) 结束。但是，分号可以让我们在一行中写几句 (短) 代码。

表4.2列出了Python中使用冒号的几种常见情况，本书后文都会涉及。

ⓑ 用return返回自定义函数的输出——x和y的和。

ⓑ 在return之前有4个空格，叫作**缩进** (indentation)。本章后文将专门介绍缩进的作用。

⚠

注意：中文输入法下的单、双引号都是"全角引号"，Python解释器会抛出语法错误。在Python中，只有半角引号 (') 和双半角引号 (") 才可以用来定义字符串，而全角引号则不能用于字符串的定义。此外，使用圆括号、方括号等符号时也需要注意全角、半角问题，避免语法错误。

ⓒ 利用自定义函数"my_function"计算 1.5和2之和，然后用print() 打印结果。

在上面的例子中，我们使用了三个引号来包裹函数的注释文字，这个注释可以跨越多行，并且被Python解释器忽略掉，不会被当作代码执行。这样，其他程序员在阅读我们的代码时，就可以清晰地了解这个函数的作用、输入和输出参数，以及函数的返回值。

前文提过，为了保证字母、数字、符号、空格等显示时宽度一致，本书正文和图片中示例代码采用的字体为Roboto Mono Light。

表4.2　Python使用冒号的常见情况

情况	语法	
索引和切片	`string_obj[start:end:step_size]`	#字符串
	`list_obj[start:end:step_size]`	#列表
	`tuple_obj[start:end:step_size]`	#元组
	`numpy_array[start:end:step_size]`	#NumPy array
字典键值对	`dict_obj{key:value}`	#字典
条件语句	`if condition_1:`	
	`    #代码块，注意缩进`	
	`elif condition_2:`	
	`    #代码块，注意缩进`	
	`else:`	
	`    #代码块，注意缩进`	

情况	语法

循环语句	`for element in iterable:`
	　`#代码块，注意缩进`
	`while condition:`
	　`#代码块，注意缩进`

定义函数	`def function_name(arguments):` 　`#代码块，注意缩进`
lambda函数	`lambda variables: expression`
定义类	`class ClassName:` 　`#代码块，注意缩进`

异常处理	`try:`
	　`#代码块，注意缩进`
	`except SomeException:`
	　`#代码块，注意缩进`
	`finally:`
	　`#代码块，注意缩进`

上下文管理	`with context_manager:` 　`#代码块，注意缩进；第35和36章中使用Streamlit库时会用到`

4.3　缩进：四个空格，标识代码块

相信大家已经在代码4.2和表4.2发现了**缩进** (indentation)。

在 Python 中，缩进是非常重要的。缩进是指在代码行前面留出的**空格** (space) 或制表符 (tab →)，表示代码块的开始和结束。换句话说，缩进用于指示哪些代码行属于同一个代码块。

在其他编程语言中，通常使用花括号或关键字来表示代码块的开始和结束，如MATLAB用end表示代码块结束。但在 Python 中，使用缩进来代替。

> ⚠️ 注意：在Python中，缩进的大小没有严格规定，一般情况下建议使用4个空格作为缩进，但并不鼓励用制表符tab缩进。特别反对混用4个空格和tab缩进。

Python中常见的需要缩进的场合包括for循环、while 循环、if ... else ... 判断语句、函数定义以及类的定义等。同一缩进级别里的代码属于同一逻辑块，如图4.3所示。这些需要使用缩进的场合往往都是需要使用冒号 ":" 来表示下一行需要使用缩进。 ⚠️

> 如果缩进有误，编译器会报错，报错内容为IndentationError: unindent does not match any outer indentation level。

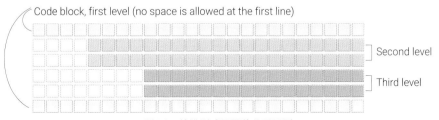

图4.3　缩进形成不同的代码级别

条件语句

在if ... elif ... else ... 语句中，它们所控制的代码块需要缩进，以表示它们属于条件语句。代码4.3用if ... elif ... else ... 语句判断输入数值正负。图4.4所示为代码的流程图。

编程时，**流程图** (flowchart) 用于表示算法的逻辑结构和程序的执行流程。它可以帮助我们更好地理解代码的执行顺序、条件分支和循环结构。流程图中最常用标识如表4.3所示。

从这个流程图结果来看，三个条件分支实际上将**实数轴** (number line) 分为三个部分，如图4.5所示。

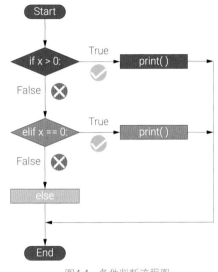

图4.4 条件判断流程图

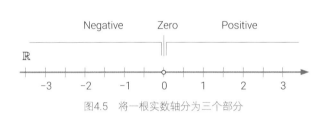

图4.5 将一根实数轴分为三个部分

表4.3 流程图中最常用标识

名称	标识	描述
开始 (start)		流程的起始点
结束 (cnd, terminal)		流程的结束点
箭头 (flowline, arrowhead)	⟶	用来表达过程的次序
流程 (process)		表示一个操作、任务或活动的步骤
判断 (decision)	◆	菱形，根据条件的不同，决定不同的流程走向

下面讲解代码4.3中关键语句。

ⓐ 首先利用Python内置 input() 从用户获取数值输入，然后用float() 将其转化为**浮点数** (float) 并存在变量x中。简单来说，浮点数在计算机中用以近似表示任意实数，基于**科学记数法** (scientific notation)。

本书第6章专门讲解用于判断的运算。

⚠ 注意：在一个条件语句中，可以只有if分支，没有elif或else分支。

ⓑ 是条件语句的开始，它使用关键字 if 来引导一个条件的判断。在这里，条件是检查变量 x 是否大于零。大于号"＞"用来判断。

如果条件为True，即 x 确实大于零，则下面缩进的代码块会被执行。

如图4.6 (a) 所示，当输入为8时 (x = 8)，x > 0 结果为True，则执行缩进中的代码块print("x is positive")，打印消息。

如果x > 0 判断结果为False，则不执行缩进中代码，直接进入ⓒ。

c 是条件语句中的 elif (else if的缩写) 分支，在之前的条件 if x > 0: 不满足时执行。这句用于检查变量 x 是否等于零，如果满足条件，则打印另一条消息。

如图4.6 (b) 所示，当输入为0时 (x = 0)，x == 0 结果为True，则执行缩进中的代码块print("x is zero")，打印消息。两个相连等号 "==" 用来判断是否相等。

在一个条件语句中，可以没有elif，也可以有若干elif。

d 是条件语句中的 else 分支，用于处理之前的条件不满足时的情况。之前条件包括if，可能没有、也可能若干elif分支。如图4.6 (c) 所示，当输入为-8时，则执行 else 缩进中的代码块print("x is positive")，打印消息。

e 这一句也在 else 分支中。如果x为负数，对x变号计算**绝对值** (absolute value)，并赋值给abs_x。

本书第7章专门讲解几种常见控制结构。

此外，还请大家注意if、elif、else最后需要以半角冒号：结束。这个冒号是英文输入法下的半角冒号。

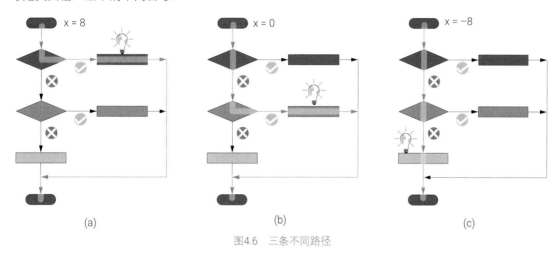

(a)   (b)   (c)

图4.6　三条不同路径

代码4.3　条件语句中使用缩进 | ⊕ Bk1_Ch04_02.ipynb

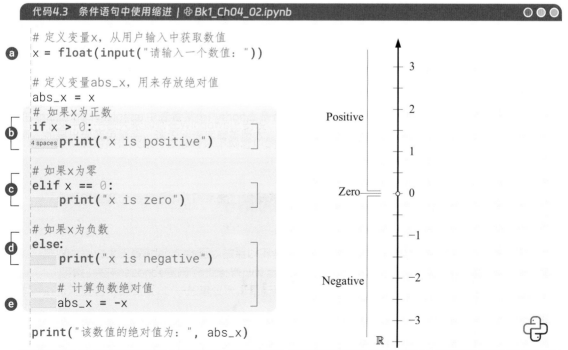

```python
# 定义变量x，从用户输入中获取数值
x = float(input("请输入一个数值："))

# 定义变量abs_x，用来存放绝对值
abs_x = x
# 如果x为正数
if x > 0:
    print("x is positive")

# 如果x为零
elif x == 0:
    print("x is zero")

# 如果x为负数
else:
    print("x is negative")

    # 计算负数绝对值
    abs_x = -x

print("该数值的绝对值为：", abs_x)
```

循环语句

在for、while等循环语句中，循环体内的代码块需要缩进，以表示它们属于循环语句。

在Python中，for 循环是一种迭代结构，用于**遍历** (iterate) **可迭代对象** (iterator)，如列表、元组、字符串等，中的元素，执行特定的操作。

> 本书第5章专门介绍各种常见数据类型，如字符串、列表、字典等。

如代码4.4所示，ⓐ定义了一个字符串，赋值给变量x_string。在Python中，**字符串** (string) 是一种数据类型，用于表示文本数据。字符串是由一系列字符组成的，可以包含字母、数字、符号以及空格等字符。定义字符串时，可以使用单引号 (' ') 或双引号 (" ") 包裹起来，两种方式是等效的。

ⓑ 在每次迭代时，i_str 会依次取得可迭代对象x_string中的元素，然后执行循环体内的print()操作。当可迭代对象中的所有元素都被遍历完毕，循环就会结束。

代码4.4的流程图如图4.7所示。

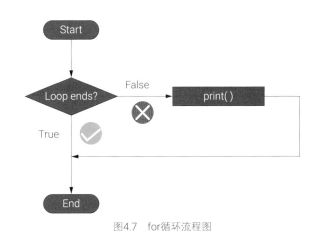

> ⚠ 注意：for ... in ... 最后也需要以半角冒号 "：" 结束。

图4.7 for循环流程图

代码4.4 for循环语句中使用缩进 | ⊕ Bk1_Ch04_03.ipynb

```
ⓐ x_string = 'Python is FUN!' —— Ⓟⓨⓣⓗⓞⓝ Ⓘⓢ ⒻⓊⓃ!

# 利用for循环打印每个字符
ⓑ for i_str in x_string:
4 spaces    print(i_str)        Ⓟ ⓨ ⓣ ⓗ ⓞ ⓝ Ⓘ ⓢ Ⓕ Ⓤ Ⓝ !
```

4.4 变量：一个什么都能装的箱子

在Python中，**变量** (variable) 是用于存储数据值的标识符。本章开始到现在大家已经在不同代码中看到变量的影子。这些变量用于引用内存中的值，这些值可以是数字、字符串、列表、字典、函数等各种类型的数据。

如图4.8所示，简单来说，变量就是个"箱子"。

表4.4为Python中常见数据类型。下一章将专门介绍Python中各种常用数据类型。

表4.4　Python中常见数据类型

数据类型	type()	特点	举例
数字 (number)	int float complex	包括整数、浮点数、复数等	x = 8 y = 88.8 z = 8 + 8j
字符串 (string)	str	一系列字符的序列	s = 'hello world'
列表 (list)	list	一组有序的元素，可以修改	a = [1, 2, 3, 4] b = ['apple', 'banana', 'orange']
元组 (tuple)	tuple	一组有序的元素，不能修改	c = (1, 2, 3, 4) d = ('apple', 'banana', 'orange')
集合 (set)	set	一组无序的元素，不允许重复	e = {1, 2, 3, 4} f = {'apple', 'banana', 'orange'}
字典 (dictionary)	dict	一组键–值对，键必须唯一	g = {'name': 'Tom', 'age': 18}
布尔 (boolean)	bool	代表True和False两个值	x = True y = False
None类型	NoneType	代表空值或缺失值	z = None

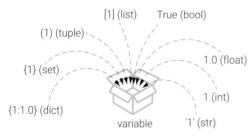

图4.8　Python变量就是个"箱子"，什么都能装

在Python中，变量是动态类型的，这意味着我们可以在运行时为变量分配不同类型的值。不需要提前声明变量的类型，Python会根据所赋予的值自动确定其类型。

也就是说，这个Python中的箱子什么都能装。在Python中，可以使用内置的type() 函数来判定数据的类型。type() 函数返回一个表示对象类型的值。

什么是动态类型语言？

动态类型语言是指在运行时可以自动判断变量的数据类型的编程语言。动态类型语言不需要在编写代码时显式地指定变量的数据类型，而是在程序运行时自动进行类型检查。

与之相对的是静态类型语言。静态类型语言中，每个变量都必须在声明时指定其数据类型，编译器会在编译时检查变量是否被正确使用。比如，C语言是一种静态类型语言。int x = 10; int y = 20; x和y都被声明为整数类型 (int)，编译器会在编译时检查它们是否被正确使用。

变量命名规则

Python中的变量命名规则和建议如下。

◀变量名必须是一个合法的标识符，即由字母、数字和下画线组成，且不能以数字开头。例如，x、my_var、var_1等都是合法的标识符。注意，变量名不能以数字开头，如1_variable作为变量名不合法。

◀变量名区分大小写。例如，my_var和My_var是不同的变量名。

◀变量名应该具有描述性，能够清晰地表达其所代表的内容。例如，name可以代表人名，age可以代表年龄，等等。

◀变量名应该尽量简洁明了，但不要过于简短。避免使用单个字母或缩写作为变量名，除非上下文明确。

◀变量名不应该与Python中的保留函数 (关键字) 重名，否则会导致语法错误。例如，不能使用if、else、while等关键字作为变量名。

◀在特定的上下文中，可以使用特定的命名约定。例如，类名应该使用驼峰命名法 (camelCase)，函数名和变量名应该使用下画线分隔法 (snake_case) 等。

有关Python内置函数用法，请参考：

`https://docs.python.org/zh-cn/3/library/functions.html`

驼峰、蛇形命名法

常见有两种变量命名法——驼峰命名法、蛇形命名法。下面简单比较两者。

◀**驼峰命名法** (camel case) 以其类似于骆驼背部的形状而得名，其中单词之间的空格被移除，而每个单词首字母一般大写。在驼峰命名法中，通常有两种常见的变体：**小驼峰命名法** (lower camel case)，如firstName、totalAmount；**大驼峰命名法** (upper camel case)，如FirstName、TotalAmount。大驼峰命名法也叫**帕斯卡命名法** (Pascal case)。Pascal case在C#中应用更多。

◀**蛇形命名法** (snake case) 以其类似于蛇的形状而得名，其中单词之间用下画线 _ 分隔，而且所有字母都是小写，例如 first_name、total_amount。

> ⚠ Python变量名一般普遍采用蛇形命名法；Python**面向对象编程** (Object-Oriented Programming，OOP) 中的**类** (class) 定义一般采用驼峰命名法。而Java和JavaScript等语言则更常使用驼峰命名法。

变量赋值

本章读到这里，相信大家都已经清楚，我们可以使用等号 = 将一个值赋给一个变量。

可以同时给多个变量赋值，用逗号分隔每个变量，并使用等号将值分配给变量。例如：

`x, y, z = 1, 2, 3 # x = 1; y = 2; z = 3`

可以使用链式赋值的方式给多个变量赋相同的值。例如：x = y = z = 0

可以使用增量赋值的方式对变量进行递增或递减。例如：x += 1   # 等价于 x = x + 1

4.5 使用import导入包

在代码4.1中，我们已经用import导入过numpy包。

在Python中，包是一组相关的模块和函数的集合，用于实现特定的功能或解决特定的问题。包通常由一个顶层目录和一些子目录和文件组成，其中包含了实现特定功能的模块和函数。

Python中有很多常用的包，包括数据处理和可视化、机器学习和深度学习、网络编程、Web开发等。其中，常用的可视化包括Matplotlib、Seaborn、Plotly等，机器学习常用的包包括NumPy、Pandas、Statsmodels、Scikit-Learn、TensorFlow、Streamlit等。

Matplotlib是Python中最流行的绘图库之一，可用于创建各种类型的静态图形，如线图、散点图、柱状图、等高线图等。

Seaborn是基于Matplotlib的高级绘图库，提供了更美观、更丰富的图形元素和绘图样式。

Plotly是一款交互式绘图库，可用于创建各种类型的交互式图形，如散点图、热力图、面积图、气泡图等，支持数据可视化的各个方面，包括统计学可视化、科学可视化、金融可视化等。

NumPy是Python中常用的数值计算库，提供了数组对象和各种数学函数，用于高效地进行数值计算和科学计算。

Pandas是Python中常用的数据处理库，提供了高效的数据结构和数据分析工具，可用于数据清洗、数据处理和数据可视化。

Scikit-Learn是Python中常用的机器学习库，提供了各种常见的机器学习算法和模型，包括分类、回归、聚类、降维等。

TensorFlow是谷歌开发的机器学习框架，提供了各种深度学习模型和算法，可用于构建神经网络、卷积神经网络、循环神经网络等深度学习模型。

Streamlit可以通过简单的Python脚本快速构建交互式数据分析、机器学习应用程序。

本书前文介绍过如何安装、更新、删除某个具体包，下面我们聊一聊如何在Python中导入包。

导入包

下面以NumPy为例介绍几种常用的导入包的方式。

第一种，直接导入整个NumPy包：

```
import numpy
```

这种方式会将整个NumPy包导入到当前的命名空间中，需要使用完整的包名进行调用，例如：

```
a = numpy.array([1, 2, 3])
```

第二种，导入NumPy包并指定别名：

```
import numpy as np
```

这种方式会将NumPy包导入到当前的命名空间中，并使用别名np来代替NumPy，例如：

```
a = np.array([1, 2, 3])
```

第三种，导入NumPy包中的部分模块或函数：

```
from numpy import array
```

这种方式会将NumPy包中的array函数导入到当前的命名空间中，可以直接调用该函数，例如：

```
a = array([1, 2, 3])
```

第四种，导入NumPy包中的所有模块或函数：

```
from numpy import *
```

这种方式会将NumPy包中的所有函数和模块导入到当前的命名空间中，可以直接调用任意函数或模块，例如：

```
a = array([1, 2, 3])
b = random.rand(3, 3)
```

在实际应用中，可以根据需要选择和使用适当的导入方式。一般来说，建议使用第二种(导入NumPy包并指定别名)或第三种方式(导入部分模块或函数)，这样既可以简化代码，又不会导入太多无用的函数或模块，从而提高代码的可读性和性能。

⚠️ 注意：请大家采用常用Python库/模块的约定俗成的简称（见表4.5），特别不建议大家自由发挥。

表4.5 常用Python包的名称及简称

库名	IDE中库/模块全称	简称	导入	关键词
NumPy	numpy	np	import numpy as np	多维数组、线性代数运算
Pandas	pandas	pd	import pandas as pd	数据帧、数据处理、数据分析
Matplotlib	matplotlib.pyplot	plt	import matplotlib.pyplot as plt	绘图、美化
Seaborn	seaborn	sns	import seaborn as sns	统计可视化
Plotly	plotly.express	px	import plotly.express as px	交互可视化
Streamlit	streamlit	st	import streamlit as st	应用App

4.6 Pythonic: Python风格

"Pythonic" 翻译成中文可以是 "符合Python风格的" "Python风格的" 等。让 Python 代码 Pythonic 是指遵循 Python 社区的最佳实践和代码风格，使代码更加易读、易维护、易扩展和高效。以下是一些让 Python 代码 Pythonic 的方法。

- **遵循 PEP8 规范：** PEP8 是 Python 社区的代码风格指南，包括缩进、命名、代码结构、注释等。编写符合 PEP8 规范的代码可以提高代码的可读性和可维护性。
- **使用 Python 内置函数和数据结构：** 如列表、字典、集合、生成器、装饰器、lambda 表达式等。使用这些功能可以使代码更加简洁、高效和易于理解。
- **使用异常处理机制：** Python 的异常处理机制可以使代码更加健壮和容错。在编写代码时应该预见到可能的异常情况，并使用 try/except 块来处理这些异常情况。
- **避免使用全局变量：** 全局变量可以使代码更加难以理解和维护，因为它们可能会被其他代码意外修改。应该尽量避免使用全局变量，而是使用函数或类来封装状态和行为。
- **使用函数式编程风格：** 函数式编程风格强调函数的不可变性和无状态性，使得代码更加简洁、高效和易于测试。应该尽可能使用纯函数，避免使用副作用和可变状态。
- **使用面向对象编程风格：** 面向对象编程风格可以使代码更加模块化和易于扩展。使用类和对象可以封装状态和行为，使代码更加结构化和易于维护。
- **编写文档和测试：** 编写文档和测试可以使代码更加易读、易于理解和易于维护。

- 有关PEP8，请参考：https://peps.python.org/pep-0008/

如果在Python编程中遇到问题或者bug，可以去以下几个地方寻求帮助。

- **官方文档：** Python官方文档提供了丰富的资源，包括语言参考手册、标准库参考手册、教程、示例代码等。可以先在官方文档中查找相关信息，寻找解决问题的方法。
- **Stack overflow (https://stackoverflow.com/)：** 这是一个广泛使用的程序员问答社区，拥有庞大的用户群体和丰富的问题解答资源。可以在这里提出你的问题，或者搜索其他人遇到的类似问题的解决方法。
- 此外，ChatGPT之类的助手工具也可以帮助我们解决编程中遇到的问题。

请大家完成以下题目。

Q1. 在JupyterLab中复刻所有示例代码，并逐行注释加强理解。

* 题目不提供答案。

直言不讳地说，对于初学者来说，如果一本Python编程教材整本都是基本语法，这本书大概率的命运就是躺在书架上吃灰。Python初学者最想看到的是怎么让Python代码跑起来，用Python工具解决实际问题，而不是翻一本味同嚼蜡的Python词典。

如果遇到具体的Python语法问题，大家可以求助Python官网、社区、ChatGPT、Stack overflow等资源。

如果数学工具有问题建议大家求助：https://mathworld.wolfram.com/；也可以参考如下社区 https://math.stackexchange.com/。

对于我们，Python是解决各种问题的工具。希望大家学习Python时，一定要吸取英语学习失败的教训，千万不能死磕Python语法。死记硬背要不得，千万别把Python当成"文科"来学。要用为主、学为辅，边学边用，活学活用。

先让代码"跑"起来，有了成就感、获得感之后，内生的兴趣就会推着大家一路狂奔。

05

Data Types in Python
Python数据类型

字符串、列表、元组、字典……

每个人都是天才。但是，如果您以爬树的能力来判断一条鱼，那么那条鱼终其一生都会相信自己是愚蠢的。

Everybody is a genius. But if you judge a fish by its ability to climb a tree, it will live its whole life believing that it is stupid.

—— 阿尔伯特・爱因斯坦 (Albert Einstein) | 理论物理学家 | 1879 — 1955年

◄ copy.deepcopy() 创建指定对象的深拷贝
◄ dict() Python 内置函数，创建一个字典数据结构
◄ enumerate() Python 内置函数，返回索引和元素，可用于在循环中同时遍历序列的索引和对应的元素
◄ float() Python 内置函数，将指定的参数转换为浮点数类型，如果无法转换则会引发异常
◄ int() Python 内置函数，用于将指定的参数转换为整数类型，如果无法转换则会引发异常
◄ len() Python 内置函数，返回指定序列、字符串、列表、元组等的长度，即其中元素的个数
◄ list() Python 内置函数，将元组、字符串等转换为列表
◄ math.ceil() 将给定数值向上取整，返回不小于该数值的最小整数
◄ math.e math 模块提供的常量，表示数学中的自然常数 e 的近似值
◄ math.exp() 计算以自然常数 e 为底的指数幂
◄ math.floor() 将给定数值向下取整，返回不大于该数值的最大整数
◄ math.log() 计算给定数值的自然对数
◄ math.log10() 计算给定数值的以 10 为底的对数
◄ math.pi math 模块提供的常量，表示数学中的圆周率的近似值
◄ math.pow() 计算一个数的乘幂
◄ math.round() 将给定数值进行四舍五入取整
◄ math.sqrt() 计算给定数值的平方根
◄ print() Python 内置函数，将指定的内容输出到控制台或终端窗口，方便用户查看程序的运行结果或调试信息
◄ set() Python 内置函数，创建一个无序且不重复元素的集合，可用于去除重复元素或进行集合运算
◄ str() Python 内置函数，用于将指定的参数转换为字符串类型
◄ type() Python 内置函数，返回指定对象的数据类型

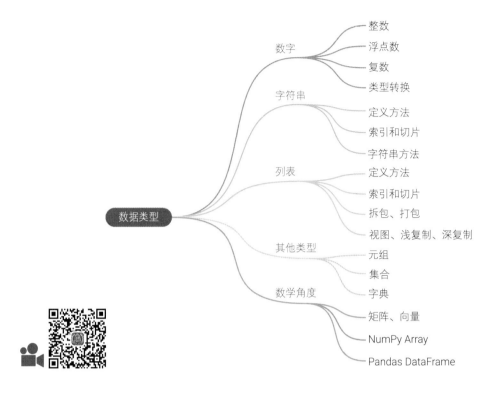

5.1 数据类型有哪些？

通过上一章的学习，我们知道Python是一种动态类型语言，它支持多种数据类型。以下是Python中常见的数据类型。

◀ **数字** (number) 类型：整数、浮点数、复数等。
◀ **字符串** (string) 类型：表示文本的一系列字符。
◀ **列表** (list) 类型：表示一组有序的元素，可以修改。
◀ **元组** (tuple) 类型：表示一组有序的元素，不能修改。
◀ **集合** (set) 类型：表示一组无序的元素，不允许重复。
◀ **字典** (dictionary) 类型：表示键–值对，其中键必须是唯一的。
◀ **布尔** (Boolean) 类型：表示True和False两个值。
◀ **空** (none) 类型：表示空值或缺失值。

⚠

再次强调大小写问题，True、False、None都是首字母大写。此外，注意Python代码都是半角字符，只有注释、Markdown才能出现全角字符。

Python还支持一些高级数据类型，如**生成器** (Generator)、**迭代器** (Iterator)、**函数** (Function)、**类** (Class) 等。Python的迭代器是一个允许遍历容器。它支持迭代操作，可以逐一访问集合中的元素，直到所有元素被访问完毕。使用迭代器可以实现高效且内存友好的循环访问。

本章最后还要从数学角度介绍矩阵、向量这两种数据类型。然后再介绍本书最常用的两种数据类型——NumPy Array和Pandas DataFrame。

对于Python初学者，完全没有必要死记硬背每一种数据类型的操作方法。对于数据类型等Python语法细节，希望大家蜻蜓点水，轻装上阵，边用边学。

5.2 数字：整数、浮点数、复数

Python有以下三种内置数字类型。

◀ **整数** (int)：表示整数值，没有小数部分。例如，88、–88、0等。
◀ **浮点数** (float)：表示实数值，可以有小数部分。例如，3.14、–0.5、2.0等。
◀ **复数** (complex)：表示由实数和虚数构成的数字。

什么是复数?

复数是数学中的一个概念，由实部和虚部组成。它可以表示为 $a + bi$ 的形式，其中 a 是实部，b 是虚部，而 i 是虚数单位，满足 $i^2 = -1$。复数在数学和物理等领域中有广泛的应用。

复数扩展了实数域，使得可以处理平面上的向量运算、波动和振荡等问题。它在电路分析、信号处理、量子力学、调频通信等领域具有重要作用。复数还能用于描述周期性事件、解析函数和几何形状等。

通过复数的运算，我们可以进行加法、减法、乘法和除法等操作，同时也可以求解方程、解析函数和变换等数学问题。复数的使用使得我们能够更好地描述和理解许多实际问题，扩展了数学的应用范围。

代码5.1中 ⓐ 将整数值88赋值给变量x。用type(x)，我们可以知道x的数据类型为整数。

ⓑ 将浮点数值-8.88赋值给变量y。用type(y)，我们可以知道y的数据类型为浮点数。

ⓒ 构造表示一个实部为8，虚部为8的复数。

此外，我们可以用Python 内置函数complex() 创建复数。比如，complex(8,8) 也可以创建一个实部为8，虚部为8的复数。

> ⚠️ 注意：8 + 8j可以写成8 + 8J，但不可以写成8 + 8*j或8 + 8*J。

complex(real=8, imag=8) 是另一种创建复数的方式，其中 real 参数代表实部，imag 参数代表虚部。complex(real=8, imag=8)与 complex(8, 8) 效果相同。

另外，complex(real=8, imag=8)可以写成complex(imag=8,real=8)。

大家还需要注意，在Python中，8.8e3表示8.8 × 10^3，即8800.0；8.8e–3表示8.8 × 10^{-3}，即0.0088。

通过type(8.8e3)，大家可以发现这是一个浮点数；8.8e3还可以写成8.8E3，也是没有*号。

请大家在JupyterLab中自行练习代码5.1。

代码5.1 Python中三类数值 | ⊕ Bk1_Ch05_01.ipynb

```
x = 88       # 整数
y = -8.88    # 浮点数
z = 8 + 8j   # 复数
print(type(x))
# <class 'int'>
print(type(y))
# <class 'float'>
print(type(z))
# <class 'complex'>
```

ⓐ
ⓑ
ⓒ

本书第6章专门介绍 Python常见运算符。

在Python中，数字类型可以进行基本的算术操作，如加法 (+)、减法 (−)、乘法 (*)、除法 (/)、取余数 (%)、乘幂 (**) 等。数字类型还支持比较运算符，如等于 (==)、不等于 (!=)、大于 (>)、小于 (<)、大于等于 (>=)、小于等于 (<=)。此外，本书后文还会介绍自加运算 (+=)、自减运算 (−=)、自乘运算 (*=)、自除运算 (/=) 等。

类型转换

在Python中，可以使用内置函数将一个数字类型转换为另一个类型。下面是常用的数字类型转换函数。

◀ **int(x)**：将x转换为整数类型。如果x是浮点数，则会向零取整；如果x是字符串，则字符串必须表示一个整数。

◀ **float(x)**：将x转换为浮点数类型。如果x是整数，则会转换为相应的浮点数；如果x是字符串，则字符串必须表示一个浮点数。

◀ **complex(x)**：将x转换为复数类型。如果x是数字，则表示实部，而虚部为0；如果x是字符串，则字符串必须表示一个复数；如果x是两个参数，则分别表示实部和虚部。

◀ **str(x)**：将x转换为字符串类型。如果x是数字，则表示为字符串；如果x是布尔类型，则返回'True'或'False'字符串。

下面讲解代码5.2。

ⓐ用int() 将浮点数88.8转化为整数88。我们也可以用int() 把整数字符串'88'转换为整数88。

但是，目前int()不能把浮点数字符串'88.8'转化为整数。int() 可以把布尔值 (True和False) 转化为整数，比如int(True) 结果为1，int(False) 结果为0。

int() 还可以把二进制字符串转化为十进制整数，比如int("1011000", 2) 的结果为88。

ⓑ用float() 将整数8转换为浮点数8.0。float()还可以将浮点数字符串转化为浮点数，比如float('8.8')的结果为浮点数8.8。

ⓒ用complex() 将整数转化为复数。

ⓓ用str() 将浮点数转化为字符串。

请大家在JupyterLab中自行练习代码5.2。

> ⚠ 注意：如果在类型转换过程中出现了不合理的转换，例如将一个非数字字符串转换为数字类型，如int ('xyz')，就会导致ValueError异常。本书第7章专门介绍如何处理异常。

代码5.2 Python中数值转换 | ⊕ Bk1_Ch05_02.ipynb

```
x = 88.8
y = 8
# 将浮点数转换为整数
```
ⓐ
```
x_to_int = int(x)
print(x_to_int)  # 88

# 将整数转换为浮点数
```
ⓑ
```
y_to_float = float(y)
print(y_to_float)  # 8.0

# 将整数转换为复数
```
ⓒ
```
y_to_complex = complex(y)
print(y_to_complex)  # (8+0j)
```
Imaginary | Real

```
# 将浮点数转换为字符串
```
ⓓ
```
x_to_str = str(x)
print(x_to_str)  # '88.8'
```
⑧⑧．⑧

什么是异常？

在Python中，异常 (exception) 是指在程序执行期间出现的错误或异常情况。当出现异常时，程序的正常流程被中断，转而执行异常处理的代码块，以避免程序崩溃或产生不可预知的结果。

Python中有许多不同类型的异常，每种异常都代表了特定类型的错误。以下是一些常见的异常类型。ValueError (数值错误)：当函数接收到一个不合法的参数值时引发。TypeError (类型错误)：当使用不兼容的类型进行操作或函数调用时引发。IndexError (索引错误)：当尝试访问列表、元组或字符串中不存在的索引时引发。FileNotFoundError (文件未找到错误)：当尝试打开不存在的文件时引发。ZeroDivisionError (除零错误)：当尝试将一个数除以零时引发。

可以使用try-except语句来捕获并处理这些异常，以便在程序出现问题时执行适当的操作或提供错误信息。

特殊数值

有很多场合还需要用到特殊数值，如圆周率pi (3.1415926535…)、自然对数底数e (2.7182818284…)等。在Python中，可以使用Math模块来引入这些特殊值，请大家在JupyterLab中练习代码5.3。

代码5.3 Math模块中的特殊数值 | ⊕ Bk1_Ch05_03.ipynb

```
a  import math

b  print(math.pi)       # 输出π的值
c  print(math.e)        # 输出e的值
d  print(math.sqrt(2))  # 输出根号2的值
```

除了这些特殊数值外，Math模块还提供了许多其他数学函数，如上入取整数 ceil()、下舍取整数 floor()、乘幂运算pow()、指数函数exp()、以e为底数的对数log()、以10为底数的对数log10()等。

本书第6章简单介绍Python中的 Math、Statistics、Random模块。

⚠️ 注意：大家日后会发现我们一般很少用到Math模块，为了方便向量化运算，我们会直接采用NumPy、Pandas中的运算函数。

5.3 字符串：用引号定义的文本

Python中**字符串** (string) 是一个常见的数据类型，常常用于表示文本信息。本节介绍一些常用的字符串用法。

字符串定义

使用单引号 (')、双引号(")、三引号 (''') 或 (""") 将字符串内容括起来即可定义字符串。其中，三引号一般用来定义多行字符串。

代码5.4中 ⓐ 用一对单引号定义字符串。空格、标点符号、数字都是字符串的一部分。

ⓑ 用一对双引号定义字符串。

ⓒ 用加号将两个字符串相连，如图5.1所示。

ⓓ 定义的字符串最后的一个元素是个空格。

ⓔ 利用*3将字符串复制3次。

ⓕ 定义的是整数字符串，并不能直接进行算术运算。

ⓖ 用*3也是将字符串复制3次，并非计算3倍，如图5.2所示。请大家利用int()将**ⓕ**定义的整数字符串转化为整数，然后再*3并查看结果。

ⓗ 定义了另外一个整数字符串。

ⓘ 利用加号将两个整数字符串相连，如图5.3所示。请大家调换加号左右字符串的顺序，再查看结果。

再次强调，空格、标点符号都是字符串的一部分。使用加号将多个字符串连接起来，使用乘号复制字符串。数字字符串仅仅是文本，不能直接完成算数运算，需要转化成整数或浮点数之后才能进行算术运算。

注意：Python中长度为0的字符串也是字符串类型，如str_test = '';type(str_test) 的结果还是str。

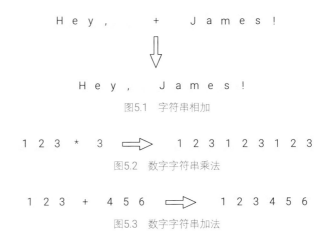

请大家在JupyterLab中练习代码5.4，并用len() 函数获得每个字符串的长度，即字符串中字符个数。

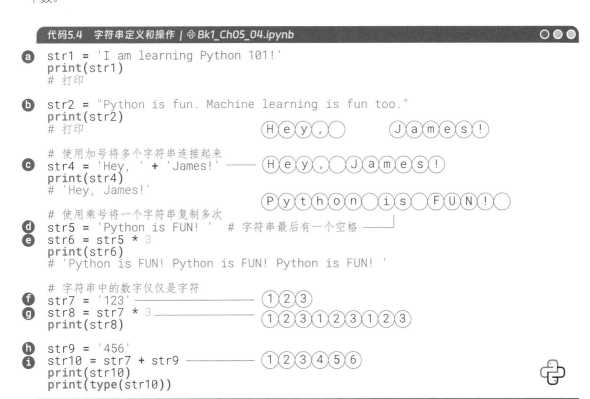

索引

Python可以通过**索引** (indexing) 和**切片** (slicing) 来访问和操作字符串中的单个字符或部分字符。

代码5.5中ⓐ用单引号定义了字符串，ⓑ用len() 计算字符串长度，并用print() 打印出来。

ⓒ通过enumerate() 函数返回一个迭代器，其中包含每个字符及其对应的索引。然后，通过 for 循环遍历迭代器，依次打印出每个字符和它们的索引。

本书第7章专门介绍for循环。

在ⓒ中，**f-字符串** (formatted strings, f-strings) 是一种用于格式化字符串的语法。它以字母"f"开头，并使用花括号来插入变量或表达式的值。

在ⓒ这个特定的例子中，f-字符串用于构建一个带有变量值的字符串。通过在字符串中使用花括号和变量名，可以在字符串中插入变量的值。在这种情况下，使用了两个变量 {char} 和 {index}。

当代码执行时，{char} 会被替换为当前循环迭代的字符，{index} 会被替换为对应字符的索引值。这样就创建了一个字符串，包含了字符及其对应的索引信息。

本章后文将介绍包括在f-字符串在内的其他格式化字符串方法。

如图5.4所示，字符串中的每个字符都有一个对应的索引位置，索引从0开始递增。可以使用方括号来访问指定索引位置的字符。

代码5.5中ⓓ提取字符串中索引为0的元素，即第1个元素。

ⓔ提取索引为1的元素。

可以使用负数索引来从字符串的末尾开始计算位置。例如，ⓕ用索引-1提取字符串倒数第一个字符，ⓖ用索引-2提取倒数第二个字符，依此类推。

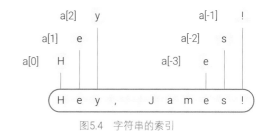

图5.4　字符串的索引

切片

如图5.5所示，切片是指从字符串中提取出一部分子字符串。可以使用半角冒号来指定切片的起始 (start) 位置和结束 (end) 位置。语法为string[start:end]，包括start索引对应的字符，但是不包括end位置的字符，相当于数学中的"左闭右开"区间。

请大家参考代码5.5中的ⓗ和ⓘ。

切片还可以指定步长 (step)，用于跳过指定数量的字符。语法为 string[start:end:step]。请大家参考代码5.5中的ⓙ和ⓚ。

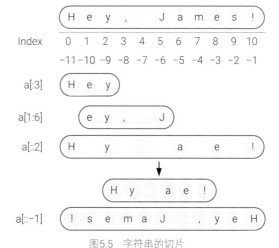

图5.5　字符串的切片

⚠ 复制字符串可以采用string_name[:] 实现。还需要注意的是，索引和切片操作不会改变原始字符串，而是返回一个新的字符串。

Python中还有很多字符串"花式"切片方法，没有必要花大力气去"精雕细琢"。大概知道字符串有哪些常见的索引、切片方法就足够了，等到用时再去学习。还是那句话，别死磕Python语法！

请大家自行在JupyterLab中练习代码5.5。

代码5.5　字符串索引和切片 | ⊕ Bk1_Ch05_05.ipynb

```
ⓐ greeting_str = 'Hey, James!' ——— (H)(e)(y)( )(J)(a)(m)(e)(s)(!)
   # 打印字符串长度
   print('字符串的长度为：')
ⓑ print(len(greeting_str))

   # 打印每个字符和对应的索引
ⓒ for index, char in enumerate(greeting_str):
       print(f"字符：{char}，索引：{index}")

   # 单个字符索引
ⓓ print(greeting_str[0]) ——— (H)
ⓔ print(greeting_str[1]) ——— (e)

ⓕ print(greeting_str[-1]) ——— (!)
ⓖ print(greeting_str[-2]) ——— (s)

   # 切片
   # 取出前3个字符，索引为0、1、2
ⓗ print(greeting_str[:3]) ——— (H)(e)(y)

   # 取出索引1、2、3、4、5，不含0，不含6
ⓘ print(greeting_str[1:6]) ——— (e)(y)(,)( )(J)

   # 指定步长2，取出第0、2、4 …
ⓙ print(greeting_str[::2]) ——— (H) (y) ( ) (a) (e) (!)

   # 指定步长-1，倒序
ⓚ print(greeting_str[::-1]) ——— (!)(s)(e)(m)(a)(J)( )(,)(y)(e)(H)
```

从0计数 vs 从1计数

⚠ 在绘图中，大家会经常碰到一幅图中有若干子图，这时Python对子图的编号一般从1开始。

从0计数和从1计数是在数学和编程中常见的计数方式。

从0计数 (zero-based counting) 将第一个元素的索引或位置标记为0，即从0开始计数。例如，对于一个包含n个元素的序列，它们的索引分别为0、1、2、⋯、$n − 1$。在计算机科学和编程中，Python使用从0计数的方式。

从1计数 (one-based counting) 将第一个元素的索引或位置标记为1，即从1开始计数。例如，对于一个包含n个元素的序列，它们的索引分别为1、2、3、⋯、n。MATLAB使用从1计数的方式；统计学 (样本)、线性代数 (矩阵、向量) 等通常使用从1计数的方式。

相比来看，从1计数更符合人类直观理解的习惯。从1计数在数学、统计学、数值计算等领域中较为常见。而编程角度来看，从0计数在计算机科学中更常见，因为它与计算机内存和数据结构的底层表示方式相匹配。它使得处理数组、列表和字符串等数据结构更加高效和一致。

在实际编程中，理解和适应使用不同的计数方式是重要的。需要根据具体情况选择适当的计数方式，以确保正确地处理索引、循环和算法等操作。同时，注意在不同的领域和语境中遵循相应的计数习惯和规则。

字符串方法

Python提供了许多用于字符串处理的常见方法。

len() 返回字符串的长度，比如下例。

```
string = "Hello, James!"
length = len(string)
print(length)
```

lower() 和upper() 将字符串转换为小写或大写，比如下例。

```
string = "Hello, James!"
lower_string = string.lower()
upper_string = string.upper()
print(lower_string)  # 输出 "hello, james!"
print(upper_string)  # 输出 "HELLO, JAMES!"
```

以下是一些常见 Python 字符串方法及其作用。

◀**capitalize():** 将字符串的第一个字符转换为大写，其他字符转换为小写。
◀**count():** 统计字符串中指定子字符串的出现次数。
◀**find():** 在字符串中查找指定子字符串的第一次出现，并返回索引值。
◀**isalnum():** 检查字符串是否只包含字母和数字。
◀**isalpha():** 检查字符串是否只包含字母。
◀**isdigit():** 检查字符串是否只包含数字。
◀**join():** 将字符串列表或可迭代对象中的元素连接为一个字符串。
◀**replace():** 将字符串中的指定子字符串替换为另一个字符串。
◀**split():** 将字符串按照指定分隔符分割成子字符串，并返回一个列表。

> 这些方法大家也不需要死记硬背！了解就好，轻装上阵。数据分析、机器学习中更常用的NumPy数组、Pandas数据帧，这都是本书后续要重点介绍的内容。

将数据插入字符串

很多场合需要将数据插入特定字符串。

比如以下几种情形，使用print() 时，图片中插入**图例** (legend)、**标题** (title)、打印日期时间、打印统计量 (均值、方差、标准差、四分位) 等，这些都可能需要将特定数据插入到字符串中。

代码5.6给出了四种常用方法。

ⓒ使用 "+" 运算符可以将字符串与其他数据类型连接在一起。这是最简单的方法之一，但不够灵活。其中，`str(height)` 将浮点数转化为字符串。

ⓓ使用 "%" 将占位符插入字符串中，并使用 "%" 运算符右侧的数据来替换这些**占位符** (placeholder)。

其中，"%s" 是一个字符串占位符，表示要插入一个字符串值。"%.3f" 是一个浮点数占位符，表示要插入一个浮点数值，并指定了小数点后保留三位小数。表5.1总结了常用 "%" 占位符类型。

这是一种相对来说比较旧式的字符串格式化方法，不太推荐在新代码中使用。

ⓔ使用 str.format() 方法在字符串中指定占位符，并使用 .format() 方法的参数来替换这些占位符。其中，{:.3f} 是一个浮点数占位符，表示要插入一个浮点数值，并指定了小数点后保留三位小数。表5.2总结了常用.format() 方法。

使用f-strings。前文提过，这是从Python 3.6版本开始引入的一种方式。f-strings允许在字符串前面加上 f 或 F，并在字符串中使用花括号插入变量。表5.3总结了常用f-strings。

```
ⓐ  name = 'James'
ⓑ  height = 181.18
    # 使用 + 运算符
ⓒ  str_1 = name + 'has a height of' + str(height) + 'cm.'
    print(str_1)

    # 使用 %
ⓓ  str_2 = '%s has a height of %.3f cm.'%(name, height)
    print(str_2)

    # 使用 str.format()
ⓔ  str_3 = '{} has a height of {:.3f} cm.'.format(name, height)
    print(str_3)

    # 使用f-strings
ⓕ  str_4 = f'{name} has a height of {height:.3f} cm.'
    print(str_4)
```

表5.1　常用 "%" 占位符类型 | ⊕ Bk1_Ch05_07.ipynb

"%" 占位符	解释	例子
%c	单个字符	'The first letter of Python is %c' % 'P'
%s	字符串	'Welcome to the world of %s!' % 'Python'
%i	整数	'Python has %i letters.' % len('Python')
%f	浮点数	number = 1.8888 print("Rounding %.4f to 2 decimal places is %.2f" % (number, number))
%o	八进制整数	number = 12 print("%i in octal is %o" % (number, number))
%e	科学计数	number = 12000 print("%i is %.2e" % (number, number))

表5.2　常用.format() 示例 | ⊕ Bk1_Ch05_08.ipynb

样式	解释	例子
:.2f	浮点数后两位	"{:.2f}".format(3.1415926) # '3.14'
:%	百分数	"{:%}".format(3.1415926) #'314.159260%'
:.2%	百分数，小数点后两位	"{:.2%}".format(3.1415926) #'314.16%'
:.2e	科学计数	"{:.2e}".format(3.1415926) #'3.14e+00'
:,	千位加逗点	"{:,}".format(3.1415926*1000) #'3,141.5926'

表5.3　常用f-strings示例 | ⊕ Bk1_Ch05_09.ipynb

解释	示例
日期和时间	import datetime now = datetime.datetime.now() print(f'{now:%Y-%m-%d %H:%M}') print(f'{now:%d/%m/%y %H:%M:%S}')
小数点后两位	pi = 3.14159265358979323846 2643 f'{pi:.2f}'

解释	示例
科学计数	pi = 3.1415926535897932384626643 f'{pi * 1000:.2e}'
二进制	a = 18 print(f"{a:b}")
十六进制	a = 68 print(f"{a:x}")
八进制	a = 88 print(f"{a:o}")

计算机领域常用的是**二进制** (binary numeral system)、**八进制** (octal numeral system) 和**十六进制** (hexadecimal numeral system或hexadecimal或hex) 也常用，十六进制在十进制的基础上增加了A、B、C、D、E和F。十进制、二进制、八进制、十六进制的比较如表5.4所示。

举个例子，在RGB (Red, Green, and Blue) 色彩模型颜色定义中，我们会用到十六进制。比如，纯红色为 '#FF0000'，纯绿色为 '#00FF00'，纯蓝色为 '#0000FF'。

表5.4 比较十进制、二进制、八进制、十六进制

十进制	二进制	八进制	十六进制
0	0	0	0
1	1	1	1
2	10	2	2
3	11	3	3
4	100	4	4
5	101	5	5
6	110	6	6
7	111	7	7
8	1000	10	8
9	1001	11	9
10	1010	12	A
11	1011	13	B
12	1100	14	C
13	1101	15	D
14	1110	16	E
15	1111	17	F
16	10000	20	10
17	10001	21	11
18	10010	22	12
19	10011	23	13
20	10100	24	14
21	10101	25	15
22	10110	26	16

十进制	二进制	八进制	十六进制
23	10111	27	17
24	11000	30	18
25	11001	31	19
26	11010	32	1A
27	11011	33	1B
28	11100	34	1C
29	11101	35	1D
30	11110	36	1E
31	11111	37	1F
32	100000	40	20

5.4 列表：存储多个元素的序列

在 Python 中，**列表** (list) 是一种非常常用的数据类型，可以存储多个元素，并且可以进行增删改查等多种操作。

代码5.7中 **ⓐ** 生成的是一个特殊的列表，我们称之为混合列表，原因是这个列表中每个元素都不同。如图5.6所示，这个列表中索引为4的元素 (从左到右第5个元素) 还是个列表，相当于嵌套。

图5.6 混合列表

ⓑ 也是用for循环和enumerate() 遍历混合列表元素，并返回索引。

ⓒ 使用type() 提取列表每个元素的数据类型。

ⓓ 使用f-string打印列表元素、索引、数据类型。

类似前文字符串索引，我们可以用同样的方法索引列表中元素。

ⓔ 和 **ⓕ** 提取列表索引为0和1的元素。

ⓖ 和 **ⓗ** 分别提取列表倒数第1、2的元素。

列表切片的方法和前文字符串切片方法一致。

ⓘ 提取列表前3个元素，结果依然是个列表。

ⓙ 提取列表索引为1、2、3的元素，不包含索引为0的元素，即第1个元素。

ⓚ 通过指定步长为2，提取索引为0、2、4、6的元素切片。

ⓛ 通过指定步长为-1，将列表倒序。

如图5.7所示，如果列表中的某个元素也是列表，我们可以通过二次索引来进一步索引、切片。

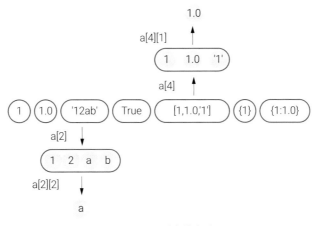

图5.7 混合列表的索引

比如，**m**先从嵌套列表中提取索引为4的元素，这个元素还是一个列表。然后进一步再提取子列表中索引为1的元素，这个元素是个浮点数。

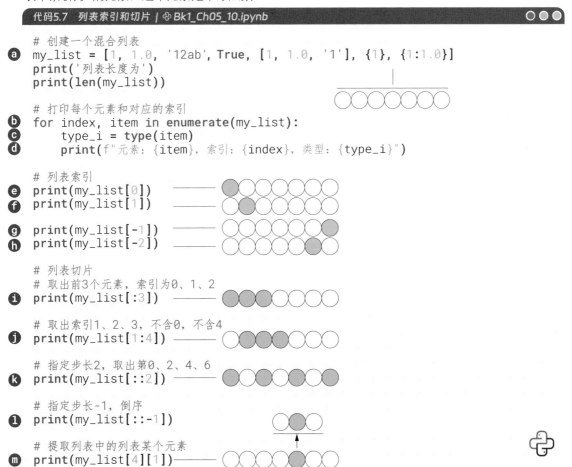

代码5.8给出的list常见方法、操作，请大家在JupyterLab中练习，本章不展开讲解。

```python
# 创建一个混合列表
my_list = [1, 1.0, '12ab', True, [1, 1.0, '1'], {1}, {1:1.0}]
print(my_list)
```

```python
# 修改某个元素
my_list[2] = '123'
print(my_list)
```

```python
# 在列表指定位置插入元素
my_list.insert(2, 'inserted')
print(my_list)
```

```python
# 在列表尾部插入元素
my_list.append('tail')
print(my_list)
```

```python
# 通过索引删除
del my_list[-1]
print(my_list)
```

```python
# 删除某个元素
my_list.remove('123')
print(my_list)
```

```python
# 判断一个元素是否在列表中
if '123' in my_list:
    print("Yes")
else:
    print("No")
```

```python
# 列表翻转
my_list.reverse()
print(my_list)
```

```python
# 将列表中所有字符用下画线依次连接
letters = ['J', 'a', 'm', 'e', 's']
word = '_'.join(letters)
print(word)
```

拆包、打包

星号 * 可以用来将一个列表**拆包** (unpacking) 成单独元素，也可以将若干元素打包放入另一个列表中。这种操作对于列表拆解、合并非常有用。代码5.9举了几个例子介绍这种方法。

ⓐ定义了一个包含整数的列表list_0。

ⓑ将list_0中索引为0的元素赋给变量 first，而其余的元素将被收集到一个列表 list_rest 中。这是使用 * 操作符来实现的，它用于收集多余的元素。

类似地，ⓒ将list_0中索引为0、1的元素分别赋给变量 first和second，而其余的元素将被收集到一个列表 list_rest 中。

ⓓ在ⓒ基础上，又将list_0最后一个元素赋给变量last，其余元素也是被收集在list_rest中。

ⓔ利用下画线表示一个占位符，通常用于表示一个不需要使用的元素。

ⓕ使用 * 操作符将两个列表 list1 和 list2 中的所有元素先拆包，然后合并到一个新的列表 combined_list 中。请大家对比 [list1, list2] 的结果。

代码5.9 列表拆包、打包 | ⊕ Bk1_Ch05_12.ipynb ○○○

```
# 定义列表
```
ⓐ `list_0 = [0, 1, 2, 3, 4, 5, 6, 7, 8]` ——

ⓑ `first, *list_rest = list_0` ——————
`print(list_rest) # [1, 2, 3, 4, 5, 6, 7, 8]`

ⓒ `first, second, *list_rest = list_0` ——
`print(list_rest) # [2, 3, 4, 5, 6, 7, 8]`

ⓓ `first, second, *list_rest, last = list_0` ——
`print(list_rest) # [2, 3, 4, 5, 6, 7]`

ⓔ `first, *list_rest, _ = list_0` ——
`print(list_rest) # [1, 2, 3, 4, 5, 6, 7]`

`list1 = [1, 2, 3, 4, 5]` ——
`list2 = [6, 7, 8]` ——————
```
# 合并
```
ⓕ `combined_list = [*list1, *list2]` ——
`print(combined_list) # [1, 2, 3, 4, 5, 6, 7, 8]`

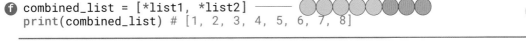

用星号拆包、打包也适用于元组和字符串，请大家自行学习代码5.10。注意，元组和字符串打包之后的结果为列表。

代码5.10 字符串和元组拆包、打包 | ⊕ Bk1_Ch05_13.ipynb ○○○

```
# 定义字符串
```
ⓐ `string_0 = 'abcd'`
ⓑ `first, *str_rest, last = string_0`
`print(str_rest) # ['b', 'c']`

```
# 定义元组
```
ⓒ `tuple_0 = (1,2,3,4)`
ⓓ `first, *tuple_rest, last = tuple_0`
`print(tuple_rest) # [2, 3]`

视图 vs 浅复制 vs 深复制

如果用等号 (=) 直接赋值，是非拷贝方法，结果是产生一个**视图** (view)。这两个列表是等价的，修改其中任何 (原始列表、视图) 一个列表都会影响到另一个列表。

如图5.8所示，用等号赋值得到的list_2和list_1共享同一地址，这就是我们为什么称list_2为视图的原因。视图这个概念是借用自NumPy。

我们在本书后续还要介绍NumPy Array的视图和副本这两个概念。

而通过copy() 获得的list_3 和list_1地址不同。请大家自行在JupyterLab中练习代码5.11。

图5.8 视图，还是副本？

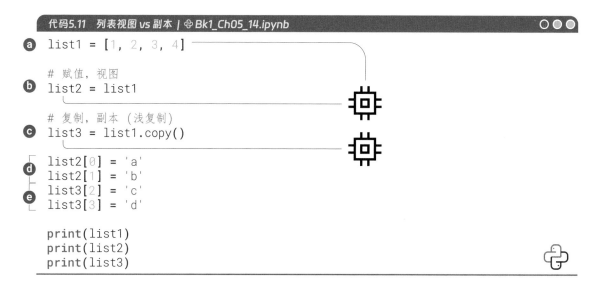

可惜事情并没有这么简单。在 Python 中，列表是可变对象，因此在复制列表时会涉及深复制和浅复制的概念。

浅复制 (shallow copy) 只对list的第一层元素完成复制，深层元素还是和原list共用。

深复制 (deep copy) 是创建一个完全独立的列表对象，该对象中的元素与原始列表中的元素是不同的对象。

注意：特别是对于嵌套列表，建议大家采用copy.deepcopy() 深复制。

代码5.12比较了不同的复制，请大家自行学习。

```
import copy
```

ⓐ
```
list1 = [1, 2, 3, [4, 5]]
print('原始list')
print(list1)
```

```
# 深复制，适用于嵌套列表
```
ⓑ
```
list_deep = copy.deepcopy(list1)
```

```
# 只复制一层
```
ⓒ
```
list2 = list1.copy()
```
ⓓ
```
list3 = list1[:]
```
ⓔ
```
list4 = list(list1)
```
ⓕ
```
list5 = [*list1]
```

```
# 修改元素
```
ⓖ
```
list_deep[3][0] = 'deep'
list_deep[2] = 'worked_0'
```
ⓗ
```
list2[3][0] = 'abc'
list2[2] = 'worked_1'
```
ⓘ
```
list3[3][0] = 'X1'
list3[2] = 'worked_2'
```
ⓙ
```
list4[3][0] = 'X2'
list4[2] = 'worked_3'
```
ⓚ
```
list5[3][0] = 'X3'
list5[2] = 'worked_4'
```

```
print('新list')
print(list1)
print(list_deep)

print(list2)
print(list3)
print(list4)
print(list5)
```

5.5 其他数据类型：元组、集合、字典

元组

在Python中，**元组** (tuple) 是一种不可变的序列类型，用圆括号来表示。元组一旦创建就不能被修改，这意味着你不能添加或删除其中的元素。

tuple和list都是序列类型，可以存储多个元素，它们都可以通过索引访问元素，支持切片操作。

但是，两者有明显区别，元组使用圆括号表示，而列表使用方括号表示。元组是不可变的，而列表是可变的。这意味着元组的元素不能被修改、添加或删除，而列表可以进行这些操作。

元组的优势在于它们比列表更轻量级，这意味着在某些情况下，它们可以提供更好的性能和内存占用。本书不展开介绍元组，感兴趣的读者可以参考：

```
https://docs.python.org/3/tutorial/datastructures.html
```

集合

在Python中，**集合** (set) 是一种无序的、可变的数据类型，可以用来存储多个不同的元素。我们可以使用花括号或者 set() 函数创建集合，或者使用一组元素来初始化一个集合。

```
number_set = {1, 2, 3, 4, 5}
word_set = set(["apple", "banana", "orange"])
```

可以使用 add() 方法向集合中添加单个元素，使用 update() 方法向集合中添加多个元素。

```
fruit_set = set(["apple", "banana"])
fruit_set.add("orange")
fruit_set.update(["grape", "kiwi"])
```

还可以使用 remove() 或者 discard() 方法删除集合中的元素，如果元素不存在，remove() 方法会引发 KeyError 异常，而 discard() 方法则不会。

```
fruit_set.remove("banana")
fruit_set.discard("orange")
```

集合的好处是可以用交集、并集、差集等来操作集合，如图5.9所示。

```
set1 = {1, 2, 3, 4}
set2 = {3, 4, 5, 6}
set3 = set1 & set2  # 交集
set4 = set1 | set2  # 并集
set5 = set1 - set2  # 差集
```

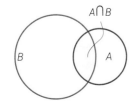 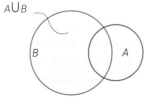 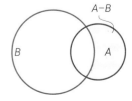

图5.9 交集、并集、差集

字典

在 Python 中，字典是一种无序的**键-值对** (key-value pair) 集合。

可以使用花括号或者 dict() 函数创建字典，**键** (key)-**值** (value) 对之间用冒号分隔。有关字典数据类型本书不做展开，请大家自行学习代码5.13。

再次强调，数据分析、机器学习实践中，我们更关注的数据类型是NumPy数组、Pandas数据帧，这是本书后续要着重讲解的内容。

> ⚠️ 使用花括号创建字典时，字符串键用引号；而使用 dict() 创建字典时，字符串键不使用引号。

代码5.13 有关字典的常见操作 | ⊕ Bk1_Ch05_16.ipynb   ○○○

```python
# 使用大括号创建字典
a person = {'name': 'James', 'age': 88, 'gender': 'male'}

# 使用dict() 函数创建字典
b fruits = dict(apple=88, banana=888, cherry=8888)

# 访问字典中的值
c print(person['name'])
d print(fruits['cherry'])

# 修改字典中的值
e person['age'] = 28
  print(person)

# 添加键-值对
f person['city'] = 'Toronto'
  print(person)

# 删除键-值对
g del person['gender']
  print(person)

# 获取键、值、键-值对列表
h print(person.keys())
i print(person.values())
j print(person.items())
```

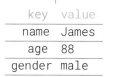

key	value
name	James
age	88
gender	male

key	value
apple	88
banana	888
cherry	8888

5.6 矩阵、向量：线性代数概念

矩阵、向量

抛开本章前文提到的数据类型，数学上我们最关心的数据类型是矩阵、向量。

简单来说，**矩阵** (matrix) 是一个由数值排列成的矩形阵列，其中每个数值都称为该矩阵的元素。矩阵通常使用大写、斜体、粗体字母来表示，如 A、B、V、X。

向量 (vector) 是一个有方向和大小的量，通常表示为一个由数值排列成的一维数组。向量通常使用小写、斜体、粗体字母来表示，如x、a、b、v、u。

如图5.10所示，一个$n \times D$ (n by capital D) 矩阵X。

n是矩阵行数 (number of rows in the matrix)。

D是矩阵列数 (number of columns in the matrix)。

矩阵X的行索引就是1、2、3、$\cdots$、n。矩阵X的列索引就是1、2、3、$\cdots$、D。

$x_{1,1}$代表矩阵第1行、第1列元素，$x_{i,j}$代表矩阵第i行、第j列元素。

 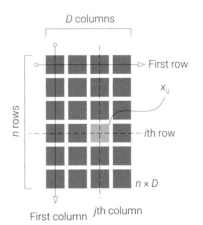

图5.10　$n \times D$ 矩阵X

从数据、统计、线性代数、几何角度解释，什么是矩阵？

矩阵是一个由数字或符号排列成的矩形阵列。简单来说，矩阵就是个表格。矩阵在数据、统计、线性代数和几何学中扮演着重要的角色。

从数据的角度来看，矩阵可以表示为一个包含行和列的数据表。每个单元格中的数值可以代表某种测量结果、观察值或特征。数据科学家和分析师使用矩阵来存储和处理数据，从中提取有用的信息。比如，一张黑白照片中的数据就可以看作是个矩阵。

从统计学的角度来看，矩阵可以用于描述多个变量之间的关系。例如，协方差矩阵用于衡量变量之间的相关性，而相关矩阵则提供了变量之间的线性相关性度量。统计学家使用这些矩阵来推断模式、关联和依赖性，以及进行数据分析和建模。

从线性代数的角度来看，矩阵可以用于表示线性方程组的系数矩阵。通过矩阵运算，如矩阵乘法、求逆和特征值分解，可以解决线性方程组、求解特征向量和特征值等问题。线性代数中的矩阵理论提供了处理线性关系的强大工具。

从几何学的角度来看，矩阵可以用于表示几何变换。通过将向量表示为矩阵的列或行，可以应用平移、旋转、缩放等几何变换。矩阵乘法用于组合多个变换，从而实现更复杂的几何操作。在计算机图形学和计算机视觉中，矩阵在处理和表示二维或三维对象的位置、方向和形状方面起着重要作用。

总而言之，矩阵是一个在数据、统计、线性代数和几何学中广泛应用的数学工具，它能够表示和处理多个变量之间的关系、解决线性方程组、进行几何变换等。

几何视角看：行向量、列向量

行向量 (row vector) 是由一系列数字或符号排列成的一行序列。**列向量** (column vector) 是由一系列数字或符号排列成的一列序列。

如图5.11所示，矩阵A可以视作由一系列行向量、列向量构造而成。这相当于硬币的正反两面，即一体两面。这幅图中，我们还看到了如何用几何方式展示向量。比如A的行向量可以看成是平面中的三个箭头，而A的列向量可以看成是三维空间中的两个箭头。

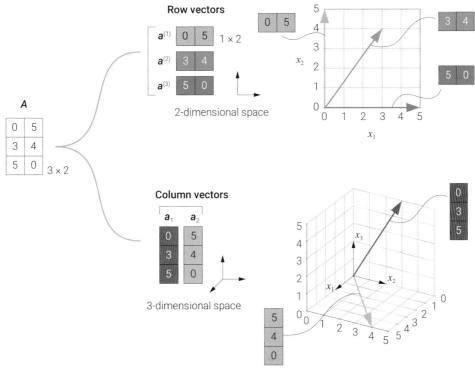

图5.11　行向量和列向量

　　图5.12所示为矩阵转置A^T的行列向量。而A^T的行向量是三维空间的两个箭头，A^T的列向量是平面中的三个箭头。

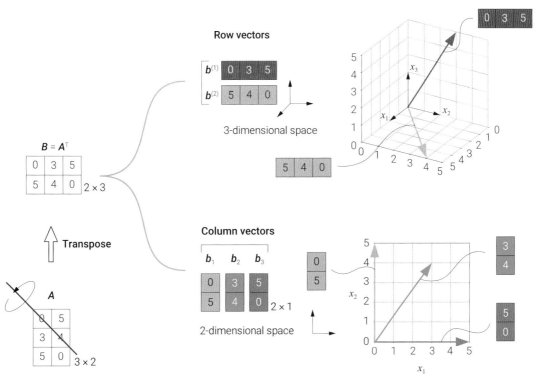

图5.12　转置之后矩阵的行向量和列向量

什么是矩阵转置?

矩阵转置是指将矩阵的行和列对调,得到一个新的矩阵。原矩阵的第 i 行会变成新矩阵的第 i 列,原矩阵的第 j 列会变成新矩阵的第 j 行。这个操作不会改变矩阵的元素值,只是改变了它们的排列顺序。

我们可以用嵌套列表方式来表达矩阵,如代码5.14所示,请大家自行学习这段代码。

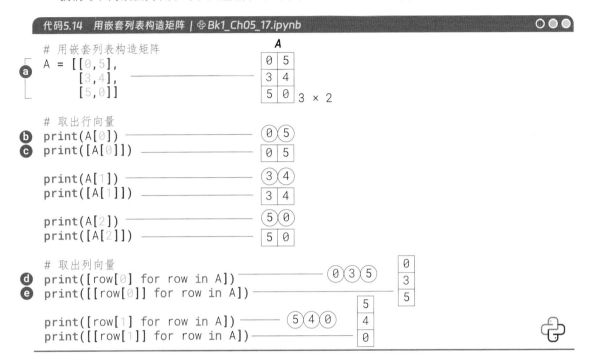

代码5.14 用嵌套列表构造矩阵 | ⊕ Bk1_Ch05_17.ipynb

鸢尾花数据

从统计数据角度,n 是样本个数,D 是样本数据特征数。如图5.13所示,鸢尾花数据集,不考虑标签 (即鸢尾花三大类setosa、versicolor、virginica),数据集本身 $n = 150$,$D = 4$。

什么是鸢尾花数据集?

鸢尾花数据集是一种经典的用于机器学习和模式识别的数据集。数据集的全称为安德森鸢尾花卉数据集 (Anderson's Iris data set),是植物学家埃德加·安德森 (Edgar Anderson) 在加拿大魁北克加斯帕半岛上的采集的鸢尾花样本数据。它包含了150个样本,分为三个不同品种的鸢尾花 (山鸢尾、变色鸢尾和维吉尼亚鸢尾),每个品种50个样本。每个样本包含了四个特征:花萼长度、花萼宽度、花瓣长度和花瓣宽度。

鸢尾花数据集由统计学家罗纳德·费舍尔 (Ronald Fisher) 在1936年引入,并被广泛用于模式识别和机器学习的教学和研究。这个数据集是机器学习领域的一个基准测试数据集,被用来评估分类算法的性能。

鸢尾花数据集在机器学习应用中有很多用途。它经常被用来进行分类任务,即根据花的特征将其分为不同的品种。许多分类算法和模型,如K近邻、决策树、支持向量机和神经网络等,都可以使用鸢尾花数据集进行训练和测试。

由于鸢尾花数据集是一个相对简单的数据集,它也常用于机器学习的入门教学和实践。通过对这个数据集的分析和建模,学习者可以了解特征工程、模型选择和评估等机器学习的基本概念和技术。矩阵是一个由数字或符号排列成的矩形阵列。简单来说,矩阵就是个表格。矩阵在数据、统计、线性代数和几何学中扮演着重要的角色。

Index	Sepal length X_1	Sepal width X_2	Petal length X_3	Petal width X_4	Species C
1	5.1	3.5	1.4	0.2	
2	4.9	3	1.4	0.2	
3	4.7	3.2	1.3	0.2	Setosa
…	…	…	…	…	C_1
49	5.3	3.7	1.5	0.2	
50	5	3.3	1.4	0.2	
51	7	3.2	4.7	1.4	
52	6.4	3.2	4.5	1.5	
53	6.9	3.1	4.9	1.5	Versicolor
…	…	…	…	…	C_2
99	5.1	2.5	3	1.1	
100	5.7	2.8	4.1	1.3	
101	6.3	3.3	6	2.5	
102	5.8	2.7	5.1	1.9	
103	7.1	3	5.9	2.1	Virginica
…	…	…	…	…	C_3
149	6.2	3.4	5.4	2.3	
150	5.9	3	5.1	1.8	

图5.13　鸢尾花数据，数值数据单位为厘米 (cm)

对于鸢尾花数据，或其他大得多的数据集，我们则需要用NumPy Array或Pandas DataFrame这两种数据类型来保存、调用、运算。NumPy Array或Pandas DataFrame是本书中最常见的数据类型。

以鸢尾花数据集为例，如代码5.15所示，我们可以从Scikit-Learn中导入鸢尾花数据集。我们可以发现数据类型是numpy.ndarray，即Numpy多维数组。特别地，用X.ndim可以计算得到X的维度为2，即二维数组，相当于一个矩阵。

代码5.15　从Scikit-Learn导入鸢尾花数据集 | ⊕ Bk1_Ch05_18.ipynb ○○○

```
# 导入包
from sklearn.datasets import load_iris

# 使用load_iris函数加载Iris数据集
iris = load_iris()

# Iris数据集的特征存储在iris.data中
X = iris.data
type(X) # numpy.ndarray

# Iris数据集的目标（标签）存储在iris.target中
y = iris.target
type(y) # numpy.ndarray
```

iris.data iris.target

如代码5.16所示，从Seaborn导入的鸢尾花数据集保存类型为pandas.core.frame.DataFrame，即Pandas数据帧。而这个数据帧整体相当于一个表格，有行索引和列标签。

代码5.16　从Seaborn导入鸢尾花数据集 | ⊕ Bk1_Ch05_19.ipynb ○○○

```
# 导入包
import seaborn as sns

# 使用seaborn.load_dataset函数加载Iris数据集
iris_df = sns.load_dataset("iris")

# 查看数据集的前5行
iris_df.head()
type(iris_df) # pandas.core.frame.DataFrame
```

如图5.14所示，X任一行向量代表一朵特定鸢尾花样本花萼长度、花萼宽度、花瓣长度和花瓣宽度测量结果。而X某一列向量为鸢尾花某个特征 (花萼长度、花萼宽度、花瓣长度、花瓣宽度) 的样本数据。从几何角度来看，X行向量相当于是4维空间中的150个箭头；X列向量相当于是150维空间中的4个箭头。

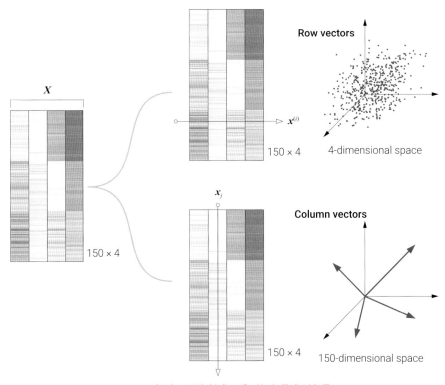

图5.14　矩阵可以分割成一系列行向量或列向量

请大家完成以下题目。

Q1. 在JupyterLab中练习本章正文给出的示例代码。

* 不提供答案。

　　"鸢尾花书"的读者很快就会发现，线性代数是整套书各种数学工具的核心，也是机器学习绕不过的五指山、必须走的独木桥。这也是为什么《编程不难》急不可耐、不遗余力、见缝插针地在各个角落引入线性代数概念。

　　线性代数看上去很抽象、恐怖，但实际上非常简洁、优雅。我相信"鸢尾花书"的读者中，很多人曾经被线性代数折磨得伤痕累累。即便如此，不管大家是线性代数的初识，还是发誓老死不相往来的宿敌，请大家张开双臂，敞开胸怀。很快你就会发现线性代数的伟力，甚至还会惊叹于她的美。

　　特别是和数据、几何、微积分、统计结合起来之后，线性代数就会脱胎换骨，瞬间变得亭亭玉立、楚楚动人。

Basic Calculations in Python
Python常见运算
从加减乘除开始学运算符

有时人们不想听到真相，因为他们不想打碎自己的幻想。

Sometimes people don't want to hear the truth because they don't want their illusions destroyed.

—— 弗里德里希·尼采 (Friedrich Nietzsche) | 德国哲学家 | 1844 — 1900年

◀　+　算术运算符，加法；将两个数值相加或连接两个字符串

◀　-　算术运算符，减法；从一个数值中减去另一个数值

◀　*　算术运算符，乘法；将两个数值相乘

◀　/　算术运算符，除法；将一个数值除以另一个数值，得到浮点数结果

◀　%　算术运算符，取余数；计算两个数相除后的余数

◀　**　算术运算符，乘幂；将一个数值的指数幂次方

◀　==　比较运算符，等于；判断两个值是否相等，返回一个布尔值 (True 或 False)

◀　!=　比较运算符，不等于；判断两个值是否不相等，返回一个布尔值 (True 或 False)

◀　>　比较运算符，大于；判断左边的值是否大于右边的值，返回一个布尔值 (True 或 False)

◀　<　比较运算符，小于；判断左边的值是否小于右边的值，返回一个布尔值 (True 或 False)

◀　>=　比较运算符，大于等于；判断左边的值是否大于或等于右边的值，返回一个布尔值 (True 或 False)

◀　<=　比较运算符，小于等于；判断左边的值是否小于或等于右边的值，返回一个布尔值 (True 或 False)

◀　and　逻辑运算符，与；判断两个条件是否同时为真，如果两个条件都为真，则返回 True；否则返回 False

◀　or　逻辑运算符，或；判断两个条件是否至少有一个为真，返回一个布尔值 (True 或 False)

◀　not　逻辑运算符，非；对一个条件进行取反，如果条件为真，则返回 False；如果条件为假，则返回 True

◀　=　赋值运算符，等于；将一个对象的引用赋给另一个变量，两个变量引用同一个内存地址

◀　+=　赋值运算符，自加运算；a += b 等价于 a = a + b

◀　-=　赋值运算符，自减运算；a -= b 等价于 a = a - b

◀　*=　赋值运算符，自乘运算；a *= b 等价于 a = a * b

◀　/=　赋值运算符，自除运算；a /= b 等价于 a = a / b

◀　in　成员运算符；检查某个值是否存在于指定的序列 （如列表、元组、字符串等） 中，如果存在则返回 True，否则返回 False

◀　not in　成员运算符；检查某个值是否不存在于指定的序列 （如列表、元组、字符串等） 中，如果不存在则返回 True，否则返回 False

◀　is　身份运算符；检查两个变量是否引用同一个对象，如果是则返回 True，否则返回 False

◀　is not　身份运算符；检查两个变量是否不引用同一个对象，如果不是则返回 True，否则返回 False

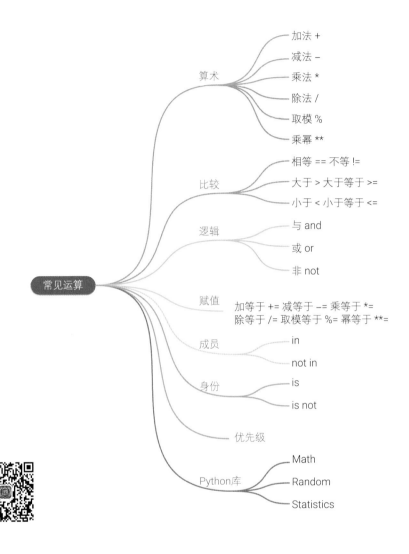

```
                                                ┌─ 加法 +
                                                ├─ 减法 −
                                        算术 ────┼─ 乘法 *
                                                ├─ 除法 /
                                                ├─ 取模 %
                                                └─ 乘幂 **

                                                ┌─ 相等 == 不等 !=
                                        比较 ────┼─ 大于 > 大于等于 >=
                                                └─ 小于 < 小于等于 <=

                                                ┌─ 与 and
                                        逻辑 ────┼─ 或 or
                                                └─ 非 not

    常见运算 ────┬─                       赋值     加等于 += 减等于 −= 乘等于 *=
                                                除等于 /= 取模等于 %= 幂等于 **=

                                                ┌─ in
                                        成员 ────┴─ not in

                                                ┌─ is
                                        身份 ────┴─ is not

                                        优先级

                                                ┌─ Math
                                        Python库 ┼─ Random
                                                └─ Statistics
```

6.1 几类运算符

Python中的运算符可以分为以下几类。

◀ **算术运算符** (arithmetic operator)：用于数学运算，例如**加法 +**、**减法 −**、**乘法 ***、**除法 /**、**取模 %**、**乘幂 **** 等。

◀ **比较运算符** (comparison operator, relational operator)：用于比较两个值之间的关系，例如**等于 ==**、**不等于 !=**、**大于 >**、**小于 <**、**大于等于 >=**、**小于等于 <=** 等。

◀ **逻辑运算符** (logical operator)：用于处理布尔型数据，例如**与 and**、**或 or**、**非 not** 等。

◀ **赋值运算符** (assignment operator)：用于给变量赋值，例如**等号 =**、**自加运算 +=**、**自减运算 −=**、**自乘运算 *=**、**自除运算 /=**。请注意，准确来说，这些赋值运算符在Python中都是语句。

◀ **成员运算符** (membership operator)：用于检查一个值是否为另一个值的成员，例如in、not in等。

◀ **身份运算符** (identity operator)：用于检查两个变量是否引用同一个对象，例如is、is not等。

图6.1总结了Python中常见的运算符，大家可以根据不同的场景选择合适的运算符进行操作。

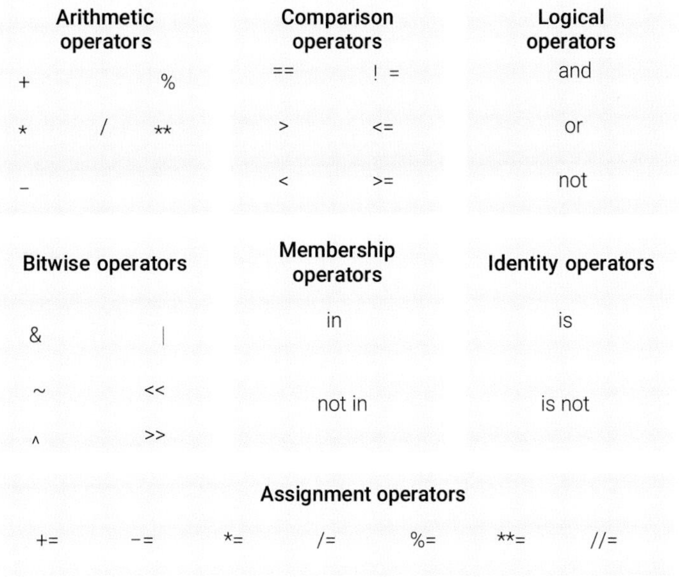

Arithmetic operators			Comparison operators		Logical operators
+		%	==	! =	and
*	/	**	>	<=	or
–			<	>=	not

Bitwise operators			Membership operators	Identity operators
&		|	in	is
~		<<		
^		>>	not in	is not

Assignment operators						
+=	–=	*=	/=	%=	**=	//=

图6.1 常用运算符

6.2 算术运算符

Python算术运算符用于数学运算，包括加法、减法、乘法、除法、取模和幂运算等。下面分别介绍这些算术运算符及其使用方法。

加减法

加法运算符"+"用于将两个数值相加或将两个字符串拼接起来。

当进行加法运算时，如果操作数的类型不一致，Python会自动进行类型转换。如果一个数是整数，而另一个是浮点数，则整数会被转换为浮点数，然后进行加法运算。比如，代码6.1的ⓐ运算结果为浮点数。

如果一个数是整数，而另一个是复数，则整数会被转换为复数，然后进行加法运算。运算结果为复数。

如果一个操作数是浮点数，而另一个是复数，则浮点数会被转换为复数，然后进行加法运算。运算结果为复数。

代码6.1的ⓑ展示的就是上一章讲过的字符串拼接。请大家先将两个字符串用float() 转化为浮点数，再完成加法运算。

注意：整数或浮点数不能和字符串数字相加，比如2 + '1' 会报错，错误信息为TypeError: unsupported operand type(s) for +: 'int' and 'str'。

 注意：减法运算符 – 用于将两个数值相减，不支持字符串运算，错误信息为TypeError: unsupported operand type(s) for –: 'str' and 'str'。

请大家在JupyterLab中自行练习代码6.1。

代码6.1 加法 | ⊕ Bk1_Ch06_01.ipynb

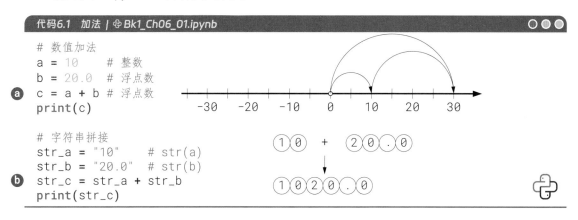

```
# 数值加法
a = 10    # 整数
b = 20.0  # 浮点数
c = a + b # 浮点数
print(c)

# 字符串拼接
str_a = "10"    # str(a)
str_b = "20.0"  # str(b)
str_c = str_a + str_b
print(str_c)
```

乘除法

乘法运算符 "*" 用于将两个数值相乘，或将一个字符串重复多次。

 NumPy数组完成**矩阵乘法** (matrix multiplication) 时用的运算符为 @。

代码6.2中ⓐ完成整数和浮点数的乘法运算，结果还是一个浮点数。

ⓑ和ⓒ则完成字符串的复制运算，而不是算术乘法运算。

幂运算符 ** 用于将一个数值幂次方，比如 2**3 的结果为8。

代码6.2 乘法 | ⊕ Bk1_Ch06_02.ipynb

```
# 数值乘法
a = 10     # 整数
b = 20.0   # 浮点数
c = a * b  # 浮点数
print(c)

# 字符串复制
str_a = "10"    # str(a)
str_b = "20.0"  # str(b)
str_c = str_a * 3
str_d = str_b * 2
print(str_c)
print(str_d)
```

除法运算符 / 用于将两个数值相除，结果为浮点数。

在Python中，**正斜杠** "/" (forward slash) 和**反斜杠** "\" (backward slash) 具有不同的用途和含义。在路径表示中，正斜杠用作目录分隔符，用于表示文件系统路径。在除法运算中，正斜杠用作除法操作符。

在Windows文件路径表示中，反斜杠用作目录分隔符。在字符串中，反斜杠用作转义字符，用于表示特殊字符或字符序列，比如以下几个。

\n 换行符，将光标位置移到下一行开头。

\r 回车符，将光标位置移到本行开头。

\t 水平制表符，也即 Tab 键，一般相当于四个空格。

\\ 反斜线；在使用反斜杠作为转义字符时，为了表示反斜杠本身，需要使用两个连续的反斜杠\\。

\' 表示单引号。

\" 表示双引号。

\   在字符串行尾的续行符，即一行未完，转到下一行继续写。

取模运算符"%"用于获取两个数值相除的余数，比如10 % 3 的结果为1。注意：取模主要是用于编程中，取余则更多表示数学概念，两者最大区别在于对负数求余数的处理上。

什么是转义字符?

转义字符是一种在字符串中使用的特殊字符序列，以反斜杠 \ 开头。在Python中，转义字符用于表示一些特殊字符、控制字符或无法直接输入的字符。通过使用转义字符，我们可以在字符串中插入换行符、制表符、引号等特殊字符。

括号

在Python中，运算符有不同的优先级。有时我们需要改变运算符的优先级顺序，这时可以使用**圆括号** (parentheses) 来改变它们的顺序。圆括号可以用于明确指定某些运算的执行顺序，确保它们在其他运算之前或之后进行。请大家自行比较下两例：

```
result = 2 + 3 * 4
result = (2 + 3) * 4
```

根据运算符的优先级规则，乘法运算具有更高的优先级，因此先执行乘法，然后再进行加法。所以结果是 14。如果我们想先执行加法运算，然后再进行乘法运算，可以使用圆括号来改变优先级。这和小学数学学的运算法则完全一致。

6.3 比较运算符

Python比较运算符用于比较两个值，结果为True或False。

相等、不等

相等运算符"=="比较两个值是否相等，返回True或False。不等运算符"!="比较两个值是否不相等，返回True或False。请大家在JupyterLab中自行练习代码6.3。

```
代码6.3  相等、不等 | ⊕ Bk1_Ch06_03.ipynb
x = 5
y = 3
print(x == y)    # False
print(x == 5)    # True
print(x != y)    # True
print(x != 5)    # False
print(x != 5.0)  # False
```

大于、大于等于

大于运算符"＞"比较左边的值是否大于右边的值，返回True或False。大于等于运算符"＞="比较左边的值是否大于等于右边的值，返回True或False。请大家在JupyterLab中自行练习代码6.4。

```
代码6.4  大于、大于等于 | ⊕ Bk1_Ch06_03.ipynb          ○○●
x = 5
y = 3

ⓐ  print(x > y)    # True
   print(x > 10)   # False
ⓑ  print(x >= y)   # True
   print(x >= 5)   # True
```

小于、小于等于

小于运算符"＜"比较左边的值是否小于右边的值，返回True或False。小于等于运算符"＜="比较左边的值是否小于等于右边的值，返回True或False。请大家在JupyterLab中自行练习代码6.5。

```
代码6.5  小于、小于等于 | ⊕ Bk1_Ch06_03.ipynb          ○○●
x = 5
y = 3

ⓐ  print(x < y)    # False
   print(x < 10)   # True
ⓑ  print(x <= y)   # False
   print(x <= 5)   # True
```

6.4 逻辑运算符

Python中有三种逻辑运算符，分别为and、or和not，这些逻辑运算符可用于布尔类型的操作数上。这三种逻辑运算符实际上体现的是**真值表** (truth table) 的逻辑。

如图6.2所示，真值表是一个逻辑表格，用于列出逻辑表达式的所有可能的输入组合和对应的输出结果。它展示了在不同的输入情况下，逻辑表达式的真值 True 或假值 False。下面对每种逻辑运算符进行详细的讲解。

A	B	A and B
True	True	True
True	False	False
False	True	False
False	False	False

A	B	A or B
True	True	True
True	False	True
False	True	True
False	False	False

A	not A
True	False
False	True

图6.2 真值表

与运算符"and"当左右两边的操作数都为True时，返回True，否则返回False。
或运算符"or"当左右两边的操作数至少有一个为True时，返回True，否则返回False。

非运算符"not"对一个布尔类型的操作数取反，如果操作数为True，返回False；否则返回True。

逻辑运算符常用于条件判断、循环控制等语句中。通过组合不同的逻辑运算符，可以实现复杂的逻辑表达式。请大家在JupyterLab中自行练习代码6.6。并尝试有选择地把True替换成1，把False替换成0，再完成这些逻辑运算并查看结果。

```
代码6.6  逻辑运算符 | ⊕ Bk1_Ch06_04.ipynb                              ○○○
     # 与 and
(a)  print(True and True)
     print(True and False)
     print(False and True)
     print(False and False)
     # 或 or
(b)  print(True or True)
     print(True or False)
     print(False or True)
     print(False or False)
     # 非 not
(c)  print(not True)
     print(not False)
```

6.5 赋值运算符

Python中的赋值运算符用于将值分配给变量，下面逐一讲解。再次提醒大家注意，准确来说，如下赋值运算符在Python中都是语句。

◀等号 = 将右侧的值赋给左侧的变量。
◀加等于 += 将右侧的值加到左侧的变量上，并将结果赋给左侧的变量。
◀减等于 -= 将右侧的值从左侧的变量中减去，并将结果赋给左侧的变量。
◀乘等于 *= 将右侧的值乘以左侧的变量，并将结果赋给左侧的变量。
◀除等于 /= 将左侧的变量除以右侧的值，并将结果赋给左侧的变量。
◀取模等于 %= 将左侧的变量对右侧的值取模，并将结果赋给左侧的变量。
◀幂等于 **= 将左侧的变量的值提高到右侧的值的幂，并将结果赋给左侧的变量。

请大家在JupyterLab中自行练习代码6.7。

```
代码6.7  赋值运算 | ⊕ Bk1_Ch06_05.ipynb                              ○○○
(a)  a = 5
     print(a)
(b)  a += 3  # 等同于 a = a + 3, 此时 a 的值为 8
     print(a)
(c)  a -= 3  # 等同于 a = a - 3, 此时 a 的值为 5
     print(a)
(d)  a *= 2  # 等同于 a = a * 2, 此时 a 的值为 10
     print(a)
(e)  a /= 5  # 等同于 a = a / 5, 此时 a 的值为 2.0
     print(a)
(f)  a %= 3  # 等同于 a = a % 3, 此时 a 的值为 2.0
     print(a)
(g)  a **= 3  # 等同于 a = a ** 3, 此时 a 的值为 8.0
     print(a)
```

6.6 成员运算符

Python中成员运算符用于测试是否存在于序列中。共有两个成员运算符：① in: 如果在序列中找到值，返回True，否则返回False；② not in：如果在序列中没有找到值，返回True，否则返回False。

代码6.8展示成员运算符的示例，请大家在JupyterLab中自行练习。

代码6.8 成员运算 | ⊕ Bk1_Ch06_06.ipynb

```
# 定义一个列表
a  my_list = [1, 2, 3, 4, 5]

# 判断元素是否在列表中
b  print(3 in my_list)  # True
   print(6 in my_list)  # False

# 判断元素是否不在列表中
c  print(3 not in my_list)  # False
   print(6 not in my_list)  # True
```

6.7 身份运算符

Python身份运算符包括is和is not，用于判断两个对象是否引用同一个内存地址。请大家回顾上一章介绍的**视图** (view)、**浅复制** (shallow copy)、**深复制** (deep copy) 这三个概念。

简单来说，浅复制只复制对象的一层内容，不涉及嵌套的可变对象。深复制创建一个全新的对象，并递归地复制原始对象及其嵌套的可变对象。每个对象的副本都是独立的，修改原始对象或其嵌套对象不会影响深复制的对象。

深复制涉及多层嵌套的可变对象，确保每个对象都被复制。

请大家在JupyterLab中自行练习代码6.9。请特别注意代码6.9中 k 的结果，并解释原因。

代码6.9 身份运算 | ⊕ Bk1_Ch06_07.ipynb

```
   import copy
   a = [1, 2, 3]
a  b = a
   # 视图 b 引用 a 的内存地址
   c = [1, 2, 3]
b  d = a.copy()
c  print(a is b)
   # 输出 True, 因为 a 和 b 引用同一个内存地址
d  print(a is not c)
   # 输出 True, 因为 a 和 c 引用不同的内存地址
e  print(a == c)
   # 输出 True, 因为 a 和 c 的值相等
f  print(a is not d)
   # 输出 True, 因为 a 和 d 引用不同的内存地址
g  print(a == d)
   # 输出 True, 因为 a 和 d 的值相等

   a_2_layers = [1, 2, [3, 4]]
h  d_2_layers = a_2_layers.copy()
i  e_2_layers = copy.deepcopy(a_2_layers)

j  print(a_2_layers is d_2_layers)
k  print(a_2_layers[2] is d_2_layers[2])  # 请特别关注!

l  print(a_2_layers is e_2_layers)
m  print(a_2_layers[2] is e_2_layers[2])
```

6.8 优先级

在 Python 中，不同类型的运算符优先级是不同的，当一个表达式中有多个运算符时，会按照优先级的顺序依次计算，可以使用括号改变运算顺序。

下面是 Python 中常见的运算符优先级列表，从高到低排列。

◀**括号运算符：** ()，用于改变运算顺序。
◀**正负号运算符：** +x，-x，用于对数字取正负。
◀**算术运算符：** **，*，/，//，%，用于数字的算术运算。
◀**位运算符：** ~，&，|，^，<<，>>，用于二进制位的运算。
◀**比较运算符：** <，<=，>，>=，==，!=，用于比较大小关系。
◀**身份运算符：** is，is not，用于判断两个对象是否相同。
◀**成员运算符：** in，not in，用于判断一个元素是否属于一个集合。
◀**逻辑运算符：** not，and，or，用于逻辑运算。

这部分我们不再展开介绍，如果后续用到的话，请大家自行学习。

> 对于Python初学者，使用上述运算符时，特别不推荐将若干运算挤在一句。一方面，不方便debug；另外一方面，也不方便自己日后或者他人查看。也不推荐做任何相关的"练习题"，请大家不要在这些"奇技淫巧"上费功夫。但是有一种运算叠加是推荐大家必须掌握的，这就是Pandas中的**链式运算** (method chaining或chaining)。本书后续将介绍这种方法。

什么是位运算符？
Python提供了一组位运算符 (bitwise operator)，用于在二进制级别对整数进行操作。这些位运算符将整数的二进制表示作为操作数，并对每个位进行逻辑运算。

6.9 聊聊math库

本节简单聊一聊math库。math库是Python标准库之一，提供了许多数学函数和常量，用于执行各种基本数学运算。表6.1总结了math库中常用的函数。

大家可以在本书第15章找到表6.1中很多函数的图像。

> 如果需要向量化运算或使用更高级的数学操作，请使用NumPy或SciPy等第三方库。

表6.1 math库中常用函数

math库函数	数学符号	描述
math.pi	π	圆周率，$\pi = 3.141592\cdots$
math.e	e	$e = 2.718281\cdots$
math.inf	∞	正无穷 (positive infinity)，-math.inf为负无穷
math.nan	NaN	非数 (not a number)
math.ceil(x)	$\lceil x \rceil$	向上取整 (ceiling of x)
math.floor(x)	$\lfloor x \rfloor$	向下取整 (floor of x)

math库函数	数学符号	描述
math.comb(n,k)	C_n^k	组合数 (combination)，输入均为整数int 公式描述为the number of ways to choose k items from n items without repetition and without order
math.perm(n,k)	P_n^k	排列数 (permutation)，输入均为整数int 公式描述为the number of ways to choose k items from n items without repetition and with order
math.fabs(x)	$\|x\|$	绝对值 (absolute value)
math.factorial(n)	$n!$	阶乘 (factorial)，输入为整数int
math.sqrt(x)	$\sqrt{x}$	平方根 (square root)
math.cbrt(x)	$\sqrt[3]{x}$	立方根 (cube root)
math.exp(x)	$\exp(x)=e^x$	指数 (natural exponential) 公式描述e raised to the power x
math.log(x)	$\ln x$	自然对数 (natural logarithm)
math.dist(p, q)	$\|\boldsymbol{p}-\boldsymbol{q}\|$	欧几里得距离 (Euclidean distance)
math.hypot(x1,x2,x3,⋯)	$\|\boldsymbol{x}\|=\sqrt{x_1^2+x_2^2+x_3^2+\cdots}$	距离原点的欧几里得距离 (Euclidean distance from origin)
math.sin(x)	$\sin x$	正弦 (sine)，输入为弧度
math.cos(x)	$\cos x$	余弦 (cosine)，输入为弧度
math.tan(x)	$\tan x$	正切 (tangent)，输入为弧度
math.asin(x)	$\arcsin x$	反正弦 (arc sine)，结果在−π/2和π/2之间
math.acos(x)	$\arccos x$	反余弦 (arc cosine)，结果在0和π之间
math.atan(x)	$\arctan x$	反正切 (arc tangent)，结果在−π/2和π/2之间
math.atan2(y,x)	$\arctan\left(\dfrac{y}{x}\right)$	反正切 (arc tangent)，结果在−π和π之间
math.cosh(x)	$\cosh x$	双曲余弦 (hyperbolic cosine)
math.sinh(x)	$\sinh x$	双曲正弦 (hyperbolic sine)
math.tanh(x)	$\tanh x$	双曲正切 (hyperbolic tangent)
math.acosh(x)	$\mathrm{arccosh}\, x$	反双曲余弦 (inverse hyperbolic cosine)
math.asinh(x)	$\mathrm{arcsinh}\, x$	反双曲正弦 (inverse hyperbolic sine)
math.atanh(x)	$\mathrm{arctanh}\, x$	反双曲正切 (inverse hyperbolic tangent)
math.radians(x)	$\dfrac{x}{180}\times\pi$	将角度 (degrees) 转换为弧度 (radians)
math.degrees(x)	$\dfrac{x}{\pi}\times 180$	将弧度转换为角度
math.erf(x)	$\mathrm{erf}\,x=\dfrac{2}{\sqrt{\pi}}\int_0^x \exp\left(-t^2\right)\mathrm{d}t$	误差函数 (error function)
math.gamma(x)	$\Gamma(x)=(x-1)!$ ＊仅当x为正整数	Gamma函数 (gamma function)

代码6.10用math.sin() 计算了等差数列**列表** (list) 每个元素的正弦值。下面讲解其中关键语句。

ⓐ利用import math将math库引入到Python程序中，这样我们可以在后面语句中使用math模块中的各种数学函数和常量。

ⓑ导入Matplotlib库的pyplot模块，as后面是模块的别名plt。简单来说，matplotlib.pyplot是Matplotlib众多子模块之一。后续代码接着用这个子模块进行绘图、标注等操作。

ⓒ利用math.sin() 计算sin(0)。

ⓓ是一个Python赋值语句，将变量 x_end 的值设置为数学常量 2*math.pi。math.pi 是Python标准库中 math 模块中的一个常量，它代表圆周率 π，它的值约为 3.1415926。然后，下一句代码计算 sin(2π)。

ⓔ定义了**等差数列** (arithmetic progression) 元素的数量，x_start为数列第一项，x_end为数列最后一项。

ⓕ计算等差数列的公差。图6.4所示为在实数轴上看等差数列。

ⓖ利用**列表生成式** (list comprehension) 生成等差数列列表x_array。其中，for i in range(num) 是列表生成式的for循环部分。range(num) 生成的整数序列，其中 num 是要生成的元素数量，这个序列将会包括从0到 num-1 的整数值。

因此，这个for循环将会执行 num 次，每次使用一个新的 i 值来生成一个新的列表元素。而列表的元素为x_start + i * step，即等差数列的每一项。这句的最终结果是一个由37个元素构成的列表x_array。列表本身就是一个等差数列，数列的第一项为0，最后一项为2π。

本书第7章在for循环中专门介绍列表生成式。

大家会发现本书后续经常用numpy.arange() 和numpy.linspace() 生成等差数列。

ⓗ也用列表生成式创建和x_array元素数量一致的全0列表。

ⓘ利用matplotlib.pyplot.plot()，简写作plt.plot()，绘制"折线 + 散点图"。x_array为散点横轴坐标，zero_array为散点的纵轴坐标。将这些散点顺序连线，我们便获得折线；这个例子中的折线恰好为直线。

如图6.3 (b) 所示，将子图散点顺序连线我们得到正弦曲线。这条曲线看上去"光滑"，而本质上也是折线。这提醒了我们，只有散点足够密集，也就是颗粒度够高时，折线才看上去更细腻、顺滑。特别是，当曲线特别复杂时，我们需要更高颗粒度。

默认情况下，matplotlib.pyplot.plot() 只绘制折线，不突出显示散点。

⚠ 如果数据本身就是离散的，最好不用折线将它们连起来。这时可以采用散点图、火柴梗图等可视化方案。

参数marker='.' 指定散点标记样式。

参数markersize=8指定散点标记大小的参数。

参数markerfacecolor='w' 指定散点标记内部颜色，w代表白色。

参数markeredgecolor='k' 指定散点标记边缘颜色k代表黑色。

ⓙ利用matplotlib.pyplot.text()，简写作plt.text()，在图中添加文本**注释** (annotation)。其中，x_start是文本注释的横轴坐标，0是文本注释的纵轴坐标，'0' 是要显示的文本字符串。

ⓚ也是用plt.text() 在图中添加文本数值，文本坐标不同，文本本身也不同。r'2π' 是一个包含LaTeX表达式的字符串。r 字符前缀表示**原始字符串** (raw string)，以确保LaTeX表达式中的反斜杠不被转义。$ 符号用于标识LaTeX表达式的开始和结束。在图中，文本最终打印效果为2π。

ⓛ这行代码的作用是在当前的Matplotlib图形中关闭坐标轴的显示，从而在图形中不显示坐标轴刻度、标签和框线。

本书第10章专门介绍一幅图中各种组成元素。

ⓜ用于显示在创建的图形。

ⓝ还是用列表生成式创建一个列表，这个列表每个元素是x_array等差数列列表对应元素的正弦值。

ⓞ同样利用plt.plot() 绘制正弦函数 $f(x) = \sin(x)$ 的"折线 + 散点图"。

🅟利用plt.axhline() 在图形中添加一条水平的参考线。

参数y=0是参考线的水平位置。

参数color='k'是参考线的颜色设置。

参数linestyle='--'是参考线的线型设置，-- 表示虚线。

参考linewidth=0.25是参考线的线宽设置。在这里，线宽被设置为0.25个单位。在Matplotlib中，linewidth的单位是**点** (point)，通常表示为pt，如图6.5所示。1 pt等于1/72英寸。点用于度量线宽的标准单位，通常用于印刷和出版领域。

文字大小也可以用pt表示。比如，5号字体为10.5 pt，小五号字为9 pt。"鸢尾花书"正文文字大小为10 pt。为了缩减空间、节省用纸，《编程不难》中嵌入的代码文字字体采用Roboto Mono Light，字号为9pt，即小五号字。

大家可能已经发现这段代码的最大问题，就是我们反复利用列表生成式 (本质上是for循环) 生成各种序列，也就是for循环中一个个运算。本书后文会介绍如何用NumPy**向量化** (vectorize) 上述。

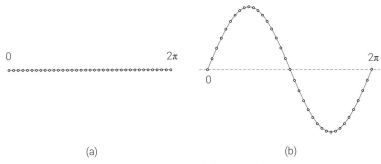

(a)   (b)

图6.3　可视化等差数列，正弦函数

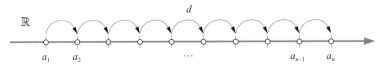

图6.4　实数轴上看等差数列

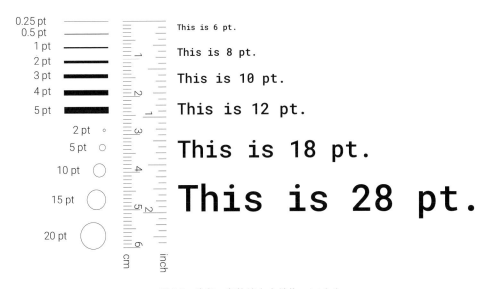

图6.5　线宽、字体等大小单位point (pt)

```python
# 导入包
(a) import math
(b) import matplotlib.pyplot as plt

    # 计算正弦值
    x_start = 0 # 弧度值
(c) print(math.sin(x_start))
(d) x_end = 2*math.pi # 弧度值
    print(math.sin(x_end))

    # 等差数列 a_n = a_1 + d(n - 1)
    # 数列元素数量
(e) num = 37
    # 计算公差
(f) step = (x_end - x_start) / (num - 1)
    # 生成等差数列列表
(g) x_array = [x_start + i * step for i in range(num)]
    # 生成等长全0列表,等价于zero_array = [0] * len(x_array)
(h) zero_array = [0 for i in range(num)]

    # 可视化等差数列
(i) plt.plot(x_array, zero_array, marker = '.',
             markersize = 8,
             markerfacecolor = 'w',
             markeredgecolor = 'k')
(j) plt.text(x_start, 0, '0')
(k) plt.text(x_end, 0, r'$2\pi$')
(l) plt.axis('off')
(m) plt.show()

    # 正弦 sin(x) 列表
(n) y_array = [math.sin(x_idx) for x_idx in x_array]

    # 可视化正弦函数
(o) plt.plot(x_array, y_array, marker = '.',
             markersize = 8,
             markerfacecolor = 'w',
             markeredgecolor = 'k')
    plt.text(x_start, -0.1, '0')
    plt.text(x_end, 0.1, r'$2\pi$')
(p) plt.axhline(y = 0, color = 'k', linestyle = '--', linewidth = 0.25)
    plt.axis('off')
    plt.show()
```

6.10 聊聊random库和statistics库

　　random 是Python标准库中的一个模块，提供了伪随机数生成器，通常用于模拟随机事件、生成随机数据、进行随机采样等任务。在进行科学实验、模拟和游戏开发等领域，它是一个非常有用的工具。如果需要更高级的随机数生成或概率分布模拟，可以考虑使用NumPy或SciPy等第三方库，它们提供了更多的随机数生成和统计分析功能。random 库中常用函数如表6.2所示。

statistics 是Python标准库中的一个模块，用于执行统计计算和操作，包括平均值、中位数、标准差、方差、众数等。这个模块提供了一些基本的统计函数，适用于处理数值数据。statistics 库中常用函数如表6.3所示。

⚠ 注意：statistics 模块适用于处理小规模数据集，对于大型数据集和更复杂的统计分析，通常需要使用专门的数据科学库，如NumPy、SciPy或Pandas。

下面，我们举几个例子，介绍如何使用random和statistics这两个Python库。

表6.2　random库中常用函数

random库函数	描述
random.random()	返回一个0～1之间的随机浮点数
random.randint(a, b)	返回一个在区间 [a, b] 上的随机整数
random.uniform(a, b)	返回一个在区间 [a, b] 上的随机浮点数
random.gauss(mu, sigma)	生成一个服从一元高斯分布 (univariate Gaussian distribution) 的随机数，其中mu是均值，sigma是标准差
random.seed(seed)	使用给定的种子 seed 初始化随机数生成器，这有助于结果可复刻
random.choice(seq)	从序列 (如列表、元组或字符串) 中随机选择一个元素并返回它
random.choices(population, weights=None, k=k)	从给定的population序列中随机选择k个元素，可以通过weights参数指定每个元素的权重，权重越高的元素被选中的概率越大。如果不指定权重，所有元素被选中的概率相等
random.shuffle(seq)	用于随机打乱序列 seq 中的元素顺序
random.sample(population, k)	从指定的 population 序列中随机选择 k 个不重复的元素，相当于从总体中采集k个不重复的样本
random.betavariate(alpha, beta)	用于生成一个服从Beta分布 (Beta distribution) 的随机数。Beta分布是一个概率分布，其形状由两个参数 alpha 和 beta 来控制。《统计至简》将专门介绍这个概率分布，并在贝叶斯推断 (Bayesian inference) 中使用Beta分布
random.expovariate(lambd)	用于生成一个服从指数分布 (exponential distribution) 的随机数，lambd是指数分布的一个参数。《统计至简》将介绍指数分布

表6.3　statistics 库中常用函数

statistics库函数	描述
statistics.mean()	计算算数平均值 (arithmetic mean, average)
statistics.median()	计算中位数 (median)
statistics.mode()	计算众数 (mode)
statistics.quantiles()	用于计算分位数 (quantile) 的函数。简单来说，分位数是指将一组数据按照大小顺序排列后，把数据分成若干部分的值，每一部分包含了一定比例的数据。通常，我们使用四分位数来分隔数据集，这将数据集分为四个部分，分别包含25%、50%、75%和100%的数据
statistics.pstdev()	计算数据的总体标准差 (population standard deviation)
statistics.stdev()	计算数据的样本标准差 (sample standard deviation)
statistics.pvariance()	计算数据的总体方差 (population variance)
statistics.variance()	计算数据的样本方差 (sample variance)
statistics.covariance()	计算数据的样本协方差 (sample covariance)
statistics.correlation()	计算数据的皮尔逊相关性系数 (Pearson's correlation coefficient)
statistics.linear_regression()	计算一元线性回归函数斜率 (slope) 和截距 (intercept)

质地均匀抛硬币

代码6.11模拟了抛硬币的实验，并记录了每次抛硬币后的结果，然后计算当前所有结果均值。如图6.6 (a) 所示为前100次投硬币结果，正面为1，反面为0。

图6.6 (b) 反映了均值随时间的演化过程。随着抛硬币次数的增加，均值逐渐趋于0.5，这是因为硬币正反面出现的概率是相等的。

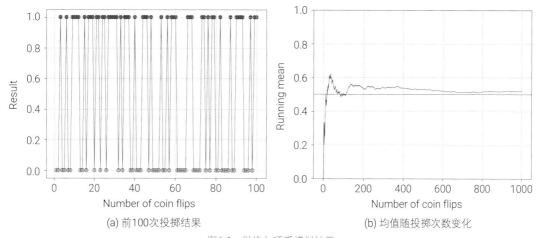

(a) 前100次投掷结果　　　　　　(b) 均值随投掷次数变化

图6.6　抛均匀硬币模拟结果

下面我们讲解代码6.11。

ⓐ导入Python的random库。

ⓑ导入Python的statistics库。

ⓒ定义变量储存抛硬币次数。

ⓓ定义空列表用来储存抛硬币结果。

ⓔ定义空列表用来储存平均值。

ⓕ用for循环遍历每次抛硬币。注意，下画线 _ 是一个占位符，表示一个不需要使用的变量。在这个for循环中，_ 表示迭代变量不会被使用，我们仅仅关注循环次数。

ⓖ用random.randint(0,1) 返回一个在区间 [0, 1] 内的随机整数，即0和1。两个整数有相同概率。

ⓗ用append() 方法在列表末尾添加新元素。

ⓘ利用statistics.mean() 计算当前所有结果的平均值。

ⓙ将当前均值添加到列表中。

ⓚ利用matplotlib.pyplot.scatter()，简写作plt.scatter()，绘制前100次抛硬币结果散点图。

其中，range(1, visual_num + 1) 是散点的横轴位置。range(1, visual_num + 1) 生成一个1 ～ visual_num的整数序列。results[0:visual_num] 取出列表前100个元素，它们是散点的纵轴位置。

参数c=results[0:visual_num] 用于指定散点的颜色的参数。由于结果仅有0和1两个值，因此最终会用两个颜色来展示散点。

参数marker="o"将散点的形状设置为圆圈。

参数cmap='cool' 用于指定颜色映射。它决定了如何将0和1映射到不同的颜色。cool是一种预定义的颜色映射，它将0映射为天蓝色，1映射为粉紫色。

ⓛ利用matplotlib.pyplot.plot()，简写作plt.plot()，绘制结果折线图。

ⓜ用折线图可视化均值随抛掷次数变化过程。

ⓝ利用matplotlib.pyplot.axhline()，简写作plt.axhline()，绘制水平线。

```python
import random
import statistics
import matplotlib.pyplot as plt

# 抛硬币实验的次数
num_flips = 1000

# 用于存储每次抛硬币的结果
results = []
# 用于存储每次抛硬币后的均值
running_means = []

for _ in range(num_flips):
    # 随机抛硬币，1代表正面 (H)，0代表反面 (T)
    result_idx = random.randint(0, 1)
    results.append(result_idx)

    # 计算当前所有结果的均值
    mean_idx = statistics.mean(results)
    running_means.append(mean_idx)

# 可视化前100次结果均值随次数变化
visual_num = 100
plt.scatter(range(1, visual_num + 1), results[0:visual_num],
            c = results[0:visual_num], marker = "o", cmap = 'cool')
plt.plot(range(1, visual_num + 1), results[0:visual_num])
plt.xlabel("Number of coin flips")
plt.ylabel("Result")
plt.grid(True)
plt.show()

# 可视化均值随次数变化
plt.plot(range(1, num_flips + 1), running_means)
plt.axhline(0.5, color = 'r')
plt.xlabel("Number of coin flips")
plt.ylabel("Running mean")
plt.grid(True)
plt.ylim(0,1)
plt.show()
```

硬币"头重脚轻"

假设硬币不均匀，抛掷结果为1的概率为0.6，为0的概率为0.4。图6.7 (a) 所示为前100次投掷结果。图6.7 (b) 所示为均值随抛掷次数变化。

代码6.12用列表生成式获得硬币结果列表，以及均值列表。

ⓐ利用random.choices() 从一个包含两个元素的序列 [0, 1] 中随机选择一个元素，并且为每个元素指定了相应的权重。选择 0 的概率为 0.4，选择 1 的概率为 0.6。

请大家修改代码6.11自行绘制图6.7两图。

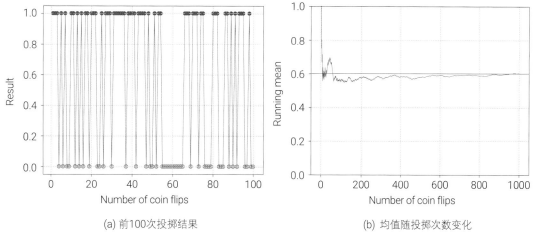

(a) 前100次投掷结果   (b) 均值随投掷次数变化

图6.7 抛头重脚轻硬币模拟结果

```
代码6.12 头重脚轻的硬币 | ⊕ Bk1_Ch06_10.ipynb                              ○○○

import random
import statistics
import matplotlib.pyplot as plt

# 抛硬币实验的次数
num_flips = 1000

# 模拟抛硬币实验，硬币头重脚轻
# 用于存储每次抛硬币的结果
a results = [random.choices([0, 1], [0.4, 0.6])[0]
            for _ in range(num_flips)]
# 用于存储每次抛硬币后的均值
b running_means = [statistics.mean(results[0:idx+1])
                   for idx in range(num_flips)]
```

混合两个一元高斯分布随机数

图6.8所示为混合了两个服从不同一元高斯分布随机数组的**直方图** (histogram)。

直方图是一种用于可视化数据分布的图表类型，通常用于展示数据的**频数** (frequency)、**概率** (probability) 或**概率密度** (probability density或density)。

频数直方图的纵轴表示数据集中每个数值或数值范围的出现次数。每个数据点或数据范围对应一个柱状条，柱状条的高度表示该数据点或数据范围在数据集中出现的次数。这种情况下，直方图所有柱状条的高度之和为样本的数量。

比如，这个例子中样本数据一共有1000个样本，如果直方图纵轴为频数，则所有柱状条的高度之和为1000。

概率直方图的纵轴表示每个数据点或数据范围在数据集中出现的概率。直方图所有柱状条的高度之和为1。

如图6.8所示，概率密度直方图的纵轴表示每个数据点或数据范围的概率密度。这幅图中，所有柱状条的面积之和为1。

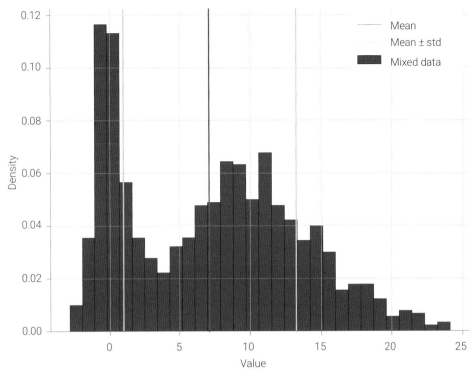

图6.8 混合样本数据的直方图

下面讲解代码6.13。

ⓐ用多重赋值语句，分别定义了均值、标准差、样本数量。

ⓑ利用random.gauss() 和列表生成式生成300个服从特定正态分布的随机数。

ⓒ也用多重赋值语句，定义了第二组均值、标准差、样本数量。

ⓓ生成了另外一组700个随机数，它们服从第二个正态分布。

ⓔ用列表加法将两个列表拼接。

ⓕ利用statistics.mean() 计算1000个样本数据均值。

ⓖ利用statistics.stdev() 计算1000个样本数据标准差。

ⓗ利用matplotlib.pyplot.hist()，简写作plt.hist()，绘制样本数据直方图。

参数bins=30指定直方图中柱状条的数量为30。每个柱状条代表数据的一个范围。

参数density=True表示直方图的纵轴将表示概率密度，即所有柱状条的面积总和等于1。如果设置为 False，纵轴将表示频数，即所有柱状条的高度总和为样本数，即1000。

参数edgecolor='black' 设置柱状条的边框颜色为黑色。

参数alpha=0.7设置柱状条的透明度，取值范围为0到1。0表示完全透明，1表示完全不透明。

参数color='blue' 设置柱状条的填充颜色为蓝色。

参数label='Mixed data' 设置直方图的标签，用于在图例中标识直方图的内容。

ⓘ用matplotlib.pyplot.axvline()，简写作plt.axvline()，绘制竖直参考线，用来展示均值位置。并设置参考线颜色为红色，以及图例标签。请大家用linewidth或lw，设置线宽，用linestyle或ls设置线条类型。

ⓙ和ⓚ绘制$\mu \pm \sigma$参考线。

ⓛ展示图例。

```python
import random
import statistics
import matplotlib.pyplot as plt
random.seed(0) # 方便复刻结果
# 生成300个服从N(0, 1**2)的随机数
```
ⓐ `mean1, std1, size1 = 0, 1, 300`
ⓑ `data1 = [random.gauss(mean1, std1) for _ in range(size1)]`

```python
    # 生成700个服从N(10, 5**2)的随机数
```
ⓒ `mean2, std2, size2 = 10, 5, 700`
ⓓ `data2 = [random.gauss(mean2, std2) for _ in range(size2)]`

```python
    # 将两组随机数混合
```
ⓔ `mixed_data = data1 + data2`
ⓕ `mean_loc = statistics.mean(mixed_data)`
ⓖ `std_loc = statistics.stdev(mixed_data)`

```python
    # 绘制混合数据的直方图
```
ⓗ `plt.hist(mixed_data, bins = 30, density = True, edgecolor = 'black',`
`        alpha = 0.7, color = 'blue', label = 'Mixed data')`
ⓘ `plt.axvline(mean_loc, color = 'red', label = 'Mean')`
ⓙ `plt.axvline(mean_loc + std_loc,`
`            color = 'pink', label = 'Mean ± std')`
ⓚ `plt.axvline(mean_loc - std_loc, color = 'pink')`
`plt.xlabel('Value')`
`plt.ylabel('Density')`
ⓛ `plt.legend()`
`plt.title('Histogram of Mixed Data')`
`plt.grid(True)`
`plt.show()`

线性回归

我们在本书第1章提过**线性回归** (linear regression) 这个概念。简单来说，线性回归是一种统计学和机器学习中常用的方法，用于建立自变量与因变量之间线性关系的模型。通过拟合一条直线，预测因变量的值。

图6.9 (a) 所示为样本数据散点图，横轴对应自变量，纵轴对应因变量。显然，我们一眼就发现自变量和因变量之间似乎存在某种线性关系，也就是找到一条线解释两者关系。图6.9 (b) 中的红色直线就是这条直线。

在statistics库中的linear_regression() 函数可以帮助我们找到图6.9 (b) 红色直线的**斜率** (slope) 和**截距** (intercept)。

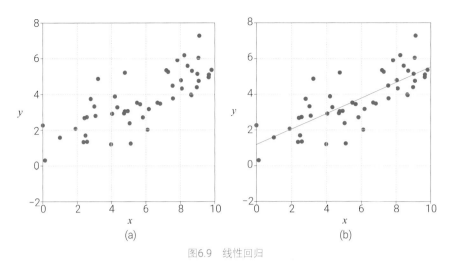

图6.9 线性回归

代码6.14完成了线性回归运算并绘制了图6.9，下面我们聊一聊其中关键语句。

ⓐ 用列表生成式和random.uniform() 产生在区间 [0, 10] 内均匀分布的50个随机数。这些数字代表自变量的数据。

类似**ⓐ**，**ⓑ** 用列表生成式和random.gauss() 产生数据**噪音** (noise)。

ⓒ 用列表生成式产生因变量数据，即0.5*x + 1 + noise。其中，0.5为斜率，1为截距。

ⓓ 利用plt.subplots() 产生图形对象fig、轴对象ax。

ⓔ 在轴对象ax上用scatter() 方法绘制散点图。

ⓕ 在轴对象ax上用set_xlabel('x')和.set_ylabel('y')设置横纵轴标签。注意，**ⓕ**有两句话，用**半角分号** (semicolon) ; 分隔。

ⓖ 设置轴对象ax的纵横比例为相等。

ⓗ 利用set_xlim() 和set_ylim()方法设置轴对象ax的横轴、纵轴取值范围，这两句也是用半角分号分隔。

ⓘ 设置轴对象ax的背景网格线。

ⓙ 调用statistics.linear_regression() 函数计算一元线性回归模型的斜率和截距。

ⓚ 这一段利用while循环生成等差数列。等差数列的起始值为0，结束值为10，步长 (公差) 为0.5。具体来说，while循环开始时，x_i 被初始化为 start。在每次循环迭代中，x_i 被添加 (append方法) 到列表 x_array 中，然后增加 (+=) step 的值。循环会一直执行，直到 x_i 大于 end，便停止while循环。

ⓛ 用列表生成式计算x_array预测值。

statistics库中的linear_regression() 函数仅仅只能处理一元线性回归，不能做回归分析；因此，在实践中我们并不会使用这个函数。但是，本书第8章会利用这个函数介绍如何通过学习别人的源代码来提高编程能力，这就是为什么我们要在此处安排这部分内容的原因。

第27章介绍Statsmodels中的回归分析函数，第30章介绍Scikit-Learn中的各种回归分析工具。

聊聊统计

"统计"这个词有两个字"统"和"计"。

"统"的意思是汇总，相当于折叠、总结、降维、压扁。某个特征上的样本数据实在太多，信息细节不再重要，我们需要把这个特征"压扁"。

"计"的意思是记录、量化、计算。也就是说，汇总的结果是具体的数字，不能模糊。

```python
# 导入包
import random
import statistics
import matplotlib.pyplot as plt
# 产生数据
num = 50
random.seed(0)
```
ⓐ
```python
x_data = [random.uniform(0, 10) for_in range(num)]
# 噪声
```
ⓑ
```python
noise = [random.gauss(0,1) for_in range(num)]
```
ⓒ
```python
y_data = [0.5 * x_data[idx] + 1 + noise[idx]
          for idx in range(num)]

# 绘制散点图
```
ⓓ
```python
fig, ax = plt.subplots()
```
ⓔ
```python
ax.scatter(x_data, y_data)
```
ⓕ
```python
ax.set_xlabel('x'); ax.set_ylabel('y')
```
ⓖ
```python
ax.set_aspect('equal', adjustable = 'box')
```
ⓗ
```python
ax.set_xlim(0,10); ax.set_ylim(-2,8)
```
ⓘ
```python
ax.grid()

# 一元线性回归
```
ⓙ
```python
slope, intercept = statistics.linear_regression(x_data, y_data)

# 生成一个等差数列
start, end, step = 0, 10, 0.5
```
ⓚ
```python
x_array = []
x_i = start

while x_i <= end:
    x_array.append(x_i)
    x_i += step

# 计算x_array预测值
```
⓵
```python
y_array_predicted = [slope * x_i + intercept for x_i in x_array]

# 可视化一元线性回归直线
fig, ax = plt.subplots()
ax.scatter(x_data, y_data)
ax.plot(x_array, y_array_predicted, color = 'r')
ax.set_xlabel('x'); ax.set_ylabel('y')
ax.set_aspect('equal', adjustable = 'box')
ax.set_xlim(0,10); ax.set_ylim(-2,8)
ax.grid()
```

单一特征样本数据量化汇总的方式有很多，如**计数** (count)、**求和** (sum)、**均值** (mean或average)、**中位数** (median)、**四分位** (quartile)、**百分位** (percentile)、**最大值** (maximum)、**最小值** (minimum)、**方差** (variance)、**标准差** (standard deviation)、**偏度** (skewness)、**峰度** (kurtosis) 等。

对于二特征、多特征样本数据，除了上述统计量之外，我们还可以用**协方差** (covariance)、**协方差矩阵** (covariance matrix)、**相关性系数** (correlation)、**相关性系数矩阵** (correlation matrix) 等量化特征之间的关系。这是本书后续要介绍的内容。

描述统计 (descriptive statistics) 是使用数字、图表和总结性信息对数据进行概括和简化的方法，以帮助理解数据的特征、趋势和

有关统计可视化，我们会在本书第12章、第20章、第23章专门介绍。

分布，而不进行深入的统计分析或推断，如图6.10所示。

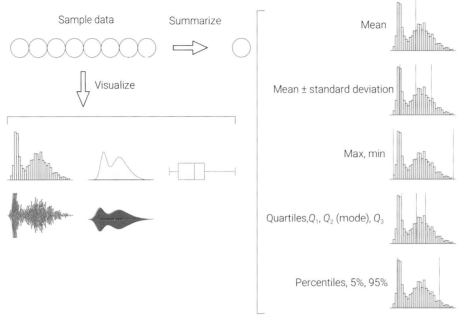

图6.10　描述统计，一元随机变量

当然除了统计描述，我们同样关心**统计推断** (statistical inference)。比如，前文的线性回归就是统计推断的重要方法之一。

请大家完成以下题目。

Q1. 在JupyterLab中练习本章正文给出的示例代码。

Q2. 利用math库计算半径为2的圆的周长和面积。

Q3. 利用math库绘制$f(x) = \exp(x)$ 函数图像，x的取值范围为 $[-3, 3]$。

Q4. 利用math库计算并绘制高斯函数$f(x) = \exp(-x^2)$ 图像，x的取值范围为 $[-3, 3]$。

Q5. 利用random和statistics库函数完成以下实验。抛一枚质地均匀六面色子1000次，色子点数为 $[1, 2, 3, 4, 5, 6]$。可视化点数均值随抛掷次数变化。

Q6. 利用random和statistics库函数完成以下实验。抛一枚质地不均匀色子1000次。点数 $[1, 2, 3, 4, 5, 6]$ 对应的概率分别为 $[0.2, 0.16, 0.16, 0.16, 0.16, 0.16]$。可视化点数均值随抛掷次数变化。

* 不提供答案。

本章首先介绍了几种常见Python运算符。需要大家注意的是各种运算符的优先级，以及如何在本书后续的控制结构中使用比较、逻辑运算符。

此外，本书最后介绍了三个Python内置库——math、random、statistics。书中例子可以帮助大家回顾很多重要数学概念，并且利用可视化方案帮大家更直观理解。继续学习本书后续内容，大家会发现，我们很少使用math、random、statistics，因为它们不方便向量化运算。Python第三方库，如NumPy、SciPy、Pandas、Statsmodels提供了更方便、更高效、更丰富的运算函数。

Control Flow Statements in Python
Python控制结构

日后尽量避免for循环，争取用向量化绕行

幸存下来的不是最强壮的物种，也不是最聪明的物种，而是对变化最敏感的物种。

It is not the strongest of the species that survives, nor the most intelligent, but the one most responsive to change.

—— 查理•罗伯特•达尔文 (Charles Robert Darwin) | 进化论之父 | 1809 — 1882年

- ◂ `enumerate()` 用于在迭代过程中同时获取元素的索引和对应的值
- ◂ `for ... in ...` Python循环结构，用于迭代遍历一个可迭代对象中的元素，每次迭代时执行相应的代码块
- ◂ `if ... elif ... else ...` Python条件语句，用于根据多个条件之间的关系执行不同的代码块，如果前面的条件不满足则逐个检查后续的条件
- ◂ `if ... else ...` Python条件语句，用于在满足`if`条件时执行一个代码块，否则执行另一个`else`代码块
- ◂ `itertools.combinations()` 用于生成指定序列中元素的所有组合，并返回一个迭代器
- ◂ `itertools.combinations_with_replacement()` 用于生成指定序列中元素的所有带有重复元素的组合，并返回一个迭代器
- ◂ `itertools.permutations()` 用于生成指定序列中元素的所有排列，并返回一个迭代器
- ◂ `itertools.product()` 用于生成多个序列的笛卡儿积（所有可能的组合），并返回一个迭代器
- ◂ `try ... except ...` Python中的异常处理结构，用于尝试执行一段可能会出现异常的代码，如果发生异常则会跳转到对应的异常处理块进行处理，而不会导致程序崩溃
- ◂ `while` 用于条件或无限循环语句。一般情况，条件为真时执行相应代码块；否则，跳出循环。也可以通过`break`跳出`while`循环
- ◂ `zip()` 用于将多个可迭代对象按对应位置的元素打包成元组的形式，并返回一个新的可迭代对象，常用于并行遍历多个序列

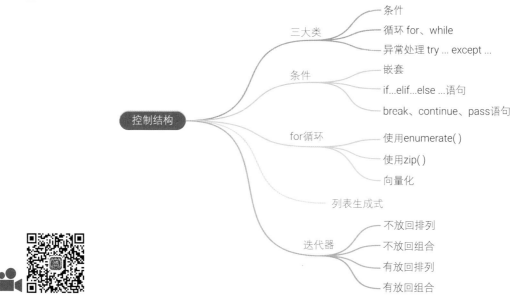

7.1 什么是控制结构?

在 Python 中,**控制结构** (control flow tools) 是一种用于控制程序流程的结构,包括条件语句、循环语句和异常处理语句。这些结构可以根据不同的条件决定程序运行的路径,并根据需要重复执行代码块或捕获和处理异常情况。这一节我们用实例全景展示这几种常见的控制结构。

条件语句

条件语句在程序中用于根据不同的条件来控制执行不同的代码块。Python 中最常用的条件语句是 if 语句,if 语句后面跟一个**布尔表达式** (Boolean expression),如果布尔表达式为True,就执行 if 语句块中的代码,否则False执行 else 语句块中的代码。还有 elif 语句可以用来处理多种情况。

代码7.1是一个简单例子,如果成绩大于等于 60 分,输出"及格",否则输出"不及格"。代码7.1对应的**流程图** (flowchart) 如图7.1所示。

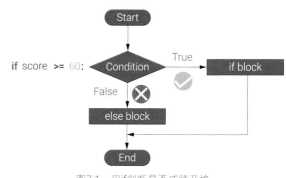

图7.1 用if判断是否成绩及格

⚠ 代码中用到了本书第4章讲的"四空格"缩进,还用到了上一章讲过的 >= 判断运算。此外,大家在 JupyterLab练习代码7.1时,注意字符串要用半角引号 (即英文键盘输入状态下)。

```
score = 98
if score >= 60:
    print("及格")          if block

else:
    print("不及格")        else block
```

for循环语句

循环语句用于在程序中重复执行相同的代码块，直到某个条件满足为止。Python 中有两种循环语句：for 循环和 while 循环。

本书前文使用过几次for 循环，相信大家已经并不陌生。简单来说，for 循环通常用于遍历可迭代对象，如列表、字符串等。在 for 循环中，代码块会在每个元素上执行一次，直到循环结束。

代码7.2中 ⓐ 中定义了一个字符串。

ⓑ 遍历字符串每一个元素，用print()打印。

ⓒ 中for循环则迭代列表中所有字符串。

ⓓ 在for循环中嵌套了if判断。

ⓔ 判断某个字符串元素是否在packages_visual中。

ⓕ 则是一个嵌套for循环，有两层。外层for循环遍历列表中每个字符串。

ⓖ 中内层for循环遍历当前字符串的每个字符。

```
# 循环字符串内字符
str_for_loop = 'Matplotlib'

for str_idx in str_for_loop:
    print(str_idx)

# 循环list中元素
list_for_loop = ['Matplotlib', 'NumPy', 'Seaborn',
                 'Pandas', 'Plotly', 'SK-learn']
for item_idx in list_for_loop:
    print(item_idx)

# 循环中嵌入if判断
packages_visual = ['Matplotlib', 'Seaborn', 'Plotly']
for item_idx in list_for_loop:
    print('==================')
    print(item_idx)
    if item_idx in packages_visual:
        print('A visualization tool')

# 嵌套for循环
for item_idx in list_for_loop:
    print('===============')
    print(item_idx)

    for item_idx in item_idx:
        print(item_idx)
```

此外，for也可以和else结合构成 for ... else ... 语句。在Python中，for...else...语句用于在循环结束时执行一些特定的代码。请大家自己在JupyterLab中练习代码7.3。

但是，如代码7.4所示，当循环被break语句打断后，else语句中的附加操作不会被执行。

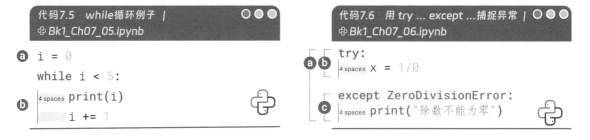

代码7.3 for ... else ... 语句例子 | ⊕ Bk1_Ch07_03.ipynb

```
ⓐ for x in range(10):
  4 spaces print(x)

ⓑ else: # for循环结束后会执行
       print("For loop finished")
```

代码7.4 for ... else ... 语句例子，break 打断for循环 | ⊕ Bk1_Ch07_04.ipynb

```
for x in range(10):
ⓐ 4 spaces if x >= 8:
ⓑ         break
       else:
           print(x)
   else:
       print("For loop finished")
```

while循环语句

while 循环会重复执行代码块，直到循环条件不再满足为止。循环条件在每次循环开始前都会被检查。代码7.5给出的例子为，使用 while 循环输出 0 ~ 4。while循相对简单，本书不展开介绍while循环。

异常处理语句

异常处理语句用于捕获和处理程序中出现的异常情况。Python 中的异常处理语句使用 try 和 except 关键字，try 语句块包含可能引发异常的代码，而 except 语句块用于处理异常情况。

代码7.6使用 try 和 except 捕获除数为零的异常。本章不展开讲解 try ... except ...，本书后文用到时再深入探究。

代码7.5 while循环例子 | ⊕ Bk1_Ch07_05.ipynb

```
ⓐ i = 0
  while i < 5:
ⓑ 4 spaces print(i)
       i += 1
```

代码7.6 用 try ... except ...捕捉异常 | ⊕ Bk1_Ch07_06.ipynb

```
try:
ⓐⓑ 4 spaces X = 1/0

except ZeroDivisionError:
ⓒ 4 spaces print("除数不能为零")
```

7.2 条件语句：相当于开关

打个比方，条件语句相当于开关。如图7.2 (a) 所示，当只有一个 if 语句时，它的功能就像是一个**单刀单掷开关** (Single Pole Single Throw，SPST)。如果条件满足，就执行分支中相应的代码。

如图7.2 (b) 所示，if-else 语句相当于**单刀双掷开关** (Single Pole Double Throw，SPDT)。当条件语句中分别有if 和 else 两个分支，根据条件的真假，可以有两个选项来执行不同的操作。

如图7.2 (c) 所示，if...elif...else...语句相当于**单刀三掷开关** (Single Pole Triple Throw，SPTT)，有三个不同选择。

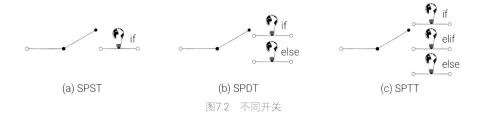

(a) SPST   (b) SPDT   (c) SPTT

图7.2 不同开关

嵌套 if 判断

大家可能好奇，如果代码7.1中赋值能否为用户输入？此外，如果用户输入错误是否有提示信息？

我们当然可以在图7.1基础上用多层判断完成这些需求。代码7.7可以完成上述要求，对应的流程图如图7.3所示。

代码7.7中，首先在 **ⓐ** 使用input() 函数获取用户输入的数值，并将其存储在value变量中。

ⓑ 是最外层if判断，使用isdigit() 方法检查字符串是否全部由数字组成。如果是数值，则执行if语句块内的代码。将数值转换为整数类型，并存储在number变量中。如果输入不是一个数值，将打印"输入不是一个数值"。

ⓒ 使用嵌套的if语句来检查number是否在0~100之间。如果在该范围内，则继续执行内部的if语句块。如果输入的数值不在0 ~ 100之间，将打印"数值不在0 ~ 100之间"。

ⓓ 在内部的if语句块中，判断number是否小于60。如果小于60，则打印"不及格"；否则打印"及格"。

> 请大家思考代码7.7第一层if对应的代码块是什么？

> ⚠ 注意：代码7.7假设用户输入的数值为整数。如果需要支持浮点数，请相应地调整代码。

代码7.7 用if判断是否成绩及格（三层判断） | ⊕ Bk1_Ch07_07.ipynb

```
ⓐ value = input("请输入一个数值: ")

   # 第一层
   if value.isdigit():
ⓑ 4 spaces number = int(value)

       # 第二层
   4 spaces if 0 <= number <= 100:        2nd level: if block

          # 第三层
   8 spaces if number < 60:
ⓓ 12 spaces print("不及格")              3rd level: if block
          else:
   12 spaces print("及格")               3rd level: else block
          # 第三层结束

   4 spaces else:
          print("数值不在0~100之间")
       # 第二层结束                       2nd level: else block

   else:
       print("输入的不是一个数值")        1st level: else block
   # 第一层结束
```

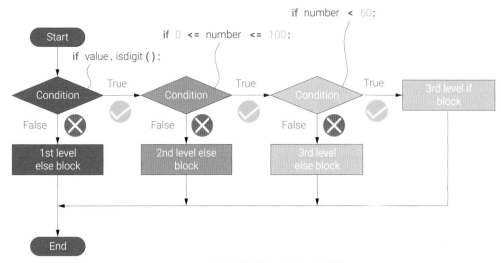

图7.3 用if判断是否成绩及格 (三层判断)

if...elif...else...语句

if...elif...else...语句用于判断多个条件，如果第一个条件成立，则执行if语句中的代码块；如果第一个条件不成立，但第二个条件成立，则执行elif语句中的代码块；如果前面的条件都不成立，则执行else语句中的代码块。

代码7.8判断一个数是正数、负数还是0，请大家自己分析这段代码，运行并逐行注释。

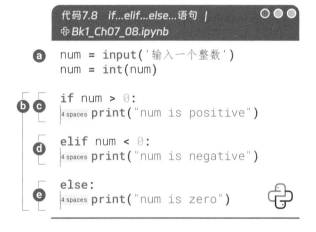

代码7.8 if...elif...else...语句 | ⊕ Bk1_Ch07_08.ipynb

```
num = input('输入一个整数')
num = int(num)

if num > 0:
    print("num is positive")

elif num < 0:
    print("num is negative")

else:
    print("num is zero")
```

⚠ elif 语句数量没有上限。但是，如果代码中elif数量过多，需要考虑简化代码结构。

break、continue、pass语句

在Python的if条件语句、for循环语句中，可以使用break、continue和pass来控制循环的行为。

break语句可以用来跳出当前循环。当循环执行到break语句时，程序将立即跳出循环体，继续执行循环外的语句。

代码7.9是一个使用break的例子，该循环会在i等于3时跳出。

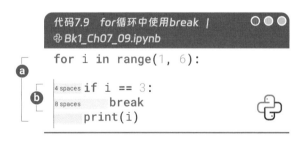

代码7.9 for循环中使用break | ⊕ Bk1_Ch07_09.ipynb

```
for i in range(1, 6):
    if i == 3:
        break
    print(i)
```

continue语句可以用来跳过当前循环中的某些语句。当循环执行到continue语句时，程序将立即跳过本次循环，继续执行下一次循环。

代码7.10是一个使用continue的例子，该循环会在i等于3时跳过本次循环。

pass语句什么也不做，它只是一个空语句占位符。需要有语句，但是暂时不想编写任何语句时，

可以使用pass语句。

代码7.11是一个使用pass的例子，该循环中的所有元素都会被输出。

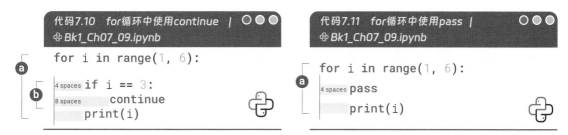

```
for i in range(1, 6):
    if i == 3:
        continue
    print(i)
```
代码7.10　for循环中使用continue | Bk1_Ch07_09.ipynb

```
for i in range(1, 6):
    pass
    print(i)
```
代码7.11　for循环中使用pass | Bk1_Ch07_09.ipynb

7.3 for循环语句

本节介绍for循环一些常见用法，并用到一些常见线性代数运算法则。希望这些练习帮助大家更好掌握for循环，以及线性代数运算法则。

计算向量内积

下例展示如何利用for循环计算向量内积。我们用两个list代表向量，两个list中元素都是整数，而且list中元素数量一致。

代码7.12中 ⓐ 用for循环遍历list索引。其中，len(a)计算向量a元素数量，range(len(a)) 创建一个包含 0 ~ len(a)-1 的整数可迭代对象。

大家用type()函数可以发现，range()函数产生的对象类型就是range。

想要看到range中的具体整数，可以用list(range(len(a)))。

ⓑ 计算a和b对应元素的乘积，然后逐项求和，结果就是向量内积。

当然，在实际应用中，我们会利用NumPy库计算向量内积，不会用代码7.12这种方式。但是，代码7.12可以帮助我们理解for循环，以及向量内积的运算规则。

代码7.12　计算向量内积 | Bk1_Ch07_10.ipynb

```
# 计算向量内积

# 定义向量a和b
a = [1, 2, 3, 4, 5]
b = [6, 7, 8, 9, 0]

# 初始化内积为0
dot_product = 0

# 使用for循环计算内积
for i in range(len(a)):
    dot_product += a[i] * b[i]

# 打印内积
print("向量内积为：", dot_product)
```

什么是向量内积?

向量内积 (inner product)，也称为点积 (dot product)、标量积 (scalar product)，是在线性代数中常见的一种运算，它是两个向量之间的一种数学运算。

给定两个 n 维向量 $a = [a_1, a_2, \cdots, a_n]$ 和 $b = [b_1, b_2, \cdots, b_n]$，它们的内积定义为 $a \cdot b = a_1b_1 + a_2b_2 + \cdots + a_nb_n$。这个公式的意义是将两个向量的对应分量相乘，然后将乘积相加，从而得到它们的内积。

例如，如果有两个二维向量分别为 $a = [1, 2]$ 和 $b = [3, 4]$，则它们的内积为: $a \cdot b = 1 \times 3 + 2 \times 4 = 11$。向量内积的结果是一个标量，也就是一个值，而不是向量。它可以用来计算向量之间的夹角，衡量它们的相似性，以及用于向量空间的正交分解，等等。

在实际应用中，向量内积被广泛用于机器学习、计算机视觉、信号处理、物理学等领域。在机器学习中，向量内积常用于计算特征之间的相似度，从而进行分类、聚类等任务。在计算机视觉中，向量内积可以用于计算两个图像之间的相似度。

fx

range(start, stop, step)

range() 函数是Python内置的函数，用于生成一个整数序列，常用于for循环中的计数器。参数为:

- start是序列起始值;
- stop是序列结束值 (不包含);
- step是序列中相邻两个数之间的步长 (默认为1)。

range() 函数生成的是一个可迭代对象，而不是一个列表。这样做的好处是，可以节省内存空间，尤其在需要生成很长的序列时。

下面是一些使用range() 函数的示例:

① 生成0 ~ 4的整数序列:

```
for i in range(4 + 1):
    print(i)
```

② 生成10 ~ 20的整数序列:

```
for i in range(10, 20 + 1):
    print(i)
```

③ 生成1 ~ 10的奇数序列:

```
for i in range(1, 10 + 1, 2):
    print(i)
```

④ 生成10 ~ 1的倒序整数序列:

```
for i in range(10, 1 - 1, -1):
    print(i)
```

⑤ 将range() 生成的可迭代对象变成list:

```
list(range(10, 1 - 1, -1))
```

请大家在JupyterLab中自行运行以上几段代码。

使用enumerate()

在Python中，enumerate() 是一个用于在迭代时跟踪索引的内置函数。enumerate() 函数可以将一个可迭代对象转换为一个由索引和元素组成的枚举对象。

代码7.13是一个简单的例子，展示了如何在for循环中使用enumerate()函数。

在这个例子中，fruits列表中的每个元素都会被遍历一遍，每次遍历都会获得该元素的值和其在列表中的索引 (默认从0开始)。这些值分别被赋给index和fruit变量，并打印输出。

```
fruits = ['apple', 'banana', 'cherry']

for index, fruit in enumerate(fruits):
    print(index, fruit)
```

代码7.13 使用enumerate()，从0开始编号 | ⊕ Bk1_Ch07_11.ipynb

需要注意的是，enumerate()的默认起始编号为0 (索引)，但是也可以通过传递第二个参数来指定起始编号。例如，如果想要从1开始编号，可以使用代码7.14。

```
fruits = ['apple', 'banana', 'cherry']

for index, fruit in enumerate(fruits,1):
    print(index, fruit)
```

代码7.14 使用enumerate()，从1开始编号 | ⊕ Bk1_Ch07_11.ipynb

使用zip()

在Python中，zip() 函数可以将多个可迭代对象的元素组合成元组，然后返回这些元组组成的迭代器。在for循环中使用zip() 函数可以方便地同时遍历多个可迭代对象。特别地，当这些可迭代对象的长度不同时，zip() 函数会以最短长度的可迭代对象为准进行迭代。

如果想要打印出每个学生的姓名和对应的成绩，可以使用zip() 函数和for循环 (见代码7.15)。

在这个例子中，zip() 函数将names和scores两个列表按照位置进行组合，然后返回一个迭代器，其中的每个元素都是一个元组，元组的第一个元素为names列表中对应位置的元素，第二个元素为scores列表中对应位置的元素。在for循环中使用了两个变量name和score，分别用来接收每个元组中的两个元素，然后打印出来即可。

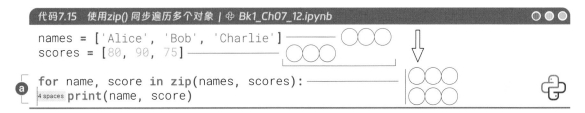

```
names = ['Alice', 'Bob', 'Charlie']
scores = [80, 90, 75]

for name, score in zip(names, scores):
    print(name, score)
```

代码7.15 使用zip() 同步遍历多个对象 | ⊕ Bk1_Ch07_12.ipynb

刚刚提过，如果可迭代对象的长度不相等，zip() 函数会以长度最短的可迭代对象为准进行迭代。如果想要以长度最长的可迭代对象为准进行迭代，可以用itertools.zip_longest()。缺失元素默认以None补齐，或者以用户指定值补齐。图7.4比较这两种方法。

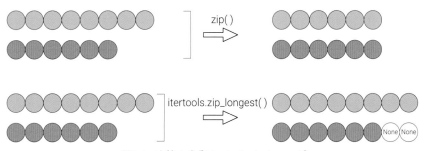

图7.4 比较zip() 和 itertools.zip_longest()

计算向量内积：使用zip()

在计算向量内积时，我们也可以使用 Python 的内置函数 zip() 和for循环，对两个向量中的对应元素逐一相乘并相加，实现向量内积运算。

代码7.16通过 zip() 函数将两个list，a和 b，中对应位置的元素组合成了元组，然后使用 for 循环逐个遍历并相乘求和，最终得到了向量内积的结果。请大家对比代码7.12。

```
代码7.16  使用zip() 计算向量内积 | ⊕ Bk1_Ch07_13.ipynb          ○○○

# 计算向量内积

# 定义向量a和b
a = [1, 2, 3, 4, 5]
b = [6, 7, 8, 9, 0]

# 初始化内积为0
dot_product = 0

# 使用for循环计算内积
for a_i, b_i in zip(a, b):
4 spaces dot_product += (a_i * b_i)

# 打印内积
print("向量内积为: ", dot_product)
```

生成二维坐标

图7.5介绍如何分离一组二维平面直角坐标系横纵坐标。观察这幅图，我们可以发现横纵坐标好比织布的经线纬线。两者串在一起构成了整个平面的坐标。

代码7.17展示如何用两层for循环实现图7.5。

ⓐ 用def定义了一个名为custom_meshgrid的函数。函数的输入为x和y。下一章将专门介绍如何自定义函数。

ⓑ 分别计算x和y两个列表的长度。

ⓒ 定义了两个空列表，X和Y，用来储存横纵轴坐标。

ⓓ 外层for循环用来遍历列表y的索引i。

ⓔ 内层for循环用来遍历列表x的索引j。

ⓕ 在每次内层循环中，将列表x中索引为 j 的元素添加到 X_row 中，同时将列表y中索引为 i 的元素添加到 Y_row 中。

ⓖ 生成二维数组。在外层for循环的每次迭代结束时，将 X_row 添加到二维数组 X 中，将 Y_row 添加到二维数组 Y 中。这样，最终得到的 X 和 Y 就是由x和y列表生成的二维数组。

ⓗ 定义了列表x，代表一组横坐标。

ⓘ 定义了列表y，代表一组纵坐标。

ⓙ 调用自定义函数，生成二维网格坐标。

用过NumPy库的同学可能已经发现，这段代码实际上在复刻numpy.meshgrid()。

当然，numpy.meshgrid() 要比我们自定义函数强大得多，它可以创建多维坐标数组。在本书后续很多可视化方案中都会用到numpy.meshgrid() 函数，请大家务必理解它的原理。

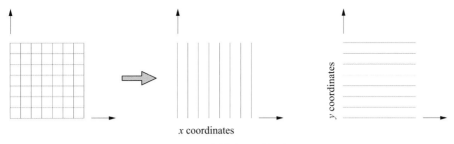

图7.5 分离横轴、纵轴坐标

代码7.17 分离横纵网格坐标 | ⊕ Bk1_Ch07_14.ipynb ⊙⊙⊙ ⊙⊙⊙

```python
# 自定义函数
a def custom_meshgrid(x, y):

b     num_x = len(x); num_y = len(y)
c     X = []; Y = []
      # 外层for循环
d     for i in range(num_y):
          X_row = []; Y_row = []
          # 内层for循环
e         for j in range(num_x):
f             X_row.append(x[j])
              Y_row.append(y[i])
          # 生成二维数组
g         X.append(X_row); Y.append(Y_row)

      return X, Y

# 示例用法
h x = [0, 1, 2, 3, 4, 5] # 横坐标列表
i y = [0, 1, 2, 3]       # 纵坐标列表
  # 调用自定义函数
j X, Y = custom_meshgrid(x, y)
  print("X坐标: "); print(X)
  print("Y坐标: "); print(Y)
```

矩阵乘法：三层for循环

下面介绍如何使用嵌套for循环完成矩阵乘法。

图7.6所示为矩阵乘法规则示意图。

矩阵A的第一行元素和矩阵B第一列对应元素分别相乘，再相加，结果为矩阵C的第一行、第一列元素$c_{1,1}$。

矩阵A的第一行元素和矩阵B第二列对应元素分别相乘，再相加，得到$c_{1,2}$。

同理，依次获得矩阵C剩余元素。

为了完成矩阵乘法运算，我们设计了图7.6这种三个for循环嵌套的方法。

第一层for循环遍历矩阵A的行，第二层for循环遍历矩阵B的列，第三层for循环完成"逐项乘积 + 求和"运算。

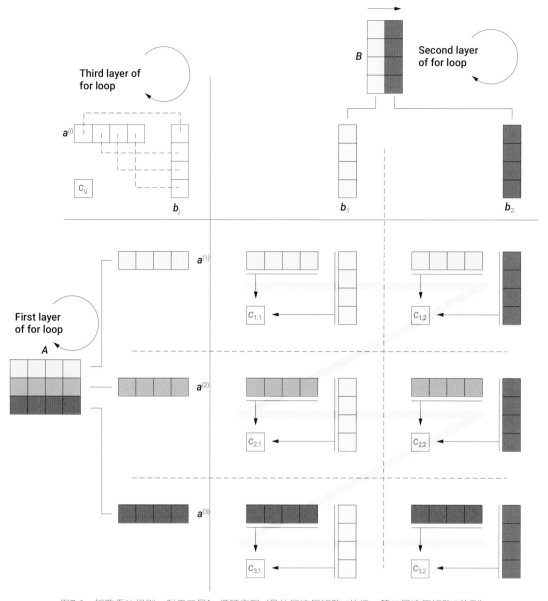

图7.6 矩阵乘法规则，利用三层for循环实现 (最外层遍历矩阵A的行，第二层遍历矩阵B的列)

什么是矩阵乘法？

矩阵乘法 (matrix multiplication) 是一种线性代数运算，用于将两个矩阵相乘。对于两个矩阵A和B，它们的乘积AB的元素是通过将A的每一行与B的每一列进行内积运算得到的。

具体而言，假设A是一个$m \times n$的矩阵，B是一个$n \times p$的矩阵，则它们的乘积$C = AB$是一个$m \times p$的矩阵，其中第i行第j列的元素$c_{i,j}$为A的第i行与B的第j列的内积。如果A的第i行元素为$a_{i,1}$, $a_{i,2}$, $\cdots$, $a_{i,n}$，B的第j列元素为$b_{1,j}$, $b_{2,j}$, $\cdots$, $b_{n,j}$，则$C = AB$的第i行第j列的元素为$a_{i,1}b_{1,j} + a_{i,2}b_{2,j} + \cdots + a_{i,n}b_{n,j}$。

矩阵乘法在许多领域都有广泛的应用，例如线性代数、信号处理、图形学和机器学习等。在机器学习中，矩阵乘法通常用于计算神经网络的前向传播过程，其中输入矩阵与权重矩阵相乘，得到隐藏层的输出矩阵。

代码7.18实现图7.6所示矩阵乘法法则，请大家自行分析这段代码，运行并逐行注释。

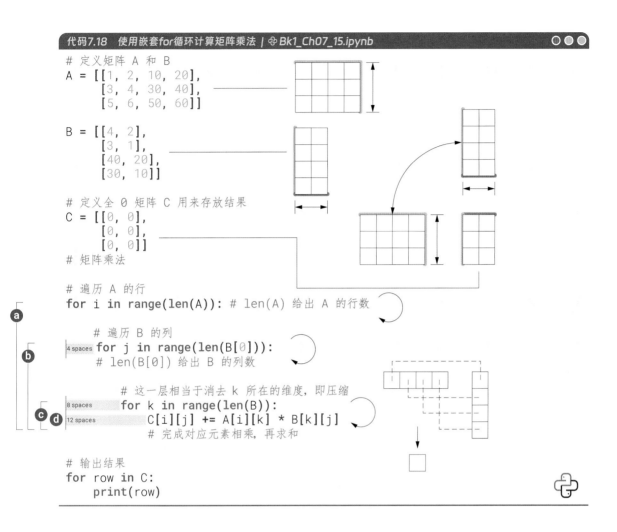

代码7.18　使用嵌套for循环计算矩阵乘法 | ⊕ Bk1_Ch07_15.ipynb

```python
# 定义矩阵 A 和 B
A = [[1, 2, 10, 20],
     [3, 4, 30, 40],
     [5, 6, 50, 60]]

B = [[4, 2],
     [3, 1],
     [40, 20],
     [30, 10]]

# 定义全 0 矩阵 C 用来存放结果
C = [[0, 0],
     [0, 0],
     [0, 0]]
# 矩阵乘法

# 遍历 A 的行
for i in range(len(A)): # len(A) 给出 A 的行数

    # 遍历 B 的列
4 spaces for j in range(len(B[0])):
        # len(B[0]) 给出 B 的列数

        # 这一层相当于消去 k 所在的维度，即压缩
8 spaces     for k in range(len(B)):
12 spaces         C[i][j] += A[i][k] * B[k][j]
            # 完成对应元素相乘，再求和

# 输出结果
for row in C:
    print(row)
```

相比图7.6，图7.7所示矩阵乘法法则交换的第一二层for循环顺序，请大家根据图7.7修改代码7.18并完成矩阵运算。

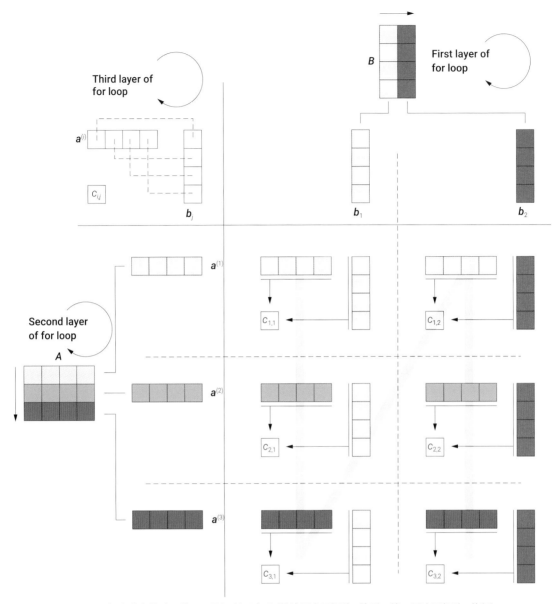

图7.7 矩阵乘法规则，利用三层for循环实现 (最外层遍历矩阵B的列，第二层遍历矩阵A的行)

向量化

向量化运算是使用NumPy等库的一种高效运算处理方式，可以避免使用for循环。代码7.19和代码7.20利用NumPy完成向量内积、矩阵乘法运算。

代码7.19中ⓐ将numpy导入，简写作np。

ⓑ用numpy.array()，简写作np.array()，构造一维数组。

类似地，ⓒ构造了第二个一维数组。

ⓓ用numpy.dot()，简写作np.dot()，计算a和b的内积。

```python
import numpy as np

# 定义向量a和b；准确来说是一维数组
a = np.array([1, 2, 3, 4, 5])
b = np.array([6, 7, 8, 9, 0])

# 计算向量内积
dot_product = np.dot(a,b)

# 打印内积
print("向量内积为: ", dot_product)
```

代码7.20中 ⓐ 用numpy.array()，简写作np.array()，定义二维数组A。这个数组有2行4列。

ⓑ 用同样的方法定义二维数组B，形状为4行2列。

ⓒ 用 @ 运算符计算A和B乘积，结果为二维数组，形状为2行2列。

ⓓ 用 @ 运算符计算B和A乘积，结果也为二维数组，形状为4行4列。

显然，$A@B$不同于$B@A$。这一点本书第25章还要提及。

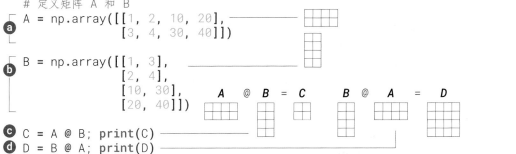

```python
import numpy as np

# 定义矩阵 A 和 B
A = np.array([[1, 2, 10, 20],
              [3, 4, 30, 40]])

B = np.array([[1, 3],
              [2, 4],
              [10, 30],
              [20, 40]])

C = A @ B; print(C)
D = B @ A; print(D)
```

我们特地写了代码7.21，比较NumPy矩阵乘法运算，和我们自己代码的运算用时。

ⓐ 用numpy.random.randint()，简写作randint()，生成两个200 × 200的方阵A和B (二维NumPy数组)。方阵元素为0~9随机整数。

ⓑ 导入时间模块time。

ⓒ 用time.time()开始计时。

ⓓ 用 @ 计算A和B的矩阵乘积。

ⓔ 用time.time()记录运算结束时刻。

ⓕ 计算运算用时,单位为秒。

ⓖ 用numpy.zeros()，简写作np.zeros()，生成200 × 200大小全0矩阵。

ⓗ 用我们的代码计算矩阵乘法。

大家可以自己比较两者的用时，作者电脑上两者差了超过1000倍。

```
from numpy.random import randint
num = 200
# num * num大小方阵，0~9随机数
A = randint(0, 10, size = (num,num))
B = randint(0, 10, size = (num,num))

# 使用NumPy计算矩阵乘法
import time
start_time= time.time() # 开始时刻
C_1 = A @ B
stop_time = time.time() # 结束时刻
time_used = stop_time - start_time
print("--- %s seconds---" %time_used)

C = np.zeros((num,num))
# num * num大小全0方阵

# 手动计算矩阵乘法
start_time = time.time() # 开始时刻

for i in range(len(A)):
    for j in range(len(B[0])):
        for k in range(len(B)):
            C[i][j] += A[i][k] * B[k][j]

stop_time = time.time() # 结束时刻

time_used = stop_time - start_time
print("--- %s seconds---" %time_used)
```

标注字母：a、b、c、d、e、f、g、h

再次强调，有了NumPy库，不意味着前文自己写代码计算向量内积、矩阵乘法是无用功！

在前文的代码练习中，一方面我们掌握如何使用for循环，此外理解了向量内积、矩阵乘法两种数学工具的运算规则。

本章及下一章还会介绍更多线性代数运算法则，并探讨如何写代码实现这些运算。

7.4 列表生成式

本书前文介绍过如何用列表生成式创建列表，本节深入介绍列表生成式。

在Python中，**列表生成式** (list comprehension) 是一种简洁的语法形式，用于快速生成新的列表。

它的语法形式为 [expression for item in iterable if condition]，其中expression表示要生成的元素，item表示迭代的变量，iterable表示迭代的对象，if condition表示可选的过滤条件。

举个例子，假设我们想要生成一个包含1 ~ 10之间所有偶数的列表，我们可以使用代码7.22中列表生成式完成运算。

for num in range(1, 11) 这部分定义了一个for循环，遍历 1 ~ 10 (不包括 11) 之间的整数。num是循环中的变量，它依次取遍这个范围内的每个数字。

在循环中，使用条件语句if num % 2 == 0来筛选偶数。num % 2 == 0 表示数字 num 除以 2 的余数为 0，即 num 是偶数。只有满足这个条件的数字才会被包含在生成的列表中。

代码7.22　使用列表生成式，获得1~10之间所有偶数列表 | ⊕ Bk1_Ch07_18.ipynb

```
even_numbers = [num for num in range(1, 11)
                    if num % 2 == 0] # 一行放不下

print(even_numbers) # Output: [2, 4, 6, 8, 10]
```

使用列表生成式还可以嵌套，比如代码7.23。

代码7.23　嵌套列表生成式 | ⊕ Bk1_Ch07_18.ipynb

```
matrix = [[i * j for j in range(1, 4)]
                  for i in range(1, 4)]
print(matrix)
# Output: [[1, 2, 3], [2, 4, 6], [3, 6, 9]]
```

1	2	3
2	4	6
3	6	9

在代码中，我们使用嵌套的列表生成式创建了一个3 × 3的矩阵。

具体来说，我们使用外部的列表生成式迭代1~3的数字，对每个数字使用内部的列表生成式迭代1~3的数字，计算它们的乘积并将结果存储到一个新的二维列表中。请大家用上述代码生成代码7.18中全0矩阵***C***。

使用列表生成式可以大大简化代码，提高代码的可读性和可维护性。

复刻numpy.linspace()

本书后续在绘制二维线图时，经常会使用numpy.linspace() 生成颗粒度高的等差数列。下面，我们就利用列表生成式来复刻这个函数的基本功能。

代码7.24中ⓐ自定义函数，叫作linspace，函数有4个输入，start、stop、num、endpoint。其中，start代表等差数列的起始值，stop代表等差数列的结束值。

特别注意，num和endpoint有各自的默认值。也就是说，在调用自定义函数时，如果num和endpoint这两个参数缺省时，就会使用默认值。本书下一章将深入介绍这一点。

ⓑ判断num 是否小于 2。

如果条件为真，即 num 小于 2，ⓒ会被执行。其中，raise 用于引发一个异常，这里是引发 ValueError 异常，异常的消息是 "Number of samples must be at least 2"。这意味着如果 num 小于 2，程序将引发一个值错误，并且程序的执行将停止，错误消息将被打印出来。

ⓓ用条件语句检查endpoint是否为True。如果endpoint为True，则执行ⓔ，即等差数列包含stop值，所以步长为step = (stop - start) / (num - 1)。

ⓕ用列表生成式生成等差数列并返回。

ⓖ为if ... else ... 中的else语句。如果endpoint不为True，ⓗ中计算步长时，用(stop - start) / num。

ⓘ也是用列表生成式构造等差数列并返回。

请大家按以下要求修改代码7.24。

① 加一段判断start和stop大小。如果start和stop相等，则报错。

② 判断num为不小于2的正整数。

③ 将ⓕ和ⓘ两个列表生成式合并成一句。

```
# 自定义函数模仿 numpy.linspace()
def linspace(start, stop, num = 50, endpoint = True):
    if num < 2:
        # 报错
        raise ValueError("Number of samples must be at least 2")
    # 是否包括右端点
    if endpoint:
        step = (stop - start) / (num - 1)
        return [start + i * step for i in range(num)]
    else:
        step = (stop - start) / num
        return [start + i * step for i in range(num)]

# 示例用法
start = 0        # 数列起点
stop = 10        # 数列终点
num = 21         # 数列元素
endpoint = True  # 数列包含 stop
# 调用自定义函数生成等差数列
values = linspace(start, stop, num, endpoint)
```

矩阵转置：一层列表生成式

代码7.25展示如何用一层列表生成式**转置矩阵** (the transpose of a matrix)。

本书前文介绍过矩阵转置运算法则。简单来说，矩阵转置是指将矩阵的行和列互换的操作。如果有一个矩阵 A，其形状为 $m \times n$，即m行n列，那么矩阵 A 的转置，记作A^T，其形状为 $n \times m$，即n行m列。

简单来说，在转置后的矩阵中，原矩阵的行变成了新矩阵的列，原矩阵的列变成了新矩阵的行。

从运算角度来看，对于原矩阵中的位置为 [i][j] 元素，将其放置到转置后位置变为[j][i]。据此规则，请大家自行分析代码7.25。

```
def transpose(matrix):
    transposed = []
    rows = len(matrix)
    cols = len(matrix[0])

    for j in range(cols):
        transposed_row = [matrix[i][j]
                          for i in range(rows)]
        transposed.append(transposed_row)

    return transposed

# 示例用法
A = [[1, 2, 3],
     [4, 5, 6]]
# 调用自定义函数
B = transpose(A)
```

矩阵转置：两层列表生成式

代码7.26展示如何用两层列表生成式转置矩阵，也请大家自行分析并逐行注释。

代码7.26 利用两层列表生成式完成矩阵转置 | ⊕ Bk1_Ch07_21.ipynb

```python
def transpose_2(matrix):
    transposed = []
    rows = len(matrix)
    cols = len(matrix[0])

    transposed = [[matrix[j][i]
                   for j in range(rows)]
                  for i in range(cols)]

    return transposed

# 示例用法
A = [[1, 2, 3],
     [4, 5, 6]]
# 调用自定义函数
B = transpose_2(A)
```

计算矩阵逐项积：两层列表生成式

矩阵逐项积是指两个相同矩阵中相应位置上的元素进行逐一相乘，得到一个新的矩阵。

代码7.27中ⓐ首先判断两个二维数组的形状是否相同。

ⓑ用两层列表生成式计算矩阵逐项积。

代码7.27 利用两层列表生成式计算矩阵逐项积 | ⊕ Bk1_Ch07_22.ipynb

```python
def hadamard_prod(M1, M2):
    if (len(M1) != len(M2) or
        len(M1[0]) != len(M2[0])):
        raise ValueError("Matrices must have the same shape")

    result = [[M1[i][j] * M2[i][j]
               for j in range(len(M1[0]))]
              for i in range(len(M1))]
    return result

A = [[1, 2],
     [3, 4]]
B = [[2, 3],
     [4, 5]]
# 计算矩阵逐项积
C = hadamard_prod(A, B)
```

笛卡儿积

数学上，如果集合A中有a个元素，集合B中有b个元素，那么A和B的**笛卡儿积** (Cartesian product) 就有$a \times b$个元素。图7.8所示为笛卡儿积原理。

举个简单的例子，假设有两个集合：$A = \{1, 2\}$和$B = \{$'a', 'b'$\}$。它们的笛卡儿积为$\{$(1, 'a'), (1, 'b'), (2, 'a'), (2, 'b')$\}$。

图7.6中给出的矩阵乘法原理也可以看成是笛卡儿积的一种应用。

代码7.28采用一层列表生成式计算笛卡儿积，结果为列表，列表的每一个元素为元组。

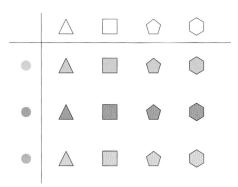

图7.8　笛卡儿积

代码7.28　笛卡儿积，结果为列表，采用单层列表生成式 | ⊕ Bk1_Ch07_23.ipynb

```
column1 = [1, 2, 3, 4]
column2 = ['a', 'b', 'c']

cartesian_product = [(x, y) for x in column1 for y in column2]

print(cartesian_product)
```

代码7.29采用两层列表生成式计算笛卡儿积，结果为二维列表，如图7.9所示。

代码7.29　笛卡儿积，结果为嵌套列表，采用两层列表生成式 | ⊕ Bk1_Ch07_23.ipynb

```
column1 = [1, 2, 3, 4]
column2 = ['a', 'b', 'c']
cartesian_product = [[(x, y) for x in column1] for y in column2]

for prod_idx in cartesian_product:
    print(prod_idx)
```

	1	2	3	4
'a'	(1, 'a')	(2, 'a')	(3, 'a')	(4, 'a')
'b'	(1, 'b')	(2, 'b')	(3, 'b')	(4, 'b')
'c'	(1, 'c')	(2, 'c')	(3, 'c')	(4'c')

⇩

```
[ [(1, 'a'), (2, 'a'), (3, 'a'), (4, 'a')]
  [(1, 'b'), (2, 'b'), (3, 'b'), (4, 'b')]
  [(1, 'c'), (2, 'c'), (3, 'c'), (4, 'c')] ]
```

图7.9　嵌套列表

代码7.30所示为利用itertools.product() 函数完成笛卡儿积计算。这个函数的结果是一个可迭代对象。利用list()，我们将其转化为列表，列表的每一个元素为元组。

本章下一节还会介绍itertools其他用法。

请大家在JupyterLab中练习这三段代码，并逐行注释。

```
ⓐ from itertools import product
   column1 = [1, 2, 3, 4]
   column2 = ['a', 'b', 'c']

ⓑ cartesian_product = list(product(column1, column2))
   print(cartesian_product)
```

7.5 迭代器itertools

itertools是Python标准库中的一个模块，提供了用于创建和操作迭代器的函数。迭代器是一种用于遍历数据集合的对象，它能够逐个返回数据元素，而无须提前将整个数据集加载到内存中。

itertools模块包含了一系列用于高效处理迭代器的工具函数，这些函数可以帮助我们在处理数据集时节省内存和提高效率。它提供了诸如组合、排列、重复元素等功能，以及其他有关迭代器操作的函数。本节介绍itertools模块中有关排列组合常用函数。请大家注意，迭代器为"一次性消费"；也就是说，迭代完成之后，内容会被清空。这也就是为什么我们常用list()将其转化为列表，可以反复使用。

不放回排列

itertools.permutations()函数是Python标准库中的一个函数，用于返回指定长度的所有可能排列方式。下面举例如何使用itertools.permutations()函数。

假设有一个字符串string = 'abc'，我们想要获取它的所有字符排列方式，可以按照代码7.31操作。其中，''.join(perm_idx) 将当前排列中的元素连接成一个字符串，然后再用print() 打印出来。

```
ⓐ import itertools
ⓑ string = 'abc'
ⓒ perms_all = itertools.permutations(string)
   # 返回一个可迭代对象perms，其中包含了string的所有排列方式

   # 全排列
ⓓ for perm_idx in perms_all:
ⓔ     print(''.join(perm_idx))
```

这就好比，一个袋子里有三个球，它们分别印有a、b、c，先后将所有球取出排成一排共有6种排列，具体如图7.10所示。

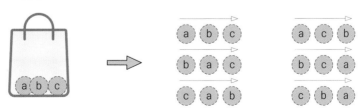

图7.10 3个元素无放回抽取3个，结果有6个排列

itertools.permutations()函数还有一个可选参数r，用于指定返回的排列长度。如果不指定r，则默认返回与输入序列长度相同的排列。例如，我们可以通过代码7.32获取string的所有长度为2的排列。

```
import itertools
string = 'abc'

# 3个不放回取2个的排列
```
ⓐ
```
perms_2 = itertools.permutations(string, 2)
# 返回一个包含所有长度为2的排列的可迭代对象perms

for perm_idx in perms_2:
    print(''.join(perm_idx))
```

还是以前文小球为例，如图7.11所示，3个元素无放回抽取2个，结果有6个排列。大家可能已经发现这个结果和取出3个元素时一致。这也不难理解，袋子里一共有3个球，无放回拿出两个之后，第三个球是什么字母已经确定，没有任何悬念。

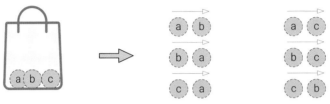

图7.11　3个元素无放回抽取2个，结果有6个排列

不放回组合

itertools.combinations是Python中的一个模块，它提供了一种用于生成组合的函数。

代码7.33使用itertools.combinations()函数，需要导入itertools模块，然后调用combinations()函数，传入两个参数：一个可迭代对象和一个整数，表示要选择的元素个数。该函数会返回一个迭代器，通过迭代器你可以获得所有可能的组合。

```
import itertools
string = 'abc'

# 3个取2个的组合
```
ⓐ
```
combs_2 = itertools.combinations(string, 2)
# 返回一个包含所有长度为2的组合的可迭代对象combs_2

for combo_idx in combs_2:
    print(''.join(combo_idx))
```

如图7.12所示，3个元素无放回抽取2个，结果有3个组合。

图7.12　3个元素无放回抽取2个，结果有3个组合

什么是排列? 什么是组合?

排列是指从一组元素中按照一定顺序选择若干个元素形成的不同序列，每个元素只能选取一次。

组合是指从一组元素中无序地选择若干个元素形成的不同集合，每个元素只能选取一次。

有放回排列

前文介绍的排列、组合都是无放回抽样，下面聊聊有放回抽样。还是以小球为例，如图7.13所示，有放回抽样就是从口袋中摸出一个球之后，记录字母，然后将小球再放回口袋。下一次抽取时，这个球还有被抽到的机会。

itertools模块中的itertools.product()函数可以用于生成有放回排列。它接受一个可迭代对象和一个重复参数，用于指定每个元素可以重复出现的次数。请大家自行学习代码7.34。

图7.13 有放回抽样

什么是有放回？什么是无放回？

有放回抽取是指在进行抽样时，每次抽取后将被选中的元素放回原始集合中，使得下一次抽取时仍然有可能选中同一个元素。

无放回抽取是指在进行抽样时，每次抽取后将被选中的元素从原始集合中移除，使得下一次抽取时不会再选中相同的元素。

简而言之，有放回抽取可以多次选中相同元素，而无放回抽取每次选中后都会从集合中移除，确保不会重复选中同一元素。

代码7.34 3个元素有放回取2个排列 | ⊕ Bk1_Ch07_27.ipynb

```python
import itertools

string = 'abc'
# 定义元素列表
elements = list(string)
# 指定重复次数
repeat = 2

# 生成有放回排列
permutations = itertools.product(elements, repeat=repeat)

# 遍历并打印所有排列
for permutation_idx in permutations:
    print(''.join(permutation_idx))
```

如图7.14所示，3个元素有放回抽取2个，结果有9个排列。

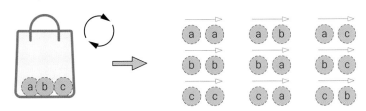

图7.14 3个元素有放回抽取2个，结果有9个排列

有放回组合

itertools模块中的itertools.combinations_with_replacement()函数可以用于生成有放回组合。该函数接受一个可迭代对象和一个整数参数，用于指定从可迭代对象中选择元素的个数。请大家自行学习代码 7.35。

```python
import itertools

string = 'abc'
# 定义元素列表
elements = list(string)

# 指定组合长度
length = 2

# 生成有放回组合
```

```python
combos = itertools.combinations_with_replacement(elements, length)

# 遍历并打印所有组合
for combination_idx in combos:
    print(''.join(combination_idx))
```

如图7.15所示，3个元素有放回抽取2个，结果有6个组合。

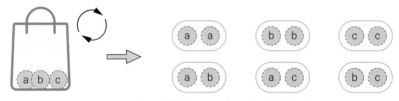

图7.15　3个元素有放回抽取2个，结果有6个组合

除了练习本章给出的代码示例之外，请大家完成以下题目。

Q1. 给定一个整数列表 [3, 5, 2, 7, 1]，找到其中的最大值和最小值，并打印两者之和。

Q2. 使用 while 循环输出 1 ~ 10 中所有奇数。

Q3. 输入一个数字并将其转换为整数，如果输入的不是数字，则提示用户重新输入直到输入数字为止。

Q4. 求100以内的素数。

Q5. 请用至少两种不同办法计算1 ~ 100中所有奇数之和。

Q6. 写两个函数分别计算矩阵行、列方向元素之和。

Q7. 写两个函数分别计算矩阵行、列方向元素平均值。

* 题目答案在Bk1_Ch07_29.ipynb中。

　　本章介绍了常用控制结构的用法，如条件语句、while循环、for循环、异常处理语句、列表生成式、迭代器itertools等。特别地，本章还和大家一起写代码自行完成了向量内积、矩阵乘法、等差数列、网格坐标、矩阵转置、逐项积、笛卡儿积相关运算。

　　当然，本书后续会介绍各种其他函数高效完成上述计算。本章这样安排的意图一方面是让大家理解Python控制结构用法；另外一方面，这些例子可以帮助我们理解这些数学工具背后的思想。

　　请大家格外注意，在实践中我们要尽量"向量化"运算，避免使用循环。

08

Functions in Python
Python函数

内置函数、自定义函数、Lambda函数 ……

很多人在二十五岁便垂垂老矣，直到七十五岁才入土为安。

Many people die at twenty five and aren't buried until they are seventy five.

—— 本杰明·富兰克林 (Benjamin Franklin) | 美国政治家 | 1706 — 1790年

◄ `numpy.linalg.det()` 计算一个方阵的行列式
◄ `numpy.linalg.inv()` 计算一个方阵的逆矩阵
◄ `numpy.linalg.eig()` 计算一个方阵的特征值和特征向量
◄ `numpy.linalg.svd()` 计算一个矩阵的奇异值分解
◄ `numpy.random.rand()` 生成0~1之间均匀分布的随机数
◄ `numpy.random.randn()` 生成符合标准正态分布的随机数
◄ `numpy.random.randint()` 生成指定范围内的整数随机数
◄ `def ... (return ...)` Python中用于定义函数的关键字，其中def用于定义函数名称和参数列表，return用于指定函数返回的结果，可以没有函数返回
◄ `matplotlib.pyplot.grid()` 在当前图表中添加网格线
◄ `matplotlib.pyplot.plot()` 绘制折线图
◄ `matplotlib.pyplot.subplots()` 创建一个包含多个子图的图表，返回一个包含图表对象和子图对象的元组
◄ `matplotlib.pyplot.title()` 设置当前图表的标题
◄ `matplotlib.pyplot.xlabel()` 设置当前图表x轴的标签
◄ `matplotlib.pyplot.xlim()` 设置当前图表x轴显示范围
◄ `matplotlib.pyplot.xticks()` 设置当前图表x轴刻度位置
◄ `matplotlib.pyplot.ylabel()` 设置当前图表y轴的标签
◄ `matplotlib.pyplot.ylim()` 设置当前图表y轴显示范围
◄ `matplotlib.pyplot.yticks()` 设置当前图表y轴刻度位置
◄ `numpy.linspace()` 用于在指定的范围内创建等间隔的一维数组，可以指定数组的长度
◄ `numpy.sin()` 用于计算给定弧度数组中每个元素的正弦值
◄ `lambda` 创建匿名函数（没有函数名）的关键字，通常用于简单的函数定义或作为函数的参数传递
◄ `map()` 内置函数，用于对一个可迭代对象中的每个元素应用指定的函数，并返回一个新的可迭代对象

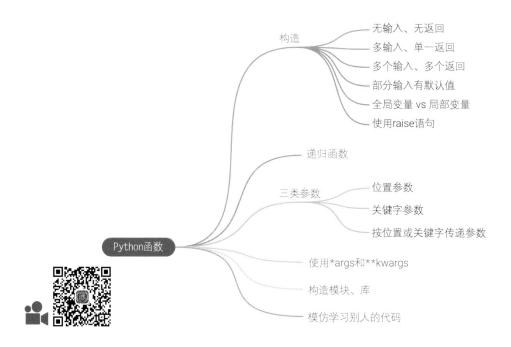

构造
├─ 无输入、无返回
├─ 多输入、单一返回
├─ 多个输入、多个返回
├─ 部分输入有默认值
├─ 全局变量 vs 局部变量
└─ 使用raise语句

递归函数

三类参数
├─ 位置参数
├─ 关键字参数
└─ 按位置或关键字传递参数

Python函数

使用*args和**kwargs

构造模块、库

模仿学习别人的代码

8.1 什么是Python函数？

这本书学到这里，相信大家对函数这个概念已经不陌生。简单来说，在Python中，函数是一段可重复使用的代码块，用于执行特定任务或完成特定操作。函数可以接受输入参数，并且可以返回具体值，或者不返回任何值作为结果。

比如，大家已经非常熟悉的 print()，这个函数的输入参数是要打印的字符串，在完成打印之后，这个函数并没有任何的输出值。

再举几个例子，很多函数都返回具体值，比如len() 返回list元素个数，range() 生成一个可以用在for循环的整数序列，list() 可以创建列表或将其他数据类型 (如字符串、元组、字典等) 转化为列表。

再者，很多数值操作、科学计算的函数都打包在NumPy、SciPy这样的库中，比如大家已经见过的numpy.array() 等。

通过使用函数，可以将代码分解成小块，每个块都完成一个特定的任务。这使得代码更易于理解、测试和维护。同时，函数也可以在不同的上下文中重复使用，提高代码的重用性和可维护性。

代数角度，什么是函数？

从代数角度来看，函数是一种数学概念，描述了输入和输出之间的关系。它将一个集合中的每个元素映射到另一个集合中的唯一元素。函数用公式、图表或描述性语言定义，具有定义域和值域的概念。函数在数学中被用于解决问题、建模现实世界，并具有单值性、唯一性等特性。代数中的函数描述了数学方程、曲线和变换，并帮助我们理解数学关系及其应用。

几种函数类型

在Python中，有以下几种函数类型。

◂ **内置函数：** Python解释器提供的函数，例如print()、len()、range()等。
◂ **自定义函数：** 由用户定义的函数。
◂ **Lambda函数：** 也称为匿名函数，是一种简单的函数形式，可以通过lambda关键字定义。
◂ **生成器函数：** 是一种特殊的函数，用于生成一个迭代器，可以使用yield关键字定义。本章不展
开介绍生成器函数。
◂ **方法：** 是与对象相关联的函数，可以使用"."符号调用。例如字符串类型的方法，可以使用字
符串变量名.方法名()的形式调用。大家会在Pandas中经常看到这种用法。

为什么需要自定义函数？

既然NumPy、SciPy、SymPy等库中提供大量可重复利用的函数，为什么还要"大费周章"自定
义函数？

这个答案其实很简单。现成的函数面向一般需求，不能满足大家的各种"私人订制"需求。

此外，自定义函数在Python中的作用是提高代码复用性、模块化和组织性，抽象和封装复杂问
题，使代码结构和逻辑更清晰，增加可扩展性和灵活性。

通过封装可重复使用的代码块为函数，避免重复编写相同的代码，并将大型任务分解为小型函
数，使程序更易理解和维护。

自定义函数提高代码的可读性、可维护性，并支持程序扩展和修改，使代码更结构化和可管理。

包、模块、函数

在 Python 中，一个**包** (package) 是一组相关**模块** (module) 的集合，一个模块是包含 Python 定义和语
句的文件。而一个函数则是在模块或者在包中定义的可重用代码块，用于执行特定任务或计算特定值。

通常情况下，一个模块通常是一个.py文件，包含了多个函数和类等定义。一个包则是一个包含
了多个模块的目录，通常还包括一个特殊的__init__.py文件，用于初始化该包。

在使用时，需要使用import关键字导入模块或者包，从而可以使用其中定义的函数和类等。而函
数则是模块或包中定义的一段可重用的代码块，用于完成特定的功能。因此，包中可以包含多个模
块，模块中可以包含多个函数，而函数是模块和包中的可重用代码块。

以NumPy为例，NumPy是Python中用于科学计算的一个库，其包含了很多有用的数值计算函数
和数据结构。下面是NumPy库中一些常见的模块和函数的介绍。

numpy.linalg这个模块提供了一些线性代数相关的函数，包括矩阵分解、行列式计算、特征值和
特征向量计算等。常见的函数有以下几个。

◂ numpy.linalg.det() 计算一个方阵的行列式。
◂ numpy.linalg.inv() 计算一个方阵的逆矩阵。
◂ numpy.linalg.eig() 计算一个方阵的特征值和特征向量。
◂ numpy.linalg.svd() 计算一个矩阵的奇异值分解。

numpy.random这个模块提供了随机数生成的函数，包括生成服从不同分布的随机数。常见的函
数有以下几个。

◂ numpy.random.rand() 生成0~1之间均匀分布的随机数。
◂ numpy.random.randn() 生成符合标准正态分布的随机数。
◂ numpy.random.randint() 生成指定范围内的整数随机数。

数学函数

在代数中，函数是一种数学关系，它将一个或多个输入值**映射** (mapping) 到唯一的输出值。函数可以用一个规则或方程式来表示，其中输入值称为自变量，输出值称为因变量。

从代数角度来看，函数是一种数学对象，用于描述两个集合之间的关系。一个函数将一个集合中的每个元素 (称为输入) 映射到另一个集合中的唯一元素 (称为输出)。

数学上，函数的定义包括以下几个要素。

◀**定义域** (domain)：定义域是输入变量可能的取值范围。它是函数的输入集合。
◀**值域** (range)：值域是函数的输出可能的取值范围。它是函数的输出集合。
◀**规则** (rule)：规则定义了输入和输出之间的映射关系。它描述了如何根据给定的输入计算输出。

如图8.1所示，函数也可以有不止一个输入，比如二元函数 $f(x_1, x_2)$ 便有2个输入。

函数可以用各种方式定义，包括通过公式、算法、图表或描述性语言。它可以是连续的、离散的或混合的，具体取决于输入和输出的集合的性质。

函数描述了不同变量之间的依赖关系，并且可以用来表示数学问题的模型。函数可以通过数学符号、图表或文字描述来表示，它们在代数中广泛应用于方程求解、图形绘制和数值计算等领域。

一句话概括来说，函数就是映射，输入值映射到唯一的输出值。如图8.2所示，我们设计了两个函数：左侧函数Shape() 输入为彩色几何图形，函数输出为图形形状；右侧函数Color() 输入还是彩色几何形状，函数输出为图形颜色。

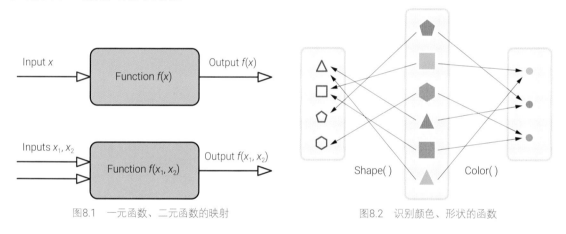

图8.1　一元函数、二元函数的映射　　　　图8.2　识别颜色、形状的函数

单射、满射

单射、非单射、满射和非满射是函数映射中的性质，描述了输入值和输出值之间的关系。

单射 (injective) 是指函数中不同的输入值对应着不同的输出值，即每个输出值只有一个对应的输入值。

非单射 (non-injective) 是指函数中存在多个不同的输入值对应着相同的输出值，即至少有一个输出值有多个对应的输入值。

满射 (surjective) 是指函数的所有可能的输出值都能够被映射到，即每个输出值都有至少一个对应的输入值。

非满射 (non-surjective) 是指函数中存在至少一个输出值无法被映射到，即存在某些输出值没有对应的输入值。

图8.3所示为单射、非单射、满射、非满射构成的"四象限"，具体实例则如图8.4所示。单射、非单射更关注输入值，而满射、非满射则更关注输出值。同时满足单射与满射叫**双射** (bijective)，也称——映射。

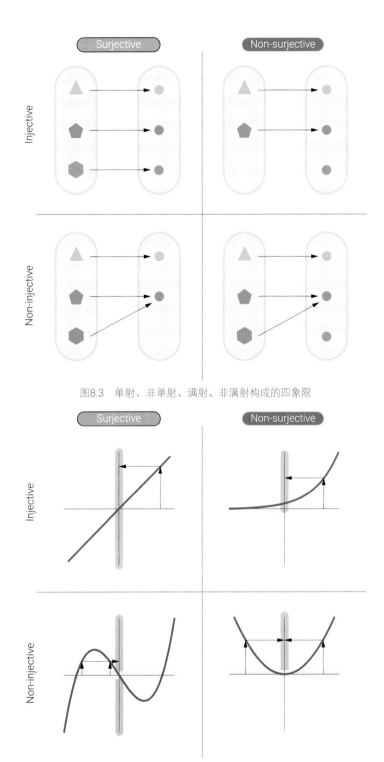

图8.3 单射、非单射、满射、非满射构成的四象限

图8.4 单射、非单射、满射、非满射构成的四象限 (具体实例)

一元、二元、三元、多元

在数学中，函数的**元** (arity) 指的是函数接受的参数个数。
常见的函数元数包括以下几种。

- ◀**一元函数** (unary function) 接受一个参数。例如，$f_1(x) = x$ 为一元函数，它接受一个参数 x。
- ◀**二元函数** (binary function) 接受两个参数。例如，$f_2(x_1, x_2) = x_1 + x_2$ 是一个二元一次函数，它接受两个参数 x_1 和 x_2。
- ◀**三元函数** (ternary function) 接受三个参数。例如，$f_3(x_1, x_2, x_3) = x_1 + x_2 + x_3$ 为三元一次函数，它接受三个参数 x_1、x_2 和 x_3。
- ◀**多元函数** (n-ary function) 接受 n 个参数。多元函数的参数个数可以是任意多个，例如 $f_n(x_1, x_2, \cdots, x_n) = x_1 + x_2 + \cdots + x_n$ 是一个多元函数，它接受任意 n 个参数 x_1、x_2、$\cdots$、x_n。

数学函数 与 编程函数

代数角度的函数概念与计算机编程中的函数概念有些相似，但也有一些不同之处。在代数中，函数是描述输入和输出之间关系的抽象概念；而在编程中，函数是可执行的代码块，用于执行特定的任务。然而，两者之间的基本思想都是处理输入并生成输出。

数学上的函数和编程上的函数在概念和应用上存在一些异同之处。

无论是数学上的函数，还是编程上的函数，它们都涉及输入和输出。数学函数接受输入值并产生相应的输出值，而编程函数则接受参数但是未必返回结果。

数学上的函数和编程上的函数都有一个定义域和一个规则，描述了如何将输入转换为输出。无论是通过公式、算法还是逻辑操作，函数都定义了输入和输出之间的关系。

无论是数学上的函数，还是编程上的函数的概念都具有可重用性，即函数可以在多个场景中被多次调用和使用，这避免了重复编写相同的代码。

数学上的函数和编程上的函数显然也有很大区别。数学函数通常用符号、公式或描述性语言来表示，如 $f(x) = x^2$。而编程函数则以编程语言的语法和结构来定义和表示，如 def square(x): return x**2。编程函数可以包含额外的程序控制结构，如条件语句、循环等，以实现更复杂的逻辑和操作。

总体而言，数学上的函数更关注描述数学关系，而编程上的函数则更侧重于实现特定的计算或操作。虽然两者有相似的概念，但具体的表示方式、范围和应用场景可能会有所不同。

≡8.2 自定义函数

无输入、无返回

在 Python 中，我们可以自定义函数来完成一些特定的任务。函数通常接受输入参数并返回输出结果。但有时我们需要定义一个函数，它既没有输入参数，也不返回任何结果。这种函数被称为没有输入、没有返回值的函数。

定义这种函数的方法和定义其他函数类似，只是在定义函数时省略了输入参数和 return 语句。比如代码8.1，这个函数名为 say_hello，它不接受任何输入参数，执

代码8.1 无输入、无输出函数 | ⊕ Bk1_Ch08_01.ipynb ○ ○ ○

```
b def say_hello():
                                 Function block
    # 自定义函数：打印问候
    # 输入：无
    # 输出：无
4 spaces print("Hello!")

    # 调用自定义函数
c say_hello()
```

行函数体中的代码时会输出字符串 "Hello!"。

　　下面，我们再看一个复杂的例子。在这个例子中，我们也定义了一个无输入、无输出函数来美化线图。图8.5所示为利用Matplotlib绘制的一元一次函数、一元二次函数线图美化之后的结果。

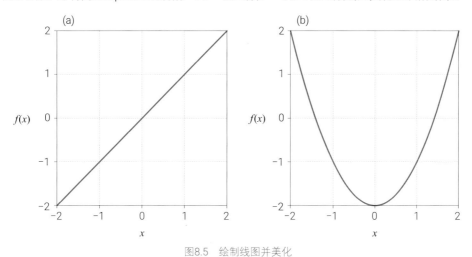

图8.5　绘制线图并美化

　　我们可以通过代码8.2绘制图8.5。大家如果从本书开篇开始读到这里，应该对代码8.2大部分关键语句都了如指掌。但是，本着"反复＋精进"的原则，我们还是要简单讲解代码中关键语句。

　　ⓐ导入matplotlib.pyplot模块，简写作plt。请大家回顾这个模块有哪些常用函数。

　　ⓑ导入numpy，简写作np。请大家回顾我们到现在为止用过哪些NumPy函数。

　　ⓒ定义无输入、无输出函数，用来美化图像。

　　ⓓ用def定义函数。注意，这句结尾的半角冒号 (:) 不能缺省。

　　ⓔ给**横轴** (horizontal axis, x axis)、**纵轴** (vertical axis, y axis) 添加标签。请大家回忆，我们还可以用轴对象ax什么方法完成相同操作。

　　ⓕ设置横轴、纵轴取值范围。也请大家回忆用轴对象ax什么方法完成相同操作。

　　ⓖ这两句设置横轴纵轴刻度。请大家思考还有什么方法可以获得刻度列表。

　　ⓗ增加图片背景**网格** (grid)。

　　ⓘ首先利用plt.gca()返回当前的坐标轴对象，"gca"的含义是get the current axis。然后用.set_aspect('equal', adjustable='box') 设置了纵横比例为1∶1。

　　ⓙ展示图片。

　　ⓚ用numpy.linspace() 生成等差数列。请大家思考我们如何自定义函数复刻这个函数功能。

　　ⓛ用plt.subplots() 创建图形对象fig和轴对象ax。
参数figsize = (4,4) 代表图像窗口的宽度为4英寸，高度为4英寸。

　　ⓜ利用plt.plot() 可视化一次函数$y = x$。

　　ⓝ调用自定义美化图像函数。

本书第10章将专门介绍如何绘制线图，此外鸢尾花书《可视之美》将专门介绍Python可视化专题。

多个输入、单一返回

　　一个函数可以有多个输入参数，一个或多个返回值。代码8.3中自定义函数有两个输入参数a和b，一个返回它们的和。

```
    # 导入包
ⓐ  import matplotlib.pyplot as plt
    # 导入Matplotlib库中的pyplot模块, 并将其命名为plt
ⓑ  import numpy as np
    # 导入NumPy库, 并将其命名为np
                                              ┌ Function block ┐
    # 自定义函数
ⓒ ⓓ def beautify_line_chart():
        # 添加标签
ⓔ 4 spaces plt.xlabel("x")
        plt.ylabel("f(x)")
        # 设置坐标轴范围
ⓕ      plt.xlim(-2, 2)
        plt.ylim(-2, 2)
        # 设置横纵轴刻度
ⓖ      plt.xticks([-2,-1,0,1,2])
        plt.yticks([-2,-1,0,1,2])
        # 添加网格线
ⓗ      plt.grid(True)
        # 横纵轴统一标尺
ⓘ      plt.gca().set_aspect('equal', adjustable = 'box')
        # 显示图形
ⓙ      plt.show()

ⓚ  x_array = np.linspace(-2,2,101)
    # 使用NumPy的linspace函数创建一个包含101个元素的数组
    # 这些元素均匀地分布在区间[-2, 2]上, 左闭右闭

    # 绘制直线
ⓛ  fig, ax = plt.subplots(figsize = (4,4)) ─────
    # plt.subplots()返回值解包为两个变量: fig 和 ax
    # fig图形窗口对象, 可以用于设置图形窗口的属性
    # ax 是坐标轴对象, 用于绘制具体的图形和设置坐标轴的属性
    # figsize=(4, 4) 表示图形窗口的宽度为4英寸, 高度为4英寸

    y_array = x_array # 一次函数y = x
ⓜ  plt.plot(x_array, y_array)
ⓝ  beautify_line_chart() # 调用自定义函数绘制美化的线图

    # 绘制抛物线
    fig, ax = plt.subplots(figsize = (4,4)) ─────
    y_array = x_array**2 - 2 # 二次函数
    plt.plot(x_array, y_array)
    beautify_line_chart() # 调用自定义函数绘制美化的线图
```

```
    # 自定义函数                    ┌ Function block ┐
ⓐ ⓑ def add_numbers(a, b):
4 spaces result = a + b
        return result

ⓒ  sum = add_numbers(3, 5) # 调用函数
    print(sum)  # 输出8
```

多个输入、多个返回

代码8.4中，我们定义了一个名为arithmetic_operations()的函数，它有两个参数a和b。在函数体内，我们进行了四个基本的算术运算，并将其结果存储在四个变量中。

最后，我们使用return语句返回这四个变量。当我们调用这个函数时，我们将a和b的值作为参数传递给函数，函数将返回四个值。我们将这四个返回值存储在一个元组result中，并使用索引访问和打印这四个值。

代码8.4 两个输入、多个输出函数 | ⊕ Bk1_Ch08_04.ipynb

```python
# 自定义函数
                                    ┌Function block┐
def arithmetic_operations(a, b):
4 spaces    add = a + b
            sub = a - b
            mul = a * b
            div = a / b
            return add, sub, mul, div

# 调用函数并输出结果
a, b = 10, 5
result = arithmetic_operations(a, b)
print("Addition: ", result[0])
print("Subtraction: ", result[1])
print("Multiplication: ", result[2])
print("Division: ", result[3])
```

部分输入有默认值

在Python中，我们可以为自定义函数中的某些参数设置默认值，这样在调用函数时，如果不指定这些参数的值，就会使用默认值。这种设置默认值的参数称为默认参数。

代码8.5展示如何在自定义函数中设置默认参数。greet()函数有两个参数：name和greeting。name是必需的参数，没有默认值。而greeting是可选的，默认值为'Hello'。

当我们调用greet()函数时，如果只传入了name参数，那么greeting就会使用默认值'Hello'。如果需要自定义问候语，可以在调用时传入自定义的值，如上面的第二个调用例子所示。

⚠️

> 默认参数必须放在非默认参数的后面。在函数定义中，先定义的参数必须先被传入，后定义的参数后被传入。如果违反了这个顺序，Python解释器就会抛出SyntaxError异常。

代码8.5 函数输入有默认值 | ⊕ Bk1_Ch08_05.ipynb

```python
# 自定义函数
                              ┌Function block┐
def greet(name, greeting = 'Hello'):
4 spaces    print(f"{greeting}, {name}!")

# 使用默认的问候语调用函数
greet('James')  # 输出 "Hello, James!"

# 指定自定义的问候语调用函数
greet('James', 'Good morning')
# 输出 "Good morning, James!"
```

全局变量 vs 局部变量

在Python中，自定义函数中可以包含**全局变量** (global variable) 和**局部变量** (local variable)。全局变量是在整个脚本或模块范围内可见的变量，而局部变量只在函数内部可见。

如代码8.6所示，全局变量，如global_x，通常在模块的顶部定义，并可以在整个模块中使用。在my_function 函数内部定义的 local_x 是 一个局部变量，只能在函数内部访问。

局部变量的作用范围仅限于函数内部，一旦函数执行完毕，局部变量就会被销毁。

如果尝试在函数外部访问局部变量，将会引发 NameError 错误。

需要注意的是，如果在函数内部使用与全局变量同名的变量，Python会将其视为一个新的局部变量，而不会修改全局变量的值。

如代码8.6所示，在函数内部定义了和global_x同名的变量并赋值，这个变量还是局部变量，并不改变外部全局变量的数值。

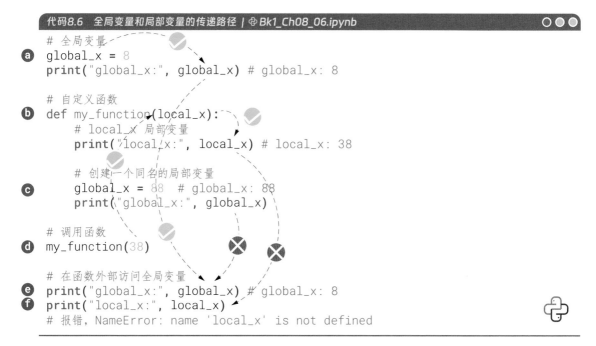

代码8.6 全局变量和局部变量的传递路径 | Bk1_Ch08_06.ipynb

```python
# 全局变量
global_x = 8
print("global_x:", global_x) # global_x: 8

# 自定义函数
def my_function(local_x):
    # local_x 局部变量
    print("local_x:", local_x) # local_x: 38

    # 创建一个同名的局部变量
    global_x = 88  # global_x: 88
    print("global_x:", global_x)

# 调用函数
my_function(38)

# 在函数外部访问全局变量
print("global_x:", global_x) # global_x: 8
print("local_x:", local_x)
# 报错, NameError: name 'local_x' is not defined
```

如代码8.7所示，如果要在函数内部修改全局变量的值，需要使用 global 关键字来声明该变量是全局变量。

将矩阵乘法打包成一个函数

上一章中，我们自定义了计算矩阵乘法代码。为了方便"多次调取"，下面我们将这段代码写成一个自定义函数。

代码8.8中展示"改良版"的矩阵乘法自定义函数，会根据输入函数的形状自行判断矩阵乘法结果矩阵的形状。请大家在JupyterLab中练习这段代码，并逐行注释。

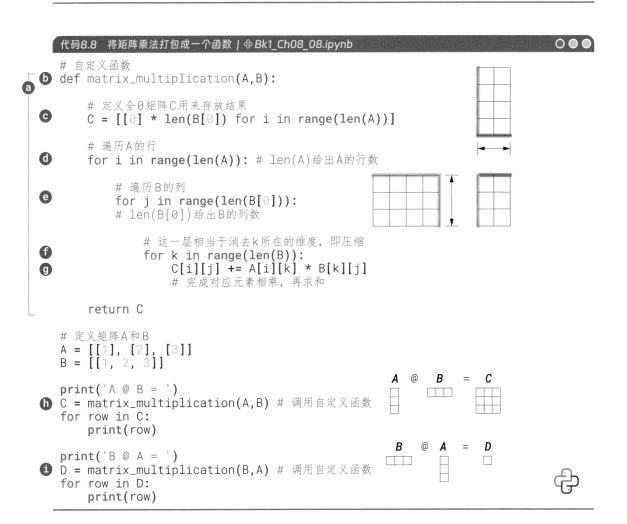

代码8.7　全局变量和局部变量的传递路径，利用*global*在函数内部声明全局变量 | ⊕ *Bk1_Ch08_07.ipynb* ○ ● ●

```
      # 全局变量
ⓐ global_x = 8 # global_x: 8
    print("global_x:", global_x)

    # 自定义函数
    def my_function(local_x):
        # 局部变量
        print("local_x:", local_x) # local_x: 38

        # 声明变量是全局变量
ⓑ       global global_x
ⓒ       global_x = 88
        print("global_x:", global_x) # global_x: 88

    # 调用函数
    my_function(38)

    # 在函数外部访问全局变量
ⓓ print("global_x:", global_x) # global_x: 88
```

代码8.8　将矩阵乘法打包成一个函数 | ⊕ *Bk1_Ch08_08.ipynb* ○ ○ ●

```
      # 自定义函数
ⓑ def matrix_multiplication(A,B):

        # 定义全0矩阵C用来存放结果
ⓒ       C = [[0] * len(B[0]) for i in range(len(A))]

        # 遍历A的行
ⓓ       for i in range(len(A)): # len(A)给出A的行数

            # 遍历B的列
ⓔ           for j in range(len(B[0])):
            # len(B[0])给出B的列数

                # 这一层相当于消去k所在的维度，即压缩
ⓕ               for k in range(len(B)):
ⓖ                   C[i][j] += A[i][k] * B[k][j]
                    # 完成对应元素相乘，再求和

        return C

    # 定义矩阵A和B
    A = [[1], [2], [3]]
    B = [[1, 2, 3]]

    print('A @ B = ')
ⓗ C = matrix_multiplication(A,B) # 调用自定义函数
    for row in C:
        print(row)

    print('B @ A = ')
ⓘ D = matrix_multiplication(B,A) # 调用自定义函数
    for row in D:
        print(row)
```

A @ B = C

B @ A = D

使用raise语句：中断流程，引发异常

大家可能会问，怎么在自定义函数内添加一个判断语句来检查两个矩阵的尺寸是否匹配。如果不匹配，就抛出一个异常并提示错误信息。

代码8.9是修改后的代码示例。

在函数中，我们使用 len(A[0]) 和 len(B) 来检查第一个矩阵的列数是否等于第二个矩阵的行数。如果不相等，我们就使用 raise 语句抛出一个 ValueError 异常，并输出错误信息。这样，在调用函数时，如果输入的两个矩阵无法相乘，就会得到一个错误提示。

代码8.9 将矩阵乘法打包成一个函数，增加矩阵形状不匹配的报错信息 | ⊕ Bk1_Ch08_09.ipynb ◯◯◯

```python
# 自定义函数
def matrix_multiplication(A,B):

    # 检查两个矩阵形状是否匹配
    if len(A[0]) != len(B):
        raise ValueError("Error: check matrix sizes")

    else:
        # 定义全0矩阵C用来存放结果
        C = [[0] * len(B[0]) for i in range(len(A))]

        # 遍历A的行
        for i in range(len(A)): # len(A)给出A的行数

            # 遍历B的列
            for j in range(len(B[0])):
            # len(B[0])给出B的列数

                # 这一层相当于消去k所在的维度，即压缩
                for k in range(len(B)):
                    C[i][j] += A[i][k] * B[k][j]
                    # 完成对应元素相乘，再求和

        return C

# 定义矩阵A和B
A = [[1], [2], [3], [4]]
B = [[1, 2, 3]]

print('A @ B = ')
C = matrix_multiplication(A,B) # 调用自定义函数
for row in C:
    print(row)

print('B @ A = ')
D = matrix_multiplication(B,A) # 会报错
```

使用assert语句：插入断言，检查条件

除了用raise，我们还可以用assert。在Python中，assert语句用于在代码中插入断言(assertion)，从而检查程序的某个条件是否为真。

如果条件为**假** (False)，则会引发一个AssertionError异常，从而表示程序出现了一个错误。

assert通常用于在开发和调试过程中验证程序的假设和约束，以便更早地发现和诊断问题。

如代码8.10所示，代码中assert b != 0用于确保除数不为零。如果除数为零，assert语句将引发异常，从而防止程序继续执行不安全的操作。

一般情况，assert通常用于开发和调试阶段，以帮助发现和解决问题。

代码8.10 用assert检查条件是否为真 | ⊕ Bk1_Ch08_10.ipynb ○ ● ●

```python
# 定义除法函数
def divide(a, b):
    assert b != 0, "除数不能为零"
    return a / b
# 调用自定义函数
result = divide(10, 0)
# 除以零，会引发 AssertionError 异常
print(result)
# 上行不会被执行，因为异常已经引发
```

帮助文档

在 Python 中，可以使用 docstring 来编写函数的帮助文档，即在函数定义的第一行或第二行写入字符串来描述函数的作用、参数、返回值等信息。

通常使用三个单引号（'''）或三个双引号（"""）来表示 docstring，如代码8.11所示。

如果要查询这个文档，可以使用 Python 内置的 help() 函数或者 __doc__ 属性来查看。

代码8.11 自定义函数中的帮助文档 | ⊕ Bk1_Ch08_11.ipynb ○ ○ ○

```python
# 计算向量内积
def inner_prod(a,b):

    '''
    自定义函数计算两个向量内积
    输入:
    a: 向量，类型为数据列表
    b: 向量，类型为数据列表
    输出:
    c: 标量
    参考:
    https://mathworld.wolfram.com/InnerProduct.html
    '''

    # 检查两个向量元素数量是否相同
    if len(a) != len(b):
        raise ValueError("Error: check a/b lengths")

    # 初始化内积为0
    dot_product = 0
    # 使用for循环计算内积
    for i in range(len(a)):
        dot_product += a[i] * b[i]

    return dot_product

# 查询自定义函数文档，两种办法
help(inner_prod)
print(inner_prod._doc_)

# 定义向量a和b
a = [1, 2, 3, 4, 5, 6, 7, 8, 9]
b = a[::-1]

# 调用函数
c = inner_prod(a,b)

# 打印内积
print("向量内积为: ", c)
```

8.3 更多自定义线性代数函数

产生全0矩阵：一层for循环

代码8.12用一层for循环产生**全0矩阵** (zero matrix)。全0矩阵是一个所有元素都为零的矩阵，"鸢尾花书"一般用大写、斜体、粗体O代表全0矩阵。而用斜体、粗体o代表0向量。

> 请大家思考代码8.12中下画线_、乘号 *、append() 的功能是什么？

本书后文会介绍如何利用numpy.zeros() 和numpy.zeros_like() 生成全0矩阵。

产生单位矩阵：一层for循环

代码8.13举例如何用一层for循环产生**单位矩阵** (identity matrix)。单位矩阵是一个特殊的**方阵** (square matrix)，它在主对角线上的元素都是1，而其他元素都是0。方阵是行数和列数相等的矩阵。

本书后文会介绍如何利用numpy.identity() 产生单位矩阵。

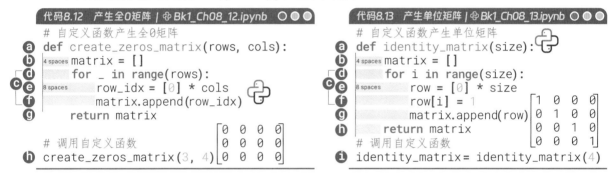

代码8.12 产生全0矩阵 | ⊕ Bk1_Ch08_12.ipynb

```
# 自定义函数产生全0矩阵
def create_zeros_matrix(rows, cols):
    matrix = []
    for _ in range(rows):
        row_idx = [0] * cols
        matrix.append(row_idx)
    return matrix

# 调用自定义函数
create_zeros_matrix(3, 4)
```

代码8.13 产生单位矩阵 | ⊕ Bk1_Ch08_13.ipynb

```
# 自定义函数产生单位矩阵
def identity_matrix(size):
    matrix = []
    for i in range(size):
        row = [0] * size
        row[i] = 1
        matrix.append(row)
    return matrix
# 调用自定义函数
identity_matrix = identity_matrix(4)
```

产生对角方阵：一层for循环

代码8.14举例如何用一层for循环产生**对角方阵** (diagonal square matrix)。我们可以把对角方阵看作方阵和**对角阵** (diagonal matrix) 的交集。对角阵是一种特殊的矩阵 (未必是方阵)，除了主对角线上的元素之外，所有其他元素都为零。本书后文会介绍如何利用numpy.diag() 产生对角方阵。

代码8.14 产生对角方阵 | ⊕ Bk1_Ch08_14.ipynb

```
# 自定义函数产生对角方阵
def diagonal_matrix(values):
    size = len(values); matrix = []
    for i in range(size):
        row = [0] * size
        matrix.append(row)
        matrix[i][i] = values[i]
    return matrix
# 对角线元素
diagonal_values = [4, 3, 2, 1]
# 调用自定义函数
diagonal_matrix = diagonal_matrix(diagonal_values)
```

$$\begin{bmatrix} 4 & 0 & 0 & 0 \\ 0 & 3 & 0 & 0 \\ 0 & 0 & 2 & 0 \\ 0 & 0 & 0 & 1 \end{bmatrix}$$

提取对角线元素：一层for循环

代码8.15举例如何用一层for循环提取矩阵 (未必是方阵) 对角线元素。

请大家思考代码8.15中min() 的作用。

在以后的学习中，大家会发现numpy.diag() 不但可以用来提取矩阵对角线元素，也可以将向量展开为对角矩阵。

```python
代码8.15 提取对角线元素 | ⊕ Bk1_Ch08_15.ipynb        ○ ○ ○

def extract_main_diagonal(matrix):

    rows = len(matrix); cols = len(matrix[0])
a   size = min(rows, cols)
b   diagonal = [matrix[i][i] for i in range(size)]
    return diagonal

matrix = [[1, 2, 3],
          [4, 5, 6]]

main_diagonal = extract_main_diagonal(matrix)
main_diagonal
```

计算方阵迹

代码8.16计算方阵的迹。所谓方阵的**迹** (trace) 是指矩阵中主对角线上元素的总和。通常用tr(A)表示，其中A是**方阵** (square matrix)。

⚠️ 迹仅仅对方阵有定义。

实践中，我们常用numpy.trace() 计算方阵的迹。

```python
代码8.16 计算方阵的迹 | ⊕ Bk1_Ch08_16.ipynb        ○ ○ ○

def trace(matrix):
    rows = len(matrix)
    cols = len(matrix[0])
a   if rows != cols:
b       raise ValueError("Matrix is not square")
c   diagonal_sum = sum(matrix[i][i] for i in range(rows))
    return diagonal_sum
# 示例用法
A = [[1, 2, 3],
     [4, 5, 6],
     [7, 8, 9]]

trace_A = trace(A)
print("矩阵的迹为:", trace_A)
```

判断矩阵是否对称：两层for循环

代码8.17举例如何用两层for循环判断矩阵是否对称。**对称矩阵** (symmetric matrix) 是一种特殊类型的方阵，其转置矩阵等于它自己。

通过分析代码8.17，我们可以发现首先判断矩阵是否为方阵。然后，用两层for循环判断方阵元素是否沿主对角线对称。只要发现一个不同，就结束自定义函数运算，返回False。

```python
def is_symmetric(matrix):
    rows = len(matrix)
    cols = len(matrix[0])
    # 首先判断矩阵是否为方阵
    if rows != cols:
        return False
    # 判断矩阵元素是否沿对称轴镜像对称
    for i in range(rows):
        for j in range(cols):
            if matrix[i][j] != matrix[j][i]:
                return False
    return True

# 两个矩阵
A = [[1, 2, 3],
     [2, 4, 5],
     [3, 5, 6]]

B = [[1, 2, 3],
     [2, 4, 0],
     [0, 5, 6]]

print("是否为对称矩阵:", is_symmetric(A))
print("是否为对称矩阵:", is_symmetric(B))
```

代码8.18则先计算矩阵的转置，然后判断原矩阵和转置矩阵相等来判断矩阵是否为对称矩阵。

```python
def is_symmetric_2(matrix):
    rows = len(matrix)
    cols = len(matrix[0])
    # 首先判断矩阵是否为方阵
    if rows != cols:
        return False
    # 获得转置矩阵
    tranposed = [[(matrix[j][i])
                  for j in range(cols)]
                  for i in range(rows)]
    if(matrix == tranposed):
        return True
    return False

# 两个矩阵
A = [[1, 2, 3],
     [2, 4, 5],
     [3, 5, 6]]

B = [[1, 2, 3],
     [2, 4, 0],
     [0, 5, 6]]

print("是否为对称矩阵:", is_symmetric_2(A))
print("是否为对称矩阵:", is_symmetric_2(B))
```

162

矩阵行列式

行列式 (determinant) 将方阵映射成一个标量，这个标量和矩阵的性质和变换有着重要的几何和代数意义。2×2 矩阵 $A = \begin{bmatrix} a & b \\ c & d \end{bmatrix}$ 的行列式为 $\det(A) = ad - bc$。代码8.19完成了 2×2 矩阵行列式运算。

> 鸢尾花书《矩阵力量》将从几何角度解释行列式。

实践中，我们一般用numpy.linalg.det() 计算矩阵的行列式。

代码8.19   2×2矩阵的行列式值 | ⊕ Bk1_Ch08_19.ipynb

```python
def determinant_2x2(matrix):
    if len(matrix) != 2 or len(matrix[0]) != 2:
        raise ValueError("Matrix must be 2x2")
    a = matrix[0][0]
    b = matrix[0][1]
    c = matrix[1][0]
    d = matrix[1][1]
    det = a*d - b*c
    return det

# 示例用法
A = [[3, 2],
     [1, 4]]
det = determinant_2x2(A)
print("矩阵行列式:", det)
```

矩阵逆

矩阵的逆 (the inverse of a matrix) 是与其相乘后得到单位矩阵的矩阵。

2×2 矩阵 $A = \begin{bmatrix} a & b \\ c & d \end{bmatrix}$ 的逆 A^{-1} 为 $\dfrac{1}{ad-bc}\begin{bmatrix} d & -b \\ -c & a \end{bmatrix}$。也就是说 $A \ @ \ A^{-1} = I$。

显然，如果 2×2 矩阵 A 存在逆，$ad - bc$ 不为0，即 A 的行列式不为0。
代码8.20自定义函数完成了上述 2×2 矩阵逆的运算。
实践中，我们用numpy.linalg.inv() 计算矩阵逆。

> 本书第25章从几何角度介绍矩阵乘法和矩阵逆的意义。

```python
def inverse_2x2(matrix):
    if len(matrix) != 2 or len(matrix[0]) != 2:
        raise ValueError("Matrix must be 2x2")

    a = matrix[0][0]
    b = matrix[0][1]
    c = matrix[1][0]
    d = matrix[1][1]

    det = a * d - b * c
    if det == 0:
        raise ValueError("Matrix is not invertible")

    inv_det = 1 / det
    inv_matrix = [[d * inv_det, -b * inv_det],
                  [-c * inv_det, a * inv_det]]

    return inv_matrix

A = [[2, 3],
     [4, 5]]
inv_matrix = inverse_2x2(A)
```

8.4 递归函数：自己反复调用自己

递归函数 (recursive function) 是一种在函数内部调用自身的编程技术。这种方法通常用于解决可以被分解成相似子问题的问题，每个子问题都可以用相同的方法来解决。

递归函数包括两个部分：基本情况和递归情况。基本情况是一个或多个条件，它们确定何时停止递归，而递归情况则是函数调用自身以处理更小的子问题。下面通过两个例子讲解递归函数。

在代码8.21中，我们定义factorial() 函数生成**阶乘** (factorial)。这个函数在基本情况下返回1，这是递归停止的条件。在递归情况下，它调用自身并将问题分解为更小的子问题，直到达到基本情况为止。

以factorial(5)为例，首先调用 factorial(4)，然后 factorial(4) 调用 factorial(3)，依此类推，直到 factorial(1) 返回1。最终得到 factorial(5) 的值为120。

```python
def factorial(n):
    # 基本情况：当n等于0或1时，阶乘为1
    if n == 0 or n == 1:
        return 1
    # 递归情况：计算n的阶乘等于n乘以(n-1)的阶乘
    else:
        return n * factorial(n - 1)

# 测试阶乘函数
for i in range(10):
    print(f'{i}! = {factorial(i)}')
```

在代码8.22这个例子中，我们定义fibonacci() 函数生成**斐波那契数列** (Fibonacci sequence) 接受一个整数 n，它返回 Fibonacci 数列的第 n 项。最终，当 n 达到 0 或 1 时 (基本情况)，递归将停止，返回相应的值。否则，它将调用两次自己，并将 n−1 和 n−2 作为参数传递给它们。

代码8.22 使用递归方法生成斐波那契数列 | ⊕ Bk1_Ch08_22.ipynb

```python
# 使用递归函数生成 Fibonacci 数列
def fibonacci(n):
4 spaces    # 基本情况：如果 n 小于或等于 1，它将直接返回 n
    if n <= 1:
8 spaces        return n
    # 递归情况：否则，它将调用两次自己
    # 并将 n-1 和 n-2 作为参数传递给它们
    else:
        return fibonacci(n-1) + fibonacci(n-2)

# 通过使用 for 循环来输出 Fibonacci 数列的前 10 项
for i in range(10):
    print(fibonacci(i))
```

代码8.22通过使用 for 循环来输出 Fibonacci 数列的前 10 项，可以看到这个函数在工作时是如何递归调用自己的。

《可视之美》介绍如何可视化斐波那契数列。《数学要素》专门介绍斐波那契数列。《矩阵力量》讲解如何用线性代数工具求解斐波那契数列通项公式。

什么是斐波那契数列？
斐波那契数列是一组数字，其中每个数字都是前两个数字的和。斐波那契数列的前几个数字是 0、1、1、2、3、5、8、13、21、34 等。斐波那契数列是计算机科学中常用的例子，用于介绍递归和动态规划等概念。在植物学中，叶子、花瓣和果实的排列顺序可以遵循斐波那契数列。许多音乐家和作曲家使用斐波那契数列的规律来创建旋律与和弦。

8.5 位置参数、关键字参数

Python在定义函数时，有三类不同的函数输入参数。

◀**位置参数** (positional arguments) 按照函数定义中参数的位置顺序传递参数值。
◀**关键字参数** (keyword arguments) 通过参数的名称来传递参数值，而不依赖于参数的位置。
◀**按位置或关键字传递参数** (positional or keyword arguments) 是指在函数调用时，可以选择按照参数在函数定义中的位置来传递参数值，也可以使用关键字来传递参数值。

代码8.23以Python中的complex函数介绍位置参数、关键字参数的差别。
ⓐ和**ⓑ**利用位置参数创建复数。

比较ⓐ和ⓑ，可以发现当参数位置不同时，结果不同。

ⓒ和ⓓ利用关键字参数创建复数。可以发现，当指定参数名称后，参数的位置不会影响结果。

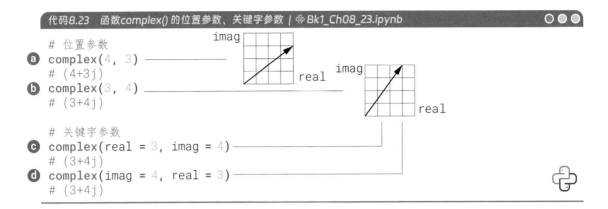

代码8.23 函数complex()的位置参数、关键字参数 | ⊕ Bk1_Ch08_23.ipynb

```
# 位置参数
ⓐ complex(4, 3)
# (4+3j)
ⓑ complex(3, 4)
# (3+4j)

# 关键字参数
ⓒ complex(real = 3, imag = 4)
# (3+4j)
ⓓ complex(imag = 4, real = 3)
# (3+4j)
```

在自定义函数时，可以使用 / 和 * 来声明参数传递方式。在Python的函数定义中，正斜杠 / 之前的参数是位置参数；在正斜杠 / 和星号 * 之间位置或关键字传递都可以；在星号 * 之后必须按关键字传递。

以def fcn_name(a, b, /, c, d, *, e, f) 为例，参数a和b是位置参数，必须按位置传递。

参数c和d既可以按位置传递，也可以按关键字传递。

而参数e和f是关键字参数，必须按关键字传递。

代码8.24自定义了三个函数，自定义并计算抛物线 $y = ax^2 + bx + c$ 某一点的函数值。

ⓐ的自定义函数中四个参数都是位置参数。

ⓑ的自定义函数中四个参数都是关键字参数。

ⓒ自定义函数中，a和b为位置参数，c为位置/关键字参数，x为关键字参数。

代码8.24 自定义抛物线函数，位置参数、关键字参数 | ⊕ Bk1_Ch08_24.ipynb

```
# 位置参数
ⓐ def quadratic_f(a, b, c, x,/):
    f = a * x **2 + b * x + c
    return f

quadratic_f(1, 2, 3, 4)
quadratic_f(3, 2, 1, 4)

# 关键字参数
ⓑ def quadratic_f_2(*, a, b, c, x):
    f = a * x **2 + b * x + c
    return f

quadratic_f_2(a = 1, b = 2, c = 3, x = 4)
quadratic_f_2(c = 3, x = 4, a = 1, b = 2)

# 关键字/位置参数
ⓒ def quadratic_f_3(a, b, /, c, *, x):
    f = a * x **2 + b * x + c
    return f

quadratic_f_3(1, 2, 3, x = 4)
quadratic_f_3(1, 2, c = 3, x = 4)
```

请大家务必注意，位置参数需要在关键字参数之前，否则会报错。

回到complex() 定义复数，我们还可以用采用以下方法。

在Python中，一个星号 * 常用来**拆包** (unpacking)。它的作用是将一个可迭代对象，如列表、元组等，中的元素分别传递给函数的位置参数。本书第5章介绍过这个概念，建议大家回顾。

请大家回顾本书第5章
用星号 * 拆包、打包。

在代码8.25中，complex_list 是一个包含两个元素的列表 [3, 4]。使用 *complex_list 来拆包这个列表，然后将拆包后的元素分别传递给 complex 函数的两个位置参数，创建一个复数对象，实际上相当于执行了 complex(3, 4)。

在Python中，两个星号 ** 用于进行关键字参数拆包，将一个字典中的键值对作为关键字参数传递给函数。complex_dict 是一个包含两个键–值对的字典 {'real': 3, 'imag': 4}，使用 **complex_dict 来将字典中的键–值对拆包，并将它们作为关键字参数传递给 complex 函数。

代码8.25 采用 * 和 ** 拆包 | ⊕ Bk1_Ch08_25.ipynb

```
# 使用一个星号
a complex_list = [3, 4]
b complex(*complex_list)

# 使用两个星号
c complex_dict = {'real': 3, 'imag': 4}
d complex(**complex_dict)
```

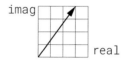

8.6 使用*args和**kwargs

在Python中，自定义函数时，*args 和 **kwargs 是用于处理不定数量的参数的特殊语法。*args 和 **kwargs让我们可以编写更加灵活的函数，可以接受不同数量的位置参数和关键字参数。其中，args是arguments的简写，而kw是keyword的简写。

以代码8.26为例，在自定义函数时，输入为*args，意味着这个函数可以接受不限量数据，然后计算这些数值的乘积。

代码8.26 自定义函数中使用*args | ⊕ Bk1_Ch08_26.ipynb

```
# 利用*args
a def multiply_all(*args):
      result = 1
b     print(args)
c     for num_idx in args:
d         result *= num_idx
      return result

# 计算4个值的乘积
print(multiply_all(1, 2, 3, 4))
# 计算6个值的乘积
print(multiply_all(1, 2, 3, 4, 5, 6))
```

代码8.27中自定义函数使用**kwargs接受不限量关键字参数，然后在for循环中用format打印这些键-值对。

<div class="code-block">

代码8.27 自定义函数中使用**kwargs | ⊕ Bk1_Ch08_27.ipynb   ◯ ◯◯◯

```
# 利用**kwargs
def multiply_all_2(**kwargs):
    result = 1
    print(type(kwargs))
    # 循环dict()
    for key, value in kwargs.items():
        print("The value of {} is {}".format(key, value))
        result *= value

    return result

# 计算3个key-value pairs中值的乘积
print(multiply_all_2(A = 1, B = 2, C = 3))
# 计算4个key-value pairs中值的乘积
print(multiply_all_2(A = 1, B = 2, C = 3, D = 4))
```
</div>

代码8.28在自定义函数中混合使用*args和**kwargs。这段代码看着很复杂，其实逻辑很简单。我们根据输入关键字参数 (operation和TYPE)，判断计算输入的不限量数据为下列统计量之一：总体方差、总体标准差、样本方差、样本标准差；并且，根据关键字参数 (ROUND) 完成四舍五入。

请大家逐句分析代码8.28，并注释。

<div class="code-block">

代码8.28 自定义函数中混合使用*args和**kwargs | ⊕ Bk1_Ch08_28.ipynb   ◯ ◯◯◯

```
import statistics
# 混合 *args, **kwargs
def calc_stats(operation, *args, **kwargs):
    result = 0
    # 计算标准差
    if operation == "stdev":
        # 总体标准差
        if "TYPE" in kwargs and kwargs["TYPE"] == 'population':
            result = statistics.pstdev(args)
        # 样本标准差
        elif "TYPE" in kwargs and kwargs["TYPE"] == 'sample':
            result = statistics.stdev(args)
        else:
            raise ValueError('TYPE, either population or sample')
    # 计算方差
    elif operation == "var":
        # 总体方差
        if "TYPE" in kwargs and kwargs["TYPE"] == 'population':
            result = statistics.pvariance(args)
        # 样本方差
        elif "TYPE" in kwargs and kwargs["TYPE"] == 'sample':
            result = statistics.variance(args)
        else:
            raise ValueError('TYPE, either population or sample')
```
</div>

```python
    else:
        print("Unsupported operation")
        return None
    # 保留小数位
    if "ROUND" in kwargs:
        result = round(result, kwargs["ROUND"])
    return result

# 计算总体标准差
calc_stats("stdev", 1, 2, 3, 4, 5, 6,
          TYPE = 'population', ROUND = 3)
# 计算样本标准差
calc_stats("stdev", 1, 2, 3, 4, 5, 6, TYPE = 'sample')
# 计算总体方差
calc_stats("var", 1, 2, 3, 4, 5, 6,
          TYPE = 'population', ROUND = 4)
# 计算样本方差
calc_stats("var", 1, 2, 3, 4, 5, 6, TYPE = 'sample')
```

本书至此已经介绍了Python中星号 * 的很多用法，请参考表8.1总结。

表8.1　Python中星号 * 的常用用法

用法	举例
乘法	a, b = 2, 3 a * b
乘幂	a, b = 2, 3 a ** b
复制列表	a = [1, 2, 3] a * 3
合并列表	a_list = [1, 2] b_list = list(range(5)) [*a_list, *b_list]
拆包	a_list = [1, 2, 3, 4, 5] first, *b_list = a_list
分割位置参数和关键字参数	def fcn_name(a, b, /, c, d, *, e, f) pass
位置参数	def fcn_name(*args): pass
关键字参数	def fcn_name(**kwargs): pass

8.7 匿名函数

在Python中，匿名函数也被称为lambda函数，是一种快速定义单行函数的方式。使用lambda函数可以避免为简单的操作编写大量的代码，而且可以作为其他函数的参数来使用。

匿名函数的语法格式为：lambda arguments: expression。其中，arguments是参数列表，expression是一个表达式。当匿名函数被调用时，它将返回expression的结果。

以代码8.29为例，我们定义了一个匿名函数lambda x: x + 1，该函数接受一个参数x并返回x加1。然后我们使用map()将这个函数应用于列表my_list中的每个元素，并将结果存储在list_plus_1列表中。类似地，我们还计算了my_list中的每个元素的平方。

在Python中，map()是一种内置的高阶函数，它接受一个函数和一个可迭代对象作为输入，将函数应用于可迭代对象的每个元素并返回一个可迭代对象，其中每个元素都是应用于原始可迭代对象的函数的结果。

代码8.29 *lambda函数* | ⊕ *Bk1_Ch08_29.ipynb*

```
my_list = [1, 2, 3, 4, 5]

# 将列表中的所有元素加1
list_plus_1 = list(map(lambda x: x+1, my_list))
print(list_plus_1)
# [2, 3, 4, 5, 6]

# 将列表中的所有元素分别求平方
list_squared = list(map(lambda x: x**2, my_list))
print(list_squared)
# [1, 4, 9, 16, 25]
```

8.8 构造模块、库

简单来说，若干函数可以打包成一个模块，几个模块可以打包成一个库。举个例子，你自己编程实践时，自定义函数越写越多，而且这些自定义函数存在于不同文件，这时你会觉得有必要将它们集中管理，并且分门别类打包成不同模块，这样调用时更方便，而且更安全。

本节简单聊一聊如何创建模块、创建库，对于大部分读者来说这一节可以跳过不读。

自定义模块

在Python中，我们可以将几个相关的函数放在一个文件中，这个文件就成为一个模块。代码8.30是一个例子。假设我们有两个函数，一个是计算圆的面积，一个是计算圆的周长，我们可以将这两个函数放在一个文件中，例如我们可以创建一个名为"circle.py"的文件，并将以下代码添加到该文件中。我们首先导入了math模块，然后定义了两个函数area()和circumference()，分别用于计算圆的面积和周长。

```
代码8.30    构造模块circle.py | ⊕ Bk1_Ch08_30.ipynb
import math
```

ⓐ
```
def area(radius):
    return math.pi * radius**2
```

ⓑ
```
def circumference(radius):
    return 2 * math.pi * radius
```

```
# 将其存为文件circle.py
```

在本章配套的代码中，我们调用了circle.py。使用import语句导入了circle模块，并命名为cc，然后通过cc.area()、cc.circumference() 调用函数。

自定义库

在Python中，可以使用setuptools库中的setup()函数将多个模块打包成一个库。本章配套代码中给出的例子对应的具体步骤如下：

创建一个文件夹，用于存放库的代码文件，例如命名为mylibrary。

在mylibrary文件夹中创建一个名为setup.py的文件，引入setuptools库，并使用setup()函数来描述库的信息，包括名称、版本、作者、依赖、模块文件等信息。

在mylibrary文件夹中创建一个名为__init__.py的空文件 (内容空白)，用于声明这个文件夹是一个Python包。

在mylibrary文件夹中创建多个模块文件，这些模块文件包含需要打包的函数或类。比如，mylibrary中含有linear_alg.py和circle.py两个模块。linear_alg.py有矩阵乘法、向量内积两个函数。circle.py有计算圆面积、周长两个函数。

本章配套的代码中给出如何调用自定义库。

8.9 模仿别人的代码

模仿别人的优质代码是提高编程技能的重要途径之一。

大家可以在各种常见Python第三方库，如Matplotlib、NumPy、Pandas等，找到示例代码。此外，在GitHub中大家也可以通过关键词找到自己感兴趣的代码库作为模仿对象。

此外，对于初学者，最好的模仿对象莫过于在安装Anaconda时已经安装在本地的Python代码。本节以Python中Statistics库的几个函数为例和大家探讨，如何通过模仿别人的优质代码范例。

以Statistics库为例，以下途径可以帮助我们找到源代码。

第一种方法，在JupyterLab中，利用代码8.31可以查看statistics中的linear_regression函数的源代码。在JupyterLab中双问号 (??) 通常用于获取函数或模块的帮助文档、源代码。

而help(statistics.linear_regression) 只会打开相关函数的帮助文档。

```
# 导入包
a  import statistics
b  ?? statistics.linear_regression
```

第二种方法是直接进入Python官方的GitHub查看源代码文件，比如以下网址中的内容就是Statistics库的源代码。

```
https://github.com/python/cpython/blob/3.12/Lib/statistics.py
```

大家可能注意到这个源代码对应Python 3.12版本。大家可以根据自己需求查看不同版本的Python库原函数。

此外，Statistics库的官方文档也有指向源代码仓库的超链接。

```
https://docs.python.org/3/library/statistics.html
```

第三种方法是找到本地安装地址，比如：

```
c:\users\user_name\anaconda3\lib\statistics.py
```

然后使用JupyterLab打开，或者直接用Notepad++等文本编辑软件打开查看。

第四种方法需要用到Spyder。Spyder也是一种IDE，在安装Anaconda时，Spyder也同时被安装。在Spyder中利用ctrl + O快捷键也可以打开statistics.linear_regression。本书第34章将专门介绍Spyder。

不管用什么方法，我们可以找到如代码8.32所示的源代码。大家可以在本章配套代码中找到statistics.linear_regresion的帮助文档。

这段源代码虽然看着很短，但是有很多有意思的知识点，很值得聊一聊。

本章前文介绍过ⓐ中的**正斜杠** (forward slash) /。简单来说，正斜杠 (/) 用来指定位函数输入中位置参数的结束位置。在正斜杠之前的所有参数，必须安装特定位置顺序传递；但是，不能通过关键字参数方式传递，也就是不能用statistics.linear_regresion(x = x_data, y = y_data)。

正斜杠的使用可以限制参数的传递方式，有助于确保参数按照正确的位置顺序传递给函数，这提高了函数的可读性和可维护性。

ⓑ计算变量 x 中元素的数量，并将结果赋值给变量 n。

ⓒ用if判断如果变量 y 中的元素数量不等于变量 x 中的元素数量，则执行条件语句中的代码块。

当x和y两个列表中元素数量不同时，ⓓ中raise语句用于显式地引发异常。

StatisticsError是在Statistics库中定义的异常类型。

ⓔ用if判断元素数量是否小于2。如果小于2，则引发ⓕ中异常。

ⓖ计算了一组数据 x 的平均值 xbar，对应 $\dfrac{\sum_{i=1}^{n} x_i}{n}$，通过将数据中的所有元素相加并除以元素的数量来实现。其中，fsum() 来自math库，用来对浮点数精确求和。变量xbar对应样本均值 $\bar{x}$，bar就是x上面的横线。

$\sum_{i=1}^{n}(\ )$ 是求和符号，读作Sigma，代表序号i从1到n的求和。

ⓗ和上一句相同，计算一组数据 y 的平均值 ybar，对应 $\dfrac{\sum_{i=1}^{n} y_i}{n}$。

ⓘ计算 $\sum_{i=1}^{n}(x_i - \bar{x})(y_i - \bar{y})$。

其中，x_i 是 x 列表中序号为 i 的元素，y_i 是 y 列表中序号为 i 的元素。$\bar{x}$ 和 $\bar{y}$ 对应x和y列表的样本均值。

本书前文介绍过zip()，这一句中zip(x, y) 将两个序列 x 和 y 中的对应元素顺序配对，创建一个迭代器，用于同时迭代这两个序列。这样，(xi, yi) 表示 x 和 y 中对应位置的数据点。

(xi − xbar) 和 (yi − ybar) 分别表示每个数据点与其对应的平均值的偏差。这两个值分别表示了数据点相对于平均值的位置。

(xi − xbar) * (yi − ybar) 计算了每对数据点的偏差的乘积，即每个数据点相对于各自的平均值的位置乘积。

所以，sxy = fsum((xi − xbar) * (yi − ybar) for xi, yi in zip(x, y)) 这行代码的作用是计算了 x 和 y 之间的样本协方差 (的$n-1$倍)，用于衡量这两组数据之间的线性关系。

ⓙ 计算 $\sum_{i=1}^{n}(x_i - \bar{x})^2$。这行代码的作用是计算了一组数据 x 的样本方差 (的$n-1$倍)，用于衡量数据点相对于均值的分散程度。方差越大表示数据点越分散，方差越小表示数据点越集中在均值附近。

ⓚ 的try是一个异常处理 (try ... except ...) 的开始部分。代码块中的操作会被尝试执行，如果发生异常，则会跳转到 except 语句块中的代码，用于处理异常情况。

ⓛ 计算一元OLS线性回归模型 ($y = b_1x + b_0$) 斜率b_1，使用了之前计算得到的sxy 和 sxx。

ⓜ 是一句注释，告诉大家还可以用协方差和方差比例值计算斜率b_1。

ⓝ 是一个异常处理的一部分，它捕获可能发生的 ZeroDivisionError 异常，这是因为在计算斜率时，如果 sxx 为零，就会发生除以零的错误。大家想一想什么情况下sxx 为零？

ⓞ 在捕获到 ZeroDivisionError 异常时，会引发一个自定义的 StatisticsError 异常，并提供了错误消息 'x is constant'。

ⓟ 计算一元OLS线性回归模型 ($y = b_1x + b_0$) 截距b_0。

ⓠ 返回斜率、截距。这一句用到了 LinearRegression，它是用Python中collections模块中 namedtuple函数创建的具有命名字段的轻量级的类似元组的数据结构。

代码中使用collections.namedtuple，可以提高代码的可读性，因为字段名称可以充当注释，帮助我们理解代码的含义。

代码8.32虽然简单，但是却很好地展示了"从公式到代码"。表8.2总结了这段代码中涉及的数学公式和对应代码。把数学公式、算法逻辑变成代码，然后再想办法提高运算效率，这是大家需要掌握的重要编程技能。

表8.2　从公式到代码

公式	代码
$\bar{x} = \dfrac{\sum_{i=1}^{n} x_i}{n}$	`xbar = fsum(x) / n` # 计算x序列样本均值
$\bar{y} = \dfrac{\sum_{i=1}^{n} y_i}{n}$	`ybar = fsum(y) / n` # 计算y序列样本均值
$s_{x,y} = \sum_{i=1}^{n}(x_i - \bar{x})(y_i - \bar{y})$	`sxy = fsum((xi - xbar)*(yi - ybar) for xi, yi in zip(x, y))` # 计算协方差 (的n-1倍)
$s_x^2 = \sum_{i=1}^{n}(x_i - \bar{x})^2$	`sxx = fsum((xi - xbar) ** 2.0 for xi in x)` # 计算方差 (的n-1倍)
$b_1 = \dfrac{\sum_{i=1}^{n}(x_i - \bar{x})(y_i - \bar{y})}{\sum_{i=1}^{n}(x_i - \bar{x})^2} = \dfrac{s_{x,y}}{s_x^2}$	`slope = sxy / sxx` # 计算一元线性回归函数y = b_1x + b_0的斜率b_1
$b_0 = \bar{y} - b_1\bar{x}$	`intercept = ybar - slope * xbar` # 计算一元线性回归函数y = b_1x + b_0的截距b_0

```python
def linear_regression(x, y, /):

    n = len(x)
    if len(y) != n:
        raise StatisticsError('linear regression requires that
                               both inputs have same number of
                               data points')
    if n < 2:
        raise StatisticsError('linear regression requires at least
                               two data points')
    xbar = fsum(x) / n
    ybar = fsum(y) / n
    sxy = fsum((xi - xbar) * (yi - ybar) for xi, yi in zip(x, y))
    sxx = fsum((xi - xbar) ** 2.0 for xi in x)
    try:
        slope = sxy / sxx
        # equivalent to:  covariance(x, y) / variance(x)
    except ZeroDivisionError:
        raise StatisticsError('x is constant')
    intercept = ybar - slope * xbar
    return LinearRegression(slope=slope, intercept=intercept)
```

(字母标注 a–q 对应各行)

请大家完成以下题目。

Q1. 把本章第3节介绍的有关线性代数函数打包成一个模块，并存成一个.py文件；然后，从Jupyter Notebook中分别调用这些函数。

Q2. 找到statistics.variance的源代码，并逐句分析注释。

Q3. 找到statistics.covariance的源代码，并逐句分析注释。

Q4. 找到statistics.correlation的源代码，并逐句分析注释。

Q5. 参考第6章线性回归代码，利用statistics库中mean、variance、correlation函数计算斜率、截距。

* 不提供答案。

本章主要介绍了构造自定义函数的各种细节问题，如输入输出、递归函数、位置/关键字参数、*args/**kwargs、匿名函数、构造模块和库等。

本章还见缝插针地介绍了更多线性代数运算，如产生全0矩阵、单位矩阵、对角方阵，提取对角线元素，计算方阵迹、行列式、矩阵逆，判断矩阵是否对称。日后，我们肯定不会用这些自定义函数。实践时，我们一般会利用NumPy中更高效的函数。

和上一章的逻辑一致，这些自定义线性代数函数，让我们更好地理解如何构造自定义函数，也帮助我们搞懂相关线性代数概念。

本章最后还以statistics中线性回归函数为例，向大家展示如何模仿学习别人的代码。

Object-Oriented Programming in Python
Python面向对象编程
OOP听起来很玄乎。其实就像个筐，什么都能装

机会总是青睐做好准备的人。

Chance favors the prepared mind.

—— 路易·巴斯德 (Louis Pasteur) | 法国微生物学家、化学家 | 1822 — 1895年

◀ class 定义一个类，类是一种数据结构，包含属性和方法，用于创建实例对象
◀ def __init__() 用于初始化对象的属性，在对象创建时自动调用
◀ self 表示当前对象的引用，用于访问对象的属性和调用对象的方法
◀ @property 装饰器，将方法转换为属性，使得方法像属性一样访问
◀ @classmethod 装饰器，将方法定义为类方法，而不是实例方法
◀ cls 用于访问类的属性和调用类的方法
◀ super().__init__() 调用父类的构造方法，用于在子类的构造方法中初始化父类的属性

面向对象编程
- 定义属性
- 定义方法
- 装饰器
- 父类、子类

9.1 什么是面向对象编程？

本章蜻蜓点水地介绍面向对象编程基本用法。对于大部分读者来说，本章可以跳过不读。如果对面向对象编程感兴趣的话，请继续阅读本章。

面向对象编程 (Object-Oriented Programming，OOP) 是一种编程范式，它将数据和操作数据的方法组合在一起，形成一个对象。

在面向对象编程中，一个对象拥有一组属性 (用来描述对象的特征) 和方法 (用来设定对象的行为)。对象可以与其他对象互动，实现特定的功能。

面向对象编程强调封装、继承和多态等概念，使程序更易于维护和扩展。

在 Python 中，一切皆为对象，可以通过 class 关键字来定义一个类，类中可以包含属性和方法，然后通过实例化对象来使用类中的属性和方法。

打个比方，OOP中的**类** (class) 就好比图9.1中的成套餐具，相当于一种模板。盘子好比**属性** (attribute)，用来装各种食物 (数据)；刀叉好比**方法** (method)，用来用餐 (操作)。

实例 (instance) 则相当于一个个具体的套餐，盘中餐可以是凉菜、炒饭、炒面、饺子等。

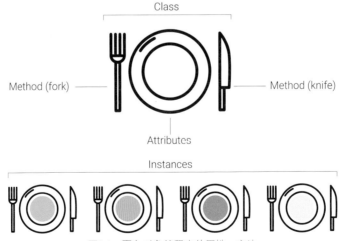

图9.1 面向对象编程中的属性、方法

代码9.1定义了一个名为Rectangle的类，它具有构造函数来初始化矩形的宽度和高度，并提供了两个方法来计算矩形的周长和面积。

```python
# 定义一个名为Rectangle的类
class Rectangle:
    # 创建Rectangle对象时执行一些初始化工作
    def __init__(self, width, height):
        # 设置实例变量self.width来存储传入的宽度参数
        self.width = width
        # 设置实例变量self.height来存储传入的高度参数
        self.height = height

    # 定义一个名为circumference的方法，用于计算矩形的周长
    def circumference(self):
        # 返回矩形的周长，计算公式为2*(宽度 + 高度)
        return 2*(self.width + self.height)

    # 定义一个名为area的方法，用于计算矩形的面积
    def area(self):
        # 返回矩形的面积，计算公式为宽度 * 高度
        return self.width * self.height

# 使用Rectangle类
# 定义矩形，宽5，高10
rect_width_5_height_10 = Rectangle(5, 10)
print('矩形周长')
print(rect_width_5_height_10.circumference())

print('矩形面积')
print(rect_width_5_height_10.area())
```

width

height

Attributes:
- self.width
- self.height

Methods:
- self.circumference()
- self.area()

下面详细讲解代码9.1。

ⓐ 定义了一个矩形类，名称为Rectangle。Rectangle有两个属性 width 和 height。类是一个代码模板，用于创建具有相似属性和行为的对象。

Rectangle有两个方法：circumference (计算周长)、area (计算面积)。

ⓑ 关键字class是用来创建对象的模板，它是面向对象编程的基础。关键词class把数据 (属性) 和操作 (方法) 封装起来，这样便于代码模块化，方便维护。

此外，类之间可以通过继承机制建立关系，本章后面将简单介绍。

ⓒ __init__(self, ...) 方法是Python中的一个特殊构造方法，用于在创建类的实例时进行初始化操作。

在__init__方法的参数列表中，第一个参数通常被命名为self，它指向类的实例对象。

self参数在调用类的其他方法时自动传递，可以通过self访问类的属性和其他方法。在__init__方法内部，可以定义初始化对象时需要执行的逻辑，例如设置对象的初始状态，为对象设置属性的初始值等。

> ⚠ __中有两个半角**下画线**_ (underscore)；init四个字母均为小写字母；self中四个字母也均为小写字母。

ⓓ 用def定义了circumference()这个方法，用来计算矩形周长，并用return返回计算结果。

ⓔ 用def定义了area()这个方法，用来计算矩形面积，并用return返回计算结果。

ⓕ 调用了自定义的Rectangle对象，将其命名为rect_width_5_height_10。输入的参数为：矩形宽度为5，矩形高度为10。

大家练习时，利用rect_width_5_height_10.width打印矩形宽度。

> ⚠ 调用属性时不加圆括号 ()。

然后，利用rect_width_5_height_10.circumference() 调用矩形对象的circumference() 方法计算这个矩形的周长；利用rect_width_5_height_10.area() 调用矩形对象的area() 方法计算面积。

使用方法时需要圆括号 ()。

请大家自行练习代码9.1，使用Rectangle定义宽度为6、高度为8的矩形对象，并计算矩形的周长、面积。

9.2 定义属性

在代码9.2中 ，我们定义一个叫Chicken的类，这个类有以下属性：① name (名字)；② age (年龄)；③ color (颜色)；④ weight (体重)。

代码9.2中 使用__init__方法来初始化Chicken这个类的属性。

接下来，代码9.2创建一只名为"小红"的黄色小鸡，命名为chicken_01；然后，创建了一只名为"小黄"的红色小鸡，命名为chicken_02。请大家在练习的时候，也打印chicken_02的属性。

此外，在后续代码中还可以覆盖对象属性。比如，如果对象chicken_01的年龄写错，也可以用chicken_01.age = 5覆盖。

代码9.3也定义了Chicken类，代码9.3和代码9.2最大不同的是代码9.3中在定义Chicken类时给了color、weight两个属性默认值。

代码9.3中 调用Chicken类时，覆盖了默认颜色，但是保留体重默认值。

 代码9.2中定义的Chicken类，不能通过chicken_01 = Chicken() 直接定义一个实例。会产生如下错误。

```
TypeError: Chicken.__init__() missing 4 required positional arguments:
'name', 'age', 'color', and 'weight'
```

将代码9.2改成代码9.4后，在 中利用Chicken类创建实例chicken_01时不需要赋值。

然后，如 所示，再对chicken_01的每个属性分别赋值。

代码9.2 定义、使用"鸡"类 | ⊕ Bk1_Ch09_02.ipynb ○○○

```python
# 创建了一个名为"Chicken"的类
class Chicken:
    def __init__(self, name, age, color, weight):
    # 初始化对象的属性
        # 设置实例变量self.name来存储小鸡名字
        self.name = name
        # 设置实例变量self.age来存储小鸡年龄
        self.age = age
        # 设置实例变量self.color来存储小鸡颜色
        self.color = color
        # 设置实例变量self.weight来存储小鸡体重
        self.weight = weight

# 调用Chicken类
chicken_01 = Chicken("小红", 1, "黄色", 1.5)
chicken_02 = Chicken("小黄", 1.2, "红色", 2)

print('==小鸡的名字=='); print(chicken_01.name)
print('==小鸡的年龄, yr=='); print(chicken_01.age)
print('==小鸡的颜色=='); print(chicken_01.color)
print('==小鸡的体重, kg=='); print(chicken_01.weight)
```

```
Attributes:
• self.name
• self.age
• self.color
• self.weight
```

```python
# 创建了一个名为 "Chicken" 的类
class Chicken:
    def __init__(self, name, age,
                 color = '黄色', weight = '2'):
    # 初始化对象的属性；毛色默认 '黄色'，体重默认 2 (kg)
        # 设置实例变量self.name来存储小鸡名字
        self.name = name
        # 设置实例变量self.age来存储小鸡年龄
        self.age = age
        # 设置实例变量self.color来存储小鸡颜色
        self.color = color
        # 设置实例变量self.weight来存储小鸡体重
        self.weight = weight

# 调用Chicken类
chicken_01 = Chicken(name = "小红", age = 1,
                     color = '白色') # 覆盖默认 color
print('==小鸡的名字=='); print(chicken_01.name)
print('==小鸡的年龄, yr=='); print(chicken_01.age)
print('==小鸡的颜色=='); print(chicken_01.color)
print('==小鸡的体重, kg=='); print(chicken_01.weight)
```

Attributes:
- self.name
- self.age
- self.color
- self.weight

```python
# 创建了一个名为 "Chicken" 的类
class Chicken:
    def __init__(self):
    # 初始化对象的属性
        # 设置实例变量self.name来存储小鸡名字
        self.name = ''
        # 设置实例变量self.age来存储小鸡年龄
        self.age = ''
        # 设置实例变量self.color来存储小鸡颜色
        self.color = ''
        # 设置实例变量self.weight来存储小鸡体重
        self.weight = ''

# 调用Chicken类，然后赋值
chicken_01 = Chicken()
chicken_01.name = '小红'
chicken_01.age = 1
chicken_01.color = '黄色'
chicken_01.weight = 1.5
```

Attributes:
- self.name
- self.age
- self.color
- self.weight

9.3 定义方法

代码9.5中 **ⓐ** 定义一个ListStatistics类来计算一个浮点数列表的长度、和、平均值、方差。

ⓓ 定义的list_mean() 方法计算平均值时用到了list_length() 方法。

ⓔ 定义的list_variance() 方法还有一个输入ddof，ddof默认值为1。

ⓕ 调用ListStatistics类创建对象。

ⓖ 计算两个方差；第一个方差相当于总体方差，第二个方差相当于样本无偏方差。

此外，我们在第4章介绍过，Python变量名一般采用蛇形命名法，如list_mean()；Python面向对象编程中的类定义一般采用驼峰命名法，如ListStatistics。

代码9.5 定义、使用 "列表统计量" 类 | ⊕ Bk1_Ch09_05.ipynb ◯◯◯

```python
# 创建 ListStatistics 类
class ListStatistics:
    # 构造函数，用于初始化属性
    def __init__(self, data):
        # ListStatistics包含一个data属性来存储浮点数列表
        self.data = data

    # 下面定义了4个方法
    # 方法1：计算列表的长度，即元素的数量
    def list_length(self):
        return len(self.data)
    # 方法2：计算列表元素之和
    def list_sum(self):
        return sum(self.data)
    # 方法3：计算列表元素平均值
    def list_mean(self):
        return sum(self.data)/self.list_length()
    # 方法4：计算列表元素方差
    def list_variance(self, ddof = 1):
        # Delta自由度 ddof 默认为 1；无偏样本方差
        sum_squares = sum((x_i - self.list_mean())**2
                          for x_i in self.data)
        return sum_squares/(self.list_length() - ddof)

# 创建一个浮点数列表
data = [8.8, 1.8, 7.8, 3.8, 2.8, 5.6, 3.9, 6.9]

# 创建ListStatistics对象实例
float_list = ListStatistics(data)

# 使用float_list对象计算列表长度
print("列表长度：", float_list.list_length())
# 使用float_list对象计算列表和
print("列表和：", float_list.list_sum())
# 使用float_list对象计算列表平均值
print("列表平均值：", float_list.list_mean())
# 使用float_list对象计算列表方差
print("列表方差：", float_list.list_variance())
print("列表方差 (ddof = 0)：",
      float_list.list_variance(0))
```

Attribute:
● self.data

Methods:
● self.list_length()
● self.list_sum()
● self.list_mean()
● self.list_variance()

9.4 装饰器

在Python中，**装饰器** (decorator) 是一种特殊的语法，用于在不修改函数代码的情况下，为函数添加额外的功能或修改函数的行为。

如代码9.6所示，**d**中装饰器 @property 用于将一个方法转换为只读属性，可以像访问属性一样访问该方法，而无需使用括号调用它。

f中装饰器 @data.setter 用于在 @property 装饰的方法后定义一个 setter 方法，这样可以在设置属性时执行一些逻辑或验证，对属性的赋值进行控制。

h中装饰器 @classmethod 用于定义类方法。类方法是在类上而不是在实例上调用的方法。不同于self，类方法的第一个参数通常被命名为 cls，cls 是一个约定俗成的名字，它表示类本身而不是类的实例。

i用于逐个判断一个列表中的所有元素是否都是数值，比如float或int类型。

j创建了ListStatistics类的实例，命名为float_list_obj。由于data中有一个非数值元素，在**k**赋值时会报错。

代码9.6 定义、使用"列表统计量"类，使用装饰器 | ⊕ Bk1_Ch09_06.ipynb ⚪⚪⚪

```python
# 定义了一个ListStatistics类
class ListStatistics:
    # 构造函数，用于初始化属性
    def __init__(self):
        self._data = []

    @property
    # @property将方法转换为只读属性
    def data(self):
        return self._data

    @data.setter
    # setter设置属性时执行一些逻辑或验证
    def data(self, new_list):
        if self._are_all_numeric(new_list):
            self._data = new_list
        else:
            print("错误：列表中元素必须全部是数值")

    @classmethod
    # @classmethod装饰器用于定义类方法
    # 逐个判断列表所有元素是否都是数值
    def _are_all_numeric(cls, input_list):
        for element in input_list:
            if not isinstance(element, (int, float)):
                return False
        return True

# 创建一个浮点数列表
data = [8.8, 1.8, 7.8, 3.8, 2.8, 5.6, '3.9', 6.9]

# 创建实例
float_list_obj = ListStatistics()

# 尝试设置含非数值元素的列表，会输出错误消息
float_list_obj.data = data
```

9.5 父类、子类

在面向对象编程中，**父类** (parent class) 和**子类** (child class) 之间是一种继承关系。

父类，也称基类、超类，在继承关系中层次更高；子类，也称派生类，可以继承父类的属性和方法，从而实现代码的重用和扩展。

子类可以有多个，并且一个子类也可以再被其他类继承，形成继承的层级结构。

简单来说，父类提供了一个通用模板。如图9.2所示，盘子 + 刀叉，这个组合就相当于父类。而午餐、晚餐一方面继承了"盘子 + 刀叉"，另一方面在此基础上进行了扩展和订制。

午餐的餐具组合为：父类 (盘子 + 刀叉) + 碗；晚餐的餐具组合为：父类 (盘子 + 刀叉) + 酒杯。

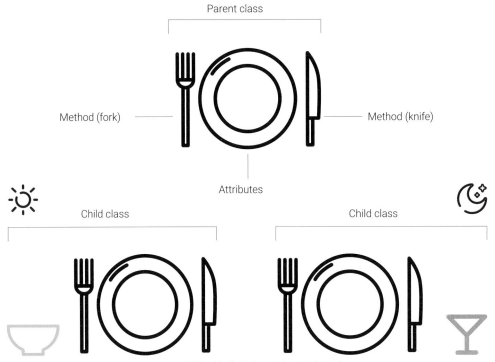

图9.2 面向对象编程中，父类、子类关系

代码9.7演示了如何定义父类 Animal 和子类 Chicken、Rabbit、Pig。

首先，ⓐ定义了一个 Animal 父类。

ⓑ定义了Animal的两个属性——名字、年龄；Animal有两个方法——吃饭ⓕ、睡觉ⓖ。

ⓑ ⓒ ⓓ分别定义了三个子类 Chicken、Rabbit、Pig。它们分别继承了父类 Animal 的属性和方法，并且分别定义了自己的属性和方法。

当一个类继承自另一个类时，子类可以通过super().__init__() 来调用父类的构造方法，以便在实例化子类时，也能初始化从父类继承的属性。

比如，ⓗ定义了Chicken类专属属性 color，表示鸡的颜色。

ⓘ定义了Chicken类专属方法lay_egg，表示鸡下蛋。Rabbit、Pig也有各自的专属属性和方法。

```python
# 父类，动物
class Animal:
    def __init__(self, name, age):
        self.name = name
        self.age = age

    def eat(self):
        print(f"{self.name} is eating.")

    def sleep(self):
        print(f"{self.name} is sleeping.")

# 子类，鸡
class Chicken(Animal):
    def __init__(self, name, age, color):
        super().__init__(name, age)
        self.color = color

    def lay_egg(self):
        print(f"{self.name} is laying an egg.")

# 子类，兔
class Rabbit(Animal):
    def __init__(self, name, age, speed):
        super().__init__(name, age)
        self.speed = speed

    def jump(self):
        print(f"{self.name} is jumping.")

# 子类，猪
class Pig(Animal):
    def __init__(self, name, age, weight):
        super().__init__(name, age)
        self.weight = weight

    def roll(self):
        print(f"{self.name} is rolling around.")

chicken1 = Chicken("chicken1", 1, "white")
chicken1.eat(); chicken1.lay_egg()

rabbit1 = Rabbit("rabbit1", 2, 10)
rabbit1.sleep(); rabbit1.jump()

pig1 = Pig("pig1", 3, 100)
pig1.eat(); pig1.roll()
```

请大家完成以下题目。

Q1. 参考代码9.1，写一个名为Circle的类，参数为半径，定义两个方法分别计算圆的周长、面积。提示，需要导入math.pi圆周率近似值。

Q2. 在练习代码9.5时，再增加4个方法，分别计算最大值、最小值、极差 (最大值 − 最小值)、标准差。

* 两道题目很简单，本书不提供答案。

本章只是Python面向对象编程OOP冰山一角，希望大家在需要用到OOP时深入学习。

再复杂的库、模块也是一行行代码垒起来的；再复杂的运算也是简单的逻辑和运算累积起来的。

我们已经完成了本书Python基本语法的学习，大家已经装备了"足够用"的Python工具。

下面，我们进入一个全新板块，学习如何用Python工具绘图。

Section 03

绘　图

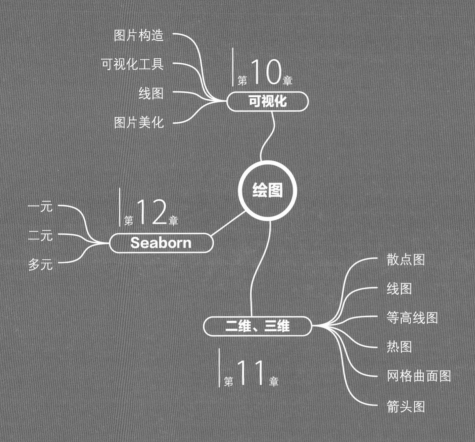

图片构造
可视化工具
线图
图片美化

第10章
可视化

绘图

一元
二元
多元

第12章
Seaborn

二维、三维

第11章

散点图
线图
等高线图
热图
网格曲面图
箭头图

学习地图 | 第3板块

Fundamentals of Visualization
聊聊可视化
主要了解Matplotlib、Plotly如何绘制线图

一个人可以被摧毁，但不能被打败。
A man can be destroyed but not defeated.

—— 欧内斯特·海明威 (Ernest Hemingway) | 美国、古巴记者和作家 | 1899 — 1961年

◄ matplotlib.gridspec.GridSpec() 创建一个规则的子图网格布局
◄ matplotlib.pyplot.grid() 在当前图表中添加网格线
◄ matplotlib.pyplot.plot() 绘制折线图
◄ matplotlib.pyplot.subplot() 用于在一个图表中创建一个子图，并指定子图的位置或排列方式
◄ matplotlib.pyplot.subplots() 创建一个包含多个子图的图表，返回一个包含图表对象和子图对象的元组
◄ matplotlib.pyplot.title() 设置当前图表的标题，等价于ax.set_title()
◄ matplotlib.pyplot.xlabel() 设置当前图表 x 轴的标签，等价于ax.set_xlabel()
◄ matplotlib.pyplot.xlim() 设置当前图表 x 轴显示范围，等价于ax.set_xlim()
◄ matplotlib.pyplot.xticks() 设置当前图表 x 轴刻度位置，等价于ax.set_xticks()
◄ matplotlib.pyplot.ylabel() 设置当前图表 y 轴的标签，等价于ax.set_ylabel()
◄ matplotlib.pyplot.ylim() 设置当前图表 y 轴显示范围，等价于ax.set_ylim()
◄ matplotlib.pyplot.yticks() 设置当前图表 y 轴刻度位置，等价于ax.set_yticks()
◄ numpy.arange() 创建一个具有指定范围、间隔和数据类型的等间隔数组
◄ numpy.cos() 用于计算给定弧度数组中每个元素的余弦值
◄ numpy.exp() 计算给定数组中每个元素的e的指数值
◄ numpy.linspace() 用于在指定的范围内创建等间隔的一维数组，可以指定数组的长度
◄ numpy.sin() 用于计算给定弧度数组中每个元素的正弦值
◄ numpy.tan() 用于计算给定弧度数组中每个元素的正切值
◄ plotly.express.line() 用于创建可交互的线图
◄ plotly.graph_objects.Scatter() 用于创建可交互的散点图、线图
◄ scipy.stats.norm() 创建一个正态分布对象，可用于计算概率密度、累积分布等

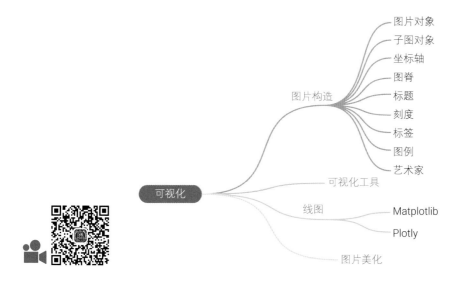

图片对象
子图对象
坐标轴
图脊
标题
刻度
标签
图例
艺术家

图片构造

可视化工具

可视化

线图

Matplotlib

Plotly

图片美化

10.1 解剖一幅图

> 鸢尾花书《可视之美》专注提供可视化的"家常菜菜谱"，让大家看得懂、学得会。

本章和接下来两章介绍如何实现"鸢尾花书"中最常见的可视化方案。这三章内容本着"够《编程不难》用就好"为原则，不会特别深究某个具体可视化方案中的呈现细节，也不会探究其他高阶的可视化方案。

如图10.1所示，一幅图的基本构成部分包括以下几个部分。

◀**图片对象** (figure)：整个绘图区域的边界框，可以包含一个或多个子图。

◀**子图对象** (axes)：实际绘图区域，包含若干坐标轴、绘制的图像和文本标签等。

◀**坐标轴** (axis)：显示子图数据范围并提供刻度标记和标签的对象。

◀**图脊** (spine)：连接坐标轴和图像区域的线条，通常包括上下左右四条。

◀**标题** (title)：描述整个图像内容的文本标签，通常位于图像的中心位置或上方，用于简要概括图像的主题或内容。

◀**刻度** (tick)：刻度标记，表示坐标轴上的数据值。

◀**标签** (label)：用于描述坐标轴或图像的文本标签。

◀**图例** (legend)：标识不同数据系列的图例，通常用于区分不同数据系列或数据类型。

◀**艺术家** (artist)：在Matplotlib中，所有绘图元素都被视为艺术家对象，包括图像区域、子图区域、坐标轴、刻度、标签、图例等。

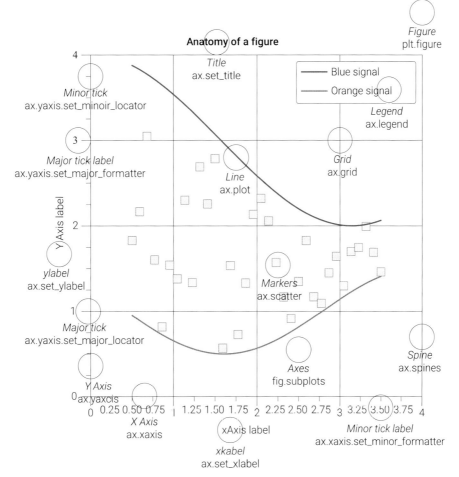

图10.1　解剖一幅图 (来源https://matplotlib.org/stable/gallery/showcase/anatomy.html) | ⊕ Bk1_Ch10_01.ipynb

可视化工具

图10.1是用Matplotlib库绘制的。Matplotlib是Python中最基础的绘图工具。"鸢尾花书"中最常用的绘图库包括：Matplotlib、Seaborn、Plotly。

Matplotlib可能是Python中最常用的绘图库，Matplotlib具有丰富的绘图功能和灵活的使用方式。Matplotlib可以绘制多种类型的图形，包括折线图、散点图、柱状图、饼图、等高线图等各种二维和三维图像，还可以进行图像处理和动画制作等。

图10.15、图10.16、图10.17给出了Matplotlib中常见的可视化方案。

Seaborn是基于Matplotlib的高级绘图库，专注于统计数据可视化。它提供了多种高级数据可视化技术，包括分类散点图、热图 (热力图)、箱线图、分布图等，可以快速生成高质量的统计图表。Seaborn适用于数据分析、数据挖掘和机器学习等领域。本书第12章专门介绍Seaborn库常用可视化方案。

Plotly是一个交互式可视化库，可以生成高质量的静态和动态图表。它提供了丰富的图形类型和交互式控件，可以通过滑块、下拉列表、按钮等方式动态控制图形的显示内容和样式。Plotly适用于Web应用、数据仪表盘和数据科学教育等领域。

类似Plotly的Python库还有Bokeh、Altair、Pygal等。"鸢尾花书"交互可视化首选Plotly。

> ⚠
> Matplotlib和Seaborn生成的都是静态图，即图片。

本书第6板块"数据"会介绍Pandas本身、Seaborn的统计描述可视化方案。

"鸢尾花书"中,大家会发现PDF书稿、纸质书图片一般会使用Matplotlib、Seaborn生成的矢量图,配套的JupyterLab Notebook、Streamlit则倾向于采用Plotly。

10.2 使用Matplotlib绘制线图

下面我们聊一下如何用Matplotlib可视化**正弦** (sine)、**余弦** (cosine) 函数,代码10.1生成图10.2。下面我们逐块讲解这段代码;此外,请大家在JupyterLab中复刻这段代码,并绘制图10.2。

虽然相信大家对ⓐ这句导入已经不陌生,但是还是要"反复"简单讲一下。import (i小写) 导入语句库、模块、函数。pyplot是matplotlib的一个模块,我们将matplotlib.pyplot模块导入并简写作plt。这样我们可以使用plt来调用matplotlib.pyplot模块中的函数,而不需要每次都输入较长的模块名。

当然大家可以给这个模块起个其他名字,如p、mp、pl等;但是,对于初学者,建议大家采用约定俗成的简写方式,避免在这些细枝末节上浪费精力。

代码10.1 用Matplotlib绘制正弦、余弦线图 | ⊕ Bk1_Ch10_02.ipynb

```
# 导入包
import numpy as np
ⓐ import matplotlib.pyplot as plt
# 生成横轴数据
ⓑ x_array = np.linspace (0, 2*np.pi, 100)
# 正弦函数数据
ⓒ sin_y = np.sin(x_array)
# 余弦函数数据
ⓓ cos_y = np.cos(x_array)
# 设置图片大小
ⓔ fig, ax = plt.subplots (figsize =(8, 6))
# 绘制正弦和余弦曲线
ⓕ ax.plot (x_array, sin_y,
          label ='sin', color ='b', linewidth = 2)
ⓖ ax.plot (x_array, cos_y,
          label ='cos', color ='r', linewidth = 2)
# 设置标题、横轴和纵轴标签
ⓗ ax.set_title('Sine and cosine functions')
ⓘ ax.set_xlabel('x')
  ax.set_ylabel('f(x)')
# 添加图例
ⓙ ax.legend()
# 设置横轴和纵轴范围
ⓚ ax.set_xlim (0, 2*np.pi)
  ax.set_ylim (-1.5, 1.5)
```

```
# 设置横轴标签和刻度标签
x_ticks = np.arange (0, 2*np.pi+np.pi/2, np.pi/2)
x_ticklabels = [r'$0$', r'$\frac{\pi}{2}$',
                r'$\pi$', r'$\frac{3\pi}{2}$',
                r'$2\pi$']
ax.set_xticks(x_ticks)
ax.set_xticklabels(x_ticklabels)
# 横纵轴采用相同的scale
ax.set_aspect('equal')
plt.grid()
# 将图片存成SVG格式
plt.savefig ('正弦_余弦函数曲线.svg', format='svg')
# 显示图形
plt.show()
```

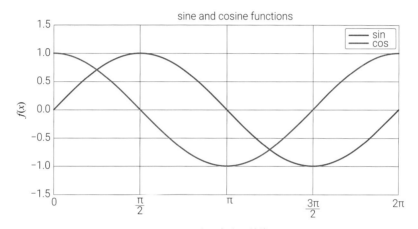

图10.2　正弦、余弦函数线图

产生等差数列

代码10.1第一句，先用 import numpy as np 将 NumPy (Python代码中叫numpy) 库导入到当前的 Python 程序中，并为其取一个简短的别名 np。

再次强调，这意味着我们可以使用 np 来代替 numpy 来调用 NumPy 库中的函数和方法，如 np.linspace()、np.sin()、np.cos() 等。这样做的好处是可以简化代码，减少打字量，并且提高代码的可读性。

再次强调，人们约定俗成地将 numpy 取别名为 np，不建议自创其他简写。

ⓑ利用numpy.linspace() 生成在给定范围内等差数列，如图10.3所示。由于在导入numpy时，我们将其命名为np，因此此代码中大家看到的是np.linspace()。

图10.3　用numpy.linspace() 生成等差数列

在ⓑnumpy.linspace() 的输入中，位置参数0 是数值序列的起始值，2*np.pi 是数值序列的结束值，100 是数值序列的数量。numpy.linspace() 函数默认包含右端点，即2*np.pi。因此，x_array = np.linspace (0, 2*np.pi, 100) 在 [0, 2π] 闭区间内生成一个100个数值等差数列。

> 本书第13 ~ 18章专门讲解NumPy库的常用函数、方法。

numpy.linspace(start, stop, num=50, endpoint=True)

这个函数的重要输入参数：

- start：起始点的值。
- stop：结束点的值。
- num：要生成的数据点数量，默认为 50。
- endpoint：布尔值，指定是否包含结束点。如果为 True，则生成的数据点包括结束点；如果为 False，则生成的数据点不包括结束点。默认为 True。

请大家在JupyterLab中自行学习下例。

```
import numpy as np

arr = np.linspace(0, 1, num = 11)
print(arr)

arr_no_endpoint = np.linspace(0, 1, num = 10, endpoint = False)
print(arr_no_endpoint)
```

什么是NumPy数组Array？

NumPy中最重要的数据结构是ndarray (n-dimensional array)，即多维数组。一维数组是最简单的数组形式，类似于Python中的列表。它是一个有序的元素集合，可以通过索引访问其中的元素。一维数组只有一个轴。二维数组是最常见的数组形式，可以看作是由一维数组组成的表格或矩阵。它有两个轴，通常称为行和列。我们可以使用两个索引来访问二维数组中的元素。多维数组是指具有三个或更多维度的数组。

正弦、余弦

> ⚠️ NumPy中numpy.deg2rad()
> 将角度转换为弧度，numpy.
> rad2deg()将弧度转换为
> 角度。

ⓒ中numpy.sin() 和ⓓ中numpy.cos() 是 NumPy 库中的数学函数，用于计算给定角度的正弦和余弦值，具体如图10.4所示。这两个函数的输入既可以是单个弧度值 (比如numpy.pi/2)，也可以是数组 (一维、二维、多维)。

比如ⓒ和ⓓ中，两个函数的输入都是一维NumPy数组。从这一点上来看，利用NumPy数组向量化运算，要比Python的列表方便得多。

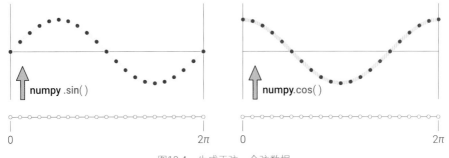

图10.4 生成正弦、余弦数据

创建图形、轴对象

ⓔ中fig, ax = plt.subplots (figsize=(8, 6)) 用于创建一个新的 Matplotlib 图形fig和一个轴ax对

象，并设置图形的大小为 (8, 6)，单位为英寸。

通过创建图形和轴对象，我们可以在轴上绘制图表、设置轴的标签和标题、调整轴的范围等。fig, ax = plt.subplots() 这一句代码常常是开始绘图的第一步，它创建了一个具有指定大小的图形和轴对象，为后续绘图操作提供了一个可用的基础。

> ⚠️ 再次强调，plt 是 Matplotlib 的一个常用的别名，前文已经通过 import matplotlib.pyplot as plt 引入。所以在使用 plt.subplots() 函数之前，需要确保已经正确导入了 Matplotlib 库的pyplot 模块。

添加子图

此外，如代码10.2所示，我们还可以使用add_subplot() 方法创建一个新的子图对象，并指定其所在的行、列、编号等属性。

代码10.2 用add_subplot() 方法创建一个新的子图对象 | ⊕ Bk1_Ch10_03.ipynb

```
import numpy as np
import matplotlib.pyplot as plt

x = np.linspace (0, 2*np.pi, 100)
y = np.sin(x)

ⓐ fig = plt.figure ()
ⓑ ax = fig.add_subplot (1, 1, 1)
ax.plot (x, y)
plt.show ()
```

在代码10.2中，ⓐ先用plt.figure() 生成了一个Figure对象，然后使用add_subplot() 方法创建了一个新的子图轴对象ax，并将其添加到Figure对象中。

其中，1,1,1参数表示子图在1行1列的第1个位置，即占据整个Figure对象的空间。然后，我们在子图中绘制了一个正弦曲线。注意，1,1,1也可以写作111。

此外，若是想要添加若干子图，比如2行1列，可以分别用ax1 = fig.add_subplot(2,1,1)、ax2 = fig.add_subplot(2,1,2) 生成两个子图的轴对象ax1、ax2。

最后，使用plt.show()函数显示Figure对象，即可在屏幕上显示绘制的图像。

请大家参考代码10.1进一步装饰代码10.2。

绘制曲线

回到代码10.1，ⓕ中ax.plot(x_array, sin_y, label='sin', color='blue', linewidth=2) 用于在轴对象ax 上绘制正弦曲线。

x_array 为 x 轴数据，sin_y 为 y 轴数据。

参数label='sin' 设置了曲线的标签为 sin。

参数color='blue' 设置曲线的颜色为蓝色。

参数linewidth=2 设置曲线的线宽为 2。线宽的单位是点 (point, pt)，通常用于测量线条、字体等绘图元素的大小。在Matplotlib中，默认情况下，一个点等于1/72 英寸。

在Matplotlib中，linewidth参数表示线条的宽度，可简写作lw。

类似地，参数color可简写作c；参数linestyle可简写作ls；参数markeredgecolor可简写作mec；参数markeredgewidth可简写作mew；参数markerfacecolor可简写作mfc；参数markersize可简写作ms。

请大家自行分析ⓖ。

其他"艺术家"

代码10.1还采用了各种图片装饰命令，下面逐一说明。

◀ `ax.set_title('Sine and cosine functions')` 设置图表的标题为"`Sine and cosine functions`"，即正弦和余弦函数。

◀ `ax.set_xlabel('x')` 设置横轴标签为 `"x"`。`ax.set_ylabel('f(x)')` 设置纵轴标签为"f(x)"。

◀ `ax.legend()` 添加图例legend，用于标识不同曲线或数据系列。

◀ `ax.set_xlim(0, 2*np.pi)` 设置横轴范围为0 ~ 2π。`ax.set_ylim(-1.5, 1.5)` 设置纵轴范围为 −1.5 ~ 1.5。

◀ `x_ticks = np.arange(0, 2*np.pi+np.pi/2, np.pi/2)` 生成横轴刻度的位置，范围为 0 ~ 2π，间隔为 π/2。

◀ `x_ticklabels = [r'$0$', r'$\frac{\pi}{2}$', r'$\pi$', r'$\frac{3\pi}{2}$', r'$2\pi$']` 设置横轴刻度的标签，分别为 0, π/2, π, 3π/2, 2π。在代码中，`r'$\frac{\pi}{2}$'` 是一个特殊的字符串，用于表示数学公式中的文本。在这个字符串前面的 `r` 前缀表示该字符串是一个"原始字符串"，即不对字符串中的特殊字符进行转义。

◀ 在这个特殊字符串中，使用了 LaTeX 符号来表示一个分数。具体来说，`\frac{\pi}{2}` 表示一个分数，分子是π，分母是2。当这个字符串被用作横轴刻度的标签时，它会在图表中显示为 "π/2" 的形式。这种表示方法可以用于在图表中显示复杂的数学公式或符号。

◀ `ax.set_xticks(x_ticks)` 设置横轴刻度的位置。

◀ `ax.set_xticklabels(x_ticklabels)` 设置横轴刻度的标签。

◀ `ax.set_aspect('equal')` 设置横纵轴采用相同的比例，保持图形在绘制时不会因为坐标轴的比例问题而产生形变。

图片输出格式

代码10.1中 🄝 采用matplotlib.pyplot.savefig()，简写作plt.savefig()，保存图片。

Matplotlib可以输出多种格式的图片，其中一些是矢量图，比如SVG。以下是一些常见的输出格式及其特点。

◀ **PNG** (Portable Network Graphics)：PNG是一种常见的位图格式，支持透明度和压缩。PNG格式输出的图片不是矢量图，因此在放大时会失去清晰度，但是可以保持较高的分辨率和细节。

◀ **JPG/JPEG** (Joint Photographic Experts Group)：JPG是一种常见的有损压缩位图格式，用于存储照片和复杂的图像。与PNG不同，JPG格式输出的图片是有损的，压缩率高时会失去一些细节，但是文件大小通常较小。

◀ **EPS** (Encapsulated PostScript)：EPS是一种矢量图格式，可以在很多绘图软件中使用。EPS格式输出的图片可以无限放大而不失真，适合于需要高品质图像的打印和出版工作。

◀ **PDF** (Portable Document Format)：PDF是一种常见的文档格式，可以包含矢量图和位图。与EPS类似，PDF格式输出的图片也是矢量图，可以无限放大而不失真，同时具有可编辑性和高度压缩的优势。存成PDF很方便插入LaTeX文档。

◀ **SVG** (Scalable Vector Graphics)：SVG是一种基于XML的矢量图格式，可以用于网页和打印等多种用途。SVG格式输出的图片可以无限放大而不失真，且文件大小通常较小。"鸢尾花书"的图片首选SVG格式保存。

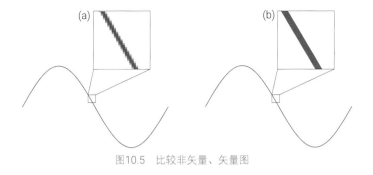

图10.5　比较非矢量、矢量图

EPS、PDF和SVG是矢量图格式，可以无限放大而不失真 (比如图10.5 (b))，适合于需要高品质图像的打印和出版工作。在需要高品质图像的场合，最好使用这些矢量图格式。

后期处理

大家会在"鸢尾花书"中发现，我们用Python代码生成的图像和书中的图像很多细节上并不一致。产生这种偏差的原因有很多。

首先，为了保证矢量图像质量及可编辑性，每幅Python代码生成的图形都会经过多道后期处理。也就是说，"鸢尾花书"中每一幅图都经过"千锤百炼"。前期需要构思创意，然后Python编码，矢量出图之后还要一张张后期制作。在出版社排版老师手里，草稿中的图形对象还要再经过多轮制作才定型。

草稿阶段用到的后期处理的工具包括 (但不限于) Inkscape、MS Visio、Adobe Illustrator。使用怎样的工具要根据图片类型、图片大小等因素考虑。

出版社排版老师用的排版工具为Adobe InDesign。

Inkscape是开源免费的矢量图形编辑软件，支持多种矢量图形格式，适用于绘制矢量图形、图标、插图等。

MS Visio特别适合做示意图、流程图等矢量图像。

Adobe Illustrator是Adobe公司开发的专业矢量图形编辑软件，功能强大，广泛用于图形设计、插图、标志设计等。比如"鸢尾花书"的封面都是用Adobe Illustrator设计，"鸢尾花书"中复杂的图像也都是用这个软件设计生成的。

此外，也推荐大家使用CorelDRAW。CorelDRAW是Corel公司开发的矢量图形编辑软件，具有类似于Adobe Illustrator的功能，是一种流行的矢量图形处理工具。

图片后期加工过程仅仅是为了美化图像，并没有篡改数据本身。特别是在科学研究中，不篡改数据是一条铁律，希望大家谨记。

也就是说哪怕图10.2这种简单的线图中的所有"艺术家 (artist)"，即所有元素，都被加工过。比如，图中的数字、英文、希腊字母都是作者手动添加上去的 (为了保证文本可编辑)。

此外，从时间成本角度来看，一些标注、艺术效果用Python写代码生成并不"划算"；"鸢尾花书"中，诸如箭头、指示线、注释等元素也都是后期处理时作者手动添加的。

有一种特殊情况，就是同一类图形将会反复代码出图，这样的话为了节省后期制作时间，我们可以考虑写代码"自动化"某些标注、艺术效果。

举个例子，如果我们需要用Python代码生成50张**直方图** (histogram)，用来展示不同特征数据分布。在这些图上，我们要打印数据的基本统计数据 (均值、众数、中位数、最大值、最小值、四分位点、5%和95%百分位、峰度、偏度等)，这时手动添加的时间成本太高。莫不如在代码中写几句话将这些数值直接打印到图片上。

子图

图10.6所示1行2列子图，分别展示正弦、余弦函数曲线。代码10.3绘制图10.6，下面分析其中关键语句。

ⓐ创建一个1行2列子图的图形对象。

位置参数"1,2"代表1行2列子图布局。

参数figsize=(10, 4)指定了整个图形的大小为宽度、高度。

参数sharey=True表示两个子图共享相同的y轴，这意味着它们在垂直方向上具有相同的刻度和范围。

而fig, (ax1, ax2)将plt.subplots返回值解包，其中fig是整个图形对象，而(ax1, ax2)是一个包含两个子图对象的元组。

这样，我们可以分别通过ax1和ax2来操作这两个子图。

ⓑ在ax1轴对象上，用plot()方法绘制正弦曲线线图。

ⓒ对ax1进行装饰，请大家逐行注释。

ⓓ在ax2轴对象上，用plot()方法绘制余弦曲线线图。

ⓔ对ax2进行装饰，请大家逐行注释。

ⓕ自动调整子图或图形的布局，使其更加紧凑。在创建包含多个子图的图形时，有时候可能会出现重叠的标签或坐标轴，tight_layout()就是为了解决这个问题而设计的。

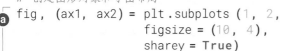
《可视之美》介绍更多子图可视化方案。

ⓖ打印图像。

请大家在JupyterLab中给代码10.3逐行添加注释，并复刻图10.6。

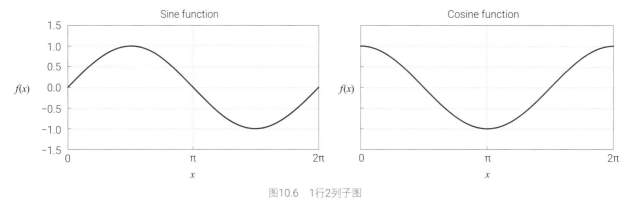

图10.6 1行2列子图

代码10.3 绘制一行两列子图 | ⊕ Bk1_Ch10_04.ipynb ○○○○

```
import numpy as np
import matplotlib.pyplot as plt

x = np.linspace (0, 2 * np.pi, 100)
y_sin = np.sin(x)
y_cos = np.cos(x)

# 创建图形对象和子图布局
fig, (ax1, ax2) = plt.subplots (1, 2,
                    figsize = (10, 4),
                    sharey = True)
```
ⓐ

196

```
# 在左子图中绘制正弦函数曲线，设置为蓝色
ⓑ ax1.plot (x, y_sin, color ='blue')
┌ ax1.set_title ('Sine function')
ⓒ ax1.set_xlabel ('x')
│ ax1.set_ylabel ('f(x)',
│                 rotation ='horizontal',
│                 ha='right' )
│ ax1.set_xlim (0, 2*np.pi)
│ ax1.set_ylim (-1.5, 1.5)
│ x_ticks = np.arange (0, 2*np.pi+np.pi/2, np.pi)
│ x_ticklabels = [r'$0$', r'$\pi$', r'$2\pi$']
│ ax1.set_xticks (x_ticks)
│ ax1.set_xticklabels (x_ticklabels)
│ ax1.grid (True)
└ ax1.set_aspect ('equal')


# 在右子图中绘制余弦函数曲线，设置为红色
ⓓ ax2.plot (x, y_cos, color ='red')
┌ ax2.set_title ('Cosine function')
ⓔ ax2.set_xlabel ('x')
│ ax2.set_ylabel ('f(x)',
│                 rotation ='horizontal',
│                 ha='right')
│ ax2.set_xlim (0, 2*np.pi)
│ ax2.set_ylim (-1.5, 1.5)
│ ax2.set_xticks (x_ticks )
│ ax2.set_xticklabels (x_ticklabels)
│ ax2.grid (True)
└ ax2.set_aspect ('equal')


# 调整子图之间的间距
ⓕ plt.tight_layout ()


# 显示图形
ⓖ plt.show ()
```

以利用Matplotlib工具绘制线图为例，大家会发现，有些时候我们利用plt.plot()，有些时候用 ax.plot()。

比较来看，plt相当于"提笔就画"，ax是在指定轴对象操作。如果只需要绘制简单的图形，使用 plt 函数就足够了；但是如果需要更复杂的图形布局或多个子图，使用 ax 函数会更方便。

表10.1比较了各种常用的plt和ax函数。

表10.1　比较plt和ax函数

功能	plt 函数 import matplotlib.pyplot as plt	ax 函数 fig, ax = plt.subplots() fig,axes=plt.subplots(n_rows,n_cols) ax = axes[row_num][col_num]
创建新的图形	plt.figure()	
创建新的子图	plt.subplot()	ax = fig.add_subplot()
创建折线图	plt.plot()	ax.plot()
添加横轴标签	plt.xlabel()	ax.set_xlabel()
添加纵轴标签	plt.ylabel()	ax.set_ylabel()
添加标题	plt.title()	ax.set_title()
设置横轴范围	plt.xlim()	ax.set_xlim()
设置纵轴范围	plt.ylim()	ax.set_ylim()
添加图例	plt.legend()	ax.legend()
添加文本注释	plt.text()	ax.text()
添加注释	plt.annotate()	ax.annotate()
添加水平线	plt.axhline()	ax.axhline()
添加垂直线	plt.axvline()	ax.axvline()
添加背景网格	plt.grid()	ax.grid()
保存图形到文件	plt.savefig()	通常使用 fig.savefig()

10.3 图片美化

颜色

在 Matplotlib 中，可以使用多种方式指定线图的颜色，包括 RGB 值、预定义颜色名称、十六进制颜色码和灰度值。

可以使用 RGB (R是red，G是green，B是blue) 来指定颜色，其中每个元素的值介于 0 ～ 1 之间。例如，(1, 0, 0) 表示纯红色，(0, 1, 0) 表示纯绿色，(0, 0, 1) 表示纯蓝色，如图10.7所示。使用 RGBA 值指定 "RGB颜色 + 透明度 (A)"。

如图10.8所示，RGB三原色模型实际上构成了一个色彩 "立方体" ——一个色彩空间。也就是说在这个立方体中藏着无数种色彩。

《矩阵力量》会用RGB三原色模型讲解线性代数中**向量空间** (vector space) 这个重要概念。

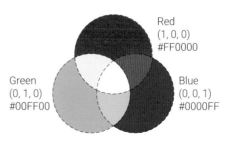

图10.7　RGB三原色模型

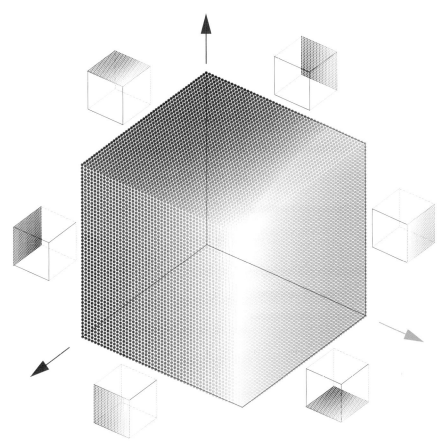

图10.8 RGB三原色模型"立方体"

什么是RGB颜色模式?

RGB (红绿蓝) 颜色模式是一种使用红、绿、蓝三个基本颜色通道来表示颜色的方法。在RGB模式中,通过调整每个通道的强度 (0 ~ 255的值,Matplotlib中0 ~ 1的值) 来创建各种颜色。通过组合不同强度的红、绿和蓝,可以形成几乎所有可见光颜色。RGB颜色模式被广泛应用于计算机图形、数字图像处理和网页设计等领域,它提供了一种直观、灵活且广泛支持的方式来表示和操作颜色。

Matplotlib 提供了一些常见颜色的预定义名称,如 'red'、'green'、'blue' 等。图10.14所示为在Matplotlib中已经预定义名称的颜色。

本书前文介绍过,大家还可以使用十六进制颜色码字符串来指定颜色。它以 '#' 开头,后面跟着六位十六进制数。例如,'#FF0000' 表示纯红色,'#00FF00' 表示纯绿色。

我们还可以使用灰度值来指定颜色,取值介于 0 ~ 1 之间,表示不同的灰度级别。'0' 表示黑色,'1' 表示白色。比如,color='0.5' 代表灰度值为0.5的灰色。

使用色谱

Matplotlib中还有一种渐变配色方案——**颜色映射** (colormap)。在Matplotlib中,colormap用于表示从一个端到另一个端的颜色变化。这个变化可以是连续的,也可以是离散的。colormap可以直译为"颜色映射""色彩映射","鸢尾花书"一般称之为"色谱"。

图10.9所示为几种常见的色谱。"鸢尾花书"中最常用的色谱为RdYlBu。

《可视之美》将专门讲解色谱。

图10.9　几种常用色谱

在Matplotlib中，colormap主要用于绘制二维图形，如热图、散点图、等高线图等。它用于将数据值映射到不同的颜色，以显示数据的变化和模式。图10.10展示了使用色谱的几个场合。

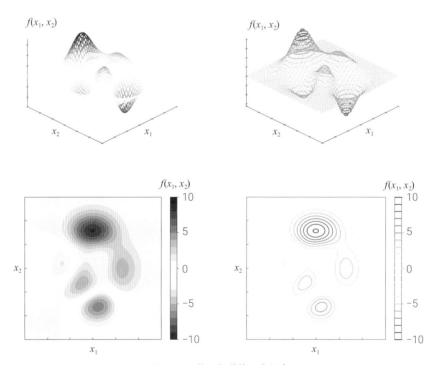

图10.10　使用色谱的几个场合

本书第26章介绍获得图10.11两幅子图的代码。

图10.11所示为利用色谱渲染一组曲线。图10.11 (a) 所示为一元高斯概率密度分布曲线随均值 μ 变化，图10.11 (b) 所示为曲线随标准差 σ 变化。

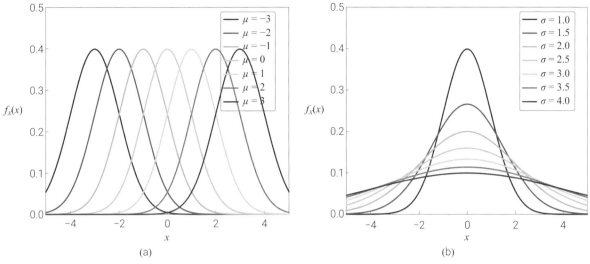

图10.11 用色谱渲染一组曲线

什么是高斯分布？

高斯分布 (Gaussian distribution)，也称为正态分布 (normal distribution)，是统计学中常用的概率分布模型之一。它具有钟形曲线的形状，呈对称分布。高斯分布的概率密度函数可以由两个参数完全描述：均值 (mean) 和标准差 (standard deviation)。均值决定了分布的中心位置，标准差决定了分布的展开程度。

高斯分布在自然界和社会现象中广泛存在，如身高、体重、温度等连续型随机变量常常服从高斯分布。中心极限定理也说明了许多独立同分布的随机变量的总和趋向于高斯分布。

高斯分布在统计学和数据分析中有着重要的应用，可用于描述数据集的分布特征、进行假设检验、构建回归模型等。在机器学习和人工智能领域，高斯分布在概率密度估计、聚类分析、异常检测等算法中被广泛使用。

什么是概率密度函数？

概率密度函数 (Probability Density Function，PDF) 是概率论和统计学中用于描述连续型随机变量的概率分布的函数。它表示了变量落在某个特定取值范围内的概率密度，而不是具体的概率值。

一元连续随机变量的概率密度函数是非负函数，并且在整个定义域上的积分等于1。对于给定的连续型随机变量，通过PDF可以计算出在不同取值范围内的概率密度值，从而了解变量的分布特征和概率分布形状。

以正态分布为例，其概率密度函数即高斯函数，可以描述变量取值的概率密度。在某个特定取值处，概率密度函数的值越高，表示该取值的概率越大。概率密度函数在统计分析、数据建模、概率推断等领域广泛应用，可用于计算概率、推断参数、生成模拟数据等。

默认设置

Matplotlib 提供了许多配置参数，用于控制图形的默认设置。这些默认设置包括图形大小、颜色、字体、线条样式等。我们可以通过修改这些配置参数来自定义 Matplotlib 图形的外观和行为。

代码10.4可以用来查看Matplotlib.pyplot绘图时的全套默认设置；同时，我们还可以通过列表给出的关键字修改默认设置。

由于列表过长，为了节省用纸，请大家在配套代码中查看。下面，我们挑几个常用设置简单介绍。

```
ⓐ import matplotlib.pyplot as plt
ⓑ p = plt.rcParams    # 全局配置参数
   print(p)
   # plt.rcParams 配置参数的当前默认值
```

比如，默认图片大小为 'figure.figsize': [6.4, 4.8]。

通过plt.rcParams['figure.figsize'] = (8, 6) 可以修改图片大小。

默认线宽为 'lines.linewidth': 1.5。

plt.rcParams['lines.linewidth'] = 2 将线宽设置为 2 pt。

再如，axes.prop_cycle : cycler('color', ['#1f77b4', '#ff7f0e', '#2ca02c', '#d62728', '#9467bd', '#8c564b', '#e377c2', '#7f7f7f', '#bcbd22', '#17becf']) 告诉我们在绘制线图时，如果不指定具体颜色，在绘制若干线图时，会采用如图10.12右侧由上至下颜色依次渲染。颜色不够用时，重复颜色序列循环。

如果大家对这组颜色循环不满意，可以在绘制线图时，像前文介绍的那样分别指定颜色。或者，直接修改cycler。这是《可视之美》要介绍的话题之一。

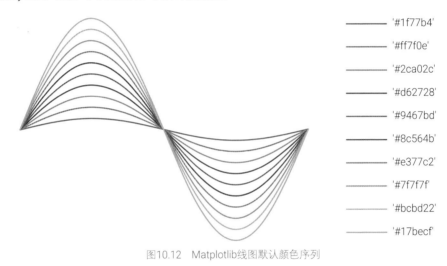

图10.12　Matplotlib线图默认颜色序列

10.4 使用Plotly绘制线图

我们还可以用Plotly绘制具有交互属性的图形，比如图10.13。下面介绍两种不同的方法绘制图 10.13。

首先聊一聊代码10.5的关键语句。

ⓐ将plotly.express模块导入，简写作px。模块plotly.express中可视化方案很丰富，如散点图、面积图、饼图、太阳爆炸图、直方图、冰柱图等。

ⓑ导入numpy，简写作np。

ⓒ用plotly.express.line()，简写作px.line()，绘制线图。参数变量x为横轴坐标数据，参数变量y为纵轴坐标数据。参数labels用于设置图表的标签。字典中键-值对 'y': 'f(x)' 指定了纵轴的标签为 'f(x)'。键-值对 'x': 'x' 指定了横轴的标签为 'x'。

d 这两句修改了图例中两条线的标签。由于绘图时输入为一维NumPy数组，需要额外语句设定图例标签。代码10.6中，绘图时采用的数据类型是Pandas DataFrame，就没有这个问题。

e 展示交互图片，如图10.13所示。

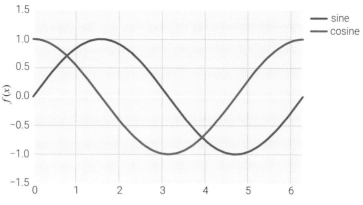

图10.13 用Plotly绘制具有交互性质的曲线

代码10.5 用plotly.express.plot() 绘制线图，输入数据类型为NumPy Array | ⊕ Bk1_Ch10_06.ipynb   ○ ○○ ○○

```
# 导入包
a import plotly.express as px
b import numpy as np

# 生成横轴数据
x = np.linspace (0, 2 * np.pi, 100)

# 生成正弦和余弦曲线数据
y_sin = np.sin (x)
y_cos = np.cos (x)

# 创建图表
c fig = px.line (x = x, y = [y_sin, y_cos ],
                 labels = {'value': 'f(x)', 'x': 'x'})
# 修改图例
d fig.data [0].name = 'Sine'
  fig.data [1].name = 'Cosine'
# 显示图表
e fig.show ()
```

代码10.6中代码 **a** 将pandas库导入，简写作pd。

b 利用pandas.DataFrame() 构造数据帧。

{'X': x, 'Sine': y_sin, 'Cosine': y_cos}是一个字典，其中键是数据帧中的列名，而值是对应列的数据。

具体来说，'x' 列包含了x数组的数据，'Sine' 列包含了 y_sin 数组的数据，'Cosine'列包含了y_cos 数组的数据。

新创建的数据帧对象叫作df。

c 调用plotly.express.line() 绘制正弦、余弦曲线。输入的数据为新创建的数据帧df，然后，我们直接可以通过数据帧列标签，比如'x'、'sine'、'cosine'调用数据帧具体数据。

实践中，大家会发现可视化库Seaborn和Plotly和Pandas DataFrame的结合更为密切。

本书第19～24章专门介绍Pandas库；其中，第23章专门介绍"Pandas + Plotly"相结合用数据可视化讲故事的强大力量！

代码10.6 用plotly.express.plot() 绘制线图，输入数据类型Pandas DataFrame | ⊕ Bk1_Ch10_07.ipynb ○ ● ●

```python
# 导入包
import plotly.express as px
import numpy as np
a import pandas as pd

# 生成横轴数据
x = np.linspace (0, 2 * np.pi, 100)

# 生成正弦和余弦曲线的数据
y_sin = np.sin (x)
y_cos = np.cos (x)

# 生成Pandas数据帧
b df = pd.DataFrame ({'x': x, 'Sine': y_sin, 'Cosine': y_cos })

# 创建图表
c fig = px.line (df, x = 'x', y = ['Sine', 'Cosine'],
                labels = {'value' : 'f(x)'})
# 显示图表
fig.show ()
```

请大家完成以下题目。

Q1. 大家可以在本章配套代码中找到图10.1对应的Matplotlib官方提供的代码文件。本书将Python代码文件命名为Bk1_Ch10_01.ipynb。请大家给这个代码文件中的代码逐行中文注释，并在JupyterLab中进行探究式学习。

Q2. Matplotlib提供丰富的可视化方案实例，图10.15、图10.16、图10.17大部分子图对应的代码都在以下网址中，请大家在JupyterLab复刻每幅子图，并补充必要注释。

https://matplotlib.org/stable/plot_types/index.html

* 本章习题不提供答案。

"鸢尾花书"的内核是"编程 + 可视化 + 数学 + 机器学习"，"可视化"是系列图书四根支柱之一！"鸢尾花书"中的任何一幅图片起到的作用并不是单纯的"装饰"。

我们想用各种丰富的可视化方案帮助大家理解数学工具原理，搞懂机器学习算法。从图片创意，到编程实现，最后后期处理，整个过程也是一次"美学实践"。

Python提供大量第三方可视化工具助力我们的"美学实践"！本书中仅有三章内容专门介绍可视化，而《可视之美》整本就专注于一件事——如何画好图。

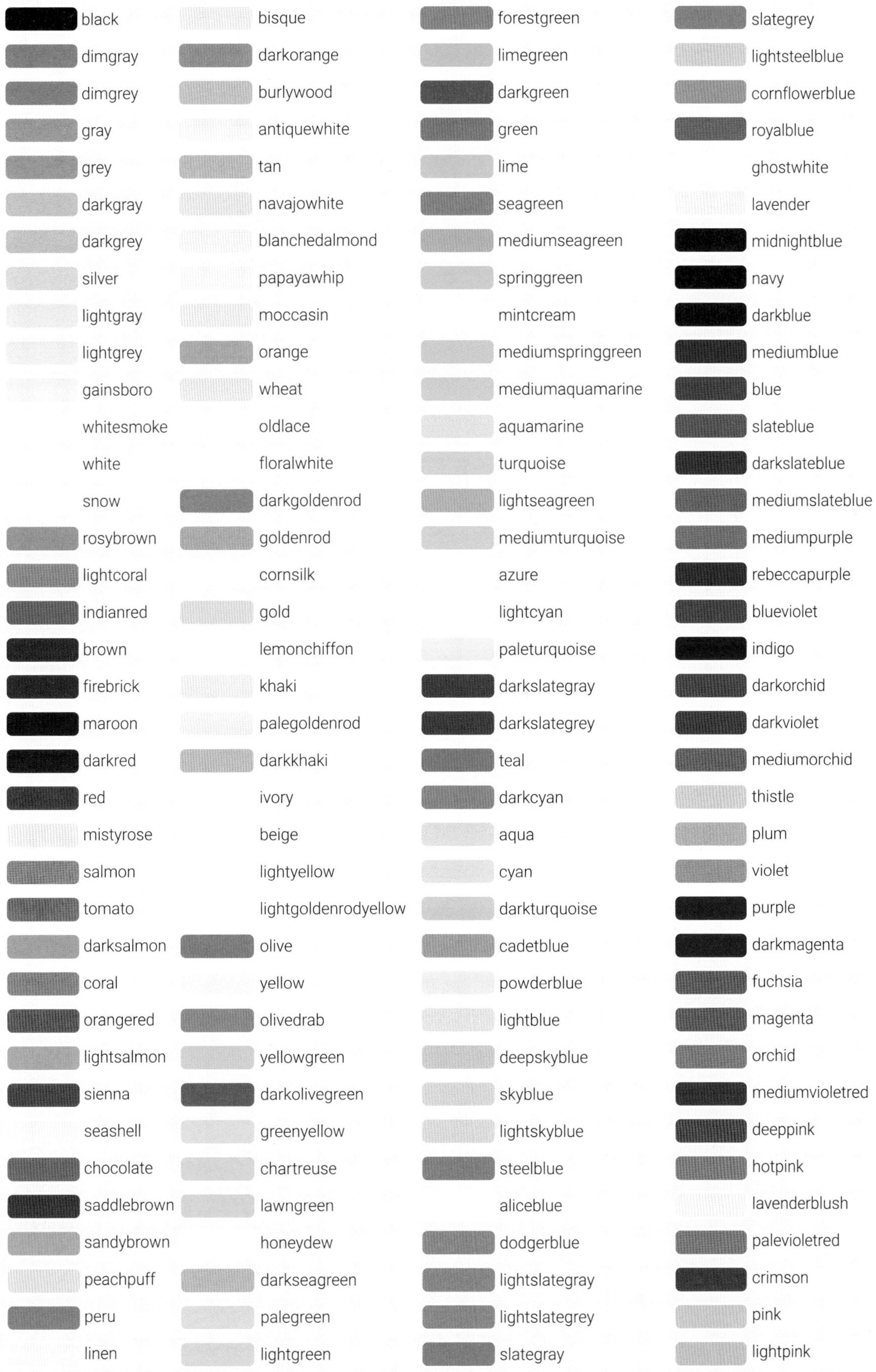

black	bisque	forestgreen	slategrey
dimgray	darkorange	limegreen	lightsteelblue
dimgrey	burlywood	darkgreen	cornflowerblue
gray	antiquewhite	green	royalblue
grey	tan	lime	ghostwhite
darkgray	navajowhite	seagreen	lavender
darkgrey	blanchedalmond	mediumseagreen	midnightblue
silver	papayawhip	springgreen	navy
lightgray	moccasin	mintcream	darkblue
lightgrey	orange	mediumspringgreen	mediumblue
gainsboro	wheat	mediumaquamarine	blue
whitesmoke	oldlace	aquamarine	slateblue
white	floralwhite	turquoise	darkslateblue
snow	darkgoldenrod	lightseagreen	mediumslateblue
rosybrown	goldenrod	mediumturquoise	mediumpurple
lightcoral	cornsilk	azure	rebeccapurple
indianred	gold	lightcyan	blueviolet
brown	lemonchiffon	paleturquoise	indigo
firebrick	khaki	darkslategray	darkorchid
maroon	palegoldenrod	darkslategrey	darkviolet
darkred	darkkhaki	teal	mediumorchid
red	ivory	darkcyan	thistle
mistyrose	beige	aqua	plum
salmon	lightyellow	cyan	violet
tomato	lightgoldenrodyellow	darkturquoise	purple
darksalmon	olive	cadetblue	darkmagenta
coral	yellow	powderblue	fuchsia
orangered	olivedrab	lightblue	magenta
lightsalmon	yellowgreen	deepskyblue	orchid
sienna	darkolivegreen	skyblue	mediumvioletred
seashell	greenyellow	lightskyblue	deeppink
chocolate	chartreuse	steelblue	hotpink
saddlebrown	lawngreen	aliceblue	lavenderblush
sandybrown	honeydew	dodgerblue	palevioletred
peachpuff	darkseagreen	lightslategray	crimson
peru	palegreen	lightslategrey	pink
linen	lightgreen	slategray	lightpink

图10.14　Matplotlib已定义名称的颜色

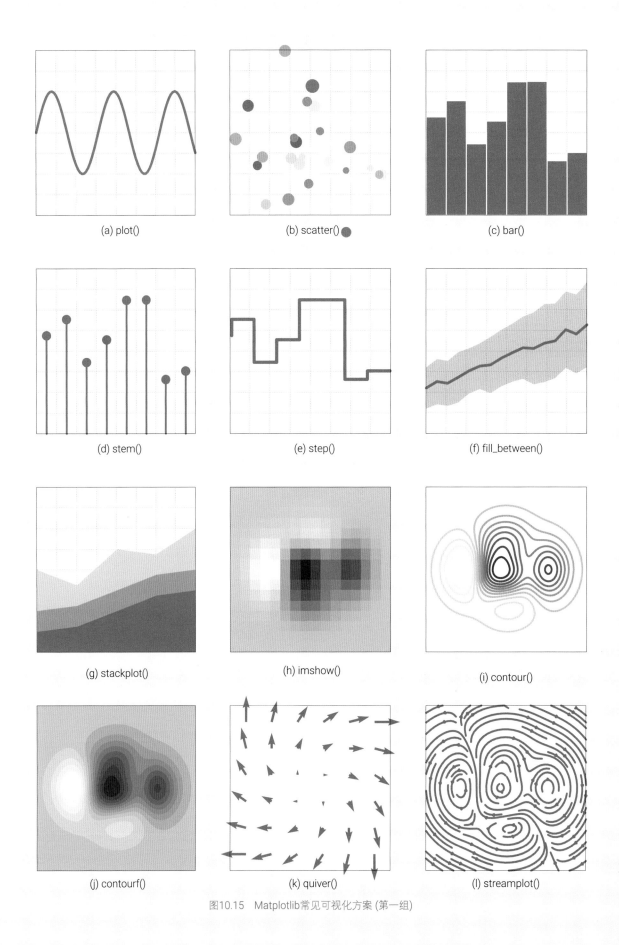

(a) plot()　　　　　(b) scatter() ●　　　　　(c) bar()

(d) stem()　　　　　(e) step()　　　　　(f) fill_between()

(g) stackplot()　　　　　(h) imshow()　　　　　(i) contour()

(j) contourf()　　　　　(k) quiver()　　　　　(l) streamplot()

图10.15　Matplotlib常见可视化方案 (第一组)

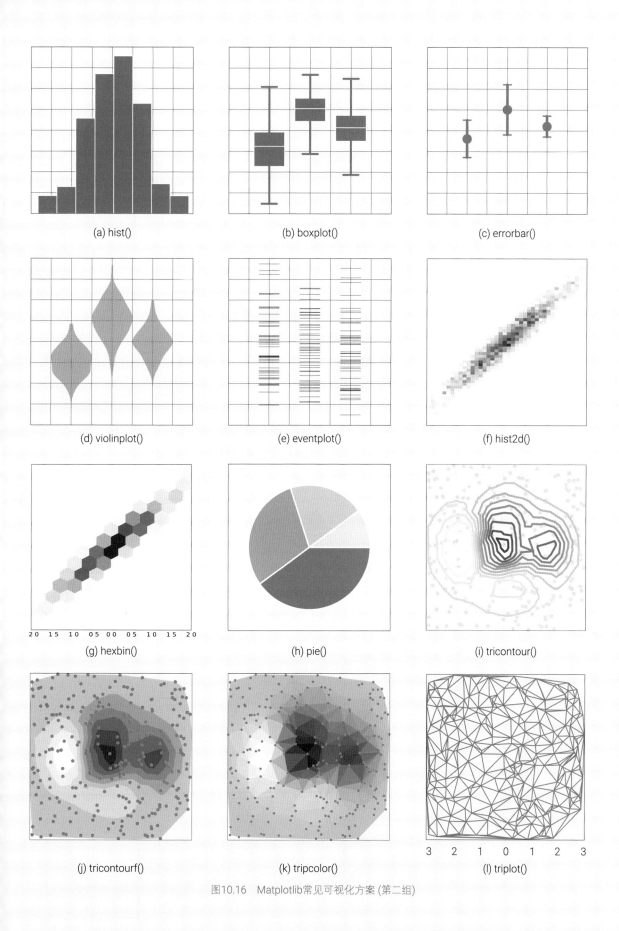

(a) hist()

(b) boxplot()

(c) errorbar()

(d) violinplot()

(e) eventplot()

(f) hist2d()

(g) hexbin()

(h) pie()

(i) tricontour()

(j) tricontourf()

(k) tripcolor()

(l) triplot()

图10.16　Matplotlib常见可视化方案 (第二组)

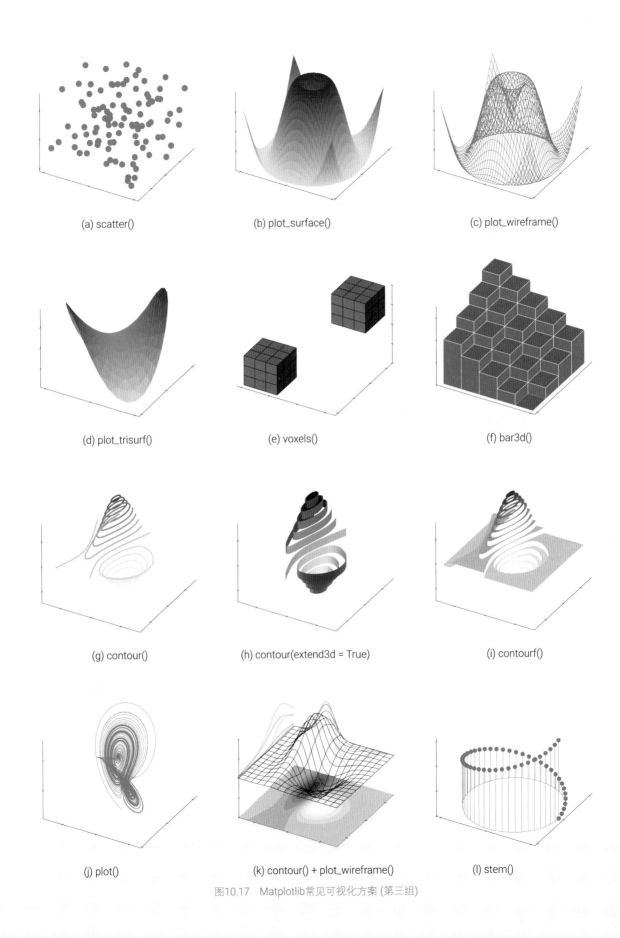

(a) scatter()

(b) plot_surface()

(c) plot_wireframe()

(d) plot_trisurf()

(e) voxels()

(f) bar3d()

(g) contour()

(h) contour(extend3d = True)

(i) contourf()

(j) plot()

(k) contour() + plot_wireframe()

(l) stem()

图10.17　Matplotlib常见可视化方案 (第三组)

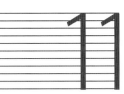

2D and 3D Visualizations
二维和三维可视化
散点图、等高线图、热图、网格面……

文明的传播像是星星之火，可以燎原；首先是星星之火，然后是闪烁的炬火，最后是燎原烈焰，排山倒海、势不可挡。

The spread of civilization may be likened to a fire; first, a feeble spark, next a flickering flame, then a mighty blaze, ever increasing in speed and power.

—— 尼古拉·特斯拉 (Nikola Tesla) ｜ 发明家、物理学家 ｜ 1856 — 1943年

- ◀ Axes3D.plot_surface() 绘制三维曲面图
- ◀ matplotlib.pyplot.contour() 绘制等高线图，轴对象可以为三维
- ◀ matplotlib.pyplot.contourf() 绘制二维填充等高线图，轴对象可以为三维
- ◀ numpy.cumsum() 计算给定数组中元素的累积和，返回一个具有相同形状的数组
- ◀ numpy.exp() 计算给定数组中每个元素的e的指数值
- ◀ numpy.linspace() 在指定的范围内创建等间隔的一维数组
- ◀ numpy.meshgrid() 生成多维网格化数组
- ◀ plotly.express.data.iris() 导入鸢尾花数据集
- ◀ plotly.express.imshow() 绘制可交互的热图
- ◀ plotly.express.line() 创建可交互的折线图
- ◀ plotly.express.scatter() 创建可交互的散点图
- ◀ plotly.express.scatter_3d() 创建可交互的三维散点图
- ◀ plotly.graph_objects.Contour() 绘制可交互的等高线图
- ◀ plotly.graph_objects.Scatter3d() 绘制可交互的散点、线图
- ◀ plotly.graph_objects.Surface() 绘制可交互的三维曲面图
- ◀ seaborn.heatmap() 绘制热图
- ◀ seaborn.load_dataset() Seaborn库中用于加载示例数据集
- ◀ seaborn.scatterplot() 创建散点图

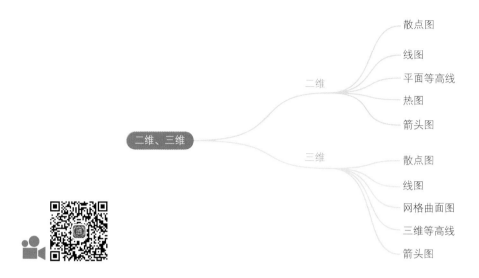

散点图

线图

平面等高线

二维 热图

箭头图

散点图

线图

三维 网格曲面图

三维等高线

箭头图

二维、三维

11.1 二维可视化方案

上一章，我们介绍了如何用Matplotlib和Plotly绘制线图，本章将分别介绍《编程不难》中常用的二维和三维可视化方案。

散点图、线图、等高线图、热图是"鸢尾花书"最常见的四类二维 (平面) 可视化方案。

◀ **散点图 (scatter plot)**：散点图用于展示两个变量之间的关系，其中每个点的位置表示两个变量的取值。可以通过设置点的颜色、大小、形状等属性来表示其他信息。

◀ **线图 (line plot)**：线图用于展示数据随时间或其他变量变化而变化的趋势。线图由多个数据点连接而成，通常用于展示连续数据。

◀ **等高线图 (contour plot)**：等高线图用于展示二维数据随着两个变量的变化而变化的趋势。每个数据点的值表示为等高线的高度，从而形成连续的轮廓线。

◀ **热图 (heatmap)**：热图用于展示二维数据的值，其中每个值用颜色表示。热图常用于数据分析中，用于显示数据的热度、趋势等信息。建议使用Seaborn 库绘制热图。

下面，我们先从二维可视化方案说起。

11.2 二维散点图

二维 (平面) 散点图是**平面直角坐标系** (two-dimensional coordinate system)，也叫**笛卡儿坐标系**

(Cartesian coordinate system)，是一种用于可视化二维数据分布的图形表示方法。它由一系列离散的数据点组成，其中每个数据点都有两个坐标值组成。本节中的散点图均为二维散点图。

什么是平面直角坐标系？

平面直角坐标系，也称笛卡儿坐标系，是一种二维空间中的坐标系统，由两条相互垂直的直线组成，如图11.1所示。其中一条直线称为x轴，另一条直线称为y轴。它们的交点称为原点，通常用O表示。平面直角坐标系可以用来描述二维空间中点的位置，其中每个点都可以由一对有序实数 (a, b) 表示，分别表示点在x轴和y轴方向上的位置。x轴和y轴的正方向可以是任意方向，通常x轴向右，y轴向上。平面直角坐标系是解析几何中重要的工具，用于研究点、直线、曲线以及它们之间的关系和性质。

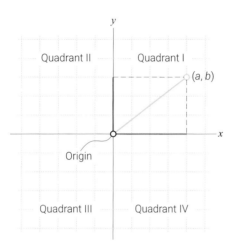

《数学要素》第5章专门讲解笛卡儿坐标系。

图11.1 笛卡儿坐标系（平面直角坐标系）

Matplotlib中的matplotlib.pyplot.scatter() 函数可以用于创建散点图，并指定数据点的坐标和其他绘图参数，如颜色、大小等。

特别推荐大家使用seaborn中的seaborn.scatterplot() 函数来创建二维散点图，并传递数据点的坐标和其他可选参数。

除此之外，大家还可以使用Plotly中的plotly.express.scatter() 和 plotly.graph_objects.Scatter() 函数创建可交互的散点图，并指定数据点的坐标、样式等参数。

下面利用Seaborn和Plotly这两个库中函数绘制散点图。

Seaborn

图11.2所示为利用seaborn.scatterplot() 绘制的鸢尾花数据集散点图。这两幅散点图的横轴都是花萼长度，纵轴都是花萼宽度。其中，图11.2 (b) 用颜色标识了鸢尾花类别。

使用 seaborn.scatterplot() 函数的基本语法如下：

```
import seaborn as sns
sns.scatterplot(data=data_frame, x="x_variable", y="y_variable")
```

其中，`x_variable` 是数据集中表示 x 轴的变量列名，`y_variable` 是表示 y 轴的变量列名，data_frame 是包含要绘制的数据的 Pandas DataFrame 对象。

我们还可以指定hue 参数，用于对数据点进行分组并在图中用不同颜色表示列名；size 参数指定了数据点的大小根据 value 列的值进行缩放。除了 hue 和 size，还可以使用其他参数如 style、palette、alpha 等来进一步定制散点图的外观和风格。

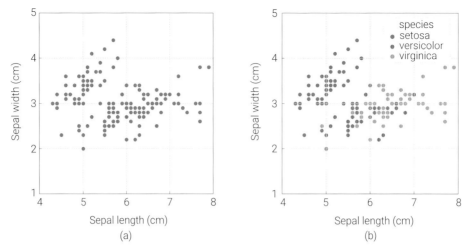

图11.2 使用seaborn.scatterplot() 绘制的鸢尾花数据集散点图

我们可以通过代码11.1绘制图11.2，下面讲解其中关键语句。

ⓐ从sklearn.datasets模块中导入了一个叫作 load_iris 的函数。这个函数的作用是加载经典的鸢尾花数据集。相信大家对鸢尾花数据集已经并不陌生。

简单来说，鸢尾花数据集是一个常用于机器学习和统计学习的示例数据集，其中包含了三种不同品种的鸢尾花 (setosa、versicolor 和 virginica) 各 50 个样本，总计150个样本。每个样本有四个特征，**花萼长度** (sepal length)、**花萼宽度** (sepal width)、**花瓣长度** (petal length)、**花瓣宽度** (petal width)。

ⓑ用load_iris() 加载鸢尾花数据。大家通过type(iris) 可以发现iris的数据类型为sklearn.utils._bunch.Bunch，它是Scikit-Learn 中一个简单的数据容器类。

这种数据类型类似字典(dict)，但提供了一些额外的便捷方法和属性。

比如，iris.data是包含特征数据的数组，具体类型为NumPy Array。每一行代表数据集中的一个样本，每一列代表一个特征 (花萼长度、花萼宽度、花瓣长度和花瓣宽度)。

iris.target是包含目标标签的数组。对于每个样本，target 中的相应元素是该样本所属的类别 (setosa对应0、versicolor对应1、virginica对应2)。

iris.target_names是包含目标标签的数组，即 ['setosa', 'versicolor', 'virginica']。

feature_names是包含特征名称的数组，即['sepal length (cm)', 'sepal width (cm)', 'petal length (cm)', 'petal width (cm)']。

ⓒ用iris.data[:, 0] 提取NumPy数组的索引为0的列，也就是第1列。[:, 0] 中 ":" 代表选择所有行，0代表选择第1列。iris.data[:, 0] 为花萼长度样本数据。

> 本书第14章专门介绍NumPy数组的索引和切片。

ⓓ用iris.data[:, 1] 提取NumPy数组的索引为1的列，也就是第2列。iris.data[:, 1] 为花萼宽度样本数据。

ⓔ提取鸢尾花数据集标签数组。大家可以试着用np.unique(iris.target)获取数组独特值，结果为array([0, 1, 2])。

使用numpy.unique()时，大家可以用np.unique(iris.target, return_counts=True) 获取独特值的计数(频数)，结果为元组tuple (array([0, 1, 2]), array([50, 50, 50], dtype=int64))。

ⓕ用matplotlib.pyplot.subplots()，简作plt.subplots()，创建图形对象fig、轴对象ax。

ⓖ用matplotlib.pyplot.scatter()，简写作plt.scatter()，"提笔就画" 散点图。

数组sepal_length 是横轴上的数据点，代表每个样本的花萼长度。

数组sepal_width 是纵轴上的数据点，代表每个样本的花萼宽度。

c=target 指定了散点的颜色，颜色由 target 数组决定。

cmap='rainbow' 指定了颜色映射。target中的三个值 (0、1、2) 将通过'rainbow'映射到三个颜色，表达鸢尾花三个类别。

ⓗ装饰散点图，请大家逐行注释。并且试着用轴对象ax的方法替换这三句。

ⓘ设置横纵轴刻度。请大家注释np.arange(4, 8 + 1, step=1)的用法。

ⓙ将横纵轴比例尺设置为1∶1。

ⓚ增加网格线，请大家用ls代替linestyle，用lw代替linewidth，用c代替color，重写这一句。

ⓛ设置横纵轴取值范围。请大家利用ax.set_xlim()和ax.set_ylim()替换这两句。

代码11.1　用Matplotlib绘制散点图 | ⊕ Bk1_Ch11_01.ipynb

```
# 导入包
import matplotlib.pyplot as plt
a  from sklearn.datasets import load_iris
import numpy as np

# 加载鸢尾花数据集
b  iris = load_iris()

# 提取花萼长度和花萼宽度作为变量
c  sepal_length = iris.data[:, 0]
d  sepal_width = iris.data[:, 1]
e  target = iris.target

f  fig, ax = plt.subplots()

# 创建散点图
g  plt.scatter(sepal_length, sepal_width, c = target, cmap = 'rainbow')

# 添加标题和轴标签
   plt.title('Iris sepal length vs width')
h  plt.xlabel('Sepal length (cm)')
   plt.ylabel('Sepal width (cm)')

# 设置横纵轴刻度
   ax.set_xticks(np.arange(4, 8+1, step = 1))
i  ax.set_yticks(np.arange(1, 5+1, step = 1))

# 设定横纵轴尺度 1:1
j  ax.axis('scaled')

# 增加刻度网格，颜色为浅灰
k  ax.grid(linestyle ='--', linewidth = 0.25, color = [0.7,0.7,0.7])

# 设置横纵轴范围
   ax.set_xbound(lower = 4, upper = 8)
l  ax.set_ybound(lower = 1, upper = 5)

# 显示图形
plt.show()
```

iris.data   iris.target

Plotly

图11.3所示为使用plotly.exprcss.scatter() 绘制的鸢尾花数据集散点图。在本章配套的Jupyter Notebook中大家可以看到这两幅子图为可交互图像。

plotly.express.scatter() 用来可视化两个数值变量之间的关系，或者展示数据集中的模式和趋势。这个函数的基本语法如下：

```
import plotly.express as px
fig = px.scatter(data_frame, x = "x_variable", y = "y_variable")
fig.show()
```

其中，data_frame 是包含要绘制的数据的 Pandas DataFrame 对象，x_variable 是数据集中表示 x 轴的变量列名，y_variable 是数据集中表示 y 轴的变量列名。

← 《可视之美》专门讲解散点图。

可以根据需要添加其他参数，如 color、size、symbol 等，以进一步定制散点图的外观。

最后，通过 fig.show() 方法显示绘制好的散点图。

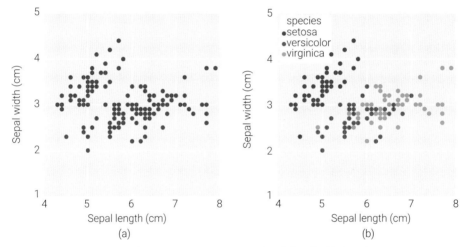

图11.3　使用plotly.express.scatter() 绘制的鸢尾花数据集散点图

我们可以通过代码11.2绘制图11.3，下面讲解其中关键语句。

ⓐ 将plotly.express模块导入，简写作px。

ⓑ 用plotly.express.data.iris()，简写作px.data.iris()，导入鸢尾花数据。数据类型为Pandas DataFrame。

ⓒ 用plotly.express.scatter()，简写作px.scatter()，绘制散点图。

iris_df为绘制散点图所需要的数据。

x="sepal_length" 和 y="sepal_width"指定了在散点图横纵轴分别使用数据帧iris_df具体两个特征。

width=600 和 height=600指定了图形的宽度和高度，分别设置为 600 像素。

labels={"sepal_length": "Sepal length (cm)", "sepal_width": "Sepal width (cm)"}将横轴标签设置为 "Sepal length (cm)"，纵轴标签设置为 "Sepal width (cm)"。默认标签为数据帧列标签。

ⓓ 用Plotly 的 update_layout() 方法来调整横纵轴的取值范围。xaxis_range=[4, 8] 将横轴的范围设置为4 ~ 8，yaxis_range=[1, 5] 将纵轴的范围设置为1 ~ 5。

ⓔ 和 **ⓕ** 也用update_layout ()方法调整横纵轴刻度。实际上，**ⓓ**、**ⓔ**、**ⓕ**这三句可以合并，但是为了让大家看清图片修饰的具体细节，我们把它们分开来写。

g 类似**c**，也是用plotly.express.scatter()，简写作px.scatter()，绘制散点图；不同的是，我们指定color="species"渲染散点颜色，可视化鸢尾花分类。

h 也是用update_layout()方法将图例位置调整为左上角，并微调具体位置。

yanchor="top"设置图例的垂直锚点为顶部，即图例的上边缘与指定的纵轴值 (*y*) 对齐。

y=0.99指定图例上边缘相对于图形区域底部的位置。在这里，0.99是个相对值，表示图例的上边缘到图形区域底部的距离占整个图形区域高度的99%。

xanchor="left"设置图例的水平锚点为左侧，即图例的左边缘将与指定的横轴值 (*x*) 对齐。

x=0.01指定图例左边缘相对于图形区域左侧的位置。在这里，0.01也是个相对值，表示图例的左边缘到图形区域左侧的距离占整个图形区域宽度的1%。

代码11.2 用Plotly绘制散点图 | ⊕ Bk1_Ch11_02.ipynb

```python
# 导入包
import numpy as np
import plotly.express as px

# 从Ploly中导入鸢尾花样本数据
iris_df = px.data.iris()

# 绘制散点图，不渲染marker
fig = px.scatter (iris_df, x = "sepal_length", y = "sepal_width",
                  width = 600, height = 600,
                  labels ={"sepal_length" :"Sepal length(cm)",
                           "sepal_width" :"Sepal width(cm)" })
# 修饰图像
fig.update_layout (xaxis_range = [ 4, 8 ], yaxis_range = [ 1, 5 ])
xticks = np.arange ( 4, 8+1)
yticks = np.arange ( 1, 5+1)
fig.update_layout (xaxis = dict(tickmode = 'array',
                                tickvals = xticks ))
fig.update_layout (yaxis = dict(tickmode = 'array',
                                tickvals = yticks ))
fig.show ()
# 绘制散点图，渲染marker展示鸢尾花分类
fig = px.scatter (iris_df, x = "sepal_length", y = "sepal_width",
                  color = "species",
                  width = 600, height = 600,
                  labels = {"sepal_length": "Sepal length(cm)",
                            "sepal_width": "Sepal width(cm)" })
# 修饰图像
fig.update_layout (xaxis_range =[ 4, 8 ], yaxis_range = [ 1, 5 ])
fig.update_layout (xaxis = dict(tickmode = 'array',
                                tickvals = xticks ))
fig.update_layout (yaxis = dict(tickmode = 'array',
                                tickvals = yticks ))

fig.update_layout (legend = dict(yanchor = "top", y = 0.99,
                                 xanchor = "left", x = 0.01 ))
fig.show ()
```

导入鸢尾花数据三个不同途径

大家可能发现，我们经常从不同的Python第三方库导入鸢尾花数据。代码11.1用了sklearn.datasets.load_iris()，这是因为SKlearn中的鸢尾花数据将特征数据和标签数据分别进行了保存，而且数据类型都是NumPy Array，方便用Matplotlib绘制散点图。

此外，NumPy Array数据类型还方便调用NumPy中的线性代数函数。

我们也用seaborn.load_dataset("iris")导入鸢尾花数据集，数据类型为Pandas DataFrame。数据帧的列标签为'sepal_length'、'sepal_width'、'petal_length'、'petal_width'、'species'。

其中，标签中的独特值为三个字符串'setosa'、'versicolor'、'virginica'。

Pandas DataFrame获取某列独特值的函数为pandas.unique()。这种数据类型方便利用Seaborn进行统计可视化。此外，Pandas DataFrame也特别方便利用Pandas的各种数据帧工具。

下一章会专门介绍利用Seaborn绘制散点图和其他常用统计可视化方案。

在利用Plotly可视化鸢尾花数据时，我们会直接从Plotly中用plotly.express.data.iris()导入鸢尾花数据，数据类型也是Pandas DataFrame。

这个数据帧的列标签为'sepal_length'、'sepal_width'、'petal_length'、'petal_width'、'species'、'species_id'。前五列和Seaborn中鸢尾花数据帧相同，不同的是'species_id'这一列的标签为整数0、1、2。

11.3 二维等高线图

等高线原理

等高线图是一种展示三维数据的方式，其中相同数值的数据点被连接成曲线，形成轮廓线。

形象地说，如图11.4所示，二元函数相当于一座山峰。在平行于x_1x_2平面的特定高度切一刀，得到的轮廓线就是一条等高线。这是一条三维空间等高线。然后，将等高线投影到x_1x_2平面，我们便得到一条二维(平面)等高线。

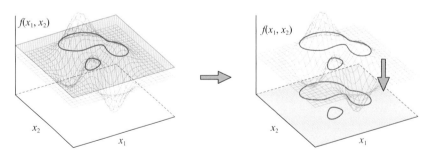

图11.4　平行于x_1x_2平面切$f(x_1, x_2)$获得等高线，然后将等高线投影到x_1x_2平面

一系列轮廓线的高度一般用不同的颜色或线型表示，这使得我们可以通过视觉化方式看到数据的分布情况。

如图11.5所示，将一组不同高度的等高线投影到平面便得到右侧二维等高线。右侧子图还增加了色谱条，用来展示不同等高线对应的具体高度。这一系列高度可以是一组用户输入的数值。

什么是二元函数？

二元函数是指具有两个自变量和一个因变量的函数。它接受两个输入，并返回一个输出。一般表示为 $y = f(x_1, x_2)$，其中 x_1 和 x_2 是自变量，y 是因变量。二元函数常用于描述和分析具有两个相关变量之间关系的数学模型。它可以用于表示三维空间中的曲面、表达物理或经济关系、进行数据建模和预测等。在可视化二元函数时，常使用三维图形或等高线图。三维图形以 x_1 和 x_2 作为坐标轴，将因变量 y 的值映射为曲面的高度。等高线图则使用等高线来表示 y 值的等值线，轮廓线的密集程度反映了函数值的变化。

大家可能已经发现，等高线图和海拔高度图原理完全相同。类似的图还有，等温线图、等降水线图、等距线图等。

Matplotlib的填充等高线是在普通等高线的基础上添加填充颜色来表示不同区域的数据密度。可以使用contourf() 函数来绘制填充等高线。

图11.5左图则是三维等高线，这是11.9节要介绍的内容。

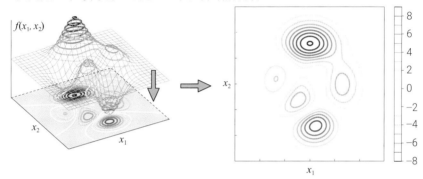

图11.5　将不同高度值对应的一组等高线投影到x_1x_2平面

网格数据

为了绘制二维等高线图，我们需要利用numpy.meshgrid() 产生网格数据。相信大家对网格数据这个概念已经很熟悉，本书前文用自定义函数生成了网格化数据的二维数组。

简单来说，numpy.meshgrid() 接受若干一维数组作为输入，并生成二维、三维乃至多维数组来表示网格坐标。

原理上，如图11.6所示，numpy.meshgrid() 函数会将输入的一维数组 (x1_array和x2_array) 扩展为二维数组 (xx1和xx2)，其中一个数组的每一行都是输入数组的复制，而另一个数组的每一列都是输入数组的复制。

这样，通过组合这两个二维数组的元素，就形成了一个二维网格，用来表达一组坐标点。

xx1, xx2 = numpy.meshgrid(x1, x2)

提供两个一维数组x1 和 x2作为输入。函数将生成两个二维数组 xx1 和 xx2，用于表示一个二维网格。

请大家在JupyterLab中自行学习下例。

```
import numpy as np
x1 = np.arange(10)
# 第一个一维数组
x2 = np.arange(5)
# 第二个一维数组
xx1, xx2 = np.meshgrid(x1, x2)
```

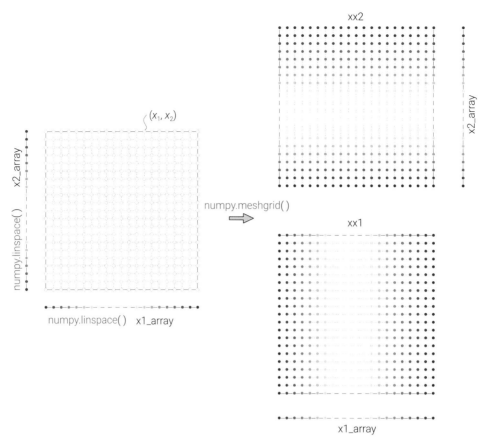

图11.6　用numpy.meshgrid()生成二维网络数据

Matplotlib

图11.7所示为利用Matplotlib可视化二元函数$f\left(x_1,x_2\right) = x_1\exp\left(-x_1^2-x_2^2\right)$的二维等高线图。

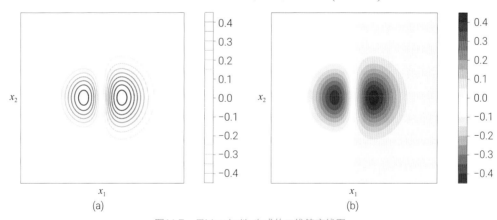

图11.7　用Matplotlib生成的二维等高线图

　　填充等高线的原理是通过在等高线之间创建颜色渐变来表示不同区域的数值范围。这样可以增强二维等高线图的可视化效果，更直观地展示数据的分布和变化。

　　在Matplotlib中，填充等高线可以通过使用 contourf() 函数实现。该函数与 contour() 函数类似，但会填充等高线之间的区域。

matplotlib.pyplot.contour(X,Y,Z,levels,cmap)

下面是 contour() 函数的常用输入参数。

- X：二维数组，表示数据点的横坐标。
- Y：二维数组，表示数据点的纵坐标。
- Z：二维数组，表示数据点对应的函数值或高度。
- levels：用于指定绘制的等高线层级或数值列表。
- colors：用于指定等高线的颜色，可以是单个颜色字符串、颜色序列或 colormap 对象。
- cmap：颜色映射，用于将数值映射为颜色。可以是预定义的 colormap 名称或 colormap 对象。
- linestyles：用于指定等高线的线型，可以是单个线型字符串或线型序列。
- linewidths：用于指定等高线的线宽，可以是单个线宽值或线宽序列。
- alpha：用于指定等高线的透明度。

请大家在JupyterLab中自行学习下例。

```python
import matplotlib.pyplot as plt
import numpy as np

# 创建二维数据
x = np.linspace(-2, 2, 100)
y = np.linspace(-2, 2, 100)
X, Y = np.meshgrid(x, y)
Z = X**2 + Y**2   # 示例函数，可以根据需要自定义

# 绘制等高线图
plt.contour(X, Y, Z, levels = np.linspace(0,8,16 + 1), cmap = 'RdYlBu_r')

# 添加颜色图例
plt.colorbar()

# 显示图形
plt.show()
```

我们可以通过代码11.3生成图11.7两幅子图，下面讲解其中关键语句。

ⓐ和ⓑ利用numpy.linspace()，简写作np.linspace()，生成等差数列。数据类型都是NumPy Array。

ⓒ利用numpy.meshgrid()，简写作np.meshgrid()，构造网格坐标点。

ⓓ计算这些坐标点的二元函数值。

ⓔ利用matplotlib.pyplot.subplots()，简写作plt.subplots()，生成图像对象fig和轴对象ax。

ⓕ在轴对象ax上用contour()绘制二维等高线。

xx1、xx2、ff这三个参数是数据，用于表示在二维平面上的函数 ff 的等高线。xx1 和 xx2 是坐标网格，ff 是这个网格上的函数值。

levels=20是指定等高线的数量。

cmap= 'RdYlBu_r'是指定等高线颜色映射的参数。例子中使用了 'RdYlBu_r'，表示红、黄、蓝渐变的颜色映射，_r表示翻转。

linewidths=1指定等高线的线宽为1 pt。

这句返回值CS是一个等高线图的对象。这个对象包含了等高线图的信息，如线条的位置、颜色等。

❼用colorbar() 方法在图形对象fig上添加颜色条的语句。CS 是之前创建的等高线图对象，颜色条将基于这个对象的颜色映射进行创建。

❽类似之前代码，只不过用的是contourf()方法在ax上绘制二维填充等高线。

代码11.3　用Matplotlib生成二维等高线图 | ⊕ Bk1_Ch11_03.Ipynb

```python
# 导入包
import numpy as np
import matplotlib.pyplot as plt

# 生成数据
x1_array = np.linspace(-3,3,121)
x2_array = np.linspace(-3,3,121)

xx1, xx2 = np.meshgrid(x1_array, x2_array)
ff = xx1 * np.exp(-xx1**2 - xx2 **2)

# 等高线
fig, ax = plt.subplots()

CS = ax.contour(xx1, xx2, ff, levels = 20,
                cmap = 'RdYlBu_r', linewidths = 1)

fig.colorbar(CS)
ax.set_xlabel('$\it{x_1}$'); ax.set_ylabel('$\it{x_2}$')
ax.set_xticks([]); ax.set_yticks([])
ax.set_xlim(xx1.min(), xx1.max())
ax.set_ylim(xx2.min(), xx2.max())
ax.grid(False)
ax.set_aspect('equal', adjustable ='box')

# 填充等高线
fig, ax = plt.subplots()

CS = ax.contourf(xx1, xx2, ff, levels = 20,
                 cmap = 'RdYlBu_r')

fig.colorbar(CS)
ax.set_xlabel('$\it{x_1}$'); ax.set_ylabel('$\it{x_2}$')
ax.set_xticks([]); ax.set_yticks([])
ax.set_xlim(xx1.min(), xx1.max())
ax.set_ylim(xx2.min(), xx2.max())
ax.grid(False)
ax.set_aspect('equal', adjustable ='box')
```

Plotly

图11.8所示为利用plotly.graph_objects.Contour() 绘制的二维(填充) 等高线图。

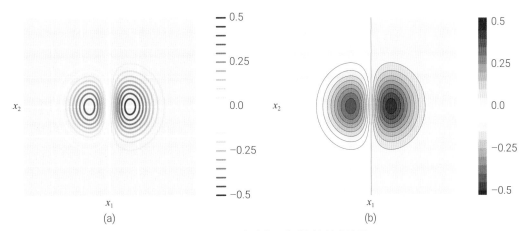

图11.8 用Plotly生成的二维 (填充) 等高线图

我们可以通过代码11.4绘制图11.8，下面讲解其中关键语句。

ⓐ导入 Plotly 库中的 graph_objects 模块，简写作go。模块plotly.graph_objects有丰富的可视化方案。

ⓑ构造一个字典dict(start=-0.5, end=0.5, size=0.05)，其中包含了等高线的设置，包括开始值(start)、结束值 (end) 和间隔大小 (size)。

ⓒ利用plotly.graph_objects.Contour()，简写作go.Contour()，创建Plotly的等高线图对象。

x=x1_array, y=x2_array, z=ff这三个参数分别是 x、y、z 轴的数据，用于表示二维平面上的二元函数坐标点。

参数contours_coloring='lines'指定了等高线的着色方式，这里是使用线条颜色。

参数line_width=2指定等高线的线宽为2 pt。

参数colorscale='RdYlBu_r'指定等高线颜色映射。

参数contours=levels指定等高线参数，使用了之前定义的 levels 字典。

ⓓ利用plotly.graph_objects.Layout()，简写作go.Layout()，创建Plotly的图形布局对象。

width=600, height=60 这两个参数分别设置了图形的宽度和高度，单位是像素。

xaxis=dict(title=r'\$x_1\$')设置 x 轴标题。r'\$x_1\$' 中的 r 表示将字符串按照原始字符串处理，\$x_1\$ 是用于显示数学符号的LaTeX语法。

同理，yaxis=dict(title=r'\$x_2\$')设置 y 轴标题。同样，r'\$x_2\$' 是用于显示数学符号的LaTeX语法。

ⓔ利用plotly.graph_objects.Figure()，简写作go.Figure()，创建Plotly的图形对象fig。

data=data是之前定义的包含图形数据信息的对象，即等高线图对象。

layout=layout是之前定义的包含图形布局信息的对象，用于设置图形的外观和布局。

ⓕ通过fig.show()显示交互图形。

代码11.4 用Plotly生成二维等高线图 | ⊕ Bk1_Ch11_04.ipynb

```python
# 导入包
import numpy as np
import matplotlib.pyplot as plt
import plotly.graph_objects as go
# 生成数据
x1_array = np.linspace(-3,3,121)
x2_array = np.linspace(-3,3,121)
```

ⓐ

```
    xx1, xx2 = np.meshgrid(x1_array, x2_array)
    ff = xx1 * np.exp(- xx1**2 - xx2 **2)

    # 等高线设置
ⓑ  levels = dict(start = -0.5, end = 0.5, size = 0.05)
ⓒ  data  = go.Contour(x = x1_array, y = x2_array, z = ff,
             contours_coloring ='lines',
             line_width = 2,
             colorscale = 'RdYlBu_r',
             contours = levels)

    # 创建布局
ⓓ  layout = go.Layout(
        width = 600,    # 设置图形宽度
        height = 600,   # 设置图形高度
        xaxis =dict(title = r'$x_1$'),
        yaxis =dict(title = r'$x_2$'))

    # 创建图形对象
ⓔ  fig = go.Figure(data = data, layout = layout)

ⓕ  fig.show()
```

11.4 热图

在 Matplotlib 中，可以使用 matplotlib.pyplot.imshow() 函数来绘制**热图** (heatmap)，也称**热力图**。imshow() 函数可以将二维数据矩阵的值映射为不同的颜色，从而可视化数据的密度、分布或模式。

"鸢尾花书"中一般会用Seaborn绘制静态热图，特别是在可视化矩阵运算。

seaborn.heatmap(data, vmin, vmax, cmap, annot)
下面是函数的常用输入参数。
- data：二维数据数组，指定要绘制的热图数据。
- vmin：可选参数，指定热图颜色映射的最小值。
- vmax：可选参数，指定热图颜色映射的最大值。
- cmap：可选参数，指定热图的颜色映射。可以是预定义的颜色映射名称或 colormap 对象。
- annot：可选参数，控制是否在热图上显示数据值。默认为 False，不显示数据值；设为 True 则显示数据值。
- xticklabels：可选参数，控制是否显示 x 轴的刻度标签。可以是布尔值或标签列表。
- yticklabels：可选参数，控制是否显示 y 轴的刻度标签。可以是布尔值或标签列表。

请大家在JupyterLab中自行学习下例。

```
import seaborn as sns
import numpy as np

# 创建二维数据
data = np.random.rand(10,10)

# 绘制热图
sns.heatmap(data, vmin = 0, vmax = 1,
            cmap = 'viridis',
            annot = True,
            xticklabels = True,
            yticklabels = True)
```

图11.9所示为分别用Seaborn和Plotly热图可视化鸢尾花数据集四个量化特征数据。

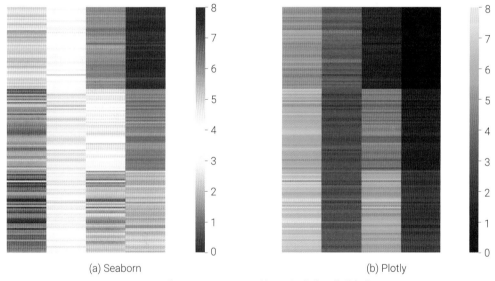

(a) Seaborn   (b) Plotly

图11.9　使用Seaborn、Plotly热图可视化鸢尾花数据集

我们可以通过代码11.5绘制图11.9 (a)，下面讲解其中关键语句。

ⓐ利用seaborn.load_dataset()，简写作sns.load_dataset()，导入鸢尾花数据。

ⓑ利用seaborn.heatmap()，简写作sns.heatmap()，绘制热图，展示鸢尾花数据。

data=iris_sns.iloc[:,0:-1] 指定了要传递给sns.heatmap()的数据。iris_sns 是数据集，方法iloc[:,0:-1] 选择了所有行 (:) 和除最后一列之外的所有列 (0:-1)，即选择了数据集中的量化特征部分。

vmin = 0, vmax = 8设置了颜色映射的范围，即最小值和最大值。在这个例子中，颜色映射的范围被限制在 0 到 8 之间。

ax = ax将图形绘制在预先定义的轴对象上。

yticklabels = False关闭了 y 轴上的刻度标签，即不显示 y 轴上的数值。

xticklabels = ['Sepal length', 'Sepal width', 'Petal length', 'Petal width'] 设置 x 轴上的刻度标签，即显示特征的名称。

cmap = 'RdYlBu_r'设置热图的颜色映射。

```python
# 导入包
import matplotlib.pyplot as plt
import seaborn as sns

# 从Seaborn中导入鸢尾花样本数据
iris_sns = sns.load_dataset ("iris")

# 绘制热图
fig, ax = plt.subplots ()

sns.heatmap (data = iris_sns.iloc [:,0:-1],
             vmin = 0, vmax = 8,
             ax = ax,
             yticklabels = False,
             xticklabels = ['Sepal length', 'Sepal width',
                            'Petal length', 'Petal width'],
             cmap = 'RdYlBu_r')
```
ⓐ
ⓑ

我们可以通过代码11.6绘制图11.9 (b)，下面讲解其中关键语句。

ⓐ将plotly.express模块导入，简写作px。

ⓑ利用plotly.express.iris()，简写作px.iris()，从Plotly库中导入鸢尾花数据集。数据类型也是数据帧。不同于Seaborn中的鸢尾花数据集，Plotly的数据集多了一列鸢尾花分类标签 (0，1，2)。

ⓒ利用plotly.express.imshow()，简写作px.imshow()，创建热图对象fig。

df.iloc[:,0:-2] 通过 iloc 切片选择了数据帧所有行和除了倒数第一、二列之外的所有列。

参数text_auto=False禁用了自动生成文本标签。

width = 600, height = 600设置图形的宽度和高度为600像素。

x = None设置横轴的值为 None，意味着横轴上不显示具体的数值。

zmin=0, zmax=8设置颜色映射的范围，即最小值和最大值。在这个例子中，颜色映射的范围被限制在 0 ~ 8 之间。

color_continuous_scale = 'viridis'设置颜色映射，这里使用的是viridis色谱。

ⓓ用update_layout()方法对fig对象更新布局设置。这一句的目标是隐藏纵轴刻度标签。

将字典赋值给参数yaxis。字典中参数，tickmode='array'指定了刻度标签的显示模式为数组。

tickvals=[] 将刻度标签的值设为空列表，即在 y 轴上不显示任何刻度标签。

ⓔ用列表设置横轴标签。

ⓕ先用len() 计算列表长度，然后用range() 生成可迭代对象，最后用list() 将range转化为列表，结果为 [0, 1, 2, 3]。

ⓖ用update_xaxes() 更新fig对象横轴设置。其中，tickmode='array'指定了 x 轴刻度标签的显示模式为数组。

tickvals=x_ticks指定在 x 轴上显示的刻度值。

ticktext=x_ticks用于指定在 x 轴上显示的刻度标签的文本。

```python
# 导入包
import matplotlib.pyplot as plt
a  import plotly.express as px

# 从Plotly中导入鸢尾花样本数据
b  df = px.data.iris()

# 创建Plotly热图
c  fig = px.imshow(df.iloc[:,0:-2], text_auto = False,
                   width = 600, height = 600,
                   x = None, zmin = 0, zmax = 8,
                   color_continuous_scale = 'viridis')

# 隐藏y轴刻度标签
d  fig.update_layout(yaxis = dict(tickmode ='array',tickvals =[]))

# 修改x轴刻度标签
e  x_labels =['Sepal length', 'Sepal width',
              'Petal length', 'Petal width']
f  x_ticks = list(range(len(x_labels)))
g  fig.update_xaxes(tickmode ='array',tickvals = x_ticks,
                    ticktext = x_labels)
   fig.show()
```

11.5 三维可视化方案

本章后文将介绍常见的四种三维空间可视化方案。图11.10所示为三维直角坐标系和三个平面。

散点图 (scatter plot) 用于展示三维数据的离散点分布情况。每个数据点在三维空间中的位置由其对应的三个数值确定。通过散点图，可以观察数据点的分布、聚集程度和可能的趋势。

线图 (line plot) 可用于表示在三维空间中的曲线或路径。通过将连续的点用线段连接，可以呈现数据的演变过程或路径的形态。线图在表示运动轨迹、时间序列数据等方面很有用。

网格曲面图 (mesh surface plot) 展示了三维空间中表面或曲面的形状。通过将空间划分为网格，然后根据每个网格点的数值给予相应的高度或颜色，可以可视化复杂的三维数据，如地形地貌、物理场、函数表面等。

三维等高线图 (3D contour plot) 在三维空间中绘制了等高线的曲线。这种图形通过将等高线与垂直于平面的轮廓线相结合，可以同时显示三个维度的信息。它适用于表示等值线密度、梯度分布等。

《数学要素》第6章专门介绍三维直角坐标系。

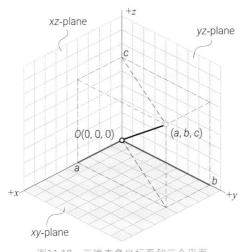

图11.10　三维直角坐标系和三个平面

三维视图视角

学过机械工程制图的同学知道，在三维空间中，我们可以将立体物体的投影投射到不同的平面上，以便更好地理解其形状和结构。

以下是常见的三维立体在不同面的投影方式。

- ◀ **俯视投影** (top view) 把立体物体在垂直于其底面的平面上投影的方式。这种投影显示了物体的顶部视图，可以揭示物体在水平方向上的外形和布局。
- ◀ **侧视投影** (side view) 将立体物体在垂直于其侧面的平面上投影的方式。这种投影显示了物体的侧面视图，可以展示物体在垂直方向上的外形和结构。
- ◀ **正视投影** (front view) 把立体物体在垂直于其正面的平面上投影的方式。这种投影显示了物体的正面视图，可以展示物体在前后方向上的外形和特征。
- ◀ **等角投影** (isometric view) 将立体物体在等角度投射到平面上的方式。它显示了物体的斜面视图，保留了物体在三个维度上的比例关系，使观察者能够同时感知物体的长度、宽度和高度。

这些不同面的投影方式可以提供不同的视角，帮助我们从多个方面理解和分析立体物体。选择合适的投影方式取决于我们关注的特定方面和目的。特别是用Matplotlib、Plotly绘制三维图像时，选择合适的投影方式至关重要。

在Matplotlib中，ax.view_init(elev, azim, roll) 方法用于设置三维坐标轴的视角，也叫相机照相位置。这个方法接受三个参数：elev、azim 和 roll，它们分别表示仰角、方位角和滚动角。

- ◀ **仰角** (elevation)：elev 参数定义了观察者与 xy 平面之间的夹角，也就是观察者与 xy 平面之间的旋转角度。当 elev 为正值时，观察者向上倾斜，负值则表示向下倾斜。
- ◀ **方位角** (azimuth)：azim 参数定义了观察者绕 z 轴旋转的角度。它决定了观察者在 xy 平面上的位置。azim 的角度范围是 $-180°\sim180°$，其中正值表示逆时针旋转，负值表示顺时针旋转。
- ◀ **滚动角** (roll)：roll 参数定义了绕观察者视线方向旋转的角度。它决定了观察者的头部倾斜程度。正值表示向右侧倾斜，负值表示向左侧倾斜。

通过调整这三个参数的值，可以改变三维图形的视角，从而获得不同的观察效果。例如，增加仰角可以改变观察者的俯视角度，增加方位角可以改变观察者在 xy 平面上的位置，增加滚动角可以改变观察者的头部倾斜程度。

类比的话，这三个角度和图11.11所示飞机的三个姿态角度类似。

如图11.12所示，"鸢尾花书"中调整三维视图视角一般只会用elev、azim，几乎不用使用roll。

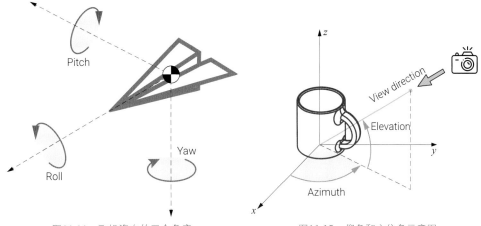

图11.11　飞机姿态的三个角度　　　　　　　图11.12　仰角和方位角示意图

图11.13展示了六个特殊视角，供大家参考。

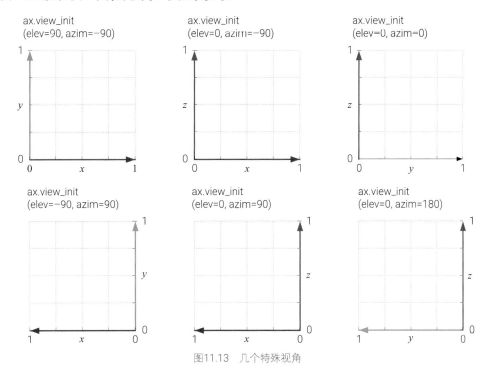

图11.13　几个特殊视角

下面，我们讲解代码11.7中关键语句。

ⓐ利用matplotlib.pyplot.figure()，简写作plt.figure()，创建图形对象fig。

ⓑ在图形对象fig上，用add_subplot()方法通过设置projection = '3d'，添加一个三维坐标值对象。

ⓒ、**ⓓ**、**ⓔ**分别设置x、y、z轴标签。

ⓕ用set_proj_type()方法将投影类型设置为'ortho'，即正交投影。我们马上就要了解不同的投影方法。

ⓖ通过view_init()设置三维轴对象的视角，两个关键字参数分别为elev = 30 (仰角30度)，azim = 30 (方位角30度)。

ⓗ用set_box_aspect() 方法将三维直角坐标系的三个坐标轴比例设为一致。

请大家在JupyterLab中练习代码11.7，并调整仰角、方位角大小观察图像变化。

> ⚠
> ax = fig.gca(projection='3d') 已经被最新版本Matplotlib弃用，正确的语法为ax = fig.add_
> subplot(projection='3d')。

```python
import matplotlib.pyplot as plt
# 导入Matplotlib的绘图模块
```

(a)
```python
fig = plt.figure ()
# 创建一个新的图形窗口
```

(b)
```python
ax = fig.add_subplot (projection='3d')
# 在图形窗口中添加一个3D坐标轴子图
```

(c)
(d)
(e)
```python
ax.set_xlabel('x')
ax.set_ylabel('y')
ax.set_zlabel('z')
# 设置坐标轴的标签
```

(f)
```python
ax.set_proj_type('ortho')
# 设置投影类型为正投影(orthographic projection)
```

(g)
```python
ax.view_init(elev=30, azim=30)
# 设置观察者的仰角为30度，方位角为30度，即改变三维图形的视角
```

(h)
```python
ax.set_box_aspect ([1,1,1])
# 将三个坐标轴的比例设为一致，使得图形在三个方向上等比例显示
```

```python
plt.show ()
# 显示图形
```

有关Matplotlib的三维视图视角，请参考：

https://matplotlib.org/stable/api/toolkits/mplot3d/view_angles.html

两种投影方法

此外，大家还需要注意投影方法。上述代码采用的是正投影。

在Matplotlib中，ax.set_proj_type() 方法用于设置三维坐标轴的投影类型。Matplotlib提供了两种主要的投影类型。

◂ **透视投影** (perspective projection) 是默认的投影类型，如图11.14 (a) 所示。简单来说就是近大远小，它模拟了人眼在观察远处物体时的视觉效果，使得远离观察者的物体显得较小。透视投影通过在观察者和图形之间创建一个虚拟的透视点，从而产生远近比例和景深感。设置方式为：ax.set_proj_type('persp')。

◂ **正投影** (orthographic projection) 是另一种投影类型，如图11.14 (b) 所示。它在观察者和图形之间维持固定的距离和角度，不考虑远近关系，保持了物体的形状和大小。正交投影在某些情况下可能更适合于一些几何图形的呈现，尤其是在需要准确测量物体尺寸或进行定量分析时。设置方式为：ax.set_proj_type('ortho')。

Plotly的三维图像也是默认透视投影，想要改成正交投影对应的语法为：

```
fig.layout.scene.camera.projection.type = "orthographic"
```

图11.15展示了3D绘图时改变焦距对透视投影的影响。需要注意的是，Matplotlib会校正焦距变化所带来的"缩放"效果。

透视投影中，默认焦距为1，对应90度的**视场角** (Field of View，FOV)。增加焦距 (1至无穷大) 会使图像变得扁平，而减小焦距 (1至0之间) 则会夸张透视效果，增加图像的视觉深度。当焦距趋近无穷大时，经过缩放校正后，会得到正交投影效果。

⚠️ "鸢尾花书"中三维图像绝大部分都是正交投影。

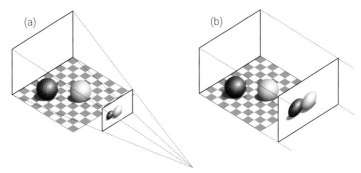

图11.14　透视投影和正交投影 (来源：https://github.com/rougier/scientific-visualization-book)

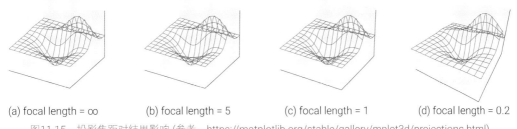

(a) focal length = ∞　　(b) focal length = 5　　(c) focal length = 1　　(d) focal length = 0.2

图11.15　投影焦距对结果影响 (参考：https://matplotlib.org/stable/gallery/mplot3d/projections.html)

11.6 三维散点图

上一章我们利用二维散点图可视化鸢尾花数据集，这一节将用三维散点图可视化这个数据集。图11.16所示为利用Matplotlib绘制的三维散点图，这幅图用不同颜色表征鸢尾花分类。

类似图11.13，请大家将图11.16投影到不同平面上。

我们可以通过代码11.8绘制图11.16，下面讲解其中关键语句。

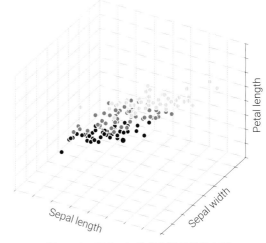

图11.16　用Matplotlib绘制的三维散点图

ⓐ取出NumPy Array前三列。第一个冒号代表所有行，":3"代表索引为0、1、2的连续三列，分别代表鸢尾花花萼长度、花萼宽度、花瓣长度三个特征样本数据。

ⓑ提取鸢尾花分类数据，数据类型也是NumPy Array。

⊙利用matplotlib.pyplot.figure()，简写作plt.figure()，创建图形对象fig。

⊙利用add_subplot()方法在fig上增加一个三维轴对象。其中，111分别代表1行1列编号为1的子图，projection = '3d' 设定投影为三维。

⊙在三维轴对象上用scatter()绘制三维散点图。其中X[:,0] 代表二维数组索引为0列，即第1列，以此类推，c代表color，设定值为y，即用颜色渲染不同鸢尾花分类。

⊙用;分割三个语句，用来设定x、y、z轴取值范围。

⊙用set_proj_type('ortho')设定三维轴对象为正交投影。

代码11.9用Plotly绘制交互三维散点图，请大家自行分析并逐行注释。

代码11.8 用Matplotlib绘制三维散点图 | ⊕ Bk1_Ch11_08.ipynb ○○○

```
# 导入包
import matplotlib.pyplot as plt
import numpy as np
from sklearn import datasets

                                        iris.data  iris.target
# 加载鸢尾花数据集
iris = datasets.load_iris ()
# 取出前三个特征作为横纵坐标和高度
X = iris.data [:, :3]
y = iris.target

# 创建 3D 图像对象
fig = plt.figure ()
ax = fig.add_subplot (111, projection ='3d')

# 绘制散点图
ax.scatter (X[:, 0], X[:, 1], X[:, 2], c = y)

# 设置坐标轴标签
ax.set_xlabel ('Sepal length' )
ax.set_ylabel ('Sepal width' )
ax.set_zlabel ('Petal length' )
# 设置坐标轴取值范围
ax.set_xlim (4,8); ax.set_ylim (1,5); ax.set_zlim (0,8)
# 设置正交投影
ax.set_proj_type ('ortho')
# 显示图像
plt.show ()
```

ⓐ X = iris.data [:, :3]
ⓑ y = iris.target
ⓒ fig = plt.figure ()
ⓓ ax = fig.add_subplot (111, projection ='3d')
ⓔ ax.scatter (X[:, 0], X[:, 1], X[:, 2], c = y)
ⓕ ax.set_xlim (4,8); ax.set_ylim (1,5); ax.set_zlim (0,8)
ⓖ ax.set_proj_type ('ortho')

代码11.9 用Plotly绘制三维散点图 | ⊕ Bk1_Ch11_09.ipynb ○○○

```
import plotly.express as px
# 导入鸢尾花数据
df = px.data.iris ()
fig = px.scatter_3d (df,
                     x = 'sepal_length',
                     y = 'sepal_width',
                     z = 'petal_length',
                     size = 'petal_width',
                     color = 'species')
```

ⓐ df = px.data.iris ()
ⓑ fig = px.scatter_3d (df, ...

```
ⓒ fig.update_layout(autosize=False,width=500,height=500)
ⓓ fig.layout.scene.camera.projection.type = "orthographic"
   fig.show()
```

11.7 三维线图

图11.17所示为利用Matplotlib绘制"线图 + 散点图"可视化微粒的随机漫步。并且用散点的颜色渐进变化展示时间维度。

《数据有道》专门介绍随机漫步。

什么是随机漫步?

随机漫步是指一个粒子或者一个系统在一系列离散的时间步骤中,按照随机的方向和大小移动的过程。每个时间步骤,粒子以随机的概率向前或向后移动一个固定的步长,而且每个时间步骤之间的移动是相互独立的。随机漫步模型常用于模拟不确定性和随机性的系统,如金融市场、扩散过程、分子运动等。通过模拟大量的随机漫步路径,可以研究粒子或系统的统计特性和概率分布。

代码11.10绘制图11.17,代码中也用Plotly绘制三维散点,请大家在JupyterLab中查看可视化结果。

代码11.10中大家得注意的是ⓑ,其中用到了几个新函数。

其中,numpy.random.standard_normal() 用来产生服从**标准正态分布** (standard normal distribution) 的随机数。这些随机数代表每步行走的步长。

numpy.cumsum() 用来计算**累加** (cumulative sum, rolling total, running total),代表微粒**随机行走** (random walk) 轨迹。

请大家自行分析代码11.10中剩余语句,并逐行注释。

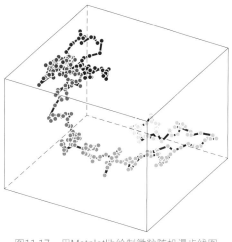

图11.17 用Matplotlib绘制微粒随机漫步线图

代码11.10 用Matplotlib和Plotly可视化三维随机行走 | ⊕ Bk1_Ch11_10.ipynb

```
# 导入包
import matplotlib.pyplot as plt
import numpy as np
ⓐ import plotly.graph_objects as go

   # 生成随机游走数据
   num_steps = 300
ⓑ t = np.arange(num_steps)
   x = np.cumsum(np.random.standard_normal(num_steps))
   y = np.cumsum(np.random.standard_normal(num_steps))
   z = np.cumsum(np.random.standard_normal(num_steps))
```

```
# 用Matplotlib可视化
fig = plt.figure ()
```
c `ax = fig.add_subplot (111, projection ='3d')`

d `ax.plot (x,y,z,color = 'darkblue')`
e `ax.scatter(x,y,z,c = t, cmap = 'viridis')`

```
ax.set_xticks ([]); ax.set_yticks ([]); ax.set_zticks ([])
# 设置正交投影
ax.set_proj_type ('ortho')
# 设置相机视角
ax.view_init (elev = 30, azim = 120)
# 显示图像
plt.show ()

# 用Plotly可视化
```
f
```
fig = go.Figure (data = go.Scatter3d (
    x = x, y = y, z = z,
    marker =dict(size = 4,color = t,colorscale = 'Viridis'),
    line = dict(color ='darkblue', width = 2)))

fig.layout.scene.camera.projection.type = "orthographic"
fig.update_layout (width = 800,height = 700)
fig.show ()   # 显示绘图结果
```

11.8 三维网格曲面图

图11.18所示为利用Axes3D.plot_surface() 绘制的三维网格曲面图。

> **?** 请大家思考如何在图11.18中加入colorbar。

我们可以通过代码11.11绘制图11.18，这段代码还用Plotly绘制了三维曲面，请大家在JupyterLab中查看可视化结果。下面讲解代码11.11中关键语句。

a 导入 Plotly 库中的 graph_objects 模块，简写作go。

b 用fig.add_subplot()在图形对象fig中添加了一个三维子图轴对象Axes3D。

参数111表示将图形分成1行1列的子图，而数字1表示当前子图在这个网格中的位置。

参数projection='3d'指定子图的投影方式，这里是三维投影。这是用Matplotlib库绘制三维可视化方案的前提。

c 利用plot_surface() 方法在三维轴对象ax上绘制三维网格曲面。

xx1、xx2、ff这三个参数是数据。xx1 和 xx2 是坐标网格，分别为横纵坐标，ff 是这个网格上的函数值。

参数cmap='RdYlBu_r'指定等高线颜色映射。在这里，使用了'RdYlBu_r'，表示红、黄、蓝渐变色的颜色映射，_r代表翻转。

ⓓ利用plotly.graph_objects.Figure() 创建Plotly图形对象。

plotly.graph_objects.Surface()，简写作go.Surface()，用于创建三维曲面图的对象。

z=ff、x=xx1、y=xx2这三个参数分别是 z、x、y 轴的数据，用于表示三维空间中的曲面。

参数colorscale='RdYlBu_r'指定曲面颜色映射的参数。

"鸢尾花书"经常用plot_wireframe()绘制网格曲面，请大家自行学习下例。

https://matplotlib.org/stable/gallery/
mplot3d/wire3d.html

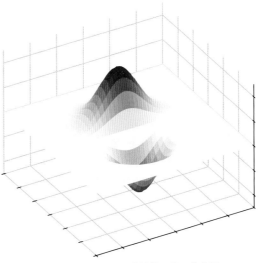

图11.18 用Matplotlib绘制的三维网格曲面图

代码11.11 用Matplotlib和Plotly可视化三维网格曲面图 | ⊕ Bk1_Ch11_11.ipynb

```
# 导入包
import matplotlib.pyplot as plt
import numpy as np
```
ⓐ
```
import plotly.graph_objects as go

# 生成曲面数据
x1_array = np.linspace (-3,3,121)
x2_array = np.linspace (-3,3,121)

xx1, xx2 = np.meshgrid (x1_array, x2_array)
ff = xx1 * np.exp (- xx1 **2 - xx2 **2)

# 用Matplotlib可视化三维曲面
fig = plt.figure ()
```
ⓑ
```
ax = fig.add_subplot (111, projection ='3d')
```
ⓒ
```
ax.plot_surface (xx1, xx2, ff, cmap ='RdYlBu_r')

# 设置坐标轴标签
ax.set_xlabel ('x1'); ax.set_ylabel ('x2');
ax.set_zlabel ('f(x1,x2)')
# 设置坐标轴取值范围
ax.set_xlim (-3,3); ax.set_ylim (-3,3); ax.set_zlim (-0.5,0.5)
# 设置正交投影
ax.set_proj_type ('ortho')
# 设置相机视角
ax.view_init (elev =30, azim =150)
plt.tight_layout ()
plt.show ()
```

```
# 用Plotly可视化三维曲面
```

```
fig = go.Figure (data = [go.Surface (z = ff, x = xx1, y = xx2,
                                    colorscale ='RdYlBu_r')])
fig.layout.scene.camera.projection.type = "orthographic"
fig.update_layout(width = 800 , height = 700)
fig.show ()
```

11.9 三维等高线图

《可视之美》介绍更多三维等高线的用法。

图11.19所示为用Matplotlib绘制的三维等高线图，这些等高线投影到水平面便得到前文介绍的二维等高线。

我们可以通过代码11.12绘制图11.19，这段代码也用Plotly绘制了三维"曲面 + 等高线"，请大家在JupyterLab中查看可视化结果。下面讲解其中关键语句。

ⓐ导入 Plotly 库中的 graph_objects 模块，简写作go。

ⓑ在三维轴对象ax上用contour()添加三维等高线。大部分参数已经在本章前文提过。

参数levels=20:指定等高线的数量。

ⓒ创建contour_settings，这是一个包含等高线设置的字典。在这里，设置了 z 轴的等高线参数，包括是否显示等高线 ("show": True)、开始值 ("start": −0.5)、结束值 ("end": 0.5)和轮廓线之间的间隔 ("size": 0.05)。

ⓓ用plotly.graph_objects.Figure()，简写作go.Figure()，创建Plotly图形对象fig。

fig是一个 Plotly 图形对象，用于容纳图形的各种元素。

plotly.graph_objects.Surface()，简写作go.Surface()，是Plotly 中用于创建三维表面图的对象。

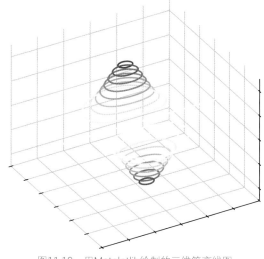

图11.19　用Matplotlib绘制的三维等高线图

x=xx1, y=xx2, z=ff这三个参数分别是 x、y、z 轴的数据，用于表示三维空间中的表面。

colorscale='RdYlBu_r'指定表面颜色映射的参数。

contours=contour_settings指定等高线的参数，使用了之前定义的字典对象。

代码11.12　用Matplotlib和Plotly可视化三维等高线图 | ⊕ Bk1_Ch11_11.ipynb

```
# 导入包
import matplotlib.pyplot as plt
import numpy as np
```
```
import plotly.graph_objects as go

# 生成曲面数据
x1_array = np.linspace (-3,3,121)
x2_array = np.linspace (-3,3,121)
```

```
xx1, xx2 = np.meshgrid (x1_array, x2_array)
ff = xx1 * np.exp (-xx1**2 - xx2 **2)

fig = plt.figure ()
ax = fig.add_subplot (111, projection = '3d')
```
ⓑ `ax.contour(xx1, xx2, ff, cmap = 'RdYlBu_r', levels = 20)`
```
# 设置坐标轴标签
ax.set_xlabel ('x1'); ax.set_ylabel ('x2'); ax.set_zlabel ('f(x1,x2)')
# 设置坐标轴取值范围
ax.set_xlim (-3,3); ax.set_ylim (-3,3); ax.set_zlim (-0.5,0.5)
# 设置正交投影
ax.set_proj_type ('ortho')
# 设置相机视角
ax.view_init (elev = 30, azim = 150)
plt.tight_layout ()
plt.show ()
```
ⓒ `contour_settings = {"z": {"show" :True,"start" :-0.5,`
```
                                "end" :0.5, "size" : 0.05}}
```
ⓓ `fig = go.Figure (data = [go.Surface (x = xx1,y = xx2,z = ff,`
```
                                colorscale = 'RdYlBu_r',
                                contours = contour_settings)])

fig.layout.scene.camera.projection.type = "orthographic"
fig.update_layout (width = 800, height = 700)
fig.show ()   # 显示绘图结果
```

11.10 箭头图

我们可以用 matplotlib.pyplot.quiver() 绘制**箭头图** (quiver plot或vector plot)。实际上，我们在本书第5章用箭头图可视化了二维向量、三维向量，不知道大家是否有印象。

本节尝试利用matplotlib.pyplot.quiver() 复刻第5章中看到的箭头图，具体如图11.20所示。

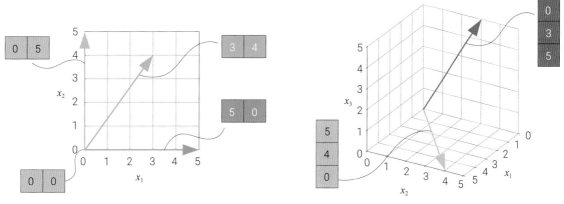

图11.20　二维、三维箭头图

我们可以通过代码11.13绘制图11.20中的二维箭头图。

ⓐ 用Python列表创建了一个矩阵。这个矩阵有3行2列，形状为3 × 2。

ⓑ 自定义函数，用来绘制二维平面箭头。这个函数有两个输入，向量和RGB色号。

ⓒ 用matplotlib.pyplot.quiver()，简写作plt.quiver()，绘制二维箭头图。

参数0, 0是箭头的起点坐标，这表示箭头起点在原点 (0, 0) 处。

参数vector[0] 为箭头在x轴上的分量，vector[1] 是箭头在y轴上的分量。

参数angles='xy'指定箭头应该以x和y轴的角度来表示。

参数scale_units='xy'指定箭头的比例应该根据x和y轴的单位来缩放。

参数scale=1指定箭头的长度应该乘的比例因子。在这里，箭头的长度将乘以1，保持原始长度。

参数color=RGB指定箭头的颜色。RGB可以是一个包含红、绿、蓝值的元组，也可以是字符串色号，或者是十六进制色号。

参数zorder用来指定"艺术家"图层序号。

ⓓ 取出数组中索引为0的元素，即矩阵的第1个行向量。

ⓔ 调用自定义函数绘制二维箭头，颜色采用十六进制色号。

代码11.13 绘制二维箭头图 | ⊕ Bk1_Ch11_12.ipynb

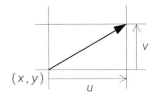

```python
# 导入包
import matplotlib.pyplot as plt

# 定义二维列表
A = [[0,5],
     [3,4],
     [5,0]]

# 自定义可视化函数
def draw_vector (vector,RGB):
    plt.quiver(0, 0, vector[0], vector[1],angles='xy',
               scale_units='xy',scale=1,color=RGB,
               zorder=1e5)

fig, ax = plt.subplots()
v1 = A[0]  # 第1行向量
draw_vector(v1,'#FFC000')
v2 = A[1]  # 第2行向量
draw_vector(v2,'#00CC00')
v3 = A[2]  # 第3行向量
draw_vector(v3,'#33A8FF')

ax.axvline(x=0, c='k')
ax.axhline(y=0, c='k')
ax.set_xlabel('x1')
ax.set_ylabel('x2')
ax.grid()
ax.set_aspect('equal', adjustable='box')
ax.set_xbound(lower=-0.5, upper=5)
ax.set_ybound(lower=-0.5, upper=5)
```

我们可以通过代码11.14绘制图11.20中的三维箭头图。

ⓐ自定义函数绘制三维箭头图。

ⓑ和前文类似，也是用matplotlib.pyplot.quiver() 绘制箭头图，不同的是这段代码绘制三维箭头图。参数0, 0, 0是箭头的起点坐标，即三维空间中的原点 (0, 0, 0) 处。

参数vector[0]、vector[1]、vector[2] 是箭头在x、y、z轴上的分量。

参数arrow_length_ratio=0指定箭头的长度应该乘的比例因子。在这里，0 表示箭头的长度将被设置为一个合适的长度，不乘以比例因子。

ⓒ创建了一个新的Matplotlib图形对象fig，并指定了它的大小为 (6, 6)，即宽度和高度都为 6 英寸。

ⓓ用fig.add_subplot()在图形对象fig中添加了一个三维子图轴对象Axes3D。本章前文已经介绍其中大部分参数，请大家回顾。值得一提的是，参数proj_type='ortho'指定了三维投影的类型为正交投影。

ⓔ利用列表生成式提取矩阵第1列，即第1个列向量。

ⓕ调用自定义函数绘制三维箭头图。

代码11.14　绘制三维箭头图 (使用时配合前文代码) | ⊕ Bk1_Ch11_13.ipynb　○○○

```python
# 自定义可视化函数
def draw_vector_3D (vector ,RBG):
    plt.quiver (0, 0, 0, vector [0], vector [1], vector [2],
                arrow_length_ratio = 0, color = RBG,
                zorder = 1e5)

fig = plt.figure (figsize = (6,6))
ax = fig.add_subplot (111, projection ='3d', proj_type = 'ortho')
# 第1列向量
v_1 = [row [0] for row in A]
draw_vector_3D (v_1 ,'#FF6600')
# 第2列向量
v_2 = [row [1] for row in A]
draw_vector_3D (v_2 ,'#FFBBFF')

ax.set_xlim (0,5)
ax.set_ylim (0,5)
ax.set_zlim (0,5)
ax.set_xlabel ('x1')
ax.set_ylabel ('x2')
ax.set_zlabel ('x3')
ax.view_init (azim = 30, elev = 25)
ax.set_box_aspect ([1,1,1])
```

➡

《可视之美》专门介绍更多箭头图的可视化方案。

第11章　二维和三维可视化　《编程不难》　237

请大家完成以下题目。

Q1. 分别用Matplotlib、Seaborn、Plotly绘制鸢尾花数据集，花瓣长度、宽度散点图，并适当美化图像。

Q2. 分别用Matplotlib和Plotly绘制如下二元函数等高线图，并用语言描述图像特点 (等高线形状、疏密分布、增减、最大值、最小值等)。

$$f(x_1, x_2) = x_1$$

$$f(x_1, x_2) = x_2$$

$$f(x_1, x_2) = x_1 + x_2$$

$$f(x_1, x_2) = x_1 - x_2$$

$$f(x_1, x_2) = x_1^2 + x_2^2$$

$$f(x_1, x_2) = -x_1^2 - x_2^2$$

$$f(x_1, x_2) = x_1^2 + x_2^2 + x_1 x_2$$

$$f(x_1, x_2) = x_1^2 - x_2^2$$

$$f(x_1, x_2) = x_1^2$$

$$f(x_1, x_2) = x_1 x_2$$

$$f(x_1, x_2) = x_1^2 + x_2^2 + 2x_1 x_2$$

Q3. 分别用Matplotlib和Plotly中网格曲面图、三维等高线图可视化以上几个二元函数。

* 本章不提供答案。

本章介绍了几种常用的二维平面和三维空间的可视化方案。实现这些可视化方案时，我们混用了Matplotlib和Plotly。Matplotlib特别擅长绘制静态图，这对于平面出版很适用；而Plotly绘制的图像具有交互属性，很适合用来现场演示。

下一章介绍利用Seaborn完成统计可视化。

12 Descriptive Statistics Using Seaborn
Seaborn 可视化数据
使用Seaborn完成样本数据统计描述

理性永恒，其他一切皆有终结之时。
Reason is immortal, all else mortal.

—— 毕达哥拉斯 (Pythagoras) ｜ 古希腊哲学家、数学家 ｜ 前570 — 495 年

◄　pandas.plotting.parallel_coordinates() 绘制平行坐标图
◄　seaborn.boxplot() 绘制箱型图
◄　seaborn.heatmap() 绘制热图
◄　seaborn.histplot() 绘制频数 / 概率 / 概率密度直方图
◄　seaborn.jointplot() 绘制联合分布和边缘分布
◄　seaborn.kdeplot() 绘制KDE核概率密度估计曲线
◄　seaborn.lineplot() 绘制线图
◄　seaborn.lmplot() 绘制线性回归图像
◄　seaborn.pairplot() 绘制成对分析图
◄　seaborn.swarmplot() 绘制蜂群图
◄　seaborn.violinplot() 绘制小提琴图

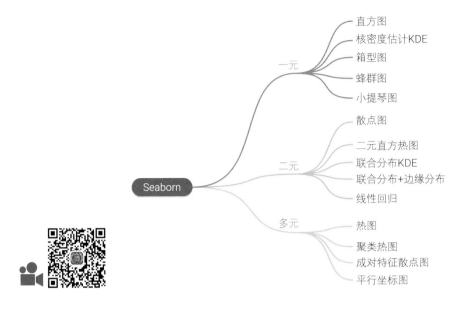

12.1 Seaborn：统计可视化利器

本书前文用Seaborn绘制了热图。实际上，Seaborn的真正价值在于统计可视化上。简单来说，Seaborn是一个用于数据可视化的Python库，它基于Matplotlib，并提供了一组高级的绘图函数和样式设置，可以轻松创建具有吸引力和专业外观的统计图表。

Seaborn提供了多种可视化方案，包括但不限于以下几种。

◀**分布图：**包括直方图、核密度图、箱线图等，用于展示数据的分布情况。
◀**散点图：**用于观察两个变量之间的关系，可以通过散点图添加颜色或大小编码第三个变量。
◀**线性关系图：**通过绘制线性回归模型的置信区间，展示两个变量之间的线性关系。
◀**分类图：**包括条形图、点图、计数图等，用于比较不同类别之间的数值关系。
◀**矩阵图：**如热图和聚类图，用于显示数据的相似性和聚类结构。

本章以鸢尾花数据为例介绍如何用Seaborn可视化样本数据分布。

样本数据分布是指，在统计学中，对一组收集到的数据进行统计和描述的方式。

一元样本数据分布是指只包含一个随机变量的样本数据分布，如鸢尾花花萼长度。可视化一元样本分布的方法有：**直方图** (histogram)、**核密度估计** (Kernel Density Estimation，KDE)、**毛毯图** (rug plot)、**分散图** (strip plot)、**小提琴图** (violin plot)、**箱型图** (box plot)、**蜂群图** (swarm plot)等。

二元样本数据分布则涉及两个随机变量，如鸢尾花花萼长度和花萼宽度之间的关系。这种分布一般叫**联合分布** (joint distribution)。我们可以通过相关性系数量化联合分布。

边缘分布 (marginal distribution) 是指在多元数据分布中，对某一个或几个变量进行统计，而忽略其他变量的分布。例如，在花萼长度和花萼关系的二元数据分布中，对花萼长度的边缘分布就是仅考虑花萼长度变量的数据分布。

可视化二元样本分布的方法有**散点图** (scatter plot)、散点图 + 边缘直方图、散点图 + 毛毯图、散点图 + 回归图、频数热图、二元KDE等图形和图形组合。

多元样本数据分布则涉及两个以上随机变量，如鸢尾花花萼长度、花萼宽度、花瓣长度、花瓣宽度。多元样本数据的可视化方案有**热图** (heatmap)、**聚类热图** (cluster map)、**平行坐标图** (parallel plot)、成对特征散点图、Radviz等。特别地，我们还可以用协方差矩阵、相关系数矩阵来量化随机变量之间的关系。而热图可以用来可视化协方差矩阵、相关系数矩阵。

除此之外，我们在采用上述可视化方案时，还可以考虑分类，如鸢尾花种类。

下面我们来逐一展示这些统计可视化方案。

12.2 一元特征数据

直方图

直方图是一种常用的数据可视化图表，用于显示数值变量的分布情况。

如图12.1所示，将数据划分为不同的区间 (也称"柱子")，一般计算每个区间内的数据频数 (样本数量)；简单来说，这个过程就是"查数"。然后，通过绘制每个区间的柱状条形来表示相应的频数。

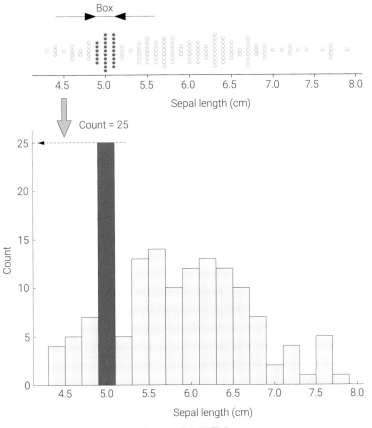

图12.1 直方图原理

比如，图12.1中深蓝的"柱子"对应区间的样本数量为25，因此"柱子"的高度为25。

直方图的 x 轴表示变量的取值范围，而y 轴表示频数、概率、概率密度。图12.1中深蓝的"柱子"对应的频数为25，而样本总数为150，因此这个"柱子"对应的概率为25/150。"柱子"的宽度为0.2，因此这个深蓝色"柱子"的概率密度为 (25/150/0.2)。

图12.2所示为鸢尾花花萼长度样本数据的直方图，纵轴为频数。

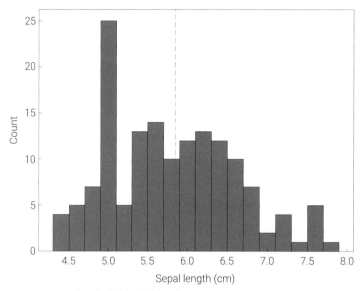

图12.2　鸢尾花花萼长度样本数据直方图 | ⊕ Bk1_Ch12_01.ipynb

如果图12.2的纵轴为概率，图12.2的这些"柱子"的高度之和为1。如果图12.2的纵轴为概率密度，图12.2的这些"柱子"的面积之和为1。

标准差是方差的平方根。样本、样本均值、样本标准差，三者具有相同单位。

我们可以通过代码12.1绘制图12.2，下面讲解其中的关键语句。

ⓐ将seaborn导入，简写作sns。

ⓑ利用seaborn.load_dataset()，简写作sns.load_dataset()，导入鸢尾花数据。保存在Seaborn中的鸢尾花数据类型是Pandas DataFrame。

请大家自己解释ⓒ，简述fig和ax两个对象都有哪些用途。

ⓓ利用seaborn.histplot()绘制直方图。参数与data一般为Pandas数据帧，x为横轴对应的数据帧的列标签。

请大家在JupyterLab分别尝试绘制鸢尾花数据其他三个量化特征 (花萼宽度、花瓣长度、花瓣宽度) 的直方图。

此外，参数stat指定纵轴类型，比如'count'对应频数，'probability'对应概率，'density'对应概率密度。可以用bins指定直方图区间数量，binwidth定义区间宽度。

ⓔ利用axvline() 在轴对象ax绘制了花萼长度样本均值的位置。

这段代码中iris_sns.sepal_length可以取出数据帧的特定列，其中sepal_length是列标签。而iris_sns.sepal_length.mean() 则计算这一列的均值。

这是Pandas数据帧重要的计算方法——**链式法则** (method chaining)。简单来说，Pandas链式法则是一种编程风格，旨在通过将多个操作链接在一起，以更清晰、紧凑的方式执行数据处理任务。

请大家修改本章配套Jupyter Notebook，将"均值 ± 标准差"这两条直线也画上去。

```python
# 导入包
import matplotlib.pyplot as plt
import pandas as pd
import seaborn as sns           # (a)

# 导入鸢尾花数据
iris_sns = sns.load_dataset("iris")    # (b)

# 绘制花萼长度样本数据直方图
fig, ax = plt.subplots (figsize = (8, 6))    # (c)

sns.histplot (data = iris_sns, x = "sepal_length",
              binwidth = 0.2, ax = ax)    # (d)
# 纵轴三个选择：频数、概率、概率密度
ax.axvline (x = iris_sns.sepal_length.mean (),
            color = 'r', ls = '--')    # (e)
# 增加均值位置竖直参考线
```

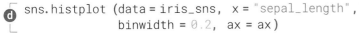

如代码12.2所示，利用seaborn.histplot()绘制鸢尾花数据直方图时，如果指定hue = 'species'，我们便得到每个类别鸢尾花单独的直方图，具体如图12.3所示。

seaborn.histplot() 还可以用来绘制二维直方热图，本章后文将介绍。此外，本章配套的Jupyter Notebook还给出了函数的其他用法。

图12.3中直方图纵轴为概率密度值。

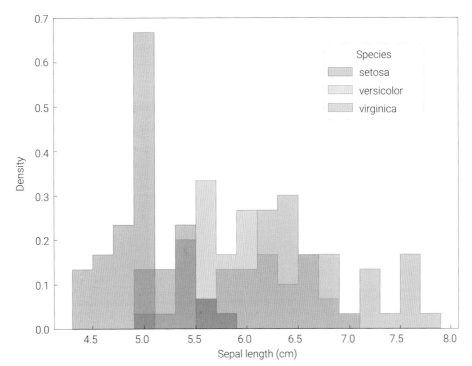

图12.3　鸢尾花花萼长度样本数据直方图 (考虑鸢尾花分类，纵轴为概率密度) | ⊕ Bk1_Ch12_01.ipynb

```
# 绘制花萼长度样本数据直方图，考虑鸢尾花分类
fig, ax = plt.subplots (figsize = (8,6))

sns.histplot (data = iris_sns,  x = "sepal_length",
              hue = 'species', binwidth = 0.2, ax = ax,
              element ="step", stat = 'density' )
# 纵轴为概率密度
```

在直方图中，以下是频数、概率和概率密度的确切定义。

直方图中每个区间内的样本数量被称为**频数** (frequency)，表示数据落入该区间的次数或计数。

概率 (probability) 是指某个事件发生的可能性。在直方图中，可以将频数除以总观测值的数量，得到每个区间的概率。这样计算得到的概率表示该区间中的观测值出现的相对概率。

概率密度 (probability density)：是指在概率分布函数中某一点附近单位自变量取值范围内的概率。在直方图中，概率密度可以通过将每个区间的概率除以该区间的宽度得到。概率密度函数描述了变量的分布形状，而不是具体的概率值。

《统计至简》第1章专门讲解直方图、偏态、峰度等概念。

直方图可以显示数据的分布形状，如**对称** (symmetry)、**偏态** (skewness)、**峰度** (kurtosis) 等，以及数据的中心趋势和离散程度。通过观察直方图，我们可以直观地了解数据的分布特征，如数据的集中程度、范围和**异常值** (outlier) 等。

核密度估计KDE

核密度估计 (Kernel Density Estimation，KDE) 是一种非参数方法，用于估计连续变量的**概率密度函数** (Probability Density Function，PDF)。它通过将每个数据点视为一个核函数 (通常是高斯核函数)，在整个变量范围内生成一系列核函

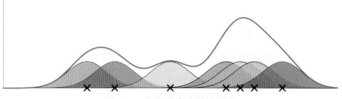
图12.4　高斯核密度估计原理

数，然后将这些核函数进行平滑和叠加，从而得到连续的概率密度估计曲线。具体原理如图12.4所示。

核密度估计的目标是通过在数据点附近生成高斯分布的核函数，捕捉数据的分布特征和结构。具体地说，每个数据点的核函数会在其附近产生一个小的高斯分布，然后将所有核函数叠加在一起。通过调整核函数的带宽参数，可以控制估计曲线的平滑程度和敏感度。

图12.5所示为利用seaborn.kdeplot() 绘制的鸢尾花花萼长度数据高斯核密度估计PDF。可以这样理解，图12.5是图12.2中直方图的"平滑"处理结果。

本书第27章介绍如何使用Statsmodels中的核密度估计函数；《统计至简》第17章专门讲解核密度估计原理。

图12.5的横轴还有用seaborn.rugplot() 绘制的毛毯图。毛毯图常用于展示数据在一维空间上的分布。它通过在坐标轴上绘制短线，或称为"毛毯"，表示数据点的位置和密度。这种图形通常用于辅助其他类型的图表，如直方图或密度图，以更清晰地显示数据的分布特征。

在用seaborn.kdeplot() 绘制花萼长度样本数据核密度估计曲线时，我们还可以用hue来绘制三类鸢尾花种类各自的分布，具体如图12.6所示。

换个角度理解图12.6，图12.6中三条曲线叠加便得到图12.5。图12.7更好地解释了这一点。用seaborn.kdeplot() 绘制这幅图时，需要设置multiple="stack"。大家可能已经发现，图12.5、图12.7曲线并不完全相同，这是因为高斯核密度估计曲线和带宽参数有关。《统计至简》会讲到这一点。

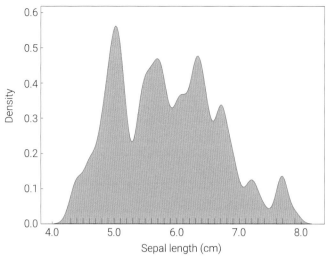

图12.5　鸢尾花花萼长度样本数据核密度估计　|　⊕ Bk1_Ch12_01.ipynb

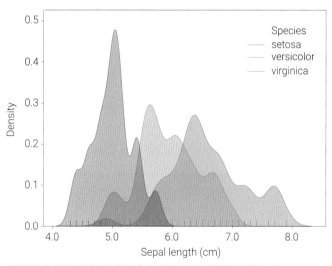

图12.6　鸢尾花花萼长度样本数据核密度估计 (考虑鸢尾花分类) | ⊕ Bk1_Ch12_01.ipynb

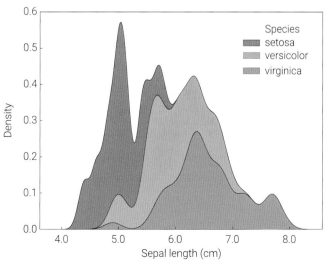

图12.7　三条KDE曲线叠加　|　⊕ Bk1_Ch12_01.ipynb

特别地，在利用绘制核密度估计曲线时，如果设置multiple = 'fill'，我们便获得图12.8。图中每条曲线准确来说，都是"**后验概率** (posterior)"。而这个后验概率值可以用来完成分类。

> 想要理解后验概率这个概念，需要大家深入理解贝叶斯定理，《统计至简》第18、19章专门介绍利用贝叶斯定理完成分类。

也就是说，给定具体花萼长度，比较该点处红蓝绿三条曲线对应的宽度，最宽的曲线对应的鸢尾花种类可以作为该点的鸢尾花分类预测值。因此，这个后验概率值也叫"**成员值** (membership score)"。

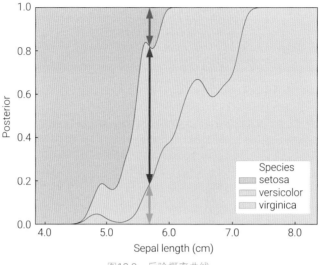

图12.8 后验概率曲线

我们可以通过代码12.3绘制图12.5 ~ 图12.8，请大家自行分析这段代码，并逐行注释。

代码12.3 用Seaborn绘制高斯核密度估计（使用时配合前文代码）| ⊕ Bk1_Ch12_01.ipynb

```
# 绘制花萼长度样本数据，高斯核密度估计
fig, ax = plt.subplots (figsize = (8,6))
sns.kdeplot (data = iris_sns, x = 'sepal_length',
            bw_adjust = 0.3, fill = True)
sns.rugplot (data = iris_sns, x = 'sepal_length')


# 绘制花萼长度样本数据，高斯核密度估计，考虑鸢尾花类别
fig, ax = plt.subplots (figsize = (8,6))
sns.kdeplot (data = iris_sns, x = 'sepal_length', hue = 'species',
            bw_adjust = 0.5, fill = True)
sns.rugplot (data = iris_sns, x = 'sepal_length', hue = 'species')


# 绘制花萼长度样本数据，高斯核密度估计，考虑鸢尾花类别，堆叠
fig, ax = plt.subplots (figsize = (8,6))
sns.kdeplot (data = iris_sns, x = 'sepal_length', hue = 'species',
            multiple = 'stack', bw_adjust = 0.5)


# 绘制后验概率(成员值)
fig, ax = plt.subplots (figsize = (8,6))
sns.kdeplot (data = iris_sns, x = 'sepal_length',
            hue = 'species', bw_adjust = 0.5, multiple = 'fill')
```

分散点图

分散点图 (strip plot) 一般用来可视化一组分类变量与连续变量的关系。在分散图中,每个数据点通过垂直于分类变量的轴上的一个点表示,连续变量的取值则沿着水平轴展示。

这种图形通常用于可视化分类变量和数值变量之间的关系,以观察数据的分布、聚集和离散程度,同时也可以用于比较不同分类变量水平下的数值变量。

代码12.4中的seaborn.stripplot() 是 Seaborn 库中用于绘制分散点图的函数。需要注意的是,分散点图适用于较小的数据集,当数据点重叠较多时,可考虑使用 seaborn.swarmplot() 函数来避免重叠点问题。我们可以通过代码12.4绘制图12.9。

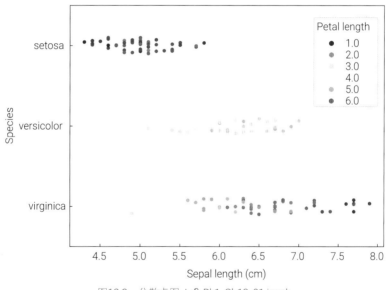

图12.9 分散点图 | ⊕ Bk1_Ch12_01.ipynb

代码12.4 用Seaborn绘制分散点图(考虑莺尾花分类,使用时配合前文代码)| ⊕ Bk1_Ch12_01.ipynb

```
# 绘制莺尾花花萼长度分散点图
fig, ax = plt.subplots (figsize = (8,6))
sns.stripplot (data = iris_sns, x ='sepal_length', y ='species',
              hue ='petal_length', palette ='RdYlBu_r', ax = ax)
```

蜂群图

蜂群图 (swarm plot) 是一种用于可视化分类变量和数值变量关系的图表类型。它通过在分类轴上对数据进行分散排列,避免数据点的重叠,以展示数值变量在不同类别下的分布情况。每个数据点在分类轴上的位置表示其对应的数值大小,从而呈现出数据的密度和分布趋势。

蜂群图可以帮助我们比较不同类别之间的数值差异和趋势，适用于数据探索、特征分析和可视化报告等场景。

图 12.10所示为利用seaborn.swarmplot() 绘制的蜂群图。图12.11所示为考虑鸢尾花分类的蜂群图。请大家自行分析代码12.5。

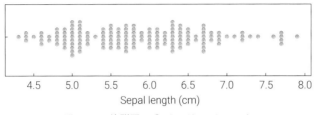

图12.10　蜂群图 | ⊕ Bk1_Ch12_01.ipynb

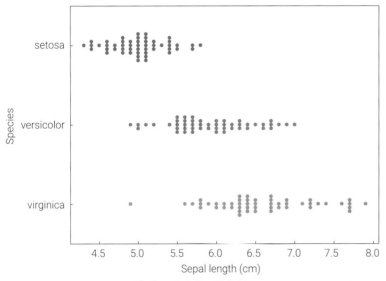

图12.11　蜂群图 (考虑鸢尾花分类) | ⊕ Bk1_Ch12_01.ipynb

代码12.5　用Seaborn绘制蜂群图（使用时配合前文代码）| ⊕ Bk1_Ch12_01.ipynb ○○○●

```
# 绘制花萼长度样本数据，蜂群图
fig, ax = plt.subplots (figsize = (8,4))
sns.swarmplot (data = iris_sns, x = "sepal_length", ax = ax)

# 绘制花萼长度样本数据，蜂群图，考虑分类
fig, ax = plt.subplots (figsize = (8,4))
sns.swarmplot (data = iris_sns, x = "sepal_length", y = 'species',
               hue = 'species', ax = ax)
```

箱型图

箱型图 (box plot) 是一种常用的统计图表，用于展示数值变量的分布情况和异常值检测。

箱型图通过绘制数据的五个关键统计量，即**最小值** (minimum)、**第一四分位数** (first quartile) Q_1、**中位数** (median, second quartile) Q_2、**第三四分位数** (third quartile) Q_3、**最大值** (maximum) 以及可能存在的异常值来提供对数据的直观概览，如图12.12所示。

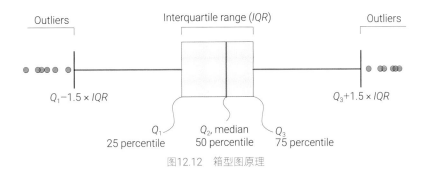

图12.12 箱型图原理

什么是四分位？

四分位是统计学中用于描述数据集分布的概念，将数据按大小顺序分成四等份。第一个四分位数 Q_1 表示25%的数据小于或等于它，第二个四分位数 Q_2 是中位数，表示50%的数据小于或等于它，第三个四分位数 Q_3 表示75%的数据小于或等于它。四分位可以帮助了解数据的中心趋势、分散程度和异常值。四分位与盒须图、离群值检测等统计分析方法密切相关。

图12.13所示为利用seaborn.boxplot() 绘制的鸢尾花花萼长度样本数据的箱型图。图12.14所示为考虑鸢尾花分类的箱型图。

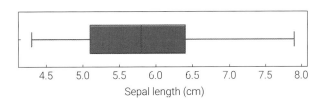

图12.13 箱型图 | ⊕ Bk1_Ch12_01.ipynb

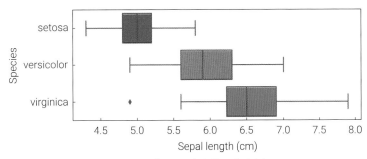

图12.14 箱型图 (考虑鸢尾花分类)

箱型图的主要元素包括以下几个。

◀ **箱体** (box)：由第一四分位数Q_1和第三四分位数Q_3之间的数据范围组成。箱体的高度表示数据的四分位距$IQR = Q_3 - Q_1$，箱体的中线表示数据的中位数。

◀ **须** (whisker)：延伸自箱体的线段，表示数据的整体分布范围。通常，须的长度为 1.5 倍的四分位距。但是，仔细观察图12.13，我们会发现用Seaborn绘制的箱型图左须距离Q_1、右须距离Q_3宽度并不相同。根据Seaborn的技术文档，左须、右须延伸至该范围 $[Q_1 - 1.5 \times IQR, Q_3 + 1.5 \times IQR]$ 内最远的样本点，具体如图12.15所示。更为极端的样本会被标记为异常值。

◀ **异常值** (outliers)：范围 $[Q_1 - 1.5 \times IQR, Q_3 + 1.5 \times IQR]$ 之外的数据点，被认为是异常值，可能表示数据中的极端值或异常观测。

通过观察箱型图，可以快速了解数据的中心趋势、离散程度以及是否存在异常值等关键信息。

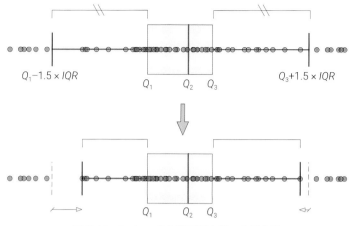

图12.15　Seaborn绘制箱型图左须、右须位置

请大家自行分析代码12.6。

```
# 绘制鸢尾花花萼长度箱型图
fig, ax = plt.subplots (figsize = (8,2))
sns.boxplot (data = iris_sns, x='sepal_length', ax = ax)

# 绘制鸢尾花花萼长度箱型图，考虑鸢尾花分类
fig, ax = plt.subplots (figsize = (8,3))
sns.boxplot (data = iris_sns, x = 'sepal_length',
             y = 'species', ax = ax)
```

小提琴图

　　小提琴图 (violin plot) 是一种用于可视化数值变量分布的图表类型。它结合了核密度估计曲线和箱型图的特点，可以同时展示数据的分布形状、**中位数** (median)、**四分位数** (quartile) 和**离群值** (outlier) 等信息。seaborn.violinplot() 是 Seaborn 库中用于绘制小提琴图的函数。

　　小提琴图的主要组成部分包括以下几个。

　◂**背景形状：**由核密度估计曲线组成，表示数据在不同值上的概率密度。
　◂**中位数线：**位于核密度估计曲线的中间位置，表示数据的中位数。
　◂**四分位线：**分别位于核密度估计曲线的 25% 和 75% 位置，表示数据的四分位范围。
　◂**离群值点：**位于核密度估计曲线之外的离群值数据点。

　　图12.16所示为用seaborn.violinplot() 绘制的鸢尾花花萼长度样本数据的小提琴图。图12.17为考虑鸢尾花分类的小提琴图。图12.18所示为"蜂群图＋小提琴图"的可视化方案。

　　请大家自行分析代码12.7。

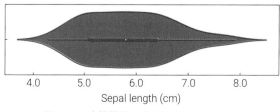

图12.16　小提琴图 | ⊕ Bk1_Ch12_01.ipynb

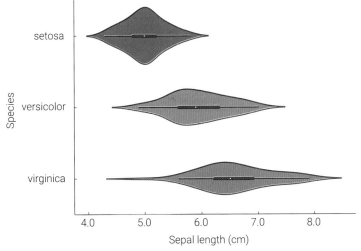

图12.17 小提琴图 (考虑鸢尾花分类) | ⊕ Bk1_Ch12_01.ipynb

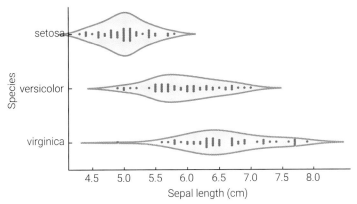

图12.18 蜂群图 + 小提琴图 (考虑鸢尾花分类) | ⊕ Bk1_Ch12_01.ipynb

代码12.7 用Seaborn绘制小提琴图 (使用时配合前文代码) | ⊕ Bk1_Ch12_01.ipynb ○ ● ●

```
# 绘制花萼长度样本数据, 小提琴图
fig, ax = plt.subplots (figsize = (8,2))
```
a `sns.violinplot (data =iris_sns, x='sepal_length', ax = ax)`

```
# 绘制花萼长度样本数据, 小提琴图, 考虑鸢尾花分类
fig, ax = plt.subplots (figsize = (8,4))
```
b
```
sns.violinplot (data =iris_sns, x ='sepal_length',
               y ='species', ax = ax)
```

```
# 蜂群图 + 小提琴图, 考虑鸢尾花分类
```
c
```
sns.catplot (data = iris_sns, x ='sepal_length', y ='species',
            kind ='violin', color ='.9', inner = None)
```

d
```
sns.swarmplot (data = iris_sns, x ='sepal_length',
              y ='species', size = 3)
```

12.3 二元特征数据

散点图

散点图是一种数据可视化图表，用于展示两个变量之间的关系。在坐标系中它以点的形式表示每个数据点，横轴代表一个变量，纵轴代表另一个变量。

散点图可以帮助我们观察和分析数据点之间的趋势、分布和相关性。通过观察点的聚集程度和分布形状，我们可以推断两个变量之间的关系类型，如线性正相关、线性负相关、线性无关，甚至是非线性关系。

图12.19所示为利用seaborn.scatterplot() 绘制的散点图，散点图的横轴为花萼长度，纵轴为花萼宽度。通过观察散点趋势，可以发现花萼长度、花萼宽度似乎存在线性正相关。但是实际情况可能并非如此。本章最后将通过线性相关性系数进行量化确认。

图12.19中，我们还用毛毯图分别可视化花萼长度、花萼宽度的分布情况。

用不同颜色散点代表鸢尾花分类，我们便得到图12.20所示散点图。观察这幅图中蓝色点，即setosa类，我们可以发现更强的线性正相关性。

请大家自行分析代码12.8，并逐行注释。

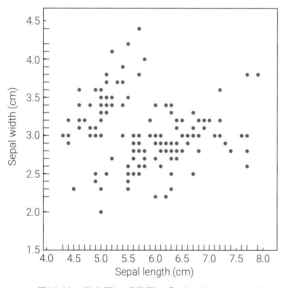

图12.19　散点图 + 毛毯图 | ⊕ Bk1_Ch12_01.ipynb

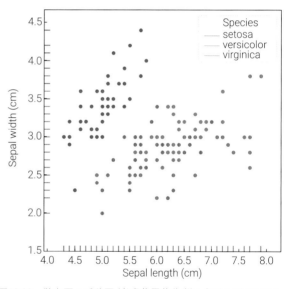

图12.20　散点图 + 毛毯图 (考虑鸢尾花分类) | ⊕ Bk1_Ch12_01.ipynb

图12.32所示为几种用seaborn.scatterplot() 绘制的鸢尾花数据集散点图。

图12.32 (a) 的横轴是花萼长度，纵轴是花萼宽度。调转横纵轴特征便得到图12.32 (b)。

在图12.32 (a) 的基础上，可以用色调代表花瓣长度。这样一幅二维散点图上，我们便可视化了三个量化特征。

图12.32 (d) 在图12.32 (c) 基础上又进一步，用散点大小代表花瓣宽度。

图12.32 (e) 则用颜色可视化鸢尾花的分类标签。在此基础上，我们还可以用散点大小可视化花瓣宽度。

图12.32 (g) 则集合前几幅散点图，并且用不同标识符号代表鸢尾花分类标签。这种散点图显然"信息过载"，并不推荐。

```
# 鸢尾花散点图 + 毛毯图
fig, ax = plt.subplots (figsize = (4,4))

sns.scatterplot (data = iris_sns, x = 'sepal_length', y = 'sepal_width')
sns.rugplot (data = iris_sns, x = 'sepal_length', y = 'sepal_width')

# 鸢尾花散点图 + 毛毯图，考虑鸢尾花分类
fig, ax = plt.subplots (figsize = (4,4))

sns.scatterplot (data = iris_sns, x = 'sepal_length',
                 y = 'sepal_width', hue = 'species')
sns.rugplot (data = iris_sns, x = 'sepal_length',
             y = 'sepal_width', hue = 'species')
```

(a) (b) (c) (d)

二元直方热图

本章前文，我们将一元样本数据划分成不同区间便绘制了一元直方图。

类似地，如果我们把图12.19所示平面划分成如图12.21所示一系列格子，计算每个格子中的样本数，我们便可以绘制类似图12.22的二元直方图。

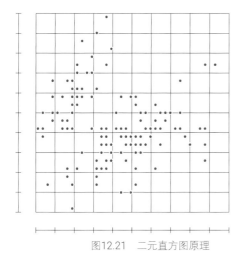

图12.21 二元直方图原理

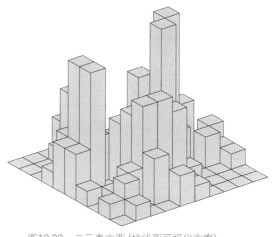

图12.22 二元直方图 (柱状图可视化方案)

显然，这种可视化方案并不理想。一方面"柱子"的高度很难确定，而且固定某个特定视角之后，一些较矮的"柱子"必定会被遮挡。因此，在实践中我们常常使用二元直方热图作为可视化方案。

二元直方热图由一个矩形网格组成，其中每个单元格的颜色代表了对应的数据频数、概率、概率密度。通常，行和列代表两个不同的随机变量，而单元格中的颜色强度表示频数、概率、概率密度。

二元直方热图可以帮助我们观察两个变量之间的关系以及它们的分布模式。通过观察颜色的变化和集中区域，我们可以得出关于两个变量之间的相关性、联合分布和潜在模式的初步结论。

图12.23所示为利用seaborn.displot() 绘制的二元直方热图，横轴为鸢尾花花萼长度，纵轴为花萼宽度。如图12.24所示，二元直方热图沿着某个方向压缩便得到一元直方图；反过来看，直方图沿着特定方向展开便得到二元直方热图。

请大家自行分析代码12.9。

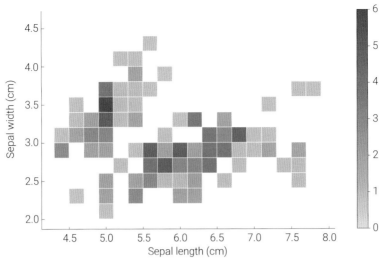

图12.23 鸢尾花花萼长度、花萼宽度的二元直方热图 | ⊕ Bk1_Ch12_01.ipynb

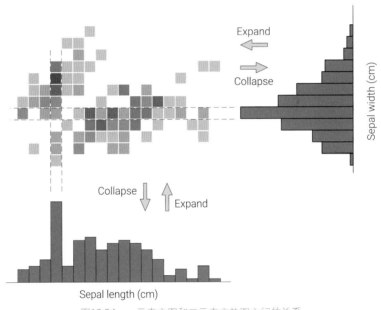

图12.24 一元直方图和二元直方热图之间的关系

代码12.9 用Seaborn绘制二元直方热图（使用时配合前文代码）| ⊕ Bk1_Ch12_01.ipynb   ○○○ ○

```
# 鸢尾花二元频数直方热图
```
a
```
sns.displot (data = iris_sns, x = "sepal_length", y = "sepal_width",
            binwidth = (0.2, 0.2), cbar = True)
```

联合分布KDE

前文的高斯核函数KDE也可以用在估算二元联合分布。图12.25所示为用seaborn.kdeplot() 绘制的鸢尾花花萼长度、花萼宽度联合分布概率密度估计等高线。图12.25 (b) 还考虑了鸢尾花三个不同类别。请大家自行分析代码12.10。

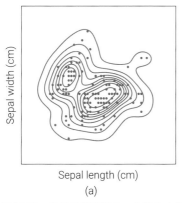

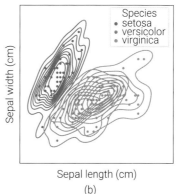

图12.25　鸢尾花花萼长度、花萼宽度的联合分布 (高斯核密度估计) | ✛ Bk1_Ch12_01.ipynb

什么是联合分布？

联合分布是统计学中用于描述两个或多个随机变量同时取值的概率分布。它提供了关于多个变量之间关系的信息，包括它们的联合概率、相互依赖程度以及共同变化的模式。联合分布可以以多种形式呈现，如概率质量函数（离散变量）或概率密度函数（连续变量）。通过分析联合分布，我们可以洞察变量之间的相关性、条件概率以及预测和推断未来事件的可能性。联合分布在概率论、统计建模、数据分析和机器学习等领域具有广泛应用。

代码12.10　用Seaborn绘制联合分布概率密度等高线（使用时配合前文代码）| ✛ Bk1_Ch12_01.ipynb ○○○ ○

```
# 联合分布概率密度等高线
```
ⓐ
```
sns.displot (data = iris_sns, x = 'sepal_length',
             y = 'sepal_width', kind = 'kde')
```

```
# 联合分布概率密度等高线，考虑分布
```
ⓑ
```
sns.kdeplot (data = iris_sns, x = 'sepal_length',
             y = 'sepal_width', hue = 'species')
```

联合分布 + 边缘分布

图12.26所示为利用seaborn.jointplot() 可视化的"联合分布 + 边缘分布"。

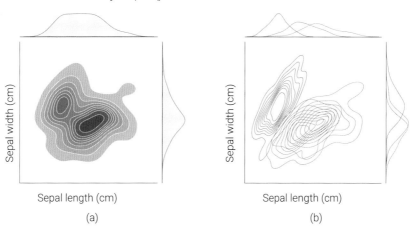

图12.26　鸢尾花花萼长度、花萼宽度的联合分布和边缘分布 | ✛ Bk1_Ch12_01.ipynb

seaborn.jointplot() 函数用于创建联合图，其结合了两个变量的散点图和各自的边缘分布图。它可以帮助我们同时可视化两个变量之间的关系以及它们的边缘分布。

scaborn.jointplot() 函数默认情况下会绘制散点图和边缘直方图。其中，散点图展示了两个变量之间的关系，而边缘直方图则分别显示了每个变量的边缘分布情况。

请大家自行分析代码12.11。

本章配套的Jupyter Notebook还提供seaborn.jointplot() 其他几种可视化方案，请大家自行学习。

什么是边缘分布?

边缘分布是指在多变量数据集中，针对单个变量的分布情况。它表示了某个特定变量在与其他变量无关时的概率分布。边缘分布可以通过将多变量数据集投影到某个特定变量的轴上来获得。通过分析边缘分布，我们可以了解每个变量单独的分布特征，包括均值、方差、偏度、峰度等统计量，以及分布的形状和模式。边缘分布对于探索数据集的特征、进行单变量分析和了解数据的单个方面非常有用。

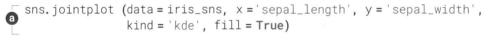

代码12.11　用Seaborn绘制联合分布和边缘分布（使用时配合前文代码）| ⊕ Bk1_Ch12_01.ipynb

```
# 联合分布、边缘分布
sns.jointplot (data = iris_sns, x ='sepal_length', y ='sepal_width',
               kind = 'kde', fill = True)

# 联合分布、边缘分布，考虑鸢尾花分类
sns.jointplot (data = iris_sns, x ='sepal_length', y ='sepal_width',
               hue = 'species', kind ='kde')
```

ⓐ

ⓑ

线性回归

图12.27所示为利用seaborn.lmplot() 绘制的鸢尾花花萼长度、花萼宽度之间的线性回归关系图。seaborn.lmplot() 函数默认情况下会绘制散点图和拟合的线性回归线。其中，散点图展示了两个变量之间的关系，而线性回归线表示了拟合的线性关系。

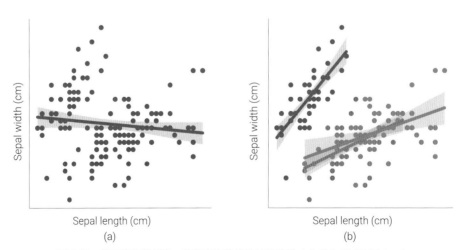

图12.27　鸢尾花花萼长度、花萼宽度的线性回归关系 | ⊕ Bk1_Ch12_01.ipynb

《数据有道》第9、10章专门介绍线性回归。

除了基本语法外，seaborn.lmplot() 还支持其他参数，例如hue参数用于指定一个额外的分类变量，可以通过不同的颜色展示不同类别的数据点和回归线。请大家自行分析代码12.12。

代码12.12 用Seaborn可视化线性回归关系（使用时配合前文代码）| ⊕ Bk1_Ch12_01.ipynb

```
# 可视化线性回归关系
a  sns.lmplot (data = iris_sns, x ='sepal_length', y ='sepal_width')

   # 可视化线性回归关系，考虑鸢尾花分类
b  sns.lmplot (data = iris_sns, x ='sepal_length', y ='sepal_width',
               hue = 'species')
```

12.4 多元特征数据

分散点图、小提琴图

我们当然可以使用一元可视化方案展示多元数据的特征，如图12.28所示。

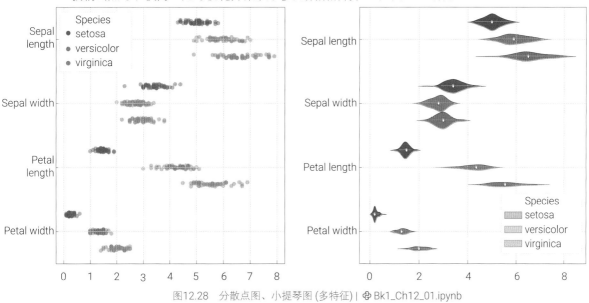

图12.28 分散点图、小提琴图 (多特征) | ⊕ Bk1_Ch12_01.ipynb

我们可以通过代码12.13绘制图12.28，下面咱们讲解其中关键语句。

ⓐ利用pandas.melt()，简写作pd.melt()，将鸢尾花数据集从**宽格式** (wide format) 转换为**长格式** (long format)。

宽格式数据帧如表12.1所示，长格式数据帧如表12.2所示。函数输入'species'是要保留的标识变量，也就是不进行融合。参数var_name='measurement'指定了在融合过程中生成的新列的名称。

请大家自行分析**ⓑ**和**ⓒ**，并逐行注释。

但是图12.28中的这两幅图最致命的缺陷是仅仅展示了单个特征分布，并没有展示特征之间的联系。下面我们聊聊其他能够可视化多元特征之间关系的可视化方案。

> 本书第22章介绍包括pandas. melt() 在内的各种常用数据帧规整方法。

```
iris_melt = pd.melt (iris_sns, 'species', var_name ='measurement')
# 数据从宽格式(wide format) 转换为长格式(long format)

# 绘制多特征分散图
sns.stripplot (data = iris_melt, x ='value', y ='measurement',
               hue ='species', dodge = True, alpha = .25,
               zorder = 1, legend = True)
plt.grid ()

# 绘制多特征小提琴图
sns.violinplot (data = iris_melt, x ='value', y ='measurement',
               hue = 'species', dodge = True, alpha = .25,
               zorder = 1, legend = True)
plt.grid ()
```

表12.1　宽格式

	sepal_length	sepal_width	petal_length	petal_width	species
0	5.1	3.5	1.4	0.2	setosa
1	4.9	3	1.4	0.2	setosa
2	4.7	3.2	1.3	0.2	setosa
...	...	...	...	...	...
149	5.9	3	5.1	1.8	virginica

表12.2　长格式

	species	measurement	value
0	setosa	sepal_length	5.1
1	setosa	sepal_length	4.9
2	setosa	sepal_length	4.7
...	...	...	...
599	virginica	petal_width	1.8

聚类热图

　　seaborn.clustermap()函数用于创建聚类热图，它能够可视化数据集中的聚类结构和相似性。聚类热图使用层次聚类算法对数据进行聚类，并以热图的形式展示聚类结果。

　　聚类热图的原理是通过计算数据点之间的相似性（例如欧几里得距离或相关系数），然后使用**层次聚类** (hierarchical clustering) 算法将相似的数据点分组为聚类簇。层次聚类将数据点逐步合并形成聚类树状结构，根据相似性的距离进行聚类的层次化过程。聚类热图将聚类树状结构可视化为热图，同时显示数据点的排序和聚类关系。

本书第21章专门介绍Pandas数据帧索引和切片。

《机器学习》专门介绍各种聚类算法。

　　代码12.14利用.iloc[:,:-1] 方法索引和切片数据帧。简单来说，方法iloc是Pandas DataFrame的索引器之一，用于按照整数位置进行选择。第一个冒号代表所有行，:-1表示选择除了最后一列之外的所有列。

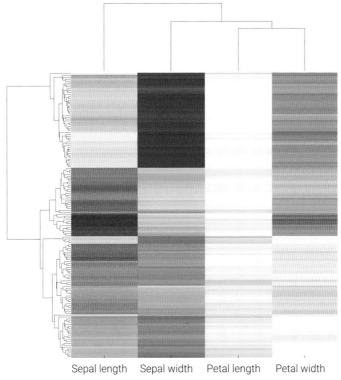

Sepal length   Sepal width   Petal length   Petal width

图12.29　鸢尾花数据集，聚类热图 | ⊕ Bk1_Ch12_01.ipynb

```
# 聚类热图
sns.clustermap(iris_sns.iloc [:,:-1], cmap = 'RdYlBu_r',
               vmin = 0, vmax = 8)
```

什么是聚类？

机器学习中的聚类是一种无监督学习方法，用于将数据集中的样本按照相似性进行分组或聚集。聚类算法通过自动发现数据的内在结构和模式，将相似的样本归为一类，从而实现数据的分组和分类。聚类的目标是使得同一类别内的样本相似度高，而不同类别之间的样本相似度低。聚类算法通常基于样本之间的距离或相似性度量进行操作，如欧几里得距离、余弦相似度等。常见的聚类算法包括K均值聚类、层次聚类、DBSCAN、高斯混合模型等。

成对特征散点图

　　seaborn.pairplot() 函数用于创建成对特征散点图矩阵，可视化多个变量之间的关系和分布。它会将数据集中的每对特征绘制为散点图，并展示变量之间的散点关系和单变量的分布。

　　代码12.15中，seaborn.pairplot() 函数会根据数据集中的每对特征生成散点图，并以网格矩阵的形式展示。对角线上的图形通常是单变量的直方图或核密度估计图，表示每个变量的分布情况。非对角线上的图形是两个变量之间的散点图，展示它们之间的关系。

　　此外，seaborn.pairplot()函数还支持其他参数，例如hue参数用于根据一个分类变量对散点图进行颜色编码，使不同类别的数据点具有不同的颜色。

　　通过使用seaborn.pairplot()函数，我们可以轻松地可视化多个变量之间的关系和分布。这对于探索变量之间的相关性、识别数据中的模式和异常值等非常有用。

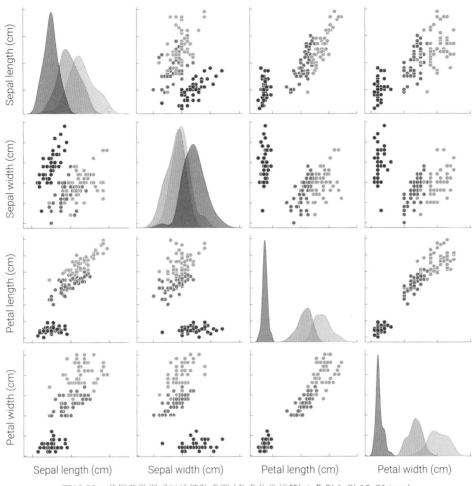

Species ● 0, Setosa ● 1, Versicolor ● 2, Virginica

图12.30 鸢尾花数据成对特征散点图 (考虑分类标签) | ⊕ Bk1_Ch12_01.ipynb

代码12.15 用Seaborn绘制成对特征散点图 (使用时配合前文代码) | ⊕ Bk1_Ch12_01.ipynb ○○○

```
# 绘制成对特征散点图
sns.pairplot (iris_sns, hue = 'species')
```

平行坐标图

平行坐标图 (parallel coordinates plot) 是一种可视化多个连续变量之间关系的图形方法。它使用平行的垂直线段来表示每个变量，这些线段相互平行并沿着水平轴排列。每个变量的值通过垂直线段在对应的轴上进行表示。

在平行坐标图中，每个数据样本由一条连接不同垂直线段的折线表示。这条折线的形状和走势反映了数据样本在不同变量之间的关系。通过观察折线的走势，我们可以识别出变量之间的相对关系，如正相关、负相关或无关系。同时，我们也可以通过折线的位置和形状来比较不同样本之间的差异。

平行坐标图常用于数据探索、特征分析和模式识别等任务。它能够帮助我们发现多个变量之间的关系、观察变量的分布模式，并对数据样本进行可视化比较。此外，通过添加颜色映射或其他可视化元素，还可以在平行坐标图中显示附加信息，如类别标签或异常值指示。

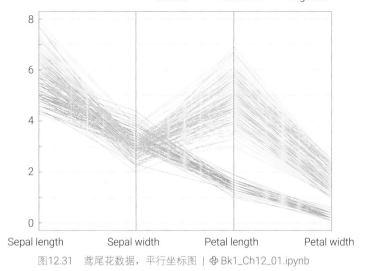

図12.31 鸢尾花数据, 平行坐标图 | ⊕ Bk1_Ch12_01.ipynb

目前Seaborn并没有绘制平行坐标图的工具, 本章配套的Jupyter Notebook中采用的是pandas.plotting.parallel_coordinates() 函数。

代码12.16 用Pandas绘制平行坐标图 (使用时配合前文代码) | ⊕ Bk1_Ch12_01.ipynb

```
from pandas.plotting import parallel_coordinates
# 可视化函数来自Pandas
# 绘制平行坐标图
parallel_coordinates (iris_sns, 'species',
                      colormap = plt.get_cmap ("Set2"))
plt.show ()
```

　　类似平行坐标图的可视化方案还有**安德鲁斯曲线** (Andrews curves)。在安德鲁斯曲线中, 每个特征被映射为一个三角函数 (通常是正弦函数和余弦函数), 并按照给定的顺序排列。本章配套的Jupyter Notebook也用pandas.plotting.andrews_curves() 绘制了鸢尾花样本数据的安德鲁斯曲线。

　　量化多特征样本数据任意两个随机变量关系的最方便的工具莫过于协方差矩阵、相关系数矩阵。这是上一章已经介绍过的内容, 本章不再赘述。

　　请大家完成以下题目。

Q1. 分别绘制鸢尾花花萼宽度、花瓣长度、花瓣宽度的直方图、KDE概率密度估计。

Q2. 绘制鸢尾花花萼长度、花瓣长度的散点图、二元直方热图、联合分布KDE等高线。

Q3. 自行学习本章配套代码Bk1_Ch12_02.ipynb。

* 本章题目不提供答案。

　　本章介绍了Seaborn库, 这个库特别适合统计可视化。和Matplotlib一样, Seaborn也是提供静态可视化方案。

　　此外, Plotly也有大量统计可视化方案, 而且都具有交互属性。本书第23、24章将结合Pandas介绍Plotly的统计可视化工具。

　　本书专门介绍可视化的板块到此结束。《可视之美》将介绍更多可视化方案。

　　下一板块将用6章内容专门介绍NumPy。

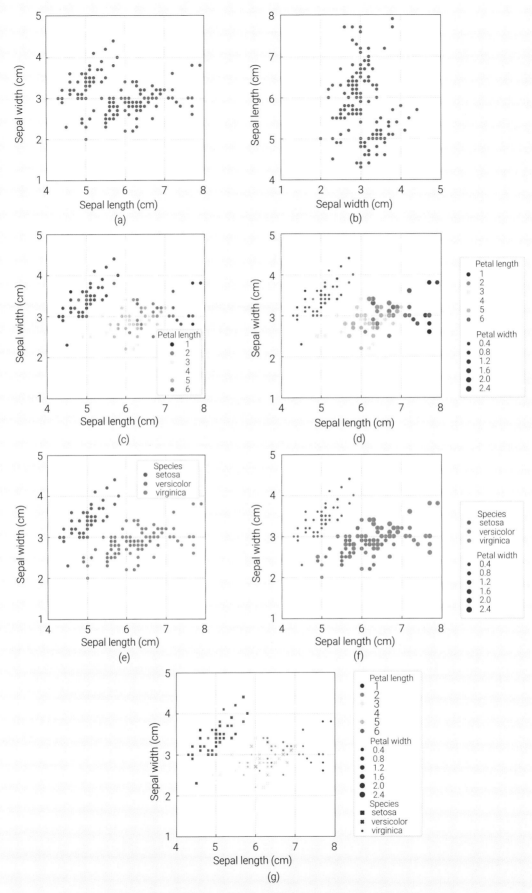

图12.32 几种用seaborn绘制的二元散点图 | ⊕ Bk1_Ch12_02.ipynb

04

Section 04

数　组

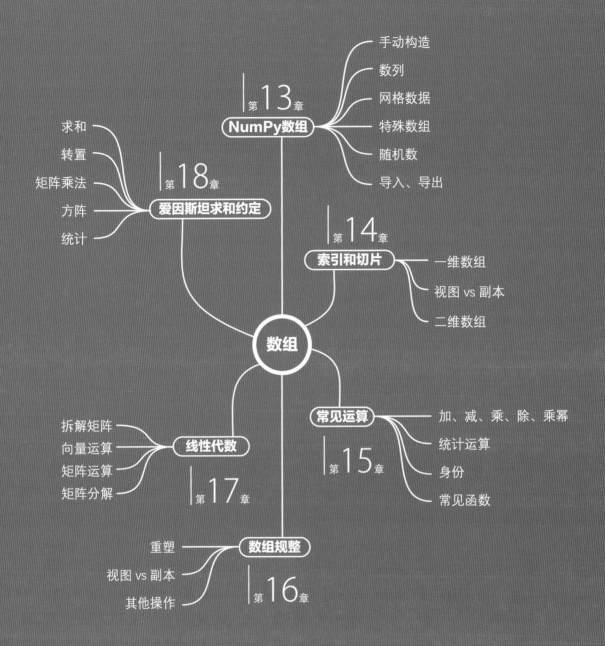

第13章
NumPy数组
- 手动构造
- 数列
- 网格数据
- 特殊数组
- 随机数
- 导入、导出

第18章
爱因斯坦求和约定
- 求和
- 转置
- 矩阵乘法
- 方阵
- 统计

第14章
索引和切片
- 一维数组
- 视图 vs 副本
- 二维数组

数组

常见运算
第15章
- 加、减、乘、除、乘幂
- 统计运算
- 身份
- 常见函数

线性代数
第17章
- 拆解矩阵
- 向量运算
- 矩阵运算
- 矩阵分解

数组规整
第16章
- 重塑
- 视图 vs 副本
- 其他操作

学习地图 第4板块

13 Fundamentals of NumPy
聊聊NumPy
本节的核心是用NumPy产生不同类型数组

> 重要的不是生命的长度，而是深度。
> *It is not the length of life, but the depth.*
> —— 拉尔夫・沃尔多・爱默生 (Ralph Waldo Emerson) | 美国思想家、文学家 | 1803 — 1882年

- ◀ `math.ceil()` 向上取整
- ◀ `matplotlib.cm` 是 Matplotlib 中的一个模块，用于颜色映射
- ◀ `matplotlib.patches.Circle()` 创建正圆图形
- ◀ `matplotlib.pyplot.contour()` 绘制等高线图
- ◀ `matplotlib.pyplot.contourf()` 绘制填充等高线图
- ◀ `matplotlib.pyplot.scatter()` 绘制散点图
- ◀ `numpy.arange()` 根据指定的范围以及步长，生成一个等差数组
- ◀ `numpy.array()` 创建 array 数据类型
- ◀ `numpy.empty()` 创建指定形状的 NumPy 空（未初始化）数组
- ◀ `numpy.empty_like()` 创建一个与给定输入数组具有相同形状的未初始化数组
- ◀ `numpy.exp()` 计算括号中元素的自然指数
- ◀ `numpy.eye()` 用于创建单位矩阵
- ◀ `numpy.full()` 创建一个指定形状且所有元素值相同的数组
- ◀ `numpy.full_like()` 创建一个与给定输入数组具有相同形状且所有元素值相同的数组
- ◀ `numpy.linspace()` 在指定的间隔内，返回固定步长等差数列
- ◀ `numpy.logspace()` 创建在对数尺度上均匀分布的数组
- ◀ `numpy.meshgrid()` 创建网格化坐标数据
- ◀ `numpy.ones_like()` 用来生成和输入矩阵形状相同的全 1 矩阵
- ◀ `numpy.random.multivariate_normal()` 用于生成多元正态分布的随机样本
- ◀ `numpy.random.uniform()` 产生满足连续均匀分布的随机数
- ◀ `numpy.zeros()` 返回给定形状和类型的新数组，用零填充
- ◀ `numpy.zeros_like()` 用来生成和输入矩阵形状相同的零矩阵
- ◀ `seaborn.heatmap()` 绘制热图

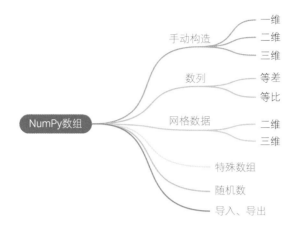

NumPy数组 ──┬── 手动构造 ──┬── 一维
           │   ├── 二维
           │   └── 三维
           ├── 数列 ──┬── 等差
           │   └── 等比
           ├── 网格数据 ──┬── 二维
           │   └── 三维
           ├── 特殊数组
           ├── 随机数
           └── 导入、导出

13.1 什么是NumPy?

　　简单来说，NumPy是Python科学计算中非常重要的一个库，它提供了快速、高效的多维数组对象及其操作方法，是众多其他科学计算库的基础。下面展开聊聊NumPy的主要功能。

　　NumPy最重要的功能之一是提供了高效的多维数组对象ndarray，可以用来表示向量、矩阵和更高维的数组。它是Python中最重要的科学计算数据结构，支持广泛的数值运算和数学函数操作。

　　此外，如果大家需要处理有标签、多维数组数据的话，推荐使用Xarray。Xarray可以看作是在ndarray的基础上，增加了标签和元数据的功能。Xarray可以对多个数组进行向量化计算，避免了循环操作，提高了计算效率。此外，Xarray提供了多种统计分析函数，可以方便地对多维数组数据进行统计分析。本书不会展开讲解Xarray。

　　NumPy提供了多种数组操作方法，包括数组索引、切片、迭代、转置、变形、合并等，以及广播 (broadcasting) 机制，这些使得数组操作更加方便、高效。这些话题是本书后续要展开讲解的内容。

《数学要素》一册大量使用这些函数库来可视化常见函数。

本书中会简要介绍这些常见线性代数操作，详细讲解请大家参考《矩阵力量》一册。

　　NumPy提供了丰富的数学函数库，包括三角函数、指数函数、对数函数、逻辑函数、统计函数、随机函数等，这些能够满足大多数科学计算需要。

　　NumPy支持多种文件格式的读写操作，包括文本文件、二进制文件、CSV文件等。NumPy基于C语言实现，因此可以利用底层硬件优化计算速度，同时还支持多线程、并行计算和向量化操作，这些使得计算更加高效。

　　NumPy提供了丰富的线性代数操作方法，包括矩阵乘法、求逆矩阵、特征值分解、奇异值分解等，因此可以方便地解决线性代数问题。

　　NumPy可以与Matplotlib库集成使用，方便地生成各种图表，如线图、散点图、柱状图等。相信大家在本书前文已经看到基于NumPy数据绘制的二维、三维图像。

NumPy提供了一些常用的数据处理方法，如排序、去重、聚合、统计等，以方便对数据进行预处理。即便如此，"鸢尾花书"中我们更常用Pandas处理数据，本书后续将专门介绍Pandas。

Python中许多数据分析和机器学习的库都是基于NumPy创建的。Scikit-Learn是一个流行的机器学习库，它基于NumPy、SciPy和Matplotlib创建，提供了各种机器学习算法和工具，如分类、回归、聚类、降维等。

PyTorch是一个开源的机器学习框架，它基于NumPy创建，提供了张量计算和动态计算图等功能，可以用于构建神经网络和其他机器学习算法。

TensorFlow是一个深度学习框架，它基于NumPy创建，提供了各种神经网络算法和工具，包括卷积神经网络、循环神经网络等。

《数据有道》专门讲解回归、降维这两类机器学习算法，而《机器学习》一册则侧重于分类、聚类。

本节配套的Jupyter Notebook文件主要是Bk1_Ch13_01.ipynb，请大家边读正文边在JupyterLab中探究学习。

13.2 手动构造数组

从numpy.array() 说起

我们可以利用numpy.array() 手动生成一维、二维、三维等数组。下面首先介绍如何使用numpy.array() 这个函数。如图13.1所示。

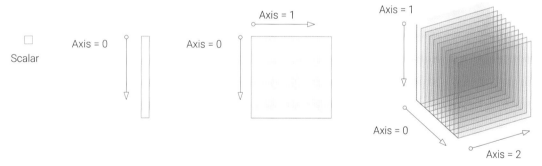

图13.1 标量、一维数组、二维数组、三维数组

numpy.array(object, dtype)
这个函数的重要输入参数：
● object 会转换为数组的输入数据，object可以是列表、元组、其他数组或类似序列的对象。
● dtype参数用于指定数组的数据类型。如果不指定dtype参数，则NumPy会自动推断数组的数据类型。

请大家在JupyterLab中自行学习下例。

```python
import numpy as np

# 从列表中创建一维数组
arr1 = np.array([1, 2, 3, 4])

# 指定数组的数据类型
arr2 = np.array([1, 2, 3, 4], dtype = float)

# 从元组中创建二维数组
arr3 = np.array([(1, 2, 3), (4, 5, 6)])

# 指定最小维度
arr4 = np.array([1, 2, 3, 4], ndmin = 2)
```

NumPy中的array是什么？

在NumPy中，array是一种多维数组对象，它可以用于表示和操作向量、矩阵和张量等数据结构。array是NumPy中最重要的数据结构之一，它支持高效的数值计算和广播操作，可以用于处理大规模数据集和科学计算。与Python中的列表不同，array是一个固定类型、固定大小的数据结构，它可以支持多维数组操作和高性能数值计算。array的每个元素都是相同类型的，通常是浮点数、整数或布尔值等基本数据类型。在创建array时，用户需要指定数组的维度和类型。例如，可以使用numpy.array() 函数创建一个一维数组或二维数组，也可以使用numpy.zeros() 函数或numpy.ones() 函数创建指定大小的全0或全1数组，还可以使用numpy.random模块生成随机数组等。除了基本操作之外，NumPy还提供了许多高级的数组操作，如数组切片、数组索引、数组重塑、数组转置、数组拼接和分裂等。`

代码13.1和代码13.2定义了两个可视化函数。

下面，让我们首先讲解代码13.1。

ⓐ 从Matplotlib中导入cm模块。cm模块提供了许多预定义的颜色映射和相关方法。

ⓑ 自定义可视化函数用来展示二维数组。

ⓒ 中array.shape[1] 返回数组的列数，然后用math.ceil() 向上取整，确保结果是整数。这个结果用来作为图像宽度。

类似地，ⓓ结果用来作为图像高度。

ⓔ 用matplotlib.pyplot.subplots()，简写作plt.subplots()，创建图形对象fig和轴对象ax。

ⓕ 调用seaborn.heatmap()，简写作sns.heatmap()，绘制热图可视化二维数组。

seaborn.heatmap()函数输入参数的含义请参考代码13.1注释。

代码13.1 自定义函数，可视化二维数组 | ⊕ Bk1_Ch13_01.ipynb

```python
import numpy as np
import seaborn as sns
import matplotlib.pyplot as plt
import math
```
ⓐ
```python
from matplotlib import cm

# 定义二维数组可视化函数
```
ⓑ
```python
def visualize_2D(array, title, vmax, vmin):
```

```
ⓒ      fig_width = math.ceil (array.shape [1] * 0.5)
ⓓ      fig_length = math.ceil (array.shape [0] * 0.5)

ⓔ      fig, ax = plt.subplots (figsize = (fig_width, fig_length))

ⓕ      sns.heatmap (array,
                    vmax = vmax,
                    vmin = vmin,
                    annot = True,              # 增加注释
                    fmt = ".0f",               # 注释数值的格式
                    square = True,             # 热图方格为正方形
                    cmap = 'RdYlBu_r',         # 指定色谱
                    linewidths = .5,           # 方格线宽
                    cbar = False,              # 不显示色谱条
                    yticklabels = False,       # 不显示纵轴标签
                    xticklabels = False,       # 不显示横轴标签
                    ax = ax)                   # 指定绘制热图的轴
```

让我们再讲解代码13.2。

ⓐ自定义函数用来可视化一维数组。

ⓑ中首先用np.linspace(0, 1, len(array)) 创建一个等差数列，范围为0 ~ 1，其中包含len(array)个值。然后，利用 cm.RdYlBu_r() 将等差数列映射到指定颜色上，得到一个包含len(array)个颜色值的数组colors。

ⓒ创建的for循环中，ⓓ用plt.Circle() 在指定坐标 (idx, 0)，绘制半径为0.5的圆形。参数facecolor用来指定圆形颜色，参数edgecolor指定圆形边缘颜色为白色。

ⓔ用add_patch() 方法在轴对象上添加圆形；注意，这一步不可以省去，不然无法显示圆形对象。

ⓕ用text() 在指定位置显示数组中索引为idx的数值。通过horizontalalignment='center' 和 verticalalignment='center' 分别设置文本对象在水平和垂直方向上的对齐方式为居中。

ⓖ设置横轴、纵轴比例尺相同。

ⓗ隐藏坐标值。

> 《可视之美》专门介绍如何用Matplotlib绘制各种几何图形。

代码13.2 自定义函数，可视化一维数组 | ⊕ Bk1_Ch13_01.ipynb ○ ○ ○

```
      # 定义一维数组可视化函数
ⓐ def visualize_1D (array, title):
          fig, ax = plt.subplots ()

ⓑ        colors = cm.RdYlBu_r (np.linspace (0,1,len(array)))

ⓒ        for idx in range (len(array)):

ⓓ            circle_idx = plt.Circle ((idx, 0), 0.5,
                                      facecolor = colors [idx],
                                      edgecolor = 'w')
ⓔ            ax.add_patch (circle_idx)
```

```
              ax.text(idx, 0, s = str(array[idx]),
                      horizontalalignment = 'center',
                      verticalalignment = 'center')

     ax.set_xlim(-0.6, 0.6 + len(array))
     ax.set_ylim(-0.6, 0.6)
     ax.set_aspect('equal', adjustable ='box')
     ax.axis('off')
```

手动生成一维数组

在NumPy中，一维数组是最基本的数组类型。顾名思义，一维数组只有一个维度，可以包含多个元素，一般数组中每个元素具有相同数据类型。

图13.2所示为利用numpy.array() 生成的一维数组。这个数组的形状为 (7,)，长度为7，维度为1。

a = **numpy.array** ([−3, −2, −1, 0, 1, 2, 3])

axis = 0

Index   0   1   2   3   4   5   6

图13.2　手动生成一维数组 | ⊕ Bk1_Ch13_01.ipynb

和本书前文介绍的list一样，NumPy数组的索引也是从0开始。下一话题专门讲解NumPy数组索引和切片。再次强调，本书可视化一维数组时一般用圆形，如图13.2所示。

请大家自行学习代码13.3，并逐行注释。

代码13.3　一维NumPy数组 (使用时配合前文代码) | ⊕ Bk1_Ch13_01.ipynb

```
# 定义一维数组
a   a_1D = np.array([-3, -2, -1, 0, 1, 2, 3])
    print(a_1D)
b   print(a_1D.shape)
c   print(len(a_1D))
d   print(a_1D.ndim)
e   print(a_1D.size)
    # 可视化
f   visualize_1D(a_1D, '手动，一维')
```

下面区分一下形状、长度、维数、大小这四个特征。

◀**形状：** 可以使用shape属性来获取数组的形状；如果arr是一个二维数组，则可以使用arr.shape来获取其形状，行、列数。

◀**长度：** 可以使用len()函数来获取数组的长度；如果arr是一个一维数组，则可以使用len(arr)来获取其长度，即元素数量；如果arr是个二维数组，len(arr) 返回行数。

◀**维数：** 可以使用ndim属性来获取数组的维数；如果arr是一个二维数组，则可以使用arr.ndim来获取其维数，即2。

◀**大小：** 可以使用size属性来获取数组所有元素的个数；如果arr是一个二维数组，则可以使用arr.size来获取所有元素个数。

手动生成二维数组

图13.3所示为利用numpy.array() 生成的二维数组。利用ndim方法，大家可以发现图13.3中数组的维度都是2。此外，numpy.matrix() 专门用来生成二维矩阵，请大家自行学习。

> ⚠ 请大家注意图13.3中括号 [] 的数量。特别强调，本书中，行向量、列向量都被视作特殊的二维数组。可以这样理解，行向量是一行多列矩阵，而列向量是多行一列矩阵。

numpy.array ([[-3, -2, -1],[0, 1, 2]])

axis = 0 ↓ | -3 | -2 | -1 |
         | 0 | 1 | 2 |
axis = 1 ⟶

numpy.array ([[-3, -2, -1, 0, 1, 2, 3]])

axis = 0 ↓ | -3 | -2 | -1 | 0 | 1 | 2 | 3 |
axis = 1 ⟶

numpy.array ([[-3],[-2],[-1],[0],[1],[2],[3]])

axis = 0
| -3 |
| -2 |
| -1 |
| 0 |
| 1 |
| 2 |
| 3 |
axis = 1 ⟶

图13.3   手动生成二维数组 | ⊕ Bk1_Ch13_01.ipynb

请大家自行学习代码13.4、代码13.5、代码13.6，并逐行注释。

代码13.4　二维NumPy数组，形状为 (2, 3) (使用时配合前文代码) | ⊕ Bk1_Ch13_01.ipynb　○○○

```python
# 定义二维数组
a_2D = np.array ([[-3, -2, -1],
                  [0,  1,  2]])
print(a_2D)
# 可视化
visualize_2D (a_2D, '手动，二维', 3, -3)
print(a_2D.shape)
print(a_2D.shape[0])   # 行数
print(a_2D.shape[1])   # 列数
print(a_2D.ndim)
print(a_2D.size)
print(len(a_2D))
```
ⓐ ⓑ ⓒ ⓓ ⓔ ⓕ ⓖ ⓗ

代码13.5　二维NumPy数组，形状为 (1, 7) (使用时配合前文代码) | ⊕ Bk1_Ch13_01.ipynb　○○○

```python
# 定义二维数组，行向量 (两层中括号)
a_row_vector = np.array ([[-3, -2, -1, 0, 1, 2, 3]])
# 可视化
visualize_2D(a_row_vector, '手动，行向量', 3, -3)
print(a_row_vector.shape)
print(a_row_vector.ndim)
```
ⓐ ⓑ

```
# 定义二维数组，列向量
```
ⓐ
```
a_col_vector = np.array ([[-3], [-2], [-1], [0], [1], [2], [3]])
# 可视化
```
ⓑ
```
visualize_2D(a_col_vector, '手动，列向量', 3, -3)
print(a_col_vector.shape)
print(a_col_vector.ndim)
```

手动生成三维数组

图13.4所示为利用numpy.array() 生成的三维数组，这个数组的形状为 (2, 3, 4)，也就是2页 (axis = 0)、3行 (axis = 1)、4列 (axis = 2)。

本章配套的Bk1_Ch13_01.ipynb展示了如何获取三维数组的第0页和第1页。

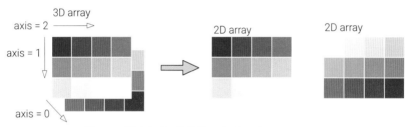

图13.4　手动生成三维数组 | ⊕ Bk1_Ch13_01.ipynb

请大家自行学习代码13.7，请逐行注释。

```
# 定义三维数组
```
ⓐ
```
a_3D = np.array ([[[-12, -11, -10, -9],
                   [-8,  -7,  -6,  -5],
                   [-4,  -3,  -2,  -1]],
                  [[0,   1,   2,   3],
                   [4,   5,   6,   7],
                   [8,   9,   10,  11]]])
```
ⓑ
```
print(a_3D.shape)
```
ⓒ
```
print(a_3D.ndim)
# 可视化
```
ⓓ
```
visualize_2D(a_3D[0], '手动，三维，第一页', 12, -12)
```
ⓔ
```
print(a_3D[0].shape)
```
ⓕ
```
visualize_2D(a_3D[1], '手动，三维，第二页', 12, -12)
```

我们也可以用numpy.array() 将列表list转化为NumPy数组，代码13.8给出了三个示例，请自行学习并逐行注释。请大家格外注意中括号 [] 层数。

```python
# 一维数组
a  list_1D = [-3, -2, -1, 0, 1, 2, 3]
   array_1D = np.array (list_1D)
   print(array_1D.shape)

# 二维数组
b  list_2D = [[-3, -2, -1, 0, 1, 2, 3]]
   array_2D = np.array (list_2D)
   print(array_2D.shape)

# 三维数组
c  list_3D = [[[-3, -2, -1, 0, 1, 2, 3]]]
   array_3D = np.array (list_3D)
   print(array_3D.shape)
```

13.3 生成数列

在NumPy中我们常用以下三个函数生成数列 (一维数组)。

◀ numpy.arange(start, stop, step) 生成等差数列；从起始值start开始，以步长step递增，直到结束值stop (不包含stop)。例如，numpy.arange(1, 11, 2) 生成等差数列 [1, 3, 5, 7, 9]。实际上，numpy.arange() 和前文介绍的range() 函数颇为相似。

◀ numpy.linspace(start, stop, num, endpoint) 生成等差数列；从起始值start开始，到结束值stop结束，num指定数列的长度 (元素的个数)，默认为50，endpoint参数指定是否包含结束值。例如，numpy.linspace(1, 10, 5) 生成等差数列 [1, 3.25, 5.5, 7.75, 10]。

◀ numpy.logspace(start, stop, num, endpoint, base) 生成等比数列；从base的start次幂开始，到base的stop次幂结束，num指定数列的长度，默认为50。例如，numpy.logspace(0, 4, 5, base=2) 将生成一个等比数列 [1, 2, 4, 8, 16]。

请大家在JupyterLab中自行练习表13.1中几个例子。

什么是数列?

数列是指一列按照一定规律排列的数，它通常用一个公式来表示，也可以用递推关系式来定义。数列中的每个数称为数列的项，用a_n来表示第n项。数列在数学中具有广泛的应用，它是许多数学分支的基础，如数学分析、概率论、统计学、离散数学和计算机科学等。在数学中，数列是一种有序的集合，通常用于研究数学对象的性质和行为，如函数、级数、微积分和代数等。数列可以分为等差数列、等比数列和通项公式不规则数列等几种类型。等差数列的项之间的差是固定的，如1、2、3、4···100。等比数列的相邻项之间的比是固定的，如2, 4, 8, 16, ···, 2048。

表13.1 生成数列

代码示例	结果
np.arange (5)	array([0, 1, 2, 3, 4])
np.arange (5, dtype = float)	array([0., 1., 2., 3., 4.])
np.arange (10, 20)	array([10, 11, 12, 13, 14, 15, 16, 17, 18, 19])
np.arange (10, 20, 2)	array([10, 12, 14, 16, 18])
np.arange (10, 20, 2, dtype = float)	array([10., 12., 14., 16., 18.])
np.linspace (0, 5, 11)	array([0., 0.5, 1., 1.5, 2., 2.5, 3., 3.5, 4., 4.5, 5.])
np.logspace (0, 4, 5, base=10)	array([1.e+00, 1.e+01, 1.e+02, 1.e+03, 1.e+04])
np.logspace (0, 4, 5, base=2)	array([1., 2., 4., 8., 16.])

13.4 生成网格数据

本书前文提过numpy.meshgrid() 函数。我们还自己写代码复刻了这个函数结果。

简单来说，numpy.meshgrid() 可以生成多维网格数据，它可以将多个一维数组组合成一个 N 维数组，并且可以方便地对这个 N 维数组进行计算和可视化。

在科学计算中，常常需要对多维数据进行可视化，如绘制 3D 曲面图、等高线图等。numpy.meshgrid() 可以方便地生成网格坐标。

对于二元函数$f(x_1, x_2)$，我们可以使用 numpy.meshgrid() 生成具有横坐标和纵坐标的网格点，然后计算每个网格点的函数值。最后将网格坐标 (xx1, xx2) 和对应的函数值 (ff) 作为输入，绘制出如图 13.5所示的 3D 曲面图。

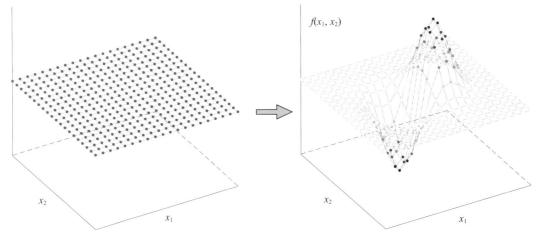

图13.5 三维空间看二维网络状坐标

我们可以通过代码13.9绘制图13.5右图，下面讲解其中关键语句。

ⓐ利用numpy.meshgrid() 生成网格化数据 (二维数组)，代表x和y轴坐标。

ⓑ计算二元函数$f\left(x_1, x_2\right) = x_1 \exp\left(-x_1^2 - x_2^2\right)$ 的函数值，结果为二维数组。

ⓒ用matplotlib.pyplot.figure()，简写作plt.figure()，创建图形对象fig。

ⓓ在图像对象fig上，用add_subplot()方法增加三维轴对象ax。

ⓔ在ax上用plot_wireframe()绘制三维网格图。

ⓕ在ax上用scatter()绘制三维散点图。其中，将函数值ff大小作为参考用颜色映射RdYlBu_r渲染散点。

代码13.9　可视化二元函数 | ⊕ Bk1_Ch13_01.ipynb

```python
import numpy as np
import matplotlib.pyplot as plt

x1_array = np.linspace (-3, 3, 21)
x2_array = np.linspace (-3, 3, 21)

ⓐ xx1, xx2 = np.meshgrid (x1_array, x2_array)
# 二元函数
ⓑ ff = xx1 * np.exp (-xx1**2 - xx2**2)
print(xx1.shape)

# 可视化
ⓒ fig = plt.figure ()
ⓓ ax = fig.add_subplot (projection ='3d')

ⓔ ax.plot_wireframe (xx1, xx2, ff,
                     rstride = 1, cstride = 1,
                     color = 'grey')
ⓕ ax.scatter (xx1, xx2, ff, c = ff, cmap = 'RdYlBu_r')
ax.set_proj_type ('ortho')
plt.show ()
```

如图13.6所示，numpy.meshgrid() 还可以用来生成三维网格数据。

在《可视之美》一册中，大家可以看到大量利用三维网格数据完成的可视化方案。

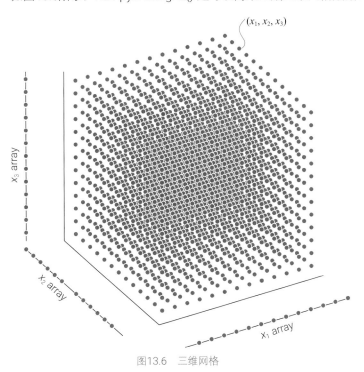

图13.6　三维网格

13.5 特殊数组

表13.2总结了NumPy中常用来生成特殊数组的函数，请大家在JupyterLab中练习使用这些函数。

表13.2 用NumPy函数生成特殊数组

函数	用途	代码示例（`import numpy as np`）
numpy.empty()	创建一个指定大小、未初始化的数组	`np.empty([4,4])`

numpy.empty_like()	创建与给定数组具有相同形状和数据类型的未初始化数组的函数	`A = np.array([[1, 2, 3],`
		`             [4, 5, 6]])`
		`np.empty_like(A)`

numpy.eye()	创建一个二维数组，表示单位矩阵	`np.eye(5)`
numpy.full()	创建一个指定大小和给定值的数组	`np.full((3,3), np.inf)`

numpy.full_like()	创建与给定数组具有相同形状和数据类型，且所有元素都是指定值的数组	`A = np.array([[1, 2, 3],`
		`             [4, 5, 6]])`
		`np.full_like(A, 100)`

numpy.ones()	创建一个指定大小的全1数组	`np.ones((5,5))`

numpy.ones_like()	创建与给定数组具有相同形状和数据类型，且所有元素都是1的数组	`A = np.array([[1, 2, 3],`
		`             [4, 5, 6]])`
		`np.ones_like(A)`

numpy.zeros()	创建一个指定大小的全0数组	`np.zeros((5,5))`

numpy.zeros_like()	创建与给定数组具有相同形状和数据类型，且所有元素都是0的数组	`A = np.array([[1, 2, 3],`
		`             [4, 5, 6]])`
		`np.zeros_like(A)`

什么是单位矩阵？

单位矩阵是一个非常特殊的方阵，它的对角线上的元素全都是1，而其余元素全都是0。常用符号表示单位矩阵的是 I 或者 E，它的大小由下标表示，例如，I_2 表示 2×2 的单位矩阵。类似地，I_3 表示 3×3 的单位矩阵，以此类推。单位矩阵是在矩阵运算中非常重要的一个概念，它可以被看作是矩阵乘法中的 "1"，即任何矩阵与单位矩阵相乘，其结果都是该矩阵本身。单位矩阵在许多应用中都有广泛的应用，例如，单位矩阵可以用来表示标准正交基等。在计算矩阵的逆时，单位矩阵也起到了关键作用，因为一个矩阵 A 的逆矩阵可以通过 A 和单位矩阵的运算来计算，即 $AA^{-1} = A^{-1}A = I$。

13.6 随机数

《统计至简》一册专门讲解各种常用概率分布。

NumPy中还有大量产生随机数的函数。图13.7所示为满足二元连续均匀分布、二元高斯分布的随机数。

我们可以通过代码13.10绘制图13.7 (a)，代码13.11绘制图13.7 (b)。请翻阅帮助文档了解这两段代码中主要函数的用法，并在JupyterLab中动手实践。表13.2总结了NumPy中常用随机数发生器函数和分布图像。

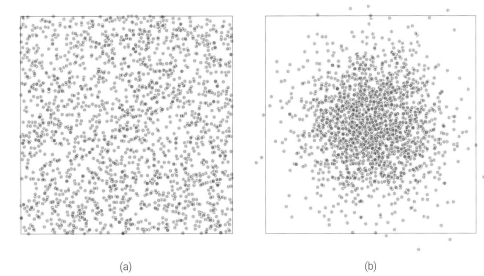

(a)   (b)

图13.7　分别满足二元连续均匀分布、二元高斯分布的随机数 | ⊕ Bk1_Ch13_01.ipynb

代码13.10　服从二元连续均匀分布的随机数 | ⊕ Bk1_Ch13_01.ipynb　　　　　　　○○　○○

```python
import numpy as np
import matplotlib.pyplot as plt

# 生成随机数，服从连续均匀分布
num = 2000
```
ⓐ
```python
X_uniform = np.random.uniform (low = -3, high = 3, size = (num,2))

fig, ax = plt.subplots (figsize = (5,5))
```
ⓑ
```python
ax.scatter (X_uniform [:,0],      # 散点横轴坐标
            X_uniform [:,1],      # 散点纵轴坐标
            s = 100,              # 散点大小
            marker = '.',         # 散点 marker 样式
            alpha = 0.5,          # 透明度
            edgecolors = 'w')     # 散点边缘颜色

ax.set_aspect('equal', adjustable ='box')
ax.set_xlim(-3, 3)
ax.set_ylim(-3, 3)
ax.set_xticks((-3,0,3))
ax.set_yticks((-3,0,3))
```

代码13.11　服从二元高斯分布的随机数 | ⊕ Bk1_Ch13_01.ipynb　　　　　　　　○○○

```python
import numpy as np
import matplotlib.pyplot as plt

# 生成随机数，服从二元高斯分布
num = 2000
```
ⓐ
```python
mu = np.array ([0, 0])            # 质心
```
ⓑ
```python
rho = 0   # 相关性系数
```

```
ⓒ  Sigma  = np.array ([[1,  rho],
                       [rho, 1]])   # 协方差矩阵

ⓓ  X_binormal  = np.random.multivariate_normal(mu, Sigma, size =num)

   fig, ax = plt.subplots (figsize  = (5,5))
   ax.scatter (X_binormal [:,0],
               X_binormal [:,1],
               s = 100,
               marker = '.',
               alpha = 0.5,
               edgecolors  = 'w')

   ax.set_aspect ('equal', adjustable ='box')
   ax.set_xlim (-3, 3)
   ax.set_ylim (-3, 3)
   ax.set_xticks ((-3,0,3))
   ax.set_yticks ((-3,0,3))
```

表13.3 常用随机数发生器

随机数服从的分布	函数	随机数分布图像
连续均匀分布	numpy.random.uniform()	
均匀整数	numpy.random.randint()	
Beta分布	numpy.random.beta()	
泊松分布	numpy.random.poisson()	
指数分布	numpy.random.exponential()	
几何分布	numpy.random.geometric()	
二项分布	numpy.random.binomial()	

随机数服从的分布	函数	随机数分布图像
正态分布	numpy.random.normal()	
多元正态分布	numpy.random.multivariate_normal()	
对数正态分布	numpy.random.lognormal()	
学生t-分布	numpy.random.standard_t()	
Dirichlet分布	numpy.random.dirichlet()	

概率统计中,随机是什么意思?

在概率统计中,随机指的是一个事件的结果是不确定的,而且每种可能的结果出现的概率是可以计算的。随机事件是由各种随机变量所描述的,随机变量是一个具有不确定结果的数学变量,其值取决于随机事件的结果。概率统计学家使用随机变量和概率分布来描述随机事件的结果和出现的概率。随机事件的结果可能是离散的,例如掷骰子的结果是1、2、3、4、5或6;也可能是连续的,例如测量人的身高或重量。概率统计学家使用各种数学方法和技术,如概率、期望值和方差等,来分析和理解随机事件和随机变量的性质和行为。概率统计的研究在现代科学和工程中有着广泛的应用,如金融、生物学、医学、物理学等领域。

什么是随机数生成器?

随机数生成器是一种用于生成随机数的计算机程序或硬件设备。随机数生成器可分为真随机数生成器和伪随机数生成器两种。真随机数生成器的输出完全基于物理过程,如大气噪声、放射性衰变或者热噪声等,其生成的随机数序列是完全随机且不可预测的。真随机数生成器通常需要专门的硬件设备支持。伪随机数生成器则使用计算机算法生成伪随机数,其看似随机,但是实际上是可预测的,因为它们是由固定的算法和种子值生成的。伪随机数生成器通常使用伪随机数序列和随机种子,以便在需要时生成随机数。随机数生成器在计算机科学、加密学、模拟实验、游戏设计、统计分析等领域中被广泛使用。在加密学中,随机数生成器通常用于生成安全密钥和初始化向量等关键数据,以保证加密算法的强度和安全性。在模拟实验和游戏设计中,随机数生成器用于模拟不可预测的因素,如掷骰子、扑克牌等。

13.7 数组导入、导出

图13.8所示为鸢尾花表格和热图。

5.1	3.5	1.4	0.2
4.9	3.0	1.4	0.2
4.7	3.2	1.3	0.2
4.6	3.1	1.5	0.2
5.0	3.6	1.4	0.2
5.4	3.9	1.7	0.4
4.6	3.4	1.4	0.3
5.0	3.4	1.5	0.2
4.4	2.9	1.4	0.2
4.9	3.1	1.5	0.1
5.4	3.7	1.5	0.2
4.8	3.4	1.6	0.2
4.8	3.0	1.4	0.1
4.3	3.0	1.1	0.1
...	...	...	...
5.9	3.0	5.1	1.8

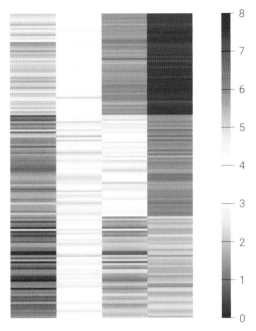

图13.8 鸢尾花数据表格和热图 | ⊕ Bk1_Ch13_01.ipynb

我们可以通过代码13.12绘制图13.8，下面讲解其中关键语句。

ⓐ用sklearn.datasets模块中load_iris()函数导入鸢尾花数据，存为iris。iris.data保存了鸢尾花特征数据，其形式为NumPy Array。

ⓑ用numpy.savetxt()把NumPy Array写成CSV文件。CSV (Comma-Separated Values)，即逗号分隔值文件，是一种常见的文本文件格式，用于存储表格数据。CSV 文件中的数据以纯文本形式表示，通常使用逗号来分隔不同的字段或列，而行则用换行符分隔。

ⓒ用numpy.genfromtxt() 读入CSV文件。

ⓓ用seaborn.heatmap()可视化鸢尾花特征数据矩阵。

大家在本书后文，特别是在《矩阵力量》一册中会看到，我们大量使用热图来可视化矩阵运算。

代码13.12 用热图可视化鸢尾花数据 | ⊕ Bk1_Ch13_01.ipynb ○○○ ○○○

```
import numpy as np
import matplotlib.pyplot as plt
import seaborn as sns
from sklearn.datasets import load_iris
from numpy import genfromtxt

# 导入鸢尾花数据
iris = load_iris ()
# 将NumPy Array 存成 CSV 文件
np.savetxt ("Iris_data.csv", iris.data, delimiter =",")
```

iris.data iris.target

```
# 将 CSV 文件读入存成 numpy array
```
c `Iris_Data_array = genfromtxt ('Iris_data.csv', delimiter =',')`

```
# 可视化
fig, ax = plt.subplots (figsize = (5,5))
```
d `sns.heatmap (Iris_Data_array,`   `# 鸢尾花数据数组`
             `cmap = 'RdYlBu_r',`   `# 指定色谱`
             `ax = ax,`   `# 指定轴`
             `vmax = 8,`   `# 色谱最大值`
             `vmin = 0,`   `# 色谱最小值`
             `xticklabels = [],`   `# 不显示横轴标签`
             `yticklabels = [],`   `# 不显示纵轴标签`
             `cbar = True)`   `# 显示色谱条`

请大家完成以下题目。

Q1. 用至少两种办法生成一个 3 × 4 二维 NumPy 数组，数组的每个值都是 10。

Q2. 利用 numpy.meshgrid() 和 matplotlib.pyplot.contour() 绘制二元函数 $f\left(x_1,x_2\right)=x_2\exp\left(-x_1^2-x_2^2\right)$ 的二维等高线。

Q3. 在 [0, 1] 范围内生成 1000 个满足连续均匀分布的随机数，并用 matplotlib.pyplot.hist() 绘制频数直方图。

* 题目答案在 Bk1_Ch13_02.ipynb。

　　NumPy 最大的优势在于提供了高性能的多维数组对象和相应的操作函数，使得矩阵相关计算更加高效。在机器学习中，NumPy 常用于数据处理、线性代数运算和数组操作，这些为模型训练提供了基础。

　　本书前文介绍过用嵌套列表代表矩阵，但从本章开始请大家利用 NumPy Array。大家会发现 NumPy Array 的向量化运算特别方便，帮助我们避免了很多循环。

14 Indexing and Slicing NumPy Arrays
NumPy索引和切片
对数组切片切块、切丝切丁

做数学的艺术在于找到包含所有普遍性萌芽的特殊情况。

The art of doing mathematics consists in finding that special case which contains all the germs of generality.

—— 大卫·希尔伯特 (David Hilbert) | 德国数学家 | 1862 — 1943年

◄ numpy.concatenate() 沿指定轴将多个数组连接成一个新的数组
◄ numpy.copy() 深拷贝数组，对新生成的对象进行修改、删除操作不会影响到原对象
◄ numpy.newaxis 在使用它的位置上为数组增加一个新的维度，可以用于在指定位置对数组进行扩展或重塑
◄ numpy.r_() 用于按行连接数组
◄ numpy.reshape() 用于重新调整数组的形状
◄ numpy.squeeze() 从数组的形状中删除大小为1的维度，从而返回一个形状更紧凑的数组
◄ numpy.take() 根据指定的索引从数组中获取元素，创建一个新的数组来存储这些元素
◄ numpy.vstack() 将多个数组按行堆叠

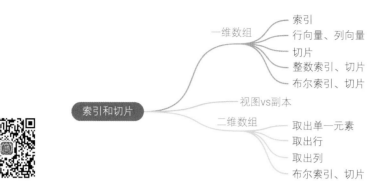

14.1 什么是索引、切片？

本章我们聊一聊NumPy数组的**索引** (indexing) 和**切片** (slicing)。简单来说，数组中的某个元素可以通过索引来访问。而切片指的是从数组中提取"子数组"的操作。

需要反复强调的是，NumPy数组使用基于0的整数索引。此外，NumPy的切片操作返回的是原数组的**视图** (view) 而不是**副本** (copy)，因此对切片操作所得到的数组进行修改会直接影响到原数组。本书前文介绍过视图和副本这两个概念，本章后续将专门讲解NumPy数组视图和副本之间的区别。

本章配套的Jupyter Notebook文件是Bk1_Ch14_01.ipynb。请大家一边阅读本章内容，一边在JupyterLab中实践。

14.2 一维数组索引、切片

索引

一维数组可以使用索引来访问和操作数组中的某个元素。

如图14.1所示，索引是一个整数值，它指定了要访问的元素在数组中的位置。

一维数组的索引从0开始，到数组长度 (len(a)) -1结束。

如图14.1所示，想要取出数组a的第一个元素，可以用a[0] 或 a[-11]。

a[-1] 或a[10] 则可以取出数组a的最后一个元素。请大家在JupyterLab中尝试取出数组不同位置元素。

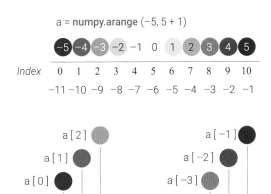

图14.1　一维数组的索引 | ⊕ Bk1_Ch14_01.ipynb

行向量、列向量

上一章特别强调过，本书中行向量、列向量都被视作特殊的二维数组。也就是说，行向量是一行多列矩阵，而列向量是多行一列矩阵。

在 NumPy 中， numpy.newaxis 是一个特殊的索引，用于增加数组的维度。它的作用是在数组的某个位置添加一个新的轴，从而改变数组的维度。

具体来说，使用 numpy.newaxis 将会在数组的一个指定位置添加一个新的维度。如图14.2所示，对于一个一维数组 a，我们可以使用 a[:, numpy.newaxis] 将其转换为一个二维数组，其中新的维度被添加在列的方向上。这个操作将会把数组变成一个列向量。

而a[numpy.newaxis, :] 则把一维数组变成行向量。本书后文还会介绍利用numpy.reshape() 函数完成"升维"及其他变形的方法。

在Bk1_Ch14_01.ipynb中还给出了其他"升维"方法，请大家自行学习。

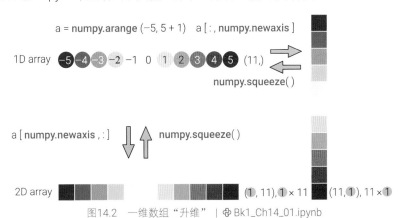

图14.2　一维数组"升维" | ⊕ Bk1_Ch14_01.ipynb

相反地，在NumPy中，numpy.squeeze() 函数用于从数组的形状中删除长度为1的维度，并返回一个新的数组，其维度数目更少。

例如，对于一个形状为 (1, 3, 1, 5) 的四维数组，可以使用 numpy.squeeze(a) 函数将其转换为形状为 (3, 5) 的二维数组，其中长度为1的第0和第2维被删除。

如果在调用 numpy.squeeze() 时指定了参数 axis，则只有该轴上长度为1的维度会被删除。

总结来说，numpy.squeeze() 函数可以帮助我们简化数组的形状，使其更符合我们的需求。

切片

切片访问一维数组中的"子数组",即多个元素。切片是一个包含开始索引和结束索引的范围,用冒号 (:)分隔。

开始索引指定要获取的第一个元素的位置,结束索引指定要获取的最后一个元素的位置+1。

图14.3所示为一维数组连续切片。

图14.4中,将步长设为2分别提取数组中的奇数、偶数。

图14.5中,将步长设为-1可以将数组倒序排序。

在Bk1_Ch14_01.ipynb中还给出了其他步长设置,请大家自行学习。

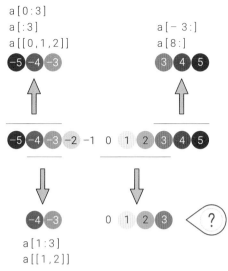

图14.3 一维数组连续切片 | ⊕ Bk1_Ch14_01.ipynb

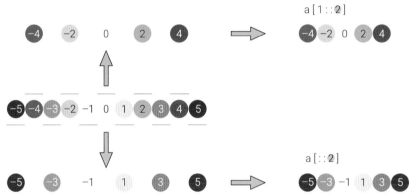

图14.4 一维数组以固定步长切片,步长为2 | ⊕ Bk1_Ch14_01.ipynb

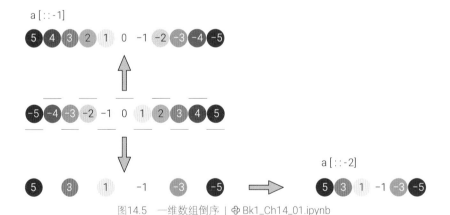

图14.5 一维数组倒序 | ⊕ Bk1_Ch14_01.ipynb

整数索引、切片

在NumPy中,可以使用整数索引来访问和修改数组中的元素。整数索引是一种非常基本的索引方法,它允许使用一个整数或整数数组来访问数组的元素。

使用整数索引时,大家可以传递一个整数来访问数组的单个元素,或者传递一个整数数组来访问数组的多个元素。大家已经在图14.1看到这一点。

如果传递一个整数数组,则该数组的每个元素将被视为索引,从而返回一个新的数组,该数组包含原始数组中相应索引处的元素。

如图14.6所示,整数索引为数组 [0, 1, 2, -1],我们提取一维数组的第1、2、3和最后一个 (-1) 元素,结果还是一维数组。

同时,我们可以用numpy.r_[0:3, -1]构造一个数组,也能提取相同的元素组合。

numpy.r_() 是一个用于将切片对象转换为一个沿着第一个轴堆叠的 NumPy 数组的函数。它可以在数组创建和索引时使用。它的作用类似于 numpy.concatenate() 和 numpy.vstack(),但是使用切片对象作为索引可以更方便快捷地创建数组。

布尔索引、切片

布尔索引 (Boolean indexing) 是一种使用布尔值来选择数组中的元素的技术。

在使用布尔索引时,可以通过一些条件来生成一个布尔数组,该布尔数组与要索引的数组具有相同的形状,然后使用该布尔数组来选择要访问的数组元素。

如图14.7所示,我们利用布尔值切片分别提取了数组中大于1、小于0的元素。

请大家在JupyterLab中查看a > 0返回的数组是什么。

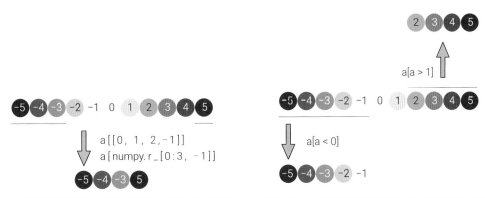

图14.6 一维数组整数索引,输入为数组 | ⊕ Bk1_Ch14_01.ipynb   图14.7 一维数组布尔值切片 | ⊕ Bk1_Ch14_01.ipynb

14.3 视图 vs 副本

在NumPy中,有两种不同的方式来创建新的数组对象——**视图** (view)、**副本** (copy)。

视图是原始数组的一个新视图,而副本是原始数组的一个新副本。它们的区别在于它们如何处理原始数据的内存和共享。

视图是原始数组的一个新视图,一种重新排列、重新解释。视图与原始数组共享相同的数据,不会创建新的内存。

换句话说，视图是原始数组的一个不同的"窗口"，它可以访问原始数组的相同数据块。当对视图进行更改时，原始数组也会发生相应的更改。

副本则是原始数组的一份完整的拷贝，修改副本不会影响原始数组。对NumPy数组用numpy.ndarray. flatten()、整数数组索引、条件索引操作后，将生成一个副本。副本的创建可以使用numpy.copy() 方法或者numpy.array() 函数的参数copy = True来实现。

如图14.8所示，本节之前的各种索引、切片方法实际上创建的都只是原始数组的视图，改变这些视图就会修改原始数组，并"牵一发动全身"地改变所有视图。

而numpy.copy() 则创建了全新的内存，即副本。

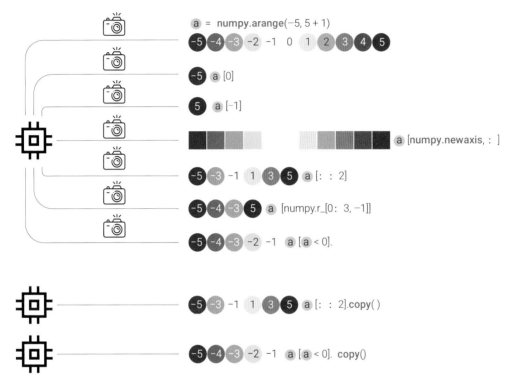

图14.8　视图，还是副本？ | ⊕ Bk1_Ch14_01.ipynb

在代码14.1示例中，首先 ⓐ 用numpy.array()创建了一维数组 a；然后 ⓑ 创建了一个切片视图 s，该视图选择了数组 a 中的索引为1、2的元素，即第2个和第3个元素。

接下来，ⓒ 将视图中的第1个元素设置为 1000，这也会修改原始数组 a 中的元素。

然后，ⓓ 用a.copy() 创建了一个整数数组索引副本 c，该副本选择了数组 a 中的索引为1、3的元素，即第2个和第3个元素。

ⓔ 将副本c中的第1个元素设置为 888，但这不会修改原始数组 a 中的元素。

此外，我们可以使用numpy.may_share_memory() 函数来判断两个数组是否共享内存。

在NumPy中，还有一些函数需要注意视图和副本的问题，如numpy.reshape()、numpy.transpose()、numpy.ravel()、numpy.flatten() 等。这些非常重要，本书后文还会涉及。

```python
# 创建一个一维数组
a = np.array([1, 2, 3, 4, 5])

# 创建一个切片视图
s = a[1:3]

# 修改视图中的数据
s[0] = 1000

# 查看原始数组
print(a) # 输出: [1 1000 3 4 5]

# 创建一个整数数组索引副本
c = a[[1, 3]].copy()

# 修改副本中的数据
c[0] = 888

# 查看原始数组
print(a) # 输出: [1 1000 3 4 5]
print(c)
```

ⓐ a = np.array([1, 2, 3, 4, 5])

ⓑ s = a[1:3]

ⓒ s[0] = 1000

ⓓ c = a[[1, 3]].copy()

ⓔ c[0] = 888

14.4 二维数组索引、切片

取出单一元素

要取出二维NumPy数组中特定索引的元素，可以使用索引操作符"[ ]"来访问。可以将需要访问的元素的行索引和列索引作为参数传递给这个操作符。

图14.9所示为从二维数组a中取出单一元素的例子，a[0, 0] 代表行索引为0、列索引为0的元素，即第1行、第1列元素。

用 a[0][0]，我们也可以提取行索引为0、列索引为0的元素。a[0]相当于先提取行索引为0的一维数组，然后再用第二个[0]从一维数组提取索引为0的元素。

请大家特别注意，a[[0],[0]]的结果为一维数组。

请大家自行分析图14.9中其他示例。

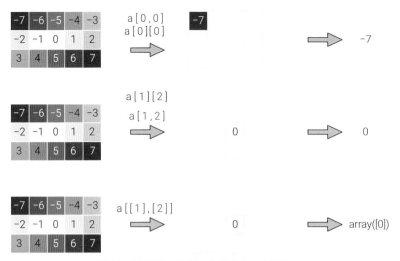

图14.9 取出单一元素 | ⊕ Bk1_Ch14_01.ipynb

取出行

要取出二维NumPy数组中特定行的元素，也是使用索引操作符 "[ ]" 来访问。

我们可以以将需要访问的行的索引作为第一个参数传递给这个操作符，并用冒号 ":" 表示需要访问的列范围。

如图14.10所示，取出第1行，只需用a[0]，其结果为一维数组。而用a[[0], :] 取出第1行时，其结果为二维数组。

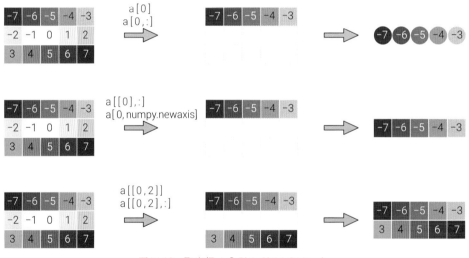

图14.10 取出行 | ⊕ Bk1_Ch14_01.ipynb

取出列

如图14.11所示，我们也可以使用类似方法取出特定列。请大家自行分析图14.11中的语句。

值得强调的是，本书前文提过，numpy.newaxis 是一个常用的NumPy函数，它用于在数组中添加一个新的维度。具体来说，numpy.newaxis 用于在现有数组的指定位置插入一个新的维度，从而改变数组的形状。

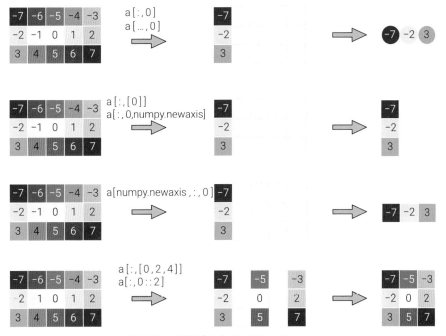

图14.11　取出列 | ⊕ Bk1_Ch14_01.ipynb

⚠️

在NumPy多维数组的索引和切片操作中，省略号"..."可以代替多个连续冒号"："，从而简化操作。具体来说，省略号可以表示在某个维度上使用完整的切片范围。需要注意的是，省略号只能在索引或切片操作的开头、结尾或中间使用，而不能重复出现。

此外，当数组的维度比较大时，省略号可以显著提高代码的可读性和简洁性，因为它避免了写很多个冒号"："的重复代码。

图14.12所示为取出特定行列组合的方法，请大家自行学习。

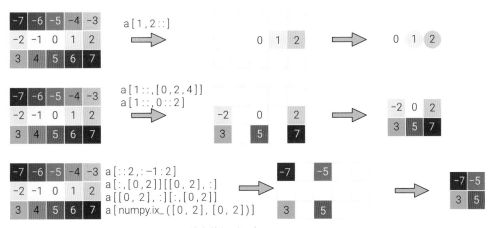

图14.12　取出特定的行列组合 | ⊕ Bk1_Ch14_01.ipynb

值得一提的是，图14.12中，numpy.ix_() 是 NumPy 提供的一个函数，用于将多个一维索引数组转换为一个用于多维数组索引的元组。这个元组可以同时对多个维度进行索引，从而方便地选择数组中的子集。使用 numpy.ix_() 可以让代码更加简洁和易读，避免了使用多个索引数组或切片来对多维数组进行索引的复杂性和难以理解的问题。在科学计算和数据分析中，使用 numpy.ix_() 可以方便地进行数据筛选和子集提取，提高代码效率和可读性。

布尔索引、切片

类似本章前文，二维数组也可以采用布尔索引、切片。举个例子，如图14.13所示，取出二维数组中大于0的元素，结果为一维数组。本章配套代码还提供了其他输出形式，请大家自行学习。

图14.13　取出大于0的元素 | ⊕ Bk1_Ch14_01.ipynb

本章配套代码还介绍了如何对三维数组进行索引、切片，也请大家自行学习。

请大家完成以下题目。

Q1. 创建一个一维数组，形状为 (10,)，用在 [–1, 1] 上均匀分布的随机数填充。使用切片操作提取前5个元素，并将结果倒序输出。

Q2. 创建一个二维数组，形状为 (3, 4)，用在 [–1, 1] 上均匀分布的随机数填充。使用切片操作选取其中的第1行和第3行。同时，使用切片操作取出第2、4列。

Q3. 创建一个三维数组，形状为 (4, 5, 6)，用在 [–1, 1] 上均匀分布的随机数填充。使用切片操作选取其中的axis = 0、1维度上的所有元素，以及axis = 2维度上的前2个元素。

* 题目不提供答案。

本章介绍的NumPy Array索引和切片操作和列表很相似。但是，以二维数组为例，提取NumPy Array的列则容易很多。

有关NumPy Array的操作请大家务必搞清楚，我们在Pandas中还会用到类似的操作完成数据帧的索引和切片。当然，数据帧还有行列标签索引和切片。

Basic Computations in NumPy
NumPy常见运算
使用NumPy完成算术、代数、统计运算

生活只有两件好事：发现数学，传播数学。

Life is good for only two things: discovering mathematics and teaching mathematics.

—— 西梅翁·德尼·泊松 (Siméon Denis Poisson) | 法国数学家 | 1781 — 1840年

- ◀ `numpy.abs()` 计算绝对值、复数模
- ◀ `numpy.add()` 加法运算
- ◀ `numpy.argmax()` 返回数组中最大元素的索引
- ◀ `numpy.argmin()` 返回数组中最小元素的索引
- ◀ `numpy.array()` 创建array数据类型
- ◀ `numpy.average()` 计算数组元素的加权平均值
- ◀ `numpy.broadcast_to()` 用于将数组广播到指定的形状
- ◀ `numpy.corrcoef()` 计算数组中元素的相关系数矩阵，自由度ddof没有影响
- ◀ `numpy.cos()` 计算余弦值
- ◀ `numpy.cov()` 计算数组中元素的协方差矩阵，默认自由度ddof为0
- ◀ `numpy.divide()` 除法运算
- ◀ `numpy.exp()` 对数组中的每个元素进行指数运算
- ◀ `numpy.maximum()` 逐元素地比较两个数组，并返回元素级别上的较大值组成的新数组
- ◀ `numpy.multiply()` 乘法运算
- ◀ `numpy.power()` 乘幂运算
- ◀ `numpy.random.multivariate_normal()` 用于生成多元正态分布的随机样本
- ◀ `numpy.random.randint()` 在指定范围内产生随机整数
- ◀ `numpy.random.uniform()` 产生满足连续均匀分布的随机数
- ◀ `numpy.reshape()` 用于将数组重新调整为指定的形状
- ◀ `numpy.sin()` 计算正弦值
- ◀ `numpy.std()` 计算数组中元素的标准差，默认自由度ddof为0
- ◀ `numpy.subtract()` 减法运算
- ◀ `numpy.var()` 计算数组中元素的方差，默认自由度ddof为0
- ◀ `sklearn.datasets.load_iris()` 导入鸢尾花数据

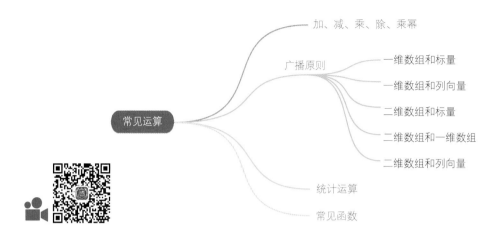

加、减、乘、除、乘幂

一维数组和标量

广播原则

一维数组和列向量

二维数组和标量

常见运算

二维数组和一维数组

二维数组和列向量

统计运算

常见函数

15.1 加、减、乘、除、乘幂

在NumPy中，基本的加、减、乘、除、乘幂运算如下。

◀加法：使用"+"运算符或 numpy.add() 函数实现。
◀减法：使用"−"运算符或 numpy.subtract() 函数实现。
◀乘法：使用"*"运算符或 numpy.multiply() 函数实现。
◀除法：使用"/"运算符或 numpy.divide() 函数实现。
◀乘幂：使用"**"运算符或 numpy.power() 函数实现。

下面，我们先聊一聊相同形状的数组之间的加、减、乘、除、乘幂运算。

本章配套的Jupyter Notebook文件主要是Bk1_Ch15_01.ipynb。请大家一边阅读本章，一边在
JupyterLab中实践。

一维数组

图15.1所示为两个等长度一维数组之间的加、减、乘、除、乘幂运算。这一组运算都是逐项完成
的，也就是在对应位置之间完成运算的。

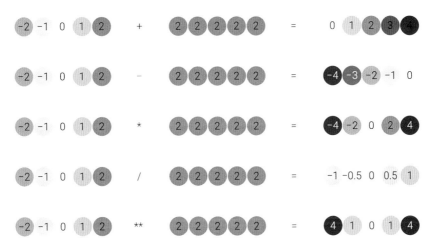

图15.1　一维数组加、减、乘、除、乘幂 | ⊕ Bk1_Ch15_01.ipynb

二维数组

图15.2所示为二维数组之间的加、减、乘、除、乘幂运算。类似运算也可以用在三维、多维数组上。

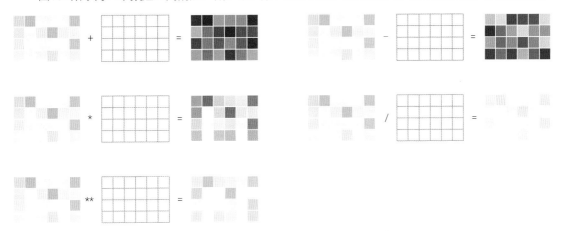

图15.2　二维数组加、减、乘、除、乘幂 (空白网格代表矩阵的每个元素均为2) | ⊕ Bk1_Ch15_01.ipynb

15.2 广播原则

简单来说，NumPy的**广播原则** (broadcasting) 指定了不同形状的数组之间的算术运算规则，将形状较小的数组扩展为与形状较大的数组相同，再进行运算，以提高效率。

下面，我们首先以一维数组为例介绍什么是广播原则。

一维数组和标量

图15.3所示为一维数组和标量之间的加、减、乘、除、乘幂运算，大家可以发现图15.3可以替代图15.1。

图15.3　一维数组和标量加、减、乘、除、乘幂 (广播原则) | ⊕ Bk1_Ch15_01.ipynb

一维数组和列向量

图15.4和图15.5所示为将广播原则用在一维数组和列向量的加法和乘法上。

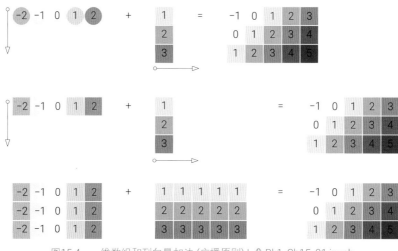

图15.4　一维数组和列向量加法 (广播原则) | ⊕ Bk1_Ch15_01.ipynb

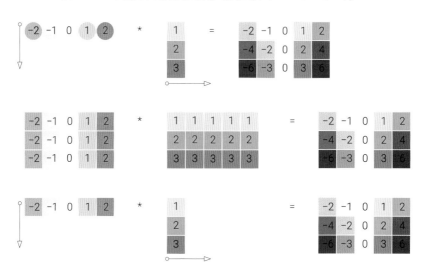

图15.5　一维数组和列向量乘法 (广播原则) | ⊕ Bk1_Ch15_01.ipynb

广播过程相当于把一维数组 (5,) 展成 (3, 5) 二维数组，把列向量 (3, 1) 也展成 (3, 5) 二维数组。运算结果也是二维数组。这两幅图中，大家还会看到，行向量、列向量之间的运算也可以获得同样的结果，请大家在JupyterLab中自己完成。

二维数组和标量

图15.6所示二维数组和标量的运算相当于图15.2。

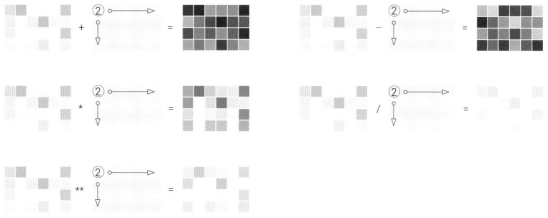

图15.6　二维数组和标量加、减、乘、除、乘幂 (广播原则) | ⊕ Bk1_Ch15_01.ipynb

二维数组和一维数组

图15.7所示为二维数组和一维数组之间的广播原则运算。二维数组的形状为 (4, 6)，一维数组的形状为 (6,)。图15.7等价于图15.8。图15.8中，行向量是二维数组，形状为 (1, 6)。

> ⚠ 当前NumPy不支持形状为 (4, 6) 和 (4, 1) 数组之间的广播运算，会报错。这种情况，要用 (4, 6) 和 (4, 1) 之间的广播原则。

图15.7. 二维数组和一维数组加、乘 (广播原则)

图15.8　二维数组和行向量加、乘 (广播原则) | ⊕ Bk1_Ch15_01.ipynb

二维数组和列向量

图15.9所示为二维数组和列向量之间的广播运算。二维数组的形状为 $(4, 6)$，列向量形状为 $(4, 1)$。它们在行数上匹配。

图15.9 二维数组和列向量加、乘 (广播原则) | ⊕ Bk1_Ch15_01.ipynb

15.3 统计运算

图15.10所示为求最大值的操作。给定二维数组A，并通过A.max() 计算整个数组中最大值。

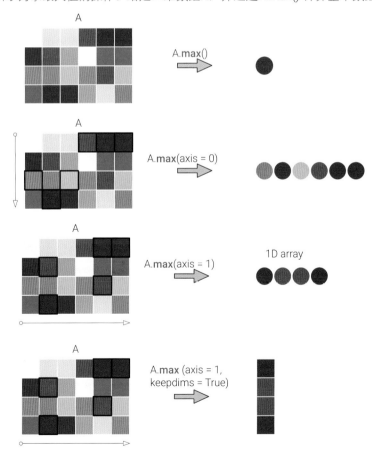

图15.10 沿不同轴求最大值 | ⊕ Bk1_Ch15_01.ipynb

而A.max(axis = 0) 在列方向计算最大值，即每一列最大值，结果为一维数组。

A.max(axis = 1) 在行的方向上计算最大值，即每一行最大值，结果同样为一维数组。

而A.max(axis = 1, keepdims = True) 的结果为列向量 (二维数组)。

此外，计算最小值、求和、均值、方差、标准差等统计运算遵循相同的规则，请大家参考本章Jupyter Notebook。

> ⚠️ 计算方差、标准差时，NumPy默认分母为n (样本数量)，而不是$n - 1$；为了计算样本方差或标准差，需要设定ddof = 1。

什么是方差?

方差是统计学中衡量数据分散程度的一种指标，用于衡量一组数据与其均值之间的偏离程度。方差的计算是将每个数据点与均值的差的平方求和，并除以数据点的个数n减1，即$n - 1$。方差越大，数据点相对于均值的离散程度就越高，反之亦然。方差常用于数据分析、建模和实验设计等领域。方差开平方结果为标准差。

NumPy还提供计算协方差矩阵、相关系数矩阵的函数。图15.11 (a) 所示为鸢尾花数据协方差矩阵，图15.11 (b) 所示为相关系数矩阵。

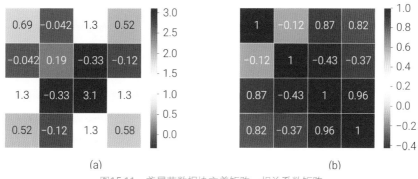

(a)　　　　　　　　　　　(b)

图15.11　鸢尾花数据协方差矩阵、相关系数矩阵

我们可以通过代码15.1完成很多有关鸢尾花数据统计计算，并绘制图15.11，请大家自行学习并逐行注释。

值得一提的是，ⓘ和ⓚ在计算协方差矩阵、相关系数矩阵时，输入的数组形状。iris_data_array的每一列代表一个特征，而转置之后iris_data_array.T的每一行代表一个特征。

> ❓ 请大家打开numpy.cov()和numpy.corrcoef()两个函数的源代码，自行分析。

代码15.1　NumPy中的统计运算 | ⊕ Bk1_Ch15_01.ipynb ○○○

```python
import numpy as np
import matplotlib.pyplot as plt
import seaborn as sns
from sklearn.datasets import load_iris

# 导入鸢尾花数据
iris = load_iris ()
iris_data_array = iris.data
```

```
ⓐ print(iris_data_array.max())                    # 整个矩阵的最大值
ⓑ print(iris_data_array.max(axis = 0))            # 每列最大值
ⓒ print(np.argmax (iris_data_array, axis = 0))     # 每列最大值位置
ⓓ print(iris_data_array.max(axis = 1))            # 每行最大值位置
ⓔ print(np.average (iris_data_array, axis = 0))   # 每列均值

   # 计算每一列方差
ⓕ print(np.var (iris_data_array, axis = 0))
   # 注意，NumPy 中默认分母为 n

ⓖ print(np.var (iris_data_array, axis = 0, ddof = 1))
   # 将分母设为 n - 1

   # 计算每一列标准差
ⓗ print(np.std (iris_data_array, axis = 0))

   # 计算协方差矩阵 ; 注意转置
ⓘ SIGMA = np.cov (iris_data_array.T, ddof = 1)
   print(SIGMA)
```

```
   # 可视化协方差矩阵
   fig, ax = plt.subplots (figsize = (5,5))
ⓙ sns.heatmap (SIGMA, cmap = 'RdYlBu_r', annot = True,
               ax = ax, fmt = ".2f", square = True,
               xticklabels = [], yticklabels = [], cbar = True)

   # 计算协方差矩阵；注意转置
ⓚ CORR = np.corrcoef (iris_data_array.T)
   print(CORR)

   fig, ax = plt.subplots (figsize = (5,5))
ⓛ sns.heatmap (CORR, cmap = 'RdYlBu_r', annot = True,
               ax = ax, fmt = ".2f", square = True,
               xticklabels = [], yticklabels = [], cbar = True)
```

什么是协方差矩阵？

协方差矩阵是一个方阵，其中的元素代表了数据中各个维度之间的协方差。协方差是用来衡量两个随机
变量之间的关系的统计量，它描述的是两个变量的变化趋势是否相似，以及它们之间的相关性强度。协
方差矩阵可以用于多变量分析和线性代数中的特征值分解、奇异值分解等计算。在机器学习领域，协方
差矩阵常用于数据降维、主成分分析、特征提取等方面。

什么是相关系数矩阵？

相关系数矩阵是一个方阵，其中的元素代表了数据中各个维度之间的相关性系数。相关性系数是用来衡
量两个变量之间线性关系的程度，它取值范围在-1到1之间，数值越接近于1或-1，说明两个变量之间的
线性关系越强；数值越接近于0，说明两个变量之间的线性关系越弱或不存在。相关系数矩阵可以用于
多变量分析、线性回归等领域，通常与协方差矩阵一起使用。在机器学习领域，相关系数矩阵常用于特
征选择和数据可视化等方面。

15.4 常见函数

NumPy还提供大量常用函数，表15.1列出了一些常用函数和图像。

此外，NumPy中还给出了很多常用常数，如numpy.pi (圆周率)、numpy.e (欧拉数、自然底数)、numpy.Inf (正无穷)、numpy.NAN (非数) 等。

表15.1 NumPy库中常用函数和图像 | ⊕ Bk1_Ch15_02.ipynb

函数	NumPy函数	图像
$f(x) = x^p$ 幂函数 (power function)	numpy.power(x,2)	
	numpy.power(x,3)	
$f(x) = \sin(x)$ 正弦函数 (sine function)	numpy.sin()	
$f(x) = \arcsin(x)$ 反正弦函数 (inverse sine function)	numpy.arcsin()	

函数	NumPy函数	图像
$f(x) = \cos(x)$ 余弦函数 (cosine function)	numpy.cos()	
$f(x) = \arccos(x)$ 反余弦函数 (inverse cosine function)	numpy.arccos()	
$f(x) = \tan(x)$ 正切函数 (tangent function)	numpy.tan()	
$f(x) = \arctan(x)$ 反正切函数 (inverse tangent function)	numpy.arctan()	
$f(x) = \sinh(x)$ 双曲正弦函数 (hyperbolic sine function)	numpy.sinh()	

函数	NumPy函数	图像
$f(x) = \cosh(x)$ 双曲余弦函数 (hyperbolic cosine function)	numpy.cosh()	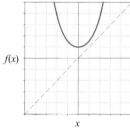
$f(x) = \tanh(x)$ 双曲正切函数 (hyperbolic tangent function)	numpy.tanh()	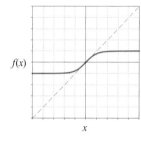
$f(x) = \|x\|$ 绝对值函数 (absolute function)	numpy.abs()	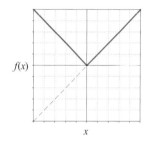
$f(x) = \lfloor x \rfloor$ 向下取整函数 (floor function)	numpy.floor()	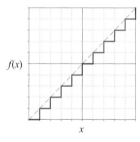
$f(x) = \lceil x \rceil$ 向上取整函数 (ceil function)	numpy.ceil()	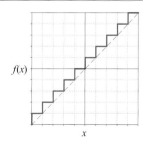

函数	NumPy函数	图像
$f(x) = \text{sgn}(x)$ 符号函数 (sign function)	numpy.sign()	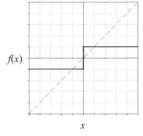
$f(x) = \exp(x) = e^x$ 指数函数 (exponential function)	numpy.exp()	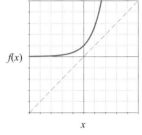
$f(x) = \ln(x)$ 对数函数 (logarithmic function)	numpy.log()	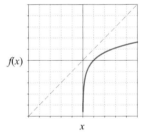

代码15.2为自定义可视化一元函数。

代码15.2 自定义可视化函数 | ⊕ Bk1_Ch15_02.ipynb ○○●○

```python
import numpy as np
import matplotlib.pyplot as plt

# 自定义可视化函数
def visualize_fx(x_array, f_array, title, step = False):

    fig, ax = plt.subplots(figsize = (5,5))
    ax.plot([-5,5],[-5,5], c = 'r', ls = '--', lw = 0.5)

    if step:
        ax.step(x_array, f_array)
    else:
        ax.plot(x_array, f_array)
```

```
      ax.set_xlim (-5, 5)
      ax.set_ylim (-5, 5)
      ax.axvline (0, c = 'k')
      ax.axhline (0, c = 'k')
      ax.set_xticks(np.arange (-5, 5+1))
      ax.set_yticks(np.arange (-5, 5+1))
      ax.set_xlabel ('x')
      ax.set_ylabel ('f(x)')
      plt.grid (True)
      ax.set_aspect ('equal', adjustable = 'box')
f     fig.savefig (title + '.svg', format = 'svg')
```

代码15.3调用代码15.2中自定义函数可视化几个一元函数，请大家自行学习并逐行注释。

请大家思考代码中 **c** 和 **e** 的作用，它们对可视化函数曲线有什么帮助。

代码15.3 可视化几个一元函数，使用时配合前文代码 | ⊕ Bk1_Ch15_02.ipynb
```
# 幂函数，p = 2
x_array = np.linspace(-5,5,1001)
a f_array = np.power(x_array, 2)
  visualize_fx(x_array, f_array, '幂函数_p=2')

# 反正弦函数
b x_array_ = np.copy(x_array)
c x_array_[(x_array_ < -1) | (x_array_ > 1)] = np.nan
  f_array = np.arcsin(x_array_)
  visualize_fx(x_array_, f_array, '反正弦函数')

# 正切函数
d f_array = np.tan(x_array)
e f_array[:-1][np.diff(f_array) < 0] = np.nan
  visualize_fx(x_array, f_array, '正切函数')

# 向下取整函数
  f_array = np.floor(x_array)
f visualize_fx(x_array, f_array, '向下取整函数', True)

# 对数函数
  x_array_ = np.copy(x_array)
g x_array_[x_array_ <= 0] = np.nan
  f_array = np.log(x_array_)
  visualize_fx(x_array_, f_array, '对数函数')
```

请大家完成以下题目，它们的目的都是利用NumPy计算并可视化公式。

Q1. 给定以下一元高斯函数，参数 $a = 1$, $b = 2$, $c = 1$。请用NumPy和Matplotlib线图可视化这个一元函数图像。

$$f(x) = a\exp\left(-\frac{(x-b)^2}{2c^2}\right)$$

Q2. 给定以下二元高斯函数。请用NumPy和Matplotlib三维网格曲面图可视化这个二元函数图像。

$$f(x_1, x_2) = \exp\left(-x_1^2 - x_2^2\right)$$

Q3. 下式为二元高斯分布的概率密度函数，请用NumPy和Matplotlib填充等高线图可视化这个二元函数图像。参数具体为 $\mu_X = 0$, $\mu_Y = 0$, $\sigma_X = 1$, $\sigma_Y = 1$, $\rho_{X,Y} = 0.6$。

$$f(x, y) = \frac{1}{2\pi\sigma_X\sigma_Y\sqrt{1-\rho_{X,Y}^2}}\exp\left(-\frac{1}{2(1-\rho_{X,Y}^2)}\left[\left(\frac{x-\mu_X}{\sigma_X}\right)^2 - 2\rho_{X,Y}\left(\frac{x-\mu_X}{\sigma_X}\right)\left(\frac{y-\mu_Y}{\sigma_Y}\right) + \left(\frac{y-\mu_Y}{\sigma_Y}\right)^2\right]\right)$$

* 题目答案请参考Bk1_Ch15_03.ipynb。

本章介绍了NumPy中基本数学运算工具，其中包括加、减、乘、除、乘幂，广播原则，统计运算，常见函数。需要大家格外注意广播原则，它可以帮我们提高运算效率。此外，一般情况下，我们更多会使用Pandas中的统计运算工具。

NumPy中主力运算工具将是本书第17、18章要介绍的有关线性代数的函数。如果大家之前没学过线性代数的话，这两章可以蜻蜓点水扫读一遍。

Manipulating NumPy Arrays
NumPy数组规整
重塑数组的维数、形状

哪里有物质，哪里就有几何学。

Where there is matter, there is geometry.

—— 约翰内斯 • 开普勒 (Johannes Kepler) | 德国天文学家、数学家 | 1571 — 1630年

◀ `numpy.append()` 用于将值添加到数组的末尾，生成一个新的数组，并不会修改原始数组

◀ `numpy.arange()` 创建一个具有指定范围、间隔和数据类型的等间隔数组

◀ `numpy.block()` 用于按照指定的块结构组合多个数组，生成一个新的数组

◀ `numpy.column_stack()` 按列堆叠多个数组，生成一个新的二维数组

◀ `numpy.concatenate()` 沿指定轴连接多个数组，生成一个新的数组

◀ `numpy.delete()` 用于删除数组中指定位置的元素，生成一个新的数组，并不会修改原始数组

◀ `numpy.flatten()` 用于将多维数组转换为一维数组。与 `numpy.ravel()` 不同的是，`numpy.flatten()` 返回数组的副本，而不是原始数组的视图

◀ `numpy.flip()` 用于沿指定轴翻转数组的元素顺序

◀ `numpy.fliplr()` 沿着水平方向 (左右方向) 翻转数组的元素顺序

◀ `numpy.flipud()` 沿着垂直方向 (上下方向) 翻转数组的元素顺序

◀ `numpy.hsplit()` 用于沿水平方向分割数组为多个子数组

◀ `numpy.hstack()` 按水平方向堆叠多个数组，生成一个新的数组

◀ `numpy.insert()` 用于在数组的指定位置插入值，生成一个新的数组，并不会修改原始数组

◀ `numpy.ravel()` 用于将多维数组转换为一维数组，按照 C 风格的顺序展平数组元素

◀ `numpy.repeat()` 将数组中的元素重复指定次数，生成一个新的数组

◀ `numpy.reshape()` 用于改变数组的形状，重新排列数组元素，但不改变原始数据本身

◀ `numpy.resize()` 用于调整数组的形状，并可以在必要时重复数组的元素来填充新的形状

◀ `numpy.rot90()` 默认将数组按指定次数逆时针旋转 90°

◀ `numpy.row_stack()` 按行堆叠多个数组，生成一个新的数组

◀ `numpy.shares_memory()` 用于检查两个数组是否共享相同的内存位置

◀ `numpy.split()` 用于将数组沿指定轴进行分割成多个子数组

- ◀ `numpy.squeeze()` 用于从数组的形状中去除维度为1的维度，使得数组更紧凑
- ◀ `numpy.stack()` 用于沿新的轴将多个数组堆叠在一起，生成一个新的数组
- ◀ `numpy.swapaxes()` 用于交换数组的两个指定轴的位置
- ◀ `numpy.tile()` 用于将数组沿指定方向重复指定次数，生成一个新的数组
- ◀ `numpy.transpose()` 完成矩阵转置，即将数组的行和列进行互换
- ◀ `numpy.vsplit()` 用于沿垂直方向分割数组为多个子数组
- ◀ `numpy.vstack()` 按垂直方向堆叠多个数组，生成一个新的数组

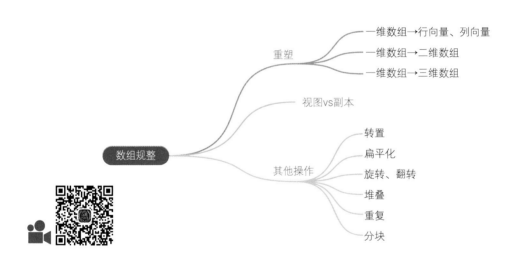

16.1 从reshape() 函数说起

在 NumPy 中，要改变数组的形状 (也称重塑数组)，可以使用 numpy.reshape() 函数。reshape() 函数允许我们指定一个新的形状，然后返回一个拥有相同数据但具有新形状的数组。

numpy.reshape(a, newshape, order='C')

函数的重要输入参数。

● 参数a 是要被重塑的数组，可以是一个数组对象，也可以是一个 Python 列表、元组等支持迭代的对象。

● 参数newshape 是新的形状，可以是一个整数元组或列表，也可以是一个整数序列。

● 参数order 表示重塑数组的元素在内存中存储的顺序，可以是 'C' (按行顺序存储) 或 'F' (按列顺序存储)，默认值为 'C'。

下面是numpy.reshape() 函数一些常见用法。

① 改变数组的维度：可以将一个数组从一维改为二维、三维等。例如：

```python
import numpy as np
a = np.arange(12)            # 创建一个长度为 12 的一维数组
b = np.reshape(a, (3, 4))    # 改变为 3 行 4 列的二维数组
c = np.reshape(a, (2, 3, 2)) # 改变为 2 个 3 行 2 列的三维数组
```

② 展开数组：可以将一个多维数组展开为一维数组。例如：

```python
import numpy as np
a = np.array([[1, 2], [3, 4]])
b = np.reshape(a, -1)   # 将二维数组展开为一维数组
```

③ 改变数组的顺序：可以改变数组在内存中的存储顺序。例如：

```python
import numpy as np
a = np.arange(6).reshape((2, 3))        # 创建一个 2 行 3 列的二维数组
b = np.reshape(a, (3, 2), order='F')    # 按列顺序存储
```

注意：numpy.reshape() 函数并不会改变数组的数据类型和数据本身，只会改变其形状。如果改变后的形状与原数组的元素数量不一致，将会抛出 ValueError 异常。

请大家在JupyterLab中自行运行以上三段代码。

更多有关numpy.reshape() 函数的用法，请大家参考以下技术文档：

https://numpy.org/doc/stable/reference/generated/numpy.reshape.html

下面结合实例详细讲解如何利用numpy.reshape() 完成数组变形。

本章配套的Jupyter Notebook文件是Bk1_Ch16_01.ipynb和Bk1_Ch16_02.ipynb，请大家一边阅读本章一边实践。

16.2 一维数组 → 行向量、列向量

一维数组 → 行向量

本书前文提过，行向量、列向量都是特殊矩阵。因此，行向量、列向量都是二维数组。也就是说，行向量是一行若干列的数组，形状为 $1 \times D$。列向量是若干行一列的数组，形状为 $n \times 1$。

如图16.1所示，用a = numpy.arange(-7, 7+1) 生成的是一个一维数组a，这个数组有15个元素。

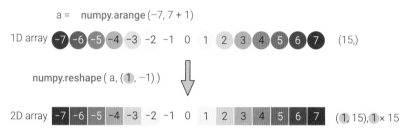

图16.1 将一维数组转换为行向量 | ⊕ Bk1_Ch16_01.ipynb

⚠ 使用 −1 作为形状参数时，numpy. reshape() 会根据数组中的数据数量和其他指定的维数来自动计算该维度的大小。

利用numpy.reshape(a, (1, -1))，我们将a转化为形状为 (1, 15) 的二维数组，也称**行向量** (row vector)，即 1×15 矩阵。

一维数组 → 列向量

如图16.2所示，利用numpy.reshape(a, (-1, 1))，我们可以把一维数组numpy.arange(-7, 7+1) 转化为形状为 (15, 1) 的二维数组，也称**列向量** (column vector)，即 15×1 矩阵。

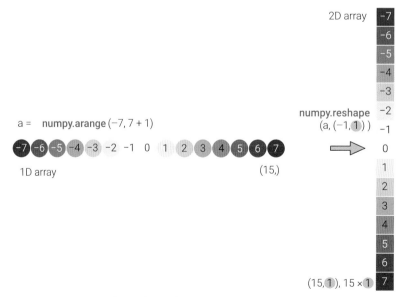

图16.2 将一维数组转换为列向量 | ⊕ Bk1_Ch16_01.ipynb

16.3 一维数组 → 二维数组

用a = numpy.arange(-7, 7+1) 生成的数组有15个元素，可以被3、5整除，因此一维数组a可以写成3 × 5矩阵 (二维数组)。

如图16.3所示，我们可以分别按先行后列、先列后行两种形式重塑数组。

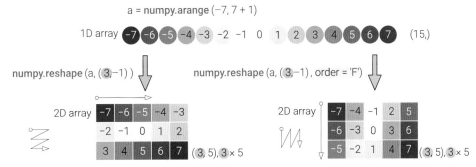

图16.3　将一维数组转换为3 × 5矩阵 (先行后列，先列后行) | ⊕ Bk1_Ch16_01.ipynb

图16.4所示为将numpy.arange(-7, 7+1) 一维数组写成5 × 3矩阵 (二维数组)。

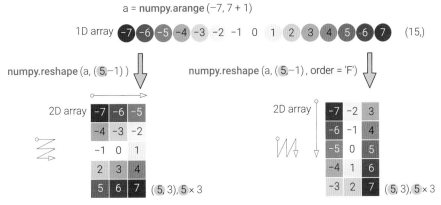

图16.4　将一维数组转换为5 × 3矩阵 (先行后列，先列后行) | ⊕ Bk1_Ch16_01.ipynb

图16.4给出了先行后列、先列后行两种顺序。如图16.5所示，已经完成转换的3 × 5矩阵，通过numpy.reshape() 可以进一步转化为5 × 3矩阵。此外，请比较numpy.reshape() 和numpy.resize() 用法的异同。

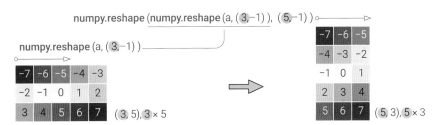

图16.5　将3 × 5矩阵转换为5 × 3矩阵 (先行后列) | ⊕ Bk1_Ch16_01.ipynb

16.4 一维数组 → 三维数组

图16.6所示为将numpy.arange(-13, 13+1) 一维数组转化成形状为3 × 3 × 3的三维数组。

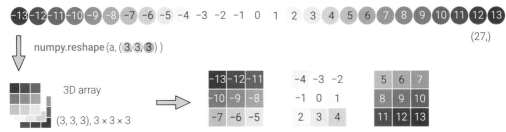

图16.6　将一维数组转换为三维数组 | ⊕ Bk1_Ch16_01.ipynb

16.5 视图 vs 副本

本书前文特别提过，NumPy中要特别注意**视图** (view)和**副本** (copy) 的区别。简单来说，视图和副本是NumPy中的两种不同的数组对象。

视图是指一个数组的不同视角或者不同形状的表现方式，视图和原始数组共享数据存储区，因此在对视图进行操作时，会影响原始数组的数据。视图可以通过数组的切片、转置、重塑等操作创建。

副本则是指对一个数组的完全复制，副本和原始数组不共享数据存储区，因此对副本进行操作不会影响原始数组。使用numpy.reshape() 也需要注意视图、副本问题。

> ⚠️ Python第三方库不同函数的历史、未来版本可能存在不一致，使用时需要大家自行判断语句语法。

本节配套的Bk1_Ch16_01.ipynb笔记中，大家可以看到，我们用numpy.shares_memory() 来判断两个数组是否指向同一个内存。

如图16.7所示，numpy.reshape() 仅仅改变了观察同一数组的视角，也就是改变了index。

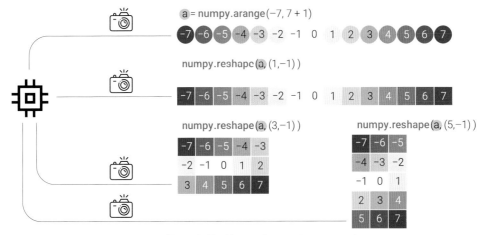

图16.7　视图，还是副本？ | ⊕ Bk1_Ch16_01.ipynb

16.6 转置

如图16.8所示，一个$n \times D$矩阵A转置得到$D \times n$矩阵B，整个过程相当于对矩阵A绕主对角线进行镜像操作。

具体来说，矩阵A位于(i, j)的元素转置后的位置为(j, i)，即行列序号互换。这解释了为什么位于主对角线上的元素转置前后位置不变。

矩阵A的转置 (the transpose of a matrix A) 记作A^T或A'。为了和求导记号区分，"鸢尾花书"仅采用A^T记法。本书前文还介绍过如何自定义函数完成矩阵转置，建议大家回顾。

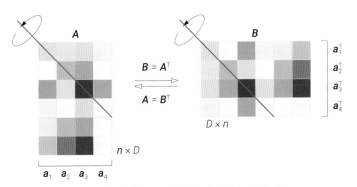

需要大家特别注意的是，NumPy的 numpy.transpose() 方法和"T"属性都返回原始数组的转置，两者都返回原始数组的视图，而不是副本。

图16.8　矩阵转置 (图片来自《矩阵力量》第4章)

图16.9所示为二维数组的转置。行向量转置得到列向量，反之亦然。3 × 5矩阵转置得到5 × 3矩阵。而一维数组的转置不改变形状。

《矩阵力量》第4章专门讲解矩阵的转置运算。

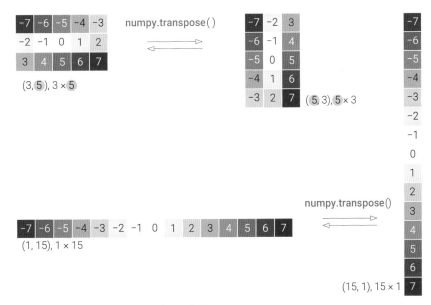

图16.9　二维数组的转置　|　⊕ Bk1_Ch16_01.ipynb

16.7 扁平化

扁平化可以理解为图16.1、图16.2、图16.3等numpy.reshape() 的"逆操作"。完成扁平化的方法有很多，如array.ravel()、array.reshape(-1)、array.flatten()。大家也可以使用numpy.ravel()、numpy.flatten() 这两个函数。图16.10所示为将二维转化为一维数组的操作。

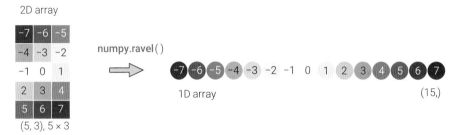

图16.10　二维数组转化为一维数组 | ⊕ Bk1_Ch16_01.ipynb

请大家格外注意，ravel()、reshape(-1) 返回的是原始数组的视图，而不是其副本。因此，如果修改新数组中的元素，原始数组也会受到影响。

如果需要返回一个数组副本，可以使用flatten()函数。本节配套的Bk1_Ch16_01.ipynb笔记中给出了一个详细的例子，请大家自行学习。

16.8 旋转、翻转

如图16.11所示，numpy.rot90() 的作用是将一个数组逆时针旋转90°。这个函数默认会将数组的前两个维度 axes=(0, 1) 进行旋转。此外，还可以利用参数k (正整数) 逆时针旋转$k \times 90°$。默认为$k = 1$。

> ⚠ numpy.rot90() 的结果也是返回原始数组的视图，而不是副本。

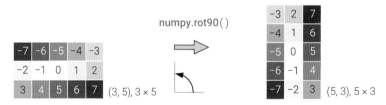

图16.11　3×5矩阵逆时针旋转90° | ⊕ Bk1_Ch16_01.ipynb

numpy.flip() 函数用于翻转数组中的元素，即将数组沿着一个或多个轴翻转。numpy.flip(A, axis=None) 中，A 是要进行翻转的数组，axis 指定要翻转的轴。如图16.12所示，如果不指定 axis，则默认将整个数组沿所有的轴进行翻转。类似函数还有numpy.fliplr()、numpy.flipud()，请自行学习。

图16.12　3×5矩阵沿着两个轴翻转 | ⊕ Bk1_Ch16_01.ipynb

16.9 堆叠

沿行堆叠

用numpy.arange()产生如图16.13所示的两个一维等长数组。如图16.14所示，可以用三种办法将两个等长一维数组沿行axis = 0方向堆叠，其结果为二维数组。

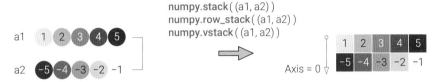

图16.13　两个等长一维数组 | ⊕ Bk1_Ch16_02.ipynb

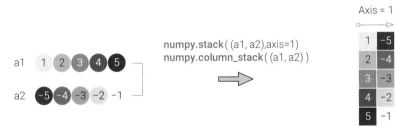

图16.14　沿行axis = 0方向堆叠 | ⊕ Bk1_Ch16_02.ipynb

numpy.stack()函数将沿着指定轴将多个数组堆叠在一起，返回一个新的数组；默认轴为axis = 0。numpy.row_stack()函数将多个数组沿着行方向进行堆叠，生成一个新的数组(二维数组)。numpy.vstack()将多个数组沿着垂直方向(行方向)进行堆叠，生成一个新的数组。

沿列堆叠

图16.15所示为沿列axis = 1方向堆叠的两个一维等长数组。图中给出了两种办法。

图16.15　沿列axis = 1方向堆叠 | ⊕ Bk1_Ch16_02.ipynb

其中，numpy.column_stack()可以将多个一维数组沿着列方向进行堆叠，生成一个新的二维数组。

如图16.16所示，用numpy.hstack()堆叠一维数组的结果还是一个一维数组。numpy.hstack()可以将多个数组沿着水平方向(列方向)进行堆叠，生成一个新的数组。为了获得图16.15结果，需要先将两个一维数组变形为列向量，然后再用numpy.hstack()函数沿列堆叠，具体如图16.17所示。

图16.16　沿列axis = 1方向堆叠(用numpy.hstack()) | ⊕ Bk1_Ch16_02.ipynb

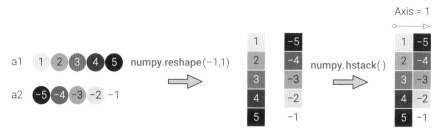

图16.17 沿列axis = 1方向堆叠 (两个列向量) | ⊕ Bk1_Ch16_02.ipynb

拼接

我们还可以用numpy.concatenate() 完成数组拼接。如图16.18所示，利用numpy.concatenate()，我们可以分别完成沿行、列方向的数组拼接。

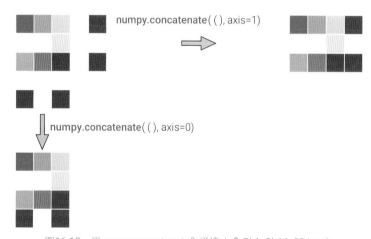

图16.18 用numpy.concatenate() 拼接 | ⊕ Bk1_Ch16_02.ipynb

堆叠结果为三维数组

此外，利用numpy.stack()，我们还可以将二维数组堆叠为三维数组。图16.19所示为沿三个不同方向堆叠结果的效果图。

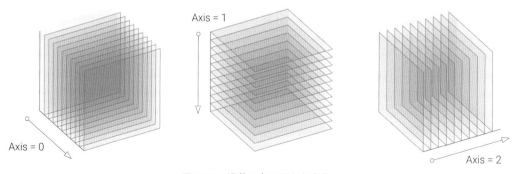

图16.19 沿着三个不同方向堆叠

举个例子，给定图16.20所示两个形状相同的二维数组。它俩按图16.19所示三个不同方向堆叠的结果如图16.21所示。

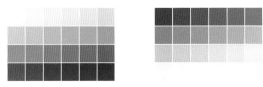

图16.20　两个形状相同的二维数组 | ⊕ Bk1_Ch16_02.ipynb

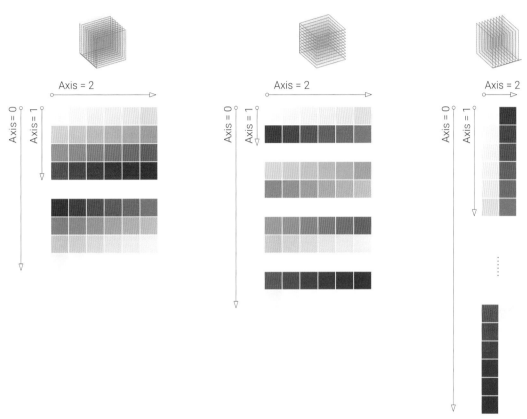

图16.21　得到三个不同的三维数组 | ⊕ Bk1_Ch16_02.ipynb

≡16.10 重复

　　numpy.repeat() 和numpy.tile() 都可以用来重复数据。numpy.repeat() 和numpy.tile() 的区别在于重复的对象不同。

　　numpy.repeat() 重复的是数组中的每个元素，如图16.22所示。

　　numpy.repeat() 还可以指定具体的轴，以及不同元素重复的次数，请大家参考其技术文档。

　　numpy.tile() 重复的是整个数组，如图16.23所示。本章配套的Bk1_Ch16_02.ipynb还提供了其他示例，请大家自行练习。

图16.22　利用numpy.repeat() 重复一维数组 | ⊕ Bk1_Ch16_02.ipynb

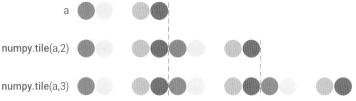

图16.23　利用numpy.tile() 重复一维数组 | ⊕ Bk1_Ch16_02.ipynb

16.11 分块矩阵

合成

分块矩阵经常用来简化某些线性代数运算，《矩阵力量》专门介绍分块矩阵。

numpy.block() 函数可以将多个数组沿不同的轴组合成一个分块矩阵。它接受一个嵌套列表作为输入，每个列表代表一个块矩阵，然后根据指定的轴将这些块矩阵组合在一起。

在图16.24给出的例子中，我们创建了四个小的矩阵，并使用 numpy.block() 函数将它们组合成了一个分块矩阵 M。

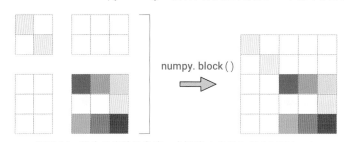

图16.24　四个二维数组合成一个矩阵 | ⊕ Bk1_Ch16_02.ipynb

什么是分块矩阵?

分块矩阵是由多个小矩阵组合而成的大矩阵。它将一个大的矩阵划分为若干个小的矩阵，这些小矩阵可以是实数矩阵、向量矩阵或者其他的矩阵形式。通常情况下，分块矩阵可以使用一个方括号将小矩阵组合在一起，然后按照一定的规则排列。分块矩阵可以简化一些复杂的矩阵计算，同时也常常用于表示具有特定结构的矩阵，如对角矩阵或者上下三角矩阵等。

切割

numpy.split() 函数可以将一个数组沿指定轴分割为多个子数组。numpy.split() 接受三个参数：要分割的数组、分割的索引位置、沿着哪个轴进行分割。图16.25所示为将一个一维数组三等分得到三个子数组。本章配套的Bk1_Ch16_02.ipynb中，大家可以看到如何设定分割索引位置，请自行练习。

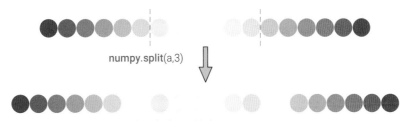

图16.25 将一维数组三等分 | ⊕ Bk1_Ch16_02.ipynb

图16.26所示为利用numpy.split() 将二维数组沿不同轴三等分。大家也可以分别尝试使用numpy.hsplit() 和numpy.vsplit() 完成类似操作。本章配套的Bk1_Ch16_02.ipynb中还介绍了如何使用numpy.append()、numpy.insert()、numpy.delete() 完成附加、插入、删除操作，请大家自行学习。

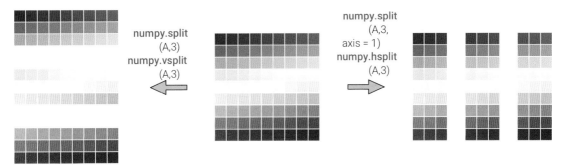

图16.26 将二维数组三等分 (沿不同轴) | ⊕ Bk1_Ch16_02.ipynb

请大家完成以下题目。

Q1. 首先生成一个一维数组 [1, 2, 3, 4, 5, 6]，然后将其转换为一个形状为 (2, 3) 的二维数组，并打印结果。注意，元素按先行后列顺序存储。最后，想办法判断转换后的数组是视图，还是副本。

Q2. 将一个二维数组 [[1, 2], [3, 4], [5, 6] 转换为一个形状为 (6,) 的一维数组，并打印结果。注意，按先列后行顺序存储。

Q3. 将一个三维数组 [[[1, 2], [3, 4]], [[5, 6], [7, 8]]] 转换为一个形状为 (2, 4) 的二维数组，并按列顺序存储，最后打印结果。

Q4. 请生成 [0, 1] 区间内连续均匀的两个随机数数组，数组形状为 (10,)。并将它俩分别按行、按列堆叠起来形成二维数组。

Q5. 请生成 [0, 1] 区间内连续均匀的一个随机数数组，数组形状为 (12,12)。并将它分别按行、按列三等分。

Q6. 请生成 [0, 1] 区间内连续均匀的两个随机数数组，数组形状分别为 (8, 5)、(3, 5)。用几种不同办法将它们拼接成一个数组。

* 题目很基础，本书不给答案。

本章介绍了很多有关数组的操作。为了帮助大家理解，我们用图16.27来总结其中主要操作。

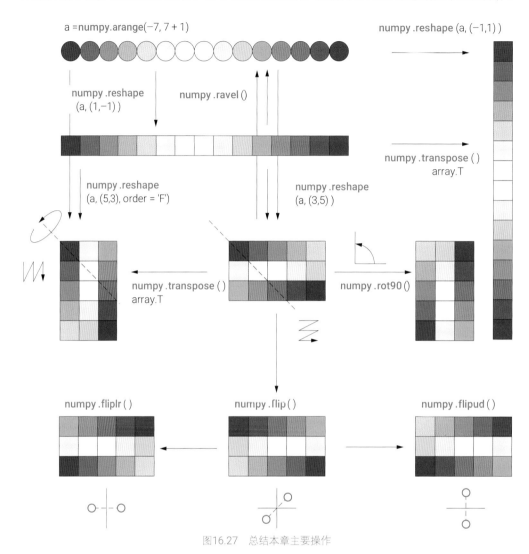

图16.27　总结本章主要操作

17 Linear Algebra in NumPy
NumPy线性代数
NumPy中重要线性代数工具，可以蜻蜓点水扫读

> 我的大脑只是一个接收器。宇宙中有一个核心，我们从中获得知识、力量和灵感。这个核心的秘密我没有深入了解，但我知道它的存在。
>
> *My brain is only a receiver, in the Universe there is a core from which we obtain knowledge, strength and inspiration. I have not penetrated into the secrets of this core, but I know that it exists.*
>
> —— 尼古拉·特斯拉 (Nikola Tesla) | 发明家、物理学家 | 1856 — 1943年

◄ numpy.linalg.cholesky() 计算 Cholesky 分解
◄ numpy.linalg.dot() 计算向量的点积
◄ numpy.linalg.eig() 计算矩阵的特征值和特征向量
◄ numpy.linalg.inv() 计算矩阵的逆
◄ numpy.linalg.lstsq() 求最小二乘解
◄ numpy.linalg.norm() 计算向量的范数
◄ numpy.linalg.pinv() 计算矩阵的Moore-Penrose伪逆
◄ numpy.linalg.solve() 求解线性方程组
◄ numpy.linalg.svd() 计算奇异值分解

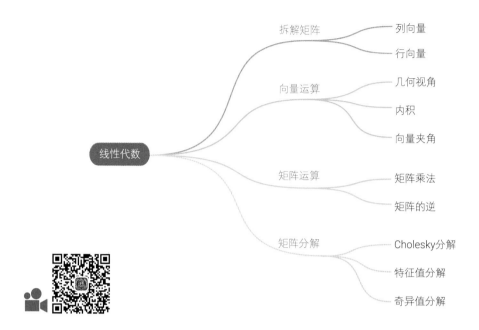

	拆解矩阵	列向量
		行向量
	向量运算	几何视角
		内积
线性代数		向量夹角
	矩阵运算	矩阵乘法
		矩阵的逆
	矩阵分解	Cholesky分解
		特征值分解
		奇异值分解

17.1 NumPy的linalg模块

NumPy库的linalg模块提供了许多用于线性代数计算的函数。以下是linalg模块中常用函数。

◀ numpy.linalg.inv() 计算矩阵的逆。
◀ numpy.linalg.pinv() 计算矩阵的Moore-Penrose伪逆。
◀ numpy.linalg.solve() 求解线性方程组 $Ax = b$，其中 A 是一个矩阵，b 是一个向量。
◀ numpy.linalg.lstsq() 求解最小二乘。

linalg模块还提供了许多向量计算函数，包括以下几种。

◀ numpy.linalg.norm() 计算向量的范数。
◀ numpy.linalg.dot() 计算向量的点积 (标量积、内积)。

以下是linalg中常用的矩阵分解函数。

◀ numpy.linalg.cholesky() 计算Cholesky分解。
◀ numpy.linalg.eig() 计算矩阵的特征值和特征向量。
◀ numpy.linalg.svd() 计算奇异值分解。

这些函数在许多科学计算中都非常有用。例如，在机器学习中，可以使用特征值分解或奇异值分解进行降维和特征提取，而向量计算函数则可用于计算距离和相似性度量等。需要注意的是，这些函数都要求输入参数为NumPy数组，并返回NumPy数组作为输出。

本章将展开介绍用NumPy完成上述线性代数计算的方法。如果大家之前没有接触过线性代数的话，对本章可以稍作了解，甚至跳过不读。等到用到线性代数工具时，再回过头来阅读。

什么是矩阵分解？

矩阵分解是一种将一个矩阵分解为若干个矩阵的乘积的数学技术。这种分解可以帮助我们更好地理解和处理矩阵数据。常见的矩阵分解包括Cholesky分解、特征值分解 (EVD)、奇异值分解 (SVD) 等。矩阵分解在很多领域都有广泛的应用，如在机器学习、数据分析、信号处理、图像处理等方面。

本章配套的Jupyter Notebook文件是Bk1_Ch17_01.ipynb，请大家一边阅读本章一边在JupyterLab中实践。

17.2 拆解矩阵

这一节将从矩阵视角看二维数组切片。

一组行向量

本书前文提到鸢尾花数据矩阵X的形状为150 × 4。也就是说，如图17.1所示，可以把X看作是由150个行向量上下堆叠而成的，且每个行向量的形状为1 × 4。

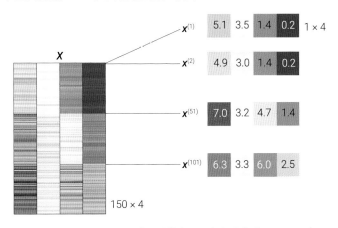

图17.1 把X看作由一组行向量构成

图17.1特别展示了$x^{(1)}$ (X第1行，数组行索引为0)、$x^{(2)}$ (X第2行，数组行索引为1)、$x^{(51)}$ (X第51行，数组行索引为50)、$x^{(101)}$ (X第101行，数组行索引为100)。

如代码17.1所示，**a**从sklearn.datasets模块导入load_iris函数。

bload_iris() 用来加载鸢尾花数据集。

c从 iris 对象中提取数据集的特征数据，并将其存储在一个名为 X 的变量中。数据格式为二维NumPy数组，相当于一个矩阵。

ⓓ提取矩阵第1行 (行向量)，即NumPy索引为0的行。

本书前文反复提过，采用**ⓓ**这种双层中括号切片的结果还是一个二维NumPy数组。

为了节省篇幅，本章代码不展示可视化环节。请大家参考本书配套代码文件查看可视化。

代码17.1 提取行向量 | ⊕ Bk1_Ch17_01.ipynb ○○○

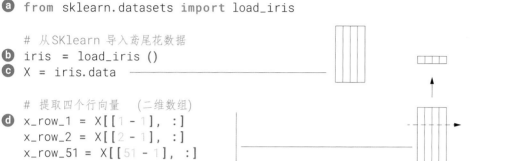

```python
# 导入包
import numpy as np
from sklearn.datasets import load_iris

# 从SKlearn 导入鸢尾花数据
iris = load_iris ()
X = iris.data

# 提取四个行向量  (二维数组)
x_row_1 = X[[1 - 1], :]
x_row_2 = X[[2 - 1], :]
x_row_51 = X[[51 - 1], :]
x_row_101 = X[[101 - 1], :]
```
ⓐ (from sklearn.datasets import load_iris)
ⓑ (iris = load_iris ())
ⓒ (X = iris.data)
ⓓ (提取四个行向量)

一组列向量

此外，如图17.2所示，可以把X看作是由4个列向量左右排列而成的，即 $X = [x_1, x_2, x_3, x_4]$。每个列向量的形状为150 × 1。代码17.2展示了通过切片获得列向量的方法。

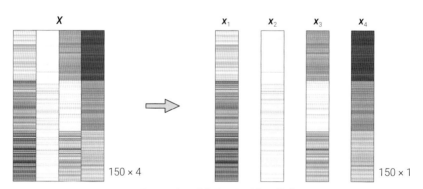

图17.2 把X看作由一组列向量构成

代码17.2 提取列向量 (使用时配合前文代码) | ⊕ Bk1_Ch17_01.ipynb ○○○

```python
# 提取四个列向量 (二维数组)
x_col_1 = X[:, [0]]
x_col_2 = X[:, [1]]
x_col_3 = X[:, [2]]
x_col_4 = X[:, [3]]
```
ⓐ

17.3 向量运算

几何角度看向量

在二维空间中，一个向量 $\boldsymbol{a}$ 可以表示为一个有序的数对，比如 (a_1, a_2)、$[a_1, a_2]$、$[a_1, a_2]^\top$。

向量也可以用一个有向线段来表示，图17.3所示向量起点为原点 $(0, 0)$，终点为 (a_1, a_2)。

其中，a_1 表示向量在水平方向上的投影；a_2 表示向量在纵轴方向上的**投影** (projection)。

用勾股定理，我们可求得图17.3中向量 $\boldsymbol{a}$ 的长度，即向量的**模** (norm)，为 $\|\boldsymbol{a}\| = \sqrt{a_1^2 + a_2^2}$。

在NumPy中计算向量模的函数为numpy.linalg.norm()。

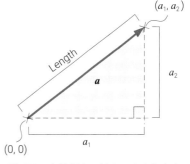

图17.3 向量起点、终点、大小和方向

在Bk1_Ch17_01.ipynb中，我们分别计算了 $\boldsymbol{x}^{(1)}$、$\boldsymbol{x}^{(2)}$、$\boldsymbol{x}^{(51)}$、$\boldsymbol{x}^{(101)}$ 这四个向量的单位向量。

单位向量 (unit vector) 是长度为1的向量，可以用来表示某个向量方向。比如，非零向量 $\boldsymbol{x}^{(1)}$ 的单位向量就是 $\boldsymbol{x}^{(1)}$ 除以自己的模 $\left\|\boldsymbol{x}^{(1)}\right\|$，即 $\boldsymbol{x}^{(1)}/\left\|\boldsymbol{x}^{(1)}\right\|$。

代码17.3中 **ⓐ** 利用numpy.linalg.norm() 计算**向量范数** (vector norm)。

《矩阵力量》第3章专门介绍向量范数，《矩阵力量》第18章介绍矩阵范数。

简单来说，范数用来衡量向量或矩阵在空间中的大小或长度。在机器学习和数学建模中，范数经常用于正则化、距离计算和优化问题等场景。如果输入为一维数组，numpy.linalg.norm() 默认计算L2范数，即Euclidean范数。

ⓑ 计算非零向量的单位向量。

代码17.3 计算向量模和单位向量 (使用时配合前文代码) | ⊕ Bk1_Ch17_01.ipynb

```
# 向量模（L2 范数）
```
ⓐ
```
norm_x_row_1 = np.linalg.norm(x_row_1)
norm_x_row_2 = np.linalg.norm(x_row_2)
norm_x_row_51 = np.linalg.norm(x_row_51)
norm_x_row_101 = np.linalg.norm(x_row_101)

# 计算单位向量
```
ⓑ
```
unit_x_row_1 = x_row_1 / norm_x_row_1
unit_x_row_2 = x_row_2 / norm_x_row_2
unit_x_row_51  = x_row_51 / norm_x_row_51
unit_x_row_101 = x_row_101 / norm_x_row_101
```

什么是向量的模?

向量的模 (也称为向量的长度) 是指一个向量从原点到其终点的距离，它是一个标量，表示向量的大小。向量的模通常用两个竖线 $\|a\|$ 来表示，其中 a 表示向量。对于 n 维向量 $a = [a_1, a_2, \cdots, a_n]$，它的模定义为 $\|a\| = \sqrt{a_1^2 + a_2^2 + \cdots + a_n^2}$。$\|a\|$ 就是向量各个分量的平方和的平方根。这个公式可以用勾股定理推导得出，因为一个向量的模就是从原点到它的终点的距离，而这个距离可以用勾股定理计算。比如，二维向量 $a = [3, 4]$ 的模 (长度) 为 $\|a\| = \sqrt{3^2 + 4^2} = 5$。

向量内积

本书前文在讲for循环时介绍过**向量内积** (inner product)，又叫**标量积** (scalar product)、**点积** (dot product)。

给定两个 n 维向量 $a = [a_1, a_2, \cdots, a_n]$ 和 $b = [b_1, b_2, \cdots, b_n]$，它们的内积定义为 $a \cdot b = a_1b_1 + a_2b_2 + \cdots + a_nb_n$。内积结果 $a \cdot b$ 显然为标量。

如图17.4所示，我们分别计算向量内积 $x^{(1)} \cdot x^{(2)}$、$x^{(1)} \cdot x^{(51)}$、$x^{(1)} \cdot x^{(101)}$。建议大家在JupyterLab中手动输入算式计算图中三个向量内积。

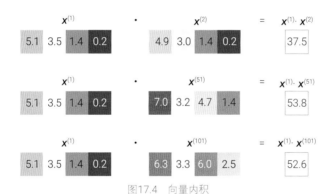

图17.4 向量内积

再次强调，向量内积的运算前提是两个向量维数相同，其结果为标量。NumPy中计算向量内积的函数为numpy.dot()。

代码17.4中 ⓐ 用numpy.dot() 计算向量内积，x_row_1[0] 为一维数组。

再次强调，如果输入的两个数组都是一维，返回向量内积。如果输入的两个数组都是二维，则返回结果为矩阵乘积，相当于numpy.matmul() 或运算符 "@"。

代码17.4 计算向量内积(使用时配合前文代码) | ⊕ Bk1_Ch17_01.ipynb

```
# 计算向量内积
```

```
inner_prod_x_row_1_2 = np.dot(x_row_1[0], x_row_2[0])
inner_prod_x_row_1_51 = np.dot(x_row_1[0], x_row_51[0])
inner_prod_x_row_1_101 = np.dot(x_row_1[0], x_row_101[0])
```

向量夹角

在Bk1_Ch17_01.ipynb中，我们计算得到 $x^{(1)}$、$x^{(2)}$ 的夹角约为3°，$x^{(1)}$、$x^{(51)}$ 的夹角约为22°，

$x^{(1)}$、$x^{(101)}$的夹角约为31°。

这显然不是巧合，$x^{(1)}$、$x^{(2)}$分别代表两朵鸢尾花，它们同属setosa，因此最为相似。而$x^{(51)}$属于versicolour，$x^{(101)}$属于virginica。这就是向量夹角在机器学习中的一个应用例子。

如代码17.5所示，**ⓐ**先计算两个单位向量的内积，即向量夹角的余弦值。

ⓑ用numpy.arccos() 将余弦值转化为**弧度** (radian)。

ⓒ再用numpy.rad2deg() 将弧度转化为**角度** (degree)。

代码17.5 计算向量夹角 (使用时配合前文代码) | ⊕ Bk1_Ch17_01.ipynb ○○○

```
#  计算单位向量内积
ⓐ  dot_product_1_51 = np.dot(unit_x_row_1[0],
                             unit_x_row_51[0])
#  将结果转化为弧度
ⓑ  angle_1_51 = np.arccos(dot_product_1_51)
#  将结果转化为角度
ⓒ  angle_1_51 = np.rad2deg(angle_1_51)
```

什么是向量夹角？

向量夹角是指两个向量之间的夹角，它是一个标量，通常用弧度或角度来表示。向量夹角的计算是通过向量内积和向量模的关系得出的。对于两个非零向量 a 和 b，它们的夹角 θ 定义为$\cos\theta = (a \cdot b) / (\|a\| \|b\|)$。其中 $a \cdot b$ 是向量 a 和 b 的内积，$\|a\|$ 和 $\|b\|$ 分别是向量 a 和 b 的模。注意，这个公式只适用于非零向量，因为对于零向量，它没有方向，因此无法定义夹角。此外，$\cos\theta$ 可以看成是a 和 b 的单位向量的向量内积，即$\cos\theta = (a/\|a\|) \cdot (b/\|b\|)$。

通过向量夹角的计算，我们可以判断两个向量之间的相对方向。如果两个向量的夹角为0°，表示它们的方向相同；如果夹角为90°，表示它们互相垂直；如果夹角为180°，表示它们的方向相反。在机器学习中，可以通过计算向量夹角来度量两个样本之间的相似性。

试想，如果要求大家计算鸢尾花数据矩阵X所有行向量之间两两夹角，又要避免使用for循环，该怎么办？

我们需要借助**向量化运算** (vectorization)。

如代码17.6所示，**ⓐ**先对矩阵X的每一行向量求模。

其中，参数axis=1 指示 numpy.linalg.norm() 在二维数组的每一行上计算向量范数，而不是在整个数组上计算。这意味着函数将返回一个新的数组，其中每个元素代表了 X 的相应行的向量模。

参数keepdims=True这个设置非常重要。当设置为 True，则结果将具有与输入数组相同的维度，这意味着结果不再是一维数组，而是二维数组，便在后续除法操作中能够正确地广播。

ⓑ对矩阵X的每一行向量进行单位化。如果好奇的话，大家可以随机选择几行向量，并计算它们的模，看看是不是都为1。

ⓒ利用矩阵乘法计算行向量单位化矩阵的格拉姆矩阵。**格拉姆矩阵** (Gram matrix) 这个概念非常重要，本章后文会深入介绍。在本例中这个格拉姆矩阵的大小为150 × 150。

如图17.5 (a) 所示，这个格拉姆矩阵每个元素代表一对行向量的余弦值。格拉姆矩阵为对称方阵，所以实际上我们只需要这个矩阵的差不多一半的元素即可。

特别地，这个格拉姆矩阵的对角线元素都为1，原因很简单，任一行向量和自身的夹角为0°，因此余弦值为1。

ⓓ将 row_cos_matrix 数组中大于1的元素替换为1，其他元素保持不变。这是一种非常常见的操作，用于数据修正。在数值运算时计算误差不可避免，本例中有些数值略大于1，需要做出一定调整；否则，下一步求反余弦时会报错。

什么是格拉姆矩阵？

格拉姆矩阵 (Gram matrix) 是一个重要的矩阵，它由向量集合的内积组成。给定一个向量集合$\{x_1, x_2, \cdots, x_n\}$，则其对应的格拉姆矩阵$G$定义为$G = [g_{i,j}]$，其中$g_{i,j} = x_i \cdot x_j$，表示第$i$个向量和第$j$个向量的内积。格拉姆矩阵是对称矩阵。

格拉姆矩阵在许多应用中都有广泛的应用，例如在机器学习中的支持向量机 (Support Vector Machine, SVM) 算法和核方法 (kernel method) 中，格拉姆矩阵可以用来计算向量之间的相似度和距离，从而实现非线性分类和回归。此外，格拉姆矩阵也可以用于矩阵分解、图像处理、信号处理等领域。

仔细观察图17.5 (a)，我们发现这幅图有9个色块，请大家思考为什么？

图17.5 (a) 显然是个对称矩阵，我们实际上仅仅需要图17.5 (b) 中下三角矩阵包含的数据 (不含主对角线)。

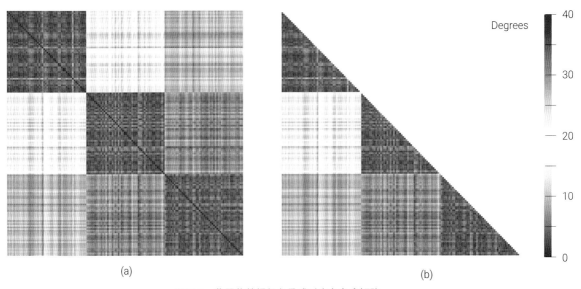

(a)   (b)

图17.5　鸢尾花数据行向量成对夹角角度矩阵

代码17.6　计算成对行向量夹角矩阵 (使用时配合前文代码) | ⊕ Bk1_Ch17_01.ipynb

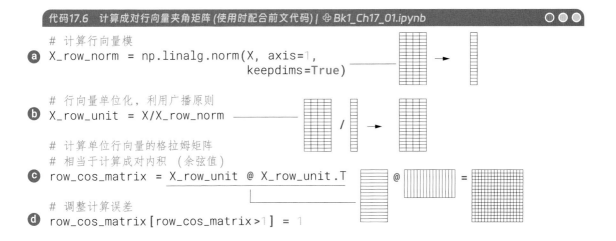

```python
# 计算行向量模
ⓐ X_row_norm = np.linalg.norm(X, axis=1,
                              keepdims=True)

# 行向量单位化，利用广播原则
ⓑ X_row_unit = X/X_row_norm

# 计算单位行向量的格拉姆矩阵
# 相当于计算成对内积 (余弦值)
ⓒ row_cos_matrix = X_row_unit @ X_row_unit.T

# 调整计算误差
ⓓ row_cos_matrix[row_cos_matrix>1] = 1
```

```
# 将余弦值转化为弧度
```
e `row_radian_matrix = np.arccos(row_cos_matrix)`

```
# 将弧度转化为角度
```
f `row_degree_matrix = np.rad2deg(row_radian_matrix)`

请大家修改代码17.6，自行计算矩阵X成对列向量的角度矩阵。

17.4 矩阵运算

矩阵乘法

本书前文介绍过矩阵乘法，假设A是一个$m \times n$的矩阵，B是一个$n \times p$的矩阵，则它们的乘积$C = AB$是一个$m \times p$的矩阵，相当于"消去"n。Python中可以使用"@"作为NumPy的矩阵乘法运算符。

在本节配套的Jupyter Notebook文件中大家可以看到图17.6所示这两个有趣的矩阵乘法。

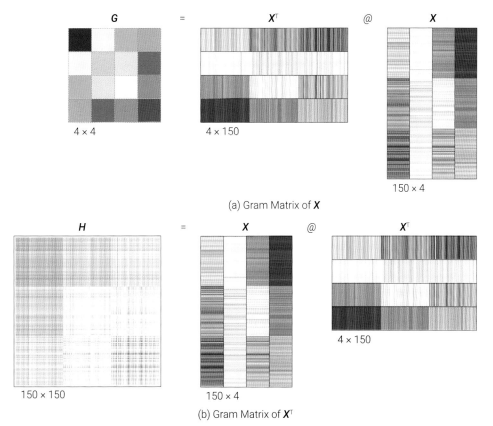

图17.6　两个格拉姆矩阵 | ⊕ Bk1_Ch17_01.ipynb

如图17.6 (a) 所示，鸢尾花数据矩阵的转置X^T乘X得到G。X^T的形状为4 × 150，X的形状为150 × 4。$G = X^T X$的形状为4 × 4。

格拉姆矩阵有很多有趣的性质，《矩阵力量》一册将详细介绍。

G有自己的名字，叫X的**格拉姆矩阵**。图17.6 (b) 所示的$H = XX^T$的形状为150 × 150。H相当于是X^T的格拉姆矩阵。

本章中，大家仅仅需要知道格拉姆矩阵为对称矩阵。G的主对角线上元素是$x_i^T x_i$，即$x_i \cdot x_i$。如图 17.7 (a) 所示，G的主对角线第一个元素$g_{1,1} = x_1^T x_1 = x_1 \cdot x_1$。如图17.7 (b) 所示，$G$的主对角线第二个元素$g_{2,2} = x_2^T x_2 = x_2 \cdot x_2$。请大家自行计算$G$的主对角线剩余两个元素。

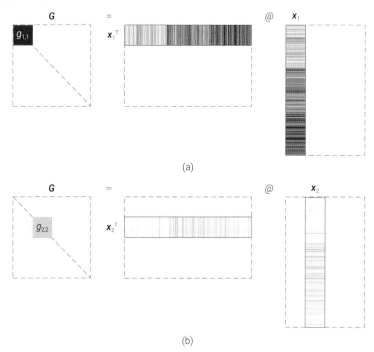

(a)

(b)

图17.7　格拉姆矩阵G主对角线元素

如图17.8所示，显然$g_{2,1} = g_{1,2}$。也就是说，$x_2^T x_1 = x_1^T x_2 = x_2 \cdot x_1 = x_1 \cdot x_2$。这告诉我们格拉姆矩阵为对称矩阵。

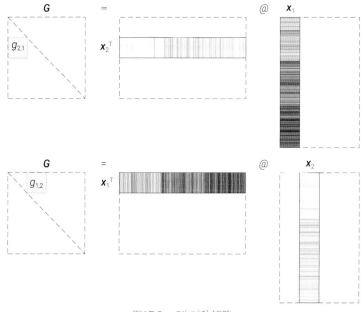

图17.8　G为对称矩阵

下面，让我们聊聊代码17.7。

ⓐ计算格拉姆矩阵 G。

ⓑ计算格拉姆矩阵 H。

ⓒ创建一个包含1行5列子图的图形，并且指定每个子图的宽度比例。

参数1, 5表示创建一个包含1行和5列子图的图形布局。

参数figsize=(8, 3) 指定图形的宽度为8英寸、高度为3英寸。

gridspec_kw={'width_ratios': [3, 0.5, 3, 0.5, 3]}使用gridspec_kw来指定网格参数。在这里，width_ratios是一个列表，指定了每列子图的宽度比例。具体来说，第1、3、5列子图的宽度比例为3，而第2和第4列子图的宽度比例为0.5。

ⓓ中sca是 "Set Current Axes" 的缩写，它是 matplotlib.pyplot模块提供的一个函数，可以将绘图的当前坐标轴切换到指定的坐标轴。

ⓔ利用seaborn.heatmap() 在第1幅子图绘制格拉姆矩阵 G。

ⓕ在绘图中隐藏第2幅子图坐标轴。

ⓖ在第3幅子图绘制矩阵 X^T 的热图。

ⓗ在绘图中隐藏第4幅子图坐标轴。

ⓘ在第5幅子图绘制矩阵 X 的热图。

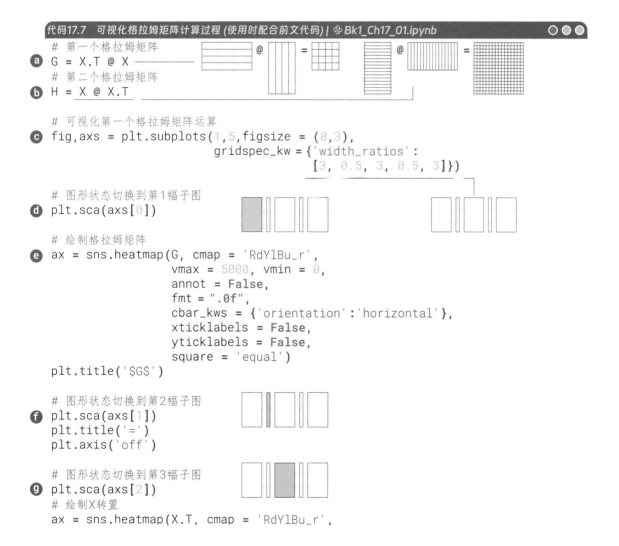

代码17.7　可视化格拉姆矩阵计算过程 (使用时配合前文代码) | ⊕ Bk1_Ch17_01.ipynb

```
# 第一个格拉姆矩阵
ⓐ G = X.T @ X
# 第二个格拉姆矩阵
ⓑ H = X @ X.T


# 可视化第一个格拉姆矩阵运算
ⓒ fig,axs = plt.subplots(1,5,figsize = (8,3),
                          gridspec_kw = {'width_ratios':
                                         [3, 0.5, 3, 0.5, 3]})


# 图形状态切换到第1幅子图
ⓓ plt.sca(axs[0])


# 绘制格拉姆矩阵
ⓔ ax = sns.heatmap(G, cmap = 'RdYlBu_r',
                    vmax = 5000, vmin = 0,
                    annot = False,
                    fmt = ".0f",
                    cbar_kws = {'orientation':'horizontal'},
                    xticklabels = False,
                    yticklabels = False,
                    square = 'equal')
   plt.title('$G$')


# 图形状态切换到第2幅子图
ⓕ plt.sca(axs[1])
   plt.title('=')
   plt.axis('off')


# 图形状态切换到第3幅子图
ⓖ plt.sca(axs[2])
   # 绘制X转置
   ax = sns.heatmap(X.T, cmap = 'RdYlBu_r',
```

```
ax = sns.heatmap(X.T, cmap = 'RdYlBu_r',
                 vmax = 0, vmin = 8,
                 cbar_kws = {'orientation':'horizontal'},
                 xticklabels = False,
                 yticklabels = False,
                 annot = False)
plt.title('$X^T$')

# 图形状态切换到第4幅子图
plt.sca(axs[3])
plt.title('@')
plt.axis('off')

# 图形状态切换到第5幅子图
plt.sca(axs[4])
# 绘制X
ax = sns.heatmap(X, cmap = 'RdYlBu_r',
                 vmax = 0, vmin = 8,
                 cbar_kws = {'orientation':'horizontal'},
                 xticklabels = False,
                 yticklabels = False,
                 annot = False)
plt.title('$X$')
```

矩阵的逆

并不是所有的格拉姆矩阵都存在逆矩阵。恰好前文的格拉姆矩阵G存在逆，记作G^{-1}。如图17.9所示，G乘G^{-1}结果为单位矩阵I。不难看出来，G^{-1}也是个对称矩阵。代码17.8展示了计算格拉姆矩阵的逆矩阵的方法。

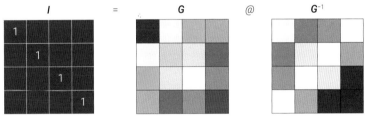

图17.9　格拉姆矩阵G的逆 | ⊕ Bk1_Ch17_01.ipynb

代码17.8　计算格拉姆矩阵的逆矩阵 (使用时配合前文代码) | ⊕ Bk1_Ch17_01.ipynb　○○○ ●●●

```
# 计算格拉姆矩阵G的逆矩阵
G_inv = np.linalg.inv(G)
```

> **什么是矩阵的逆？**
> 矩阵的逆是一个重要的概念，它是指对于一个可逆的 (即非奇异的) $n \times n$矩阵A，存在一个$n \times n$矩阵B，使得$AB = BA = I$，其中I是单位矩阵。B被称为A的逆矩阵，通常用A^{-1}表示。矩阵的逆可以被看作是一种倒数的概念，它可以使我们在矩阵运算中除以矩阵，从而解决线性方程组和其他问题。如果我们需要求解一个线性方程组$Ax = b$，其中A是一个可逆矩阵，那么可以使用矩阵的逆来计算$x = A^{-1}b$，从而得到方程的解。需要注意的是，并非所有矩阵都有逆矩阵，只有可逆矩阵才有逆矩阵。对于一个不可逆矩阵，它可能是奇异的 (即行列式为0)，也可能是非方阵。在实际应用中，矩阵的逆通常通过LU分解、QR分解、Cholesky分解等方法来计算，而不是直接求解逆矩阵。

17.5 几个常见矩阵分解

Cholesky分解

所幸前文的格拉姆矩阵G也是个**正定矩阵** (positive definite matrix)，我们可以对它进行Cholesky分解。不了解正定性不要紧，本书第21章专门介绍这个概念。

如图17.10所示，L是个下三角矩阵，它的转置L^T为上三角矩阵。L和L^T的乘积也相当于"平方"。如代码17.9所示，NumPy中完成Cholesky分解的函数为numpy.linalg.cholesky()。

《矩阵力量》第12章专门讲解Cholesky分解，《矩阵力量》第21章介绍正定性。

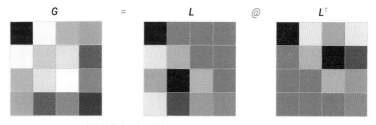

图17.10 对格拉姆矩阵G进行Cholesky分解 | ⊕ Bk1_Ch17_01.ipynb

代码17.9 格拉姆矩阵Cholesky分解 (使用时配合前文代码) | ⊕ Bk1_Ch17_01.ipynb ○○○

```python
# 对格拉姆矩阵G进行Cholesky分解
L = np.linalg.cholesky(G)
```

什么是Cholesky分解?

Cholesky分解是一种将对称正定矩阵分解为下三角矩阵和其转置矩阵乘积的数学技术。给定一个对称正定矩阵A，Cholesky分解可以将其表示为$A = LL^T$，其中L是下三角矩阵，L^T是其转置矩阵。Cholesky分解是一种高效的矩阵分解方法，它可以在数值计算中减少误差，同时可以加速线性方程组的求解，特别是对于大型的稠密矩阵。因此，Cholesky分解在很多领域都有广泛的应用，如统计学、金融学、物理学、工程学等。Cholesky分解也是一些高级技术的基础，如蒙特卡洛模拟、Kalman滤波等。

什么是正定矩阵?

对于任何非零列向量x，即$x \neq 0$，如果满足$x^T Ax > 0$，方阵A为正定矩阵 (positive definite matrix)。如果满足$x^T Ax \geqslant 0$，方阵A为半正定矩阵 (positive semi-definite matrix)。如果满足$x^T Ax < 0$，方阵A为负定矩阵 (negative definite matrix)。如果满足$x^T Ax \leqslant 0$，方阵A为半负定矩阵 (negative semi-definite matrix)。方阵A不属于以上任何一种情况，A为不定矩阵 (indefinite matrix)。

特征值分解 (EVD)

图17.11所示为对格拉姆矩阵G的特征值分解。V的每一列对应**特征向量** (eigen vector)，Λ的主对角线元素为**特征值** (eigen value)。代码17.10为对格拉姆矩阵进行分解的方法。

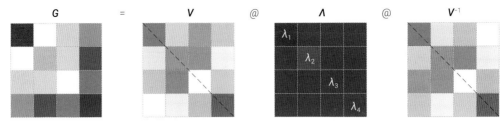

图17.11 对格拉姆矩阵G进行特征值分解 | ⊕ Bk1_Ch17_01.ipynb

什么是特征值分解?

特征值分解 (Eigenvalue Decomposition,EVD) 是一种将一个方阵分解为一组特征向量和特征值的数学技术。对于一个 $n \times n$ 的矩阵 A,如果存在非零向量 v 和常数 λ,使得 $Av = \lambda v$,那么 v 就是矩阵 A 的特征向量,λ 就是对应的特征值。将所有特征向量排列成一个矩阵 V,将所有特征值排列成一个对角方阵 Λ,那么矩阵 A 就可以表示为 $A = V\Lambda V^{-1}$。特征值分解可以帮助我们理解矩阵的性质和结构,以及实现很多数学算法。它在很多领域都有广泛的应用,如图像处理、机器学习、信号处理、量子力学等。特征值分解也是一些高级技术的基础,如奇异值分解、QR分解、LU分解等。

仔细观察后,大家可以发现图17.11中 V 和 V^{-1} 关于主对角线对称,即 $V^{\mathrm{T}} = V^{-1}$。这并不是巧合,原因是格拉姆矩阵 G 为对称矩阵。而对称矩阵的特征值分解又叫**谱分解** (spectral decomposition)。矩阵 V 满足图17.12中的运算。

也就是说,G 的谱分解可以写成 $G = V\Lambda V^{\mathrm{T}}$。

《矩阵力量》
第13、14章
专门讲解特征
值分解。

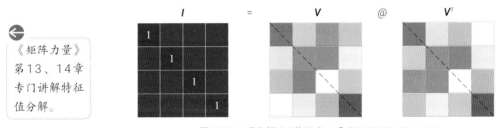

图17.12 谱分解中 V 的特点 | ⊕ Bk1_Ch17_01.ipynb

什么是谱分解?

谱分解 (spectral decomposition) 是将对称矩阵分解为一组特征向量和特征值的数学技术,即对称矩阵的特征值分解。对于一个对称矩阵 A,谱分解可以将其分解为 $A = Q\Lambda Q^{\mathrm{T}}$,其中 Q 是由矩阵 A 的特征向量组成的正交矩阵,Λ 是由矩阵 A 的特征值组成的对角矩阵。谱分解在很多领域都有广泛的应用,如图像处理、信号处理、量子力学等。谱分解可以帮助我们理解对称矩阵的性质和结构,从而帮助我们分析和处理各种问题。谱分解也是很多高级技术的基础,如奇异值分解、主成分分析、矩阵函数等。

奇异值分解 (SVD)

奇异值分解可谓"最重要的矩阵分解,没有之一"。

图17.13所示为对鸢尾花数据矩阵**X**的奇异值分解。图17.13中**S**的主对角线上的元素叫**奇异值** (singular value)。

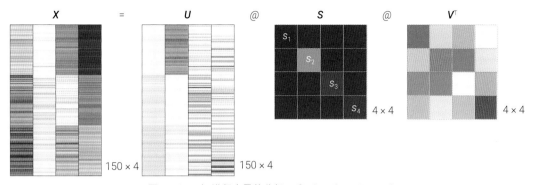

图17.13　对**X**进行奇异值分解 | ⊕ Bk1_Ch17_01.ipynb

大家会在Bk1_Ch17_01.ipynb中看到，图17.11中特征值开方的结果就是图17.13中的奇异值，这当然不是巧合！

代码17.11展示了矩阵奇异值分解。

代码17.11　鸢尾花数据矩阵奇异值分解 (使用时配合前文代码) | ⊕ *Bk1_Ch17_01.ipynb*　○○○
```
# 鸢尾花数据矩阵X奇异值分解
a  U,S,VT = np.linalg.svd(X, full_matrices = False)
```

什么是奇异值分解？

奇异值分解 (Singular Value Decomposition，SVD) 是一种将一个矩阵分解为三个矩阵乘积的数学技术。给定一个矩阵**A**，它可以表示为 **A = USV**ᵀ，其中**U**和**V**是正交矩阵，**S**是对角矩阵，对角线上的元素称为奇异值。SVD可以将一个矩阵的信息分解为不同奇异值所对应的向量空间，并按照奇异值大小的顺序进行排序，使得我们可以仅使用前面的奇异值和相应的向量空间来近似地表示原始矩阵。这种分解在降维、压缩、数据处理和模型简化等领域中有着广泛的应用，如推荐系统、图像压缩、语音识别等。

如图17.14所示，**U**的转置**U**ᵀ和自己乘积为单位矩阵。如图17.15所示，**V**和自身转置**V**ᵀ乘积为单位矩阵。大家是否已经发现图17.12和图17.15竟然相同，这当然也不是巧合。

实际上，图17.12是四种奇异值分解中的一种。《矩阵力量》第15、16章专门讲解奇异值分解，并揭开各种"巧合"背后的数学原理。

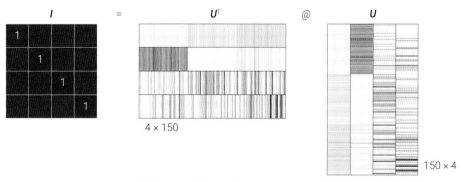

图17.14　**U**的特点 | ⊕ Bk1_Ch17_01.ipynb

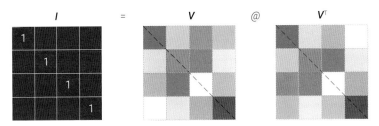

图17.15　*V*的特点 | ⊕ Bk1_Ch17_01.ipynb

请大家完成以下题目。

Q1. 本章配套笔记计算了鸢尾花数据矩阵X的若干行向量的模、单位向量、夹角，请大家计算X的4个列向量的模、单位向量、两两列向量内积、两两夹角。并说明两两列向量内积和图17.6 (a) 中格拉姆矩阵的关系。

Q2. 计算得到图17.6 (a) 中的G的第2行第3列元素。

Q3. 对图17.6 (b) 中的格拉姆矩阵进行Cholesky分解，并解释报错的原因。

Q4. 对图17.6 (b) 中的格拉姆矩阵进行特征值分解，并比较其特征值和图17.11中特征值关系。

Q5. 对X^T进行奇异值分解，并比较和图17.13中奇异值分解的关系。

* 题目很基础，不提供答案。

本章特别介绍了numpy.linalg模块。numpy.linalg是NumPy库中用于线性代数运算的模块。它提供了各种功能，包括矩阵求逆、特征值分解、奇异值分解等。

在机器学习中，这些运算是至关重要的，如在数据预处理、模型优化、回归、降维技术中。此外，在求解线性方程组、计算行列式等操作中也经常用到。

大家如果没有学过线性代数，这一章稍作了解就好，不需要死记硬背。

Einstein Summation in NumPy
NumPy爱因斯坦求和约定
简化线性代数和张量计算，可以扫读

我不能教任何人任何东西。我只能让他们思考。
I cannot teach anybody anything. I can only make them think.

—— 苏格拉底 (Socrates) | 古希腊哲学家 | 前469 — 前399年

- ◀ numpy.average() 计算均值
- ◀ numpy.cov() 计算协方差矩阵
- ◀ numpy.diag() 以一维数组的形式返回方阵的对角线元素，或将一维数组转换成对角矩阵
- ◀ numpy.einsum() 爱因斯坦求和约定
- ◀ numpy.stack() 将矩阵叠加
- ◀ numpy.sum() 求和

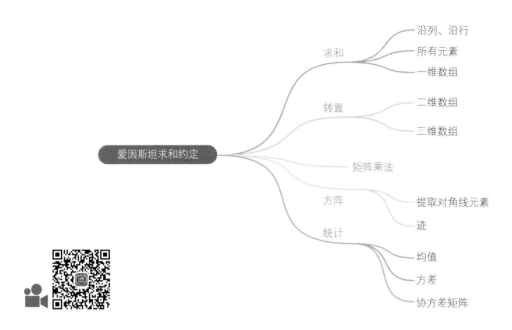

18.1 什么是爱因斯坦求和约定？

NumPy中还有一个非常强大的函数numpy.einsum()，它完成的是爱因斯坦求和约定 (Einstein summation convention或Einstein notation)。

爱因斯坦求和约定，由**阿尔伯特·爱因斯坦** (Albert Einstein) 于1916年提出，是一种数学表示法，用于简化线性代数和张量计算中的表达式。

使用numpy.einsum() 完成绝大部分有关线性代数运算时，大家记住一个要点——输入中重复的索引代表元素相乘，输出中消去的索引意味着相加。

举个例子，矩阵A和B相乘用numpy.einsum()函数可以写成：

```
C=numpy.einsum('ij,jk->ik', A, B)
```

如图18.1所示，"->" 之前分别为矩阵A和B的索引，它们用逗号隔开。矩阵A行索引为i，列索引为j。矩阵B行索引为j，列索引为k。j为重复索引，因此在这个方向上元素相乘。

"->" 之后为输出结果的索引。输出结果索引为ik，消去j，因此在j索引方向上存在相乘再求和的运算。

当然根据爱因斯坦求和运算的具体定义 (本章不展开讨论)，我们也会遇到输入中存在不重复索引，但是这些索引在输出中也消去的情况。本章配套代码会给出几个例子。

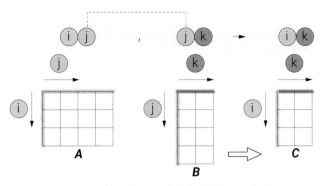

图18.1 利用爱因斯坦求和约定计算矩阵乘法

表18.1总结了如何使用numpy.einsum() 完成常见线性代数运算。下面我们选取其中重要的运算配合鸢尾花数据展开讲解。

表18.1 使用numpy.einsum()完成常见线性代数运算

运算	使用numpy.einsum()完成运算
向量a所有元素求和 (结果为标量)	numpy.einsum('ij->',a) numpy.einsum('i->',a_1D)
等行数列向量a和b的逐项积	numpy.einsum('ij,ij->ij',a,b) numpy.einsum('i,i->i',a_1D,b_1D)
等行数列向量a和b的向量内积 (结果为标量)	numpy.einsum('ij,ij->',a,b) numpy.einsum('i,i->',a_1D,b_1D)
向量a和自身的张量积	numpy.einsum('ij,ji->ij',a,a) numpy.einsum('i,j->ij',a_1D,a_1D)
向量a和b的张量积	numpy.einsum('ij,ji->ij',a,b) numpy.einsum('i,j->ij',a_1D,b_1D)
矩阵A的转置	numpy.einsum('ji',A) numpy.einsum('ij->ji',A)
矩阵A所有元素求和 (结果为标量)	numpy.einsum('ij->',A)
矩阵A对每一列元素求和	numpy.einsum('ij->j',A)
矩阵A对每一行元素求和	numpy.einsum('ij->i',A)
提取方阵A的对角元素 (结果为向量)	numpy.einsum('ii->i',A)
计算方阵A的迹trace(A) (结果为标量)	numpy.einsum('ii->',A)
计算矩阵A和B乘积	numpy.einsum('ij,jk->ik', A, B)
乘积AB结果所有元素求和 (结果为标量)	numpy.einsum('ij,jk->', A, B)
矩阵A和B相乘后再转置，即$(AB)^\top$	numpy.einsum('ij,jk->ki', A, B)
形状相同矩阵A和B逐项积	numpy.einsum('ij,ij->ij', A, B)

为了方便大家理解，我们在本章中不会介绍爱因斯坦求和约定的具体数学表达，而是通过图解和Python实例方式让大家理解这个数学工具。

大家如果之前没有学过线性代数，这一章可以跳过不读；用到的时候再回来参考即可。

本章配套的Jupyter Notebook文件是Bk1_Ch18_01.ipynb，请大家一边阅读本章一边实践。

18.2 二维数组求和

本节介绍二维数组求和。

代码18.1 ⓐ导入鸢尾花数据矩阵。

ⓑ提取四个特征样本数据，保存在X，X为二维数组。

ⓒ提取标签数据。

每一列求和

代码18.1 ⓓ中 np.einsum('ij->j', X) 的含义是对输入数组 X 进行一个特定的操作，其中 'ij->j' 是一个描述操作的字符串。下面，让我们来分解这个字符串。

如图18.2所示，'ij' 表示输入数组 X 的维度索引。'i' 和 'j' 是分别表示二维数组的行和列。

'->j' 表示输出的维度索引。在这里，'->' 表示输出；'j' 是输出数组的维度索引，表示最终结果的维度。也就是说，'i' 这个索引被压缩、折叠了。

所以，np.einsum('ij->j', X) 的操作是将输入二维数组 X 沿着 'i' 维度求和，然后返回一维数组，其维度只有 'j'。

总结来说，图18.2执行了列求和操作，即将二维数组的每一列相加。相当于np.sum(X, axis = 0)。

每一行求和

类似地，代码18.1 ⓔ将输入二维数组 X 沿着 'j' 维度求和，然后返回一维数组，其维度只有 'i'。也就是说，这行代码完成了行求和操作，即将二维数组的每一行相加。

如图18.3所示，'ij' 表示输入数组 X 的维度索引。'i' 和 'j' 是两个维度索引。'->i' 表示输出的维度索引。相当于np.sum(X, axis = 1)。

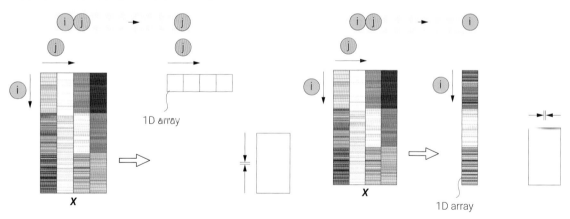

图18.2 利用爱因斯坦求和约定完成每一列求和　　　图18.3 利用爱因斯坦求和约定完成每一行求和

所有元素求和

代码18.1 ⓕ中np.einsum('ij->', X) 的操作是对整个输入二维数组X进行汇总求和。

具体操作是将矩阵中的所有元素相加，最终返回一个标量值，表示所有元素的总和。相当于np.sum(X, axis =(0,1))。

如图18.4所示，'i' 和 'j' 这两个维度索引都被折叠了。

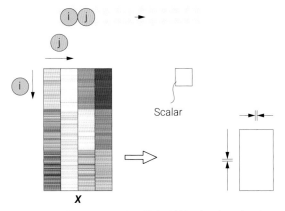

图18.4　利用爱因斯坦求和约定计算矩阵所有元素之和

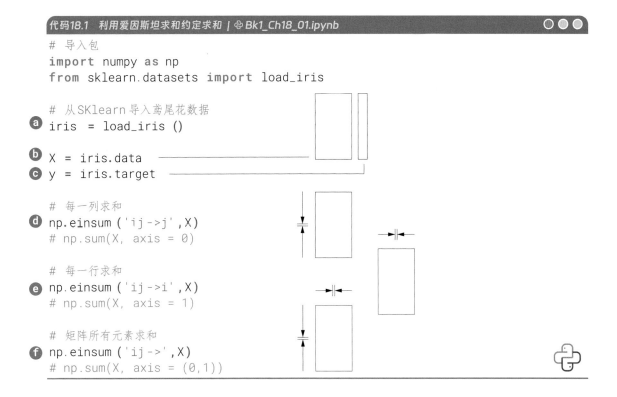

```
代码18.1　利用爱因斯坦求和约定求和 | ⊕ Bk1_Ch18_01.ipynb

# 导入包
import numpy as np
from sklearn.datasets import load_iris

# 从SKlearn 导入莺尾花数据
a  iris = load_iris ()

b  X = iris.data
c  y = iris.target

# 每一列求和
d  np.einsum ('ij->j',X)
   # np.sum(X, axis = 0)

# 每一行求和
e  np.einsum ('ij->i',X)
   # np.sum(X, axis = 1)

# 矩阵所有元素求和
f  np.einsum ('ij->',X)
   # np.sum(X, axis = (0,1))
```

18.3 转置

本节介绍如何用爱因斯坦求和约定完成二维、三维数组转置。

二维数组

如图18.5所示，对于二维数组，用爱因斯坦求和约定完成转置很容易。我们只需要调换维度索引，请大家参考代码18.2中 a 。

三维数组

对于三维数组，我们也可以在指定轴上完成转置。如图18.6所示，对于这个三维数组，我们保持i不变，通过调换j和k维度索引，完成这两个方向的转置。

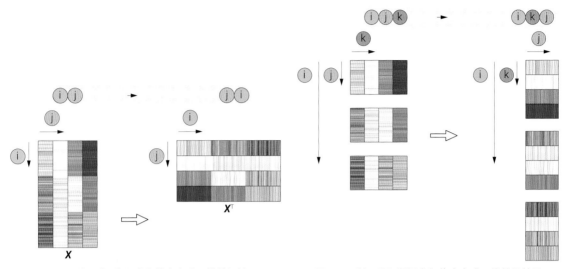

图18.5 利用爱因斯坦求和约定完成二维数组转置　　　　图18.6 利用爱因斯坦求和约定完成三维数组转置

代码18.2中 **b** 首先利用np.stack()创建了一个三维数组。X[y == 0] 利用布尔切片提取了y在0位置时对应的X中元素，即鸢尾花数据中标签为setosa的样本数据。

c 利用numpy.einsum()完成三维数组转置，i索引维度保持不变，j和k调换。

在这一句下面的注释中，还给出了用numpy.transpose()完成相同的转置运算的方法。

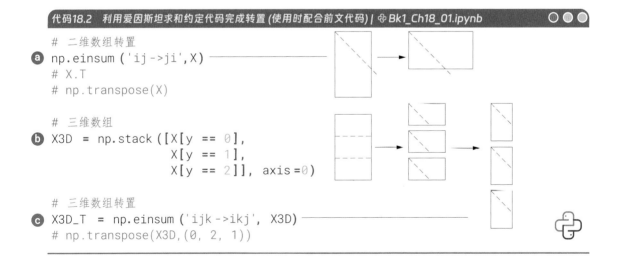

代码18.2 利用爱因斯坦求和约定代码完成转置 (使用时配合前文代码) | ⊕ Bk1_Ch18_01.ipynb

```
# 二维数组转置
a  np.einsum ('ij->ji',X)
# X.T
# np.transpose(X)


# 三维数组
b  X3D = np.stack ([X[y == 0],
                    X[y == 1],
                    X[y == 2]], axis =0)


# 三维数组转置
c  X3D_T = np.einsum ('ijk ->ikj', X3D)
# np.transpose(X3D,(0, 2, 1))
```

18.4 矩阵乘法

本节用三个例子介绍如何用爱因斯坦求和约定完成矩阵乘法运算。

格拉姆矩阵

如图18.7所示，在计算格拉姆矩阵 G 时，我们指定第一个矩阵 X 的维度索引为 i、j，第二个矩阵 X 的维度索引为 i、k。利用爱因斯坦求和约定，维度索引 i 被折叠了。

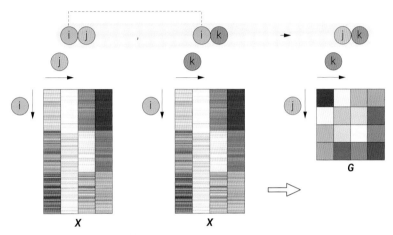

图18.7　利用爱因斯坦求和约定计算格拉姆矩阵 G

图18.8总结了在格拉姆矩阵中如何计算对角线元素和非对角线元素。

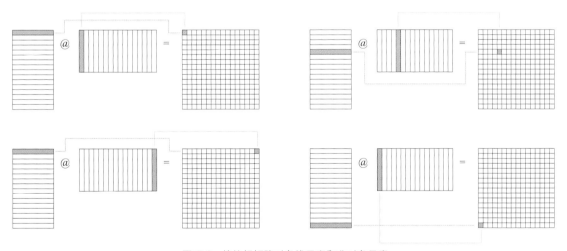

图18.8　格拉姆矩阵对角线元素和非对角元素

类似地，如图18.9所示，在计算格拉姆矩阵 H 时，我们指定第一个矩阵 X 的维度索引为 i、j，第二个矩阵 X 的维度索引为 k、j。利用爱因斯坦求和约定，维度索引 j 被折叠了。

请大家自行分析代码18.3中 **ⓐ** 和 **ⓑ** 两句。

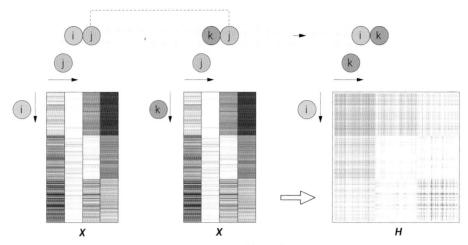

图18.9　利用爱因斯坦求和约定计算格拉姆矩阵 $\boldsymbol{H}$

分类矩阵乘法

如图18.10所示，我们还可以用爱因斯坦求和约定完成更为复杂的矩阵乘法。在计算格拉姆矩阵时，我们考虑了不同鸢尾花类别。也就是说，每一类鸢尾花标签对应一个样本数据切片的格拉姆矩阵。

请大家自行分析代码18.3中 **C**。

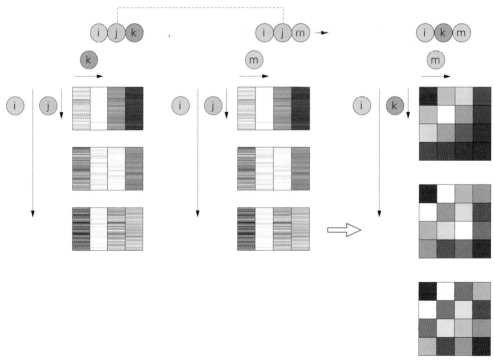

图18.10　利用爱因斯坦求和约定计算格拉姆矩阵 (考虑不同鸢尾花类别)

请大家思考如何用爱因斯坦求和约定完成多个矩阵连乘。

```
# 计算矩阵乘法 X @ X.T
```
a `np.einsum ('ij,kj ->ik', X, X)`
```
# np.einsum('ij,jk ->ik', X, X.T)
# X @ X.T
```

```
# 计算矩阵乘法 X.T @ X
```
b `G = np.einsum ('ij,ik ->jk', X, X)`
```
# np.einsum('ij,jk ->ik', X.T, X)
# X.T @ X
```

```
# 三维矩阵乘法
```
c `G_3D = np.einsum ('ijk,ijm ->ikm', X3D, X3D)`
```
# np.einsum('mij,mjk ->mik', X3D_T, X3D)
```

18.5 一维数组

有了本章之前的内容做铺垫，用爱因斯坦求和约定完成的一维数组相关操作就很容易理解了。

图18.11所示为利用numpy.einsum()完成的一维数组求和。

图18.12所示为利用numpy.einsum()计算一维数组向量逐项积。

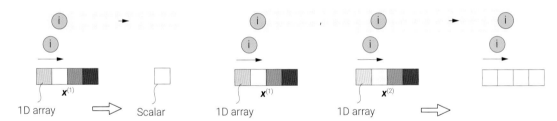

图18.11 利用爱因斯坦求和约定完成一维数组求和　　图18.12 利用爱因斯坦求和约定计算一维数组向量逐项积

图18.13所示为利用numpy.einsum()计算一维数组向量内积，即标量积。

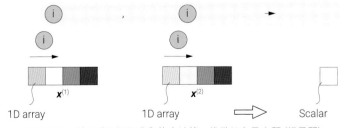

图18.13 利用爱因斯坦求和约定计算一维数组向量内积 (标量积)

图18.14所示为利用numpy.einsum()计算一维数组向量外积，即张量积。

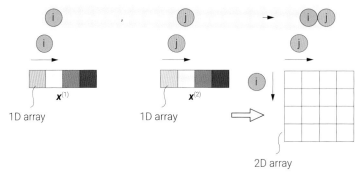

图18.14　利用爱因斯坦求和约定计算一维数组向量外积 (张量积)

请大家自行分析代码18.4。

代码18.4　利用爱因斯坦求和约定完成一维数组相关操作 (使用时配合前文代码) | ⊕ Bk1_Ch18_01.ipynb

```
# 提取两个行向量
a_1D = X[0]
b_1D = X[1]

# 一维向量求和
np.einsum ('i->',a_1D)

# 一维向量逐项积
np.einsum ('i,i->i',a_1D,b_1D)

# 一维向量内积
np.einsum ('i,i->',a_1D,b_1D)

# 一维向量外积
np.einsum ('i,j->ij',a_1D,b_1D)
```

18.6 方阵

本节介绍两个和方阵有关的爱因斯坦求和约定操作。图18.15所示为利用numpy.einsum()提取方阵对角元素。

图18.16所示为利用numpy.einsum()计算方阵迹。本书前文提过，迹是指方阵主对角线上元素的总和。再次注意，迹只对方阵有定义。

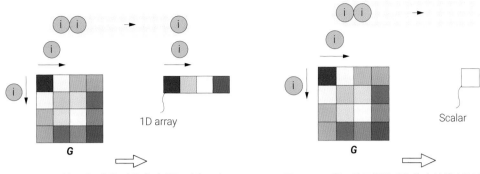

图18.15 利用爱因斯坦求和约定提取对角元素   图18.16 利用爱因斯坦求和约定计算方阵迹

请大家自行分析代码18.5。

代码18.5 利用爱因斯坦求和约定进行方阵相关操作(使用时配合前文代码) | ⊕ Bk1_Ch18_01.ipynb

```
#%% 取出方阵对角
a  np.einsum ('ii->i',G)
# np.diag(G)

#%% 计算方阵迹
b  np.einsum ('ii->',G)
# np.trace(G)
```

18.7 统计运算

　　爱因斯坦求和约定也可以用来完成统计运算，比如均值 (见图18.17)、方差 (见图18.18)、协方差 (见图18.19)。

　　图18.18中X_c代表中心化矩阵，即数据的每一列减去其均值。

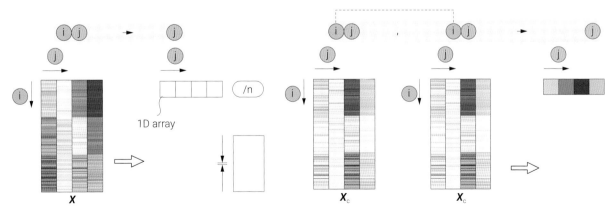

图18.17 利用爱因斯坦求和约定计算每一列均值   图18.18 利用爱因斯坦求和约定计算方差

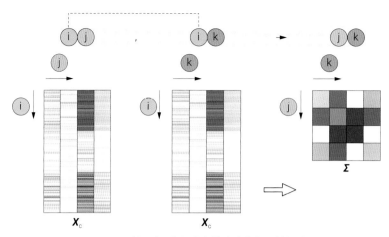

图18.19 利用爱因斯坦求和约定计算协方差矩阵

请大家自行分析代码18.6。

代码18.6 利用爱因斯坦求和约定完成统计运算 | ⊕ Bk1_Ch18_01.ipynb

```
# 计算列均值，质心
n = X.shape[0]   #样本数量
mean_X = np.einsum('ij->j', X)/n
# np.mean(X, axis = 0)

# 计算方差
X_c = X - mean_X   #中心化数据
variance = np.einsum('ij,ij->j', X_c, X_c) / (n-1)
# np.var(X, axis = 0, ddof = 1)

# 计算协方差矩阵
cov_matrix = np.einsum('ij,ik->jk', X_c, X_c) / (n-1)
# np.cov(X.T, ddof = 1)
```

请大家完成以下题目。

Q1. 在JupyterLab中自己复刻一遍本章所有爱因斯坦求和约定运算。

* 题目很基础，本书不给答案。

本章介绍了爱因斯坦求和约定，这个运算法则可以极大简化很多线性代数运算。本章一方面介绍了这种全新的运算，另一方面我们还借此机会回顾了常见线性代数、概率统计运算。

下一章开始，我们正式进入"数据"板块，学习有关Pandas库的各种操作。

Section 05

数　据

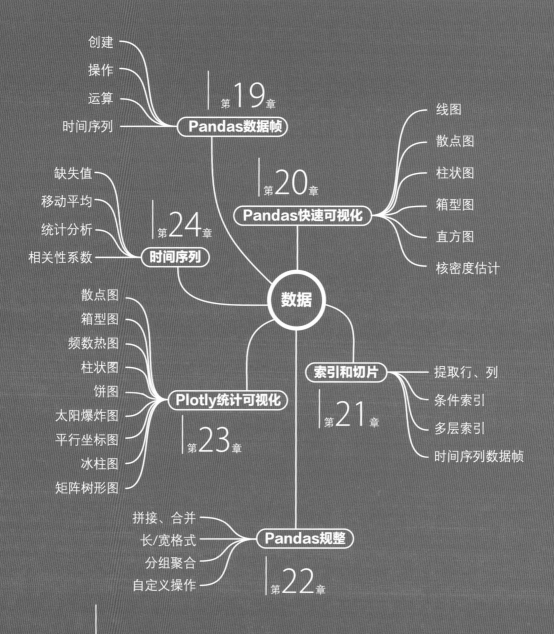

创建
操作
运算
时间序列

第19章 **Pandas数据帧**

线图
散点图
柱状图
箱型图
直方图
核密度估计

第20章 **Pandas快速可视化**

缺失值
移动平均
统计分析
相关性系数

第24章 **时间序列**

数据

散点图
箱型图
频数热图
柱状图
饼图
太阳爆炸图
平行坐标图
冰柱图
矩阵树形图

第23章 **Plotly统计可视化**

索引和切片

提取行、列
条件索引
多层索引
时间序列数据帧

第21章

拼接、合并
长/宽格式
分组聚合
自定义操作

Pandas规整

第22章

学习地图 第5板块

19 Fundamentals of Pandas
聊聊 **Pandas**
Pandas DataFrame类似Excel表格，有行列标签

数字是知识的终极形态；数字就是知识本身。

Numbers are the highest degree of knowledge. It is knowledge itself.

—— 柏拉图 (Plato) | 古希腊哲学家 | 前427—前347年

◄ pandas.DataFrame() 创建 Pandas 数据帧
◄ pandas.DataFrame.add_prefix() 给 DataFrame 的列标签添加前缀
◄ pandas.DataFrame.add_suffix() 给 DataFrame 的列标签添加后缀
◄ pandas.DataFrame.axes 同时获得数据帧的行标签、列标签
◄ pandas.DataFrame.columns 查询数据帧的列标签
◄ pandas.DataFrame.corr() 计算 DataFrame 中列之间 Pearson 相关系数 (样本)
◄ pandas.DataFrame.count() 返回数据帧每列 (默认 axis=0) 非缺失值数量
◄ pandas.DataFrame.cov() 计算 DataFrame 中列之间的协方差矩阵 (样本)
◄ pandas.DataFrame.describe() 计算 DataFrame 中数值列的基本描述统计信息，如均值、标准差、分位数等
◄ pandas.DataFrame.drop() 用于从 DataFrame 中删除指定的行或列
◄ pandas.DataFrame.head() 用于查看数据帧的前几行数据，默认情况下，返回数据帧的前 5 行
◄ pandas.DataFrame.iterrows() 遍历 DataFrame 的行
◄ pandas.dataframe.iloc() 通过整数索引来选择 DataFrame 的行和列的索引器
◄ pandas.DataFrame.index 查询数据帧的行标签
◄ pandas.DataFrame.info 获取关于数据帧摘要信息
◄ pandas.DataFrame.isnull() 用于检查 DataFrame 中的每个元素是否为缺失值 NaN
◄ pandas.DataFrame.items() 遍历 DataFrame 的列
◄ pandas.DataFrame.kurt() 计算 DataFrame 中列的峰度 (四阶矩)
◄ pandas.DataFrame.kurtosis() 计算 DataFrame 中列的峰度 (四阶矩)
◄ pandas.dataframe.loc() 通过标签索引来选择 DataFrame 的行和列的索引器
◄ pandas.DataFrame.max() 计算 DataFrame 中每列的最大值
◄ pandas.DataFrame.mean() 计算 DataFrame 中每列的均值
◄ pandas.DataFrame.median() 计算 DataFrame 中每列的中位数
◄ pandas.DataFrame.min() 计算 DataFrame 中每列的最小值
◄ pandas.DataFrame.mode() 计算 DataFrame 中每列的众数
◄ pandas.DataFrame.nunique() 计算数据帧中每列的独特值数量

- pandas.DataFrame.quantile() 计算 DataFrame 中每列的指定分位数值，如四分位数、特定百分位等
- pandas.DataFrame.rank() 计算 DataFrame 中每列元素的排序排名
- pandas.DataFrame.reindex() 用于重新排序 DataFrame 的列标签
- pandas.DataFrame.rename() 对 DataFrame 的索引标签、列标签或者它们的组合进行重命名
- pandas.DataFrame.reset_index() 将 DataFrame 的行标签重置为默认的整数索引，默认并将原来的行标签转换为新的一列
- pandas.DataFrame.set_axis() 重新设置 DataFrame 的行或列标签
- pandas.DataFrame.set_index() 改变 DataFrame 的索引结构
- pandas.DataFrame.shape 返回一个元组，其中包含数据帧的行数、列数
- pandas.DataFrame.size 用于返回数据帧中元素，即数据单元格总数
- pandas.DataFrame.skew() 计算 DataFrame 中列的偏度（三阶矩）
- pandas.DataFrame.sort_index() 按照索引的升序或降序对 DataFrame 进行重新排序，默认 axis = 0
- pandas.DataFrame.std() 计算 DataFrame 中列的标准差（样本）
- pandas.DataFrame.sum() 计算 DataFrame 中每列元素的总和
- pandas.DataFrame.tail() 用于查看数据帧的后几行数据，默认情况下，返回数据帧的后 5 行
- pandas.DataFrame.to_csv 将 DataFrame 数据保存为 CSV 格式文件
- pandas.DataFrame.to_string() 将 DataFrame 数据转换为字符串格式
- pandas.DataFrame.values 返回数据帧中的实际数据部分作为一个多维 NumPy 数组
- pandas.DataFrame.var() 计算 DataFrame 中列的方差（样本）
- pandas.Series() 创建 Pandas Series
- seaborn.heatmap() 绘制热图
- seaborn.load_dataset() 加载 Seaborn 示例数据集

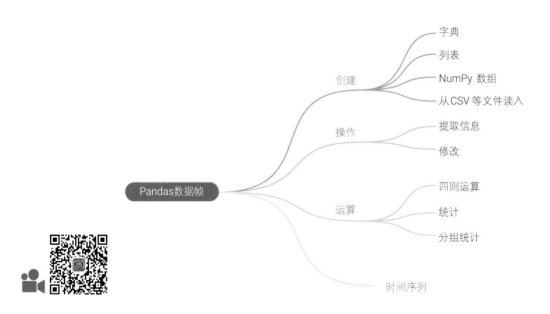

19.1 什么是Pandas?

Pandas是一个开源的Python数据分析库，它提供了一种高效、灵活、易于使用的数据结构，可以完成数据操作、数据清洗、数据分析和数据可视化等任务。Pandas最基本的数据结构是Series和DataFrame。

Series是一种类似于一维数组的对象，相当于NumPy一维数组；而DataFrame是一种二维表格型的数据结构，可以容纳多种类型的数据，并且可以进行各种数据操作。DataFrame在本书中被叫作数据帧。本章主要介绍DataFrame。

Pandas还提供了大量的数据处理和操作函数，如数据筛选、数据排序、数据聚合、数据合并等。因此，Pandas成为了Python中数据科学和机器学习领域的重要工具之一。

> ⚠ 为了方便大家查看全英文技术文档，本书行文中会混用数据帧、Pandas数据帧、Pandas DataFrame和DataFrame，Pandas Series和Series，NumPy数组和NumPy Array这几个术语。

比较NumPy Array和Pandas DataFrame

NumPy Array和Pandas DataFrame都是Python中重要的数据类型，但是两者存在区别。

NumPy Array是多维数组对象，一般要求所有元素具有相同的数据类型，即本书前文提到的同质性 (homogeneous)，从而保证高效存储运算。

Pandas DataFrame是一个二维表格数据结构，类似于Excel表格，包含行标签和列标签。Pandas DataFrame由多个列组成，每个列可以是不同的数据类型。

举个例子，鸢尾花数据集前4列都是**定量数据** (quantitative data)；而最后一列鸢尾花标签是**定性数据** (qualitative data)，也叫**分类数据** (categorical data)、**标签** (label) 等。

NumPy Array使用整数索引，类似于Python列表。而Pandas DataFrame支持自定义行标签和列标签，可以使用标签索引，也可以用整数索引进行数据访问。

如图 19.1所示，给一个NumPy二维数组加上行标签和列标签，我们便得到了一个Pandas DataFrame。当然，Pandas DataFrame也可以转化成NumPy数组。这是本章后续要介绍的内容。

> ⚠ 本章中的行标签、列标签特指数据帧的标签；而对于数据帧，行索引、列索引则是指列整数索引，这一点类似NumPy二维数组。默认情况下，数据帧行标签、列标签均为基于0的整数索引。

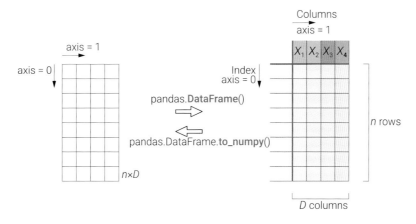

图 19.1 比较NumPy Array和Pandas DataFrame，以及两者的相互转化

> ⚠ 图 19.1中的 X_1、X_2、X_3、X_4 仅仅是示意。真实的列标签不会出现斜体、下标这些样式。在数据帧中，我们可以用X1、X2、X3、X4或者X_1、X_2、X_3、X_4。之所以写成 X_1、X_2、X_3、X_4，是为了帮助大家把数据帧的列和数学中的随机变量 (random variable) 概念联系起来。

Pandas DataFrame更适用于处理结构化数据，如表格、CSV文件、SQL数据库查询结果等。

此外，Pandas DataFrame还支持**时间序列** (timeseries) 数据。Pandas DataFrame中的时间序列数据通常是指具有时间索引的数据。

Pandas DataFrame提供大量数据操作、处理缺失值、数据过滤、数据合并、数据透视等更高级的数据分析功能。

实际应用中，Pandas和NumPy常常一起使用，Pandas负责数据的组织、清洗和分析，而NumPy负责底层数值计算。

如何学习Pandas

学习Pandas需要从以下几个板块入手。

◀ **Pandas基础知识：** 需要学习Pandas的数据结构，包括Series和DataFrame，掌握如何创建、读取、修改、删除、索引和切片等操作，以及如何处理缺失值和重复值等数据清洗技巧。

◀ **数据操作：** Pandas提供了丰富的数据操作函数，如数据筛选、排序、合并、聚合、透视等。需要学习这些函数的用法和应用场景，以便在数据分析和处理中灵活运用。

◀ **数据可视化：** Pandas本身具备一些基本可视化工具；同时Pandas可以与Matplotlib、Seaborn、Plotly等库结合使用，进行数据可视化，大家需要学习如何使用这些库进行可视化和图表绘制。

◀ **时间序列：** Pandas中的时间序列是一种强大的数据结构，用于处理时间相关的数据，它能够轻松地对时间索引的数据进行清理、切片、聚合和频率转换等操作。同时，配合Statsmodels等Python库，可以进一步完成时间序列分析、建模模拟、机器学习等。

本章先从创建数据帧的几种方法聊起。

19.2 创建数据帧：从字典、列表、NumPy数组……

在 Pandas 中，可以使用多种方法创建 DataFrame，下面介绍几种常用方法。

字典(dict)

可以用Python中的**字典** (dict) 来创建Pandas DataFrame。

字典的**键** (key) 将成为DataFrame的列标签，而字典的**值** (value) 将成为DataFrame的列数据。

代码 19.1给出了一个示例。

ⓐ将pandas导入，并简写作pd。运行后，Pandas库被导入，然后可以使用简称pd来调用Pandas的函数和类，例如pd.DataFrame ()、pd.Series () 等。

ⓑ构造一个字典。字典的键分别是'Integer'、'Greek'，对应DataFrame的列标签。每个键对应的值是一个列表，这些列表将成为DataFrame中相应列的数据。

请确保字典中的每个值 (列表) 的长度相同,以便正确创建DataFrame。如果长度不一致,将会引发异常,异常信息为"ValueError: All arrays must be of the same length"。

DataFrame的Index和Column标签都区分大小写,也就是说, 'Integer' 和 'integer' 代表两个不同标签。

ⓒ利用pandas.DataFrame() 创建一个二维数据结构,称为DataFrame。

ⓓ利用pandas.DataFrame.set_index() 将数据帧的'Integer'这一列设置为行标签,原理如图19.2所示。此外,可以用pandas.DataFrame.reset_index() 重置行标签,将行标签设置为从0开始的整数索引,同时加一个原来的行标签转换成一个新的列。

使用pandas.DataFrame.reset_index() 时,如果设置 drop=True,原来的行标签将会被删除。

代码 19.1 用字典创建Pandas数据帧 | ⊕ Bk1_Ch19_01.ipynb ○○○

```
ⓐ import pandas as pd
   # 用字典创建数据帧
ⓑ dict_eg = {'Integer': [1, 2, 3, 4, 5],
              'Greek': ['alpha','beta','gamma',
                        'delta','epsilon']}
ⓒ df_from_dict = pd.DataFrame(data=dict_eg)
   # 采用默认行索引, Zero-based numbering
   # 将特定列设定为索引
ⓓ df_from_dict2 = df_from_dict.set_index('Integer')
```

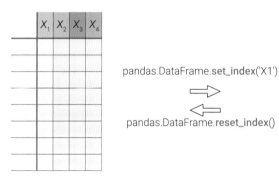
pandas.DataFrame.**set_index**('X1')
⟹
⟸
pandas.DataFrame.**reset_index**()
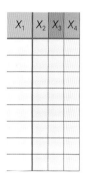

图 19.2 设置DataFrame的索引

列表 (list)

还可以使用Python中的列表 (list) 来创建Pandas DataFrame。列表的每个列代表DataFrame的一列数据,如代码19.2所示。

代码19.2中ⓐ构造了一个4行2列的列表。

ⓑ利用 pandas.DataFrame() 将列表转化为Pandas数据帧。

pandas.DataFrame() 这个函数的重要参数有pandas.DataFrame(data = ..., index = ..., columns = ...)。

其中,data可以是各种数据类型,包括字典、列表、NumPy数组、Pandas Series等。这些数据将用于构建DataFrame的内容。

而index用于指定行标签的数据。

函数中columns参数用于指定列标签的数据。它也是一个可选参数,默认为从0开始的整数索引。ⓑ创建的数据帧的行标签、列标签均为默认从0开始的整数索引。

index是一个可选参数,默认为从0开始的整数索引。

对于已经创建的数据帧，可以通过pandas.DataFrame.set_axis() 修改行标签 (**c**)、列标签 (**d**)。注意，在**cd**中，如果设定inplace = True，则在原数据帧上修改。

而代码19.2**e**创建数据帧时设定了行标签、列标签。

代码 19.2　用列表创建Pandas数据帧 | ⊕ Bk1_Ch19_01.ipynb　　　　○ ● ●

```
import pandas as pd
# 用列表创建数据帧
list_fruits = [['apple' , 11],
               ['banana' , 22],
               ['cherry' , 33],
               ['durian' , 44]]
df_list1 = pd.DataFrame (list_fruits)
# 采用默认行索引、列标签, Zero-based numbering
# 设定行索引
df_list1.set_axis (['a' , 'b', 'c', 'd'], axis = 'index')
# 设定行标签
df_list1.set_axis (['Fruit' , 'Number'], axis = 'columns')
# 设定列标签
df_list2 = pd.DataFrame (list_fruits,
                         columns = ['Fruit' , 'Number'],
                         index = ['a' , 'b', 'c', 'd'])
```

NumPy数组

要使用二维NumPy数组创建Pandas DataFrame，可以直接将二维NumPy数组作为参数传递给Pandas.DataFrame() 函数。

NumPy数组每一行的元素将成为DataFrame的行，而每一列的元素将成为DataFrame的列。

代码19.3中**a**利用numpy.random.normal() 函数生成一个形状为 (10, 4) 的二维数组，数组中的元素是从高斯分布中随机抽取的样本数据。**b**利用pandas.DataFrame() 创建数据帧，并设置列标签。**c**则是在for循环中生成列表，然后再将其转化成数据帧。

Pandas还支持从CSV文件、Excel文件、SQL数据库、JSON、HTML等数据来源中读取数据来创建DataFrame。本章最后会介绍几种导入数据的方法。

代码19.3　用NumPy数组创建Pandas数据帧 | ⊕ Bk1_Ch19_01.ipynb　　　　○ ● ●

```
import pandas as pd
import numpy as np
np_array = np.random.normal (size = (10,4))
# 形状为 (10, 4) 的二维数组
df_np = pd.DataFrame (np_array,
                      columns =['X1', 'X2', 'X3', 'X4'])
# 用for循环生成列表
data = []
# 创建一个空 list
for idx in range(10):
    data_idx = np.random.normal (size = (1,4)).tolist ()
    data.append (data_idx [0])
# 注意, 用list.append()速度相对较快
df_loop = pd.DataFrame (data,
                        columns = ['X1','X2','X3','X4'])
```

19.3 数据帧操作：以鸢尾花数据为例

本书前文介绍过**鸢尾花数据集** (Fisher's Iris data set)。这一节我们利用鸢尾花数据集介绍常用数据帧操作。

导入鸢尾花数据

代码19.4所示为从Seaborn库中导入鸢尾花数据集。

ⓐ导入Seaborn库时使用的as sns是给Seaborn库起了一个别名，以方便在代码中使用。

ⓑ利用seaborn.load_dataset() 函数导入鸢尾花数据集，格式为数据帧。

在Seaborn中，"iris"数据集通常是以Pandas DataFrame的形式加载的，它包含了150行、5列数据，具体如表19.1所示。

每个鸢尾花样本在DataFrame中都有一个唯一的行标签 (也是默认行整数索引)，通常是0 ~ 149。

鸢尾花样本DataFrame列标签有5个：

◀(索引为0列) 'sepal_length'：萼片长度，浮点数类型；

◀(索引为1列) 'sepal_width'： 萼片宽度，浮点数类型；

◀(索引为2列) 'petal_length'： 花瓣长度，浮点数类型；

◀(索引为3列) 'petal_width'： 花瓣宽度，浮点数类型；

◀(索引为4列) 'species'：鸢尾花的品种，字符串类型。

ⓒ利用seaborn.heatmap() 可视化鸢尾花数据集前四列，具体如图19.3所示。

ⓒ中iris_df.iloc[:, 0:4] 利用pandas.dataframe.iloc[ ] 对Pandas DataFrame进行切片操作，用于从DataFrame中选择特定的行和列。[:, 0:4]是对DataFrame进行切片的部分。

在iloc中，第一个冒号":"表示选择所有的行，而"0:4"表示选择列的范围，即列索引从0到3，不包括4。Python的切片操作通常是左闭右开区间，所以"0:4"选择了索引位置0、1、2和3的列。

下一章专门介绍Pandas数据帧的索引和切片。

代码19.4 从Seaborn中导入鸢尾花数据集，格式为数据帧 | ⊕ Bk1_Ch19_01.ipynb

```
import pandas as pd
ⓐ import seaborn as sns
import matplotlib.pyplot as plt
ⓑ iris_df = sns.load_dataset("iris")
# 从Seaborn中导入鸢尾花数据帧
# 用热图可视化鸢尾花数据
fig,ax = plt.subplots (figsize = (5,9))
sns.heatmap (iris_df.iloc[:, 0:4],
            cmap = 'RdYlBu_r',
ⓒ           ax = ax,
            vmax = 8, vmin = 0,
            cbar_kws = {'orientation':'vertical'},
            annot = False)
# 将热图以 SVG 格式保存
ⓓ fig.savefig ('鸢尾花数据 dataframe.svg', format='svg')
```

表19.1　鸢尾花样本数据构成的数据帧

Index	sepal_length	sepal_width	petal_length	petal_width	species
0	5.1	3.5	1.4	0.2	setosa
1	4.9	3	1.4	0.2	setosa
2	4.7	3.2	1.3	0.2	setosa
3	4.6	3.1	1.5	0.2	setosa
4	5	3.6	1.4	0.2	setosa
...	...	...	...	...	...
145	6.7	3	5.2	2.3	virginica
146	6.3	2.5	5	1.9	virginica
147	6.5	3	5.2	2	virginica
148	6.2	3.4	5.4	2.3	virginica
149	5.9	3	5.1	1.8	virginica

pandas.DataFrame.to_csv() 将DataFrame数据保存为**CSV** (Comma-Separated Values，逗号分隔值) 文件。CSV是一种常见的文本文件格式，用于存储表格数据，每行代表一条记录，每个字段由逗号或其他特定字符分隔。在JupterLab中，我们可直接双击打开CSV文件，很方便地查看数据。

pandas.DataFrame.to_string() 将DataFrame数据转换为字符串格式。

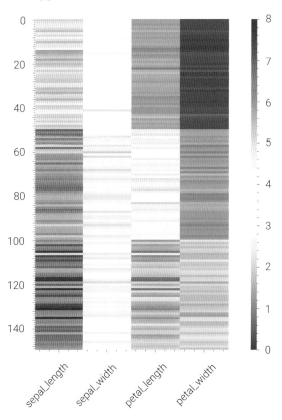

图19.3　热图可视化鸢尾花数据集数据帧

数据帧基本信息

Pandas提供了很多函数查询数据帧信息，表19.2介绍了其中几个常用函数。

表19.2　获取数据帧基本信息的几个常用函数 (属性、方法) | ⊕ Bk1_Ch19_01.ipynb

函数	用法
pandas.DataFrame.index	查询数据帧的行标签。 比如iris_df.index的结果为'RangeIndex(start=0, stop=150, step=1)'。 如果想要知道行标签的具体值，则用 list(iris_df.index)。 以下是获取数据帧行数的几种不同方法： iris_df.shape[0] len(iris_df) len(iris_df.index) len(iris_df.axes[0])

pandas.DataFrame.columns	查询数据帧的列标签。
	比如iris_df.columns的结果为'Index(['sepal_length', 'sepal_width',
	'petal_length', 'petal_width', 'species'], dtype='object')'。同样
	list(iris_df.columns) 可以得到列标签的列表。
	以下是获取数据帧列数的几种不同方法：
	iris_df.shape[1]
	len(iris_df.T) # T 代表转置
	len(iris_df.columns)
	len(iris_df.axes[1])

pandas.DataFrame.axes	同时获得数据帧的行标签、列标签。 比如iris_df.axes的结果为[RangeIndex(start=0, stop=150, step=1), Index(['sepal_length', 'sepal_width', 'petal_length', 'petal_width', 'species'], dtype='object')]
pandas.DataFrame.values	用于返回数据帧中的实际数据部分作为一个多维 NumPy 数组。返回的数组可以用于进行数值计算、传递给其他库或以其他方式处理数据。 比如，iris_df.values返回的是二维NumPy数组
pandas.DataFrame.info	获取关于数据帧摘要信息，如数据帧的结构、数据类型、缺失值情况、内存占用等基本信息，对于数据的初步探索和诊断非常有用
pandas.DataFrame.describe()	用于生成关于数据帧统计摘要信息。它提供了数据的基本统计信息，如计数、均值、标准差、最小值、最大值和分位数等。本书后文将专门介绍数据帧运算，其中包括统计运算。 比如，iris_df.describe()计算鸢尾花列数据统计值。 如果想要打印小数点后一位，可以用iris_df.describe().round(1)
pandas.DataFrame.nunique()	用于计算数据帧中每一列的独特值 (unique value) 数量。 比如，对于鸢尾花数据来说，最后一列 (species) 的独特值个数为3。 类似地，pandas.unique() 可以计算得到数据帧某一列的具体独特值。 比如，iris_df['species'].unique() 的结果为 array(['setosa', 'versicolor', 'virginica'], dtype=object)
pandas.DataFrame.head()	用于查看数据帧的前几行数据，默认情况下，返回数据帧的前 5 行。 比如，iris_df.head(2) 返回数据帧前2行

函数	用法
pandas.DataFrame.tail()	用于查看数据帧的后几行数据，默认情况下，返回数据帧的后 5 行。 比如，iris_df.tail(2) 返回数据帧后2行
pandas.DataFrame.shape	用于获取数据帧的维度信息。函数返回一个元组，其中包含数据帧的行数、列数。 比如，iris_df.shape返回的结果为 (150, 5)
pandas.DataFrame.size	用于返回数据帧中元素，即数据单元格总数，就是数据帧行数乘以列数的结果。 比如，iris_df.size返回的结果为750
pandas.DataFrame.count()	返回数据帧每列 (默认axis=0) 非缺失值数量。这个函数可以快速了解每列中有多少个有效的非缺失数据，这对于数据清洗和数据质量的检查非常有用。将参数设置为axis=1，可以查询每行的非缺失值数量。 比如，iris_df.count() * 100 / len(iris_df) 计算每一列非缺失值的百分比
pandas.DataFrame.isnull()	用于检查DataFrame中的每个元素是否为缺失值NaN。函数返回一个与原始DataFrame结构相同的布尔值DataFrame，其中的每个元素都对应于原始DataFrame中的一个元素，并且其值为True表示该元素是缺失值，False表示该元素不是缺失值。 比如，iris_df.isnull().sum() * 100 / len(iris_df) 计算每一列缺失值百分比

循环

如代码19.5所示，在Pandas中可以使用iterrows() 方法来遍历DataFrame的行，使用iteritems()或items() 方法来循环DataFrame的列。注意，iteritems() 在未来Pandas版本中将被弃用。

另外，我们还可以直接使用for循环来遍历DataFrame的列。

代码19.5 遍历数据帧行、列 | ⊕ Bk1_Ch19_01.ipynb

```python
import pandas as pd
import seaborn as sns

iris_df = sns.load_dataset("iris")
# 从 Seaborn 中导入鸢尾花数据帧
# 遍历数据帧的行
```
ⓐ
```python
for idx, row_idx in iris_df.iterrows():
    print('=================')
    print('Row index =',str(idx))
    print(row_idx ['sepal_length'],
          row_idx ['sepal_width'])

# 遍历数据帧的列
```
ⓑ
```python
for column_idx in iris_df.items():
    print(column_idx)
```

修改数据帧

表19.3总结了Pandas中常用的各种修改数据帧行标签、列标签的函数。

表19.3 修改数据帧行标签、列标签 | ⊕ Bk1_Ch19_01.ipynb

函数	用法

pandas.DataFrame.rename()	对DataFrame的索引标签、列标签或者它们的组合进行重命名。
	需要注意的是，rename()方法默认返回新的DataFrame，如果想要在原地修改DataFrame，可以将参数inplace设置为True。
	比如，对列标签重命名：
	iris_df.rename(columns={'sepal_length': 'X1',
	                                  'sepal_width': 'X2',
	                                  'petal_length': 'X3',
	                                  'petal_width': 'X4',
	                                  'species': 'Y'})
	比如，对行标签重命名，给每个行标签前面加前缀idx_：
	iris_df.rename(lambda x: f'idx_{x}')
	每个行标签后面加后缀_idx：
	iris_df.rename(lambda x: f'{x}_idx')

pandas.DataFrame.add_suffix()	给DataFrame的列标签添加后缀，并返回一个新的DataFrame，原始DataFrame保持不变。这个方法对于在合并多个DataFrame时，避免列名冲突很有用。通过添加后缀，可以清楚地区分来自不同DataFrame的列。 比如，iris_df_suffix = iris_df.add_suffix('_col') 以上数据帧要想去除列标签后缀_col，可以用： iris_df_suffix.rename(columns = lambda x: x.strip('_col'))
pandas.DataFrame.add_prefix()	给DataFrame的列标签添加前缀，并返回一个新的DataFrame，原始DataFrame保持不变。这个方法对于在合并多个DataFrame时，避免列名冲突很有用。通过添加前缀，可以清楚地区分来自不同DataFrame的列。 比如，iris_df_prefix = iris_df.add_prefix('col_').head() 以上数据帧要想去除列标签前缀col_，可以用： iris_df_prefix.rename(columns = lambda x: x.strip('col_'))

更改列标签顺序

如图19.4所示，数据帧创建后，列标签的顺序可以根据需要进一步修改。

图19.4 修改列标签顺序

代码19.6介绍了修改列标签顺序的不同方法。

pandas.DataFrame.reindex() 方法用于重新排序DataFrame的列标签。

一般来讲，pandas.DataFrame.loc() 可以用来索引、切片数据帧；当然这个方法也可以用来重新排序列标签。下一章将专门介绍数据帧索引和切片。

pandas.DataFrame.iloc() 是 pandas 中用于通过整数索引来选择 DataFrame 的行和列的索引器。与 pandas.DataFrame.loc 不同，iloc 使用整数索引而不是标签索引。

```
代码19.6  修改列标签顺序 | ⊕ Bk1_Ch19_01.ipynb                    ○○○

import pandas as pd
import seaborn as sns

iris_df = sns.load_dataset("iris")
# 从 Seaborn 中导入鸢尾花数据帧

# 自定义列标签顺序
new_col_order = ['species',
                 'sepal_length', 'petal_length',
                 'sepal_width', 'petal_width']
ⓐ df_1 = iris_df[new_col_order]
ⓑ df_2 = iris_df.reindex (columns = new_col_order)
ⓒ df_3 = iris_df.loc [:, new_col_order]
ⓓ df_4 = iris_df.iloc [:, [4,0,2,1,3]]
ⓔ df_5 = iris_df.set_axis (new_col_order, axis = 1)
```

更改行标签顺序

代码19.7介绍了几种修改行标签顺序的方法。

ⓐ用pandas.DataFrame.reindex() 重新排序DataFrame的行标签。

ⓑ用pandas.DataFrame.loc() 通过定义行标签来重新排序DataFrame行顺序。下一章还会用这个函数在axis = 0方向进行索引、切片。

ⓒ用pandas.DataFrame.iloc() 通过定义整数行标签来重新排序DataFrame行顺序。

ⓓpandas.DataFrame.sort_index() 按照索引的升序或降序对DataFrame进行重新排序，默认 axis = 0。

此外，还可以根据特定优先级对DataFrame重新排序，请大家参考技术文档：

https://pandas.pydata.org/docs/reference/api/pandas.DataFrame.sort_values.html

```
代码19.7  修改行标签顺序 | ⊕ Bk1_Ch19_01.ipynb                    ○○○

import pandas as pd
import seaborn as sns
iris_df = sns.load_dataset("iris")
# 从 Seaborn 中导入鸢尾花数据帧
# 取出前 5行，并修改行索引
iris_df_ = iris_df.iloc [:5,:].rename (lambda x:
                                       f'idx_{ x}')
# 重新排序行标签
new_order = ['idx_4','idx_2','idx_0','idx_3','idx_1']
ⓐ df_1 = iris_df_.reindex (new_order)
```

```
ⓐ df_1 = iris_df_.reindex (new_order)
ⓑ df_2 = iris_df_.loc [new_order]
   new_order_int = [4, 2, 0, 3, 1]
ⓒ iris_df_.iloc [new_order_int]
ⓓ iris_df_.sort_index (ascending = False)
```

删除

pandas.DataFrame.drop() 方法用于从DataFrame中删除指定的行或列。

默认情况下，drop() 方法不对原始DataFrame做修改，而是返回一个修改后的副本。

将参数inplace设置为True，即inplace = True，可以在原地修改DataFrame，而不返回一个新的DataFrame。请大家自行分析代码19.8。

代码19.8　删除特定行、列 | ⊕ Bk1_Ch19_01.ipynb   ○○○

```
import pandas as pd
import seaborn as sns
iris_df = sns.load_dataset ("iris")
# 从Seaborn中导入鸢尾花数据帧
# 删除特定行
ⓐ iris_df.drop (index =[0,1])
# 删除特定列
ⓑ iris_df.drop (columns ='species')
```

≡19.4 四则运算：各列之间

在Pandas中，可以通过简单的语法实现各列之间的四则运算。以鸢尾花数据帧为例，代码19.9所示为鸢尾花数据帧花萼长度 (X_1)、花萼宽度 (X_2) 两列之间的运算。

ⓐ对花萼长度**去均值** (demean)，也叫**中心化** (centralize)，即$X_1 - E(X_1)$。其中，用X_df_['X1'].mean() 计算列均值。也可以用 pandas.DataFrame.sub() 完成减法运算。

ⓑ对花萼宽度去均值，即$X_2 - E(X_2)$。

ⓒ计算花萼长度、宽度之和，即$X_1 + X_2$。也可以用pandas.DataFrame.add() 完成加法运算。

ⓓ计算花萼长度、宽度之差，即$X_1 - X_2$。

ⓔ计算花萼长度、宽度乘积，即X_1X_2。也可以用pandas.DataFrame.mul() 完成乘法运算。

ⓕ计算花萼长度、宽度比例，即X_1/X_2。也可以用pandas.DataFrame.div() 完成除法运算。

代码19.9　鸢尾花数据帧花萼长度 (X_1)、花萼宽度 (X_2) 两列之间的运算 | ⊕ Bk1_Ch19_02.ipynb   ○○○

```
import seaborn as sns
import pandas as pd
iris_df = sns.load_dataset ("iris")
# 从Seaborn 中导入鸢尾花数据帧
```

```
X_df = iris_df.copy ()
X_df.rename (columns = {'sepal_length':'X1',
                        'sepal_width':'X2' },
             inplace = True)
X_df_ = X_df [['X1','X2', 'species']]
# 数据转换
```
ⓐ `X_df_ ['X1 - E(X1)'] = X_df_ ['X1'] - X_df_ ['X1'].mean ()`
ⓑ `X_df_ ['X2 - E(X2)'] = X_df_ ['X2'] - X_df_ ['X2'].mean ()`
ⓒ `X_df_ ['X1 + X2'] = X_df_ ['X1'] + X_df_ ['X2']`
ⓓ `X_df_ ['X1 - X2'] = X_df_ ['X1'] - X_df_ ['X2']`
ⓔ `X_df_ ['X1 * X2'] = X_df_ ['X1'] * X_df_ ['X2']`
ⓕ `X_df_ ['X1 / X2'] = X_df_ ['X1'] / X_df_ ['X2']`
```
X_df_ .drop (['X1','X2' ], axis = 1, inplace = True)

# 可视化
sns.pairplot (X_df_, corner = True, hue = "species")
```

图19.5所示为经过上述转换后用seaborn.pairplot() 绘制的成对特征散点图。

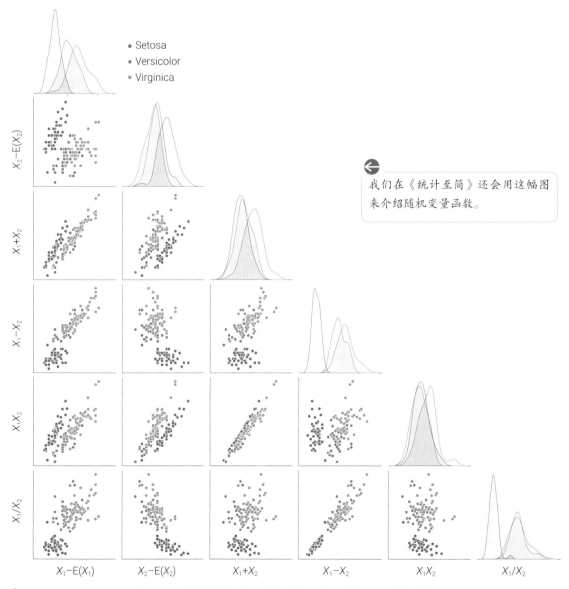

我们在《统计至简》还会用这幅图
来介绍随机变量函数。

图19.5 鸢尾花花萼长度、宽度特征完成转换后的成对特征散点图

19.5 统计运算：聚合、降维、压缩、折叠……

拿到一组样本数据，如果数据量很大，我们不可能一个个观察样本值；这时，我们就需要各种统计量来描述数据集的不同方面，包括中心趋势、离散度和分布形状。

本书前文提过，从样本数据到某个统计量的过程，从数据角度来看，可以视作一种降维，也可以看成是折叠、压缩。

这些统计量可以帮助我们更好地了解和描述数据集的特征，从而支持数据分析和决策制定过程。在实际应用中，这些描述统计量通常与可视化工具结合使用，以更全面地理解数据的性质。

下面再次回顾常见的单一特征统计量的描述。

◀ **均值** (average或mean) 是数据集中所有值的总和除以数据点的数量。

◀ **众数** (mode) 是数据集中出现频率最高的值。一个数据集可以有一个或多个众数。

◀ **中位数** (median) 是将数据集中的所有值按大小排序后位于中间位置的值。它不受异常值的影响，用于度量数据的中心趋势。当数据点数量为奇数时，中位数就是中间的值；当数据点数量为偶数时，中位数是中间两个值的平均值。

◀ **最大值** (maximum) 是数据集中的最大数值，而**最小值** (minimum) 是数据集中的最小数值，用于表示数据的范围。

◀ **方差** (variance) 度量了数据点与均值之间的离散程度。较高的方差表示数据点更分散，较低的方差表示数据点更接近均值。

◀ **标准差** (standard deviation) 是方差的平方根，用于衡量数据的离散程度。与方差不同，标准差的单位与数据集的单位相同，因此更容易理解。

◀ **分位点** (percentile) 是将数据集划分成若干部分的值，通常以百分比形式表示。例如，第25百分位数是将数据集划分成四分之一的值，第50百分位数就是中位数。

◀ **偏度** (skewness) 度量了数据分布的偏斜程度。如果数据分布偏向左侧 (负偏)，偏度为负数；如果数据分布偏向右侧 (正偏)，偏度为正数。偏度为零表示数据分布大致对称。

◀ **峰度** (kurtosis) 度量了数据分布的尖锐程度。峰度值通常与正态分布的峰度值相比较。正峰度表示数据分布具有比正态分布更尖锐的峰值，负峰度表示数据分布的峰值较平缓。

如图19.6所示，我们可以用**直方图** (histogram) 和**核密度估计** (Kernel Density Estimation，KDE) 来展示数据分布。KDE相当于"平滑"直方图之后的结果。注意，这两幅图的纵轴都是概率密度。也就是说它们和横轴围成的面积都为1。

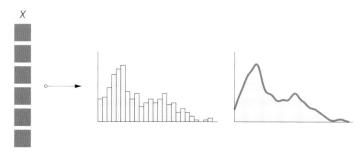

图19.6　单一特征可视化 (直方图和KDE)

如图19.7所示，如果仅仅考虑单一特征样本数据的均值和样本标准差，相当于利用**一元高斯分布** (univariate Gaussian distribution) "近似"数据分布。

有些时候，这种近似可能很糟糕。图19.6的"双峰"显然不能被一元高斯分布捕捉到。

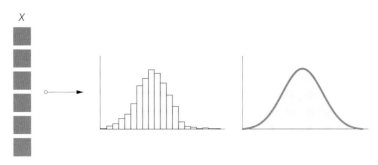

図19.7 単一特征可视化 (一元高斯分布近似)

当涉及多个特征时，我们还需要两个或多个特征的常见统计描述，比如以下几个。

◄ **质心** (centroid) 是多个特征的平均值，通常用于表示多维数据的中心点。
◄ **协方差** (covariance) 度量了两个特征之间的线性关系，它可以为正数、负数或零。正协方差表示两个特征具有正相关关系，负协方差表示它们具有负相关关系，而零协方差表示它们之间没有线性关系。
◄ **皮尔逊相关系数** (Pearson Correlation Coefficient，PCC)，简称相关性系数，是协方差的标准化版本，用于度量两个特征之间的线性关系的强度和方向。相关性系数在衡量线性关系时更常用，取值范围为-1 ~ 1，其中1表示完全正相关，-1表示完全负相关，0表示无线性相关关系。
◄ **协方差矩阵** (covariance matrix) 是一个对称方阵，其中对角线元素为方差，其余元素表示不同特征之间的协方差。
◄ **相关系数矩阵** (correlation matrix) 相当于是协方差矩阵的标准化版本。它的对角线元素为1，其余元素为成对特征之间的相关性系数。

图19.8用三维直方图展示数据分布，它的纵轴可以是某个区间样本数据的频数、概率或概率密度。

图19.9所示为利用散点图和直方热图可视化两特征样本数据分布。注意，实践时我们用得更多的是直方热图，很少用三维直方图。

和前文类似，图19.10和图19.11告诉我们二元高斯分布也可以用来"近似"两特征样本数据分布，前提是样本数据足够"**正态** (normal)"。
图19.11中**边缘分布** (marginal distribution) 描述了在二元分布中某个特定变量分布特征，而不考虑其他变量的影响。

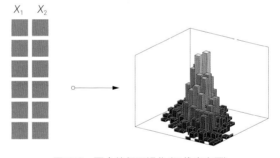

图19.8 两个特征可视化 (三维直方图)

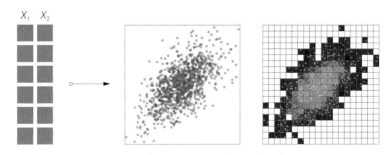

图19.9 两个特征可视化 (散点图和直方热图)

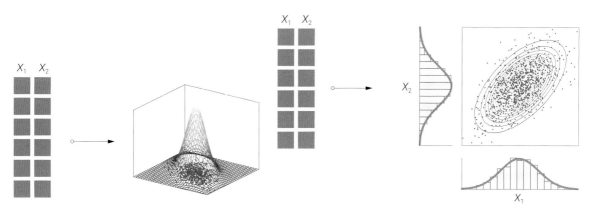

图19.10 两个特征可视化 (近似二元高斯分布)　　　　图19.11 两个特征可视化 (近似二元高斯分布，边缘分布)

对于多特征数据，如图19.12所示，协方差矩阵、相关系数矩阵是量化成对特征关系的重要工具。很多机器学习算法的起点也是协方差矩阵，如主成分分析、多输入-多输出线性回归等。

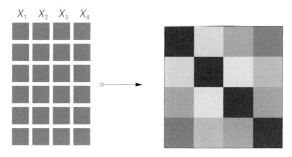

图19.12 多个特征可视化 (协方差矩阵，相关系数矩阵)

Pandas给出了大量用于统计运算 (也叫聚合操作) 的方法，表19.4总结了常用的几种方法。

表19.4 Pandas中常用统计运算方法 | ⊕ Bk1_Ch19_02.ipynb

函数名称	描述
pandas.DataFrame.corr()	计算DataFrame中列之间Pearson相关系数 (样本)
pandas.DataFrame.count()	计算DataFrame每列的非缺失值的数量
pandas.DataFrame.cov()	计算DataFrame中列之间的协方差矩阵 (样本)
pandas.DataFrame.describe()	计算DataFrame中数值列的基本描述统计信息，如均值、标准差、分位数等
pandas.DataFrame.kurt()	计算DataFrame中列的峰度 (四阶矩)
pandas.DataFrame.kurtosis()	计算DataFrame中列的峰度 (四阶矩)
pandas.DataFrame.max()	计算DataFrame中每列的最大值
pandas.DataFrame.mean()	计算DataFrame中每列的均值
pandas.DataFrame.median()	计算DataFrame中每列的中位数
pandas.DataFrame.min()	计算DataFrame中每列的最小值
pandas.DataFrame.mode()	计算DataFrame中每列的众数
pandas.DataFrame.quantile()	计算DataFrame中每列的指定分位数值，如四分位数、特定百分位等
pandas.DataFrame.rank()	计算DataFrame中每列元素的排序排名
pandas.DataFrame.skew()	计算DataFrame中列的偏度 (三阶矩)
pandas.DataFrame.sum()	计算DataFrame中每列元素的总和
pandas.DataFrame.std()	计算DataFrame中列的标准差 (样本)
pandas.DataFrame.var()	计算DataFrame中列的方差 (样本)
pandas.DataFrame.nunique()	计算DataFrame中每列中的独特值数量

图19.13所示为pandas.DataFrame.cov() 和pandas.DataFrame.corr() 计算得到的鸢尾花前四列协方差矩阵、相关系数矩阵热图。

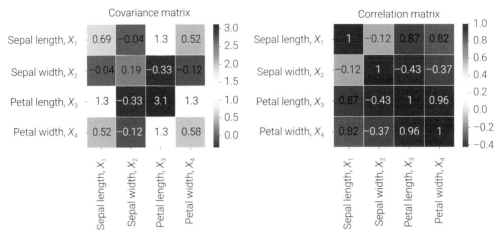

图19.13　鸢尾花数据协方差矩阵、相关系数矩阵热图 | ⊕ Bk1_Ch19_02.ipynb

当然，在计算协方差时，我们也可以考虑数据标签，本书第22章将利用groupby() 完成分组聚合计算。

此外，pandas.DataFrame.agg() 方法用于对 DataFrame 中的数据进行自定义聚合操作。该方法按照指定的函数对数据进行聚合，可以是内置的统计函数，也可以是自定义的函数。

比如，iris_df.iloc[:,0:4].agg(['sum', 'min', 'max', 'std', 'var', 'mean']) 对鸢尾花数据帧前四列进行各种统计计算。

19.6 时间序列：按时间顺序排列的数据

时间序列 (timeseries) 是指按照时间顺序排列的一系列数据点或观测值，通常是等时间间隔下的测量值，如每天、每小时、每分钟等。时间序列数据通常用于研究时间相关的现象和趋势，如股票价格、气象数据、经济指标等。本节主要介绍如何获得时间序列数据帧。

本地CSV数据

代码19.10所示为利用pandas.csv_read() 读入CSV时间序列数据。Pandas还提供快速可视化的各种函数，比如，图19.14所示为用pandas.DataFrame.plot() 绘制的时间序列线图。

ⓐ定义了CSV文件的名称。大家可以在本章配套代码中找到这个文件。

本书前文提过，CSV是Comma-Separated Values的缩写，代表逗号分隔值，它是一种用于存储表格数据的文本文件格式。我们可以用Excel或Textbook打开CSV文件。CSV文件也可以在JupyterLab中查看，十分便捷。

ⓑ利用pandas.read_csv() 读取CSV文件。表19.5总结了Pandas中读取不同格式数据常用的函数。

ⓒ利用pandas.to_datetime() 将指定列转换为日期时间对象。

ⓓ用 pandas.DataFrame.set_index() 设置一个或多个列作为DataFrame的索引。inplace设置为True，意味着将在原始DataFrame上进行修改，而不是创建一个新的DataFrame。

●这一句介绍了一种更快捷读入并处理数据的用法。pandas.read_csv() 有很多参数设置可以很方便地帮助我们读入、处理数据。

比如，parse_dates用于指定是否解析日期列。当设置为True时，Pandas将尝试解析CSV文件中的日期数据，并将其转换为日期时间对象。

参数index_col=0指定第1列被用作DataFrame的索引。

有了这两个参数设定，我们就可以省去●和●两句代码，请大家自行练习。

有关pandas.read_csv()更多的参数设置，请大家参考以下官方技术文档。

```
https://pandas.pydata.org/docs/reference/api/pandas.read_csv.html
```

●调用pandas中快速绘制线图函数，绘制图19.14。

此外，请大家尝试使用pandas.DataFrame.to_pickle() 将DataFrame写成.pkl文件，然后再用pandas.read_pickle()读入。

表19.5　Pandas中读取不同格式数据常用函数

函数名称	数据类型介绍
pandas.read_excel()	用于从Microsoft Excel文件 (.xls或.xlsx格式) 中读取数据
pandas.read_json()	用于从JSON (JavaScript Object Notation) 格式的数据中读取数据
pandas.read_html()	用于从HTML网页中提取表格数据
pandas.read_xml()	用于从XML (Extensible Markup Language) 格式的数据中读取数据
pandas.read_sql_query()	用于执行SQL (Structured Query Language) 查询并将查询结果读取到Pandas DataFrame中
pandas.read_sas()	用于从SAS (Statistical Analysis System) 数据文件中读取数据
pandas.read_pickle()	用于从Pickle文件中读取数据。Pickle是Python的一种序列化格式，可以用于保存和加载Python对象，包括DataFrame

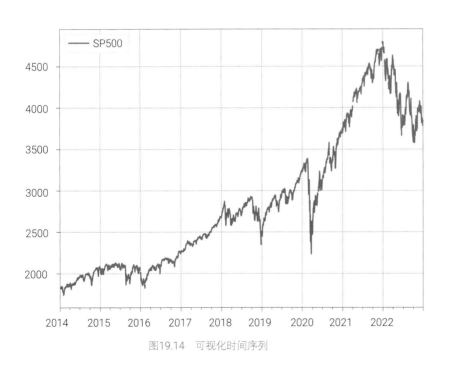

图19.14　可视化时间序列

本书第20章专门介绍Pandas中常用的快速可视化函数。

```python
# 导入包
import pandas as pd

# CSV文件名称
csv_file_name = 'SP500_2014 -01-01_2022 -12-31.csv'

# 读入CSV文件
df = pd.read_csv (csv_file_name)

# 将输入的数据转换为日期时间对象
df["DATE"] = pd.to_datetime(df["DATE"])

# 将名为 "DATE" 的列设置为索引
df.set_index ('DATE', inplace = True)

# 更快捷的方式
# pd.read_csv(csv_file_name, parse_dates = True, index_col = 0)
# 快速可视化
df.plot ()
```

(a) csv_file_name
(b) df = pd.read_csv
(c) df["DATE"]
(d) df.set_index
(e) 更快捷的方式
(f) df.plot ()

网页下载数据

代码19.11为直接从**FRED** (Federal Reserve Economic Data) 官网下载数据的操作。

(a)导入Python标准库中的requests模块。requests模块提供了一种用于发出HTTP请求的简单而强大的方法，使Python程序能够与Web服务器进行通信，并获取Web上的数据。

本书不会展开讲解网页访问和爬虫相关内容，对requests模块感兴趣的读者可以参考以下网址中的内容。

```
https://pypi.org/project/requests/
```

(b)变量指向一个包含标准普尔500指数数据的文本文件的**URL** (Uniform Resource Locator)。

(c)使用requests库中的get()函数向上述URL发送HTTP GET请求，并将服务器的响应存储在一个名为response的变量中。

(d)是一个条件语句，它检查服务器的响应状态码是否等于200。HTTP状态码200表示请求成功，服务器已成功处理了请求并返回了所请求的数据。

(e)利用pandas.read_csv() 读取数据并将其转换为DataFrame。

参数skiprows=44 指示在**解析** (parse) 数据时跳过文件的前44行。这通常用于跳过文件的头部信息或注释行，以便读取实际的数据部分。

参数sep='\s+' 表示字段分隔符，即制表符或多个连续的空格字符。这是因为数据文件可能是以制表符或多个空格字符作为字段分隔符。

(f)利用pandas.to_datetime() 将指定列转换为日期时间对象。

(g)设置索引。

如果大家无法访问上述URL，可以使用保存在配套文件中的CSV文件。本书后续还会利用FRED金融数据设计案例介绍各种Python库功能。

```
  import pandas as pd
ⓐ import requests

  # 设置数据源的URL
ⓑ url = 'https://fred.stlouisfed.org/data/SP500.txt'

  # 发送 GET 请求并获取数据
ⓒ response = requests.get(url)

  # 检查是否成功获取数据
ⓓ if response.status_code == 200:
      # 数据以制表符分隔
ⓔ     df = pd.read_csv(url, skiprows = 44, sep = '\s+')
  else:
      print("Failed to fetch data from the source")

ⓕ df['DATE'] = pd.to_datetime(df['DATE'])
ⓖ df.set_index('DATE', inplace = True)
```

用第三方库下载数据

代码19.12为利用第三方库pandas_datareader从FRED下载数据的操作。

ⓐ将名为pandas_datareader的Python库导入当前的代码环境中,简写作pdr。这个库通常用于从各种金融数据源中获取数据,并将其整合到Pandas数据结构中,以便进行数据分析和处理。本书第2章介绍过如何安装这个库。

ⓑ导入Python标准库中的datetime模块。datetime模块提供了处理日期和时间的功能,包括日期和时间的创建、解析、格式化以及各种日期和时间操作等。

ⓒ利用datetime.datetime创建表示日期和时间的对象。(2014, 1, 1) 表示要创建的日期的年、月和日,这是下载数据起始日期。

本书不展开介绍datetime库,感兴趣的读者可以参考官网技术文档。

```
https://docs.python.org/3/library/datetime.html
```

ⓓ用datetime.datetime创建下载数据的结束日期。

ⓔ创建了一个名为ticker_list的Python列表,其中包含一个字符串 'SP500'。这个列表用于指定我们要获取数据**标识符** (identification, ID)。列表中可以放置不止一个数据ID。

大家可以到FRED官网查看不同数据的标识符ID。

```
https://fred.stlouisfed.org/
```

ⓕ调用了pandas_datareader库中的DataReader函数,以获取数据。
参数ticker_list包含了我们要获取数据标识符ID列表。
'fred'是数据源的名称,表示我们将从FRED数据源获取数据。
两个日期对象start_date 和 end_date用于指定数据的时间范围。
很多在线数据库都提供了下载数据的API,比如大家可以参考以下网页找到下载FRED数据的不同方式:

```
https://fred.stlouisfed.org/docs/api/fred/
```

```python
# 导入包
import pandas_datareader as pdr
# 需要安装 pip install pandas-datareader
import pandas as pd
import datetime

# 从FRED下载标普500(S&P 500)
start_date = datetime.datetime(2014, 1, 1)
end_date = datetime.datetime(2022, 12, 31)

# 下载数据
ticker_list = ['SP500']
df = pdr.DataReader(ticker_list, 'fred',
                    start_date, end_date)
```

本书第24章专门介绍常见时间序列数据帧操作。

请大家完成以下题目。

Q1. 在JupyterLab中复刻本章所有代码和结果。

* 题目很基础，本书不给答案。

Pandas库最佳参考资料莫过于"Pandas之父"Wes McKinney创作的*Python for Data Analysis*，全书开源，地址为：

https://wesmckinney.com/

Pandas是一个强大的Python库，专门用于数据分析和处理。数据帧则是Pandas中的一种非常重要的数据结构，类似于表格。

本章首先介绍如何创建数据帧，然后介绍了数据帧基本操作。大家不需要死记硬背这些操作，用到的时候再来查阅本章即可。用数据帧完成统计操作非常方便，特别是和本书第22章各种规整方法相结合。最后介绍了时间序列数据帧。

Visualizations in Pandas
Pandas快速可视化
线图、散点图、柱状图、箱型图……

善良一点，因为你遇到的每个人都在打一场更艰苦的战斗。
Be kind, for everyone you meet is fighting a harder battle.

—— 柏拉图 (Plato) | 古希腊哲学家 | 前427—前347年

◄ pandas.DataFrame.plot() 绘制线图
◄ pandas.DataFrame.plot.area() 绘制面积图
◄ pandas.DataFrame.plot.bar() 绘制柱状图
◄ pandas.DataFrame.plot.barh() 绘制水平柱状图
◄ pandas.DataFrame.plot.box() 绘制箱型图
◄ pandas.DataFrame.plot.density() 绘制KDE线图
◄ pandas.DataFrame.plot.hexbin() 绘制六边形图
◄ pandas.DataFrame.plot.hist() 绘制直方图
◄ pandas.DataFrame.plot.kde() 绘制KDE线图
◄ pandas.DataFrame.plot.line() 绘制线图
◄ pandas.DataFrame.plot.pie() 绘制饼图
◄ pandas.DataFrame.plot.scatter() 绘制散点图
◄ pandas.plotting.scatter_matrix() 成对散点图矩阵

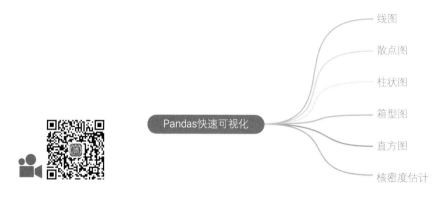

線图

散点图

柱状图

箱型图

直方图

核密度估计

Pandas快速可视化

20.1 Pandas的可视化功能

Pandas库本身虽然主要用于数据处理和分析，但也提供了一些基本的可视化功能。本章介绍如何用Pandas绘制折线图、散点图、面积图、柱状图、箱型图等。

本书第12章介绍过如何用Seaborn完成各种统计描述可视化，请大家回顾。

本章用的是利率数据。

代码20.1中ⓐ导入pandas_datareader，简写为pdr。pandas_datareader从多种数据源获取金融和经济数据，并将这些数据转换为 Pandas DataFrame 的形式。要想使用这个库，需要先安装。

如ⓑ注释所示，本书前文提过，在Anaconda prompt使用pip install pandas_datareader安装这个库。

ⓒ导入seaborn，简写为sns。

ⓓ利用pandas_datareader从**FRED** (Federal Reserve Economic Data) 下载利率数据，数据格式为Pandas数据帧。

ⓔ利用dropna() 删除数据帧中缺失值NaN。

ⓕ利用rename() 修改数据帧列标签。

代码20.1 下载分析利率数据 | ⊕ Bk1_Ch20_01.ipynb

```
import pandas as pd
import numpy as np
import matplotlib.pyplot as plt
ⓐ import pandas_datareader as pdr
ⓑ # pip install pandas_datareader
ⓒ import seaborn as sns

# 下载数据
ⓓ df = pdr.data.DataReader(['DGS6MO','DGS1',
```

```
                                      'DGS2','DGS5',
                                      'DGS7','DGS10',
                                      'DGS20','DGS30'],
                                data_source='fred',
                                start='01-01-2022',
                                end='12-31-2022')
ⓔ df = df.dropna()
   # 修改数据帧列标签
ⓕ df = df.rename(columns={'DGS6MO': '0.5 yr',
                          'DGS1': '1 yr',
                          'DGS2': '2 yr',
                          'DGS5': '5 yr',
                          'DGS7': '7 yr',
                          'DGS10': '10 yr',
                          'DGS20': '20 yr',
                          'DGS30': '30 yr'})
```

20.2 线图：pandas.DataFrame.plot()

图20.1所示为展示利率数据的线图。此外，我们还可以用图20.2分别展示每条曲线。我们通过代码20.2绘制了图20.1和图20.2，下面聊聊其中关键语句。

图20.1　利率-时间数据线图 | ⊕ Bk1_Ch20_01.ipynb

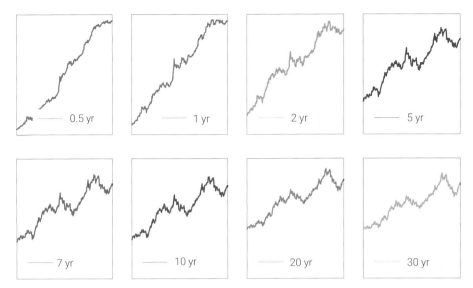

图20.2 利率−时间数据线图 (子图) | ⊕ Bk1_Ch20_01.ipynb

代码20.2中 **ⓐ**，对于Pandas数据帧，我们可以直接用.plot() 方法绘制线图。

参数xlabel、ylabel可以修改线图横纵坐标标签。

参数legend = True (默认值)时，会在图表显示**图例** (legend)；而legend = False时，则不显示图例。

ⓑ将图片以**SVG** (Scalable Vector Graphics) 格式保存。

ⓒ绘制线图时创建一个复杂的子图布局。其中，参数subplots=True，表示我们要创建多个子图，每个子图将显示DataFrame中的不同列。

参数layout = (2,4) 指定子图的布局，表示总共有2行、4列子图，共计8个子图。这意味着DataFrame中的8个不同数据列将分别在这8个子图中显示，具体如图20.2所示。

参数sharex=True 和 sharey=True，表示所有子图将共享相同的 x 轴和 y 轴。这意味着所有子图的 x 轴范围和 y 轴范围将相同，以便更容易比较子图之间的数据。

参数 xticks=[] 和 yticks=[] 设置 x 轴和 y 轴的刻度标签为空列表，意味着不显示。

参数 xlim = (df.index.min(), df.index.max()) 指定了 x 轴的显示范围，即 x 轴的最小值和最大值。

df.index.min() 取出时间序列数据帧横轴标签的最小值，df.index.max() 时间序列数据帧横轴标签的最大值。

代码20.2 绘制线图（使用时配合前文代码）| ⊕ Bk1_Ch20_01.ipynb ○○○

```
# 绘制利率走势线图
ⓐ df.plot (xlabel ="Time", ylabel ="IR level",
         legend = True,
         xlim = (df.index.min(), df.index.max()))

ⓑ plt.savefig ("利率走势线图.svg")

# 绘制利率走势线图，子图布置
ⓒ df.plot (subplots = True, layout =(2,4),
         sharex = True, sharey = True,
         xticks =[],yticks =[],
         xlim = (df.index.min(), df.index.max()))

plt.savefig ("利率走势线图，子图.svg")
```

为了更好地美化线图，我们还可以使用代码20.3。

ⓐ用plt.subplots(figsize=(5, 5)) 创建一个图形对象和一个轴对象。

其中，fig 是一个图形对象，它代表整个图形窗口。我们可以在这个图形对象上添加一个或多个轴对象，以在图形窗口上绘制图表。

而 ax 是一个轴对象，它代表图形窗口中的一个子图或一个坐标系。我们可以在轴对象上绘制数据，并设置轴的属性，如图表大小、标题等。

ⓑ在对数据帧使用.plot() 方法时，用ax = ax指定了具体轴对象。然后，可以用各种方法美化轴对象ax。

代码20.3 绘制并美化线图（使用时配合前文代码） | ⊕ Bk1_Ch20_01.ipynb ◐ ◑ ◒

```python
#  美化线图

ⓐ  fig,  ax = plt.subplots(figsize = (5,5))
ⓑ  df.plot (ax = ax,  xlabel ="Time", legend = True)
    ax.set_xlim ((df.index.min(), df.index.max()))
    ax.set_ylim ((0,5))
    ax.set_xticks ([])
    ax.set_xlabel ('Time')
    ax.set_ylabel ('IR level')
```

如图20.3所示，我们还可以用df.plot.area() 绘制面积图，请大家自行分析代码20.4。

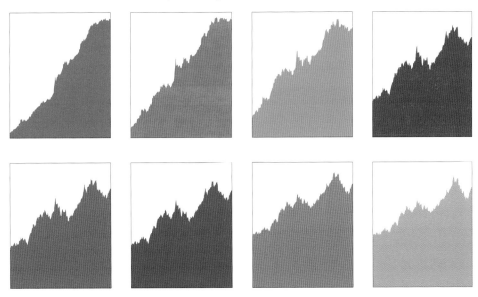

图20.3 利率–时间数据面积图 (子图) | ⊕ Bk1_Ch20_01.ipynb

代码20.4 绘制面积图（使用时配合前文代码） | ⊕ Bk1_Ch20_01.ipynb ◐ ◑ ◒

```python
#  绘制利率走势面积图，子图布置
ⓐ  df.plot.area (subplots = True, layout = (2,4),
                sharex = True,  sharey = True,
                xticks = [],yticks =[],
                xlim = (df.index .min(),df.index.max()),
                ylim = (0,5),legend = False)

plt.savefig ("利率走势面积图，子图 .svg")
```

图20.4所示为利率日收益率折线图,采用 2 × 4 子图布局。

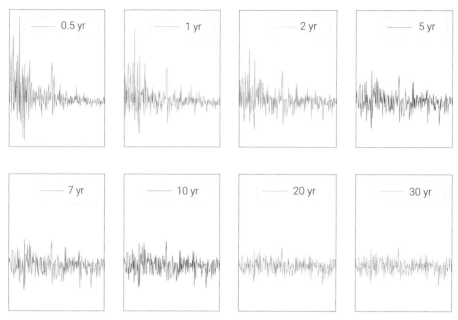

图20.4 利率日收益率折线图 (子图) | ⊕ Bk1_Ch20_01.ipynb

日收益率是用来衡量金融数据在一天内的水平变动幅度的指标。日收益率通常以百分比形式表示,计算方法为:日收益率 = (当日收盘价 − 前一日收盘价) / 前一日收盘价 × 100%。

代码20.5计算日收益率,并绘制图20.4。ⓐ用pct_change() 计算日收益率。ⓑ也是用.plot() 方法绘制收益率折线图8幅子图,请大家自行完成注释。

代码20.5 绘制日收益率(使用时配合前文代码) | ⊕ Bk1_Ch20_01.ipynb ○○○

```
# 计算日收益率
ⓐ r_df = df.pct_change ()

# 绘制利率日收益率,子图布置
ⓑ r_df.plot (subplots = True, layout =(2,4),
            sharex = True, sharey = True,
            xticks = [], yticks =[],
            xlim = (df.index.min(), df.index.max()))

plt.savefig ("利率日收益率走势折线图,子图.svg")
```

20.3 散点图

图20.5所示为利用pandas.DataFrame.plot.scatter() 绘制的散点图。

代码20.6中ⓐ用参数x="1 yr" 和 y="2 yr" 指定散点图中要使用的数据列。

请大家在JuyterLab中尝试绘制其他特征之间的散点图,并思考一共有多少种组合。

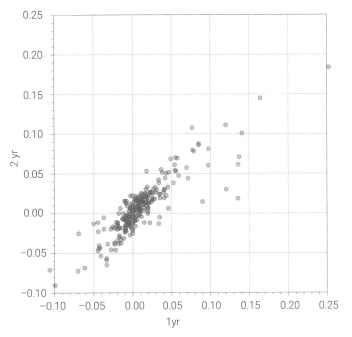

图20.5 日收益率散点图 | ✛ Bk1_Ch20_01.ipynb

代码20.6 绘制散点图(使用时配合前文代码) | ✛ Bk1_Ch20_01.ipynb ○○○

```
# 绘制散点图
fig, ax = plt.subplots(figsize = (5,5))
```
ⓐ `r_df.plot.scatter (x="1 yr", y="2 yr",`
                  `ax = ax)`

ⓐ `ax.set_xlim (-0.1, 0.25)`
   `ax.set_ylim (-0.1, 0.25)`
   `plt.savefig ("散点图.svg")`

图20.6所示为用pandas.DataFrame.plot.hexbin() 绘制的六边形图，用来可视化两个变量之间的分布情况。这幅图的功能类似于直方热图。

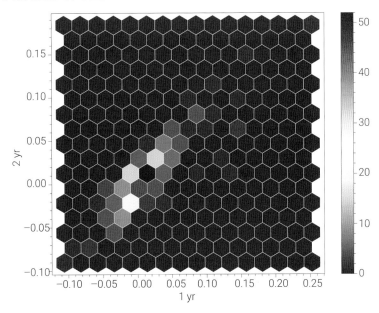

图20.6 六边形图 | ✛ Bk1_Ch20_01.ipynb

代码20.7中 参数cmap="RdYlBu_r" 指定了用于着色六边形的色谱/颜色映射。"RdYlBu_r" 是一种颜色映射的名称，它表示一种颜色渐变，从红色到黄色再到蓝色，"_r" 表示颜色映射的反转。

参数gridsize=15指定六边形数量。

代码20.7　绘制六边形图（使用时配合前文代码）| ⊕ Bk1_Ch20_01.ipynb

```
# 六边形图
r_df.plot.hexbin (x = "1 yr", y = "2 yr",
                  gridsize = 15,
                  cmap = "RdYlBu_r")
plt.savefig ("六边形图.svg")
```

图20.5散点图展示的是一对特征的关系。利用 matplotlib.pyplot.scatter()、seaborn.scatterplot()、plotly.express.scatter()，通过散点的颜色、大小、marker可以展示几个其他特征。

问题是，当数据特征 (维度) 进一步增大，这种一对一二维散点图的能力就很局限了。

而图20.7所示的成对散点图，或成对散点图矩阵，则可以展示多特征数据的任意一对特征的关系。

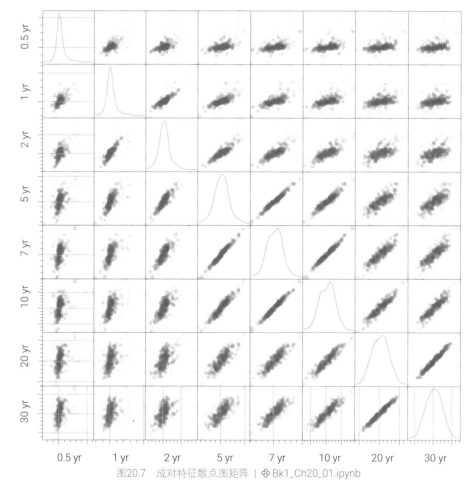

图20.7　成对特征散点图矩阵 | ⊕ Bk1_Ch20_01.ipynb

代码20.8中，从pandas.plotting模块导入scatter_matrix()。

⓫用scatter_matrix()绘制成对散点图矩阵。

参数alpha可以控制散点填充颜色的透明度。

参数figsize可以用来控制图片大小。

参数diagonal则可以用来选择对角线图像的类型，'kde'代表核密度估计 (Kernel Density Estimation，KDE)。

实践中，seaborn.pairplot() 和 plotly.express.scatter_matrix() 在绘制成对散点图矩阵时效果更好。特别是，plotly.express.scatter_matrix() 可视化的结果是交互式的。

为了更好地量化特征之间的相关性，我们可以计算相关系数矩阵，并且用热图可视化。

请大家思考，相比协方差矩阵，相关系数矩阵的优势是什么？

代码20.8 绘制成对特征散点图（使用时配合前文代码）| ⊕ Bk1_Ch20_01.ipynb

```python
# 绘制成对特征散点图
from pandas.plotting import scatter_matrix
scatter_matrix (r_df, alpha = 0.2,
                figsize = (6, 6),
                diagonal ="kde")
plt.savefig ("成对特征散点图.svg")
```

20.4 柱状图

图20.8 (a) 所示为用pandas.DataFrame.plot.bar() 绘制的**竖直柱状图** (vertical bar chart)。

图20.8 (b) 所示为用pandas.DataFrame.plot.barh() 绘制的**水平柱状图** (horizontal bar chart)。

实践时，我们常用matplotlib.pyplot.bar()、seaborn.barplot()、plotly.express.bar() 绘制柱状图。

请大家自行分析代码20.9；此外请大家自行绘制**标准差** (standard deviation) 的竖直、水平柱状图。

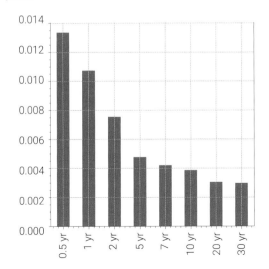
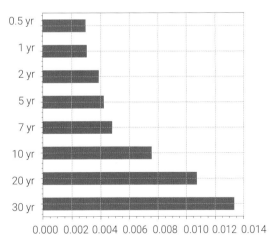

图20.8 柱状图 | ⊕ Bk1_Ch20_01.ipynb

20.5 箱型图

图20.9所示为利用pandas.DataFrame.boxplot() 绘制的箱型图。

本书第12章介绍过如何用seaborn. boxplot() 绘制箱型图，还介绍了箱型图的基本原理，请大家回顾。

简单来说，**箱型图** (box plot) 是一种用于可视化数据分布的统计图表。它提供了一些关于数据集的重要统计信息 (四分位)，并帮助观察数据的离散程度以及潜在的异常值。

请大家自行分析代码20.10。

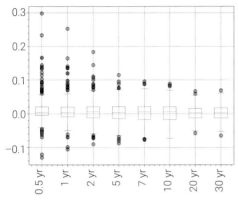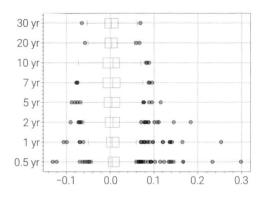

图20.9　箱型图 | ⊕ Bk1_Ch20_01.ipynb

代码20.9　绘制柱状图 | ⊕ Bk1_Ch20_01.ipyn ○ ● ●

```
## 柱状图，竖直
a r_df.mean().plot.bar()
plt.savefig("柱状图.svg")

## 柱状图，水平
b r_df.mean().plot.barh()
plt.savefig("水平柱状图.svg")
```

代码20.10　绘制箱型图 | ⊕ Bk1_Ch20_01.ipynb ○ ● ●

```
# 绘制箱型图
a r_df.plot.box()
plt.savefig("利率日收益率箱型图.svg")

# 绘制箱型图，水平
b r_df.plot.box(vert=False)
plt.savefig("利率日收益率箱型图，水平.svg")
```

20.6 直方图和核密度估计曲线

直方图 (histogram) 是一种用于可视化数据分布的图表，它将数据集分成不同的区间 (柱子)，并用柱子的高度表示每个区间中样本点频数、概率、概率密度。

直方图有助于理解数据的分布形状、中心趋势和离散程度，以及检测数据中的模式和异常值。

图20.10所示直方图的纵轴为频数，也叫**计数** (count)。图20.10每个子图中柱子高度之和为样本数据样本数。实践中，我们常用seaborn.histplot()、plotly.express.histogram()绘制直方图。

图20.11所示为**高斯核密度估计** (Gaussian Kernel Density Estimation，Gaussian KDE)曲线，每个子图的纵轴为概率密度，曲线和横轴围成面积为1。从图像上来看，图20.10柱子是离散的，而 "平滑" 后的结果就是图20.11。我们常用seaborn.kdeplot() 绘制KDE曲线。

《统计至简》专门介绍高斯核密度估计。本书第27章介绍如何使用Statsmodels中的核密度估计工具。

我们可以通过代码20.11绘制图20.10和图20.11，请大家逐行注释。

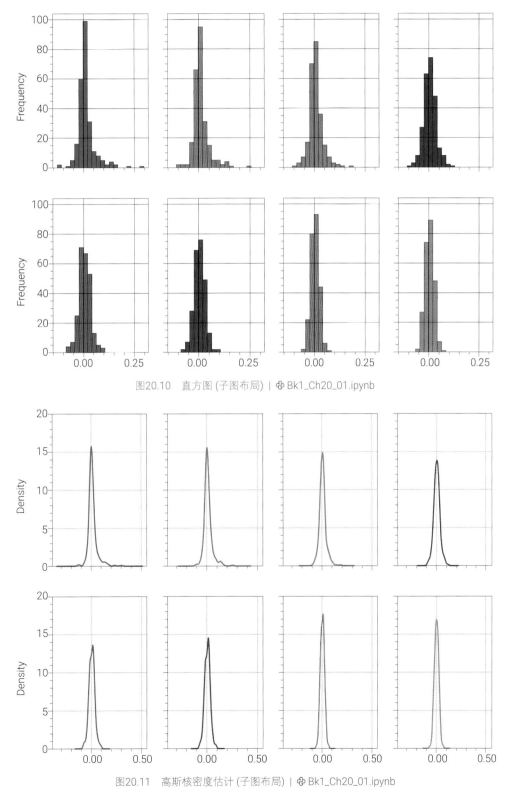

图20.10　直方图 (子图布局) | ⊕ Bk1_Ch20_01.ipynb

图20.11　高斯核密度估计 (子图布局) | ⊕ Bk1_Ch20_01.ipynb

```
# 直方图，子图布置
```
ⓐ
```
r_df.plot.hist (subplots = True,  layout = (2,4),
                sharex = True,  sharey = True,
                bins = 20,
                legend = False)

plt.savefig ("利率日收益率直方图，子图 .svg")

# KDE，子图布置
```
ⓑ
```
r_df.plot.kde (subplots = True,  layout = (2,4),
               sharex = True,  sharey = True,
               ylim = (0,20),
               legend = False)
```

```
plt.savefig ("利率日收益率 KDE，子图 .svg")
```

请大家完成以下题目。

Q1. 在JupyterLab中复刻本章代码和结果。

* 题目很基础，本书不给答案。

Pandas还提供了其他可视化方案，请大家参考以下网址中的内容。

https://pandas.pydata.org/docs/uer_guide/visualization.html

本章介绍的是一些Pandas库中常用的可视化函数，通过这些函数，我们可以在数据分析过程中快速生成各种类型的图表以更好地理解数据。如果需要更复杂的可视化，通常还需要使用Matplotlib、Seaborn、Plotly或其他专门的可视化库。

21

Indexing and Slicing Pandas DataFrame
Pandas索引和切片
利用DataFrame的行列标签、整数索引

生命就是一个实验。实验做得越多，越好。
All life is an experiment. The more experiments you make, the better.

—— 拉尔夫·沃尔多·爱默生 (Ralph Waldo Emerson) | 美国思想家、文学家 | 1803—1882年

◀ pandas.Dataframe.iloc[] 通过整数索引来选择 DataFrame 的行和列的索引器
◀ pandas.DataFrame.isin() 检查 DataFrame 中的元素是否在给定的值序列中
◀ pandas.Dataframe.loc[] 通过标签索引来选择 DataFrame 的行和列的索引器
◀ pandas.DataFrame.query() 筛选和过滤 DataFrame 数据的方法
◀ pandas.DataFrame.where() 在 DataFrame 中根据条件对元素进行筛选和替换的方法
◀ pandas.MultiIndex.from_arrays() 用于从多个数组创建多级索引的方法
◀ pandas.MultiIndex.from_frame() 用于从 DataFrame 创建多级索引的方法
◀ pandas.MultiIndex.from_product() 用于从多个可迭代对象的笛卡儿积创建多级索引的方法
◀ pandas.MultiIndex.from_tuples() 用于从元组列表创建多级索引的方法

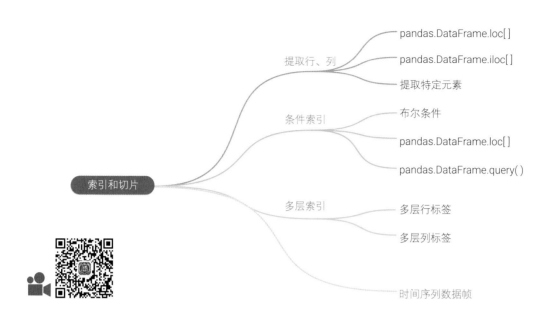

	pandas.DataFrame.loc[ ]
提取行、列	pandas.DataFrame.iloc[ ]
	提取特定元素
	布尔条件
条件索引	pandas.DataFrame.loc[ ]
	pandas.DataFrame.query( )
索引和切片	
	多层行标签
多层索引	多层列标签
	时间序列数据帧

21.1 数据帧的索引和切片

Pandas的数据帧和NumPy数组这两种数据结构在Python数据科学生态系统中都扮演着重要的角色，但它们在索引和切片上有一些异同之处。如图21.1所示。

NumPy数组一般是一个多维的、同质的数据结构，意味着NumPy数组通常包含相同数据类型的元素，并且维度是固定的。NumPy数组使用基于0的整数索引。

而Pandas数据帧一般是一个二维的、异质的数据结构，可以包含不同数据类型的列，并且可以拥有灵活的行和列标签。

NumPy数组使用整数索引来访问元素，类似于Python的列表索引。例如，对于二维数组array，可以使用array[row_index, column_index] 来获取元素。

上一章提过，行标签、列标签特指数据帧的标签；而对于数据帧，行索引、列索引则是指行列整数索引，这一点类似NumPy二维数组。默认情况下，数据帧行标签、列标签均为基于0的整数索引。

Pandas数据帧使用.loc[ ] 选定行列标签来进行索引、切片。类似NumPy数组，Pandas数据帧还可以使用.iloc[ ] 属性通过整数索引完成索引、切片。

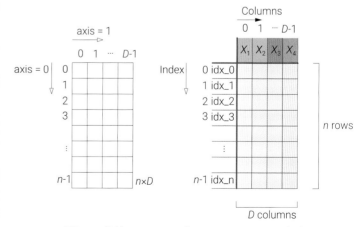

图21.1 比较NumPy Array和Pandas DataFrame索引

本章配套的Jupyter Notebook文件是Bk1_Ch21_01.ipynb。请大家一边阅读本章内容，一边在JupyterLab中实践。

21.2 提取特定列

图21.2所示为从数据帧取出特定一列的几种方法。

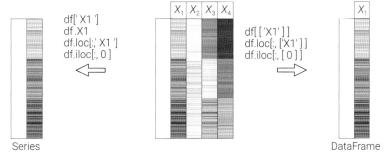

图21.2 提取一列

其中，pandas.DataFrame.loc[ ]，简写作loc[ ]，是Pandas中用于基于标签进行索引和切片的重要工具，允许通过指定行标签、列标签来选择数据帧中的特定行和列，或者获取特定行或列上的值。

而pandas.DataFrame.iloc[ ]，简写作iloc[ ]，是Pandas中用于基于整数位置进行索引和切片的工具，方括号内的索引规则和NumPy二维数组完全一致。pandas.DataFrame.iloc[ ] 允许通过指定行的整数位置和列的整数位置来选择数据帧中的特定行和列，或者获取特定行或列上的值。

特别需要大家注意的是左侧的方法返回的是Pandas Series (相当于一维数组)，而右边的方法返回的是Pandas DataFrame (相当于二维数组)。

图21.3所示为从数据帧中取出连续多列的几种方法。相比而言，采用pandas.DataFrame.iloc[ ] 取出连续多列最方便。

类似NumPy数组，还可以利用pandas.DataFrame.iloc[ ]等间隔提取特定列，比如df.iloc[:, ::2] 表示从第1列开始每2列取一列。

图21.4则展示了从数据帧取出不连续多列的方法。

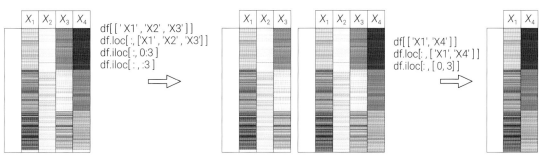

图21.3 提取连续多列　　　　　　　　　　图21.4 提取不连续多列

21.3 提取特定行

图21.5所示为提取特定 行的几种方法。

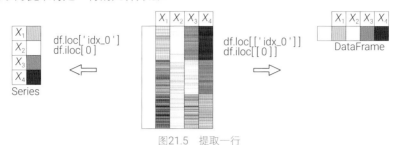

图21.5 提取一行

也需要大家注意的是，左侧提取结果为Pandas Series，右侧提取结果为Pandas DataFrame。

此外，'idx_0'为人为设定的行标签；数据帧采用的是默认从0开始的整数索引，则其标签、行整数索引都是0。

图21.6所示为从数据帧中取出连续多行的几种方法。

相比而言，采用pandas.DataFrame.iloc[]取出连续多行比较容易。

类似NumPy数组，还可以利用pandas.DataFrame.iloc[]等间隔提取特定行，比如df.iloc[::2]表示从第1行开始每2行取一行。

图21.7则展示从数据帧取出不连续多行的方法。

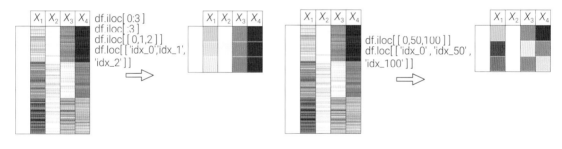

图21.6 提取连续多行   图21.7 提取不连续多行

21.4 提取特定元素

利用pandas.DataFrame.iloc[row_position, column_position]，我们可以取得数据帧的特定位置元素，这一点和NumPy二维数组相同；本章配套代码提供若干示例，请大家自行学习。

本节要特别介绍at 和 iat方法。它俩是 Pandas DataFrame 中的快速访问器，用于在 DataFrame中访问单个元素。如图21.8所示。

⚠ 使用 at 和 iat 访问器，只能访问单个元素，返回结果为具体元素。如果需要访问多个元素，应该使用 loc 或 iloc。

at 是基于标签的访问器，可以通过标签 (行标签、列标签) 快速获取数据帧单个元素，速度比 loc 快。

iat 是基于整数索引的访问器，可以通过整数索引 (行索引、列索引) 快速获取单个元素，速度比 iloc 快。

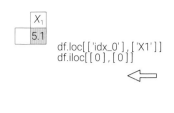
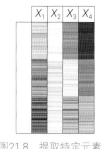

df.loc[['idx_0'], ['X1']]
df.iloc[[0], [0]]

df.at['idx_0', 'X1']
df.iat[0, 0]
df.loc['idx_0', 'X1']
df.iloc[0, 0]

图21.8 提取特定元素

21.5 条件索引

在Pandas中，条件索引是通过**布尔条件** (Boolean expression) 筛选数据帧中的行的一种技术。这意味着可以基于某些条件从数据帧中选择满足这些条件的特定行。

条件索引使用布尔运算，如>、<、==、!=、&、| 等，来生成布尔值的数据帧，然后根据这些布尔值来筛选数据帧。

布尔条件

如图21.9所示，左侧的df为鸢尾花数据集前4列构成的数据帧。

布尔运算 (df > 6) | (df < 1.5) 通过或运算符 "|" 结合了两个不等式，含义是将数据帧中满足大于6或小于1.5的元素设为True，否则设为False。

图21.9右侧的热图中深蓝色色块代表True，浅蓝色色块代表False。图21.9右侧这种方案还会用在可视化数据帧中缺失值。

代码21.1利用布尔数据帧筛选满足条件的行。

其中，ⓐ创建了一个布尔条件数据帧，用于筛选iris_df中 "sepal_length" 列大于等于7的行。

ⓑ使用上面创建的布尔条件condition对iris_df进行筛选，得到一个新的DataFrame iris_df_filtered，其中只包含 "sepal_length" 列大于等于7的行，具体如图21.10所示。

代码21.1 利用布尔条件筛选数据帧 | ⊕ Bk1_Ch21_01.ipynb

```
import pandas as pd
import seaborn as sns

iris_df = sns.load_dataset("iris")
# 从Seaborn 中导入鸢尾花数据帧
# 使用 drop(..., inplace=True) 删除一列
iris_df.drop(columns ='species', inplace = True)
```
ⓐ
```
condition = iris_df ['sepal_length'] >= 7
# 创建了一个布尔条件 condition 数据帧
```
ⓑ
```
iris_df_filtered = iris_df [condition]
# 只包含 "sepal_length" 列大于等于7的行
```

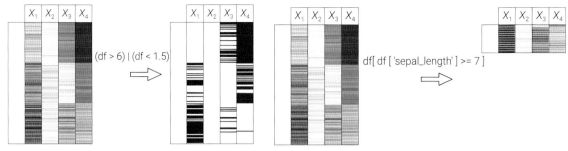

图21.9 满足条件的布尔数据帧   图21.10 满足条件的布尔数据帧

loc[ ]

实践中，一般更常用 loc[ ] 筛选满足条件的数据帧。

举个例子，图21.10筛选可以通过df.loc[df.loc[:, 'sepal_length'] >= 7, :]完成。

表21.1给出了更多实例，请大家自行学习。

表21.1 利用loc[] 筛选示例 | ⊕ Bk1_Ch21_01.ipynb

示例 (假设df为鸢尾花数据集)	说明

`df.loc[df.loc[:,'species'] ==`
`        'versicolor', :]`
`df.loc[df.species == 'versicolor', :]`
	条件：鸢尾花种类 'species' 为 (==) 'versicolor'

`df.loc[(df.sepal_length < 6.5) &`
`        (df.sepal_length > 6)]`
`df.loc[(df.loc[:, 'sepal_length'] < 6.5) &`
`        (df.loc[:, 'sepal_length'] > 6)]`
	条件：鸢尾花花萼长度 'sepal_length' 小于 (<) 6.5且 (&) 大于 (>) 6

`df.loc[(df.loc[:, 'sepal_length'] < 6.5) &`
`        (df.loc[:, 'sepal_length'] > 6),`
`        ['petal_length', 'petal_width']]`
	条件：鸢尾花花萼长度 'sepal_length' 小于 (<) 6.5且 (&) 大于 (>) 6
	返回：df中'petal_length'和'petal_width'两列，同时满足两个条件

`df.loc[df['species'] != 'virginica']`	条件：鸢尾花种类 'species' 不是 (!=) 'virginica'

`df.loc[df['species'].isin(['virginica',`
`'setosa'])]`
`df.loc[df.species.isin(['virginica',`
`'setosa'])]`
	条件：鸢尾花种类 'species' 在 (isin) 列表 ['virginica','setosa'] 之中

`df.loc[~df.species.isin(['virginica',`
`'setosa']),`
`        ['petal_length', 'petal_width']]`
	条件：鸢尾花种类 'species' 不在 (~ ... isin) 列表 ['virginica','setosa'] 之中
	返回：df中'petal_length'和'petal_width'两列，满足条件所有行

query()

pandas.DataFrame.query()，简写作query()，是Pandas中的一个方法，用于对数据帧进行查询操作。它允许通过指定一定的查询条件来筛选数据，并返回满足条件的行。

query(expression)中的expression是一个字符串，表示查询表达式，描述了筛选条件。

通常，expression由列名和运算符组成，可以使用布尔运算符，如==、!=、>、<、>=、<=等，来指定条件。

还可以使用and、or和not等逻辑运算符来组合多个条件。

默认inplace = False，即不在原地修改数据帧。如果inplace=True，则会直接在原始数据帧上进行修改，不返回一个新的数据帧。

表21.2给出若干示例，query() 内的条件很容易理解，请大家自行学习。

表21.2　利用query() 筛选示例 | ⊕ Bk1_Ch21_01.ipynb

示例 (假设df为鸢尾花数据集)
df.query('sepal_length > 2*sepal_width')
df.query("species == 'versicolor'")
df.query("not (sepal_length > 7 and petal_width > 0.5)")
df.query("species != 'versicolor'")
df.query("abs(sepal_length-6) > 1")
df.query("species in ('versicolor','virginica')")
df.query("sepal_length >= 6.5 or sepal_length <= 4.5")
df.query("sepal_length <= 6.5 and sepal_length >= 4.5")

21.6 多层索引

在Pandas中，**多级索引** (multi-index) 是一种特殊的索引类型，允许在数据帧的行或列上具有多个层次的索引。这使得我们可以在更复杂的高维数据集上进行分层操作和查询。

多层行标签

代码21.2所示为用列表创建两层行标签数据帧。

ⓐ利用pandas.MultiIndex.from_arrays() 构造两层行标签，结果为：

```
MultiIndex([('A', 1),
            ('A', 2),
            ('B', 3),
            ('B', 4),
            ('C', 5),
            ('C', 6),
            ('D', 7),
            ('D', 8)],
           names=['I', 'II'])
```

ⓑ构造两层行标签数据帧，如图21.11左图所示。

图21.12所示为用loc[] 对两层行标签索引、切片。

类似地，我们还可以利用pandas.MultiIndex.from_tuples() 从元组列表创建多级索引。

此外，pandas.MultiIndex.from_frame() 是用于从DataFrame创建多级索引的方法。请大家参考本章配套的Jupyter Notebook自行学习。

```python
import pandas as pd
import numpy as np
# 创建列表、数据
index_arrays = [['A','A','B','B','C','C','D','D'],
                range(1,9)]
data = np.random.randint(0,9,size = (8,4))

# 创建多层行索引
```
a
```python
row_idx = pd.MultiIndex.from_arrays(index_arrays,
                                    names =['I','II'])
```

```python
# 创建 DataFrame
df = pd.DataFrame(data,
                  index = row_idx,
                  columns = ['X1','X2','X3','X4'])
```
b

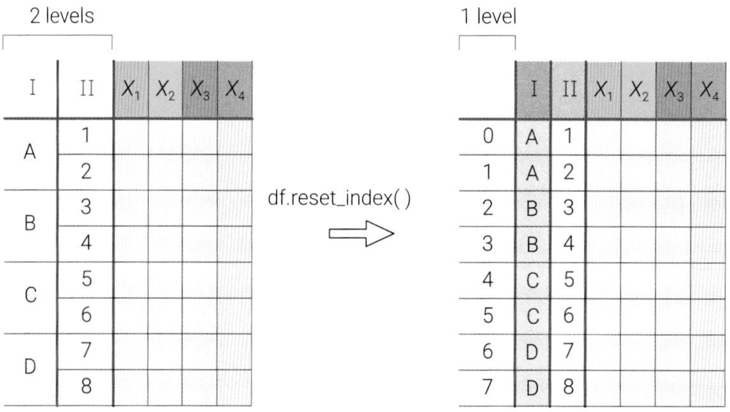

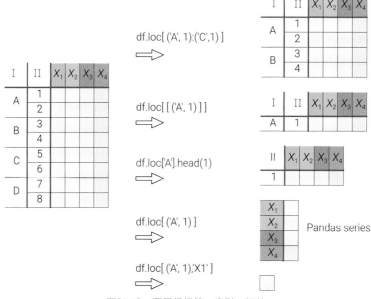

图21.11 两层行标签

图21.12 两层行标签，索引、切片

代码21.3利用pandas.MultiIndex.from_product()从多个可迭代对象的笛卡儿积创建多层行索引。代码21.3产生如图21.13所示两个两层行标签数据帧，请大家自行分析。

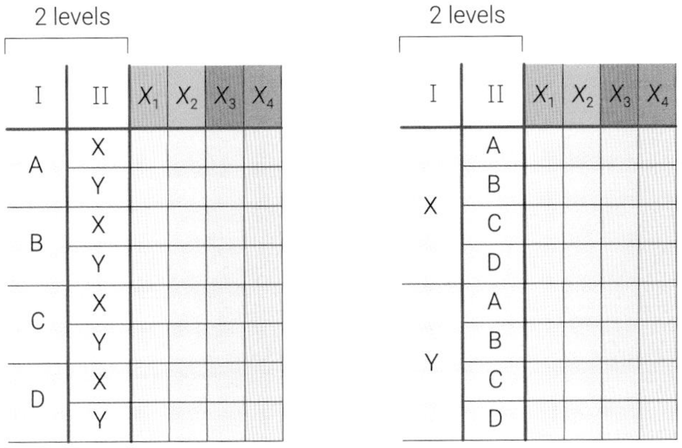

图21.13 两层行标签，笛卡儿积

值得一提的是，df_2.index.set_names('Level_0_idx', level=0, inplace=True) 将第0级索引的名称设置为 'Level_0_idx'。

然后，再用df_2.index.set_names('Level_1_idx', level=1, inplace=True) 将第1级索引的名称设置为 'Level_1_idx'。

代码21.3　用多个可迭代对象的笛卡儿积构造多层行标签 | ⊕ Bk1_Ch21_03.ipynb

```python
import pandas as pd
import numpy as np
# 示例数据
data = np.random.randint (0,9,size =(8,4))
# 两组列表
categories = ['A','B','C','D']
types = ['X', 'Y']
# 创建多层行索引，先categorics，再types
idx_1 = pd.MultiIndex.from_product([categories, types ],
                                    names =['I', 'II'])
df_1 = pd.DataFrame (data, index =idx_1,
                     columns =['X1','X2','X3','X4'])

# 创建多层行索引，先types，再categories
idx_2 = pd.MultiIndex.from_product ([types, categories],
                                     names =['I', 'II'])
df_2 = pd.DataFrame (data, index =idx_2,
                     columns =['X1','X2','X3','X4'])

# 将第0级索引的名称设置为 'Level_0_idx'
df_2.index.set_names ('Level_0_idx', level = 0, inplace = True)
# 将第1级索引的名称设置为 'Level_1_idx'
df_2.index.set_names ('Level_1_idx', level = 1, inplace = True)

# 获取 DataFrame 中多级索引的第0级别（level = 0）的所有标签值
df_2.index.get_level_values (0)
# 获取 DataFrame 中多级索引的第1级别（level = 1）的所有标签值
df_2.index.get_level_values (1)
```

如代码21.4所示，我们可以利用pandas.xs() 访问多级索引DataFrame中切片数据。

代码21.4 用pandas.xs() 访问多级索引 *DataFrame* 中的数据
(使用时配合前文代码) | ⊕ Bk1_Ch21_03.ipynb

ⓐ `df_2.xs('X', level='Level_0_idx')`
`# df_2.xs('X')`
`# 获取Level_0_idx 等于 'X' 的所有行`

ⓑ `df_2.xs('A', level='Level_1_idx')`
`# 获取Level_1_idx 等于 'A' 的所有行`

ⓒ `df_2.xs(('X', 'A'), level=['Level_0_idx','Level_1_idx'])`
`# df_2.xs(('X', 'A'))`
`# 获取Level_0_idx 等于'X'且Level_1_idx 等于 'A'的所有行`

图21.14所示为将DataFrame的索引转换为字符串类型，并且每个索引元素中的多个级别值用下画线连接成一个字符串。

多层列标签

代码21.5所示为用列表创建两层列标签数据帧，如图21.15左图所示。

代码21.5 用列表构造多层列标签 | ⊕ Bk1_Ch21_04.ipynb

```python
import pandas as pd
import numpy as np
# 示例数据
data = np.random.randint(0,9,size=(8,4))

# 创建两层列标签列表
col_arrays = [['A', 'A', 'B', 'B'],
              ['X1','X2','X3','X4']]

# 创建两层列索引
multi_col = pd.MultiIndex.from_arrays(col_arrays,
                                       names=['I','II'])

# 创建DataFrame
df = pd.DataFrame(data, columns=multi_col)
```

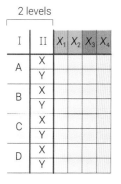

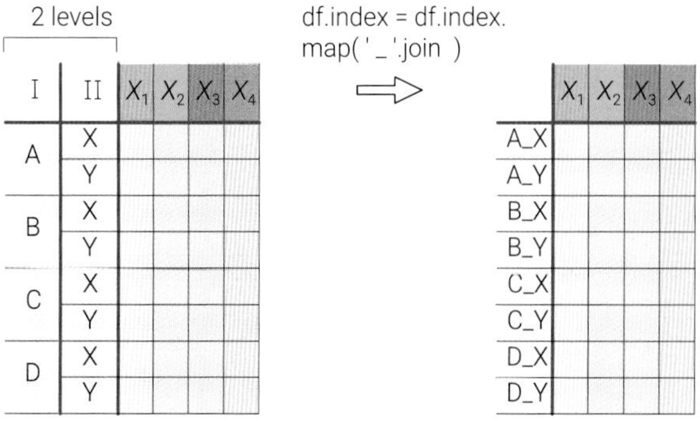

图21.14 两层行标签降为一层

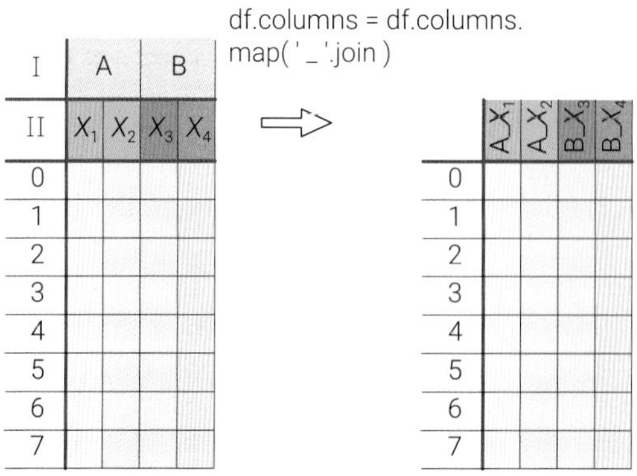

图21.15 两层列标签降为一层

本章配套的Jupyter Notebook还介绍了利用笛卡儿积、元组、数据帧创建多层列标签数据帧，请大家自行学习。图21.16所示为利用loc[ ] 对多层列标签进行索引、切片，请大家在JupyterLab中练习。

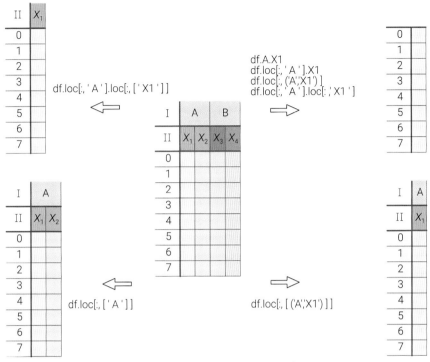

图21.16　两层列标签，索引、切片

21.7 时间序列数据帧索引和切片

本章最后简单聊聊如何对时间序列数据帧进行索引和切片。

图21.17所示为利用**蒙特卡罗模拟** (Monte Carlo simulation) 生成的随机行走，横轴为日期，纵轴为随机点位置。图中一共有50条轨迹，721个日期点 (包括起始点0)。图21.17对应的数据类型为Pandas DataFrame。

简单来说，蒙特卡罗模拟是通过随机抽样的方法进行数值计算的一种技术。它基于随机抽样的思想，通过生成大量的随机样本来估算数学问题的解。蒙特卡罗模拟广泛应用于金融、物理、工程等领域，用于解决复杂的概率、统计和优化问题。

如图21.18所示，我们利用数据帧切片方法从50条轨迹取出前两条 (索引为0和1)。以图21.18中任意一条轨迹为例，它的每天变化量都是来自于服从标准正态分布的随机数。

如代码21.6所示，我们可以进一步在时间索引上切片，取出部分数据。

《统计至简》介绍如何用蒙特卡罗模拟估算面积、积分、圆周率，以及产生满足特性相关性的随机数。《数据有道》会深入一步，介绍有关随机过程的基础知识。

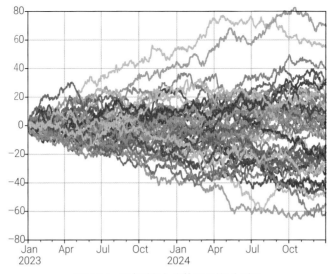

图21.17　50条随机行走轨迹 (时间为2年)

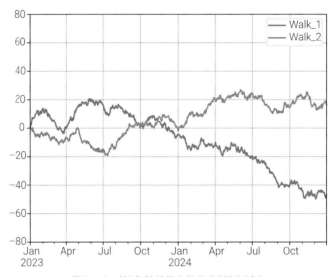

图21.18　前2条随机行走轨迹 (时间为2年)

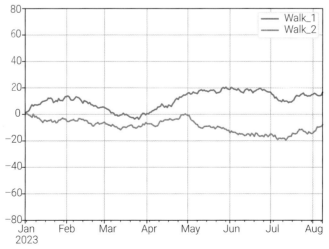

图21.19　前2条随机行走轨迹 (时间为前220天)

我们可以通过代码21.6生成图21.17、图21.18、图21.19，下面聊聊其中关键语句。

ⓐ利用pandas.date_range()创建了一个从2023年1月1日开始，为期2年的每一天的日期范围，结果存储在 date_range 变量中。

参数start='2023-01-01' 指定了日期范围的起始日期。建议使用YYYY-MM-DD这种日期格式。

参数periods=365*2 指定了日期范围的长度，即2年的长度。

参数freq='D' 指定了日期范围的频率，'D'表示每天。

ⓑ创建一个空数据帧，指定行索引为日期。

ⓒ设定NumPy随机数发生器的种子。

ⓓ利用numpy.random.normal()生成满足标准正态分布随机数，用来代表每天行走的步长。

ⓔ添加0作为初始状态。当然大家可以在空数据帧中直接加一行0。

ⓕ利用cumsum()计算累加，代表随机行走位置随时间变化。

ⓖ将for循环中每次迭代得到的随机路径保存在DataFrame中，并设置特定列标签。

请大家想办法去掉这个for循环。

ⓗ利用plot()方法绘制线图可视化随机行走。参数legend = False代表不展示图例。

ⓘ利用iloc[]方法取出前两条随机行走路径，这一句被故意注释掉了。

ⓙ利用df[['Walk_1','Walk_2']]取出2条随机行走轨迹，并可视化。

ⓚ利用loc[]方法取出特定时间切片，时间序列索引为'2023-01-01':'2023-08-08'。

ⓛ利用iloc[]方法完成和上一句相同操作，这一句也被故意注释掉了。

代码21.6　蒙特卡罗模拟时间序列切片 | ⊕ Bk1_Ch21_05.ipynb

```python
# 导入包
import pandas as pd
import numpy as np
import matplotlib.pyplot as plt

# 创建日期范围，假设为2年（365*2天）
```
ⓐ
```python
date_range = pd.date_range(start ='2023-01-01',
                           periods = 365*2, freq='D')
# 创建一个空的DataFrame，用于存储随机行走数据
```
ⓑ
```python
df = pd.DataFrame (index = date_range )
# 模拟50个随机行走
num_path = 50
# 设置随机种子以保证结果可重复
```
ⓒ
```python
np.random.seed (0)
for i in range(num_path):

    # 生成随机步长，每天行走步长服从标准正态分布
```
ⓓ
```python
    step_idx = np.random.normal (loc = 0.0, scale = 1.0,
                                 size = len(date_range) -1)

    # 增加初始状态
```
ⓔ
```python
    step_idx = np.append (0, step_idx)

    # 计算累积步数
```
ⓕ
```python
    walk_idx = step_idx.cumsum ()
```

```
      # 将行走路径存储在DataFrame中，列名为随机行走编号
g     df[f'Walk_{ i + 1}'] = walk_idx
      # 请大家想办法去掉for循环

      # 绘制所有随机行走轨迹
h     df.plot (legend = False)
      plt.grid (True)
      plt.ylim (-80,80)

      # 绘制前2条随机行走
i     # df.iloc[:, [1, 0]].plot(legend = True)
j     df[['Walk_1', 'Walk_2']].plot (legend = True)
      plt.grid (True)
      plt.ylim (-80,80)

      # 绘制前2条随机行走，特定时间段
k     df.loc ['2023-01-01':'2023-08-08',
            ['Walk_1', 'Walk_2']].plot (legend = True)
l     # df.iloc[0:220, 0:2].plot(legend = True)
      plt.grid (True)
      plt.ylim (-80,80)
```

请大家完成以下题目。

Q1. 在JupyterLab中复现本章所有代码和结果。

Q2. 修改Bk1_Ch21_05.ipynb，用numpy.random.choice([-1, 1])生成每天行走随机步长，重新绘制图像。

*题目很基础，本书不给答案。

Pandas中有关时间序列数据帧的操作有很多。限于篇幅，我们无法展开介绍。大家如果感兴趣的话，请参考以下网址中的内容。

```
https://pandas.pydata.org/docs/user_guide/timeseries.html
```

本章介绍了常见的Pandas数据帧索引和切片方法，其中稍有难度的是条件索引、多层索引，请大家格外注意。

22 Manipulating Pandas DataFrames
Pandas规整
concat()、join()、merge()、pivot()、stack()、groupby()……

希望，是一个醒来的梦想。
Hope is a waking dream.

—— 亚里士多德 (Aristotle) | 古希腊哲学家 | 前384—前322年

◀ pandas.concat() 将多个数据帧在特定轴 (行、列) 方向进行拼接
◀ pandas.DataFrame.apply() 将一个自定义函数或者lambda函数应用到数据帧的行或列上，实现数据的转换和处理
◀ pandas.DataFrame.drop() 删除数据帧特定列
◀ pandas.DataFrame.groupby() 在分组后的数据上执行聚合、转换和其他操作，从而对数据进行更深入的分析和处理
◀ pandas.DataFrame.join() 将两个数据集按照索引或指定列进行合并
◀ pandas.DataFrame.merge() 按照指定的列标签或索引进行数据库风格的合并
◀ pandas.DataFrame.pivot() 用于将数据透视成新的行和列形式的函数
◀ pandas.DataFrame.stack() 将DataFrame中的列转换为多级索引的行形式的函数
◀ pandas.DataFrame.unstack() 将DataFrame中的多级索引行转换为列形式的函数
◀ pandas.melt() 将宽格式数据转换为长格式数据的函数，将多个列"融化"成一列
◀ pandas.pivot_table() 根据指定的索引和列对数据进行透视，并使用聚合函数合并重复值的函数
◀ pandas.wide_to_long() 将宽格式数据转换为长格式数据的函数，类似于melt()，但可以处理多个标识符列和前缀

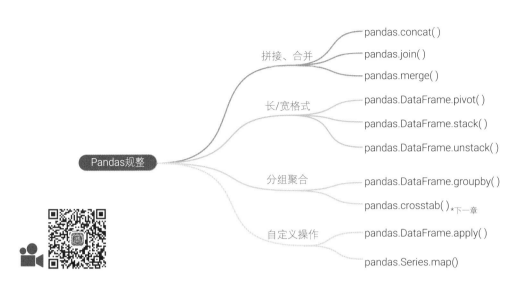

拼接、合并
- pandas.concat( )
- pandas.join( )
- pandas.merge( )

长/宽格式
- pandas.DataFrame.pivot( )
- pandas.DataFrame.stack( )
- pandas.DataFrame.unstack( )

Pandas规整

分组聚合
- pandas.DataFrame.groupby( )
- pandas.crosstab( )★下一章

自定义操作
- pandas.DataFrame.apply( )
- pandas.Series.map()

22.1 Pandas数据帧规整

Pandas是一种用于数据处理和分析的Python库，它提供了多种数据规整方法来整理和准备数据，使之能够更方便地进行分析和可视化。本章首先介绍以下三种数据帧的拼接合并方法。

◀方法 concat() 将多个数据帧在特定轴方向进行拼接。
◀方法 join() 将两个数据集按照索引或指定列进行合并。
◀方法 merge() 按照指定的列标签或索引进行数据库风格的合并。

此外，在Pandas中，数据帧的重塑和透视操作是指通过重新组织数据的方式，使数据呈现出不同的结构，以满足特定的分析需求。具体来说，数据帧**重塑** (reshaping) 是指改变数据的行和列的排列方式。数据帧**透视** (pivoting) 是指通过旋转数据的行和列，以重新排列数据，并根据指定的聚合函数来生成新的数据帧。这样做可以更好地展示数据的结构和统计特征。

长格式、宽格式是本章重要概念。如图22.1所示，**长格式** (long format) 和**宽格式** (wide format) 是两种不同的数据存储形式。

如图22.1(a) 所示，长格式类似流水账，每一行代表一个观察值，比如某个学生某科目期中考试成绩。

如图22.1(b) 所示，宽格式更像是"矩阵"，每一行代表一个特定观察条件，比如某个特定学生的学号。此外，宽格式数据的列用于表示不同的特征或维度，比如特定一组科目。

显然，长格式和宽格式之间可以很容易相互转化。Pandas提供很多方法用来完成数据帧的重塑和透视。

(a) long format

Student ID	Subject	Midterm
1	Math	3
1	Art	4
2	Science	5
2	Art	3
3	Math	4
3	Science	4
4	Art	4
4	Math	5

(b) wide format

Subject	Art	Math	Science
Student ID			
1	5	4	NaN
2	5	NaN	3
3	NaN	4	5
4	3	5	NaN

图22.1 比较长格式和宽格式

本章将介绍的重塑和透视操作如下。

◀ 方法pivot() 用于根据一个或多个列创建一个新的数据透视表。pivot_table() 与 pivot() 类似，它也可以执行透视操作，但是它允许对重复的索引值进行聚合，产生一个透视表。它对于处理有重复数据的情况更加适用。

◀ 方法stack() 用于将数据帧从宽格式转换为长格式。方法melt() 也可以用于将数据从宽格式转换为长格式，类似于stack()。

◀ 方法unstack() 是stack() 的逆操作，用于将数据从长格式转换为宽格式，也就是将数据从索引转换为列。

本章将展开介绍上述数据帧方法。

22.2 拼接：**pandas.concat()**

pandas.concat() 是 pandas 库中的一个函数，用于将多个数据结构按照行或列的方向进行合并。它可以将数据连接在一起，形成一个新的 DataFrame。

这个函数的主要参数为pandas.concat(objs, axis=0, join='outer', ignore_index=False)。

参数objs: 这是一个需要连接的对象的列表，比如 [df1, df2, df3]。

参数axis指定连接的轴向，可以是 0 或 1，默认为0；0 表示按行连接 (见图22.2)，1 表示按列连接 (见图22.3)。

参数join指定拼接的方式，可以是 'inner' 或 'outer'，默认是 'outer'。

'inner' 表示内连接，只保留两个数据集中共有的列/行。

'outer' 表示外连接，保留所有列/行，缺失值用 NaN 填充。

代码22.1比较 'outer' 和 'inner' 两种拼接方式。

ⓐ的结果如图22.4所示，图中 "×" 代表NaN 缺失值。

ⓑ的结果如图22.5所示。

参数ignore_index为布尔值，默认为False；如果设置为True，将会重新生成索引，忽略原来的索引。

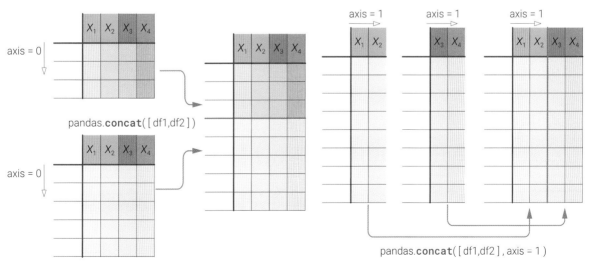

图22.2　利用pandas.concat() 完成轴方向拼接(axis = 0 (默认))　　图22.3　利用pandas.concat() 完成轴方向拼接(axis = 1)

```python
import pandas as pd
# 创建两个数据帧
df1 = pd.DataFrame ({'X1' : [1, 2, 3],
                     'X2' : ['X', 'Y', 'Z']},
                    index =[0, 1, 2])

df2 = pd.DataFrame ({'X3' : ['A', 'B', 'C'],
                     'X4' : [4, 5, 6]},
                    index =[1, 2, 3])
# 'outer' 方法拼接
df_outer = pd.concat([df1, df2], join ='outer', axis =1)
# 'inner' 方法拼接
df_inner = pd.concat([df1, df2], join ='inner', axis =1)
```

ⓐ `df_outer = pd.concat([df1, df2], join ='outer', axis =1)`

ⓑ `df_inner = pd.concat([df1, df2], join ='inner', axis =1)`

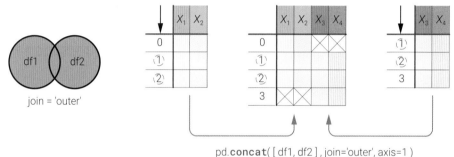

pd.**concat**([df1, df2], join='outer', axis=1)

图22.4　利用pandas.concat() 完成合并，join = 'outer'

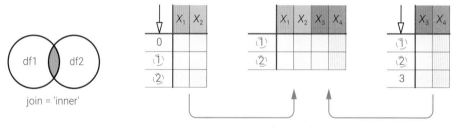

pd.**concat** ([df1, df2], join='inner', axis=1)

图22.5　利用pandas.concat() 完成合并，join = 'inner'

22.3 合并: pandas.join()

在 Pandas 中，join 是 DataFrame 对象的一个方法，用于按照索引 (默认) 或指定列合并两个 DataFrame。

这个函数的主要参数为DataFrame.join(other, on=None, how='left', lsuffix=' ', rsuffix=' ')。

参数other是要连接的另一个 DataFrame。

参数on是指定连接的列名或列标签级别 (多级列标签的情况) 的名称。如果不指定，将会以两个

DataFrame 的索引为连接依据。

参数how指定连接方式，可以是'left' (左连接)、'right' (右连接)、'outer' (外连接)、'inner' (内连接) 或 'cross' (交叉连接)，默认是 'left'。代码22.2比较 'left'、'right'、'outer'、'inner' 这四种方法。

如图22.6所示，'left' 使用左侧 DataFrame 的索引或指定列进行合并，对应代码22.2中 **ⓐ**。

如图22.7所示，'right' 使用右侧 DataFrame 的索引或指定列进行合并，对应代码22.2中 **ⓑ**。

如图22.8所示，'outer' 使用两个 DataFrame 的并集索引或指定列进行合并，缺失值用 NaN 填充，对应代码22.2中 **ⓒ**。

如图22.9所示，'inner' 使用两个 DataFrame 的交集索引或指定列进行合并，对应代码22.2中 **ⓓ**。

代码22.2 用join()合并，比较 'left'、'right'、'outer'、'inner' | ⊕ Bk1_Ch22_02.ipynb

```
import pandas as pd
# 创建两个数据帧
df1 = pd.DataFrame ({'X1': [1, 2, 3],
                     'X2': ['X', 'Y', 'Z']},
                    index =[0, 1, 2])

df2 = pd.DataFrame ({'X3': ['A', 'B', 'C'],
                     'X4': [4, 5, 6]},
                    index =[1, 2, 3])
    # 'left'方法合并
ⓐ  df_left = df1.join (df2, how ='left')
    # 'right'方法合并
ⓑ  df_right = df1.join (df2, how ='right')
    # 'outer'方法合并
ⓒ  df_outer = df1.join (df2, how ='outer')
    # 'inner'方法合并
ⓓ  df_inner = df1.join (df2, how ='inner')
```

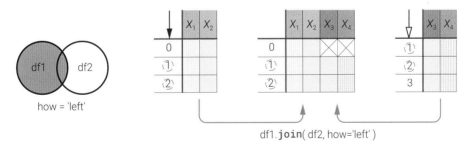

df1.**join**(df2, how='left')

图22.6 利用pandas.join() 完成合并，join = 'left'

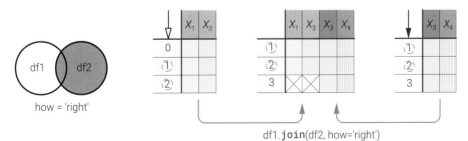

df1.**join**(df2, how='right')

图22.7 利用pandas. join() 完成合并 (join = 'right')

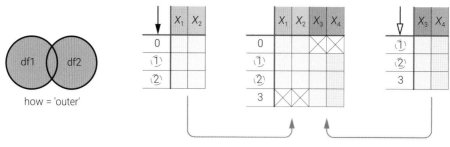

df1.**join**(df2, how='outer')

图22.8 利用pandas. join() 完成合并 (join = 'outer')

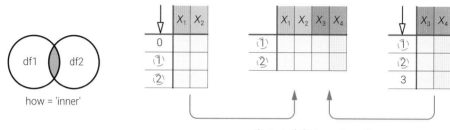

df1.**join**(df2, how='inner')

图22.9 利用pandas. join() 完成合并 (join = 'inner')

本书第7章专门介绍过笛卡儿积，请大家回顾。

如代码22.3所示，'cross'连接是一种笛卡儿积的连接方式，它会将两个 DataFrame 的所有行进行组合，从而得到两个 DataFrame 之间的所有可能组合。图22.10给出了这种合并方法的图解。

'cross' 这种连接方式在 SQL 中称为 "CROSS JOIN"。'cross' 连接方式适用于较小的 DataFrame，因为连接后的结果行数会呈指数增长。

如果 DataFrame 较大，这种连接方式可能会导致非常庞大的结果，从而占用大量的内存和计算资源。因此，在使用 'cross' 连接时，应该谨慎操作，确保不会导致资源耗尽。

当连接的两个 DataFrame 中存在同名的列时，可以通过lsuffix 和 rsuffix这两个参数为左边和右边的列名添加**后缀** (suffix)，避免列名冲突。

代码22.3　用join() 合并(how = 'cross') | ⊕ Bk1_Ch22_03.ipynb

```
import pandas as pd
# 创建两个数据帧
df1 = pd.DataFrame({'A': ['X', 'Y', 'Z']})
df2 = pd.DataFrame({'B': [1, 2]})
# 使用'cross'连接
df_cross = df1.join (df2, how = 'cross')
```

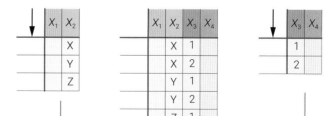
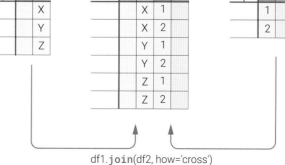

df1.**join**(df2, how='cross')

图22.10　利用pandas. join() 完成合并(join = 'cross')

22.4 合并: **pandas.merge()**

实践中，相较本章前文介绍的两种方法，merge() 更灵活，这种方法可以处理的合并情况更多。merge() 可以通过指定列标签合并 (参数left_on 和 right_on，或on)，可以通过指定索引 (left_index 和 right_index) 合并。

merge() 还支持'left'、'right'、'outer'、'inner' 或 'cross'五种合并方法。

基于单个列合并

图22.11所示为merge() 通过参数on指定同名列标签，完成df_left和df_right两个数据帧合并，合并方法为 how = 'left'。

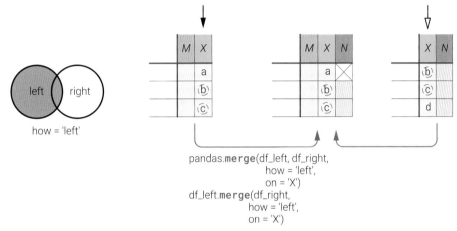

图22.11　利用pandas.merge() 完成合并 (how = 'left') | ⊕ Bk1_Ch22_04.ipynb

如图22.12所示，当两个数据帧有同名列标签时，合并后同名标签会加后缀以便区分，默认标签为 ("_x"，"_y")。

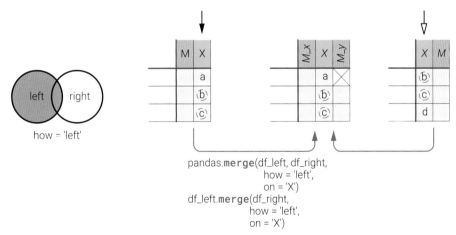

图22.12　利用pandas.merge() 完成合并 (how = 'left')，有列标签重名的情况 | ⊕ Bk1_Ch22_04.ipynb

基于左右列合并

图22.13 ~ 图22.16所示为merge() 通过指定左右数据帧的列标签 (left_on 和 right_on) 完成合并。此外，merge() 还可以指定多个列标签进行合并操作。

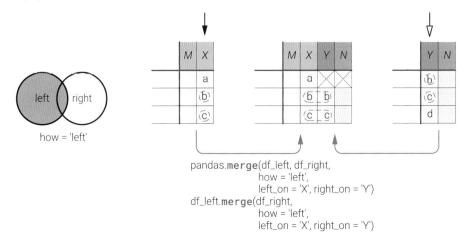

图22.13　利用pandas.merge() 完成合并 (how = 'left') | ⊕ Bk1_Ch22_04.ipynb

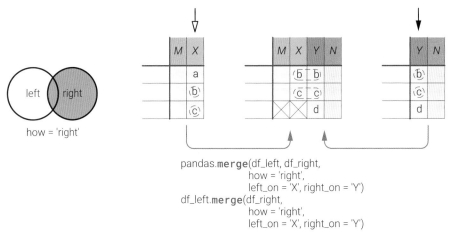

图22.14　利用pandas.merge() 完成合并 (how = 'right') | ⊕ Bk1_Ch22_04.ipynb

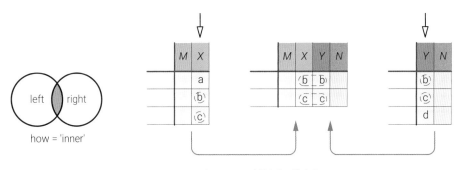

图22.15　利用pandas.merge() 完成合并 (how = 'inner') | ⊕ Bk1_Ch22_04.ipynb

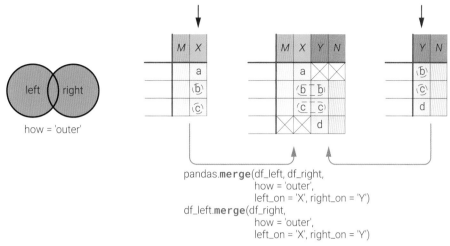

图22.16　利用pandas.merge() 完成合并 (how ='outer') | ⊕ Bk1_Ch22_04.ipynb

独有

图22.17总结了几种常用的合并运算，merge() 可以直接完成前5种，但暂不直接支持剩下3种。这3种合并集合运算为：

左侧独有 (left exclusive)：只保留左侧 DataFrame 中存在，而右侧 DataFrame 中不存在的行。

右侧独有 (right exclusive)：只保留右侧 DataFrame 中存在，而左侧 DataFrame 中不存在的行。

全外独有 (full outer exclusive)：保留左侧 DataFrame 中不存在于右侧 DataFrame的行，以及右侧 DataFrame 中不存在于左侧 DataFrame 的行。

但是，我们还是可以利用merge() 想办法完成这三种合并运算，具体如代码22.4所示。

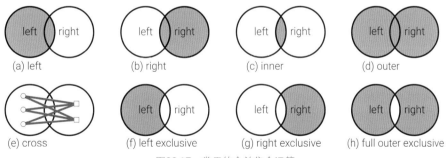

图22.17　常用的合并集合运算

代码22.4的❶首先利用merge() 完成左连接合并。在 pandas 的 merge() 方法中，indicator 参数用于指定是否添加一个特殊的列，该列记录了每行的合并方式。

这个特殊的列名可以通过 indicator 参数进行自定义，默认为 "_merge"。"_merge" 列可以取三个值：

"left_only"：表示该行只在左边的 DataFrame 中存在，即左连接中独有的行。

"right_only"：表示该行只在右边的 DataFrame 中存在，即右连接中独有的行。

"both"：表示该行在两个 DataFrame 中都存在，即连接方式中共有的行。

在❷中，通过设定筛选条件，left_exl['_merge'] == 'left_only'，我们可以保留合并后的 "左侧独有" 行。结果如图22.18所示。

同理，**ⓒ**完成右连接合并，**ⓓ**通过设定筛选条件保留数据帧中"右侧独有"行，结果如图22.19所示。

类似地，**ⓔ**完成外连接合并，**ⓕ**通过设定筛选条件保留"全外独有"行，结果如图22.20所示。

```python
import pandas as pd
# 创建两个数据帧
left_data = {
    'M': [ 1, 2, 3],
    'X': ['a', 'b', 'c']}
left_df = pd.DataFrame (left_data)

right_data = {
    'X': ['b', 'c', 'd'],
    'N': [ 22, 33, 44]}
right_df = pd.DataFrame (right_data)

# LEFT EXCLUSIVE
```
ⓐ
```python
left_exl = left_df.merge (right_df,
                          on = 'X',
                          how = 'left',
                          indicator = True)
```
ⓑ
```python
left_exl = left_exl [
    left_exl ['_merge'] == 'left_only'].drop (
    columns =['_merge'])

# RIGHT EXCLUSIVE
```
ⓒ
```python
right_exl = left_df.merge (right_df,
                           on = 'X',
                           how = 'right',
                           indicator = True)
```
ⓓ
```python
right_exl = right_exl [
    right_exl ['_merge'] == 'right_only'].drop (
    columns = ['_merge'])

# FULL OUTER EXCLUSIVE
```
ⓔ
```python
outer_exl = left_df.merge (right_df,
                           on = 'X',
                           how = 'outer',
                           indicator = True)
```
ⓕ
```python
outer_exl = outer_exl [
    outer_exl ['_merge'] != 'both'].drop (
    columns = ['_merge'])
```

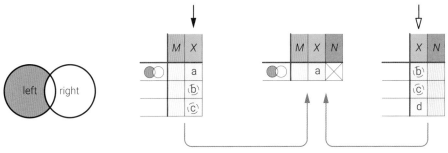

图22.18　利用pandas.merge()完成合并 (左侧独有)

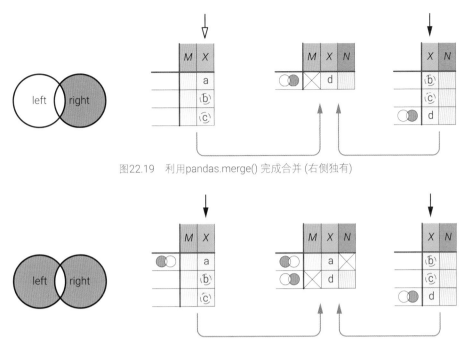

图22.19 利用pandas.merge() 完成合并 (右侧独有)

图22.20 利用pandas.merge() 完成合并 (全外独有)

22.5 长格式转换为宽格式：pivot()

pandas.DataFrame.pivot()，简写作pivot()，可以理解为一种长格式转换为宽格式的特殊情况。

pivot()需要指定三个参数：index、columns和values，它们分别代表新DataFrame的行索引、列索引和填充数据的值。

举个例子，图22.21左图表格为一个班级四名学牛 (学号分别为1、2、3、4) 的各科 (Math、Art、Science) 期中、期末成绩，这个表格就是所谓的长格式，相当于"流水账"。

图22.21右图则是期中考试成绩"矩阵"，行标签 (index) 为学生学号 'student ID'，列标签 (columns) 为三门科目 'Subject'，数据 (values) 为期中考试成绩 'Midterm'。

由于每名学生仅仅选修两门科目，因此大家在图22.21右图中会看到NaN。

进一步，图22.21右图数据帧横向求和，得到学生总成绩；而纵向求平均值，便是各科平均成绩。这是下一章要介绍的操作。

代码22.5是对应上述操作的代码。请大家自行提取同学各科期末考试成绩，科目为行标签，学号为列标签。

⚠ 注意：使用pivot() 时，必须指定index和columns，这两列的值将用于创建新的行和列。

❓ 请大家思考，如果参数values = ['Midterm','Final']，结果会怎样？

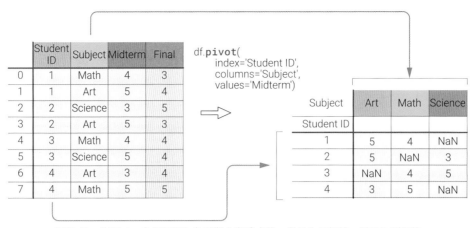

图22.21　利用pivot() 提取学生各科期中考试成绩，学号为行标签，科目为列标签

```python
import pandas as pd

data = {
    'Student ID':['1','1','2','2','3','3','4','4'],
    'Subject':['Math','Art','Science','Art',
               'Math','Science','Art','Math'],
    'Midterm':[4, 5, 3, 5, 4, 5, 3, 5],
    'Final':[3, 4, 5, 3, 4, 4, 4, 5]}

df = pd.DataFrame(data)
df.pivot(index='Student ID',
         columns='Subject',
         values='Midterm')
```

ⓐ

　　我们可以用pivot_table() 完成和图22.21一样的操作，df.pivot_table(index='Student ID', columns = 'Subject', values='Midterm')。

　　和pivot() 不同的是，pivot_table() 可以不用指定column，具体语句如图22.22所示。利用pivot_table()，我们可以把数据帧学号、科目转化为双层行索引。请大家自行分析代码22.6。

df.pivot_table(index=['Subject','Student ID'],
values=['Midterm','Final'])

	Student ID	Subject	Midterm	Final
0	1	Math	3	4
1	1	Art	4	5
2	2	Science	5	3
3	2	Art	3	5
4	3	Math	4	4
5	3	Science	4	5
6	4	Art	3	3
7	4	Math	5	5

⇒

Subject	Student ID	Final	Midterm
Art	1	4	5
	2	3	5
	4	4	3
Math	1	3	4
	3	4	4
	4	5	5
Science	2	5	3
	3	4	5

图22.22　利用pivot_table() 将学号、科目转化为双层行索引

```
import pandas as pd

data = {
    'Student ID':['1','1','2','2',
                  '3','3','4','4'],
    'Subject':['Math' , 'Art' , 'Science', 'Art',
               'Math' ,'Science' , 'Art' ,'Math' ],
    'Midterm':[4, 5, 3, 5, 4, 5, 3, 5],
    'Final':[3, 4, 5, 3, 4, 4, 4, 5]}

df = pd.DataFrame (data)
```
ⓐ
```
df.pivot_table (index = ['Subject', 'Student ID'],
                values = ['Midterm','Final'])
```

22.6 宽格式转换为长格式：stack()

pandas.DataFrame.stack()，简写作stack()，是一种将列逐级转换为层次化索引的操作。如果DataFrame的列是层次化索引，那么stack()会将最内层的列转换为最内层的索引。该函数返回一个Series或DataFrame，具体取决于原始数据的维度。

代码22.7展示了用stack() 将宽格式转换为长格式，请大家自行分析。具体操作如图22.23所示。

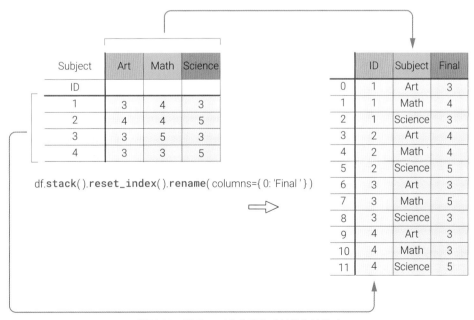

图22.23　利用stack() 将宽格式转换为长格式

```python
import pandas as pd
import numpy as np

student_ids = [1, 2, 3, 4]
subjects = ['Art', 'Math', 'Science']
np.random.seed(0)
# 使用随机数生成成绩数据
scores = np.random.randint(3, 6,
        size =(len(student_ids),len(subjects)))

# 创建数据帧
df = pd.DataFrame(scores, index = student_ids,
                columns = subjects)
# 修改行列名称
df.columns.names = ['Subject']
df.index.names = ['Student ID']
# 将宽格式转化为长格式
```

```python
df.stack().reset_index().rename(columns = {0: 'Final'})
```

melt() 将原始数据中的多列合并为一列，并根据其他列的值对新列进行重复。可以理解为stack()的一种泛化形式。

melt() 需要指定id_vars参数，表示保持不变的列，同时还可以选择value_vars参数来指定哪些列需要被转换。请大家自行练习代码22.8给出的示例。

```python
import pandas as pd

data = {
    'Student ID':['1', '2', '3', '4'],
    'Art':[4, 3, 5, 4],
    'Math' : [3, 4, 5, 3],
    'Science' :[5, 4, 3, 4]}

df = pd.DataFrame(data)
df.columns.names = ['Subject']
```

```python
melted_df = df.melt(id_vars ='Student ID',
                    var_name ='Subject',
                    value_vars = ['Art','Math','Science'],
                    value_name = 'Score')
```

多层列标签

如果数据帧有多层列标签，可以有选择地选取特定级别列标签完成stack() 操作。

数据帧中A、B代表两个班级，每个班级Class有4名同学 (学号1、2、3、4)，这些同学都选了3门课程 (Art、Math、Science)。数据帧的数据部分为同学们的期末成绩。请大家自行分析代码22.9。具体操作如图22.24所示。

请大家思考如果代码22.9采用df.stack(level=["Subject"])，结果会怎样？

代码22.9 利用stack() 将宽格式转换为长格式，选择特定列级别 | ⊕ Bk1_Ch22_10.ipynb ○○○

```python
import pandas as pd

data = {
    ('A', 'Art'    ):[4, 3, 5, 4],
    ('A', 'Math'   ):[3, 4, 5, 3],
    ('A', 'Science'):[5, 4, 3, 4],
    ('B', 'Art'    ):[3, 4, 5, 4],
    ('B', 'Math'   ):[4, 5, 3, 3],
    ('B', 'Science'):[5, 3, 4, 5]}

# 创建多层列标签数据帧
df = pd.DataFrame(data, index = [1, 2, 3, 4])

# 添加列标签名称
df.columns.names = ['Class', 'Subject']
df.index.names = ['Student ID']
# 选择'Class'进行stack()操作
stacked_df = df.stack (level = 'Class')
# stacked_df = df.stack(level=0)
```

Class	A			B		
Subject	Art	Math	Science	Art	Math	Science
ID						
1	3	4	3	3	4	3
2	4	4	5	4	4	5
3	3	5	3	3	5	3
4	3	3	5	3	3	5

df.stack (level='Class')

ID	Class	Subject Art	Math	Science
1	A	3	4	3
	B	4	4	5
2	A	3	5	3
	B	3	3	5
3	A	3	4	3
	B	4	4	5
4	A	3	5	3
	B	3	3	5

图22.24 利用stack() 将宽格式转换为长格式，选择特定列级别

22.7 长格式转换为宽格式：unstack()

在 Pandas 中，pandas.DataFrame.unstack()，简写作unstack()，是一个用于数据透视的方法，它用于将一个多级索引的 Series 或 DataFrame 中的选定级别转换为列。这在处理分层索引数据时非常有用。

如图22.25所示，左侧的数据帧df有3层行索引。

第0层为Class，第1层为Student ID，第2层为Subject。

第0层Class有两个值A、B，代表有两个班级。

第1层Student ID有四个值1、2、3、4，代表每个班级学生的学号。

第2层Subject有三个值Art、Math、Science，代表三个科目。

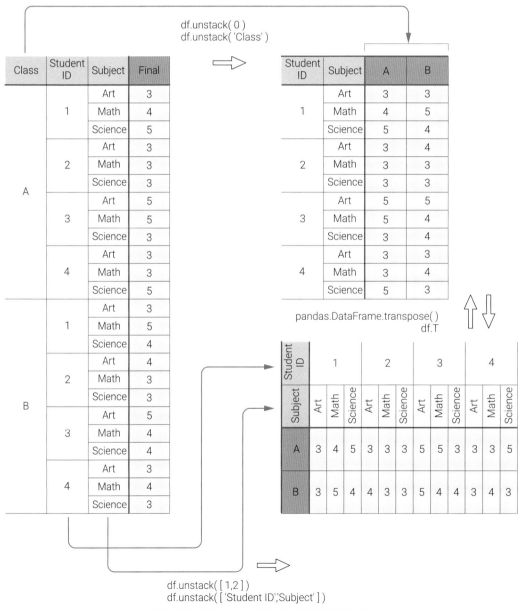

图22.25　利用unstack() 将长格式转换为宽格式

在代码22.10中，df.unstack(0) 或 df.unstack('Class') 将第0层Class行索引转换成两列——A、B。

请大家尝试一下，df.unstack(1)、df.unstack('Student ID')、df.unstack(2)、df.unstack('Subject')，并比较结果。

df.unstack([1,2]) 或 df.unstack(['Student ID', 'Subject']) 将第1、2层行索引转换成两层列标签。

请大家尝试df.unstack([2,1]) 或 df.unstack(['Subject','Student ID'])，以及尝试其他组合，比如 [0, 2]、[2, 0]、[0, 1]、[1, 0]，并比较结果。

代码22.10 利用unstack()将长格式转换为宽格式 | ⊕ Bk1_Ch22_11.ipynb

```python
import pandas as pd
import numpy as np

# 创建班级、学号和科目的所有可能组合
classes = ['A', 'B']
student_ids = [1, 2, 3, 4]
subjects = ['Art', 'Math', 'Science']

# 使用随机数生成成绩数据
length = len(classes)*len(student_ids)*len(subjects)
scores = np.random.randint(3, 6, size=(length))

# 创建多级索引
index = pd.MultiIndex.from_product(
    [classes, student_ids, subjects],
    names=['Class', 'Student ID', 'Subject'])

# 创建数据帧
df = pd.DataFrame(scores, index=index,
    columns=['Final'])

# df.unstack(0)
df.unstack('Class')
```

22.8 分组聚合：groupby()

在数据分析中，**聚合操作** (aggregation) 通常用于从大量数据中提取出有意义的摘要信息，以便更好地理解数据的特征和行为。

常见的聚合操作包括计算平均值、求和、计数、标准差、方差、相关性等。这些操作可以帮助我们了解数据的集中趋势、离散程度、相关性等特征，从而做出更准确的分析和决策。

在 Pandas 中，pandas.DataFrame.groupby()，简写作groupby()，是一种非常有用的数据分组聚合计算方法。groupby() 按照某个或多个列的值对数据进行分组，然后对每个分组进行聚合操作。

代码22.11介绍了如何使用 groupby() 方法，并结合 mean()、std()、var()、cov() 和 corr() 对分组后的数据再进行了聚合操作。

如图22.26、图22.27所示为考虑鸢尾花分类的协方差矩阵、相关系数矩阵热图。其中，groupby(['species']).cov() 得到的数据帧为两层行索引。

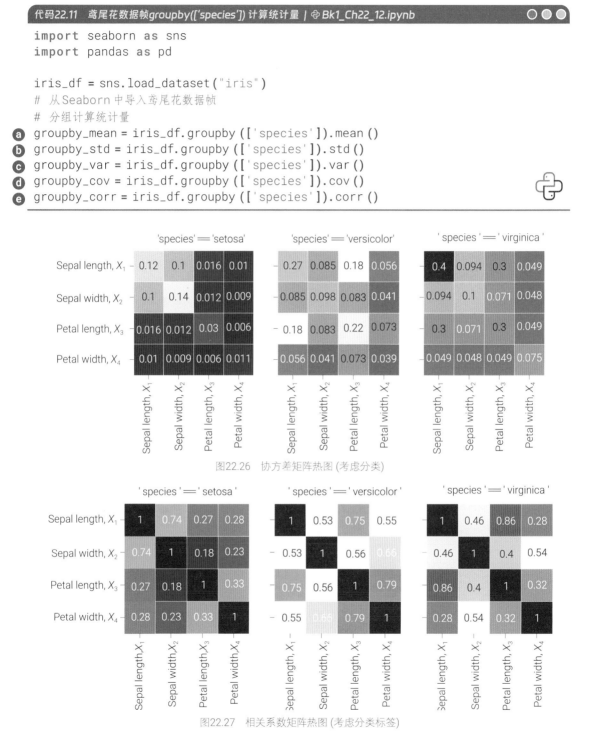

代码22.11 鸢尾花数据帧groupby(['species']) 计算统计量 | ⊕ Bk1_Ch22_12.ipynb

```
import seaborn as sns
import pandas as pd

iris_df = sns.load_dataset("iris")
# 从Seaborn中导入鸢尾花数据帧
# 分组计算统计量
groupby_mean = iris_df.groupby (['species']).mean ()      # a
groupby_std = iris_df.groupby (['species']).std ()        # b
groupby_var = iris_df.groupby (['species']).var ()        # c
groupby_cov = iris_df.groupby (['species']).cov ()        # d
groupby_corr = iris_df.groupby (['species']).corr ()      # e
```

图22.26 协方差矩阵热图 (考虑分类)

图22.27 相关系数矩阵热图 (考虑分类标签)

根据前文介绍的多层行索引数据帧切片方法，groupby_cov.loc['setosa'] 提取鸢尾花类别为'setosa'的协方差矩阵。也可以用groupby_cov.xs('setosa') 提取相同数据。

此外，我们也可以用iris_df.loc[iris_df['species'] == 'setosa'].cov() 专门计算鸢尾花类别

为'setosa'的协方差矩阵。

代码22.12介绍了如何用groupby() 汇总学生成绩，对应的操作如图22.28所示。请大家自行分析代码22.12。

代码22.12 利用groupby() 汇总学生成绩 | ⊕ Bk1_Ch22_13.ipynb

```python
import pandas as pd
import numpy as np

# 创建班级、学号和科目的所有可能组合
classes = ['A', 'B']
stu_ids = [1, 2, 3, 4]
subjects = ['Art', 'Math', 'Science']

# 使用随机数生成成绩数据
np.random.seed(0)
length = len(classes) * len(stu_ids) * len(subjects)
data = np.random.randint(3, 6, size=(length))

# 创建多行标签数据帧
index = pd.MultiIndex.from_product(
    [classes, stu_ids, subjects],
    names=['Class', 'Student ID', 'Subject'])
df = pd.DataFrame(data, index=index, columns=['Score'])

# 1) 每个班级各个科目平均成绩
ⓐ class_subject_avg = df.groupby(
    ['Class', 'Subject'])['Score'].mean()
# 2) 每个班级各个学生的平均成绩
ⓑ class_student_avg = df.groupby(
    ['Class', 'Student ID'])['Score'].mean()
# 3) 两个班级放在一起各个科目平均成绩
ⓒ both_class_avg = df.groupby(
    'Subject')['Score'].mean()
# 4) 两个班级每个同学总成绩，并排名
ⓓ student_total_score = df.groupby(
    ['Class', 'Student ID'])['Score'].sum().sort_values(
    ascending=False)
```

22.9 自定义操作：apply()

在 Pandas 中，可以使用pandas.DataFrame.apply()，简写作apply()，对 DataFrame 的行或列进行自定义函数的运算。apply() 方法是 Pandas 中最重要和最有用的方法之一，它可以实现 DataFrame 数据的处理和转换，也可以实现计算和数据清洗等功能。

如代码22.13所示，ⓐ定义函数map_fnc()，这个函数的目的是将花萼长度sepal_length转化为等级。转化的规则为，如果sepal_length < 5，等级为D；如果5 <= sepal_length < 6，等级为C；如果6 <= sepal_length < 7，等级为B；其余情况 (sepal_length > 7)，等级为A。

ⓑ利用apply() 将自定义函数用在数据帧iris_df['sepal_length'] 上。

本书下一章还会用pandas.cut()和pandas.qcut()完成类似分组操作。

df.groupby (['Class', 'Subject ']) [' Score '].mean( )

Class	Student ID	Subject	Score
A	1	Art	3
		Math	4
		Science	3
	2	Art	4
		Math	4
		Science	5
	3	Art	3
		Math	5
		Science	3
	4	Art	3
		Math	3
		Science	5
B	1	Art	4
		Math	5
		Science	5
	2	Art	3
		Math	4
		Science	4
	3	Art	4
		Math	4
		Science	3
	4	Art	4
		Math	3
		Science	3

Class	Subject	Score
A	Art	3.25
	Math	4.00
	Science	4.00
B	Art	4.00
	Math	3.75
	Science	3.75

df.groupby ([' Class ', 'Student ID ']) [' Score '].mean( )

Class	Student ID	Score
A	1	3.33
	2	4.33
	3	3.67
	4	3.67
B	1	4.67
	2	3.67
	3	3.67
	4	3.33

df.groupby (' Subject ') [' Score '].mean( )

Subject	Score
Art	3.50
Math	4.00
Science	3.88

df.groupby([' Class ', 'Student ID']) [' Score '] .sum( ).sort_values(ascending=False)

Class	Student ID	Score
B	1	14
A	2	13
	3	11
	4	11
B	2	11
	3	11
A	1	10
B	4	9

图22.28   利用groupby() 汇总学生成绩

```python
import seaborn as sns
import pandas as pd

iris_df = sns.load_dataset("iris")
# 从Seaborn中导入鸢尾花数据帧

# 定义函数将花萼长度映射为等级
def map_fnc (sepal_length):
    if sepal_length < 5:
        return 'D'
    elif 5 <= sepal_length < 6:
        return 'C'
    elif 6 <= sepal_length < 7:
        return 'B'
    else:
        return 'A'
```

ⓐ

```python
# 使用 apply 函数将 sepal_length 映射为等级并添加新列
iris_df['ctg'] = iris_df['sepal_length'].apply(map_fnc)
```

ⓑ

apply() 方法可以接受一个函数作为参数，这个函数将会被应用到 DataFrame 的每一行或每一列上。这个函数可以是Pandas 中已经定义好的函数，可以是自定义函数，也可以是匿名lambda函数。

比如，代码22.14使用apply()和lambda函数计算鸢尾花数据集中每个类别中最小的花瓣宽度。

ⓐ等价于iris_df.groupby('species')['sepal_length'].min()。

代码22.15中apply()的输入先是匿名lambda函数，对象定义为row，代表数据帧的每一行。

而lambda函数调用自定义函数map_petal_width()，这个函数有两个输入。

```python
import seaborn as sns
import pandas as pd

iris_df = sns.load_dataset("iris")
# 从Seaborn中导入鸢尾花数据帧

# 使用 apply() 和 lambda 函数计算每个类别中最小的花瓣宽度
iris_df.groupby('species')['sepal_length'].apply(
    lambda x: x.min())
# iris_df.groupby('species')['sepal_length'].min()
```

ⓐ

```python
import seaborn as sns
import pandas as pd

iris_df = sns.load_dataset("iris")
# 从Seaborn中导入鸢尾花数据帧
# 计算鸢尾花各类花瓣平均宽度
mean_X2_by_species = iris_df.groupby(
    'species')['petal_width'].mean()
```

```
# 定义映射函数
def map_petal_width (petal_width, species):
    if petal_width > mean_X2_by_species [species]:
        return "YES"
    else:
        return "NO"
```

```
# 使用 map 方法将花瓣宽度映射为是否超过平均值
iris_df ['greater_than_mean'] = iris_df.apply (lambda
        row: map_petal_width (row['petal_width'],
                            row['species']), axis=1)
```

此外，在 Pandas 中，可以使用 map() 方法对 Series 或 DataFrame 特定列进行自定义函数的运算。这个映射关系可以由用户自己定义，也可以使用 Pandas 中已经定义好的函数。

除了 apply() 和 map() 方法之外，Pandas DataFrame 还提供 applymap()、transform() 等方法，请大家自行学习使用。需要大家注意，applymap() 用于对 DataFrame 中的每个元素应用同一个函数，返回一个新的 DataFrame。

请大家完成以下题目。

Q1. 在 JupyterLab 中复刻本章所有代码和结果。

* 题目很基础，本书不给答案。

Pandas 中重塑和透视操作灵活多样，本章介绍的方法仅仅是冰山一角而已。实践中，大家可以根据需求自行学习使用其他方法操作，建议大家继续阅读以下网址内容。

https://pandas.pydata.org/pandas-docs/stable/user_guide/reshaping.html

Pandas 提供大量数据帧规整方法，不要求大家死记硬背。通过本章学习，大家先有一个比较全景的了解，具体用到时再详细了解特定方法也不迟。

下两章将利用本章介绍的一些方法，结合 Plotly 库中可视化函数，让大家看到两者结合后"讲故事"的力量！

23

Plotly Data Visualization and Storytelling
*Plotly*统计可视化
用Pandas + Plotly讲故事：数据分析和可视化

别弄乱了我的圆！
Don't disturb my circles!

—— 阿基米德 (Archimedes) | 数学家、发明家、物理学家 | 前287—前212年

◀ pandas.crosstab() 创建交叉制表，根据两个或多个因素的组合统计数据的频数或其他聚合信息
◀ pandas.cut() 将数值列按照指定的区间划分为离散的分类，并进行标记
◀ pandas.qcut() 根据数据的分位数将数值列分成指定数量的离散区间
◀ plotly.express.bar() 创建交互式柱状图
◀ plotly.express.box() 创建交互式箱型图
◀ plotly.express.density_heatmap() 创建交互式频数/概率密度热图
◀ plotly.express.icicle() 绘制冰柱图
◀ plotly.express.imshow() 创建交互式热图
◀ plotly.express.parallel_categories() 创建交互式分类数据平行坐标图
◀ plotly.express.pie() 创建交互式饼图
◀ plotly.express.scatter() 创建交互式散点图
◀ plotly.express.scatter_matrix() 创建交互式成对散点图
◀ plotly.express.sunburst() 创建交互式太阳爆炸图
◀ plotly.express.treemap() 绘制矩形树形图

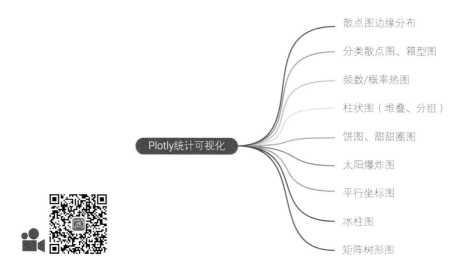

散点图边缘分布

分类散点图、箱型图

频数/概率热图

柱状图（堆叠、分组）

饼图、甜甜圈图

太阳爆炸图

平行坐标图

冰柱图

矩阵树形图

Plotly统计可视化

23.1 Plotly常见可视化方案：以鸢尾花数据为例

自主探究学习时，我们通常一边完成运算，一边通常利用各种可视化方案完成数据分析和展示。本书第12章专门介绍过用Seaborn完成统计可视化操作，第20章则介绍了Pandas中"快速可视化"函数。

Plotly库也有大量统计可视化方案，而且这些可视化方案具有交互化属性，特别适合探究式学习、结果演示。本章用鸢尾花数据举一个例子，帮大家看到"Pandas运算 + Plotly可视化"的力量。

散点图 + 边缘分布

图23.1所示为利用plotly.express.scatter() 绘制的散点图，横轴为鸢尾花花萼长度，纵轴为鸢尾花花瓣长度，而且用不同颜色展示鸢尾花分类。

在这幅图上还绘制了**边缘箱型图** (marginal box plot)。在配套的Jupyter Notebook中大家会发现包括图23.1在内的本章所有图片都具有交互性，即光标悬浮在图片具体对象上就会展示相关数值，很方便分析和展示。

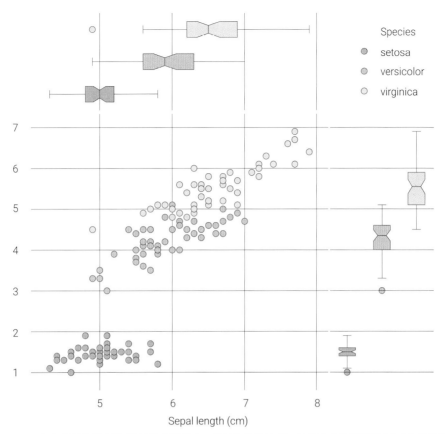

图23.1 用Plotly绘制的散点图 (横轴为花萼长度，纵轴为花瓣长度)，边缘分布为箱型图 (考虑鸢尾花分类)

我们可以通过代码23.1绘制图23.1，下面聊聊其中关键语句。

ⓐ从Seaborn库中导入鸢尾花数据集。

ⓑ利用plotly.express.scatter()，简写作px.scatter()，创建了一个称为fig的散点图对象。

第一个参数df为鸢尾花数据集，数据格式为Pandas DataFrame。

然后利用两个关键字参数指定横纵轴特征。数据集 df 中的 sepal_length 列作为 x 轴数据，petal_length 列作为 y 轴数据。

关键字参数color='species'指定了渲染编码的依据，即根据数据集中的 'species' 列的不同取值来区分不同种类的鸢尾花。

两个参数，marginal_x='box' 和 marginal_y='box'，分别表示在 x 轴和 y 轴的边缘添加一个箱型图，用于显示数据在每个轴上的分布情况。

Plotly散点图还提供其他边缘分布的可视化方案，比如直方图"histogram"、毛毯图"rug"、小提琴图"violin"等，请大家练习使用。

参数template="plotly_white" 设置了图片对象的主题风格，即使用"plotly_white"这种白色背景设计。

width=600 和 height=500这两个参数分别设置了图表的宽度和高度，以像素为单位。

color_discrete_sequence=px.colors.qualitative.Pastel1指定了颜色映射的调色板，即使用Plotly Express模块中提供的"Pastel1"调色板，以一组柔和的颜色来表示不同种类的花。

labels={"sepal_length": "Sepal Length (cm)", "petal_length": "Petal length (cm)"} 用于自定义图表的标签，将 x 轴标签设置为 "Sepal Length (cm)"，将 y 轴标签设置为 "Petal length (cm)"。

⚠️ 本节后文代码中遇到类似参数，将不再重复介绍。

ⓒ在JupyterLab中以交互形式展示图像对象fig。

```
# 导入包
import seaborn as sns
import pandas as pd
import plotly.express as px

# 使用Seaborn加载鸢尾花数据集
df = sns.load_dataset("iris")

# 用plotly绘制散点图，边缘为箱型图，分类为 species
fig = px.scatter(df, x = 'sepal_length', y = 'petal_length',
                 color = 'species',
                 marginal_x = 'box',marginal_y = 'box',
                 width = 600, height = 500, template = "plotly_white",
                 color_discrete_sequence = px.colors.qualitative.Pastel1,
                 labels={"sepal_length": "Sepal Length(cm)" ,
                         "petal_length": "Petal length(cm)" })
fig.show()
```

代码23.2绘制了成对散点图矩阵，请大家在本章配套Jupyter Notebook中查看结果。

ⓐ调用plotly.express.scatter_matrix()，参数dimensions用来指定散点图的维度。

注意：不同于seaborn.pairplot()，plotly.express.scatter_matrix() 可以展示分类数据。

ⓑ将对角线子图设为不可见。

```
# 绘制成对散点图
fig = px.scatter_matrix(df,
                        dimensions = ["sepal_length", "sepal_width",
                                      "petal_length", "petal_width",
                                      "species"],
                        template = "plotly_white",
                        color = 'species', width = 600, height = 600)
fig.update_traces(diagonal_visible=False)
fig.show()
```

23.2 增加一组分类标签

为了增加数据分析的复杂度，我们引入了"花萼面积"这个新特征。

"花萼面积"用花萼长度和花萼宽度的乘积估计。然后，根据"花萼面积"的大小将150个样本数据几乎均匀地分成5个类别，并分别给它们新的标签A、B、C、D、E，这一列列标签命名为'Category'。

这样除了'species'之外，我们有了第2个类别标签。表23.1所示为"花萼面积"在不同'Category'分类下的统计量总结。

表23.1 "花萼面积"在不同Category分类下的统计量

	Area (cm²)						
Category	min	max	mean	median	std	Range	Number
A	10.00	15.00	13.42	13.70	1.28	5.00	30
B	15.04	16.80	15.91	15.91	0.54	1.76	30
C	16.83	18.30	17.62	17.68	0.44	1.47	31
D	18.36	20.77	19.70	19.61	0.73	2.41	29
E	20.79	30.02	22.53	21.63	2.27	9.23	30

我们可以通过代码23.3完成上述运算分析，下面讲解其中关键语句。

❶计算"花萼面积"，并将结果保存在原始数据帧中，列标签为'area'。

❷利用pandas.qcut()函数根据'area'列的大小将鸢尾花数据集大致均分为5个区间。同时，将生成的区间标签'A'、'B'、'C'、'D'、'E'分配给新创建的'Category'列。

有很多情况会造成"不完全均分"的情况，比如样本数量不能被区间数量整除，再比如某些样本量值重复出现。

❸定义了一个名为 list_stats 的列表，其中包含了要计算的统计量的名称，其中包括min (最小值)、max (最大值)、mean (均值)、median (中位数)、std (标准差)。

❹利用pandas.DataFrame.groupby()进行分组计算统计量。这个方法利用'Category'对df进行分组，针对'area'，归纳 (agg) 计算list_stats中列出的统计量。计算结果储存在新的DataFrame中，如表23.1所示，每一行代表不同的'Category'，每一列代表不同统计量。

当然，在选择分组维度时，我们也可以选择不止一个标签，大家马上就会看到同时用'Category'、'species'进行分组的例子。

❺计算**极差** (range)，即最大值减去最小值。

❻计算每个分组的计数。当然，大家也可以在list_stats加入'count'来完成计数。

❼将分组统计结果存成CSV文件。可以在JupyerLab中打开查看，也可以用Excel打开查看。

代码23.3 增加"花萼面积"特征，并根据其大小对鸢尾花数据分类分析
(使用时配合前文代码) | ⊕ Bk1_Ch23_01.ipynb

```python
# 用 花萼长度 * 花萼宽度 代表花萼面积
df['area'] = df['sepal_length'] * df['sepal_width']

# 用花萼面积大小将样本等分为数量 (大致) 相等的5个区间
df['Category'] = pd.qcut(df['area'], 5,
                         labels = ['A','B','C','D','E'])

# 按区间汇总 (最小值, 最大值, 均值, 中位数, 标准差)
list_stats = ['min', 'max', 'mean', 'median', 'std']
stats_by_area = df.groupby('Category')['area'].agg(list_stats)

# 计算极差, 最大值 - 最小值
stats_by_area['Range'] = stats_by_area['max'] - stats_by_area['min']
# 每个区间的样本数量; 还可以在list_stats中加 'count'
stats_by_area['Number'] = df['Category'].value_counts()

# 将结果存为 CSV
stats_by_area.to_csv('stats_by_area.csv')
```

图23.2所示为不同'Category'条件下的"花萼面积"散点图，对应代码23.4中 **ⓐ**。图23.3所示为不同'Category'条件下的"花萼面积"的"箱型图+散点图"，对应代码23.4中 **ⓑ**。

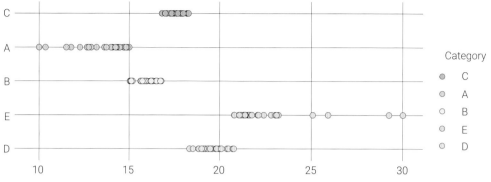

图23.2　用"花萼面积"对鸢尾花数据集再分割

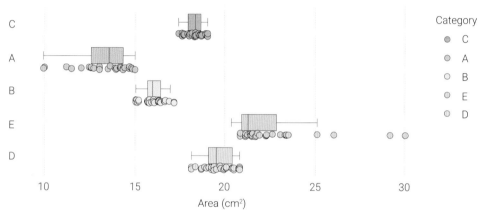

图23.3　"花萼面积"的箱型图，考虑'Category'分类

代码23.4　用Plotly绘制散点图和箱型图，分类展示"花萼面积"
(使用时配合前文代码) | ⊕ Bk1_Ch23_01.ipynb

```
# 用Plotly绘制散点图，维度为面积，分类为Category
fig = px.scatter(df, x = 'area', y = 'Category',
                 color = 'Category',
                 template = "plotly_white",
                 width = 600, height = 300,
                 color_discrete_sequence = px.colors.qualitative.Pastel1)
fig.show()


# 用Plotly绘制箱型图，维度为面积，分类为Category
fig = px.box(df, x = 'area', y = 'Category',
             color = 'Category', points = "all",
             template = "plotly_white",
             width = 600, height = 300,
             color_discrete_sequence = px.colors.qualitative.Pastel1)
fig.show()
```

新标签下的原始特征

类似'species'这个分类标签，我们也可以使用'Category'这个新标签分析原始特征数据，比如花萼长度。

图23.4所示为考虑'Category'分类情况下，鸢尾花花萼长度的箱型图。

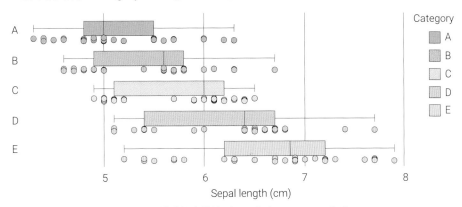

图23.4　花萼长度的箱型图，考虑'Category'分类

图23.5所示为花萼长度、花萼宽度的散点图，用不同颜色渲染'Category'分类。边缘分布还是箱型图。

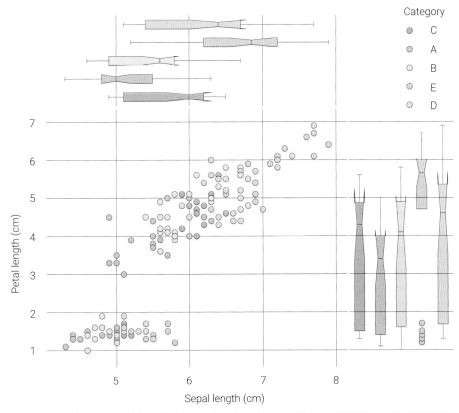

图23.5　用Plotly绘制散点图 (横轴为花萼长度，纵轴为花瓣长度)，边缘分布为箱型图，考虑"花萼面积"分类

代码23.5中ⓐ和ⓑ分别绘制图23.4和图23.5，请大家根据前文讲解逐句注释。

值得一提的是，ⓐ中category_orders={"Category": ["A", "B", "C", "D", "E"]}指定 'Category'列的排序顺序。

```
代码23.5    用Plotly绘制散点图和箱型图，分类展示"花萼长度"
(使用时配合前文代码) | ⊕ Bk1_Ch23_01.ipynb                                     ◉ ◎ ◉

# 花萼长度的箱型图，考虑'Category'分类
fig = px.box(df, x = 'sepal_length', y = 'Category',
             color = 'Category', points = "all",
             template = "plotly_white",
             width = 600, height = 300,
             category_orders = {"Category": ["A", "B", "C", "D", "E"]},
             color_discrete_sequence = px.colors.qualitative.Pastel1,
             labels = {"sepal_length": "Sepal Length(cm)"})
fig.show()

# 用Plotly绘制散点图，边缘为箱型图，分类为 Category
fig = px.scatter(df, x = 'sepal_length', y = 'petal_length',
                 color = 'Category', marginal_x = 'box',
                 marginal_y = 'box', template = "plotly_white",
                 width = 600, height = 500,
                 color_discrete_sequence = px.colors.qualitative.Pastel1,
                 labels = {"sepal_length": "Sepal Length(cm)",
                           "petal_length": "Petal length(cm)"})
fig.show()
```

23.3 两组标签：两个维度

本章前文都是从单一维度分割150个样本数据，下面我们从两个维度，'species' 和 'Category'，分割数据。

如图23.6 (a) 所示，从两个维度分割得到的结果为一个二维数组，即矩阵。

图23.6 (a) 的数值为**频数** (frequency)，即**计数** (count)。也就是说，每个格子的数值代表满足分类条件的样本具体数量。

请大家用Pandas求和函数，计算图23.6 (a) 所有值之和查看是否为150。然后再分别计算图23.6 (a) 沿行方向、沿列方向的和，并用df['Category'].value_counts().sort_index() 和 df['species'].value_counts().sort_index() 验证结果。

图23.6 (b) 的每个格子代表满足特定分类条件的样本概率，即计数除以样本总数。

也请大家分别计算图23.6 (b) 所有数值总和，以及沿行方向、沿列方向的和，并想办法验证结果。

下面聊聊代码23.6中关键语句。

ⓐ利用pandas.crosstab() 创建交叉制表，对df指定两个列进行交叉分析。这个函数默认计算频数，也可以设置一个或多个聚合运算。

参数 index = df['Category'] 指定了要用作交叉制表的行索引的列。当然，我们也可以指定两个或更多列，本章后文会介绍。'Category' 列的值将用作行索引，每个不同的值都将成为交叉制表中的一行。

参数 columns = df['species'] 指定了要用作交叉制表的列索引的列。'species' 列的值将用作列索引，每个不同的值都将成为交叉表中的一列。

总结来说，这句代码生成一个交叉制表，其中的行表示 'Category' 列的不同值，列表示 'species' 列的不同值，而表格中的每个单元格则表示在这个维度组合下鸢尾花数据样本出现的频数或计数。本章后续还会介绍用pandas.crosstab()完成其他统计聚合运算。

ⓑ利用plotly.express.imshow() 创建热图对象。

参数 text_auto=True用于控制是否自动在图中显示文本标签。将其设置为 True，表示在每个单元格中显示数值文本标签，以显示交叉制表的频数或计数值。

ⓒ类似ⓐ；不同的是参数 normalize = 'all' 指定标准化的方法，'all' 表示对整个交叉制表进行标准化，将每个频数除以样本数总和，得到概率值。这就是为什么图23.6 (b) 中热图所有格子值的总和为1。

ⓓ类似ⓑ；不同的是text_auto='.3f'，表示数值以浮点数的格式保留三位小数显示。

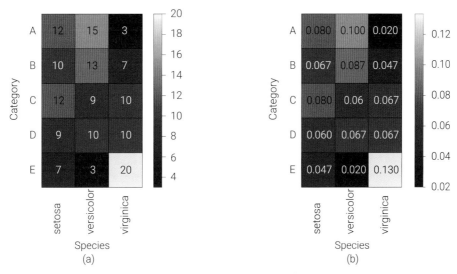

图23.6 用plotly.express.imshow() 绘制频数和概率热图 (两个分割维度)

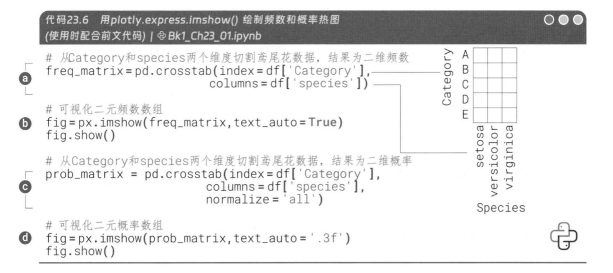

图23.6两幅子图的结果是利用pandas.crosstab() 计算得到的。当然我们也可以使用plotly.express.density_heatmap() 跳过计算直接绘制类似图像，具体如图23.7所示。

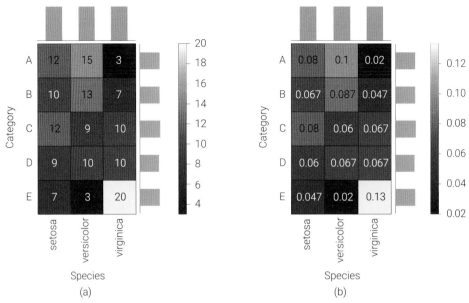

图23.7　用plotly.express.density_heatmap() 绘制频数和概率热图 (边缘分布为直方图，两个分割维度)

代码23.7绘制图23.7。ⓐ利用plotly.express.density_heatmap()绘制频数/概率热图。注意，函数默认计算频数，即计数。

参数x = 'species' 和 y = 'Category' 指定了在热图中要显示的数据的 x 轴和 y 轴变量。

再次强调，category_orders={"Category": ["A", "B", "C", "D", "E"]} 采用字典指定分类变量'Category' 的顺序。大家也可以试着同时指定species的顺序。

参数marginal_x="histogram" 和 marginal_y="histogram" 指定了在 x 轴和 y 轴上显示边缘直方图。

ⓑ和ⓐ类似，不同的是参数histnorm = 'probability' 指定直方图的标准化方法。设置为'probability' 表示热图中的数值标准化为概率密度。

代码23.7　用plotly.express.density_heatmap() 绘制二维频数和概率热图 | ⊕ Bk1_Ch23_01.ipynb ○○○

```
# 绘制二维直方热图 + 边缘直方图, 计数
fig = px.density_heatmap(df, x = 'species', y = 'Category',
                         category_orders = {"Category":
                                            ["A", "B", "C", "D", "E"]},
                         marginal_x = "histogram", marginal_y = "histogram",
                         text_auto = True, width = 400, height = 500)
fig.show()
```

```
# 绘制二维直方热图 + 边缘直方图, 概率
fig = px.density_heatmap(df, x = 'species', y = 'Category',
                         category_orders = {"Category":
                                            ["A", "B", "C", "D", "E"]},
                         marginal_x = "histogram", marginal_y = "histogram",
                         histnorm = 'probability',
                         text_auto = '.3f', width = 400, height = 500)
fig.show()
```

图23.8也是用plotly.express.density_heatmap() 绘制的。这幅图明显的特点是采用5 × 3子图布置。这样便于展示在不同分类组合条件下，其他量化特征的分布情况。

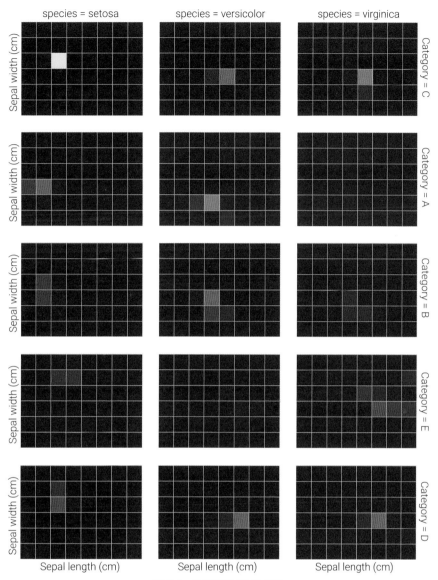

species = setosa   species = versicolor   species = virginica

图23.8 频数热图 (子图布局)

我们可以通过代码23.8绘制图23.8。其中，x="sepal_length" 和 y="sepal_width"这两个参数指定了在子图热图中要显示的数据的 x 轴和 y 轴变量。

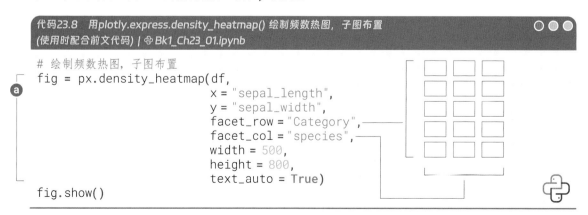

代码23.8 用*plotly.express.density_heatmap()* 绘制频数热图，子图布置
(使用时配合前文代码) | ⊕ *Bk1_Ch23_01.ipynb*

```
# 绘制频数热图，子图布置
fig = px.density_heatmap(df,
                         x = "sepal_length",
                         y = "sepal_width",
                         facet_row = "Category",
                         facet_col = "species",
                         width = 500,
                         height = 800,
                         text_auto = True)
fig.show()
```

这两个参数，facet_row="Category" 和 facet_col="species"用于进行子图布置。

facet_row 将数据分成多行子图，每行对应于不同的 'Category' 值；facet_col 将数据分成多列子图，每列对应于不同的 'species' 值。

23.4 可视化比例：柱状图、饼图

图23.9分别采用水平柱状图和饼图展示'Category'分类下样本计数的比例。这种中间掏空的饼图还有一个"可爱"的名字——**甜甜圈图** (donut chart)。

直方图 (histogram) 和**柱状图** (bar chart) 都可以用来可视化数据分布，但是它们存在一些区别。

直方图常用来可视化连续数据的分布，比如鸢尾花花萼长度样本数据分布。垂直直方图的纵轴可以是频数、概率、概率密度。

而柱状图一般用米展示类别、离散数据、区间的频数或概率。

从外观上来看，直方图一般情况下柱子之间是连续的，如果不连续则说明特定区间没有样本点。

> ⚠️ 不管是直方图还是柱状图，如果采用频数，则图中频数总和为样本总数。这个样本总数可以对应样本全集，也可以对应特定子集，比如某个条件分类。

而柱状图的柱子通常是分离的，有明显间隔。

但是，直方图和柱状图之间也可以存在联系。还是以鸢尾花花萼长度为例，用直方图展示样本数据在花萼长度上的分布很容易。如果根据长度数值将花萼数据分为5个区间，并用A、B、C、D、E命名，这种情况下，我们可以用柱状图可视化频数。本章下文将从这个角度切割鸢尾花样本数据。

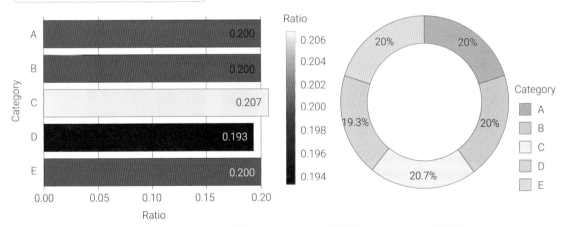

图23.9　用plotly.express.bar()和plotly.express.pie()可视化'Category'分类比例

我们可以通过代码23.9绘制图23.9，下面聊聊其中关键语句。

❶用.value_counts(normalize=True) 方法计算概率。其中，normalize=True 参数的作用是计算概率，而不是频数。因此图23.9左图中柱状图五个柱子数值之和为1。

大家前文见过，如果normalize 参数为 False (默认值)，则 value_counts() 方法将计算频数 (计数)。

❷用pandas.DataFrame() 将Pandas Series转换为一个新的DataFrame，其中包含两列——'Category' 和 'Percent'。

> ⚠️ ❶的结果ctg_percent数据类型为Pandas Series。

具体来说，{'Category': ctg_percent.index, 'Percent': ctg_percent.values}是传递给 pandas.DataFrame() 的字典，其中包含两个键-值对。

'Category'是新生成DataFrame中的第一列的名称，即 'Category' 列。ctg_percent.index是Pandas Series的索引，即不同类别的标签。它被用作新DataFrame的 'Category' 列的数据。

'Percent'则为DataFrame 中的第二列的名称，即 'Percent' 列。

ctg_percent.values是Pandas Series中的值，即频率百分比。它被用作新 DataFrame 的 'Percent' 列的数据。

ⓒ用plotly.express.bar() 绘制水平柱状图。请大家对参数的意义进行注释。

ⓓ利用用plotly.express.pie() 绘制饼图 (甜甜圈图)。

参数category_orders={"Category": ["A", "B", "C", "D", "E"]} 指定了饼图中类别的顺序。

参数color_discrete_sequence=px.colors.qualitative.Pastel1设置了饼图中各个类别的颜色。

参数values='Ratio'指定了饼图中每个扇形 (环形) 区域的数值应该来自数据集中的哪一列。

参数names='Category'指定了饼图中每个扇形区域的标签应该来自数据集中的哪一列。

ⓔ用fig.update_traces(hole=.68)将饼图中68%区域挖空，将饼图变成环形图。

代码23.9　可视化'Category'分类比例，柱状图和饼图（使用时配合前文代码）| ⊕ Bk1_Ch23_01.ipynb ○ ● ●

```
# 计算Category分类比例
```
ⓐ
```
ctg_percent = df['Category'].value_counts(normalize = True)
```
ⓑ
```
ctg_percent = pd.DataFrame({'Category':ctg_percent.index,
                            'Percent':ctg_percent.values})
```

```
# 用柱状图展示Category分类比例
```
ⓒ
```
fig = px.bar(ctg_percent,
             x = "Percent", y = "Category",
             category_orders = {"Category": ["A", "B", "C", "D", "E"]},
             color = "Percent", orientation = 'h',
             text_auto = '.3f')
fig.show()
```

```
# 用饼图可视化Category百分比
```
ⓓ
```
fig = px.pie(ctg_percent,
             category_orders = {"Category": ["A", "B", "C", "D", "E"]},
             color_discrete_sequence = px.colors.qualitative.Pastel1,
             values = 'Ratio', names = 'Category')
```
ⓔ
```
fig.update_traces(hole = .68)
fig.show()
```

类似图23.9，图23.10也用水平柱状图和饼图可视化'species'分类条件下样本数据的频数比例。代码23.10绘制图23.10，请大家逐行注释。

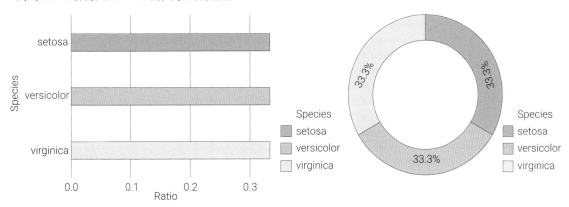

图23.10　用plotly.express.bar()和plotly.express.pie()可视化'species'分类比例

```
# 计算species分类比例
species_percent = df['specics'].value_counts(normalize=True)
species_percent = pd.DataFrame({'species':species_percent.index,
                                'Ratio':species_percent.values})

# 用柱状图可视化species分类比例
fig = px.bar(species_percent,
             x = "Ratio", y = "species",
             category_orders = {"species":
                                    ["setosa", "versicolor", "virginica"]},
             color_discrete_sequence = px.colors.qualitative.Pastel1,
             color = "species", orientation = 'h',
             text_auto = '.3f')
fig.show()

# 用饼图可视化 species 分类百分比
fig = px.pie(species_percent,
             category_orders = {"species":
                                    ["setosa", "versicolor", "virginica"]},
             color_discrete_sequence = px.colors.qualitative.Pastel1,
             values = 'Ratio', names = 'species')
fig.update_traces(hole = .68)
fig.show()
```

23.5 钻取：多个层次之间的导航和探索

既然我们有两个不同分类维度，那么问题来了，我们能否量化并可视化不同'Category'中'species'的比例？

同理，我们能否量化并可视化不同'species'中'Category'的比例？

类似这种操作都叫作**钻取** (drill down)。钻取常用于在数据的多个层次之间进行导航和探索，以深入了解数据的细节。简单来说，钻取就是不断细分；用大白话来说就是，不断切片切块、切丝切条。

下面，我们就利用Pandas和Plotly试着完成不同类别之间样本数据比例值钻取运算和可视化。

图23.11采用**堆叠柱状图** (stacked bar chart) 可视化Category中species的绝对比例；钻取顺序为Category → species。所谓绝对比例就是指，图23.11所有分段柱子之和均为1。

观察图23.11，我们可以发现E类中virginica的比例更高的有趣现象，值得进一步分析。

图23.12也是采用堆叠柱状图，可视化species中Category的绝对比例，即钻取顺序为species → Category。

我们可以通过代码23.11绘制图23.11和图23.12，下面解释其中关键语句。

首先，用到了代码23.6中计算得到的prob_matrix，对应表23.2。

ⓐ利用plotly.express.bar() 可视化prob_matrix时，先后顺序为先行后列，即Category → species。先在Category维度上切条，后在species维度上切块。

ⓑ则可视化prob_matrix的转置，对应表23.3。用plotly.express.bar()这个转置后的数据帧时，顺序为species → Category。

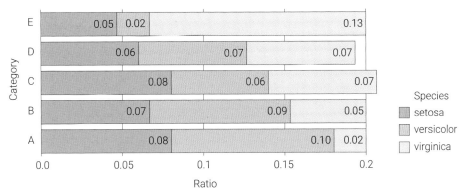

图23.11　用堆叠柱状图可视化Category中species的绝对比例 (钻取顺序Category → species；所有分段柱子之和为1)

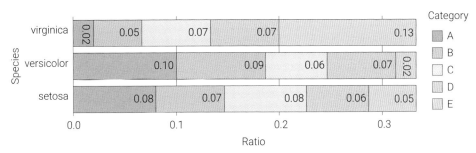

图23.12　用堆叠柱状图可视化species中Category的绝对比例 (钻取顺序species → Category；所有分段柱子之和为1)

表23.2　绝对比例，数据帧prob_matrix的形状（表格概率值之和为1）

species	setosa	versicolor	virginica
Category			
A	0.080	0.100	0.020
B	0.067	0.087	0.047
C	0.080	0.060	0.067
D	0.060	0.067	0.067
E	0.047	0.020	0.133

表23.3　数据帧prob_matrix转置后的形状

Category	A	B	C	D	E
species					
setosa	0.080	0.067	0.080	0.060	0.047
versicolor	0.100	0.087	0.060	0.067	0.020
virginica	0.020	0.047	0.067	0.067	0.133

代码23.11　用plotly.express.bar()绘制堆叠柱状图（使用时配合前文代码）| ⊕ Bk1_Ch23_01.ipynb ○○○

```
# 对 Category 比例值在 species 维度上钻取
fig = px.bar(prob_matrix,
             template = "plotly_white",orientation = 'h',
             color_discrete_sequence = px.colors.qualitative.Pastel1,
             width = 600, height = 300, text_auto = '.2f')
fig.show()
```

ⓐ

```
#  对species比例值在Category维度上钻取
fig = px.bar(prob_matrix.T,
             template = "plotly_white",orientation = 'h',
             color_discrete_sequence = px.colors.qualitative.Pastel1,
             width = 600, height = 300, text_auto = '.2f')
fig.show()
```

相对比例钻取

图23.11有个缺陷,它不能直接回答"Category为A时,setosa在其中占比为多少?"

也就是说,问这个问题时,我们不再关心"绝对比例值",而是关心"相对比例值"。

想要回答这个问题,需要计算0.08/(0.08 + 0.10 + 0.02),结果为0.4。这个值在概率统计中也叫**条件概率** (conditional probability)。

而图23.13和图23.14可以帮助我们回答类似上述问题。

以图23.13为例,大家很容易发现水平方向三个分段堆叠柱子对应数值之和为1,这就是相对比例,即概率统计中的条件概率值。这个条件就是Categoty 分别为A、B、C、D、E。

> ⚠
> 图23.13和图23.14中所有水平方向分段柱子之和均为1。图23.13所有柱子之和为5,图23.14所有柱子之和为3。

> ↩
> 《统计至简》专门讲解条件概率。

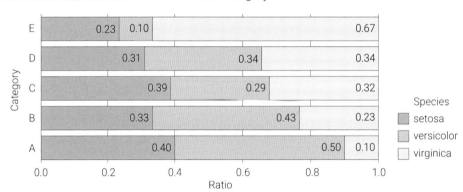

图23.13　用堆叠柱状图可视化Category中species的相对比例 (钻取顺序Category → species)

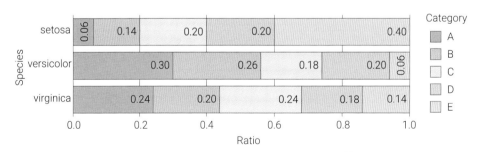

图23.14　用堆叠柱状图可视化species中Category的相对比例 (钻取顺序species → Category)

我们可以通过代码23.12绘制图23.13和图23.14,下面讲解其中关键语句。

ⓐ也是采用pandas.crosstab() 创建交叉制表,不同以往这里使用了参数 normalize='index' 进行**归一化** (normalization),结果如表23.4所示。这意味着,在计算每一行中的每个单元格的值占该行总和的比例,即条件概率。这将使每一行的值之和等于1。

ⓑ 用堆叠柱状图可视化表23.4相对比例值。请大家逐行注释。

ⓒ 类似**ⓑ**，不同的是行列分类对调，结果如表23.5所示，每一行的值之和还是为1。

ⓓ 也是用堆叠柱状图可视化表23.5相对比例值。

表23.4　相对比例，钻取顺序Category → species（归一化方向为index，即表格每行概率值之和为1）

species	setosa	versicolor	virginica
Category			
A	0.400	0.500	0.100
B	0.333	0.433	0.233
C	0.387	0.290	0.323
D	0.310	0.345	0.345
E	0.233	0.100	0.667

表23.5　相对比例，钻取顺序species → Category（归一化方向为index，即表格每行概率值之和为1）

Category	A	B	C	D	E
species					
setosa	0.240	0.200	0.240	0.180	0.140
versicolor	0.300	0.260	0.180	0.200	0.060
virginica	0.060	0.140	0.200	0.200	0.400

> 请大家思考，如果将归一化方向改为columns，即normalize = 'columns'，结果会怎样？

代码23.12　计算并可视化相对比例（使用时配合前文代码）| ⊕ Bk1_Ch23_01.ipynb

```
# 计算Category中species的相对比例
ratio_species_in_category = pd.crosstab(index = df['Category'],
                                        columns = df['species'],
                                        normalize = 'index')

# 可视化
fig = px.bar(ratio_species_in_category,
             template = "plotly_white",orientation = 'h',
             color_discrete_sequence = px.colors.qualitative.Pastel1,
             width = 600, height = 300, text_auto = '.2f')
fig.show()

# 计算species中Category的相对比例
ratio_category_in_species = pd.crosstab(index = df['species'],
                                        columns = df['Category'],
                                        normalize = 'index')

# 可视化
fig = px.bar(ratio_category_in_species,
             template = "plotly_white",orientation = 'h',
             color_discrete_sequence = px.colors.qualitative.Pastel1,
             width = 600, height = 300, text_auto = '.2f')
fig.show()
```

23.6 太阳爆炸图：展示层次结构

Plotly Express 库中plotly.express.sunburst() 是可以用于创建**太阳爆炸图** (sunburst chart) 的函数。

太阳爆炸图一般呈太阳状或环状，通常用于展示层次结构或树状数据的分布情况，以及不同级别之间的关系。

可以这么理解，太阳爆炸图相当于多层饼图，每一层代表一个钻取维度。从集合角度来看，每个圆弧都代表特定子集。

下面，我们用太阳爆炸图可视化上一节介绍的样本比例钻取。

图23.15所示为钻取顺序species → Category的太阳爆炸图。这幅图中，我们还用颜色映射渲染了比例值。图23.16这幅太阳爆炸图对应的钻取顺序为Category → species。

我们可以通过代码23.13绘制图23.15和图23.16，下面聊聊其中关键语句。

ⓐ是一连串链式操作，先用stack() 堆叠将数据帧从宽格式转为长格式(见表23.6)，然后使用reset_index() 方法，将之前堆叠的索引还原为DataFrame的标准整数索引。

最后，使用 rename() 方法，将DataFrame的列名从默认的 "0" 重命名为 "Ratio"。

ⓑ在利用plotly.express.sunburst() 绘制太阳爆炸图时，用path=['species', 'Category'] 指定了太阳爆炸图的路径，即钻取顺序。

如图23.15所示，太阳爆炸图的内层为species，外层为Category。

参数values='Ratio'指定了太阳爆炸图中每个扇形区域的值应该来自数据帧中的哪一列。

参数color='Ratio'指定了太阳爆炸图中每个扇形区域的颜色对应数据帧中的哪一列。

ⓒ类似ⓑ，但钻取顺序不同。

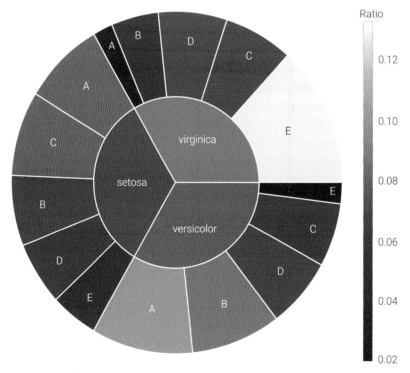

图23.15　利用太阳爆炸图可视化绝对比例钻取 (钻取顺序species → Category)

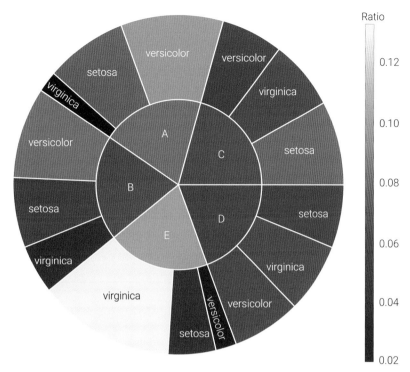

图23.16　利用太阳爆炸图可视化绝对比例钻取 (钻取顺序Category → species)

请大家查询Plotly技术文档想办法修改太阳爆炸图的颜色映射。

表23.6　绝对比例数据帧（长格式）

	Category	species	Ratio
0	A	setosa	0.0800
1	A	versicolor	0.1000
2	A	virginica	0.0200
3	B	setosa	0.0667
4	B	versicolor	0.0867
5	B	virginica	0.0467
6	C	setosa	0.0800
7	C	versicolor	0.0600
8	C	virginica	0.0667
9	D	setosa	0.0600
10	D	versicolor	0.0667
11	D	virginica	0.0667
12	E	setosa	0.0467
13	E	versicolor	0.0200
14	E	virginica	0.1333

```
# 将概率值（比例值）stack起来
prob_matrix_stacked = prob_matrix.stack().reset_index().rename(
    columns = {0: "Ratio"})
```
ⓐ

```
# 用太阳爆炸图进行钻取，先species，再Category
fig = px.sunburst(prob_matrix_stacked,
                  path = ['species', 'Category'],
                  values = 'Ratio', color = 'Ratio',
                  width = 600, height = 600)
fig.show()
```
ⓑ

```
# 用太阳爆炸图进行钻取，先Category，再species
fig = px.sunburst(prob_matrix_stacked,
                  path = ['Category', 'species'],
                  values = 'Ratio', color = 'Ratio',
                  width = 600, height = 600)
fig.show()
```
ⓒ

23.7 增加第三切割维度

下面，我们进一步提升分析的复杂度！

将DataFrame中的花萼长度数据根据指定区间分组，每一组添加一个标签。比如，"4 ~ 5 cm"表示鸢尾花样本中花萼长度为4cm到5cm的样本点，区间左闭右开 [4, 5)。

图23.17所示为用水平柱状图和饼图可视化sepal_length_bins维度鸢尾花数据样本计数的方法。可以发现这个维度有4个分类，其中花萼长度为5cm到6cm的样本点最多，为61个，约占总数的40.7%。

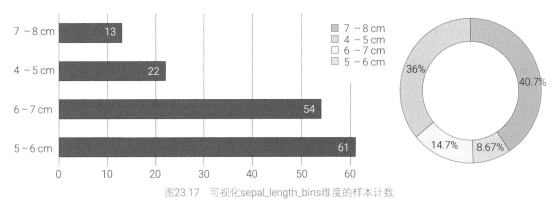

图23.17　可视化sepal_length_bins维度的样本计数

我们可以通过代码23.14绘制图23.17，下面聊聊其中关键语句。

ⓐ利用列表生成式创建了一个标签列表 labels。这个列表中的每个标签都是一个字符串，且通过格式化字符串方法 format() 创建。

这些标签将用于表示花萼长度不同的区间，例如 "4 ~ 5 cm" "5 ~ 6 cm" 等。其中通过for i in range(4, 8) 循环遍历4 ~ 7的整数。

ⓑ用pandas.cut() 划分数据。其中，df.sepal_length是要划分数据的依据，即数据帧的花萼长度的列。

range(4, 9)用于定义区间的范围，即 [4, 5)、[5, 6)、[6, 7)、[7, 8]。

参数right=False，意味着右边界是开放的，即区间的右边界不包括在内。如果想让区间左开右闭可以设置参数right =True。

labels=labels指定了区间的标签，即每个区间对应的标签。这里使用了之前创建的 labels 列表。注意，区间数量和标签数量相等。

ⓒ使用value_counts() 方法统计了df中的 sepal_length_bins 列中每个不同区间样本出现的次数。

ⓓ用pandas.DataFrame() 将Pandas Series转化为一个数据帧。

ⓔ用plotly.express.bar() 绘制水平柱状图，表示sepal_length_bins这个维度上的频数。**ⓕ**用plotly.express.pie() 绘制饼图。

代码23.14　根据花萼长度再增加一个分类维度（使用时配合前文代码） | ⊕ Bk1_Ch23_01.ipynb ○○○

```
# 再增加一层钻取维度
# 设置标签
labels = ["{0} ~ {1} cm".format(i, i+1) for i in range(4, 8)]
# 用pandas.cut()划分区间
df["sepal_length_bins"] = pd.cut(df.sepal_length, range(4, 9),
                                 right = False, labels = labels)

# 计算频数
sepal_length_bins_counts = df["sepal_length_bins"].value_counts()
sepal_length_bins_counts = pd.DataFrame({
    'sepal_length_bins':sepal_length_bins_counts.index,
    'Count':sepal_length_bins_counts.values})
# 可视化第三维度样本计数
fig = px.bar(sepal_length_bins_counts,
             x = 'Count', y = 'sepal_length_bins',
             orientation = 'h', text_auto = True)
fig.show()

# 可视化第三维度样本百分比
fig = px.pie(sepal_length_bins_counts,
             color_discrete_sequence = px.colors.qualitative.Pastel1,
             values = 'Count', names = 'sepal_length_bins')
fig.update_traces(hole =.68)
fig.show()
```

ⓐ ⓑ ⓒ ⓓ ⓔ ⓕ

图23.18也是用太阳爆炸图展示三个维度探索鸢尾花数据，钻取顺序species → Category → sepal_length_bins。

代码23.15中**ⓐ**用列表定义了钻取的顺序。

ⓑ用groupby()完成分组聚合操作。

方法groupby(dims) 按dims进行分组。['sepal_length'] 给出计算的对象。

方法apply(lambda x: x.count()/len(df)) 利用lambda函数计算每个分组内的数据数量 (count()方法)，除以样本总数 (len(df)) 得到每个分组内数据的占比。

ⓒ用reset_index()方法重新设置索引，把多级行索引变成了数据帧的列。

ⓓ修改数据帧列名。

ⓔ还是用plotly.express.sunburst() 绘制太阳爆炸图。相比图23.15和图23.16，图23.18这幅太阳爆炸图层次更丰富。请大家修改钻取顺序，重新绘制图23.18。

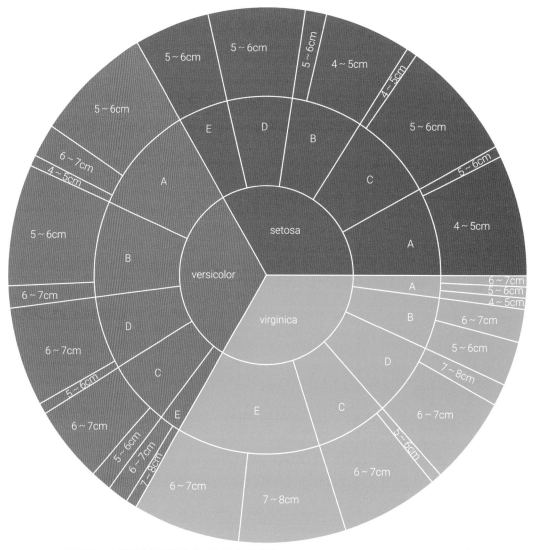

图23.18 太阳爆炸图可视化绝对比例 (钻取顺序species → Category → sepal_length_bins)

代码23.15 太阳爆炸图，三个维度 (使用时配合前文代码) | ⊕ Bk1_Ch23_01.ipynb ◯◯◯

```python
# 计算三个维度钻取的比例 (概率) 值
dims = ['species','Category','sepal_length_bins']

prob_matrix_by_3 = df.groupby(dims)['sepal_length'].apply(
    lambda x: x.count()/len(df))
prob_matrix_by_3 = prob_matrix_by_3.reset_index()
prob_matrix_by_3.rename(columns = {'sepal_length':'Ratio'},
                        inplace = True)

# 用太阳爆炸图进行钻取，先Category，再species，最后sepal_length_bins
fig = px.sunburst(prob_matrix_by_3,
                  path = dims,
                  values = 'Ratio',
                  width = 600, height = 600)
fig.show()
```

除了本章前文介绍的几种可以用来可视化"钻取"的方案，本节最后还要再介绍其他几种方法。

图23.19所示为利用plotly.express.parallel_categories() 绘制的分类数据平行坐标图。

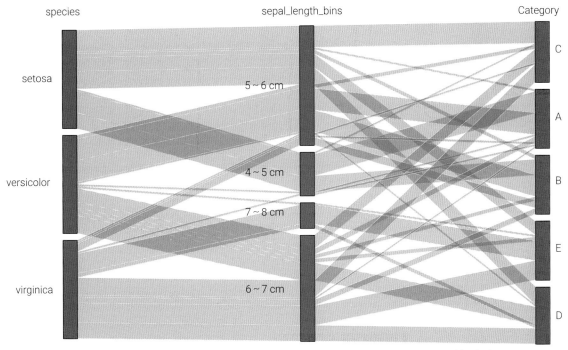

图23.19 分类数据平行坐标图 (钻取顺序species → sepal_length_bins → Category；单一颜色)

平行坐标图 (parallel coordinate plot) 是一种用于可视化多维数据的图表类型，它通过在平行的坐标轴上显示各个特征来展示不同特征之间的关系。每个数据点在图中的位置由其特征值决定，从而可以观察到特征之间的模式、关联和分布情况。

代码23.16中 **a** 在用plotly.express.parallel_categories()绘图时，利用dimensions设定了钻取顺序。

```
# 平行坐标图，分类数据关系图
dims_2 = ['species','sepal_length_bins','Category']
fig = px.parallel_categories(df,
                        dimensions = dims_2,
                        width = 800,height = 500)
fig.show()
```
a

不同于图23.19，图23.20在绘制平行坐标图时，我们用色谱渲染选定特征 (图23.20选定的是species分类)。

目前，plotly.express.parallel_categories() 函数不能接受分类字符串作为颜色映射的输入值，我们需要做一次映射，把鸢尾花分类字符串 ('setosa'、'versicolor'、'virginica') 转化成数值。

这就是代码23.17 **a** 要完成的任务。

b 调取了Plotly Express 库的 colors.sequential 模块中预定义的颜色映射。

c 在绘制平行坐标图时，用参数color="species_numerical"指定了用于着色的列。这意味着不同的 "species_numerical" 值将被映射到不同的颜色，以区分不同的鸢尾花分类。

color_continuous_scale=cmap这个参数用于指定颜色映射。

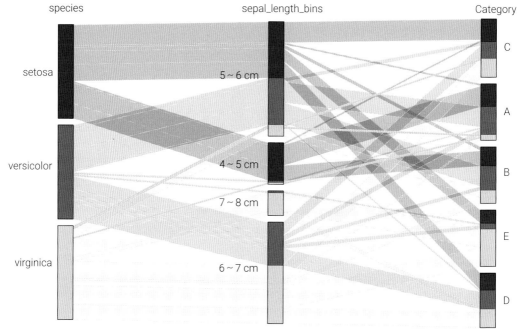

图23.20　分类数据平行坐标图 (钻取顺序species → sepal_length_bins → Category；用颜色区分另外一个特征)

代码23.17　分类数据平行坐标图，增加颜色特征（使用时配合前文代码）　| ⊕ Bk1_Ch23_01.ipynb

```
# 将species分类转为数值
df["species_numerical"] = df["species"].map(
    {"setosa": 0, "versicolor": 1, "virginica": 2})
cmap = px.colors.sequential.Plotly3

# 可视化
fig = px.parallel_categories(df, dimensions = dims_2,
                             color = "species_numerical",
                             color_continuous_scale = cmap,
                             width = 800, height = 500)
fig.show()
```

　　图23.21所示为**冰柱图** (icicle plot)，这种可视化方案常用来展示分层数据的结构和关系。

　　冰柱图的外观类似于树状图；但与树状图不同，冰柱图的主要目的是在有限的空间内用矩形有效地表示分类层次化信息。

　　图23.21左侧最人矩形代表样本数据整体，从左往右代表钻取顺序为species → Category → sepal_length_bins。

　　代码23.18中ⓐ还是使用大家应该很熟悉的pandas.crosstab() 创建交叉制表。

　　参数index = [df.species, df.Category] 指定交叉制表的行索引。它包括两个变量，这意味着将数据集按照df.species 和 df.Category这两个变量的组合进行分组。

　　columns = df.sepal_length_bins是交叉制表的列索引。

　　values = df.petal_length是要进行统计的数据帧的列。

　　aggfunc ='count'指定交叉制表进行聚合操作的函数。count表示要计算每个分类组合样本的频数。

　　ⓑ对生成的多级列索引数据帧先后进行堆叠 (stack)、重置索引 (reset_index) 操作。请大家思考每步操作后数据帧会发生怎样变化。

　　ⓒ对特定列进行重命名。

ⓓ删除count列值为0的行，这是因为当前版本plotly.express.icicle() 遇到子集样本数为0时，会报错。

ⓔ利用plotly.express.icicle() 绘制冰柱图。

参数path用于指定冰柱图中的路径或层次结构，也就是钻取顺序。注意，px.Constant("all") 代表在冰柱图中加入顶级 (样本总体) 节点，也就是图23.21左侧矩形。

参数values='count'用于指定在每个冰柱图节点上显示的数值。

参数color_continuous_scale='Blues'指定颜色映射。

参数color='count'指定了矩形着色的参考依据。

图23.22给出的可视化方案叫作矩形树形图，它的功能和冰柱图类似。

代码23.19采用plotly.express.treemap() 绘制矩形树形图，请大家逐行注释。此外，请大家尝试其他钻取顺序绘制本节的冰柱图和矩形树形图。

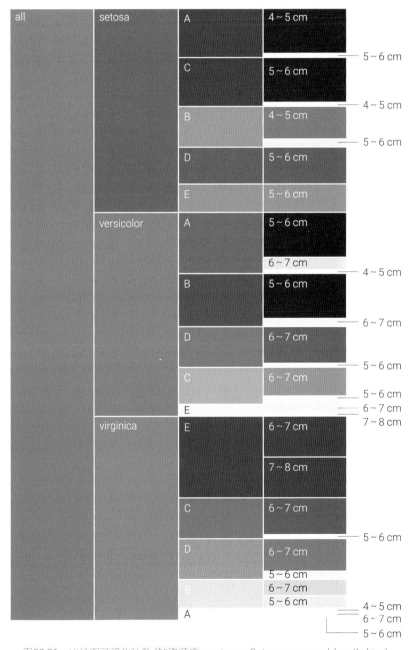

图23.21　冰柱图可视化计数 (钻取顺序species → Category → sepal_length_bins)

```
# 交叉计数，计数
count_matrix = pd.crosstab(index = [df.species, df.Category],
            columns = df.sepal_length_bins,
            values = df.petal_length, aggfunc='count')

count_matrix = count_matrix.stack().reset_index()
count_matrix.rename(columns = {0:'count'}, inplace = True)
count_matrix = count_matrix[count_matrix['count'] != 0]
# 删除count列值为0的行

# 冰柱图
fig = px.icicle(count_matrix,
            path = [px.Constant("all"),
                'species', 'Category', 'sepal_length_bins'],
            values = 'count',
            color_continuous_scale = 'Blues',
            color = 'count',
            width = 600, height = 800)
fig.show()
```

(a) (b) (c) (d) (e)

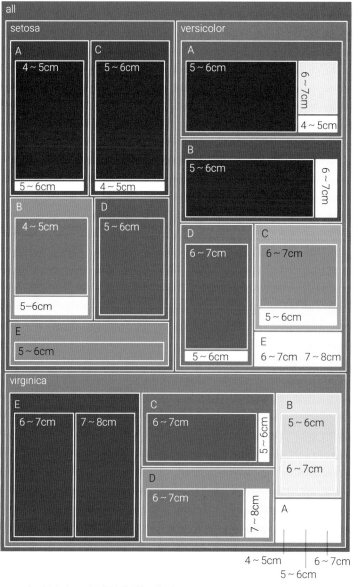

图23.22 矩阵树形图可视化计数 (钻取顺序species → Category → sepal_length_bins)

```
# 矩形树形图
fig = px.treemap(count_matrix,
                 path = [px.Constant("all"),
                         'species', 'Category', 'sepal_length_bins'],
                 values = 'count',
                 color_continuous_scale = 'Blues',
                 color = 'count',
                 width = 600, height = 800)
fig.show()
```

23.8 平均值的钻取：全集 vs 子集

对于鸢尾花数据集，我们可以计算150个样本点在花瓣长度特征上的平均值 (约为3.578 cm)。但是，如果要问鸢尾花类别为setosa的样本花瓣长度平均值，我们就需要先选取满足条件的子集，然后再计算平均值。

而图23.23便能回答刚才提出的这个问题。

图23.23中给出的这种均值又称**条件均值** (conditional average)，或**条件期望** (conditional expectation)。

大家如果好奇图23.23中这三个条件均值和样本整体均值 (约为3.578 cm) 的关系，可以自己算一下。我们会发现，图23.23中三个值求和再求平均的结果约为3.578 (注意，图中数值仅仅保留两位小数)。

但是，请大家注意这是一个明显错误的运算。虽然最终结果是正确的，但是计算时采用的数学工具完全错误。

> 《统计至简》专门介绍条件概率、条件期望、条件方差等概念。

用条件均值计算样本整体均值时要考虑每个条件均值的"贡献度"，也就是权重。而如图23.10所示，鸢尾花数据中，setosa、versicolor、virginica各占1/3，因此正确的计算过程应该为加权平均，即 $1.46 \times (1/3) + 4.26 \times (1/3) + 5.55 \times (1/3)$。

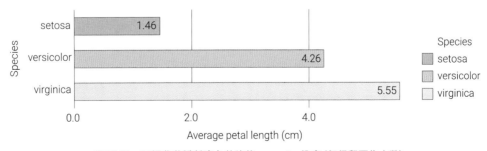

图23.23 可视化花瓣长度条件均值，species维度 (仅保留两位小数)

我们可以通过代码23.20计算条件均值并绘制图23.23，代码相对简单，下面简单介绍。

ⓐ利用groupby() 方法以species分组计算petal_length均值，然后重置索引。

ⓑ利用plotly.express.bar() 绘制水平柱状图。请大家逐行注释。

```
# 分别计算每个子类 (species) petal_length均值
petal_length_mean_by_species = df.groupby([
    'species'])['petal_length'].mean().reset_index()

fig = px.bar(petal_length_mean_by_species,
             x = 'petal_length', y = 'species',
             color = 'species',
             color_discrete_sequence=px.colors.qualitative.Pastel1,
             width = 600, height = 300,
             text_auto = '.2f', orientation = 'h',
             tcmplate = "plotly_white")
fig.show()
```

如果我们想知道具有setosa标签的鸢尾花中，Category为A的子类样本花瓣均值 (条件均值)，我们就可以使用图23.24来回答。

> 再请大家算一遍，图23.24中setosa对应的五个数值的均值是否为图23.23中的1.46。然后，再用图23.14给出的权重，再算一遍"加权平均数"，以便加强印象。

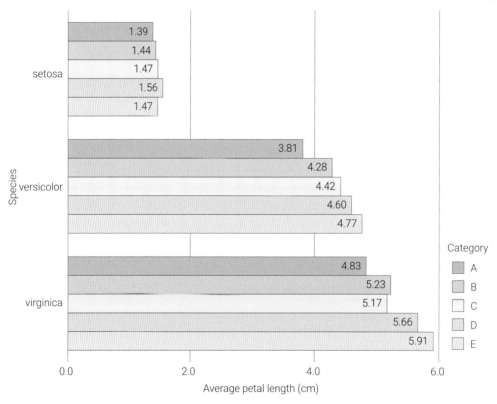

图23.24 可视化花瓣长度均值 (钻取顺序species → Category)

代码23.21中ⓐ采用groupby() 方法计算条件均值，分组时采用两个维度。

ⓑ给出第二种方法，采用pandas.crosstab() 函数。请大家考虑下一步如何把宽格式改为长格式。

ⓒ绘制水平柱状图。请大家自行注释。

```
# 分别计算每个子类 (x Category y species) petal_length均值
petal_length_mean_by_species_ctgr = df.groupby([
    'Category', 'species'])['petal_length'].mean().reset_index()

# 另外一种计算方法
# 创建交叉指标，计算petal_length均值
# 行: species; 列: Category
pd.crosstab(index = df.species, columns = df.Category,
            values = df.petal_length, aggfunc = 'mean')

# 可视化petal_length均值，先species分类再Category分类
fig = px.bar(petal_length_mean_by_species_ctgr,
             x = 'petal_length', y = 'species',
             color = 'Category', barmode = 'group',
             text_auto = '.2f', orientation = 'h',
             width = 600, height = 600,
             color_discrete_sequence = px.colors.qualitative.Pastel1,
             template = "plotly_white")
fig.show()
```

图23.25所示为在不同Category分类条件下的花瓣长度条件均值。比如，给定 Category == 'A' 的条件下，花瓣长度条件均值为2.95。其中，Category == 'A' 就是所谓"条件"。

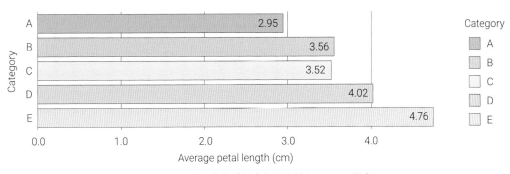

图23.25 可视化花瓣长度条件均值 (Category维度)

我们可以通过代码23.22绘制图23.25，请大家自行注释。

```
# 分别计算每个子类 (Category) petal_length均值
petal_length_mean_by_ctgr = df.groupby([
    'Category'])['petal_length'].mean().reset_index()
fig = px.bar(petal_length_mean_by_ctgr,
             x = 'petal_length', y = 'Category',
             color = 'Category',
             color_discrete_sequence=px.colors.qualitative.Pastel1,
             width = 600, height = 300,
             text_auto = '.2f', orientation = 'h',
             template = "plotly_white")
fig.show()
```

相比图23.24，图23.26在可视化花瓣长度 (条件) 均值时采用的钻取顺序为Category → species。

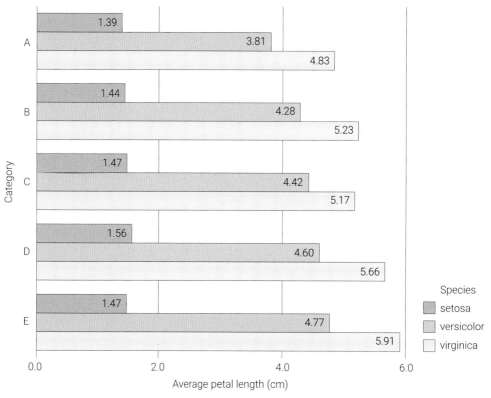

图23.26 可视化花瓣长度条件均值 (钻取顺序Category → species)

请大家自行分析代码23.23。

代码23.23 计算花瓣长度条件均值，钻取顺序Category → species
(使用时配合前文代码) | ⊕ Bk1_Ch23_01.ipynb

```
# 绘制水平分组柱状图
fig = px.bar(petal_length_mean_by_species_ctgr,
          x = 'petal_length', y = 'Category',
          color = 'species', barmode = 'group',
          color_discrete_sequence = px.colors.qualitative.Pastel1,
          width = 600, height = 600,
          text_auto = '.2f', orientation = 'h',
          template = "plotly_white")
fig.show()
```

函数pandas.crosstab() 的使用方法可以很灵活。表23.7和表23.8中的条件均值都是用这个函数计算得到的，对应的代码为代码23.24，请大家自行学习并注释。

表23.7 花瓣长度条件均值（行：sepal_length_bins；列：species → Category ）

species	setosa					versicolor					virginica				
Category	A	B	C	D	E	A	B	C	D	E	A	B	C	D	E
sepal_length_bins															
4 ~ 5 cm	1.37	1.48	1.40			3.30					4.50				
5 ~ 6 cm	1.60	1.30	1.48	1.56	1.47	3.73	4.15	4.20	4.80		5.00	5.05	5.10		
6 ~ 7 cm						4.30	5.00	4.49	4.58	4.80	5.00	5.47	5.18	5.45	5.56
7 ~ 8 cm										4.70				6.50	6.26

表23.8 花瓣长度条件均值（行：species → Category；列：sepal_length_bins）

species	Category	4~5 cm	5~6 cm	6~7 cm	7~8 cm
setosa	A	1.37	1.60		
	B	1.48	1.30		
	C	1.40	1.48		
	D		1.56		
	E		1.47		
versicolor	A	3.30	3.73	4.30	
	B		4.15	5.00	
	C		4.20	4.49	
	D		4.80	4.58	
	E			4.80	4.70
virginica	A	4.50	5.00	5.00	
	B		5.05	5.47	
	C		5.10	5.18	
	D			5.45	6.50
	E			5.56	6.26

代码23.24 计算并可视化花瓣长度条件均值，更复杂的条件组合
(使用时配合前文代码) | ⊕ Bk1_Ch23_01.ipynb

```
# 计算花萼长度条件均值;
# 行: sepal_length_bins
# 列: species > Category
pd.crosstab(index = df.sepal_length_bins,
            columns = [df.species, df.Category],
            values = df.petal_length, aggfunc = 'mean')

# 计算花萼长度条件均值;
# 行: species > Category
# 列: sepal_length_bins
pd.crosstab(index = [df.species, df.Category],
            columns = df.sepal_length_bins,
            values = df.petal_length, aggfunc = 'mean')
```

大家会发现本节在设置不同Plotly可视化方案时，有几个共享设置，如风格、类别顺序等。请大家思考我们如何仅仅创建一个变量kwarg，然后在代码不同位置拆包调用kwarg。

请大家完成以下题目。

Q1. 在本章例子基础之上，计算鸢尾花花瓣长宽比值，以此作为划分样本数据的第四维度。用 pandas.cut() 将样本数据分为4类，然后再用太阳爆炸图、冰柱图、矩形树形图可视化四个维度的钻取。

* 这道题目很基础，本书不给答案。

本章用鸢尾花数据为例给大家展示了"Pandas + Plotly"讲故事的力量！其中，Pandas有处理数据的强大能力，而Plotly的交互式可视化方案可以让数据跃然纸上。

下一章将继续用"Pandas + Plotly"分析时间序列数据。此外，《可视之美》将继续介绍更多 Plotly的可视化方案。

24

Timeseries Data in Pandas
Pandas时间序列数据
时间戳为行索引值，实现对时间序列数据的标记和运算

> 很难做出预测，尤其是对未来的预测。
> *It is difficult to make predictions, especially about the future.*
>
> —— 尼尔斯·玻尔 (Niels Bohr) | 丹麦物理学家 | 1885—1962年

◄ df.bfill() 向后填充缺失值
◄ df.ffill() 向前填充缺失值
◄ df.interpolate() 插值法填充缺失值
◄ df.rolling().corr() 计算数据帧df的移动相关性
◄ df.rolling().mean() 计算数据帧df移动均值
◄ df.rolling().std() 计算数据帧df MA平均值
◄ joypy.joyplot() 绘制山脊图
◄ numpy.random.uniform() 生成满足均匀分布的随机数
◄ plotly.express.bar() 绘制可交互条形图
◄ plotly.express.histogram() 绘制可交互直方图
◄ plotly.express.imshow() 绘制可交互热图
◄ plotly.express.line() 绘制可交互二维线图
◄ plotly.express.scatter() 绘制可交互散点图
◄ seaborn.heatmap() 绘制热图
◄ statsmodels.api.tsa.seasonal_decompose() 季节性调整
◄ statsmodels.regression.rolling.RollingOLS() 计算移动OLS线性回归系数

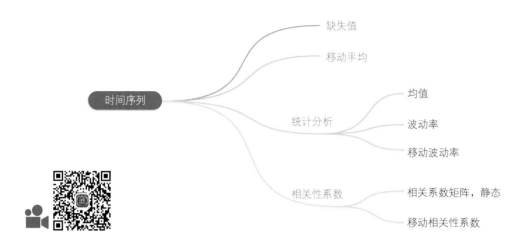

缺失值

移动平均

时间序列

统计分析 ── 均值
　　　　　── 波动率
　　　　　── 移动波动率

相关性系数 ── 相关系数矩阵，静态
　　　　　── 移动相关性系数

24.1 什么是时间序列？

本书前文介绍过，**时间序列** (timeseries) 是指按照时间顺序排列的一系列数据点或观测值，比如图24.1 (a) 所示为**标普500** (Standard and Poor's 500，S&P 500) 数据。

本章介绍Pandas中常用的时间序列处理和分析工具。

图24.1　标普500数据 (含有缺失值)

时间序列分析是一种重要的数据分析方法，它可以用于预测未来的趋势和变化，评估现有趋势的稳定性和可靠性，并发现异常点和异常趋势。

时间序列分析通常包括以下几个步骤。

◀ **数据预处理：** 对数据进行清洗、去噪、填补缺失值等操作，以提高数据质量和可靠性。
◀ **时间序列的可视化：** 对数据进行绘图，以了解数据的分布、趋势和周期性。
◀ **时间序列的统计分析：** 对数据进行时间序列分解、平稳性检验、自相关性检验等统计分析，以评估数据的稳定性和相关性。
◀ **时间序列的建模和预测：** 根据统计分析的结果，建立合适的时间序列模型，以进行未来趋势的预测和评估。

比如，在图24.1 (a) 中被局部放大的曲线上，大家已经看到了**缺失值** (missing values)。图24.1 (b) 用热图可视化缺失值的位置。在本章配套的代码中，大家会看到经过计算缺失值的占比约为3.5%。

Pandas中的时间序列功能

在Python中，Pandas库提供了强大的时间序列处理和分析功能，使得时间序列的处理和分析变得更加简单和高效。

在 Pandas 中，时间序列分析的主要方法包括以下几种。

◀ **创建时间序列：** 可以通过 pandas.date_range() 方法创建一个时间范围，或者将字符串转换为时间序列对象。
◀ **时间序列索引：** 可以使用时间序列作为 DataFrame 的索引，从而方便地进行时间序列分析。
◀ **时间序列的切片和索引：** 可以使用时间序列的标签或位置进行切片和索引。
◀ **时间序列的重采样：** 可以将时间序列转换为不同的时间间隔，例如将日频率的数据转换为月频率的数据。
◀ **移动窗口函数：** 可以对时间序列数据进行滑动窗口操作，计算滑动窗口内的统计指标，如均值、方差等。
◀ **时间序列的分组操作：** 可以将时间序列数据按照时间维度进行分组，从而进行聚合操作，如计算每月的均值、最大值等。
◀ **时间序列的聚合操作：** 可以对时间序列数据进行聚合操作，如计算每周、每月、每季度的总和、均值等。
◀ **时间序列的可视化：** 可以使用 Pandas、Matplotlib、Seaborn、Plotly等库对时间序列数据进行可视化，如绘制线形图、散点图、直方图等。

下载 + 可视化数据

我们可以通过代码24.1下载金融数据，大家应该对这部分代码很熟悉了，下面简单介绍关键语句，此外也请回顾本书前文讲过的相关内容。

ⓐ将pandas_datareader导入，简写作pdr。pandas_datareader是一个用于从多种数据源中获取金融和经济数据的库。在安装Anaconda时，这个库并没有安装，请大家自行安装 (pip install pandas-datareader)。此外，请大家注意这个库的更新情况。

ⓑ将名为 "joypy" 的Python库导入。在本章后文，我们将用joypy绘制**山脊图** (ridgeline plot)。这个库也需要大家自行安装 (conda install joypy)。

> ➜ 本章仅仅采用"图解"的方式介绍最基本的时间序列分析方法，《数据有道》一册将专门介绍时间序列相关话题。

> ⚠ 如果下载数据失败的话，请大家用pandas.read_csv()读入配套CSV数据。

> ➜ 如果忘记怎么安装第三方Python库，请大家参考本书第2章。

ⓒ导入Python的datetime库。datetime 模块提供了处理日期和时间的功能，包括创建日期时间对象、执行日期时间运算、格式化日期时间字符串等。

ⓓ关闭链式赋值操作警告。

ⓔ用datetime.datetime() 创建日期对象。

ⓕ指定下载数据的标识符ID。

ⓖ利用pdr.DataReader() 从FRED下载数据。本书第19章还介绍过其他下载方法，请大家回顾。

ⓗ将数据帧保存为CSV文件。

ⓘ将数据帧保存为PKL文件。如果读者无法从FRED官方下载数据，则可以用**ⓙ**或**ⓚ**从本章配套文件中读入数据。

代码24.1 下载金融数据 | ⊕ Bk1_Ch24_01.ipynb

```python
# 导入包
import pandas_datareader as pdr
# 需要安装 pip install pandas-datareader
import joypy
# 需要安装 conda install joypy
import pandas as pd
import datetime
import plotly.express as px
import numpy as np
import seaborn as sns
import matplotlib.pyplot as plt
pd.options.mode.chained_assignment = None  # default='warn'


# 从FRED下载标普 500 (S&P 500)
start_date = datetime.datetime (2014, 1, 1)
end_date = datetime.datetime (2022, 12, 31)

ticker_list = ['SP500']
df = pdr.DataReader (ticker_list,
                    'fred',
                    start_date,
                    end_date)
# 双备份数据
df.to_csv ('SP500_' + str(start_date.date ()) + '_'
          + str(end_date.date ()) + '.csv')
df.to_pickle ('SP500_' + str(start_date.date ()) + '_'
             + str(end_date.date ()) + '.pkl')
# 从备份数据导入
# df = pd.read_csv('SP500_2014-01-01_2022-12-31.csv',
#                  index_col = 0, parse_dates = True)
# df = pd.read_pickle('SP500_2014-01-01_2022-12-31.pkl')
```

代码24.2中**ⓐ**利用plotly.express.line() 绘制时间序列线图。

ⓑ使用update_layout方法来自定义图形的布局和标题。

xaxis_title='Date'设置了x轴的标题为 "Date"。

yaxis_title='S&P 500 index'设置了y轴的标题为 "S&P 500 index"。

legend_title='Curve'设置了图例为 "Curve"。但是，showlegend=False关闭了图例。

ⓒ计算缺失值比例。isnull() 方法用于检查DataFrame中的每个元素是否为缺失值NaN。它返回一

个与原始DataFrame相同形状的布尔值DataFrame，其中每个元素都是一个布尔值，表示对应位置是否是缺失值。True (1) 代表缺失，False (0) 代表存在。方法sum() 对每列求和，得到每列中缺失值的总数。len(df) 则计算数据帧的总行数。

d中 "%.3f" 表示要插入一个浮点数，并保留三位小数。注意，"%%"表示要插入一个百分号字符 "%"。因为 "%" 在格式化字符串中具有特殊含义；所以如果要打印百分号字符本身，需要用两个百分号"%%"来表示。

> 如果忘记怎么在字符串中插入数据，请大家参考本书第5章。

e创建了一个Matplotlib的Figure对象 fig 和一个Axes对象 ax，并设置了图形的宽为2，高为4，单位为英寸。

f利用seaborn.heatmap() 绘制热图展示缺失值，具体如图24.1 (b) 所示。参数cbar=False表示不绘制**颜色条** (colorbar)，即颜色映射和数值关系。

参数cmap='YlGnBu'指定了用于渲染热图的颜色映射为 "YlGnBu"，它表示黄色到蓝色的渐变，用于表示缺失值的程度。

参数yticklabels=[ ]用于指定y轴上的刻度标签。通过将其设置为空列表 "[ ]"，可以不显示y轴上的刻度标签。

代码24.2 可视化缺失值（使用时配合前文代码）| ⊕ Bk1_Ch24_01.ipynb ◯ ◯◯◯

```
# 含有缺失值的时间序列线图

fig = px.line (df)
fig.update_layout (xaxis_title = 'Date',
                   yaxis_title = 'S&P 500 index',
                   legend_title = 'Curve',
                   showlegend = False)
fig.show ()


# 计算缺失值比例
percentag_missing = df.isnull ().sum()*100/len(df)
print('Percentage of missing data')
print("%.3f%%" % (percentag_missing))


# 可视化缺失值
fig, ax = plt.subplots (figsize = (2,4))
# 使用 seaborn.heatmap() 绘制热图
sns.heatmap (df.isnull (), cbar = False,
            cmap = 'YlGnBu', yticklabels = [])
plt.show ()
```

24.2 缺失值：用NaN表示

缺失值 (missing value) 指的是数据集中的某些值缺失或未被记录的情况。它们可能是由于测量设备故障、记录错误、样本丢失或数据清洗不完整等原因导致的。

本书第29章简述Scikit-Learn中处理缺失值的方法；此外，《数据有道》专门介绍处理缺失值的各种方法。

图24.1中的缺失值则对应非营业日，比如周六日、节假日等。将这些缺失值删除之后，我们便得到图24.2所示的趋势。

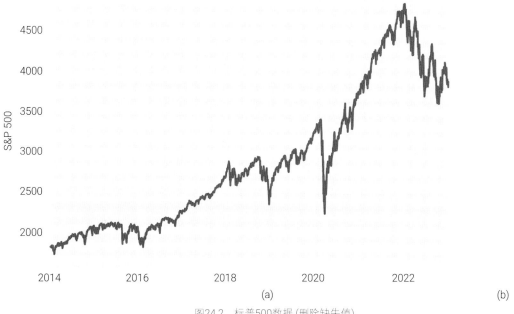

图24.2　标普500数据 (删除缺失值)

代码24.3中 ⓐ 利用dropna()方法删除包含缺失值NaN的行 (默认)。如果希望删除包含缺失值的列，可以传递额外的参数 axis=1。

ⓑ 再次计算新数据帧的缺失值情况。

ⓒ 再次用plotly.express.line() 绘制删除缺失值后的时间序列线图。

代码24.3　删除缺失值 (使用时配合前文代码)　| ⊕ Bk1_Ch24_01.ipynb　　○○●●

```
# 删除 NaN
ⓐ  df_ = df.dropna ()
ⓑ  percentag_missing = df_.isnull ().sum()*100/len(df_)
# 再次确认缺失值比例
print('Percentage of missing data')
print("%.3f%%" % (percentag_missing))

# 删除缺失值的时间序列线图
ⓒ  fig = px.line (df_, y = 'SP500', title = 'S&P 500 index')
    fig.show ()
```

为了醒目地观察每年趋势，我们绘制了图24.3。图24.3中每个子图代表一个年度的时间序列走势。

我们可以通过代码24.4绘制图24.3。ⓐ在DataFrame中创建一个新的列 "Year"，该列包含了日期时间索引中的年份信息。

用pandas.DatetimeIndex()可以将数据帧的时间索引转换为DatetimeIndex对象。

DatetimeIndex是Pandas中用于处理日期时间索引的数据结构。

然后，利用year这个DatetimeIndex对象的属性，从日期中提取年份信息。它会返回一个包含与索引中日期时间对应的年份的Pandas Series。

ⓑ也是用plotly.express.line() 绘制线图，和本章前面不同的是参数facet_col='Year'，启用了多列子图。

也就是说，我们根据 "Year" 列的不同值将数据分成不同的列，绘制不同年份数据的子图。

facet_row=None这个参数表示不启用按行分面绘制，即子图不会按行分割。

ⓒ更新Plotly图表对象fig的布局参数。

width=700设置图表的宽度为700像素。height=500设置图表的高度为500像素。

参数margin=dict(l=20, r=20, t=30, b=20) 设置图表的**边距** (margin)。

dict函数创建了一个包含左边距 (l)、右边距 (r)、顶部边距 (t)、底部边距 (b) 的字典。这些值表示图表内容与图表边界之间的像素间隔。例如，l=20 表示左边距为20像素。

paper_bgcolor="white"设置图表的背景颜色为白色。

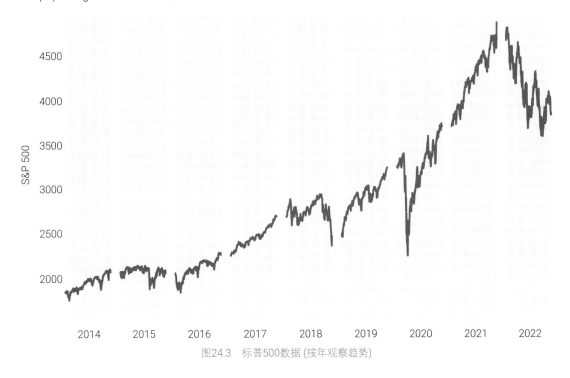

图24.3　标普500数据 (按年观察趋势)

代码24.4　按年绘制标普500水平子图（使用时配合前文代码）| ⊕ Bk1_Ch24_01.ipynb

```
# 按年度分图展示时间序列趋势
ⓐ df_['Year'] = pd.DatetimeIndex (df_.index).year
ⓑ fig = px.line (df_, y = 'SP500', title = 'S&P 500 index',
                  facet_col = 'Year', facet_row = None)

ⓒ fig.update_layout (
       width = 700,
       height = 500,
       margin = dict(l = 20, r = 20, t = 30, b = 20),
       paper_bgcolor = "white")
   fig.show ()
```

除了缺失值，样本数据中也难免会出现**离群值** (outlier)。本章不会介绍如何处理离群值，本书第29章简述Scikit-Learn中处理离群值的工具。

什么是离群值？

在统计学和数据分析中，离群值 (outlier) 指的是在数据集中与其他数据值显著不同的异常值。它们可能是由于测量误差、实验异常、录入错误、样本损坏或数据处理错误等因素导致的。离群值具有比其他数据点更大或更小的数值，与其他数据点之间的差异通常非常显著。

离群值会对数据分析结果产生影响，如对均值、方差、相关性等统计指标的计算都会受到其影响。因此，在数据分析和建模中，需要对离群值进行识别、处理或删除。常见的方法包括使用箱线图或3σ值，并根据具体情况进行处理或删除。如果离群值确实是数据中真实存在的异常值，则可能需要对其进行单独分析或建立针对其的模型。

24.3 移动平均：一种平滑技术

时间序列的**移动平均** (Moving Average，MA)，也称滚动平均，是一种常用的平滑技术，用于去除序列中的噪声和波动，以便更好地观察和分析序列的长期趋势。

移动平均通过计算序列中一段固定长度，通常称为**回望窗口** (lookback window)，内数据点的平均值来平滑序列。窗口的大小决定了平滑的程度，较大的窗口将平滑更多的波动，但可能会导致移动平均数据出现明显滞后，跟踪效果变差。如图24.4所示。

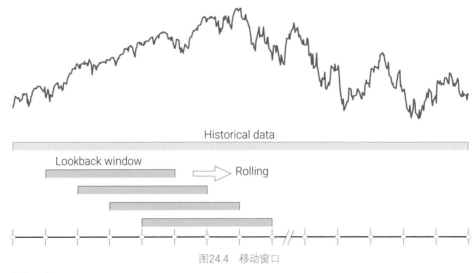

图24.4　移动窗口

具体步骤如下。

①选择窗口的大小，例如10个数据点。
②从序列的起始位置开始，计算窗口内数据点的平均值。
③将该平均值作为移动平均的第一个数据点，记录下来。
④移动窗口向后滑动一个数据点的位置。

⑤重复步骤②至④，计算新窗口内的平均值，并记录下来。

⑥继续滑动窗口直到到达序列的末尾，得到一系列移动平均值。

移动平均的计算可以使用**简单移动平均** (Simple Moving Average，SMA) 或**加权移动平均** (Weighted Moving Average，WMA) 来进行。

简单移动平均对窗口内的每个数据点赋予相等的权重，而加权移动平均则可以根据需求赋予不同的权重，以更强调某些数据点的重要性。《数据有道》将专门介绍加权移动平均。

通过计算移动平均，时间序列中的短期波动可以平滑，从而更容易观察到长期趋势和周期性变化。移动平均在金融分析、经济预测和数据分析等领域得到广泛应用。

我们可以通过代码24.5绘制图24.5，下面让我们聊聊这段代码。

ⓐ在原来的数据帧中创建一个新的列 "MA20"，该列包含了基于 "SP500" 列的移动平均。

> ⚠️ 在使用rolling方法时，默认center=False。

方法rolling(20) 执行移动计算，例如移动平均。20 表示移动窗口长度，即在计算移动平均时要考虑的数据点的数量。

方法mean() 表示对移动窗口内的数据计算平均值。

如图24.6 (a) 所示，当设置center = False 时，移动窗口的标签将被设置为窗口索引的右边缘；也就是说，窗口的标签与移动窗口的右边界对齐。这意味着移动窗口中的数据包括右边界，但不包括左边界。

如图24.6 (b) 所示，当center=True时，移动窗口的标签将被设置为窗口索引的中心。也就是说，窗口的标签位于移动窗口的中间。这意味着移动窗口中的数据将包括左右两边的数据，并且标签位于窗口中央。

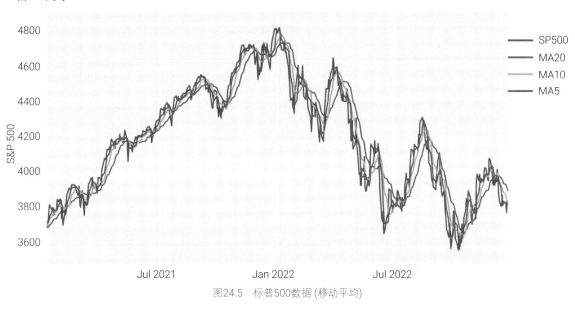

图24.5　标普500数据 (移动平均)

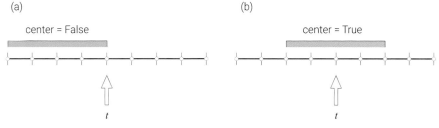

图24.6　移动窗口位置

同理，ⓑ和ⓒ也计算移动平均，只不过窗口内历史数据不同。

d 只选取数据帧其中4列。

e 在利用plotly.express.line() 绘制折线图时，利用loc['20210101':'20221231'] 只绘制日期范围在 20210101 与 20221231 之间的数据。

代码24.5　绘制标普500移动平均（使用时配合前文代码） | ⊕ Bk1_Ch24_01.ipynb

```
# 计算三种移动平均
df_['MA20'] = df_['SP500'].rolling(20).mean()
df_['MA10'] = df_['SP500'].rolling(10).mean()
df_['MA5'] = df_['SP500'].rolling(5).mean()
df_selected = df_[['SP500','MA20','MA10','MA5']]
fig = px.line(df_selected.loc['20210101':'20221231'])
fig.update_layout(title = 'S&P 500 index and moving average',
                  xaxis_title = 'Date',
                  yaxis_title = 'S&P500',
                  legend_title = 'Curve')
fig.show()
```

24.4 收益率：相对涨跌

为了量化股票市场的每日涨跌，我们需要计算股票的日收益率。计算当日收益率时需要知道两个关键数据点：股票的当日收盘价、前一日收盘价。

本书前文提过日收益率的计算公式为：日收益率 = (当日收盘价 − 前一日收盘价) / 前一日收盘价。将这个公式应用于具体的股票数据，就可以计算出每个交易日的日收益率。图24.7所示为标普500的日收益率。

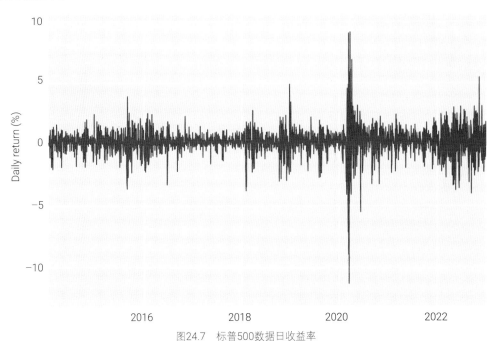

图24.7　标普500数据日收益率

我们可以通过代码24.6计算收益率并绘制图24.7。

ⓐ中pct_change() 方法用于计算列中相邻两个值相对变化，即日收益率。

ⓑ还是用plot.express.line() 绘制收益率百分比。

ⓒ修改fig对象的标题、横轴标题、纵轴标题、图例名称。

代码24.6　绘制标普500日收益率（使用时配合前文代码） | ⊕ Bk1_Ch24_01.ipynb

```
df_['daily_r'] = df_['SP500'].pct_change() * 100
# 计算日收益率
# 小数转为百分数

fig = px.line(df_, y = 'daily_r')
fig.update_layout (title = 'Daily relative return',
                   xaxis_title = 'Date',
                   yaxis_title = 'Daily return (%)',
                   legend_title = 'Curve')
fig.show ()
```

为了更方便观察每年涨跌情况，我们绘制了图24.8。

类似前文代码，代码24.7中**ⓐ**以绘制年份线图子图。

ⓑ调整fig对象设置。

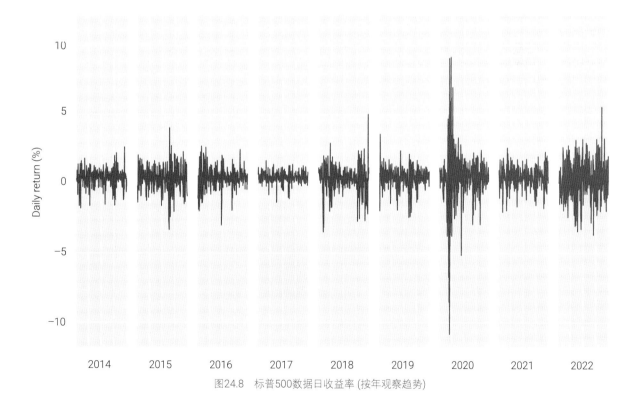

图24.8　标普500数据日收益率 (按年观察趋势)

```
# 日收益率，按年子图
(a) fig = px.line(df_,y = ['daily_r'], title = 'S&P 500 index',
                facet_col ='Year',facet_row = None)

(b) fig.update_layout(
        width = 700,
        height = 500,
        margin = dict(l = 20, r = 20, t = 30, b = 20),
        paper_bgcolor="white")
    fig.show()
```

24.5 统计分析：均值、波动率等

市场涨跌越剧烈，曲线波动越剧烈。图24.8中这些曲线类似随机行走，为了发现规律，我们需要借助统计工具。

年度分布

图24.9所示为下载所有数据计算得到日收益率绘制的分布图。大家可以从分布中计算得到均值和标准差。这个任务交给大家自行完成。

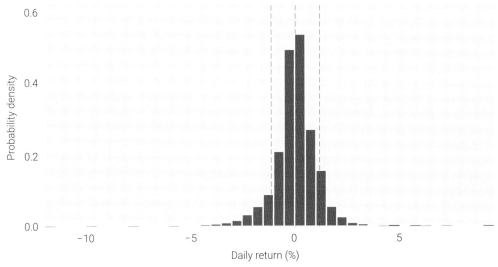

图24.9 所有下载历史数据日收益率分布

代码24.8中 (a)用numpy.mean() 计算均值。请大家修改代码，用pandas.DataFrame.mean() 计算均值，并比较结果。

(b)用numpy.std() 计算标准差。

请大家修改代码，用pandas.DataFrame.std() 计算均值，并比较结果解释为什么两个结果不一致。

ⓒ使用plotly.express.histogram() 绘制直方图。其中，nbins=50指定了直方图的**柱子** (bin) 的数量，用于显示不同收益率区间的频率。

参数histnorm='probability density'控制直方图的归一化方式。probability density 表示直方图的高度表示概率密度，这意味着每个柱子的高度表示对应收益率区间的概率密度而不是频数，这使得直方图的总面积等于1。

ⓓ这段代码用add_shape() 方法给Plotly图表中添加一条竖直虚线，以标识数据的均值。

参数type='line' 指定要添加的形状类型为一条线。

参数x0=mean设置线起点横坐标，即样本均值。参数y0=0 设置线起点纵坐标。

参数x1=mean设置线结束点横坐标，同样也是均值。

参数y1=1设置线的结束点的纵坐标，表示线延伸到y轴的1位置。

参数line=dict(color='red', dash='dash') 设置线的样式。具体来说：color='red' 设置线的颜色为红色，dash='dash'设置线的类型为虚线。

参数name='mean'给添加的形状一个名称，以便在图例中显示。

代码24.8　日收益率分布（使用时配合前文代码） | ⊕ Bk1_Ch24_01.ipynb

```python
# 计算均值和标准差
a  mean  = np.mean(df_['daily_r'])
b  std = np.std(df_['daily_r'])

# 绘制直方图
c  fig = px.histogram(df_['daily_r'], nbins = 50,
                      histnorm ='probability density')

# 标注均值和均值加减标准差的位置
d  fig.add_shape(type ='line', x0 = mean, y0 = 0,
                 x1 = mean, y1 = 1,
                 line = dict(color ='red', dash ='dash'),
                 name ='mean')

   fig.add_shape(type ='line', x0 = mean +std, y0 = 0,
                 x1 = mean +std, y1 = 1,
                 line = dict(color ='red', dash ='dash'),
                 name ='mean+std')

   fig.add_shape(type ='line', x0 = mean -std, y0 = 0,
                 x1 = mean -std, y1 =1,
                 line = dict(color ='red', dash ='dash'),
                 name ='mean -std')

# 设置图形布局
fig.update_layout(showlegend = False,
                  xaxis_title = 'Daily return (%)',
                  yaxis_title = 'Probability density')

# 显示图形
fig.show()
```

图24.10所示为年度日收益率分布变化情况。我们可以通过代码24.9绘制图24.10。

其中，**ⓐ**也是绘制直方图，不同的是我们利用参数orientation='h'设置直方图的方向为水平方向，即柱子是水平放置的。如果设置参数orientation='v'，则柱了将垂直放置，这也是默认方向。

此外，参数facet_col='Year'启用了子图绘制，根据不同年份将数据分成不同的列绘制子图。

ⓑ也是修改图像默认设置。

ⓒ则是利用update_xaxes()方法通过将参数matches设置为'x'，让所有子图横轴的属性都设置为相同的值，以使它们在图表中具有一致的外观和行为。

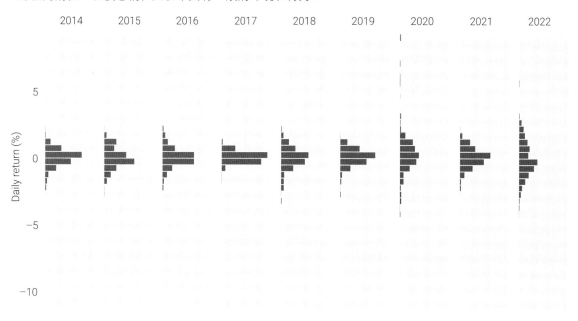

图24.10　日收益率分布 (按年)

```
代码24.9  按年日收益率直方图子图 （使用时配合前文代码） | ⊕ Bk1_Ch24_01.ipynb
# 每年收益率直方图
```

ⓐ
```
fig = px.histogram (df_ [['daily_r','Year']], nbins = 80,
                    histnorm ='probability density',
                    title = 'S&P 500 index',
                    orientation = 'h',
                    facet_col = 'Year', facet_row = None)
```

ⓑ
```
fig.update_layout (
    width = 1200,
    height = 500,
    margin = dict(l = 20, r = 20, t = 30, b = 20),
    paper_bgcolor ="white")
```

ⓒ
```
fig.update_xaxes (matches ='x')
fig.show ()
```

为了更好地量化股票的波动情况，我们需要一个指标——**波动率** (volatility)。波动率是衡量其价格变动幅度的指标，常用的量化方法为**历史波动率** (historical volatility)。历史波动率本质上就是一定回望窗口内收益率样本数据的标准差。

图24.11所示为利用水平柱状图可视化日收益率的年度均值、波动率 (标准差)。

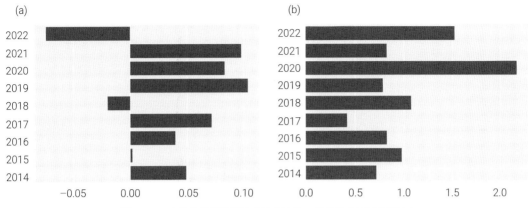

图24.11 水平柱状图可视化收益率均值、标准差 (波动率) (按年)

代码24.10中ⓐ进行分组聚合。groupby(['Year'], as_index=False) 利用 groupby() 方法，将数据按照指定的年度进行分组。

参数as_index=False指示不将 "Year" 列作为索引列，而保留其作为普通列。

方法agg({'daily_r':['mean','std']}) 指定对每个分组应用聚合函数的操作，'daily_r'给定列，列表['mean','std']指定聚合操作，包括**均值** (mean) 和**标准差** (std)。

ⓑ利用plotly.express.bar() 绘制水平柱状图。

参数y=Yearly_stats_df['Year'] 指定纵轴上的数据，即年份数据。

参数x=Yearly_stats_df['daily_r']['mean'] 指定横轴上的数据，即每年平均收益率的数据。

参数orientation='h'指定柱状图的方向为水平方向。

ⓒ类似ⓑ，不同的是横轴为收益率的波动率。

代码24.10   日收益率年度统计数据柱状图（使用时配合前文代码） | ⊕ Bk1_Ch24_01.ipynb   ◯◯◯

```python
# 年度统计数据
ⓐ Yearly_stats_df = df_.groupby (['Year'],
            as_index = False).agg({'daily_r':['mean','std']})

# 使用 plotly.express 绘制条形图
ⓑ fig = px.bar (y = Yearly_stats_df ['Year'],
            x = Yearly_stats_df ['daily_r']['mean'],
            title = 'Mean', orientation ='h')

# 设置图形布局
fig.update_layout (showlegend = False,
                xaxis_title = 'Mean of daily return (%)',
                yaxis_title = 'Year')
# 显示图形
fig.show ()

    # 使用 plotly.express绘制条形图
ⓒ fig = px.bar (y = Yearly_stats_df ['Year'],
            x = Yearly_stats_df ['daily_r']['std'],
```

```
                    title ='Daily vol',
                    orientation ='h')
# 设置图形布局
fig.update_layout (showlegend = False,
                    xaxis_title = 'Volatility of daily return (%)',
                    yaxis_title = 'Year')
# 显示图形
fig.show ()
```

此外，我们还可以使用**山脊图** (ridgeline plot) 可视化每年收益率的分布情况，具体如图24.12所示。

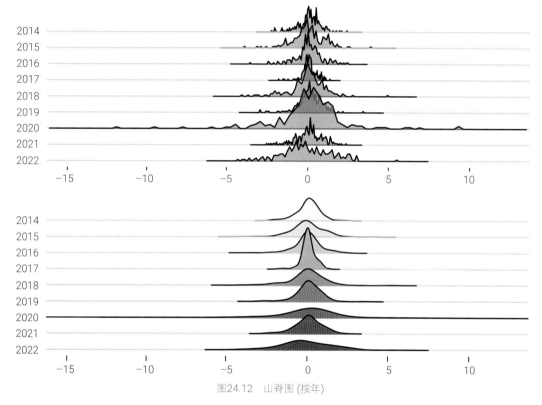

图24.12　山脊图 (按年)

本章前文提过，Joypy是一个第三方Python库，用于创建山脊图。山脊图是一种可视化工具，用于展示多个连续变量在一个维度上的分布，并且能够显示不同组之间的比较。

山脊图的特点是将多个曲线图，通常是核密度估计曲线，沿着一个共享的垂直轴线堆叠显示，形成一座山脉状的图形。每个曲线代表一个组或类别，可以通过颜色或其他视觉属性进行区分。

> 需要强调的是，要使用Joypy绘制山脊图，首先需要安装Joypy库，并导入joyplot模块。安装Joypy，请参考https://pypi.org/project/joypy/。

我们可以通过代码24.11绘制图24.12。

相信大家已经熟悉ⓐ这句，我们用它从日期中提取年份信息。

本章前文代码已经导入Joypy。ⓑ中joypy.joyplot() 绘制山脊图。

参数by="Year" 指定了数据帧的一个列，用于将数据按照年份进行分组。也就是说，每个年份对应山脊图中一个分布。

参数 ax=ax指定了用于绘制 joyplot 的坐标轴对象。变量 ax 对应上一句用plt.subplots(figsize = (6,4)) 生成的轴对象 ax。

参数column="daily_r"指定显示每天收益率分布情况。

参数range_style='own'表示每个年份的分布图会根据数据的范围自动调整，以便更好地显示数据。

参数grid="y"表示只显示垂直网格线。

参数linewidth=1指定了分布线条的宽度，用于绘制分布图。

参数legend=False表示不显示图例。

参数fade=True给山脊图添加渐变效果。

参数kind="counts"指定了分布图的类型为计数。

参数bins=100指定了数据分布图中的直方图区间数。

❸类似**❷**，有几点不同需要指出。这个山脊图采用更为平滑的**核密度估计** (Kernel Density Estimation，KDE)。此外，colormap=cm.autumn_r指定了用于渲染山脊图的颜色映射为autumn_r颜色映射，该映射主题为"秋色"，红黄渐变。注意，_r代表翻转颜色映射；请大家修改代码尝试autumn颜色映射，并对比效果。

> 本书第27章简单介绍核密度估计KDE方法；《统计至简》会专门深入介绍KDE的数学原理。

代码24.11 绘制年度数据山脊图（使用时配合前文代码） | ⊕ Bk1_Ch24_01.ipynb

```
df_['Year'] = pd.DatetimeIndex (df_.index).year
# 绘制山脊图
from matplotlib import cm

fig, ax = plt.subplots (figsize = (6,4))
# 频率
joypy.joyplot (df_, by = "Year", ax = ax,
               column = "daily_r", range_style ='own',
               grid = "y", linewidth = 1, legend = False,
               fade =True,kind ="counts", bins =100)
plt.show ()

# 高斯概率密度估计
fig, ax = plt.subplots (figsize = (6,4))
joypy.joyplot (df_, by="Year", column = "daily_r", ax = ax,
               range_style = 'own', grid ="y",
               linewidth = 1, legend = False,
               colormap = cm.autumn_r, fade = True)
plt.show ()
```

季度分布

当然，我们也可以按季度分析收益率。图24.13所示为每一年四个季度收益率的均值、标准差的柱状图。

> 请思考如何利用上一章介绍的方法，分别设定两种钻取方法"年份 → 季度"和"季度 → 年份"，然后用柱状图可视化结果。

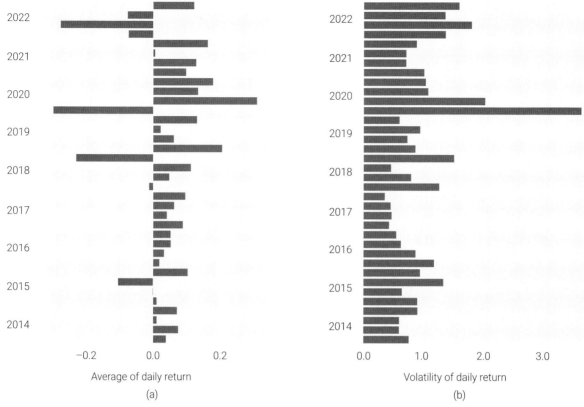

Average of daily return
(a)

Volatility of daily return
(b)

图24.13　水平柱状图可视化收益率均值、标准差 (波动率)，按季度 (注意，图中省去季度标识)

我们可以通过代码24.12计算绘制图24.13。下面讲解其中关键语句。

ⓐ用index.quarter提取季度信息。

ⓑ用index.year提取年份信息。

ⓒ用列表生成式创建一个名为"quarter_yr"的新列表。它将两个之前生成的 years 和 quarters 组合起来，创建一个包含字符串的列表 quarter_yr，每个字符串表示一个年份和季度的组合。

在列表生成式中，f"{year}, Q{quarter}"表达式使用 f-strings迭代创建一组新的字符串。它将 year 和 quarter 变量的值插入到字符串中，其中 year 表示年份，quarter 表示季度，并在季度前面加上 "Q"。这样，它就形成了一个字符串，例如 "2018, Q2"，其中 2018 是年份，Q2 是季度。

如果大家忘了列表生成式和f-strings，请回顾本书第7章。

ⓓ用列表在数据帧中创建新的一列。

本章前文用讨类似ⓔ语句。方法groupby(['quarter_yr'], as_index=False) 是一个分组操作，它将数据帧 df_ 按照 "quarter_yr" 列的独特值进行分组。

as_index=False 参数表示不将 "quarter_yr" 列设置为索引，而保留它作为列。

方法agg({'daily_r':['mean','std']}) 是一个聚合操作，它对每个分组进行统计计算。

类似前文，ⓕ和ⓖ用plotly.express.bar() 绘制水平方向柱状图。

```python
# 季度均值、标准差
quarters = df_.index.quarter
years = df_.index.year

# 将季度和年份信息组合成字符串
quarter_yr = [f"{year}, Q{quarter}"
              for year, quarter in zip(years, quarters)]

# 添加新列
df_['quarter_yr'] = quarter_yr

Qly_stats_df = df_.groupby(['quarter_yr'],
    as_index = False).agg({'daily_r':['mean','std']})

# 使用plotly.express绘制条形图
fig = px.bar(y = Qly_stats_df['quarter_yr'],
             x = Qly_stats_df['daily_r']['mean'],
             title ='Mean',
             orientation ='h')

# 设置图形布局
fig.update_layout(showlegend = False,
                  width = 600,
                  height = 800,
                  xaxis_title = 'Mean of daily return (%)',
                  yaxis_title = 'Quarter')
fig.show()

# 使用plotly.express绘制条形图
fig = px.bar(y = Qly_stats_df['quarter_yr'],
             x = Qly_stats_df['daily_r']['std'],
             title = 'Volatility',
             orientation = 'h')

# 设置图形布局
fig.update_layout(showlegend = False,
                  width = 600,
                  height = 800,
                  xaxis_title = 'Vol of daily return (%)',
                  yaxis_title = 'Quarter')
fig.show()
```

图24.14所示为每个季度收益率的山脊图。这幅图中，我们隐去了纵轴的时间。请大家自行分析代码24.13语句。

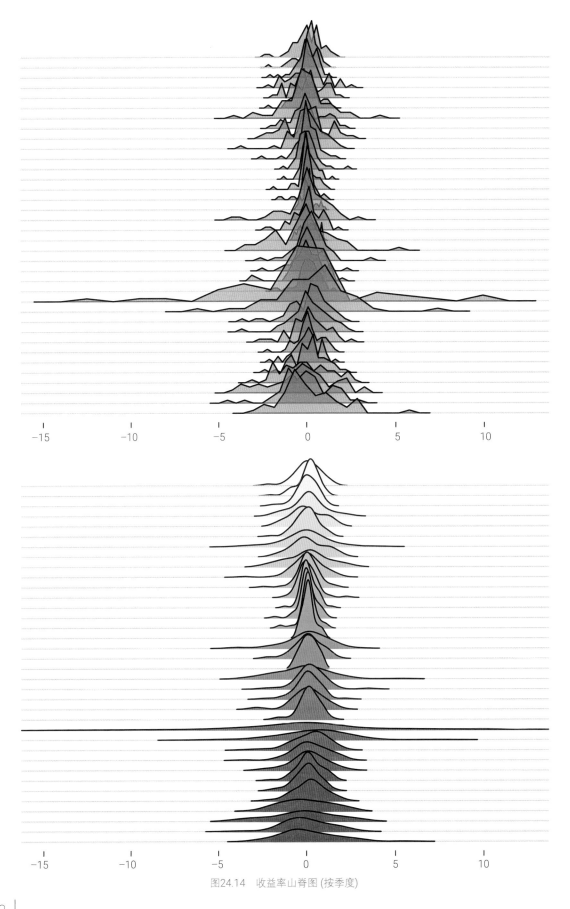

图24.14　收益率山脊图 (按季度)

```
# 季度数据
# 默认效果山脊图
fig, ax = plt.subplots (figsize = (6,5))
```
ⓐ
```
joypy.joyplot (df_, by ="quarter_yr", ax = ax,
               column ="daily_r", range_style = 'own',
               grid ="y", linewidth = 1, legend = False,
               fade = True, kind ="counts", bins = 20)
plt.show ()
```
```
# KDE
fig, ax = plt.subplots (figsize = (6,5))
```
ⓑ
```
joypy.joyplot (df_, by="quarter_yr", column ="daily_r", ax = ax,
               range_style = 'own', grid ="y",
               linewidth = 1, legend = False,
               colormap = cm.autumn_r, fade = True)
plt.show ()
```

移动波动率

　　准确来说，历史波动率是根据过去一段时间内的股票价格数据计算得出的波动率。

　　可以选择一个时间窗口，如20营业日 (一个月)、60营业日 (一个季度)、125或126营业日 (半年)、250或252营业日 (一年)，计算每个交易日的收益率，然后求得其标准差，最终得到历史波动率。

　　类似移动平均值，当这个回望窗口移动时，我们便得到移动波动率的时间序列数据。

　　图24.15所示的移动波动率的回望窗口长度为250天营业日。请大家自己修改回望窗口长度 (营业日数量)，比较移动波动率曲线。

> 《数据有道》专门介绍指数加权移动平均EWMA方法计算的均值和波动率。

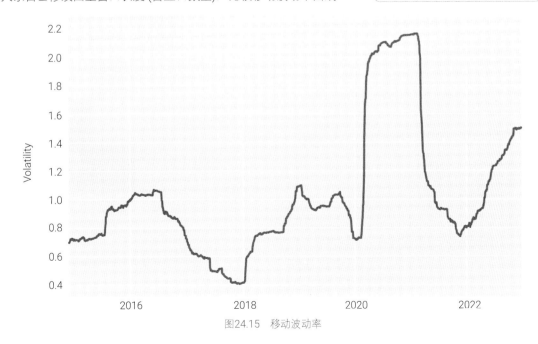

图24.15 移动波动率

代码24.14中 ⓐ对数据帧df_ 中的 "daily_r" 列计算移动波动率 (标准差)。

方法rolling(250) 设置移动窗口长度。这意味着在进行标准差计算时，每次都会考虑250个历史数据点。

方法std() 表示在移动窗口对象上计算标准差，即波动率。

ⓑ也适用plotly.express.line() 绘制移动波动率曲线。

请大家使用其他移动窗口长度计算不同的移动波动率，并绘制曲线比较。

❓ 请大家思考，移动窗口长度对移动波动率有怎样的影响。

代码24.14 绘制移动波动率 (使用时配合前文代码) | ⊕ Bk1_Ch24_01.ipynb

```python
# 移动波动率
df_vol = df_['daily_r'].rolling(250).std()

fig = px.line(df_vol, y = 'daily_r')
fig.update_layout(title = 'Rolling vol',
                  xaxis_title = 'Date',
                  yaxis_title = 'Volatility')

fig.show()
```

24.6 相关性：也可以随时间变化

几个不同时间序列之间肯定也会存在相关性。图24.16所示为标普500日收益率和三个汇率收益率之间的相关系数矩阵热图。注意，这个矩阵是给定历史时间序列数据的 "静态" 相关性系数。

我们可以通过代码24.15绘制图24.16。下面聊聊其中关键语句。

ⓐ用列表列出数据的标识符，其中前三个为汇率。

ⓑ从FRED下载数据。

ⓒ修改数据帧列标签。

ⓓ先删除NaN，再计算收益率，即相对涨跌。

ⓔ用plotly.express.imshow() 绘制相关系数矩阵热图。方法corr() 计算数据帧各列之间的相关系数矩阵。text_auto='.2f'控制在热图上显示的文本标签的格式。".2f" 表示将浮点数格式化为包含两位小数。color_continuous_scale='RdYlBu_r'指定了用于着色的颜色映射。

图24.16 相关系数矩阵

```
# 下载更多数据
ticker_list = ['DEXJPUS','DEXCAUS','DEXCHUS','SP500']
df_FX_SP500 = pdr.DataReader(ticker_list,
                             'fred',
                             start_date,
                             end_date)

# 备份数据
df_FX_SP500.to_csv('FX_SP500_' + str(start_date.date()) + '_'
                   + str(end_date.date()) + '.csv')
df_FX_SP500.to_pickle('FX_SP500_' + str(start_date.date()) + '_'
                      + str(end_date.date()) + '.pkl')

# 修改 column names
df_FX_SP500 = df_FX_SP500.rename(columns = {'DEXJPUS': 'JPY to USD',
                                            'DEXCAUS': 'CAD to USD',
                                            'DEXCHUS':'CNY to USD'})
df_FX_SP500_return = df_FX_SP500.dropna().pct_change()

# 相关系数矩阵热图
fig = px.imshow(df_FX_SP500_return.corr(),
                text_auto = '.2f',
                color_continuous_scale = 'RdYlBu_r')
fig.show()
```

a、b、c、d、e

相关性并不是一成不变的，也是随时间不断变化的。如图24.17所示，当我们指定具体的移动窗口长度，在不同的时间点上都可以计算得到相关性系数。因此，我们也可以得到移动相关性时间序列，这组数据就变成了"动态"数据。

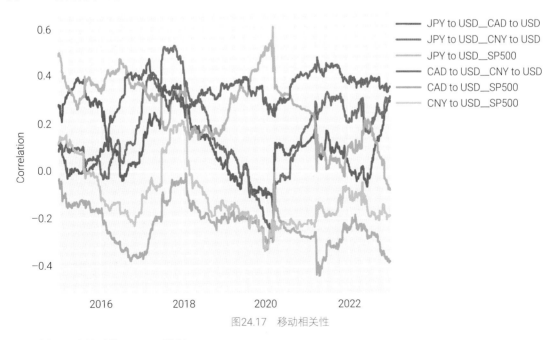

图24.17　移动相关性

我们可以通过代码24.16绘制图24.17。

ⓐ也是用rolling() 方法计算移动相关系数矩阵，并删除缺失值行。

注意，计算的结果是多级行标签数据帧。如表24.1所示，每个日期都对应一个相关系数矩阵。绘制图24.17时，我们仅仅需要获取其中6个成对相关性系数时间序列。

ⓑ将多级行索引数据帧转换为一般数据帧，默认将多级行索引中低级索引转换为列，结果如表24.2所示。
ⓒ这句话中，df_rolling_corr.unstack().columns.values的结果为数组：

```
array([('JPY to USD', 'CAD to USD'), ('JPY to USD', 'CNY to USD'),
       ('JPY to USD', 'JPY to USD'), ('JPY to USD', 'SP500'),
       ('CAD to USD', 'CAD to USD'), ('CAD to USD', 'CNY to USD'),
       ('CAD to USD', 'JPY to USD'), ('CAD to USD', 'SP500'),
       ('CNY to USD', 'CAD to USD'), ('CNY to USD', 'CNY to USD'),
       ('CNY to USD', 'JPY to USD'), ('CNY to USD', 'SP500'),
       ('SP500', 'CAD to USD'), ('SP500', 'CNY to USD'),
       ('SP500', 'JPY to USD'), ('SP500', 'SP500')], dtype=object)
```

而数组中的每个元素为元组，这个元组中的两个字符串就是计算相关性系数的成对标识符。

然后，在列表生成式迭代时，'_'.join(col) 这一句用下画线"_"将元组中的两个字符串将列名col 中的元素用空格连接起来。因为 col 是一个列表，它可能包含多个元素，这些元素会以空格分隔。然后列表将会替代数据帧现有列标签。

ⓓ删除数据帧中存在NaN的行。
ⓔ导入Python标准库中的 itertools 模块中的 combinations 函数。
ⓕ用list()将DataFrame列标签转换为一个Python列表。
ⓖ类似ⓒ，用列表生成式和给定的列标签列表 list_tickers 中的所有可能的两两组合 (不考虑顺序) 连接成一个长度为6的字符串列表 pairs_kept。这个字符串列表代表要保留的相关性系数曲线。

也就是说，图24.16所示的相关系数矩阵中，其实我们只关心其中6 (C_4^2) 个值。这6个值可以是不含对角线的下三角元素，或者不含对角线的上三角元素。

← 本书第7章介绍过如何使用itertools.combinations()，请大家回顾。

ⓗ选定数据帧中要保留的6列。
ⓘ用plotly.express.line() 绘制6条移动相关性系数。

请大家思考如果在计算移动相关性系数时，采用的回望窗口宽度不是250，而是125或500，这会对结果产生怎样影响？

表24.1 移动相关系数矩阵（多级行标签数据帧）

DATE		JPY to USD	CAD to USD	CNY to USD	SP500
2015-01-05	JPY to USD	1.000	0.276	0.076	0.482
	CAD to USD	0.276	1.000	0.106	-0.046
	CNY to USD	0.076	0.106	1.000	0.110
	SP500	0.482	-0.046	0.110	1.000
2015-01-06	JPY to USD	1.000	0.269	0.085	0.488
	CAD to USD	0.269	1.000	0.104	-0.048
	CNY to USD	0.085	0.104	1.000	0.115
	SP500	0.488	-0.048	0.115	1.000
...	...	...	...	...	...
2022-12-30	JPY to USD	1.000	0.291	0.311	-0.089
	CAD to USD	0.291	1.000	0.350	-0.395
	CNY to USD	0.311	0.350	1.000	-0.196
	SP500	-0.089	-0.395	-0.196	1.000

表24.2 移动相关系数矩阵（宽格式）

	JPY to USD				CAD to USD				CNY to USD				SP500			
	CAD to USD	CNY to USD	JPY to USD	SP500	CAD to USD	CNY to USD	JPY to USD	SP500	CAD to USD	CNY to USD	JPY to USD	SP500	CAD to USD	CNY to USD	JPY to USD	SP500
DATE																
1/5/2015	0.276	0.076	1.000	0.482	1.000	0.106	0.276	-0.046	0.106	1.000	0.076	0.110	-0.046	0.110	0.482	1.000
1/6/2015	0.269	0.085	1.000	0.488	1.000	0.104	0.269	-0.048	0.104	1.000	0.085	0.115	-0.048	0.115	0.488	1.000
...	...	...	...	...	...	...	...	...	...	...	...	...	...	...	...	...
12/30/2022	0.291	0.311	1.000	-0.089	1.000	0.350	0.291	-0.395	0.350	1.000	0.311	-0.196	-0.395	-0.196	-0.089	1.000

代码24.16 可视化移动相关性系数（使用时配合前文代码）| ⊕ Bk1_Ch24_01.ipynb ○ ● ○

```python
# 计算移动相关性系数
a df_roll_corr = df_FX_SP500_return.rolling (250).corr ().dropna ()

# 整理数据
b df_roll_corr_ = df_roll_corr.unstack ()

c df_roll_corr_ .columns = ['_'.join (col)
                            for col in
                            df_roll_corr.unstack ().columns.values]
d df_roll_corr_ = df_roll_corr_ .dropna ()

# 保留成对相关性数据
e from itertools import combinations
f list_tickers = list(df_FX_SP500_return.columns)

g pairs_kept = ['_'.join (combo)
                for combo in combinations (list_tickers,2)]
h df_roll_corr_ = df_roll_corr_ [pairs_kept]

# 可视化
i fig = px.line (df_roll_corr_)

fig.update_layout (xaxis_title = 'Date',
                   yaxis_title = 'corr',
                   legend_title = 'Pair')

fig.show ()
```

> 对时间序列历史数据完成分析后自然少不了预测这个环节。本书不会展开讲解，请大家参考《数据有道》。

请大家完成以下题目。

Q1. 把本章配套代码中历史数据截止时间修改为最近日期，重新下载数据逐步完成本章前文时间序列分析。

* 本章不提供答案。

有关Pandas中时间序列更多用法，请大家参考：

https://pandas.pydata.org/docs/user_guide/timeseries.html

此外，Statsmodels有大量时间序列分析工具：

https://www.statsmodels.org/stable/user-guide.html#time-series-analysis

这是专门介绍Pandas库的最后一章，我们特别介绍了时间序列数据帧基本分析，以及用Plotly完成可视化。

总结来说，Pandas特别适合数据处理和分析。Seaborn和Plotly这两库和Pandas数据帧结合得特别紧密。

本书专门讲解Pandas的内容到此为止。Pandas的用法很灵活，希望大家一边实践应用、一边不断探索学习。下一板块将介绍三个常用Python数学库——SymPy、SciPy、Statsmodels。

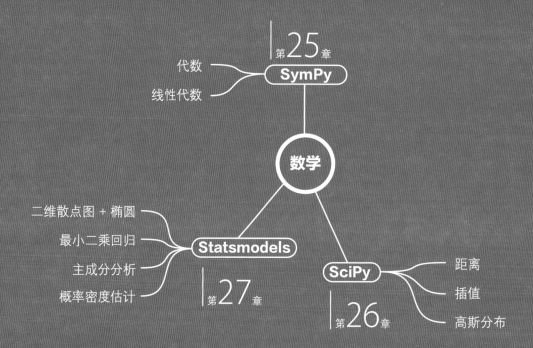

代数

线性代数

第25章

SymPy

数学

二维散点图 + 椭圆

最小二乘回归

主成分分析

概率密度估计

Statsmodels

第27章

SciPy

距离

插值

高斯分布

第26章

学习地图 第6板块

Symbolic Computation in SymPy
SymPy符号运算
SymPy是一个 Python 的符号数学计算库

等式仅仅是数学中无聊至极的那部分；我努力从几何角度观察万物。

Equations are just the boring part of mathematics. I attempt to see things in terms of geometry.

—— 斯蒂芬·霍金 (Stephen Hawking) | 英国理论物理学家和宇宙学家 | 1942—2018年

◄ sympy.abc import x 定义符号变量x
◄ sympy.abc() 引入符号变量
◄ sympy.collect() 合并同类项
◄ sympy.cos() 符号运算中余弦
◄ sympy.diff() 求解符号导数和偏导解析式
◄ sympy.Eq() 定义符号等式
◄ sympy.evalf() 将符号解析式中未知量替换为具体数值
◄ sympy.exp() 符号自然指数
◄ sympy.expand() 展开代数式
◄ sympy.factor() 对代数式进行因式分解
◄ sympy.integrate() 符号积分
◄ sympy.is_decreasing() 判断符号函数的单调性
◄ sympy.lambdify() 将符号表达式转化为函数
◄ sympy.limit() 求解极限
◄ sympy.Matrix() 构造符号函数矩阵
◄ sympy.plot_implicit() 绘制隐函数方程
◄ sympy.plot3d() 绘制函数的三维曲面
◄ sympy.series() 求解泰勒展开级数符号式
◄ sympy.simplify() 简化代数式
◄ sympy.sin() 符号运算中正弦
◄ sympy.solve() 求解符号方程组
◄ sympy.solve_linear_system() 求解含有符号变量的线型方程组
◄ sympy.symbols() 创建符号变量
◄ sympy.sympify() 化简符号函数表达式
◄ sympy.utilities.lambdify.lambdify() 将符号代数式转化为函数

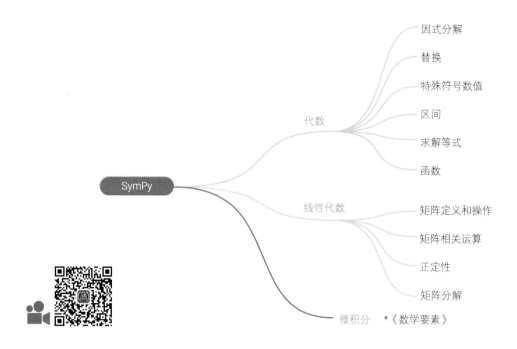

因式分解

替换

特殊符号数值

区间

求解等式

代数

函数

SymPy

线性代数

矩阵定义和操作

矩阵相关运算

正定性

矩阵分解

微积分　　＊《数学要素》

25.1 什么是SymPy？

　　SymPy是一个基于Python的符号数学库，它可以执行代数运算、解方程、微积分、离散数学以及其他数学操作。

　　与NumPy、Pandas等科学计算库不同，SymPy主要关注的是符号计算而不是数值计算。具体来说，SymPy可以处理未知变量和数学符号，而不仅仅是数值，这在一些数学研究和工程应用中非常有用。

　　本章主要介绍SymPy中代数、线性代数运算。此外，SymPy还可以进行微积分运算，如极限、导数、偏导数、泰勒展开、积分等。这部分内容需要一定的数学分析知识，我们将会在《数学要素》一册展开讲解。

25.2 代数

　　本节举几个例子介绍如何用SymPy完成符号代数运算。

因式分解

代码25.1所示为利用SymPy完成因式分解。

ⓐ 从sympy导入symbols和factor，其中symbols用来定义符号变量，factor用来完成因式分解。

ⓑ 这两句的作用是将 SymPy 库中的数学符号以美观的形式打印出来。

ⓒ 定义了x和y两个符号变量。symbols还可以定义带下角标的变量，比如x1, x2 = symbols('x1 x2')。

也可以用from sympy.abc import x, y的形式定义符号变量。

此外，用sympy.symbols() 定义变量时还可以提出符号的假设条件。

比如，k = sympy.symbols('k', integer=True) 这一句定义符号变量k，并假定k为整数。

z = sympy.symbols('z', real=True) 定义了符号变量z，并假定z为实数。

ⓓ 定义了 $x^2 - y^2$ 。

ⓔ 对 $x^2 - y^2$ 进行因式分解，结果为 $(x-y)(x+y)$ 。

反过来，可以用sympy.expand() 展开 $(x-y)(x+y)$ ，结果为 $x^2 - y^2$ 。

代码25.1　因式分解 | ⊕ Bk1_Ch25_01.ipynb　○○○

```
ⓐ from sympy import symbols, factor
  # 从 sympy 中导入 symbols, factor
ⓑ from sympy import init_printing
  init_printing ("mathjax")

ⓒ x, y = symbols ('x y')
  # 用 sympy.symbols (简写作 symbols) 定义 x 和 y 两个符号变量
ⓓ f = x**2 - y**2
ⓔ f_factored = factor (f)
```

替换

代码25.2中ⓐ定义字符串。

ⓑ 将字符串转化为符号表达式 $x^3 + x^2 + x + 1$ 。

ⓒ 用符号y替代符号x，符号表达式变为 $y^3 + y^2 + y + 1$ 。

ⓓ 用0替代x，结果为1。

代码25.2　用sympy.sympify将字符串转化为符号表达式 | ⊕ Bk1_Ch25_01.ipynb　○○○

```
  from sympy import symbols, sympify
  x, y = symbols ('x y')
ⓐ str_expression = 'x**3 + x**2 + x + 1'
  # 将字符串转化为符号表达式
ⓑ str_2_sym = sympify (str_expression)
  # 将符号 x 替换为 y
ⓒ str_2_sym.subs (x, y)
  # 将符号 x 替换为 0
ⓓ str_2_sym.subs (x, 0)
```

特殊符号数值

SymPy还可以定义特殊符号数值，表25.1给出了几个例子。

比如，sympy.sympify() 将2转化为符号数值2，然后进一步判断其是否为整数，是否为实数。

再比如，from sympy import Rational; Rational(1, 2) 这两句的结果为 $\frac{1}{2}$。

想要知道表格中结果的浮点数形式，可以用.evalf()，比如 exp(2).evalf() 的结果为 7.38905609893065。

请大家在JupyerLab中练习表25.1给出的例子。

表25.1　用Sympy定义特殊符号数值 | ⊕ Bk1_Ch25_01.ipynb

代码	结果

`from sympy import sympify`
`sympify(2).is_integer`
`sympify(2).is_real`
	True
	True

`from sympy import Rational` `Rational(1, 2)`	$\dfrac{1}{2}$
`from sympy import sqrt` `1 / (sqrt(2) + 1)`	$\dfrac{1}{1+\sqrt{2}}$
`from sympy import pi` `expr = pi ** 2`	π^2
`from sympy import exp` `exp(2)`	e^2
`from sympy import factorial` `factorial(5)`	$5!$
`from sympy import binomial` `binomial(5, 4)`	$C_5^4 = 5$
`from sympy import gamma` `gamma(5)`	$\Gamma(5) = (5-1)! = 4 \times 3 \times 2 \times 1 = 24$

区间

表25.2总结了如何用sympy.Interval() 定义各种区间，注意，默认区间左闭、右闭。oo (两个小写英文字母o) 代表正无穷。

注意，大家自己在同一个Jupyter Notebook练习时，from sympy import Interval, oo只需要导入一次，不需要重复导入。

此外，用sympy.Interval() 定义的区间还可以进行集合运算，比如Interval(0, 2) – Interval(0, 1) 结果为 (1, 2]。再比如，Interval(0, 1) + Interval(1, 2) 的结果为 [0, 2]。

利用has() 还可以判断区间是否包含具体元素，比如先定义intvl = Interval.Lopen(0, 1)，得到区间 (0, 1]。然后利用intvl.has(0) 或intvl.contains(0) 判断左开右闭区间是否包括元素0，结果为False。

表25.2　用sympy.Interval()定义区间 | ⊕ Bk1_Ch25_01.ipynb

代码	结果
`from sympy import Interval, oo` `Interval(0, 1, left_open=False, right_open=False)`	[0, 1]

代码	结果
`from sympy import Interval, oo` `Interval(0, 1, left_open=True, right_open=True)`	$(0, 1)$

`from sympy import Interval, oo`
`Interval(0, 1, left_open=False, right_open=True)`
`# Interval.Ropen(0, 1)`
	$[0, 1)$

`from sympy import Interval, oo`
`Interval(0, 1, left_open=True, right_open=False)`
`# Interval.Lopen(0, 1)`
	$(0, 1]$

`from sympy import Interval, oo` `Interval(0, oo, left_open=False, right_open=True)`	$[0, \infty)$
`from sympy import Interval, oo` `Interval(-oo, 0, left_open=True, right_open=True)`	$(-\infty, 0)$
`from sympy import Interval, S` `Interval(0, 1).complement(S.Reals)`	$(-\infty, 0) \cup (1, \infty)$

求解等式

代码25.3展示了如何用sympy.solve() 求解等式。

ⓐ 定义等式 $x^2 = 1$。

ⓑ 求解等式结果为 $[-1, 1]$。

ⓒ 定义等式 $ax^2 + bx + c = 0$。

ⓓ 求解等式结果为 $\left[\dfrac{-b - \sqrt{b^2 - 4ac}}{2a}, \dfrac{-b + \sqrt{b^2 - 4ac}}{2a} \right]$。

代码25.3 用 sympy.solve() 求解等式 | ⊕ Bk1_Ch25_01.ipynb ○○○○

```
from sympy import symbols,solve,Eq
x = symbols ('x')
# 定义等式 x**2 = 1
equation_1 = Eq(x**2, 1)
solve (equation_1 , x)
a,b,c = symbols ("a,b,c", real = True)
# 定义等式 a*x**2+b*x +c=0
equation_2 = Eq(a*x**2+b*x+c, 0)
solve (equation_2, x)
```
ⓐ
ⓑ
ⓒ
ⓓ

函数

图25.1所示为二元高斯函数 $f(x_1, x_2) = \exp\left(-x_1^2 - x_2^2\right)$ 曲面。

我们可以通过代码25.4绘制图25.1，下面聊聊其中关键语句。

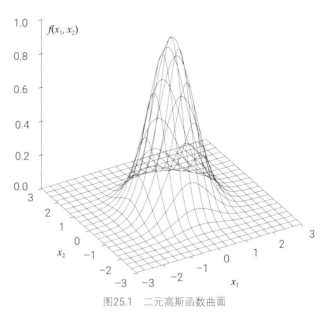

ⓐ定义了符号函数 $\exp\left(-x_1^2 - x_2^2\right)$。

ⓑ用lambdify()将符号函数 $\exp\left(-x_1^2 - x_2^2\right)$
转换为Python函数，从而可以进行数值运算。其中，[x1, x2] 指定了符号变量。

ⓒ用plot_wireframe()在三维轴对象ax上绘制网格曲面来可视化二元高斯函数。

请大家自行分析代码25.4中剩余代码，并逐行注释。

图25.1　二元高斯函数曲面

代码25.4　用sympy.lambdify() 将符号函数转换为Python函数 | ⊕ Bk1_Ch25_01.ipynb

```python
from sympy import symbols, exp, lambdify
import numpy as np
import matplotlib.pyplot as plt

x1, x2 = symbols ('x1 x2')
# 定义符号函数
f_gaussian_x1x2 = exp (-x1**2 - x2**2)
# 将符号函数转换为 Python 函数
f_gaussian_x1x2_fcn = lambdify ([x1,x2],f_gaussian_x1x2)
xx1,xx2 = np.meshgrid (np.linspace (-3,3,201),
                       np.linspace (-3,3,201))

ff = f_gaussian_x1x2_fcn (xx1,xx2)
# 可视化
fig = plt.figure ()
ax = fig.add_subplot (projection ='3d')

ax.plot_wireframe (xx1,xx2,ff,
                   rstride =10, cstride =10)
ax.set_proj_type ('ortho')
ax.view_init (azim = -120, elev = 30)
ax.grid (False)
ax.set_xlabel ('x1')
ax.set_ylabel ('x2')
ax.set_zlabel ('f(x1,x2)')
ax.set_xlim (-3,3)
ax.set_ylim (-3,3)
ax.set_zlim (0,1)
ax.set_box_aspect (aspect = (1,1,1))
fig.savefig ('二元高斯函数.svg', format = 'svg')
```

25.3 线性代数

SymPy也提供了一些线性代数工具，下面举例介绍。

矩阵定义和操作

代码25.5用sympy.Matrix() 定义矩阵、列向量。

ⓐ从sympy导入Matrix函数。

ⓑ定义2行、3列矩阵A。

函数sympy.shape() 可以用来获取矩阵形状。举个例子，先用from sympy import shape导入shape，然后shape(A) 返回元组 (2,3) 即矩阵形状。A.T可以完成矩阵转置。

对矩阵A的索引和切片方法和NumPy数组一致。

比如，A[0,0] 提取矩阵第1行、第1列元素。

A[−1,−1] 提取矩阵最后一行、最后一列元素。

A[0,:] 提取矩阵第一行，A.row(0) 也可以用来提取矩阵第1行。

A[:,0] 提取矩阵第一列，A.col(0) 也可以提取矩阵第一列。

此外，A.row_del(0) 可以用来删除第1行元素。

A.row_insert() 可以用来在特定位置插入行向量。

类似地，A.col_del(0) 可以用来删除第1列元素。

A.col_insert() 可以用来在特定位置插入列向量。

ⓒ定义列向量a。

```
ⓐ from sympy import Matrix
   # 定义矩阵
ⓑ A = Matrix ([[1, 2, 3], [3, 2, 1]])
   # 定义列向量
ⓒ a = Matrix ([1, 2, 3])
```

代码25.6定义的矩阵A为$A = \begin{bmatrix} a & b \\ c & d \end{bmatrix}$。

```
   from sympy import Matrix, symbols
ⓑ A = Matrix (2, 2, symbols ('a:d'))
```

表25.3给出了几种产生特殊矩阵的方法。

此外，A.is_symmetric() 判断矩阵A是否为**对称矩阵** (symmetric matrix)。

A.is_diagonal() 判断矩阵A是否为**对角矩阵** (diagonal matrix)。

> ⚠
> import numpy as np; np.array(A).astype(np.float64) 可以把符号矩阵转换为NumPy Array，然后可以用NumPy函数进一步完成各种线性代数运算。

A.is_lower() 判断矩阵A是否为**下三角矩阵** (lower triangular matrix)。

A.is_upper() 判断矩阵A是否为**上三角矩阵** (upper triangular matrix)。

A.is_square() 判断矩阵A是否为**方阵** (square matrix)。

A.is_zero_matrix() 判断矩阵A是否为**全0矩阵** (zero matrix)。

A.is_diagonalizable() 判断矩阵A是否为**可对角化矩阵** (diagonalizable matrix)。

A.is_positive_definite() 判断矩阵A是否为**正定矩阵** (positive definite matrix)。

表25.3 用Sympy函数产生特殊矩阵 | ⊕ Bk1_Ch25_02.ipynb

矩阵类型	代码	结果
单位矩阵	`from sympy import eye` `A = eye(3)`	$\begin{bmatrix} 1 & 0 & 0 \\ 0 & 1 & 0 \\ 0 & 0 & 1 \end{bmatrix}$
全0矩阵	`from sympy import zeros` `A = zeros(3, 3)`	$\begin{bmatrix} 0 & 0 & 0 \\ 0 & 0 & 0 \\ 0 & 0 & 0 \end{bmatrix}$
全1矩阵	`from sympy import ones` `A = ones(3, 3)`	$\begin{bmatrix} 1 & 1 & 1 \\ 1 & 1 & 1 \\ 1 & 1 & 1 \end{bmatrix}$
对角方阵	`from sympy import diag` `A = diag(1, 2, 3)`	$\begin{bmatrix} 1 & 0 & 0 \\ 0 & 2 & 0 \\ 0 & 0 & 3 \end{bmatrix}$

上三角矩阵	`from sympy import ones`
	`A = ones(3)`
	`A.upper_triangular()`
		$\begin{bmatrix} 1 & 1 & 1 \\ 0 & 1 & 1 \\ 0 & 0 & 1 \end{bmatrix}$

下三角矩阵	`from sympy import ones`
	`A = ones(3)`
	`A.lower_triangular()`
		$\begin{bmatrix} 1 & 0 & 0 \\ 1 & 1 & 0 \\ 1 & 1 & 1 \end{bmatrix}$

矩阵相关运算

代码25.7展示了矩阵相关的常用运算。

ⓐ和**ⓑ**给出两种矩阵乘法运算符，建议大家使用 @，和NumPy矩阵乘法符号保持一致。

ⓒ和**ⓓ**给出两种矩阵逆运算符。

ⓔ将符号矩阵转化为浮点数NumPy数组。

ⓕ计算矩阵Q的逆，结果为 $\dfrac{1}{ad-bc}\begin{bmatrix} d & -b \\ -c & a \end{bmatrix}$。

ⓖ计算矩阵Q的行列式，结果为$ad-bc$。

ⓗ计算矩阵Q的迹，结果为$a+d$。

```python
from sympy import Matrix,symbols

A = Matrix ([[1, 3], [-2, 3]])
B = Matrix ([[0, 3], [0, 7]])
A.T                          # 矩阵转置
A + B                        # 加法
A - B                        # 减法
3*A                          # 标量乘矩阵
A.multiply_elementwise (B)   # 逐项积
A * B                        # 矩阵乘法
A @ B                        # 矩阵乘法


Matrix_2x2 = Matrix ([[1.25, -0.75],
                      [-0.75, 1.25]])


Matrix_2x2**-1               # 矩阵逆
Matrix_2x2.inv ()            # 矩阵逆
# 将符号矩阵转化为浮点数 NumPy 数组
np.array (Matrix_2x2).astype (np.float64)

a, b, c, d = symbols ('a b c d')
Q = Matrix ([[a, b],
             [c, d]])


Q.inv ()                     # 矩阵逆
Q.det ()                     # 行列式
Q.trace ()                   # 迹
```

正定性

正定性 (positive definiteness) 是线性代数、优化方法、机器学习重要的数学概念。表25.4用一组 2×2 矩阵 $A_{2 \times 2}$ 介绍正定性，下面具体来看。

矩阵 $A_{2 \times 2}$ 是**正定** (positive definite)，意味着 $f(x) = x^\mathrm{T} @ A_{2 \times 2} @ x$ 是个开口朝上的抛物面，形状像是碗。除了 $(0, 0)$，$f(x) = x^\mathrm{T} @ A_{2 \times 2} @ x$ 均大于0。$(0, 0)$ 为最小值。

矩阵 $A_{2 \times 2}$ 是**半正定** (positive semi-definite)，意味着 $f(x) = x^\mathrm{T} @ A_{2 \times 2} @ x$ 是个开口朝上的山谷面。除了 $(0, 0)$，$f(x) = x^\mathrm{T} @ A_{2 \times 2} @ x$ 均大于等于0。山谷的谷底都是极小值。

矩阵 $A_{2 \times 2}$ 是**负定** (negative definite)，意味着 $f(x) = x^\mathrm{T} @ A_{2 \times 2} @ x$ 是个开口朝下的抛物面。除了 $(0, 0)$，$f(x) = x^\mathrm{T} @ A_{2 \times 2} @ x$ 均小于0。$(0, 0)$ 为最大值。

矩阵 $A_{2 \times 2}$ 是**半负定** (negative semi-definite)，意味着 $f(x) = x^\mathrm{T} @ A_{2 \times 2} @ x$ 是个开口朝下的山脊面。除了 $(0, 0)$，$f(x) = x^\mathrm{T} @ A_{2 \times 2} @ x$ 均小于等于0。山脊的顶端都是极大值。

矩阵 $A_{2 \times 2}$ **不定** (indefinite)，意味着 $f(x) = x^\mathrm{T} @ A_{2 \times 2} @ x$ 是个马鞍面，$(0, 0)$ 为鞍点。$f(x) = x^\mathrm{T} @ A_{2 \times 2} @ x$ 符号不定。

表25.4　几种2×2矩阵对应的不同正定性

正定性	矩阵A和函数	三维可视化	二维可视化
正定	$A = \begin{bmatrix} 1 & \\ & 1 \end{bmatrix}$ $f(x_1, x_2) = x_1^2 + x_2^2$		
正定	$A = \begin{bmatrix} 1 & \\ & 2 \end{bmatrix}$ $f(x_1, x_2) = x_1^2 + 2x_2^2$		
正定	$A = \begin{bmatrix} 1.5 & 0.5 \\ 0.5 & 1.5 \end{bmatrix}$ $f(x_1, x_2) = 1.5x_1^2 + x_1 x_2 + 1.5x_2^2$		
半正定	$A = \begin{bmatrix} 1 & \\ & 0 \end{bmatrix}$ $f(x_1, x_2) = x_1^2$		
半正定	$A = \begin{bmatrix} 0.5 & -0.5 \\ -0.5 & 0.5 \end{bmatrix}$ $f(x_1, x_2) = 0.5x_1^2 - x_1 x_2 + 0.5x_2^2$		
半正定	$A = \begin{bmatrix} 0 & \\ & 1 \end{bmatrix}$ $f(x_1, x_2) = x_2^2$		

正定性	矩阵A和函数	三维可视化	二维可视化
负定	$A = \begin{bmatrix} -1 & \\ & -1 \end{bmatrix}$ $f(x_1, x_2) = -x_1^2 - x_2^2$		
负定	$A = \begin{bmatrix} -1 & \\ & -2 \end{bmatrix}$ $f(x_1, x_2) = -x_1^2 - 2x_2^2$		
负定	$A = \begin{bmatrix} -1.5 & -0.5 \\ -0.5 & -1.5 \end{bmatrix}$ $f(x_1, x_2) = -1.5x_1^2 - x_1 x_2 - 1.5x_2^2$		
半负定	$A = \begin{bmatrix} -1 & \\ & 0 \end{bmatrix}$ $f(x_1, x_2) = -x_1^2$		
半负定	$A = \begin{bmatrix} -0.5 & 0.5 \\ 0.5 & -0.5 \end{bmatrix}$ $f(x_1, x_2) = -0.5x_1^2 + x_1 x_2 - 0.5x_2^2$		
半负定	$A = \begin{bmatrix} 0 & \\ & -1 \end{bmatrix}$ $f(x_1, x_2) = -x_2^2$		

正定性	矩阵A和函数	三维可视化	二维可视化
不定	$A = \begin{bmatrix} 1 & \\ & -1 \end{bmatrix}$ $f(x_1, x_2) = x_1^2 - x_2^2$		
不定	$A = \begin{bmatrix} -1 & \\ & 1 \end{bmatrix}$ $f(x_1, x_2) = -x_1^2 + x_2^2$		
不定	$A = \begin{bmatrix} 0 & 1 \\ 1 & 0 \end{bmatrix}$ $f(x_1, x_2) = 2x_1 x_2$		

我们可以通过代码25.8和代码25 9绘制表25.4图像，下面讲解关键语句。

代码25.8首先自定义了一个可视化函数。

ⓐ用def自定义函数visualize()，这个函数有三个输入。

ⓑ用matplotlib.pyplot.figure()，简写作plt.figure()，创建了一个图形对象fig。参数figsize=(6,3)代表图宽为6英寸，图高为3英寸。

ⓒ用fig.add_subplot() 在图形对象fig中添加一个子图，输出轴对象为ax_3D。

参数 (1, 2, 1) 表示将图形划分为 1 行 2 列的子图布局，并选择第 1 个子图。参数第一个数字1表示行数，第二个数字2表示列数，第三个数字1表示选择的子图位置。

projection='3d' 表示使用 3D 投影坐标系，用于呈现三维可视化方案。

ⓓ在三维轴对象ax_3D中用plot_wireframe()绘制网格图。

xx1 和 xx2 是网格数据，用于表示 x 和 y 坐标的网格点。

f2_array 包含了与网格点对应的二元函数坐标的数值。

rstride 和 cstride 分别表示行和列的步幅，控制网格之间的间隔，这里设置为 10。

color=[0.8, 0.8, 0.8]指定了线框的颜色，这里是一个灰色。

linewidth=0.25 控制线框的线宽。

ⓔ在三维轴对象ax_3D增加了第二个可视化方案——等高线。请大家自己解释函数输入。

ⓕ用fig.add_subplot() 在图形对象fig中添加第二个子图，子图位于右侧，默认为平面；输出轴对象为ax_2D。

ⓖ在平面轴对象ax_2D上绘制二维等高线。

```python
# 导入包
import numpy as np
import matplotlib.pyplot as plt
from sympy import symbols, lambdify, expand, simplify

# 定义可视化函数
```
ⓐ
```python
def visualize (xx1,xx2,f2_array):
```
ⓑ
```python
    fig = plt.figure (figsize = (6,3))
    # 左子图，三维
```
ⓒ
```python
    ax_3D = fig.add_subplot (1, 2, 1, projection = '3d')
```
ⓓ
```python
    ax_3D.plot_wireframe (xx1, xx2, f2_array,
                          rstride =10, cstride =10,
                          color = [0.8,0.8,0.8],
                          linewidth = 0.25)
```
ⓔ
```python
    ax_3D.contour (xx1, xx2, f2_array,
                   levels = 12, cmap = 'RdYlBu_r')

    ax_3D.set_xlabel ('$x_1$'); ax_3D.set_ylabel ('$x_2$')
    ax_3D.set_zlabel ('$f(x_1,x_2)$')
    ax_3D.set_proj_type ('ortho')
    ax_3D.set_xticks ([]); ax_3D.set_yticks ([])
    ax_3D.set_zticks ([])
    ax_3D.view_init (azim =-120, elev =30)
    ax_3D.grid (False)
    ax_3D.set_xlim (xx1.min(), xx1.max());
    ax_3D.set_ylim (xx2.min(), xx2.max())

    # 右子图，二维等高线
```
ⓕ
```python
    ax_2D = fig.add_subplot (1, 2, 2)
```
ⓖ
```python
    ax_2D.contour (xx1, xx2, f2_array,
                   levels = 12, cmap = 'RdYlBu_r')

    ax_2D.set_xlabel ('$x_1$'); ax_2D.set_ylabel ('$x_2$')
    ax_2D.set_xticks ([]); ax_2D.set_yticks ([])
    ax_2D.set_aspect ('equal'); ax_2D.grid (False)
    ax_2D.set_xlim (xx1.min(), xx1.max());
    ax_2D.set_ylim (xx2.min(), xx2.max())
    plt.tight_layout ()
```

代码25.9ⓐ利用numpy.meshgrid() 生成网格化数据，代表横纵轴坐标点。

ⓑ自定义函数，用来更方便地生成表25.4中不同$f(\boldsymbol{x}) = \boldsymbol{x}^\mathrm{T} @ \boldsymbol{A}_{2\times2} @ \boldsymbol{x}$。

ⓒ定义符号变量x1和x2，分别代表x_1和x_2。

ⓓ相当于构造了符号列向量$\boldsymbol{x} = \begin{bmatrix} x_1 \\ x_2 \end{bmatrix}$。

ⓔ计算 $x^T @ A_{2\times2} @ x$，虽然只有一个元素，但是结果为二维数组。

ⓕ从上述结果中提取符号表达式。

ⓖ打印 $x^T @ A_{2\times2} @ x$ 解析式。

ⓗ用math.lambdify() 将符号解析式转化为Python函数。

ⓘ计算给定网格坐标下的二元函数 $f(x) = x^T @ A_{2\times2} @ x$ 值，结果也是二维数组。

ⓙ举了一个例子。

ⓚ调用自定义函数fcn()计算函数值。

ⓛ调用自定义函数visualize() 可视化二元函数。

请大家在JupyterLab中练习计算并可视化表25.4所有示例。

代码25.9 可视化正定性（使用时配合前文代码）| ⊕ Bk1_Ch25_03.ipynb ◯◯ ◯◯

```
# 生成数据
x1_array  = np.linspace (-2,2,201)
x2_array  = np.linspace (-2,2,201)

ⓐ xx1, xx2 = np.meshgrid (x1_array, x2_array)

# 定义二元函数

ⓑ def fcn(A, xx1, xx2):

ⓒ     x1,x2 = symbols ('x1 x2')
ⓓ     x = np.array([[x1,x2]]).T
ⓔ     f_x = x.T@A@x
ⓕ     f_x = f_x[0][0]
ⓖ     print(simplify (expand (f_x)))

ⓗ     f_x_fcn  = lambdify ([x1,x2],f_x)
ⓘ     ff_x = f_x_fcn (xx1,xx2)

       return ff_x

# 不定矩阵
ⓙ A = np.array ([[0, 1],
                 [1, 0]])

ⓚ f2_array  = fcn(A, xx1, xx2)
ⓛ visualize (xx1,xx2,f2_array)
```

矩阵分解

我们可以通过代码25.10完成符号矩阵 $A = \begin{bmatrix} a^2 & 2abc \\ 2abc & b^2 \end{bmatrix}$ 的特征值和特征向量分解，请在

JupyterLab查看结果。

```
from sympy import Matrix,symbols
a, b, c, d = symbols ('a b c d')
A = Matrix ([[a**2, 2*a*b*c],
            [2*a*b*c, b**2]])
# 特征值
```
ⓐ `A.eigenvals()`
```
# 特征向量
```
ⓑ `A.eigenvects()`

我们可以通过代码25.11完成矩阵 $A = \begin{bmatrix} 0 & 1 \\ 1 & 1 \\ 1 & 0 \end{bmatrix}$ 的奇异值分解。U的结果为 $U = \begin{bmatrix} \sqrt{2}/2 & \sqrt{6}/6 \\ 0 & \sqrt{6}/3 \\ -\sqrt{2}/2 & \sqrt{6}/6 \end{bmatrix}$，$S$

的结果为 $S = \begin{bmatrix} 1 & \\ & \sqrt{3} \end{bmatrix}$，$V$的结果为 $V = \begin{bmatrix} -\sqrt{2}/2 & \sqrt{2}/2 \\ \sqrt{2}/2 & \sqrt{2}/2 \end{bmatrix}$。

请大家分别计算V.T @ V, V @ V.T, U.T @ U, 并说明结果特点。

```
from sympy import Matrix
A = Matrix ([[0, 1],[1, 1],[1, 0]])
# 奇异值分解
```
ⓐ `U, S, V = A.singular_value_decomposition()`

本章最后从数据和几何角度再聊聊矩阵乘法规则。

再聊聊矩阵乘法规则：尺寸匹配是前提

矩阵乘法 $A @ B$ 的前提条件是，左侧矩阵A的列数必须等于右侧矩阵B的行数。如图25.2所示，如果矩阵乘法 $A @ B$ 成立，不代表$B @ A$也成立。

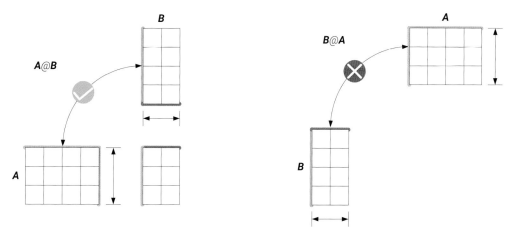

图25.2 矩阵乘法$A @ B$成立，$B @ A$不成立

图25.3展示了如何获得矩阵乘法A @ B的每一个元素。从这幅图中，我们可以更清楚地知道为什么要求A的列数必须等于B的行数。

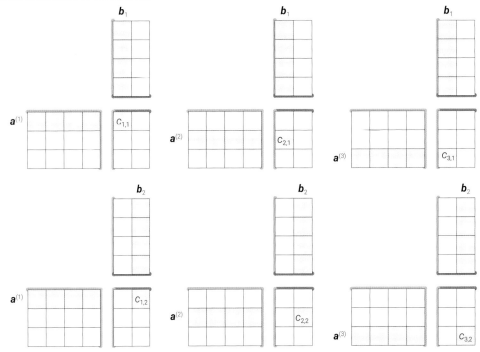

图25.3 如何获得矩阵乘法A @ B的每个元素

图25.4告诉我们，即便有些情况矩阵乘法A @ B成立，B @ A也成立；但是，通常A @ $B \neq B$ @ A。

请大家思考，什么条件下A @ $B = B$ @ A？《矩阵力量》会给出答案。

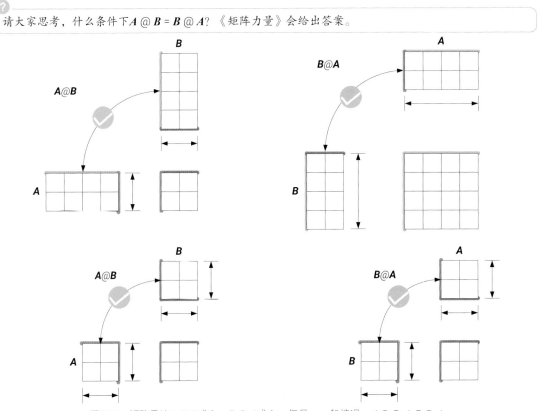

图25.4 矩阵乘法A @ B成立，B @ A成立；但是，一般情况，A @ $B \neq B$ @ A

几何视角看矩阵乘法

下面我们从几何角度举几个例子和大家简单聊聊矩阵乘法和矩阵的逆。

如图25.5所示，图中矩阵A完成的是缩放，逆矩阵A^{-1}则相当于这个缩放的逆操作。

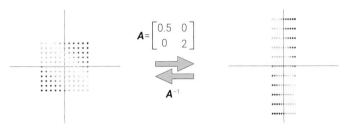

图25.5 平面缩放

类似地，图25.6中A完成平面旋转，A^{-1}则向反方向旋转，将图形恢复原貌。

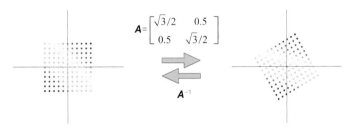

图25.6 平面旋转

请大家用SymPy在JupyterLab中计算图25.5和图25.6这两个矩阵的逆。

在三维空间，矩阵也可以用来完成各种几何变换。

如图25.7所示，矩阵A完成三维空间缩放，每个轴方向的缩放比例显然不一致，这和矩阵对角线元素有关。

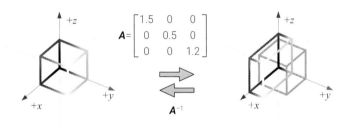

图25.7 三维缩放

图25.8则完成三维空间的旋转。这两种情况的逆矩阵也是完成反向几何操作。

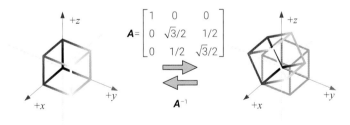

图25.8 三维旋转

请大家利用SymPy自行计算中图25.5～图25.8逆矩阵具体值。

简单来说，如果逆矩阵不存在说明几何变换不可逆。

图25.9中矩阵A将平面图形"拍扁"成直线，数据信息发生丢失。这个几何操作叫作**投影**

(projection)。单从图25.9右图来看，我们不能将其恢复成左图。

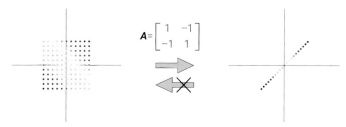

图25.9　平面投影，不可逆

　　类似地，图25.10中矩阵A将三维图形拍扁成平面。请大家试着用SymPy计算图25.9和图25.10两个矩阵的逆，看看是否会报错。

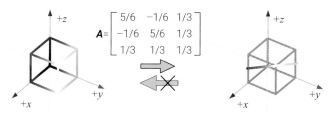

图25.10　三维投影，不可逆

请大家完成以下题目。

Q1. 在JupyterLab复刻本章所有代码和结果。

* 题目很基础，本书不给答案。

对用SymPy求解微积分问题感兴趣的读者可以参考：

`https://docs.sympy.org/latest/tutorials/intro-tutorial/calculus.html`

　　请大家注意，SymPy目前很多功能还不够完善。大家想要处理更为复杂的符号运算，建议使用Mathematica或MATLAB Symbolic Math Toolbox。

　　本章最后这些几何变换 (旋转、缩放、投影) 用途极为广泛，如在计算机视觉、机器人运动等方面。在"鸢尾花书"中，大家会发现这些几何变换还可以帮助我们理解特征值分解、奇异值分解、随机数模拟、协方差矩阵、多元高斯分布、主成分分析等。

　　看似枯燥无味、单调呆板的矩阵乘法实际上多姿多彩、妙趣横生。《矩阵力量》一册将为大家展现一个生机勃勃的矩阵乘法世界。

Scientific Computation Using SciPy
*SciPy*数学运算
插值、积分、线性代数、优化、统计……

无限！没有其他问题能如此深刻地触动人类的精神。

The infinite! No other question has ever moved so profoundly the spirit of man.

—— 大卫·希尔伯特 (David Hilbert) | 德国数学家 | 1862—1943年

◄ scipy.cluster.vq.kmeans() k均值聚类
◄ scipy.constants.pi 圆周率
◄ scipy.constants.golden 黄金分割比
◄ scipy.constants.c 真空中光速
◄ scipy.fft.fft() 一维傅里叶变换
◄ scipy.integrate.quad() 定积分
◄ scipy.interpolate.interp1d() 一元插值
◄ scipy.interpolate.griddata() 在不规则数据点上进行数据插值
◄ scipy.io.loadmat() 导入MATLAB文件
◄ scipy.io.savemat() 保存MATLAB文件
◄ scipy.linalg.inv() 矩阵逆
◄ scipy.linalg.det() 行列式
◄ scipy.linalg.pinv() Moore-Penrose伪逆
◄ scipy.linalg.eig() EVD特征值分解
◄ scipy.linalg.cholesky() Cholesky分解
◄ scipy.linalg.qr() QR分解
◄ scipy.linalg.svd() SVD奇异值分解
◄ scipy.ndimage.gaussian_filter() 高斯滤波
◄ scipy.ndimage.convolve() 多维卷积
◄ scipy.optimize.root() 求根
◄ scipy.optimize.minimize() 最小化
◄ scipy.signal.convolve() 卷积
◄ scipy.sparse.linalg.inv() 稀疏矩阵的逆
◄ scipy.sparse.linalg.norm() 稀疏矩阵范数
◄ scipy.spatial.distance.euclidean() 欧氏距离

- scipy.spatial.distance_matrix() 距离矩阵
- scipy.special.factorial() 阶乘
- scipy.special.gamma() Gamma 函数
- scipy.special.beta() Beta 函数
- scipy.special.erf() 误差函数
- scipy.special.comb() 组合数
- scipy.stats.norm() 一元高斯分布
- scipy.stats.multivariate_normal() 多元高斯分布
- scipy.stats.gaussian_kde() 高斯核密度估计

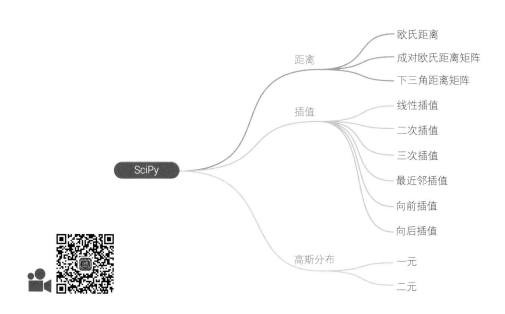

26.1 什么是SciPy?

SciPy是一个Python的开源科学计算库，SciPy构建在NumPy之上，并提供了许多有用的功能，用于数值计算、优化、统计和信号处理等科学与工程领域。一些具体的用途包括以下几种。

- **数据预处理和特征工程：** SciPy提供了丰富的工具用于数据的插值、滤波、变换等，这些在数据预处理和特征工程中很有用。
- **优化问题：** SciPy中的optimize模块包含了各种常用的优化算法，可用于解决机器学习中的参数优化问题，如模型训练中的参数调整。
- **数值计算：** SciPy提供了高效的数值计算工具，如求解线性代数问题、解微分方程、积分等，在数值计算密集型的机器学习任务中很有帮助。
- **统计分析：** SciPy中的stats模块提供了许多常用的统计分析函数，如概率分布函数、假设检验等，可以用于数据分析和模型评估。
- **信号处理：** SciPy中的signal模块提供了信号处理的工具，如滤波、傅里叶变换等，这些在处理时间序列数据或图像数据时非常有用。
- SciPy强大且灵活，因此在机器学习领域也有广泛的应用。在机器学习领域，SciPy主要用于数据预处理、特征工程、优化问题、数值计算、统计分析以及信号处理等方面。

本章介绍如何使用SciPy中几个常见函数。表26.1总结了SciPy常用模块以及示例函数。

表26.1 SciPy常用模块以及示例函数

模块名称	描述	举例
scipy.cluster	聚类	scipy.cluster.vq.kmeans() K均值聚类
scipy.constants	数学和物理常数	scipy.constants.pi 圆周率
		scipy.constants.golden 黄金分割比
		scipy.constants.c 真空中光速
scipy.fft	快速傅里叶变换	scipy.fft.fft() 一维傅里叶变换
scipy.integrate	积分	scipy.integrate.quad() 定积分
scipy.interpolate	插值和拟合	scipy.interpolate.interp1d() 一元插值
		scipy.interpolate.griddata()在不规则数据点上进行数据插值
scipy.io	数据输入输出	scipy.io.loadmat() 导入MATLAB文件
		scipy.io.savemat() 保存MATLAB文件
scipy.linalg	线性代数	scipy.linalg.inv() 矩阵逆
		scipy.linalg.det() 行列式
		scipy.linalg.pinv() Moore-Penrose伪逆
		scipy.linalg.eig() EVD特征值分解
		scipy.linalg.cholesky() Cholesky分解
		scipy.linalg.qr() QR分解
		scipy.linalg.svd() SVD奇异值分解
scipy.ndimage	n维图像处理	scipy.ndimage.gaussian_filter() 高斯滤波
		scipy.ndimage.convolve() 多维卷积
scipy.odr	正交回归 (正交距离回归)	scipy.odr.RealData() 加载样板数据
		scipy.odr.Model() 创建模型
		scipy.odr.ODR() 创建ODR实例
		scipy.odr.run() 进行拟合运算
scipy.optimize	优化算法	scipy.optimize.root() 求根
		scipy.optimize.minimize() 最小化
		scipy.optimize.curve_fit() 拟合
scipy.signal	信号处理	scipy.signal.convolve() 卷积
scipy.sparse	稀疏矩阵工具	scipy.sparse.linalg.inv() 稀疏矩阵的逆
		scipy.sparse.linalg.norm() 稀疏矩阵范数
scipy.spatial	空间数据结构和算法	scipy.spatial.distance.euclidean() 欧氏距离
		scipy.spatial.distance_matrix() 距离矩阵

模块名称	描述	举例
scipy.special	特殊数学函数	scipy.special.factorial() 阶乘
		scipy.special.gamma() Gamma函数
		scipy.special.beta() Beta函数
		scipy.special.erf() 误差函数
		scipy.special.comb() 组合数
scipy.stats	统计	scipy.stats.norm() 一元高斯分布
		scipy.stats.multivariate_normal() 多元高斯分布
		scipy.stats.gaussian_kde() 高斯核密度估计

≡26.2 距离

如图26.1所示平面上的两点[(8, 8) 和 (2, 0)]，之间的**欧氏距离** (Euclidean distance) 为

$$\sqrt{(8-2)^2 + (8-0)^2} = 10 。$$

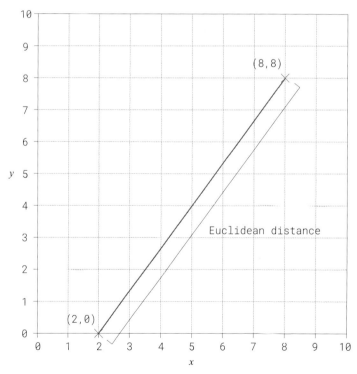

图26.1 平面上两点之间的欧氏距离

利用SciPy函数scipy.spatial.distance.euclidean([8,8],[2,0])，我们可以得到同样的结果。

图26.2所示为利用随机数发生器生成的26个平面坐标，对应26个字母；其中B和S重叠，D和O重叠。图中彩色线为两两成对坐标连线，距离远的用暖色系颜色渲染，距离近的用冷色系颜色渲染。

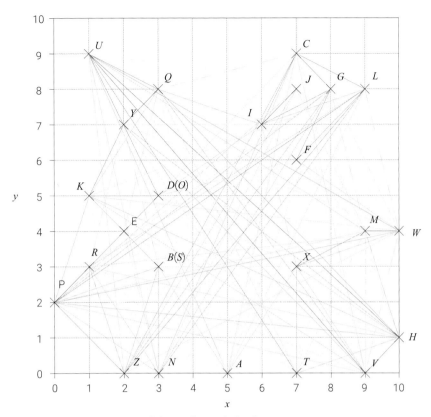

图26.2 平面上26个点之间的两两欧氏距离 | ⊕ Bk1_Ch26_01.ipynb

图26.3所示为成对距离矩阵。

图26.3 成对欧氏距离矩阵 | ⊕ Bk1_Ch26_01.ipynb

我们可以通过代码26.1绘制图26.2和图26.3。下面我们分析其中一些关键语句。

```python
import matplotlib.pyplot as plt
import itertools
import numpy as np
import matplotlib as mpl
import seaborn as sns
import string                                              # a
from scipy.spatial import distance_matrix                  # b
from scipy.spatial.distance import euclidean               # c
import os
# 如果文件夹不存在，创建文件夹
if not os.path.isdir("Figures"):
    os.makedirs("Figures")
# 产生随机数
num = 26
np.random.seed(0)                                          # d
data = np.random.randint(10 + 1, size=(num, 2))            # e
labels = list(string.ascii_uppercase)                      # f

cmap = mpl.cm.get_cmap('RdYlBu_r')                          # g
fig, ax = plt.subplots()
# 绘制成对线段
for i, d in enumerate(itertools.combinations(data, 2)):    # h
    d_idx = euclidean(d[0],d[1])                            # i
    plt.plot([d[0][0],d[1][0]],                            # j
             [d[0][1],d[1][1]],
             color=cmap(d_idx/np.sqrt(2)/10),lw=1)          # k
ax.scatter(data[:,0],data[:,1],
           marker='x',color='k',s=50,zorder=100)
# 添加标签
for i, txt in enumerate(labels):                           # l
    ax.annotate(txt,(data[i,0] + 0.2, data[i,1]+0.2))

ax.set_xlim(0, 10); ax.set_ylim(0, 10)
ax.set_xticks(np.arange(11))
ax.set_yticks(np.arange(11))
plt.xlabel('x'); plt.ylabel('y')
ax.grid(ls='--',lw=0.25,color=[0.5,0.5,0.5])
ax.set_aspect('equal', adjustable='box')
fig.savefig('Figures/成对距离连线.svg', format='svg')

# 计算成对距离矩阵
pairwise_distances = distance_matrix(data, data)           # m
fig, ax = plt.subplots()
sns.heatmap(pairwise_distances,                            # n
            cmap='RdYlBu_r', square=True,
            xticklabels=labels,yticklabels=labels,
            ax=ax)
fig.savefig('Figures/成对距离矩阵热图.svg', format='svg')
```

代码26.1 **a** 导入 Python 标准库中的 string 模块。

Python 中的 string 模块提供了许多字符串处理相关的函数和常量，可以方便地进行字符串操作。比如，string.ascii_uppercase包含所有大写 ASCII 字母 (A ~ Z) 的字符串，string.digits包含所有数字 (0 ~ 9) 的字符串。

ⓑ从scipy.spatial中导入distance_matrix 函数，用于计算多个点之间的成对距离矩阵。它接受点坐标的数组或列表，然后计算每两点之间的距离，并返回一个矩阵，其中的每个元素表示两点之间的距离。

ⓒ从 scipy.spatial.distance 模块中导入了 euclidean 函数，用来计算两点欧氏距离。

ⓓ设置随机数生成器的种子seed为 0，从而使随机数的生成具有确定性，保证实验结果可重复性。

ⓔ在 [0, 10] 区间之内生成随机整数，形状为26行2列。

ⓕ生成A ~ Z大写字母字符串，并将其转换为列表。

ⓖ从matplotlib通过cm.get_cmap() 函数来获取一个名为"RdYlBu_r"的颜色映射对象。"RdYlBu_r"是一个预定义的颜色映射名称，它表示一种从红色Rd到黄色Yl再到蓝色Bu的颜色渐变，且颜色映射反向 (预定颜色映射字符串末尾带"_r"表示反向)。"鸢尾花书"也将颜色映射叫作色谱。

如图26.4所示，颜色映射对象通常被用于将数据的数值范围 [0, 1] 映射到一系列颜色中的某个位置。这个数值范围一般默认为 [0, 1]，其中 0 对应着颜色映射的起始位置，1 对应着颜色映射的结束位置。颜色映射会将 [0, 1] 区间内的数据值线性地映射到预定义的颜色序列上。

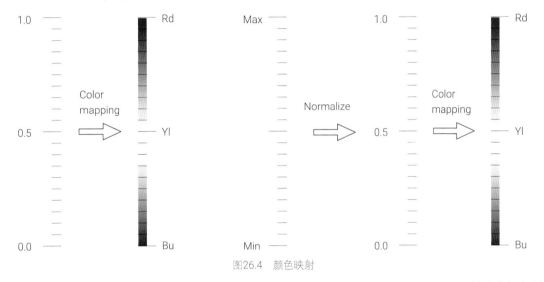

图26.4　颜色映射

在使用 Matplotlib 中的颜色映射对象时，可以使用 matplotlib.colors.Normalize() 函数将数据规范化到 [0, 1] 区间，然后再将规范化后的数据传递给颜色映射对象来获取对应的颜色。

《可视之美》还会进一步介绍非线性映射，以及如何构造颜色映射。

ⓗ使用了 Python 中的 enumerate() 函数和 itertools.combinations() 函数，用于在数据 data 的所有两两组合之间进行循环迭代，并在每次迭代中获取索引和组合数据。

ⓘ利用scipy.spatial.distance.euclidean() 计算两个点之间的欧氏距离。

ⓚ把图26.3中的欧氏距离转化为 [0, 1] 之间的数。显然在图26.3上，最大的距离为 $10 \times \sqrt{2}$。

ⓛ通过for循环利用annotate() 给每个散点添加字母标签。

ⓜ计算26个散点的成对距离矩阵，这个矩阵的大小为26 × 26。这个矩阵的主对角线 (图26.3中的虚线) 的元素代表某个点到自身的距离，即0。我们容易发现，图26.3中的矩阵沿着主对角线对称；因此这个距离矩阵也叫**对称矩阵** (symmetric matrix)。换个角度来看，我们只需要这个26 × 26矩阵中除主对角线以外，下三角 (见图26.5) 或上三角矩阵的元素信息。

ⓝ利用seaborn.heatmap() 绘制成对距离热图。

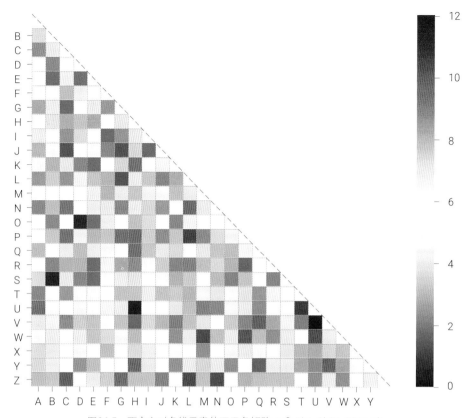

图26.5 不含主对角线元素的下三角矩阵 | ⊕ Bk1_Ch26_02.ipynb

  我们可以通过代码26.2绘制图26.5。和代码26.1不同的是，在生成成对距离矩阵之后，我们还生成了一个下三角矩阵(不含主对角线元素)的**面具** (mask)。在"鸢尾花书"中，mask一般被直译为面具，除此之外也常被翻译为蒙皮、掩码、遮罩等。

  ⓐ 用了NumPy库中的函数来创建一个面具，用于过滤计算得到的pairwise_ds数组。numpy.ones_like() 创建了一个与pairwise_ds数组形状相同的全为1的布尔类型数组。

  dtype=bool指定数组元素的数据类型为布尔类型 (True或False)，所有元素都被设置为True。numpy.triu() 函数的triu代表triangle upper，它是NumPy库中的函数，用于获取矩阵的上三角部分 (包括对角线元素)，而将下三角部分设置为0。

  如**ⓑ**所示，使用seaborn.heatmap() 绘制热图时，mask中对应位置为True的单元格的成对距离矩阵数据将不会被显示。

代码26.2 可视化成对距离矩阵下三角部分 (不含主对角线元素) | ⊕ Bk1_Ch26_02.ipynb ○○○

```
import matplotlib.pyplot as plt
import numpy as np
import seaborn as sns
import string
from scipy.spatial import distance_matrix

# 产生随机数
num = 26
np.random.seed(0)
data = np.random.randint(10 + 1, size =(num, 2))
```

506

```
labels = list(string.ascii_uppercase)

# 计算成对距离矩阵
pairwise_ds = distance_matrix(data, data)
# 产生蒙皮 / 面具
```
`mask = np.triu(np.ones_like(pairwise_ds, dtype=bool))`
```
fig, ax = plt.subplots()
sns.heatmap(pairwise_ds,
```
```
                mask = mask,
                cmap = 'RdYlBu_r',
                square = True,
                xticklabels = labels,
                yticklabels = labels,
                ax = ax)
fig.savefig('下三角 .svg', format='svg')
```

26.3 插值

　　插值 (interpolation) 是通过已知数据点之间的值来估计未知点的值的方法，它可以用于填补数据缺失或者进行数据平滑处理。

　　如图26.6所示，蓝色点为已知数据点，插值就是根据这几个离散的数据点估算其他点对应的 y 值。

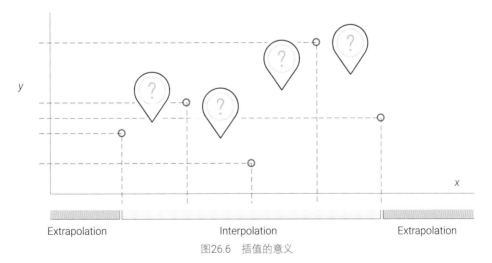

图26.6　插值的意义

　　插值可分为**内插** (interpolation) 和**外插** (extrapolation)。内插是在已知数据点之间进行插值，估计出未知点的值。而外插则是在已知数据点的范围之外进行插值，从而预测超出已知数据点范围的未知点的值。

　　在进行外插时，需要考虑插值函数是否能够正确地拟合未知数据点，并且需要注意不要过度依赖插值函数来进行预测，以免导致不可靠的预测结果。

　　图26.7比较了6种插值方法，下面结合代码26.3逐一介绍。

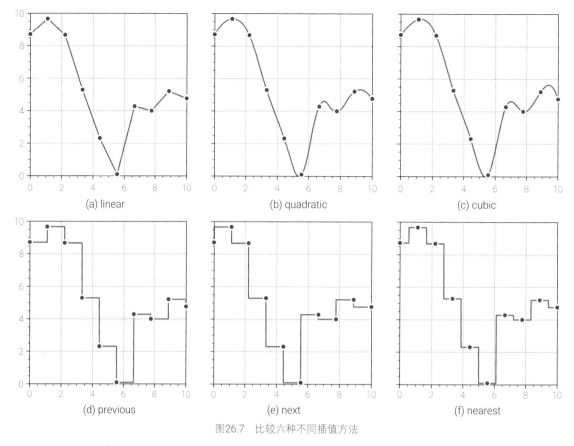

图26.7   比较六种不同插值方法

代码26.3中 **ⓐ** 创建一个2行3列的图形子图网格，并设置图形的尺寸和共享坐标轴属性。参数2, 3指定了网格的行数 (2) 和列数 (3)，即总共有6个子图。

sharex='col'指定每一列子图将共享相同的x轴，而sharey='row'指定每一行子图将共享相同的y轴。这样设置可以使网格中的子图在x轴和y轴方向上有一致的刻度和范围。

ⓑ 利用flatten() 将多维数组转换为一维数组。在这里，函数被应用于axes轴对象，将二维的子图网格数组转换成了一维数组。

ⓒ 列表列出6种插值方法。

ⓓ 调用SciPy库中的interp1d()函数来进行一维插值。其中，x是一个一维数组或列表，表示原始数据点的横坐标，即自变量。y也是一个一维数组或列表，表示原始数据点的纵坐标，即因变量。

参数kind用于指定插值方法。其中，linear为线性插值。在两个相邻数据点之间进行线性插值，即使用直线来连接两个数据点。如图26.7 (a) 所示，多点线性插值结果一般为折线。

quadratic 是二次插值，相邻点之间通过二次函数连接。如图26.7 (b) 所示，二次插值产生的曲线较为平滑。

cubic是三次插值，相邻点之间通过三次函数连接。如图26.7 (c) 所示，三次插值产生的曲线非常平滑，能够更好地逼近数据点之间的曲线。

previous代表前向插值。如图26.7 (d) 所示，使用插值点之前的数据点的值作为插值结果。

next代表后向插值。如图26.7 (e) 所示，使用插值点之后的数据点的值作为插值结果。

nearest代表最近邻插值。如图26.7 (f) 所示，nearest使用与插值点最近的数据点的值作为插值结果。

```python
import numpy as np
import matplotlib.pyplot as plt
from scipy.interpolate import interp1d

# 生成随机数据
np.random.seed(8)
x = np.linspace(0, 10, 10)
y = np.random.rand(10) * 10
x_fine = np.linspace(0, 10, 1001)

# 创建一个图形对象，包含六个子图
```
ⓐ
```python
fig, axes = plt.subplots(2, 3, figsize=(6, 9),
                         sharex = 'col',
                         sharey = 'row')
```
ⓑ
```python
axes = axes.flatten()

# 六种插值方法
```
ⓒ
```python
methods = ['linear', 'quadratic', 'cubic',
           'previous', 'next', 'nearest']

for i, method in enumerate(methods):

    # 创建interp1d对象
```
ⓓ
```python
    f = interp1d(x, y, kind =method)

    # 生成插值后的新数据点
```
ⓔ
```python
    y_fine = f(x_fine)

    # 绘制子图
    axes[i].plot(x, y, 'o', label ='Data',
                 markeredgewidth =1.5,
                 markeredgecolor = 'w',
                 zorder = 100)
    axes[i].plot(x_fine, y_fine, label = 'Interpolated')
    axes[i].set_title(f'Method: { method }')
    axes[i].legend()
    axes[i].set_xlim(0, 10)
    axes[i].set_ylim(0, 10)
    axes[i].set_aspect('equal', adjustable ='box')
plt.tight_layout()
fig.savefig('不同插值方法.svg', format ='svg')
```

　　有人经常混淆拟合和插值这两种方法。插值和拟合有一个相同之处，它们都是根据已知数据点，构造函数，从而推断得到更多数据点。

　　插值和回归都是对数据进行预测的方法，但两者有明显的区别。

　　插值是用于填补已有数据点之间的空缺，预测未知点的值；回归则是预测自变量和因变量之间的关系。

　　插值通常使用插值函数，如多项式插值；而回归则通过拟合数据点的回归方程来预测因变量的值。插值通常用于数据平滑处理、数据填补等。

　　插值要求原始数据点之间要有一定的连续性和平滑性；而回归则对数据点的分布没有明显要求。

插值得到的是精确的函数值，但在超出已有数据范围时可能不准确；而回归得到的是变量之间的大致关系，可以预测未来的趋势。

总结来说，当数据缺失或需要平滑处理时，可以使用插值方法；当需要建立模型并预测未来趋势时，可以使用回归方法。

插值一般得到分段函数，且分段函数通过所有给定的数据点，如图26.8 (a)和(b) 所示。回归拟合得到的函数尽可能靠近样本数据点，如图26.8 (c)和(d) 所示。

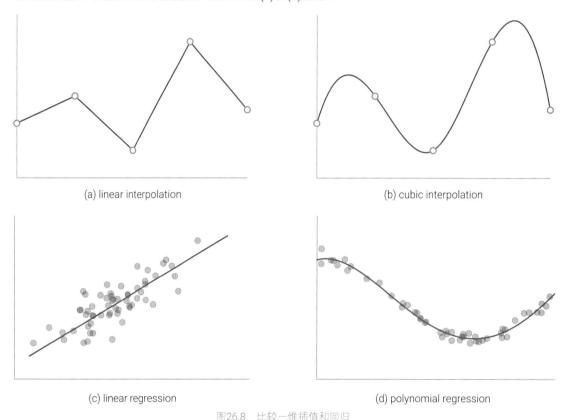

(a) linear interpolation

(b) cubic interpolation

(c) linear regression

(d) polynomial regression

图26.8　比较一维插值和回归

26.4 高斯分布

高斯分布 (Gaussian distribution)，也称为**正态分布** (normal distribution)，是概率论和统计学中最重要且广泛应用的分布之一。高斯分布以数学家**卡尔·弗里德里希·高斯** (Carl Friedrich Gauss) 的名字命名。

一元高斯分布

一元高斯分布**概率密度函数** (Probability Density Function，PDF) 的特点是钟形曲线，对称分布，均值μ和标准差σ决定了分布的位置和形状。其中，均值决定了曲线的中心，标准差决定了曲线的宽窄程度。

图26.9 (a) 所示为均值μ对一元高斯分布概率密度函数形状的影响。图26.9 (b) 所示为标准差σ对一元高斯分布概率密度函数形状的影响。

> **什么是概率密度函数？**
> 概率密度函数是用于描述连续随机变量的概率分布的数学函数。它指定了随机变量落在不同取值范围内的概率密度，而不是具体的概率值。一元随机变量的PDF在整个取值范围内的面积等于1，因为随机变量必然会在某个取值范围内取值。

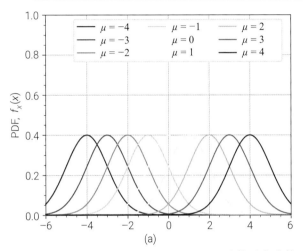
(a)

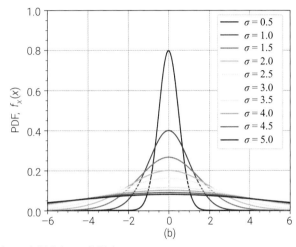
(b)

图26.9 均值μ和标准差σ对一元高斯分布PDF的影响

我们可以通过代码26.4绘制图26.9，下面讲解其中关键语句。

ⓐ从scipy.stats模块导入norm子模块(一元正态分布对象)。导入norm模块后，可以使用其中提供的函数和方法来进行正态分布相关的操作，如计算概率密度函数PDF、累积分布函数CDF、随机样本生成等。

ⓑ利用np.linspacc(0, 1, len(mu_array)) 返回一个由0 ~ 1之间等间隔的数值构成的数组，数组的长度与mu_array的长度相同。mu_array是之前定义的不同的均值取值。并将 [0, 1] 上的数用到颜色映射。

ⓒ利用 scipy.stats.norm.pdf(x, loc, scale) 函数。其中，x为需要计算概率密度的数值，可以是一个数值或一个数组；loc为正态分布的均值，loc是location的简写；scale代表正态分布的标准差。

ⓓ设定曲线图例的字符串。其中，'\$\mu\$ = '是一个字符串，表示希腊字母 "μ"。

ⓔ在绘制的图表中添加图例，ncol是一个整数参数，用于设置图例的列数。

代码26.4 可视化一元高斯分布概率密度函数 | ⊕ Bk1_Ch26_04.ipynb ⓞⓞⓞ

```
import numpy as np
import matplotlib.pyplot as plt
from matplotlib import cm
from scipy.stats import norm

x_array = np.linspace (-6, 6, 200)
mu_array = np.linspace (-4, 4, 9)
# 设定均值一系列取值
colors = cm.RdYlBu (np.linspace (0,1,len(mu_array)))
# 均值对一元高斯分布PDF的影响
```
ⓐ `from scipy.stats import norm`
ⓑ `colors = cm.RdYlBu (np.linspace (0,1,len(mu_array)))`

```
fig, ax = plt.subplots (figsize = (5,4))
for idx, mu_idx in enumerate(mu_array):
    pdf_idx = norm.pdf (x_array,scale = 1,loc = mu_idx)
    legend_idx = '$\mu$ = ' + str(mu_idx)
    plt.plot (x_array, pdf_idx,
            color = colors [idx],
            label = legend_idx)

plt.legend (ncol = 3)
ax.set_xlim (x_array .min(),x_array .max())
ax.set_ylim (0,1)
ax.set_xlabel ('x')
ax.set_ylabel ('PDF, $f_X(x)$')

sigma_array = np.linspace (0.5,5,10)
# 设定标准差一系列取值
colors = cm.RdYlBu (np.linspace (0,1,len(sigma_array)))
# 标准差对一元高斯分布 PDF 的影响
fig, ax = plt.subplots (figsize = (5,4))
for idx, sigma_idx in enumerate(sigma_array):
    pdf_idx = norm.pdf (x_array, scale = sigma_idx)
    legend_idx = '$\sigma$ = ' + str(sigma_idx)
    plt.plot (x_array, pdf_idx,
            color = colors [idx],
            label = legend_idx)

plt.legend ()
ax.set_xlim (x_array.min(),x_array.max())
ax.set_ylim (0,1)
ax.set_xlabel ('x')
ax.set_ylabel ('PDF, $f_X(x)$')
```

二元高斯分布

二元高斯分布是一个包含两个随机变量的联合概率分布。二元高斯分布的概率密度函数(PDF)本质上是个二元函数。

如图26.10所示,当相关性系数取不同值时,我们可以看到这个二元函数曲面形状的变化。

我们可以通过代码26.5绘制图26.10,下面讲解其中关键语句。

ⓐ用列表定义了一组相关性系数取值。

ⓑ定义了两个随机变量各自的标准差——σ_X、σ_Y。

ⓒ定义了两个随机变量的期望值——μ_X、μ_Y。

ⓓ用numpy.dstack()将横纵网格坐标数组堆叠,其结果为一个三维数组。

ⓔ把两个期望值写成质心向量 $[\mu_X, \mu_Y]$。注意,这个向量是个行向量,而代码26.5给出的公式中质心向量μ为列向量。

ⓕ用相关性系数和标准差构造**协方差矩阵** (covariance matrix) $\begin{bmatrix} \sigma_X^2 & \rho_{X,Y}\sigma_X\sigma_Y \\ \rho_{X,Y}\sigma_X\sigma_Y & \sigma_Y^2 \end{bmatrix}$。

ⓖ利用scipy.stats中的multivariate_normal对象,构造二元高斯分布对象实例bi_norm。这个函数的输入为刚刚创建的质心向量和协方差矩阵。

h 利用bi_norm的pdf()方法生成概率密度函数值$f_{X,Y}(x,y)$。这个方法的输入为**d**生成的三维数组，代表一组网格坐标点。

i 在三维轴对象ax上用plot_wireframe()绘制三维网格曲面。

j 在三维轴对象ax上用contour()再绘制一个三维等高线。

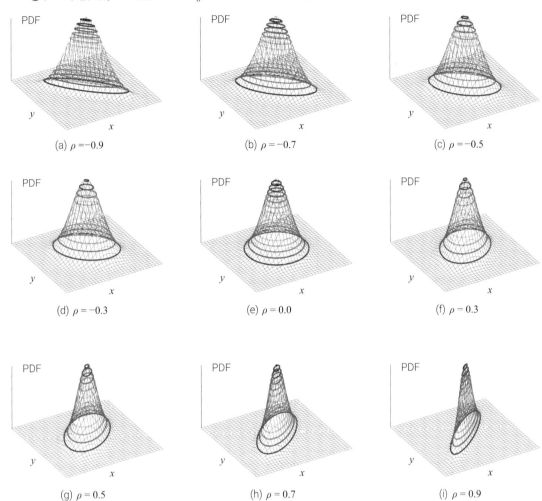

(a) $\rho = -0.9$ (b) $\rho = -0.7$ (c) $\rho = -0.5$

(d) $\rho = -0.3$ (e) $\rho = 0.0$ (f) $\rho = 0.3$

(g) $\rho = 0.5$ (h) $\rho = 0.7$ (i) $\rho = 0.9$

图26.10　二元高斯分布PDF (曲面)

代码26.5　网格曲面可视化二元高斯分布PDF | ⊕ Bk1_Ch26_05.ipynb

```python
import numpy as np
import matplotlib.pyplot as plt
from scipy.stats import multivariate_normal
```

a
```python
rho_array = [-0.9, -0.7, -0.5, -0.3,
             0, 0.3, 0.5, 0.7, 0.9]
```
b
```python
sigma_X = 1; sigma_Y = 1 # 标准差
```
c
```python
mu_X = 0;    mu_Y = 0    # 期望
```

```python
    width = 4
    X = np.linspace (-width,width,321)
    Y = np.linspace (-width,width,321)
    XX, YY = np.meshgrid (X, Y)
ⓓ  XXYY = np.dstack ((XX, YY))
```

$$f_X(\boldsymbol{x}) = \frac{\exp\left(-\dfrac{1}{2}(\boldsymbol{x}-\boldsymbol{\mu})^{\mathrm{T}}\boldsymbol{\Sigma}^{-1}(\boldsymbol{x}-\boldsymbol{\mu})\right)}{(2\pi)^{\frac{D}{2}}\,|\boldsymbol{\Sigma}|^{\frac{1}{2}}}$$

```python
    # 曲面
    fig = plt.figure(figsize = (8,8))
    for idx, rho_idx in enumerate(rho_array):
        # 质心
ⓔ      mu = [mu_X, mu_Y]
        # 协方差
ⓕ      Sigma = [[sigma_X **2, sigma_X *sigma_Y *rho_idx ],
                 [sigma_X *sigma_Y *rho_idx, sigma_Y **2]]
        # 二元高斯分布
ⓖ      bi_norm = multivariate_normal(mu, Sigma)
ⓗ      f_X_Y_joint = bi_norm.pdf (XXYY)

        ax = fig.add_subplot(3,3,idx +1,projection ='3d')
ⓘ      ax.plot_wireframe(XX, YY, f_X_Y_joint,
                          rstride =10, cstride =10,
                          color = [0.3,0.3,0.3],
                          linewidth = 0.25)

ⓙ      ax.contour (XX,YY, f_X_Y_joint,15,
                    cmap = 'RdYlBu_r')

        ax.set_xlabel ('$x$' ); ax.set_ylabel ('$y$')
        ax.set_zlabel ('$f_{X,Y}(x,y)$')
        ax.view_init (azim =-120, elev =30)
        ax.set_proj_type ('ortho')

        ax.set_xlim (-width, width ); ax.set_ylim (-width, width)
        ax.set_zlim (f_X_Y_joint.min(),f_X_Y_joint.max())
        # ax.axis('off')

plt.tight_layout()
fig.savefig ('二元高斯分布,曲面 .svg', format='svg')
plt.show()
```

如图26.11所示，将图26.10投影到水平面，我们惊奇地发现这些曲面的等高线是椭圆！似乎相关性系数影响着椭圆的旋转角度。

我们可以通过代码26.6绘制图26.11，请大家自行分析其中关键语句，并写出图26.11中每幅子图对应的协方差矩阵的具体值。

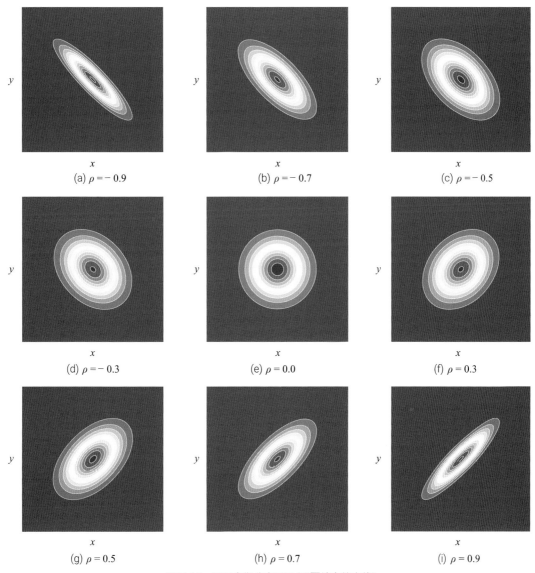

(a) $\rho = -0.9$ (b) $\rho = -0.7$ (c) $\rho = -0.5$

(d) $\rho = -0.3$ (e) $\rho = 0.0$ (f) $\rho = 0.3$

(g) $\rho = 0.5$ (h) $\rho = 0.7$ (i) $\rho = 0.9$

图26.11　二元高斯分布PDF (平面填充等高线)

代码26.6　平面填充等高线可视化二元高斯分布PDF（使用时配合前文代码） | ⊕ *Bk1_Ch26_05.ipynb* ○○○

```
# 平面填充等高线
fig = plt.figure (figsize = (8,8))
for idx, rho_idx in enumerate(rho_array):
    mu = [mu_X, mu_Y]
    Sigma = [[sigma_X **2, sigma_X *sigma_Y *rho_idx ],
             [sigma_X *sigma_Y *rho_idx, sigma_Y **2]]

    bi_norm = multivariate_normal (mu, Sigma)
    f_X_Y_joint = bi_norm.pdf(XXYY)

    ax = fig.add_subplot(3,3,idx+1)
```

```
ⓒ      ax.contourf (XX, YY, f_X_Y_joint,
                    levels = 12, cmap ='RdYlBu_r')

       ax.set_xlabel ('$x$')
       ax.set_ylabel ('$y$')

       ax.set_xlim (-width, width)
       ax.set_ylim (-width, width)
       ax.axis ('off')

plt.tight_layout ()
fig.savefig ('二元高斯分布,等高线.svg', format='svg')
plt.show ()
```

请大家完成以下题目。

Q1. 修改Bk1_Ch26_05.ipynb中两个随机变量的质心位置,并观察概率密度函数曲面和等高线的变化。

Q2. 修改Bk1_Ch26_05.ipynb中两个随机变量标准差的值,并观察概率密度函数曲面和等高线的变化。

* 题目很基础,本书不给答案。

本章举了三个例子 (距离、插值、高斯分布) 介绍如何使用SciPy库函数。

在计算欧氏距离这个例子中,我们要关注如何用矩阵形式保存大量散点之间的成对距离值。

在插值这个例子中,我们要理解几种常见插值算法的基本思想,以及插值和回归的本质区别。

高斯分布可能是整套"鸢尾花书"最重要的分布,没有之一。对于一元高斯分布,大家需要理解期望值和标准差如何影响概率密度函数形状。对于二元高斯分布,大家一定要搞清楚协方差矩阵和椭圆形态的关系。本书后续还会在机器学习算法中用到高斯分布。

最后还是要强调,调用SciPy包绝不是我们学习Python的目的,我们要搞清楚背后的数学思想。

Statistical Modeling Using Statsmodels
Statsmodels统计模型
线性回归、主成分分析、概率密度估计

教育点燃火焰，绝非填鸭灌输。
Education is the kindling of a flame, not the filling of a vessel .

—— 苏格拉底 (Socrates) ｜ 古希腊哲学家 ｜ 前469—前399年

◀ statsmodels.api.nonparametric.KDEUnivariate() 构造一元 KDE
◀ statsmodels.graphics.boxplots.violinplot() 小提琴图
◀ statsmodels.graphics.gofplots.qqplot() QQ 图
◀ statsmodels.graphics.plot_grids.scatter_ellipse() 散点椭圆
◀ statsmodels.multivariate.factor.Factor() 因子分析
◀ statsmodels.multivariate.pca.PCA() 主成分分析
◀ statsmodels.nonparametric.kde.KDEUnivariate() 单变量核密度估计
◀ statsmodels.nonparametric.kernel_density.KDEMultivariate() 构造多元 KDE
◀ statsmodels.regression.linear_model.OLS() OLS 线性回归
◀ statsmodels.regression.linear_model.WLS() 加权 OLS 线性回归
◀ statsmodels.regression.rolling.RollingOLS() 移动 OLS 线性回归
◀ statsmodels.tsa.ar_model.AutoReg() AR 模型
◀ statsmodels.tsa.arima.model.ARIMA() ARIMA 模型
◀ statsmodels.tsa.seasonal.seasonal_decompose() 季节性分解

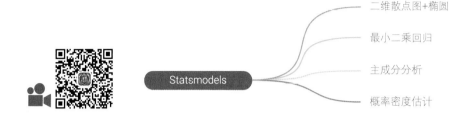

二维散点图+椭圆

最小二乘回归

主成分分析

概率密度估计

Statsmodels

27.1 什么是Statsmodels?

　　Statsmodels是一个Python库，用于估计统计模型并进行统计数据分析。在机器学习领域，Statsmodels虽然没有像Scikit-Learn这样的机器学习库那么全面，但是Statsmodels提供了许多统计方法和模型，用于探索数据、进行假设检验、完成时间序列分析预测等。

　　Statsmodels主要用于以下任务。

◀**最小二乘线性回归** (ordinary least square regression)，用于拟合线性模型和探索线性关系。
◀**方差分析** (Analysis of Variance，ANOVA)，用于比较多个组之间的差异。
◀**主成分分析** (Principal Component Analysis，PCA)。
◀**时间序列分析** (timeseries analysis)，如ARIMA模型。
◀**非参数方法** (nonparametric methods)，比如**核密度估计** (Kernel Density Estimation，KDE)。
◀**统计假设检验** (statistical hypothesis testing)。
◀**分位图**，又称**QQ图** (Quantile-Quantile plot)。

　　表27.1总结了Statsmodels中常用的模块及示例函数。本章举例介绍如何使用Statsmodels中几个常见函数。

表27.1　Statsmodels常用模块以及示例函数

模块	描述	举例
statsmodels.graphics	统计绘图	statsmodels.graphics.boxplots.violinplot() 小提琴图 statsmodels.graphics.plot_grids.scatter_ellipse() 散点椭圆 statsmodels.graphics.gofplots.qqplot() QQ图
statsmodels.multivariate	多元统计	statsmodels.multivariate.pca.PCA() 主成分分析 statsmodels.multivariate.factor.Factor() 因子分析
statsmodels.regression	回归分析	statsmodels.regression.linear_model.OLS() OLS线性回归 statsmodels.regression.rolling.RollingOLS() 移动OLS线性回归 statsmodels.regression.linear_model.WLS() 加权OLS线性回归
statsmodels.nonparametric	非参数方法	statsmodels.nonparametric.kde.KDEUnivariate() 单变量核密度估计
statsmodels.tsa	时间序列	statsmodels.tsa.ar_model.AutoReg() AR模型 statsmodels.tsa.arima.model.ARIMA() ARIMA模型 statsmodels.tsa.seasonal.seasonal_decompose() 季节性分解

27.2 二维散点图 + 椭圆

上一章在介绍高斯分布时，我们知道了二元高斯分布和椭圆的关系，本节将举例进一步强化这个知识点。

散点图 (scatter plot) 是一种常用的可视化方式，一般用于展示两个变量之间的关系。它将各个数据点表示为笛卡儿坐标系上的点。

scatter_ellipse() 函数是 statsmodels.graphics. plot_grids 模块的一部分，用于创建带有椭圆表示置信区间的散点图。简单来说，scatter_ellipse() 函数在基本散点图的基础上添加了椭圆，用于展示样本数据的置信区间。

图27.1所示为鸢尾花数据的"二维散点图 + 椭圆"。图27.2、图27.3、图27.4考虑了鸢尾花标签。

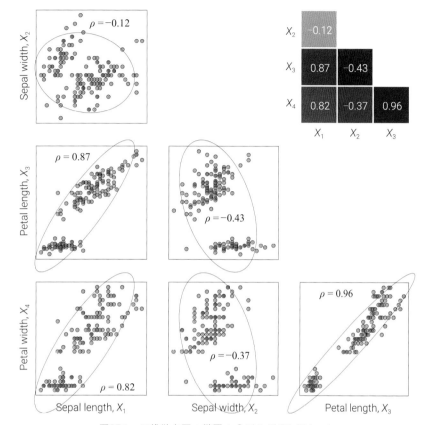

图27.1 二维散点图 + 椭圆 | ⊕ Bk1_Ch27_01.ipynb

---

scatter_ellipse() 函数默认图像线条颜色为黑色。图27.1 ~图27.4在后期处理时修改了颜色。此外，图中下三角相关系数矩阵热图来自本书第23章。

《统计至简》第23章会介绍这四幅图背后的数学工具。

我们可以通过代码26.1绘制图26.1 ~ 图26.4。

ⓐ从 Statsmodels 库的 plot_grids 模块中访问 scatter_ellipse 函数。

ⓑ绘制二维散点图 + 椭圆。scatter_ellipse()函数中，level (默认0.9) 是一个可选参数，用于控制绘制椭圆时表示**置信区间** (confidence interval) 的**置信水平** (confidence level)。

置信区间是一个范围，用于表示对一个未知参数的估计。一个 95% 的置信区间意味着我们有95% 的置信度认为真实的参数值位于该区间内。

ⓒ用loc选取鸢尾花不同标签样本数据。

请大家思考如果相关性系数分别为-1、0、1时，椭圆会变成什么？

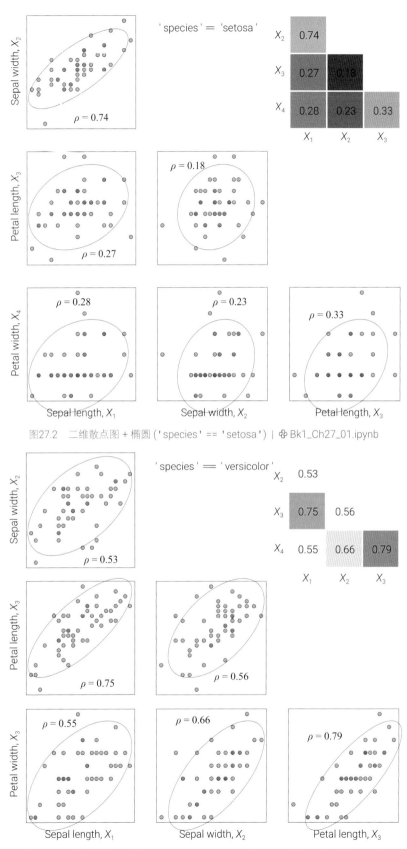

图27.2 二维散点图 + 椭圆('species' == 'setosa') | ⊕ Bk1_Ch27_01.ipynb

图27.3 二维散点图 + 椭圆('species' == 'versicolor') | ⊕ Bk1_Ch27_01.ipynb

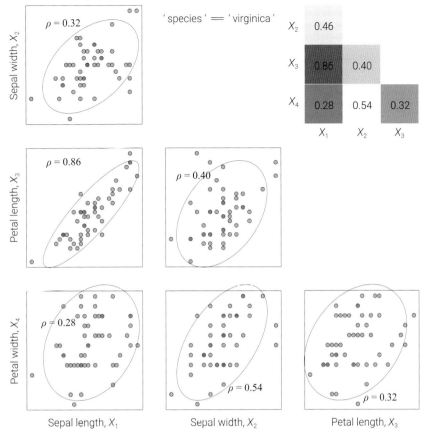

图27.4　二维散点图 + 椭圆 ('species' -= 'virginica') | ⊕ Bk1_Ch27_01.ipynb

代码27.1　二维散点图 + 椭圆 | ⊕ Bk1_Ch27_01.ipynb

```
import matplotlib.pyplot as plt
import numpy as np
import seaborn as sns
from statsmodels.graphics.plot_grids import scatter_ellipse
# 导入鸢尾花数据
data_raw = sns.load_dataset('iris')
labels = ['Sepal length','Sepal width',
          'Petal length','Petal width']

fig = plt.figure(figsize = (8,8))
scatter_ellipse(data_raw.iloc[:,:-1],
                varnames = labels, fig = fig)
fig.savefig('散点 + 椭圆.svg', format = 'svg')

for s_idx in data_raw.species.unique():
    data = data_raw.loc[data_raw.species == s_idx].iloc[:,:-1]
    fig = plt.figure(figsize = (8,8))
    scatter_ellipse(data, varnames = labels, fig = fig)
    fig.savefig('散点 + 椭圆 ' + s_idx + '.svg', format = 'svg')
```

27.3 最小二乘线性回归

最小二乘 (Ordinary Least Square，OLS) **线性回归** (linear regression) 是一种用于建立线性模型的统计学方法，其目标是通过找到最佳拟合直线来预测因变量和一个或多个自变量之间的线性关系。这种方法被广泛应用于各种领域，包括数据分析、机器学习等。

如图27.5 (a) 所示，在最小二乘线性回归中，我们尝试找到一条直线，使得所有数据点到这条线的距离平方和最小。

这里的"距离"通常是指因变量与回归线预测值之间的差异，称为残差。图27.5 (b) 中灰色线段就是残差。观察图27.5 (b)，大家容易发现残差线段平行于y轴。

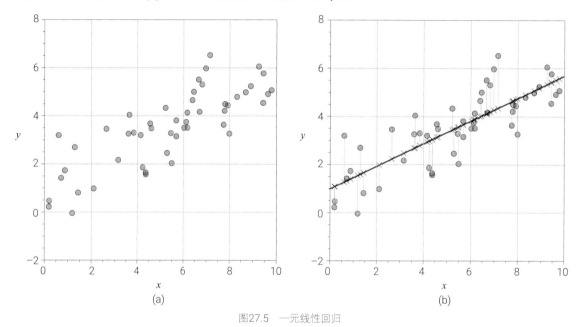

图27.5　一元线性回归

我们的目标是最小化所有数据点的残差平方和，因此称为"最小二乘"。

我们可以通过代码27.2绘制图27.5 (b)，下面讲解其中关键语句。

ⓐ 产生用于回归的样本数据。

ⓑ sm.add_constant(x_data) 是 statsmodels 中的一个函数，用于在矩阵或数组 x_data 的左侧添加全1常数列，目的是计算截距项。

《数据有道》逐一介绍图27.6中的回归分析结果。

ⓒ 进行最小二乘线性回归分析。

ⓓ 调用 fit() 方法来对模型进行拟合，从而得到对应的回归系数和其他相关统计信息。

ⓔ 打印回归结果，具体如图27.6所示。

ⓕ 利用results.params保存线性回归结果，results.params[1] 为**斜率** (slope) b_1，results.params[0] 为**截距** (intercept) b_0。一元线性回归的解析式为$y = b_1x + b_0$。

第30章还会继续介绍Scikit-Learn中的回归算法工具。

ⓖ 绘制**预测值** (predicted value) 散点图，图27.5 (b) 中的"×"。图27.5 (b) 中的蓝色点"●"为样本数据。

ⓗ 绘制样本值"●"和预测值"×"连线线段。这个线段代表误差。

```python
import numpy as np
import statsmodels.api as sm
import matplotlib.pyplot as plt

# 生成随机数据
num = 50
np.random.seed(0)
```
ⓐ
```python
x_data = np.random.uniform(0,10,num)
y_data = 0.5 * x_data + 1 + np.random.normal(0, 1, num)
data = np.column_stack([x_data,y_data])

# 添加常数列
```
ⓑ
```python
X = sm.add_constant(x_data)
# 创建一元OLS线性回归模型
```
ⓒ
```python
model = sm.OLS(y_data, X)
# 拟合模型
```
ⓓ
```python
results = model.fit()
# 打印回归结果
```
ⓔ
```python
print(results.summary())
# 预测
x_array = np.linspace(0,10,101)
```
ⓕ
```python
predicted = results.params[1] * x_array + results.params[0]

fig, ax = plt.subplots()
ax.scatter(x_data, y_data)
```
ⓖ
```python
ax.scatter(x_data, results.fittedvalues,
           color='k', marker='x')
ax.plot(x_array, predicted,
        color='r')

data_ = np.column_stack([x_data,results.fittedvalues])
```
ⓗ
```python
ax.plot(([i for (i,j) in data_], [i for (i,j) in data]),
        ([j for (i,j) in data_], [j for (i,j) in data]),
        c=[0.6,0.6,0.6], alpha = 0.5)

ax.set_xlabel('x'); ax.set_ylabel('y')
ax.set_aspect('equal', adjustable = 'box')
ax.set_xlim(0,10); ax.set_ylim(-2,8)
fig.savefig('一元线性回归.svg', format = 'svg')
```

```
                            OLS Regression Results
==============================================================================
Dep. Variable:                      y   R-squared:                       0.656
Model:                            OLS   Adj. R-squared:                  0.649
Method:                 Least Squares   F-statistic:                     91.59
Date:             XXXXXXXXXXXXXXXX   Prob (F-statistic):           1.05e-12
Time:                      XXXXXXXX   Log-Likelihood:                 -67.046
No. Observations:                  50   AIC:                             138.1
Df Residuals:                      48   BIC:                             141.9
                      Df Model:                                             1
                      Covariance Type:              nonrobust
==============================================================================
                 coef    std err          t      P>|t|      [0.025      0.975]
------------------------------------------------------------------------------
const          0.9928      0.296      3.358      0.002       0.398       1.587
x1             0.4693      0.049      9.570      0.000       0.371       0.568
==============================================================================
Omnibus:                        1.199   Durbin-Watson:                   2.274
Prob(Omnibus):                  0.549   Jarque-Bera (JB):                1.213
Skew:                           0.283   Prob(JB):                        0.545
Kurtosis:                       2.487   Cond. No.                         13.6
```

图27.6　一元OLS线性回归结果 | ⏀ Bk1_Ch27_02.ipynb

27.4 主成分分析

主成分分析 (Principal Component Analysis，PCA) 是数据降维的重要方法之一。简单来说，通过线性变换，主成分分析将原始多维数据投影到一个新的正交坐标系，将原始数据中的最大方差成分提取出来。

举个例子，主成分分析实际上是在寻找数据在主元空间内的投影。

图27.7所示马克杯，它是一个3D物体，在一张图展示马克杯，而且尽可能多地展示马克杯细节，就需要从空间多个角度观察马克杯并找到合适角度。

这个过程实际上是将三维数据投影到二维平面的过程。这也是一个降维过程，即从三维变成二维。图27.8展示了马克杯在6个平面上投影的结果。

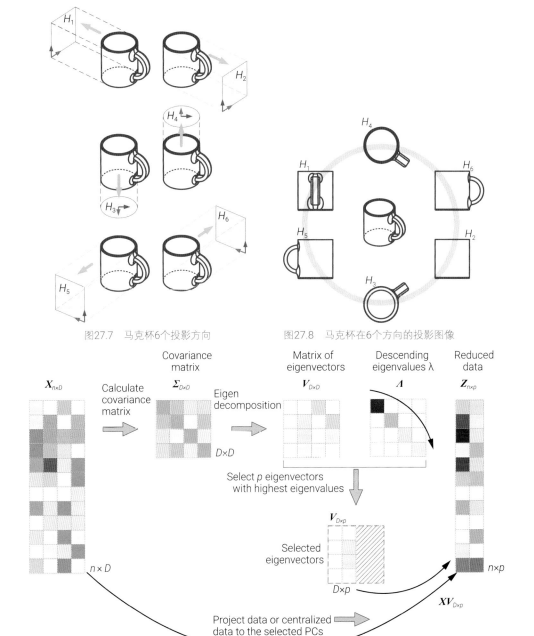

图27.7 马克杯6个投影方向   图27.8 马克杯在6个方向的投影图像

图27.9 主成分分析一般技术路线：特征值分解协方差矩阵

如图27.9所示，PCA的一般步骤如下。

◀ 计算原始数据 $\boldsymbol{X}_{n \times D}$ 的**协方差矩阵** (covariance matrix) $\boldsymbol{\Sigma}_{D \times D}$。

◀ 对 $\boldsymbol{\Sigma}$ **特征值分解** (Eigen Value Decomposition，EVD)，获得特征值 λ_i 与特征向量矩阵 $\boldsymbol{V}_{D \times D}$。

◀ 对特征值 λ_i 从大到小排序，选择其中特征值最大的 p 个特征向量。

◀ 将原始数据 (中心化数据) 投影到这 p 个正交向量构建的低维空间中，获得得分 $\boldsymbol{Z}_{n \times p}$。

很多时候，在第一步中，我们先标准化 (standardization) 原始数据，即计算 $\boldsymbol{X}$ 的Z分数。标准化可以防止在不同特征上方差差异过大。而有些情况，对原始数据 $\boldsymbol{X}_{n \times D}$ 进行中心化 (去均值) 就足够了，即将数据**质心** (centroid) 移到**原点** (origin)。

下面，我们用不同年期利率时间序列数据介绍如何使用Statsmodels函数完成主成分分析。图27.10所示为2022年8个不同年期利率走势，也就是说数据有8个特征 (维度)。

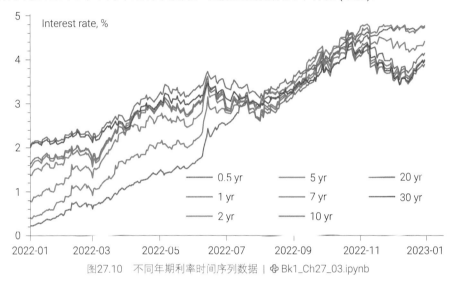

图27.10　不同年期利率时间序列数据 | ⊕ Bk1_Ch27_03.ipynb

我们先看一下代码27.3。我们在本书前文已经介绍过 ❶ ~ ❻，请大家回顾这些代码的作用，并逐行注释。

❼ 用seaborn.lineplot() 绘制利率走势线图。

❽ 用pct_change() 计算日收益率。如图27.11所示，日收益率是用来衡量股票、利率在一天内的价格变动幅度的指标。日收益率通常以百分比形式表示，回顾前文介绍的计算方法，具体为：日收益率 = (当日收盘价 – 前一日收盘价) / 前一日收盘价 × 100%。

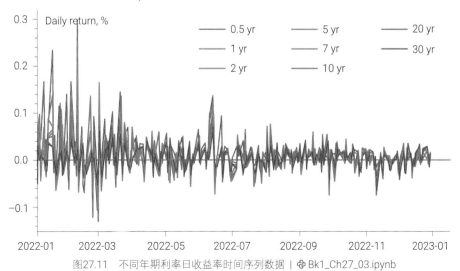

图27.11　不同年期利率日收益率时间序列数据 | ⊕ Bk1_Ch27_03.ipynb

日收益率数据X是下文主成分分析对象。

i 用seaborn.pairplot() 绘制成对散点图，用来理解变量之间的关系和分布情况。对角线上的子图默认是每个变量的直方图，图27.12将对角线子图修改为概率密度估计线图，这是下一节要介绍的内容。非对角线上的图形是变量之间的散点图，图27.12仅仅保留了下三角部分子图。

j 计算日收益率数据X相关系数矩阵。

k 用seaborn.heatmap() 可视化相关系数矩阵。

如图27.12所示，从时间序列的涨跌，我们可以看到明显的**联动性** (co-movement)。图27.13所示的相关系数矩阵则"量化"联动性。主成分分析PCA便可以帮助我们分析这种联动性。

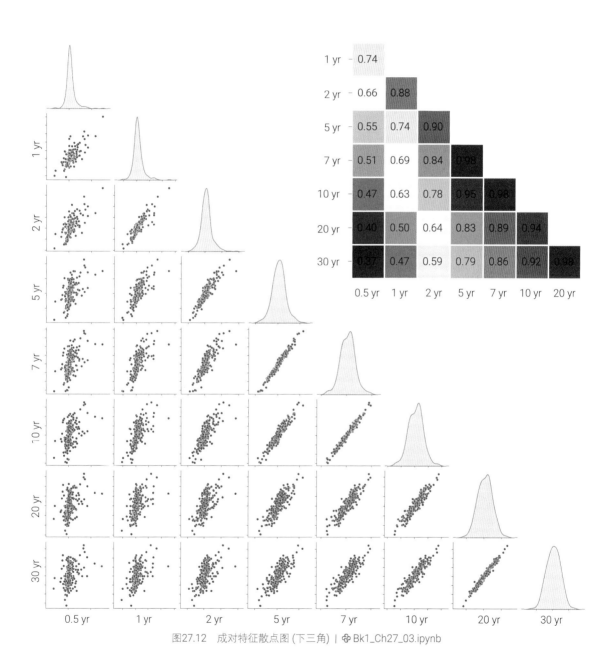

图27.12 成对特征散点图 (下三角) | ⊕ Bk1_Ch27_03.ipynb

526

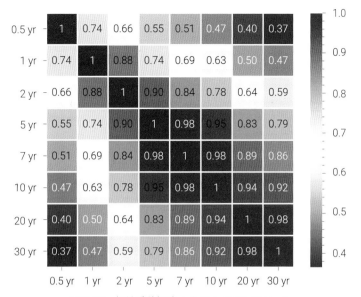

图27.13 相关系数矩阵 | ⊕ Bk1_Ch27_03.ipynb

代码27.3 下载分析利率数据 | ⊕ Bk1_Ch27_03.ipynb

```
import pandas as pd
import numpy as np
import matplotlib.pyplot as plt
ⓐ import pandas_datareader as pdr
ⓑ # pip install pandas_datareader
import seaborn as sns
ⓒ import statsmodels.multivariate.pca as pca
# 下载数据
ⓓ df = pdr.data.DataReader(['DGS6MO','DGS1',
                            'DGS2','DGS5',
                            'DGS7','DGS10',
                            'DGS20','DGS30'],
                            data_source='fred',
                            start='01-01-2022',
                            end='12-31-2022')
ⓔ df = df.dropna()
# 修改数据帧列标签
ⓕ df = df.rename(columns = {'DGS6MO': '0.5 yr',
                            'DGS1': '1 yr',
                            'DGS2': '2 yr',
                            'DGS5': '5 yr',
                            'DGS7': '7 yr',
                            'DGS10': '10 yr',
                            'DGS20': '20 yr',
                            'DGS30': '30 yr'})
# 绘制利率走势
fig, ax = plt.subplots(figsize = (6,3))
ⓖ sns.lineplot(df,markers = False,dashes = False,
              palette = "husl",ax = ax)
ax.legend(loc = 'lower right',ncol = 3)
# 计算日收益率
```

```
X_df = df.pct_change()
X_df = X_df.dropna()
# 可视化收益率
fig, ax = plt.subplots(figsize = (6,3))
sns.lineplot(X_df,markers = False,
             dashes = False,palette = "husl",ax = ax)
ax.legend(loc ='upper right',ncol = 3)
# 成对特征散点图
```
```
sns.pairplot(X_df, corner = True, diag_kind = "kde")
# 相关系数矩阵
```
```
C = X_df.corr()
fig, ax = plt.subplots()
```
```
sns.heatmap(C, ax = ax,
            annot = True,
            cmap = 'RdYlBu_r',
            square = True)
```

图27.14所示的**陡坡图** (scree plot) 是PCA重要的可视化方案，用于帮助确定保留多少主成分。

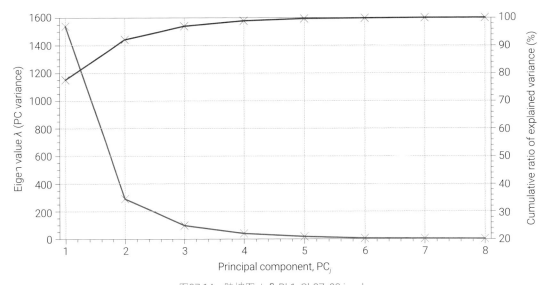

图27.14　陡坡图 | ⊕ Bk1_Ch27_03.ipynb

首先，将原始数据进行主成分分析，计算出各个主成分及其对应的特征值，方差解释比例。

然后，将每个主成分的特征值绘制在一个陡坡图上 (图27.14左纵轴)。横轴表示主成分的序号，纵轴表示对应的**特征值** (eigen value)。一般情况，特征值来自于对协方差矩阵的特征值分解。

通常，特征值会从大到小排列。观察陡坡图，寻找特征值开始急剧下降的拐点。这些拐点所对应的主成分通常是数据中最重要的部分，包含了最多的信息。而拐点之后的主成分的贡献较小，可以考虑不予保留。

此外，我们还可以通过量化方法来决定保留主成分的数量。

图27.14右纵轴展示累积解释总方差百分比。我们可以发现，前3个主成分解释超过95%的方差。这样做可以在保留重要信息的同时降低数据的维度。也就是说，利用主成分分析，我们可以把8个维度降到3个维度，并尽可能保证数据的重要信息。

在主成分分析中，**载荷** (loadings) 是一个重要的概念，用于表示原始数据特征与各个主成分之间的线性关系。载荷反映了原始数据在每个主成分上的投影权重，从而帮助我们理解主成分的含义和解释。

具体来说，对于每个主成分，都有一组载荷值与之对应。图27.15所示为前3主成分载荷。

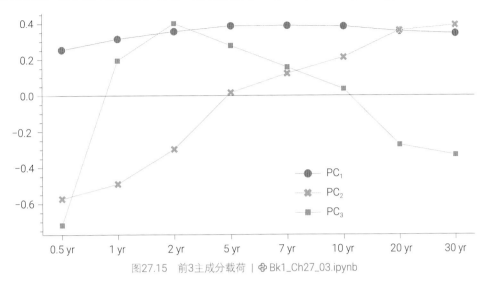

图27.15 前3主成分载荷 | ⊕ Bk1_Ch27_03.ipynb

这些载荷值构成了一个向量，表示了原始特征在主成分上的投影权重。载荷值可以为正或负，它们的绝对值越大，表示该主成分与对应特征之间的关系越强。

在PCA的过程中，主成分的计算涉及特征值分解数据的协方差矩阵 Σ，$\Sigma = V\Lambda V^{\mathsf{T}}$。从数学角度来看，载荷本质上就是 V。

> 《矩阵力量》第13、14章专门介绍特征值分解。

在主成分分析中，**主成分得分** (principal component score) 是指原始数据在降维后的主成分空间中的投影值。如图27.16所示，主成分分数是在进行数据降维后，将原始数据点映射到新的主成分空间中的一种表示。

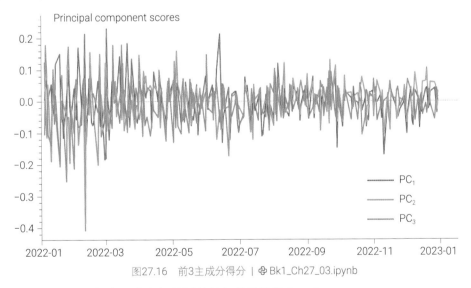

Principal component scores

图27.16 前3主成分得分 | ⊕ Bk1_Ch27_03.ipynb

如图27.17所示，每个主成分都是原始特征的线性组合。大家可以自行计算所有主成分得分的相关系数矩阵，容易发现这个矩阵为单位矩阵。由于我们仅仅保留3个主成分，图27.17便代表降维 (8维到3维) 过程。

> ⚠ 虽然主成分分析和线性回归都使用线性模型，但它们的目的和使用方式不同。

主成分分析是用于降维的一种无监督学习方法，目的是找到一组新的变量，使得这些变量能够最大程度地解释原始数据中的方差。这些新的变量称为"主成分"，它们是原始数据中所有变量的线性组合。主成分分析通常用于数据探索和可视化，以及在高维数据中寻找最重要的特征。

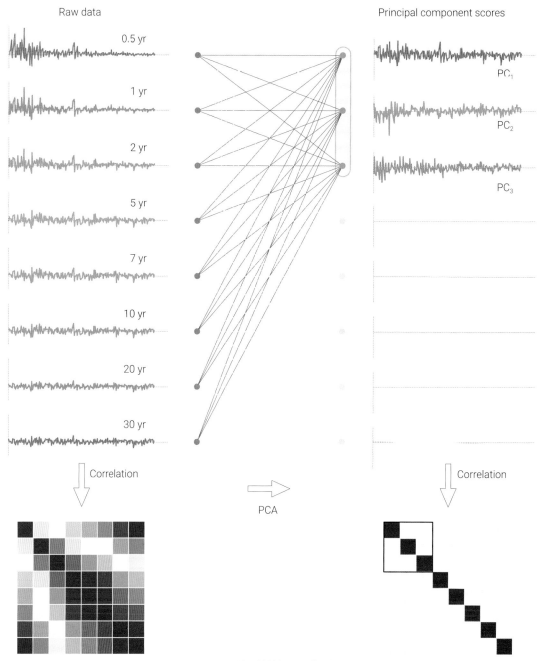

图27.17 从原始数据到主成分得分

而线性回归是用于预测的一种有监督学习方法，目的是通过拟合一个线性函数来预测一个连续的目标变量。线性回归通常用于建立输入变量和输出变量之间的关系，并用于预测新的输出变量值。

如图27.18所示，我们用3组主成分分析"还原"原始数据，得到的结果我们称之为"还原数据"。这个过程实际上将主成分分数反向投影到原始数据空间。

在PCA中，我们通过将原始数据投影到主成分上得到主成分分数。而将主成分分数反向投影回原始数据空间，得到的数据就是**还原数据** (approximated data或reproduced data)。

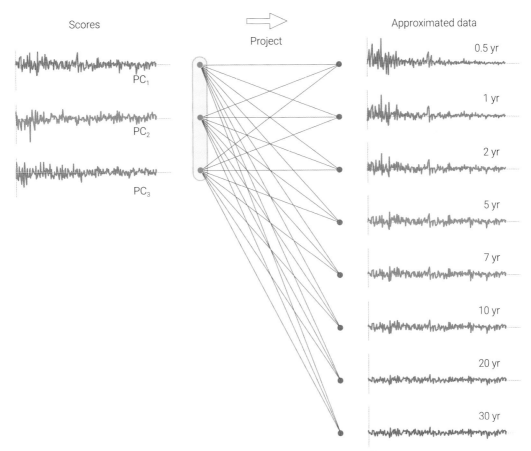

图27.18 从主成分得分 (前3个主成分) 到还原数据

投影数据与原始数据的关系是，通过主成分分析的投影过程，将原始数据映射到主成分空间，并且反向投影过程可以近似地重构出原始数据。

然而，由于PCA是一种降维技术，反向投影得到的数据会在重构过程中损失一些细节信息，因此反向投影出的数据可能与原始数据存在差异。图27.19和图27.20分别用散点图、线图可视化原始数据、还原数据、误差。

接着代码27.3，代码27.4完成主成分分析。

🅐利用statsmodels.multivariate.pca.PCA() 完成主成分分析。

下面简单介绍这个函数的关键参数。

ncomp指定返回主成分数量，默认返回和原数据特征数一致的主成分数量。

standardize指定是否标准化数据，如果 standardize = True 相当于对原始数据相关系数矩阵进行特征值分解，来完成主成分分析运算。

demean指定是否去均值，如果standardize = True，默认数据已经去均值。

method = 'svd' (默认) 代表利用奇异值分解进行主成分分解，method = 'eig' 代表利用特征值分解完成PCA。

🅑提取特征值，从大到小排列。特征值分解将协方差矩阵转化为一组特征向量和特征值。这些特征值排列从大到小的意义在于决定了主成分的重要性和解释力。

主成分分析的目标之一是将原始数据映射到一组新的主成分上，这些主成分按照重要性递减排列。换句话说，通过选择前几个特征值较大的主成分，我们能够保留大部分原始数据的方差信息，同时实现数据的降维。这有助于更好地理解数据的结构和模式。

🅒增加双y轴的右侧纵轴对象。

ⓓ提取前3主成分。从特征值分解结果来看，这3个主成分对应的特征值分别约为1537、288、95。三者之和占总特征值的比值超过95%。

ⓔ用前3主成分创建还原数据。

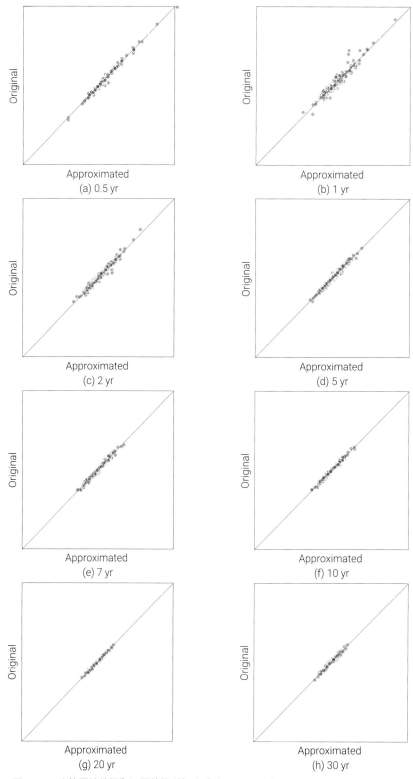

图27.19　比较原始数据和还原数据 (前3主成分还原)，散点图 | ⊕ Bk1_Ch27_03.ipynb

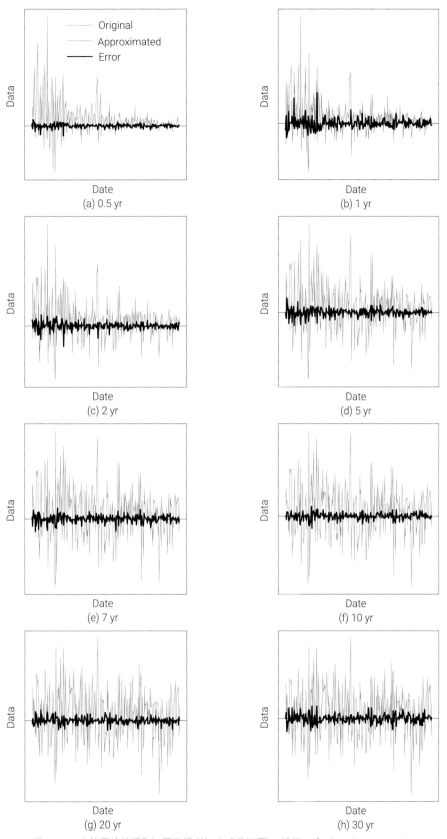

图27.20 比较原始数据和还原数据 (前3主成分还原)，线图 | ⊕ Bk1_Ch27_03.ipynb

```python
# 主成分分析
pca_model = pca.PCA(X_df, standardize=True)
variance_V = pca_model.eigenvals
# 计算主成分的方差解释比例
explained_var_ratio = variance_V / variance_V.sum()
PC_range = np.arange(len(variance_V)) + 1
labels = ['$PC_' + str(index) + '$' for index in PC_range]
# 陡坡图
fig, ax1 = plt.subplots(figsize = (6,3))

ax1.plot(PC_range, variance_V, 'b', marker = 'x')
ax1.set_xlabel('Principal Component')
ax1.set_ylabel('Eigen value $\lambda$ (PC variance)',
color = 'b')
ax1.set_ylim(0,1600); ax1.set_xticks(PC_range)

ax2 = ax1.twinx()
ax2.plot(PC_range, np.cumsum(explained_var_ratio)*100,
         'r', marker = 'x')
ax2.set_ylabel('Cumulative ratio of explained variance (%)',
               color = 'r')
ax2.set_ylim(20,100)
ax2.set_xlim(PC_range.min() - 0.1,PC_range.max() + 0.1)
# PCA载荷
loadings = pca_model.loadings[['comp_0','comp_1','comp_2']]
fig, ax = plt.subplots(figsize = (6,4))
sns.lineplot(data = loadings,
             markers = True, dashes = False, palette = "husl")
plt.axhline(y = 0, color = 'r', linestyle = '-')
# 用前3主成分获得还原数据
X_df_ = pca_model.project(3)
# 比较原始数据和还原数据
# 线图
fig, axes = plt.subplots(4,2,figsize = (4,8))
axes = axes.flatten()

for col_idx, ax_idx in zip(list(X_df_.columns),axes):
    sns.lineplot(X_df_[col_idx],ax = ax_idx)
    sns.lineplot(X_df[col_idx],ax = ax_idx)
    sns.lineplot(X_df[col_idx] - X_df_[col_idx],
                 c = 'k', ax = ax_idx)
    ax_idx.set_xticks([]); ax_idx.set_yticks([])
    ax_idx.axhline(y = 0, c = 'k')

# 散点图
fig, axes = plt.subplots(4,2,figsize = (4,8))
axes = axes.flatten()

for col_idx, ax_idx in zip(list(X_df_.columns),axes):
    sns.scatterplot(x = X_df_[col_idx],
                    y = X_df[col_idx],
                    ax = ax_idx)
    ax_idx.plot([-0.3, 0.3],[-0.3, 0.3],c = 'r')
    ax_idx.set_aspect('equal', adjustable='box')
    ax_idx.set_xticks([]); ax_idx.set_yticks([])
    ax_idx.set_xlim(-0.3, 0.3); ax_idx.set_ylim(-0.3, 0.3)
```

27.5 概率密度估计：高斯KDE

本书第12章介绍过如何用Seaborn可视化高斯核密度估计结果。对于一元随机变量，高斯核密度通过在数据点附近生成高斯分布的核函数，然后将所有核函数叠加在一起得到一条曲线；这条曲线就是**概率密度函数** (Probability Density Function，PDF)，用来描述样本数据的分布情况。

本节介绍如何用Statsmodels库函数完成高斯KDE，并可视化一元、二元概率密度函数。

一元

图27.21所示为用高斯KDE估计得到的鸢尾花花萼长度概率密度函数。图27.21中，曲线和横轴包围的面积为1。图27.21中的曲线也称**证据因子** (evidence)。

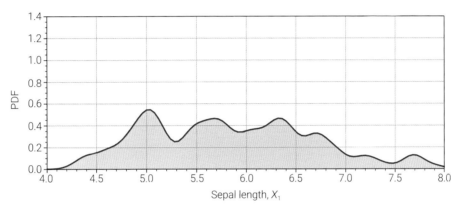

图27.21　鸢尾花数据花萼长度概率密度函数 (证据因子)，基于高斯KDE ｜ ⊕ Bk1_Ch27_04.ipynb

简单来说，在**贝叶斯分类** (Bayesian classification) 中，证据因子描述了不考虑分类标签条件下样本数据分布。

图27.22、图27.23、图27.24所示为考虑鸢尾花标签的花萼长度概率密度函数。在贝叶斯分类中，这三条曲线也叫作**似然函数** (likelihood)，表示考虑分类标签下样本数据的分布。

> ⚠ 图27.21 ~ 图27.24中的纵轴都是概率密度，不是概率！四条PDF曲线和横轴围成的面积都是1。

> ❓ 请大家修改代码绘制鸢尾花花萼宽度、花瓣长度、花瓣宽度这三个特征的证据因子和似然函数曲线。

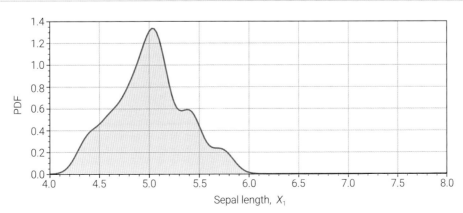

图27.22　花萼长度X_1概率密度函数，基于高斯KDE，考虑标签 (似然函数)，'species'=='setosa' ｜ ⊕ Bk1_Ch27_04.ipynb

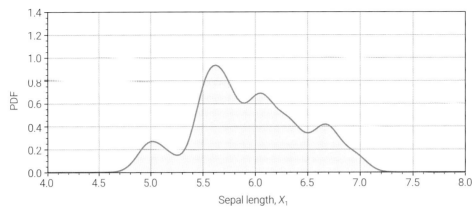

图27.23　花萼长度X_1概率密度函数，基于高斯KDE，考虑标签(似然函数)，'species'=='versicolor' | ⊕ Bk1_Ch27_04.ipynb

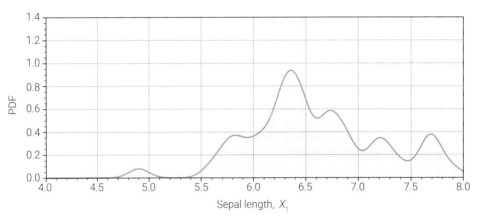

图27.24　花萼长度X_1概率密度函数，基于高斯KDE，考虑标签(似然函数)，'species'=='virginica' | ⊕ Bk1_Ch27_04.ipynb

我们可以通过代码27.5绘制图27.21 ~ 图27.24。下面讲解其中关键语句。

ⓐ 导入Statsmodels 中的api (application programming interface) 模块。在Statsmodels中，api 包含了用户常用的函数、类和工具，用于执行各种统计分析和建模任务。

ⓑ 从sklearn.datasets导入load_iris。

ⓒ 用load_iris() 导入鸢尾花数据集。

ⓓ 提取标签，这个数据集的标签为0、1、2，分别对应setosa、versicolor、virginica。

ⓔ 将NumPy数组转化为Pandas数据帧。

ⓕ 用iloc[ ] 提取数据帧的第1列。

ⓖ 创建自定义可视化函数。

ⓗ fill_between() 是 Matplotlib 库中的一个函数，用于在两条曲线之间填充颜色。

ⓘ 导入非参数核密度估计sm.nonparametric.KDEUnivariate() 函数，用来创建和操作单变量数据 的核密度估计对象。这个函数的输入为样本的单一变量数据。

ⓙ 调用 fit() 方法计算核密度估计，其中bw调节核函数**带宽** (band width)。

请大家修改核函数带宽bw，观察KDE曲线变化。

ⓚ利用evaluate() 计算给定数组核密度估计值，以便后续可视化。

ⓛ利用自定义函数visualize() 绘制概率密度函数曲线，#00448A为一个十六进制颜色值—— RGB
颜色值。

在十六进制颜色表示法中，颜色值由6个字符组成，前2个字符表示红色分量、中间2个字符表示
绿色分量，最后2个字符表示蓝色分量。每个字符可以取值从 00 到 FF，对应十进制的 0 到 255。在
颜色 #00448A 中：前2个字符 00 表示红色分量为 0；中间2个字符 44 表示绿色分量为 68；最后2个
字符 8A 表示蓝色分量为 138。

ⓜ创建高斯KDE对象时考虑鸢尾花分类。

代码27.5　一元概率密度估计 | ⊕ Bk1_Ch27_04.ipynb

```python
import numpy as np
ⓐ import statsmodels.api as sm
   import matplotlib.pyplot as plt
   import pandas as pd
ⓑ from sklearn.datasets import load_iris

   # 从Scikit-Learn库加载鸢尾花数据
ⓒ iris = load_iris()
ⓓ y = iris.target
ⓔ X_df = pd.DataFrame(iris.data)
ⓕ X1_df = X_df.iloc[:,0]

   # 自定义可视化函数
ⓖ def visualize(x1,pdf,color):
       fig, ax = plt.subplots(figsize = (8,3))
ⓗ     ax.fill_between(x1, pdf,
                       facecolor = color,alpha = 0.2)
       ax.plot(x1, pdf,color = color)

       ax.set_ylim([0,1.4])
       ax.set_xlim([4,8])
       ax.set_ylabel('PDF')
       ax.set_xlabel('Sepal length, $x_1$')

   # 不考虑标签
ⓘ KDE = sm.nonparametric.KDEUnivariate(X1_df)
ⓙ KDE.fit(bw=0.1)
   x1 = np.linspace(4,8,101)
ⓚ f_x1 = KDE.evaluate(x1)

ⓛ visualize(x1,f_x1,'#00448A')

   # 考虑鸢尾花标签，用KDE描述样本数据花萼长度分布
   colors = ['#FF3300','#0099FF','#8A8A8A']

   x1 = np.linspace(4,8,161)

   for idx in range(3):
ⓜ     KDE_C_i = sm.nonparametric.KDEUnivariate(X1_df[y==idx])
       KDE_C_i.fit(bw = 0.1)
       f_x1_given_C_i = KDE_C_i.evaluate(x1)

       visualize(x1,f_x1_given_C_i,colors[idx])
```

二元

SciPy也有完成概率密度估计的函数。图27.25所示为利用scipy.stats.gaussian_kde()函数估计得到的鸢尾花花萼长度、花萼宽度联合概率密度函数。

在《统计至简》中，大家会知道图27.25中曲面和水平面构成的体积为1。

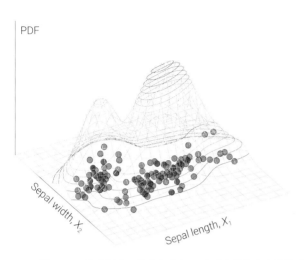

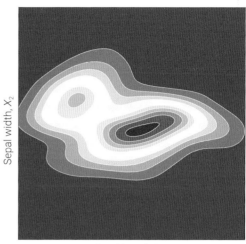

图27.25　花萼长度、花萼宽度 (X_1, X_2) 联合概率密度函数 (证据因子)，基于高斯KDE | ⊕ Bk1_Ch27_05.ipynb

代码27.6首先定义了一个可视化函数，用来可视化二元概率密度曲面。图片布局采用1行2列。左侧子图为三维图像，由网格曲面和三维等高线构成。右侧子图是一幅二维等高线图。

下面，我们来讲解代码27.6。

ⓐ自定义函数，函数输入主要有，联合概率密度分布曲面坐标 (XX1, XX2, surface)、样本点坐标 (x1_s, x2_s)、PDF曲面z轴高度上限、颜色 (用来渲染样本散点)、图片标题字符串。

ⓑ用matplotlib.pyplot.figure()，简写作plt.figure()，生成一个图像对象fig。

ⓒ在fig对象上用add_subplot()方法增加子图轴对象ax。参数1,2,1告诉我们子图为1行2列布局左图。参数projection = '3d'指定ax为三维轴对象。

ⓓ用plot_wireframe()在轴对象ax上绘制三维网格曲面。

ⓔ用scatter()在ax上绘制散点图，代表样本点具体位置。

ⓕ用contour()在ax上绘制三维等高线。参数20代表等高线条数。

ⓖ在fig对象上也用add_subplot()方法增加第二个子图轴对象ax。参数1,2,2告诉我们子图为1行2列布局右图。这个ax默认为二维平面坐标轴。

ⓗ在ax上用contourf()绘制二维填充等高线。

ⓘ在ax上用contour()绘制二维等高线，利用参数colors = 'w'将等高线设置为白色。

用matplotlib.pyplot.plot() 绘制线图时，设定线颜色的参数为color；而用matplotlib.pyplot.contour() 绘制等高线时，设定等高线颜色的参数为colors。这也很容易理解，等高线不止一条，所以用了复数单词colors作为参数，这个与参数levels思路一致。

代码27.6中剩余语句，请大家自行分析并逐行注释。

```python
import matplotlib.pyplot as plt

# 定义可视化函数
def plot_surface(xx1, xx2, surface, x1_s, x2_s,
                 z_height, color, title_txt):

    fig = plt.figure(figsize = (8,3))

    ax = fig.add_subplot(1, 2, 1, projection = '3d')
    ax.plot_wireframe(xx1, xx2, surface,
                      cstride = 8, rstride = 8,
                      color = [0.7,0.7,0.7],
                      linewidth = 0.25)
    ax.scatter(x1_s, x2_s, x2_s*0, c = color)
    ax.contour(xx1, xx2, surface,20,
               cmap = 'RdYlBu_r')

    ax.set_proj_type('ortho')
    ax.set_xlabel('Sepal length, $x_1$')
    ax.set_ylabel('Sepal width, $x_2$')
    ax.set_zlabel('PDF')
    ax.set_xticks([]); ax.set_yticks([])
    ax.set_zticks([])
    ax.set_xlim(x1.min(), x1.max())
    ax.set_ylim(x2.min(), x2.max())
    ax.set_zlim([0,z_height])
    ax.view_init(azim = -120, elev = 30)
    ax.set_title(title_txt)
    ax.grid(False)

    ax = fig.add_subplot(1, 2, 2)
    ax.contourf(xx1, xx2, surface, 12, cmap = 'RdYlBu_r')
    ax.contour(xx1, xx2, surface, 12, colors = 'w')
    ax.set_xticks([]); ax.set_yticks([])
    ax.set_xlim(x1.min(), x1.max())
    ax.set_ylim(x2.min(), x2.max())
    ax.set_xlabel('Sepal length, $x_1$')
    ax.set_ylabel('Sepal width, $x_2$')
    ax.set_aspect('equal', adjustable = 'box')
    ax.set_title(title_txt)
```

代码27.7首先用调用scipy.stats.gaussian_kde()估计二元概率密度。

下面，我们讲解代码27.7。

ⓐ用pandas.DataFrame()将NumPy Array转换为数据帧。之所以采用数据帧是为了后文条件切片方便；当然大家也可以采用NumPy Array的条件切片。

ⓑ用iloc[]提取数据帧前2列，索引分别为0、1。

ⓒ用numpy.meshgrid()生成网格坐标点。

ⓓnumpy.ravel()将二维数组展开成一维数组。然后再用numpy.vstack()将2个一维数组按垂直方向堆叠，v就是vertical的含义。

ⓔ调用scipy.stats.gaussian_kde()根据样本数据估计概率密度曲面，得到对象KDE。

如果忘记如何使用这两个函数，请回顾本书第16章。

f 先用KDE对象估计坐标网格positions的概率密度高度，然后用numpy.reshape()将结果调整为和xx1形状一致，以便可视化。

g 调用自定义可视化函数。

```
import numpy as np
import statsmodels.api as sm
import pandas as pd
from sklearn.datasets import load_iris
import scipy.stats as st

# 导入鸢尾花数据
iris = load_iris()
X_1_to_4 = iris.data; y = iris.target

feature_names = ['Sepal length, $X_1$','Sepal width, $X_2$',
                 'Petal length, $X_3$','Petal width, $X_4$']
```
a `X_df = pd.DataFrame(X_1_to_4)`
b `X1_2_df = X_df.iloc[:,[0,1]]`

```
x1 = np.linspace(4,8,161); x2 = np.linspace(1,5,161)
```
c `xx1, xx2 = np.meshgrid(x1,x2)`
d `positions = np.vstack([xx1.ravel(), xx2.ravel()])`
```
colors = ['#FF3300','#0099FF','#8A8A8A']
```
e `KDE = st.gaussian_kde(X1_2_df.values.T)`
f `f_x1_x2 = np.reshape(KDE(positions).T, xx1.shape)`

```
x1_s = X1_2_df.iloc[:,0]
x2_s = X1_2_df.iloc[:,1]

z_height = 0.5
title_txt = '$f_{X1, X2}(x_1, x_2)$, evidence'
```
g `plot_surface(xx1, xx2, f_x1_x2,`
```
            x1_s, x2_s, z_height,
            '#00448A', title_txt)
```

然后，我们利用相同的思路又绘制了图27.26、图27.27、图27.28这三幅似然函数 (给定具体鸢尾花分类标签) 曲面。

请大家自行分析代码27.8，并逐行注释。

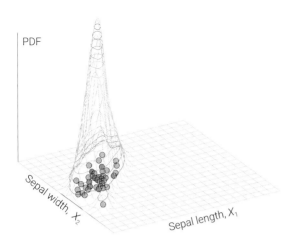
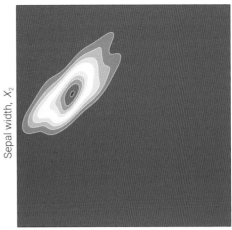

图27.26 花萼长度、花萼宽度 (X_1, X_2) 似然概率密度，基于高斯KDE，考虑标签 (似然函数)，'species' == 'setosa' | ⊕ Bk1_Ch27_05.ipynb

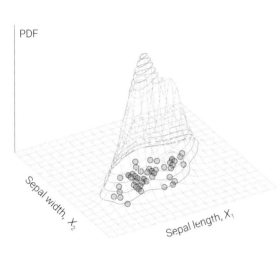
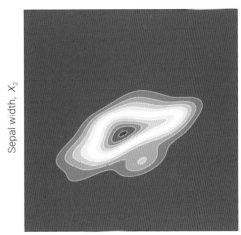

图27.27 花萼长度、花萼宽度 (X_1, X_2) 似然概率密度，基于高斯KDE，考虑标签 (似然函数)，'species' == 'versicolor' | ⊕ Bk1_Ch27_05.ipynb

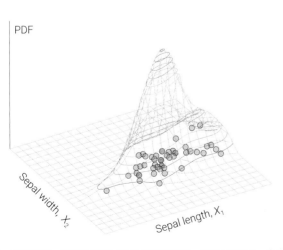
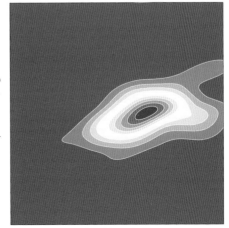

图27.28 花萼长度、花萼宽度 (X_1, X_2) 似然概率密度，基于高斯KDE，考虑标签 (似然函数)，'species' == 'virginica' | ⊕ Bk1_Ch27_05.ipynb

```python
# 考虑不同鸢尾花分类
for idx in range(3):

    KDE_idx = st.gaussian_kde(X1_2_df[y==idx].values.T)
    f_x1_x2_given_C_i = np.reshape(KDE_idx(positions).T, xx1.shape)

    x1_s_C_i = X1_2_df.iloc[:,0][y==idx]
    x2_s_C_i = X1_2_df.iloc[:,1][y==idx]

    z_height = 1
    title_txt = 'Likelihood'
    plot_surface(xx1, xx2, f_x1_x2_given_C_i,
                 x1_s_C_i, x2_s_C_i, z_height,
                 colors[idx], title_txt)
```

请大家完成以下题目。

Q1. 修改代码27.2，采用不同随机数种子 (不同正整数)，观察散点和拟合直线变化。

Q2. 修改Bk1_Ch27_03.ipynb代码，用鸢尾花数据为例，复刻整套主成分分析。

Q3. 修改Bk1_Ch27_04.ipynb代码，分别绘制花萼宽度、花瓣长度、花瓣宽度这三个特征的证据因子和似然函数。

Q4. 修改Bk1_Ch27_04.ipynb代码，分别可视化花瓣长度、花瓣宽度这两个特征的证据因子和似然函数曲面。

*题目很基础，本书不给答案。

Statsmodels还有很多强大功能，如各种回归模型、回归分析、时间序列分析、非参数方法等，感兴趣的读者可以参考以下网址学习。

https://www.statsmodels.org/devel/examples/index.html

本章用4个例子介绍如何使用Statsmodels。"二维散点图 + 椭圆"这个例子中，希望大家再次看到相关性系数、协方差矩阵、高斯分布、马氏距离和椭圆的联系。

在最小二乘线性回归这个例子中，"调包"得到回归模型才是回归分析的第1步。"鸢尾花书"会一步步帮助大家理解回归分析背后的各种数学工具，直至大家完全理解图27.6中回归分析结果。

本章用利率数据和大家聊了聊如何使用Statsmodels中的主成分分析工具。本书第31章还要从几何角度和大家再次探讨主成分分析。

高斯核密度估计是"鸢尾花书"常用的一种概率密度估计方法，请大家务必掌握它的基本思想。

这个板块三章分别介绍了三个Python第三方数学工具库，下一板块正式进入机器学习。

07

机器学习

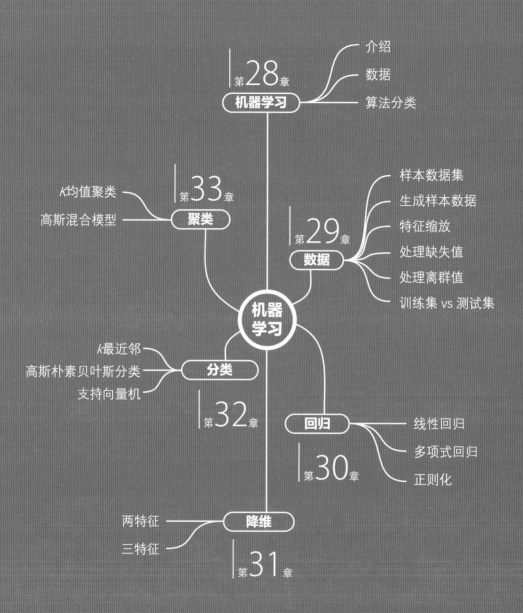

第28章 机器学习
- 介绍
- 数据
- 算法分类

第33章 聚类
- K均值聚类
- 高斯混合模型

第29章 数据
- 样本数据集
- 生成样本数据
- 特征缩放
- 处理缺失值
- 处理离群值
- 训练集 vs 测试集

机器学习

第32章 分类
- K最近邻
- 高斯朴素贝叶斯分类
- 支持向量机

第30章 回归
- 线性回归
- 多项式回归
- 正则化

第31章 降维
- 两特征
- 三特征

学习地图 | 第7板块

Machine Learning in Scikit-Learn
Scikit-Learn机器学习
利用Scikit-Learn库完成回归、降维、分类、聚类

合理即存在，存在即合理。
What is rational is actual and what is actual is rational.

—— 黑格尔 (Hegel) | 德国哲学家 | 1770—1831年

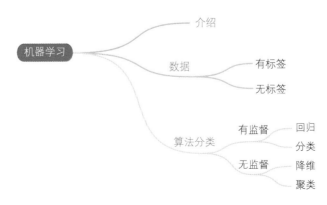

28.1 什么是机器学习？

人工智能、机器学习、深度学习、自然语言处理

人工智能 (Artificial Intelligence，AI) 的外延十分宽泛，泛指计算机系统通过模拟人的思维和行为，实现类似于人的智能行为。人工智能领域包含了很多技术和方法，如机器学习、深度学习、自然语言处理、计算机视觉等。

机器学习 (Machine Learning，ML) 是人工智能的一个子领域，是通过计算机算法自动地从数据中学习规律，并用所学到的规律对新数据进行预测或者分类的过程。本书这个板块将会着重介绍Python中Scikit-Learn这个机器学习工具。

深度学习 (Deep Learning，DL) 是一种机器学习的子领域，它是通过建立多层**神经网络** (neural network) 模型，自动地从原始数据中学习到更高级别的特征和表示，从而实现对复杂模式的建模和预测。

这三者之间的关系如图28.1所示。

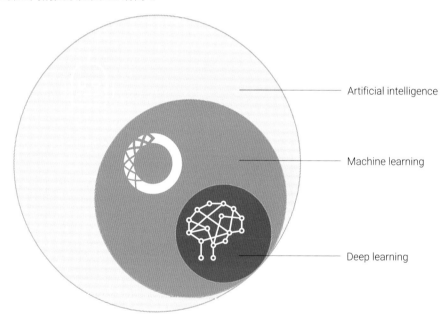

图28.1　人工智能、机器学习、深度学习

Python中常用的深度学习工具有TensorFlow、PyTorch、Keras等，这些工具不在本书讨论范围内。

自然语言处理 (Natural Language Processing，NLP) 是计算机科学与人工智能领域的一个重要分支，旨在通过计算机技术对人类语言进行分析、理解和生成。自然语言处理主要应用于自然语言文本的处理和分析，如文本分类、情感分析、信息抽取、机器翻译、问答系统等。

机器学习适合处理的问题有以下特征：①大数据；②黑箱或复杂系统，难以找到**控制方程** (governing equations)。机器学习需要数据的训练。

机器学习分类

如图28.2所示，简单来说，机器学习可以分为以下两大类。

◀ **有监督学习** (supervised learning)，也叫监督学习，训练有标签值样本数据并得到模型，通过模型对新样本进行推断。有监督学习可以进一步分为两大类：**回归** (regression)、**分类** (classification)。本书第30章介绍常用回归算法，第32章介绍常用分类算法。有监督学习常见方法如图28.3所示。

◀ **无监督学习** (unsupervised learning)，训练没有标签值的数据，并发现样本数据的结构和分布。无监督学习可以分为两大类：**降维** (dimensionality reduction)、**聚类** (clustering)。本书第31章介绍常用降维算法，第32章介绍常用聚类算法。无监督学习常见方法如图28.4所示。

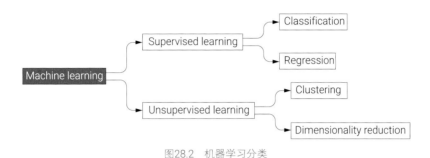

图28.2 机器学习分类

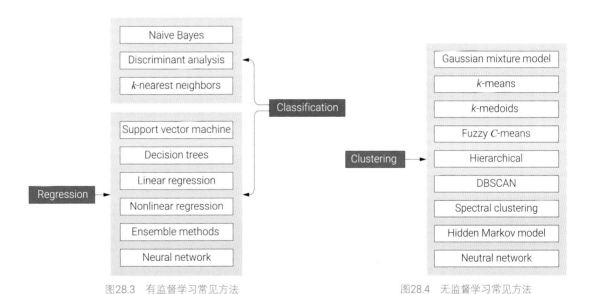

图28.3 有监督学习常见方法   图28.4 无监督学习常见方法

机器学习流程

图28.5所示为机器学习的一般流程。

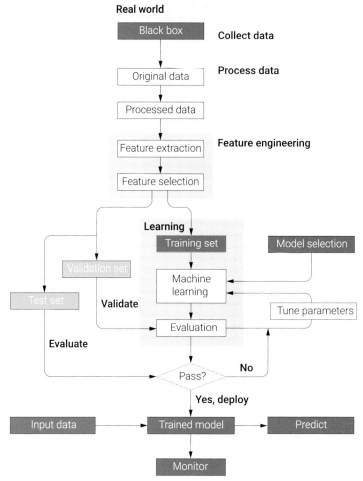

图28.5 机器学习一般流程

具体分步流程通常包括以下步骤。

◀ **收集数据：** 从数据源获取数据集，这可能包括数据清理、去除无效数据和处理缺失值等。
◀ **特征工程：** 对数据进行预处理，包括数据转换、特征选择、特征提取和特征缩放等。
◀ **数据划分：** 将数据集划分为训练集、验证集和测试集等。训练集用于训练模型，验证集用于选择模型并进行调参，测试集用于评估模型的性能。
◀ **选择模型：** 选择合适的模型，如线性回归、决策树、神经网络等。
◀ **训练模型：** 使用训练集对模型进行训练，并对模型进行评估，可以使用交叉验证等方法进行模型选择和调优。
◀ **测试模型：** 使用测试集评估模型的性能，并进行模型的调整和改进。
◀ **应用模型：** 将模型应用到新数据中进行预测或分类等任务。
◀ **模型监控：** 监控模型在实际应用中的性能，并进行调整和改进。

以上是机器学习的一般分步流程，不同的任务和应用场景可能会有一些变化和调整。在实际应用中，还需要考虑数据的质量、模型的可解释性、模型的复杂度和可扩展性等问题。

28.2 有标签数据、无标签数据

　　根据输出值有无标签，数据可以分为**有标签数据** (labelled data) 和**无标签数据** (unlabelled data)，如图28.6所示。

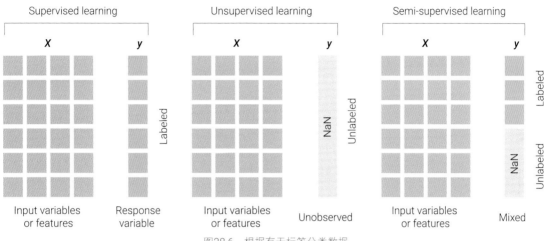

图28.6　根据有无标签分类数据

　　鸢尾花数据显然是有标签数据。删去鸢尾花最后一列标签，我们便得到无标签数据。有标签数据和无标签数据是机器学习中常见的两种数据类型，它们在不同的应用场景中有不同的用途。

　　简单来说，有标签数据对应有监督学习，无标签数据对应无监督学习。

　　有监督学习中，如果标签为连续数据，对应的问题为**回归** (regression)，如图28.7 (a)所示。如果标签为分类数据，对应的问题则是**分类** (classification)，如图28.7 (c)所示。

　　无监督学习中，样本数据没有标签。如果目标是寻找规律、简化数据，这类问题叫作**降维** (dimensionality reduction)，比如主成分分析目的之一就是找到数据中占据主导地位的成分，如图28.7 (b)所示。如果模型的目标是根据数据特征将样本数据分成不同的组别，这种问题叫作**聚类** (clustering)，如图28.7 (d)所示。

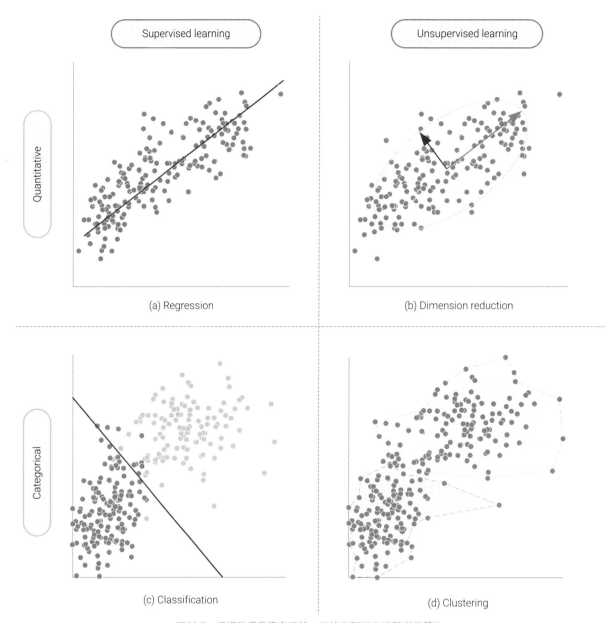

图28.7 根据数据是否有标签、标签类型细分机器学习算法

28.3 回归：找到自变量与因变量关系

回归是机器学习中一种常见的任务，用于预测一个连续变量的值。常见的回归算法包括线性回归、非线性回归、正则化、贝叶斯回归和基于分类算法的回归。

线性回归 (linear regression) 通过构建一个线性模型来预测目标变量。最简单的线性回归算法是一元线性回归，而多元线性回归则是利用多个特征来预测目标变量。

非线性回归 (nonlinear regression) 目标变量与特征之间的关系不是线性的。**多项式回归** (polynomial regression) 是非线性回归的一种形式，通过将特征的幂次作为新的特征来构建一个多项式模型。**逻辑回归** (logistic regression) 是一种二分类算法，可以用于非线性回归。

　　正则化 (regularization) 通过向目标函数中添加惩罚项来避免模型的过拟合。常用的正则化方法有岭回归、Lasso回归、弹性网络回归。岭回归通过向目标函数中添加 L2 惩罚项来控制模型复杂度。Lasso回归通过向目标函数中添加 L1 惩罚项，它不仅能够控制模型复杂度，还可以进行特征选择。弹性网络是岭回归和Lasso回归的结合体，它同时使用 L1 和 L2 惩罚项。

　　贝叶斯回归 (Bayesian regression) 是一种基于贝叶斯定理的回归算法，它可以用来估计连续变量的概率分布。

　　基于分类算法的回归，比如kNN算法是一种基于距离度量的分类算法，但也可以用于回归任务。**支持向量回归** (Support Vector Regression，SVR) 则是一种基于**支持向量机** (Support Vector Machine，SVM) 的回归算法，它通过寻找一个最优的边界，来预测目标变量。

　　比较线性回归、多项式回归、逻辑回归三种回归算法，如图28.8所示。

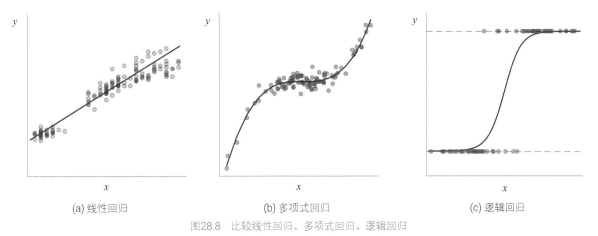

(a) 线性回归　　　　　　　　　(b) 多项式回归　　　　　　　　　(c) 逻辑回归

图28.8　比较线性回归、多项式回归、逻辑回归

28.4 降维：降低数据维度，提取主要特征

　　降维是指将高维数据转换为低维数据的过程，这个过程可以提取出数据的主要特征，并去除噪声和冗余信息。降维可以有效地减少计算成本，加速模型训练和预测，并提高模型的准确性和可解释性。

　　以下是机器学习中常用的降维算法。

　　主成分分析 (Principal Component Analysis，PCA) 通过线性变换将高维数据映射到低维空间。利用特征值分解、奇异值分解都可以完成主成分分析。

　　核主成分分析 (Kernel Principal Component Analysis，KPCA) 是一种非线性降维算法，它使用核函数将数据映射到高维空间，然后使用PCA在新的空间中进行降维。

　　典型相关分析 (Canonical Correlation Analysis，CCA) 是一种统计学习算法，它通过最大化两个变量之间的相关性来降低维度。

流形学习 (manifold learning) 是一种非线性降维算法，它通过保持局部结构的连续性来将高维数据映射到低维空间。流形学习可以发现数据中的非线性关系和流形结构。

这些降维算法都有不同的优点和适用场景，应根据数据的特点和需求选择适合的算法进行建模。

28.5 分类：针对有标签数据

在机器学习中，分类是指根据给定的数据集，通过对样本数据的学习，建立分类模型来对新的数据进行分类的过程。下面简述一些常用的分类算法。

最近邻算法 (kNN)：基于样本的特征向量之间的距离进行分类预测，即找到与待分类数据距离最近的 k 个样本，根据它们的类别进行投票决策。

朴素贝叶斯算法 (Naive Bayes)：利用贝叶斯定理计算样本属于某个类别的概率，并根据概率大小进行分类决策。

支持向量机 (SVM)：利用间隔最大化的思想来进行分类决策，可以通过核函数将低维空间中线性不可分的样本映射到高维空间进行分类。

决策树算法 (Decision Tree)：通过对样本数据的特征进行划分，构建一个树形结构，从而实现对新数据的分类预测。

我们可以通过比较决策边界的形状大致知道采用的是哪一种分类算法，图28.9给出了四个例子。本书第30章将专门介绍几种分类算法。

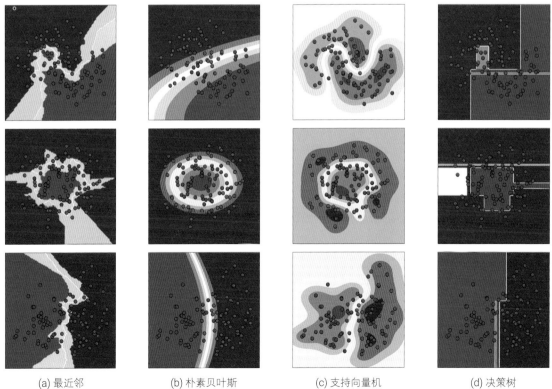

(a) 最近邻　　　　　(b) 朴素贝叶斯　　　　　(c) 支持向量机　　　　　(d) 决策树

图28.9　比较最近邻、朴素贝叶斯、支持向量机、决策树

28.6 聚类：针对无标签数据

在机器学习中，聚类是指将数据集中的样本按照某种相似性指标进行分组的过程。常用的聚类算法包括以下几种。

***k*均值算法** (*k*-Means)将样本分为 *k* 个簇，每个簇的中心点是该簇中所有样本点的平均值。

高斯混合模型 (Gaussian Mixture Model，GMM)将样本分为多个高斯分布，每个高斯分布对应一个簇，采用 EM 算法进行迭代优化。

层次聚类算法 (Hierarchical Clustering) 将样本分为多个簇，可以使用自底向上的凝聚层次聚类或自顶向下的分裂层次聚类。

DBSCAN (Density-Based Spatial Clustering of Applications with Noise) 是基于密度的聚类算法，可以自动发现任意形状的簇。

谱聚类算法 (Spectral Clustering) 是基于样本之间的相似度来构造拉普拉斯矩阵，然后对其进行特征值分解来实现聚类。

比较*k*均值、高斯混合模型、DBSCAN、谱聚类算法结果，如图28.10所示。

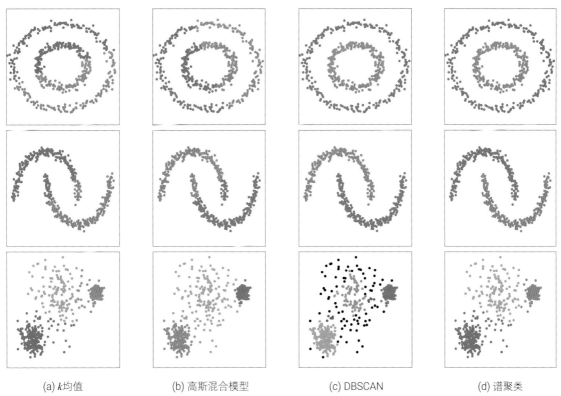

(a) *k*均值   (b) 高斯混合模型   (c) DBSCAN   (d) 谱聚类

图28.10　比较*k*均值、高斯混合模型、DBSCAN、谱聚类

28.7 什么是Scikit-Learn?

Scikit-Learn 是一个流行的 Python 机器学习库，提供完成机器学习任务的各种工具。Scikit-Learn 和前文介绍的NumPy、SciPy、Pandas、Matplotlib等重要工具联系紧密。

以下是 Scikit-Learn 中的主要工具。

◀ **数据集：** Scikit-Learn 中包含多个标准数据集，还提供生成样本数据的函数。这些数据集可以用于测试和评估机器学习模型的性能。

◀ **数据预处理** (data preprocessing)。数据预处理是机器学习的重要一步，它包括数据清洗、数据重构和数据变换。Scikit-Learn 提供了各种数据预处理工具，包括特征缩放、归一化、标准化、处理缺失值、数据编码等。Scikit-Learn数据是本书下一章 (第29章) 要探讨的话题。

◀ **监督学习模型：** Scikit-Learn 支持多种监督学习模型，包括线性回归、逻辑回归、支持向量机、决策树、随机森林、神经网络等。

◀ **无监督学习模型：** Scikit-Learn 支持多种无监督学习模型，包括聚类、降维、密度估计等。这些模型可以用于在没有标签的情况下对数据进行分析和理解。

◀ **模型选择和评估：** Scikit-Learn 提供了各种工具，用于选择最佳模型和评估模型的性能。这些工具包括交叉验证、网格搜索、评估指标等。

◀ **管道：** Scikit-Learn 中的管道工具可用于将数据预处理和模型训练流程组合在一起，使得处理和训练过程更加高效和简单。

总的来说，Scikit-Learn 提供了一个全面的机器学习工具包，使得机器学习的建模和评估过程更加高效和方便。

请大家完成以下题目。

Q1. 本章没有编程练习题，只要求把Scikit-Learn的官方示例库浏览一遍，全面了解Scikit-Learn库能够完成的机器学习算法，具体页面如下。

```
https://scikit-learn.org/stable/auto_examples/index.html
```

*这道题目不需要答案。

本章全景介绍有关机器学习的基本知识。需要大家理解的概念包括，有标签数据、无标签数据，以及机器学习四大任务 (回归、降维、分类、聚类)。

本书第30 ~ 33章将按照这个顺序用示例展开如何利用Scikit-Learn工具完成机器学习任务。

# Data and Data Preprocessing in Scikit-Learn
Scikit-Learn数据
数据集、缺失值、离群值、特征缩放……

三种激情，简单却无比强烈，支配着我的生活——对爱的渴望、对知识的追求，以及对人类苦难的无法忍受的怜悯。

这些激情，如狂风肆虐，任性地，将我吹来刮去——越过痛苦的深海，直抵绝望的边缘。

Three passions, simple but overwhelmingly strong, have governed my life: the longing for love, the search for knowledge, and unbearable pity for the suffering of mankind. These passions, like great winds, have blown me hither and thither, in a wayward course, over a deep ocean of anguish, reaching to the very verge of despair.

—— 伯特兰•罗素 (Bertrand Russell) | 英国哲学家、数学家 | 1872—1970年

- ◀ sklearn.covariance.EllipticEnvelope() 使用基于高斯分布的椭圆包络方法检测异常值
- ◀ sklearn.covariance.mahalanobis() 计算马哈拉诺比斯距离来检测异常值
- ◀ sklearn.covariance.RobustCovariance() 使用鲁棒协方差估计进行异常值检测
- ◀ sklearn.datasets.fetch_lfw_people() 人脸数据集
- ◀ sklearn.datasets.fetch_olivetti_faces() 奥利维蒂人脸数据集
- ◀ sklearn.datasets.load_boston() 波士顿房价数据集
- ◀ sklearn.datasets.load_breast_cancer() 乳腺癌数据集
- ◀ sklearn.datasets.load_diabetes() 糖尿病数据集
- ◀ sklearn.datasets.load_digits() 手写数字数据集
- ◀ sklearn.datasets.load_iris() 鸢尾花数据集
- ◀ sklearn.datasets.load_linnerud() Linnerud体能训练数据集
- ◀ sklearn.datasets.load_wine() 葡萄酒数据集
- ◀ sklearn.datasets.make_blobs() 生成聚类数据集
- ◀ sklearn.datasets.make_circles() 生成圆环形状数据集
- ◀ sklearn.datasets.make_classification() 生成合成的分类数据集
- ◀ sklearn.datasets.make_moons() 生成月牙形状数据集
- ◀ sklearn.datasets.make_regression() 生成合成的回归数据集
- ◀ sklearn.ensemble.IsolationForest() 使用隔离森林方法检测异常值
- ◀ sklearn.impute.IterativeImputer() 使用多个回归模型来估计缺失值
- ◀ sklearn.impute.KNNImputer() 使用最近邻样本的值来进行插补

◄ sklearn.impute.SimpleImputer() 提供了一些基本的插补策略来处理缺失值
◄ sklearn.neighbors.LocalOutlierFactor() 使用局部离群因子方法检测异常值
◄ sklearn.preprocessing.MaxAbsScaler() 通过除以每个特征的"最大绝对值"完成特征缩放
◄ sklearn.preprocessing.MinMaxScaler() 通过除以每个特征的"最大值减最小值"完成特征缩放
◄ sklearn.preprocessing.PowerTransformer() 对特征应用幂变换来使数据更加服从高斯分布
◄ sklearn.preprocessing.QuantileTransformer() 将特征转换为均匀分布
◄ sklearn.preprocessing.RobustScaler() 通过减去中位数并除以 IQR 来对特征进行缩放
◄ sklearn.preprocessing.StandardScaler() 标准化特征缩放
◄ sklearn.svm.OneClassSVM() 使用支持向量机方法进行单类异常值检测

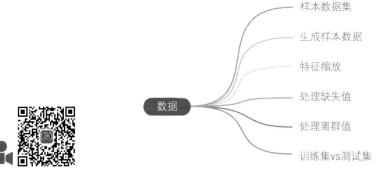

样本数据集

生成样本数据

特征缩放

数据

处理缺失值

处理离群值

训练集vs测试集

29.1 Scikit-Learn中有关数据的工具

除了完成有监督学习和无监督学习之外，Scikit-Learn还提供了丰富的样本数据集、样本数据生成函数和数据处理方法，用于实现机器学习算法的训练、评估和预测。

本章主要介绍以下内容。

◀**样本数据集**。Scikit-Learn的样本数据集包含在sklearn.datasets模块中，比如sklearn.datasets. load_iris() 可以用来加载鸢尾花数据集。

◀**生成样本数据**。Scikit-Learn还提供数据集生成函数，比如 sklearn.datasets.make_blobs()、 sklearn.datasets.make_classification()。

◀**特征工程**。Scikit-Learn还提供处理缺失值、处理离群值、特征缩放、数据分割等数据特征工程工具。

◀**数据分割**。将样本数据划分为训练集和测试集。

29.2 样本数据集

Scikit-Learn有大量数据集，可供大家练习各种机器学习算法。表29.1所示为Scikit-Learn中常用数据集。

表29.1　Scikit-Learn常用数据集

函数	介绍
sklearn.datasets.load_boston()	波士顿房价数据集，包含506个样本，每个样本有13个特征，常用于回归任务
sklearn.datasets.load_iris()	鸢尾花数据集，包含150个样本，每个样本有4个特征，常用于分类任务
sklearn.datasets.load_diabetes()	糖尿病数据集，包含442个样本，每个样本有10个特征，常用于回归任务
sklearn.datasets.load_digits()	手写数字数据集，包含1797个样本，每个样本是一个8×8像素的图像，常用于分类任务
sklearn.datasets.load_linnerud()	Linnerud体能训练数据集，包含20个样本，每个样本有3个特征，常用于多重输出回归任务
sklearn.datasets.load_wine()	葡萄酒数据集，包含178个样本，每个样本有13个特征，常用于分类任务
sklearn.datasets.load_breast_cancer()	乳腺癌数据集，包含569个样本，每个样本有30个特征，常用于分类任务
sklearn.datasets.fetch_olivetti_faces()	奥利维蒂人脸数据集，包含400张64×64像素的人脸图像，常用于人脸识别任务
sklearn.datasets.fetch_lfw_people()	人脸数据集，包含13233张人脸图像，常用于人脸识别和验证任务

代码29.1展示了导入Scikit-Learn鸢尾花数据的代码，下面讲解其中关键语句。

ⓐ从sklearn.datasets模块导入load_iris。

ⓑ导入鸢尾花样本数据集对象，将其命名为iris。

ⓒ 通过iris.data提取鸢尾花数据集的4个特征，结果为NumPy数组。

ⓓ 通过iris.feature_names提取鸢尾花4个特征名称，结果为['sepal length (cm)', 'sepal width (cm)', 'petal length (cm)', 'petal width (cm)']。

ⓔ 通过iris.target提取鸢尾花数据集的标签，结果也是NumPy数组。

ⓕ 利用numpy.unique() 返回独特标签值——0、1、2。

ⓖ 利用iris.target_names 提取分类标签，结果为['setosa', 'versicolor', 'virginica']。

ⓗ 将鸢尾花前4个特征NumPy数组创建成Pandas数据帧。

ⓘ 用describe() 对数据帧做统计汇总，结果如表29.2所示。

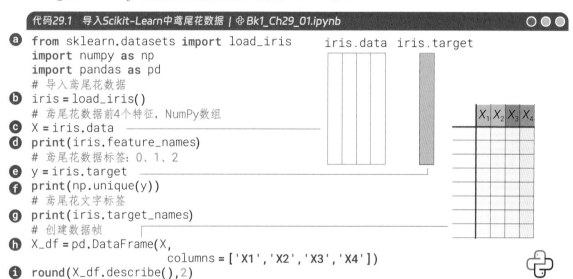

代码29.1 导入Scikit-Learn中鸢尾花数据 | ⊕ Bk1_Ch29_01.ipynb

```
ⓐ  from sklearn.datasets import load_iris
    import numpy as np
    import pandas as pd
    # 导入鸢尾花数据
ⓑ  iris = load_iris()
    # 鸢尾花数据前4个特征，NumPy数组
ⓒ  X = iris.data
ⓓ  print(iris.feature_names)
    # 鸢尾花数据标签: 0、1、2
ⓔ  y = iris.target
ⓕ  print(np.unique(y))
    # 鸢尾花文字标签
ⓖ  print(iris.target_names)
    # 创建数据帧
ⓗ  X_df = pd.DataFrame(X,
                       columns = ['X1','X2','X3','X4'])
ⓘ  round(X_df.describe(),2)
```

表29.2 鸢尾花数据集的统计总结

	X_1, sepal length (cm)	X_2, sepal width (cm)	X_3, petal length (cm)	X_4, petal width (cm)
count	150	150	150	150
mean	5.84	3.06	3.76	1.20
std	0.83	0.44	1.77	0.76
min	4.30	2.00	1.00	0.10
25%	5.10	2.80	1.60	0.30
50%	5.80	3.00	4.35	1.30
75%	6.40	3.30	5.10	1.80
max	7.90	4.40	6.90	2.50

29.3 生成样本数据

表29.3总结了Scikit-Learn中常用来生成样本数据集的函数。图29.1所示为表29.3中一些函数生成的样本数据集。图中颜色代表不同分类标签。

表29.3 Scikit-Learn中常用来生成样本数据集的函数

sklearn.datasets.make_regression()	生成合成的回归数据集，下一章将会用到这个函数
sklearn.datasets.make_classification()	生成合成的分类数据集，可以指定样本数、特征数、类别数等
sklearn.datasets.make_blobs()	生成聚类数据集，可以指定样本数、特征数、簇数等
sklearn.datasets.make_moons()	生成月牙形状数据集
sklearn.datasets.make_circles()	生成圆环形状数据集

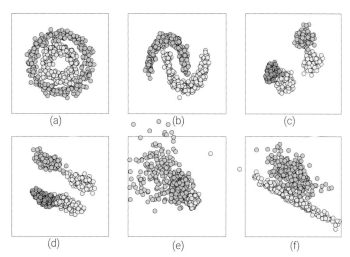

图29.1 生成样本数据集 (有标签) | ⊕ Bk1_Ch29_02.ipynb

代码29.2为生成样本数据集的代码，下面讲解其中关键语句。

ⓐ从sklearn.preprocessing模块导入StandardScaler()。StandardScaler()是Scikit-Learn中的一个预处理类，用于在机器学习流程中对数据进行标准化处理。

标准化 (standardization) 是数据预处理的一种常见方式，目的是将数据的特征值缩放成均值为0，标准差为1的分布，即计算**Z分数** (Z score)，以消除不同特征之间的尺度差异。本章后文将介绍更多预处理方法。

ⓑ利用sklearn.datasets.make_circles() 生成环形数据集的函数，结果如图29.1 (a) 所示。数据点位于两个同心圆上，可以用于测试机器学习算法。

参数n_samples设定数据点数量，默认为100。

参数noise为添加到数据中的高斯噪声的标准差。

参数factor为内外圆之间的比例因子。factor取值在0 ~ 1之间，1.0表示两个圆重叠，0.0表示完全分离的两个圆。

ⓒ利用sklearn.datasets.make_moons() 生成月牙形状的数据集，结果如图29.1 (b) 所示。这个函数可以用于测试在非线性数据上表现良好的算法。

参数n_samples指定生成的数据点数量。

参数noise指定添加到数据中的高斯噪声的标准差。

ⓓ利用sklearn.datasets.make_blobs()生成一个由多个高斯分布组成的数据集，结果如图29.1 (c) 所示。

参数n_samples为生成的样本数。

参数n_features为每个样本的特征数。

参数centers是要生成的数据的质心数量，或高斯分布质心的具体位置。

参数cluster_std为每个聚类的标准差，用于控制每个聚类中数据点的分布紧密程度。

ⓔ对sklearn.datasets.make_blobs() 生成的数据集进行几何变换 (缩放 + 旋转)，结果如图29.1 (d) 所示。大家要是想知道具体的几何变换，需要采用特征值分解。

ⓕ在利用sklearn.datasets.make_blobs()时，每个高斯分布指定不同的标准差，结果如图29.1 (e) 所示。

ⓖ利用sklearn.datasets.make_classification() 生成一个虚拟的分类数据集，这个函数可以用于测试和演示分类算法，结果如图29.1 (f) 所示。

⚠ 标准化仅仅是对单一特征样本数据进行"平移 + 缩放"，这并不影响特征之间的相关性。也就是说，标准化前后数据的相关系数矩阵不变。

ⓗ采用2行3列子图布局可视化上述样本数据集。

ⓘ 利 用 前 文 导 入 的 StandardScaler() 对 **X** 标准化。标准化是特征缩放的一种。在机器学习中，特征缩放是一个重要的预处理步骤，其目的是在不同特征之间建立更好的平衡，以便模型能够更好地进行学习和预测。本章后文会专门介绍特征缩放。

上述函数生成的数据集如果不考虑标签的话，也可以用于测试聚类算法，如图29.2所示。

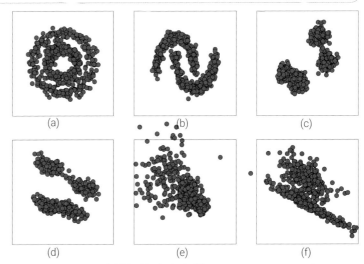

图29.2　生成样本数据集 (无标签) | ⊕ Bk1_Ch29_02.ipynb

代码29.2　生成样本数据集 | ⊕ Bk1_Ch29_02.ipynb　　　　　　　　　　　　　　　　○○○

```
import matplotlib.pyplot as plt
import numpy as np
from sklearn.preprocessing import StandardScaler
from sklearn.datasets import make_circles, make_moons
from sklearn.datasets import make_blobs, make_classification


n_samples = 500
# 产生环形数据集
circles = make_circles(n_samples = n_samples,
                        factor = 0.5, noise = 0.1)
# 产生月牙形状数据集
moons = make_moons(n_samples = n_samples,
                    noise = 0.1)
# 产生由多个高斯分布组成的数据集
blobs = make_blobs(n_samples = n_samples,
                    centers = 4,
                    cluster_std = 1.5)
# 几何变换
transformation = [[0.4, 0.2], [-0.4, 1.2]]
X = np.dot(blobs[0], transformation)
rotated = (X,blobs[1])
# 不同稀疏程度
varied = make_blobs(n_samples = n_samples,
                    cluster_std = [1.0, 2.5, 0.5])
# 用于测试分类算法的样本数据集
classif = make_classification(n_samples = n_samples,
                                n_features = 2,
                                n_redundant = 0,
                                n_informative = 2,
                                n_clusters_per_class = 1)
```

ⓐ ⓑ ⓒ ⓓ ⓔ ⓕ ⓖ

```
datasets = [circles, moons, blobs, rotated, varied, classif]

# 可视化
fig, axes = plt.subplots(2,3,figsize = (6,4))
axes = axes.flatten()

for dataset_idx, ax_idx in zip(datasets, axes):

    X, y = dataset_idx
    # 标准化
    X = StandardScaler().fit_transform(X)
    ax_idx.scatter(X[:, 0], X[:, 1], s = 18,
                c = y, cmap = 'Set3',
                edgecolors = "k")

    ax_idx.set_xlim(-3, 3)
    ax_idx.set_ylim(-3, 3)
    ax_idx.set_xticks(())
    ax_idx.set_yticks(())
    ax_idx.set_aspect('equal', adjustable = 'box')
```

29.4 特征缩放

特征缩放 (feature scaling) 是机器学习中的预处理步骤之一，用于调整数据中特征的范围，使其更适合模型的训练。在许多机器学习算法中，特征的尺度差异可能导致模型表现不佳，因为某些特征的值范围较大，而其他特征的值范围较小。

例如，如果一个特征的值范围在0 ~ 1之间，而另一个特征的值范围在-100 ~ 100之间，模型可能更关注值范围较大的特征，而对值范围较小的特征忽视。特征缩放的目的是消除这种差异，确保所有特征对模型的影响相对均衡。表29.4总结了Scikit-Learn中常用特征缩放函数。

表29.4 Scikit-Learn中常用特征缩放的函数

函数	介绍
sklearn.preprocessing.MaxAbsScaler()	通过除以每个特征的"最大绝对值"来将特征缩放到 [-1, 1] 的范围内，这可以保留特征的正负关系，有助于防止异常值对数据缩放的影响
sklearn.preprocessing.MinMaxScaler()	通过除以每个特征的"最大值减最小值"将特征缩放到指定范围之内，默认范围为 (0, 1)。它可以保留特征之间的线性关系，适用于受异常值影响较小的数据
sklearn.preprocessing.Normalizer()	将样本行向量缩放到单位范数 (默认是L2范数) 的方法。适用于特征的大小不重要，而只关心方向的情况
sklearn.preprocessing.PowerTransformer()	对特征应用幂变换来使数据更加服从高斯分布。它支持Yeo-Johnson和Box-Cox变换，用于处理不符合正态分布的数据
sklearn.preprocessing.QuantileTransformer()	将特征转换为均匀分布，从而使得变换后的数据服从指定的分位数。这可以用来减少离群值的影响，特别是在数据分布不均匀的情况下
sklearn.preprocessing.RobustScaler()	通过减去中位数并除以IQR来对特征进行缩放。本书前文提过，$IQR = Q_3 - Q_1$。这种特征缩放对异常值具有鲁棒性，不会受到异常值的影响。适用于数据包含许多离群值的情况
sklearn.preprocessing.StandardScaler()	StandardScaler通过将特征缩放到均值为0，方差为1的标准正态分布来进行标准化。它适用于要求输入数据具有相似的尺度的机器学习算法

图29.3比较了缩放前后的鸢尾花数据。图29.3 (a) 为鸢尾花原始数据，其中横轴为花萼长度，纵轴为花萼宽度。横轴、纵轴的单位都是厘米 (cm)。图29.3 (b) 为标准化后的数据。注意，此时横轴和纵轴都没有单位；准确来说，横纵轴都是Z分数。

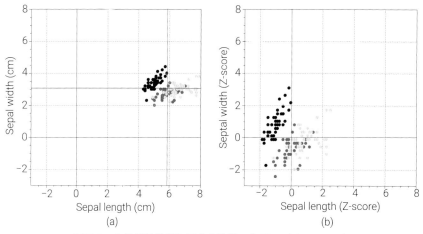

图29.3 比较原始数据和标准化数据 | ⊕ Bk1_Ch29_03.ipynb

简单来说，Z分数，也称为标准分数，是一个统计量，用于衡量一个数据点相对于其所在数据集的均值的偏离程度。

如果一组数据X的均值为mu，方差为$sigma$，则它的Z分数为$Z = (X - mu)/sigma$。通过这个公式，我们可以看到分子、分母都有相同单位，因此相除的结果为去**单位化** (unitless，dimensionless)。

一个样本点的Z分数告诉我们这个数据点距离均值有多少个标准差的距离。如果Z分数为正，表示数据点高于均值；如果为负，表示数据点低于均值。Z分数的绝对值越大，表示数据点相对于均值的偏离程度越大。

经过标准化，不同特征的数据都变成了Z分数，这样不同特征具有了可比性。

我们可以通过代码29.3绘制图29.3，下面讲解其中关键语句。

ⓐ利用axvline()在轴对象ax上绘制竖直线。

ⓑ利用axhline()在轴对象ax上绘制水平线。两条线的交点就是二元样本数据的**质心** (centroid)。

ⓒ从sklearn.preprocessing库导入StandardScaler，即标准化函数。

ⓓ创建StandardScaler的实例，命名为scaler，这个实例将被用于对数据进行标准化处理。

ⓔ使用StandardScaler的fit_transform()方法，将特征矩阵进行标准化处理，并将结果保存在X_z_score中。

ⓕ和ⓖ可视化标准化后数据的质心。观察图29.3 (b)，大家会发现标准化后数据的质心位于原点 (0, 0)。

代码29.3 标准化完成特征缩放 | ⊕ Bk1_Ch29_03.ipynb ○○○

```
# 导入包
from sklearn.datasets import load_iris
import matplotlib.pyplot as plt
# 使用 load_iris() 函数加载数据集
iris = load_iris ()
X = iris.data      # 特征矩阵
y = iris.target    # 标签数组

# 原始数据散点图
fig, ax = plt.subplots ()
ax.scatter (X[:, 0], X[:, 1], s = 18, c = y)
```

```
     # 质心位置
(a)  ax.axvline(x = X[:, 0].mean(), c = 'r')
(b)  ax.axhline(y = X[:, 1].mean(), c = 'r')
     ax.axvline(x = 0, c = 'k')
     ax.axhline(y = 0, c = 'k')
     ax.set_xlabel('Sepal length, cm')
     ax.set_ylabel('Sepal width, cm')
     ax.grid(True)
     ax.set_aspect('equal', adjustable ='box')
     ax.set_xbound(lower = -3, upper = 8)
     ax.set_ybound(lower = -3, upper = 8)

(c)  from sklearn.preprocessing import StandardScaler
     # 标准化特征数据矩阵
(d)  scaler = StandardScaler()
(e)  X_z_score = scaler.fit_transform(X)

     # 标准化数据散点图
     fig, ax = plt.subplots()
     ax.scatter(X_z_score[:, 0], X_z_score[:, 1], s = 18, c = y)
     # 质心位置
(f)  ax.axvline(x = X_z_score[:, 0].mean(), c = 'r')
(g)  ax.axhline(y = X_z_score[:, 1].mean(), c = 'r')
     ax.set_xlabel('Sepal length, z -score')
     ax.set_ylabel('Sepal width, z -score')
     ax.grid(True)
     ax.set_aspect('equal', adjustable ='box')
     ax.set_xbound(lower = -3, upper = 8)
     ax.set_ybound(lower = -3, upper = 8)
```

29.5 处理缺失值

在数据分析中，**缺失值** (missing values) 是指数据集中某些观测值或属性值没有被记录或采集到的情况。由于各种原因，数据中缺失值不可避免。缺失值通常被编码为空白、NaN或其他占位符 (比如-1)。处理缺失值是数据预处理中重要一环。如图29.4所示。

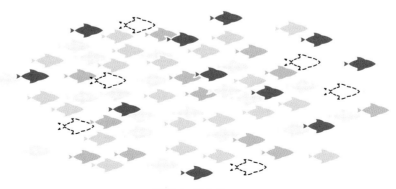

图29.4　缺失值

数据中缺失值产生的原因有很多。比如，在数据采集阶段，设备故障、人为失误、方法局限、拒绝参与调查、信息不完整等可以造成数据缺失。另外，数据存储阶段也可能引入缺失值；比如，数据存储失败、存储器故障等。

填补缺失值的方法有很多种，比如以下几种。

◀ **删除缺失值：** 直接删除缺失值所在的行或列，但这可能会导致数据的丢失和分析结果的偏差。
◀ **插值法：** 通过插值方法填补缺失值，如均值插值、中位数插值、最近邻插值、多项式插值等。
◀ **模型法：** 使用回归、决策树或神经网络等模型预测缺失值，但需要先对数据进行训练和测试，这可能会导致模型的过拟合和不准确。
◀ **多重填补法：** 使用多个模型进行填补，可以提高填补缺失值的准确性和可靠性。

本书前文在介绍Pandas时，我们了解了一些Pandas中处理缺失值的方法。表29.5所示为Scikit-Learn中常用处理缺失值方法。需要注意的是，表29.5中方法通常用于数值型数据。

表29.5　Scikit-Learn中常用来处理缺失值的函数

函数	介绍
sklearn.impute.SimpleImputer()	提供了一些基本的插补策略来处理缺失值，如使用均值、中位数、众数进行插补
sklearn.impute.IterativeImputer()	使用多个回归模型来估计缺失值，每次迭代都更新缺失值的估计
sklearn.impute.KNNImputer()	使用最近邻样本的值来进行插补。它使用欧氏距离或其他指定的距离度量来选择最近邻

下面用代码29.4讲解如何使用最邻近插补。

❶从sklearn.impute模块导入KNNImputer() 函数。KNNImputer() 完成k近邻插补。k近邻算法 (k-nearest neighbors algorithm，k-NN或kNN) 是最基本的**有监督学习** (supervised learning) 方法之一，kNN中的k指的是"近邻"的数量。

kNN思路很简单——"近朱者赤，近墨者黑"。本书后文将介绍这种算法。

❷利用numpy.random.uniform() 产生 [0, 1) 之间连续均匀随机数NumPy数组，数组形状和鸢尾花特征数据形状一致。

❸将原先生成的随机数数组 mask 中小于等于 0.4 的元素标记为 True，其余元素标记为 False。这样，mask 数组中的元素将形成一个"面具" (布尔掩码)，用来选择哪些位置将被置为缺失值。

大家也可以使用numpy.random.choice() 函数来完成上述操作。这个函数用于从给定的一维数组或类似序列中按指定概率值随机抽取元素。

比如numpy.random.choice([True, False], p = (0.4, 0.6), size = (150, 4))，列表 [True, False] 为要从中进行抽样的序列源，p是概率分布数组，用于指定从序列中每个元素被选中的概率。我们还可以指定是否允许重复抽取，默认允许重复抽取。

❹将 X_NaN 数组中根据 mask 中对应位置为 True 的元素，设置为缺失值 (NaN)。换句话说，该代码将 X_NaN 数组中部分元素置为缺失值，而其他元素保持不变。

为了准确地获取缺失值位置、数量等信息，对于Pandas数据帧数据可以采用isna() 或 notna() 方法。

❺采用iris_df_NaN.isna()，返回具体位置数据是否为缺失值。数据缺失的话，为True；否则，为False。sklearn.impute.MissingIndicator() 也可以用来获取缺失值位置。

❻采用seaborn.heatmap() 可视化数据缺失值，图29.5所示热图的每一条黑色条带代表一个缺失值。使用缺失值热图可以粗略观察得到缺失值分布情况。

❼创建了一个KNNImputer对象，用于执行k最近邻插补。参数n_neighbors指定了在插补过程中要考虑的最近邻样本的数量。

❽将KNNImputer应用于具有缺失值的数据数组 X_NaN。fit_transform() 方法将执行两个步骤：**拟合** (fit)、**转换** (transform)。

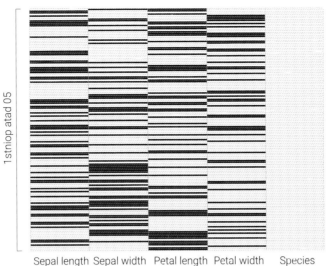

图29.5 鸢尾花数据集中引入缺失值 (每条黑带代表缺失值位置) | ⊕ Bk1_Ch29_04.ipynb

拟合时，KNNImputer将根据已知数据 (非缺失值) 来训练最近邻模型。转换时，使用训练过的模型，KNNImputer将执行k最近邻插补，将缺失值填充为预测的值。KNNImputer返回结果被存储在 X_NaN_kNN 中，其中包含了插补后的数据。

ⓗ用seaborn.pairplot() 绘制成对散点图可视化插补后结果，如图29.6所示。

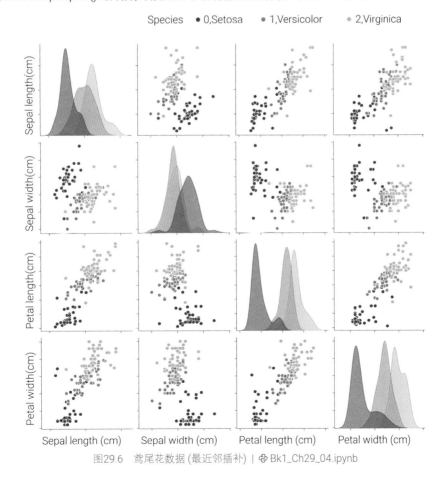

图29.6 鸢尾花数据 (最近邻插补) | ⊕ Bk1_Ch29_04.ipynb

```
   from sklearn.datasets import load_iris
ⓐ from sklearn.impute import KNNImputer
   import matplotlib.pyplot as plt
   import numpy as np
   import pandas as pd
   import seaborn as sns
   # 导入鸢尾花数据
   X, y = load_iris(as_frame = True, return_X_y = True)

   # 引入缺失值
   X_NaN = X.copy()
ⓑ mask = np.random.uniform(0,1,size = X_NaN.shape)
ⓒ mask = (mask <= 0.4)
ⓓ X_NaN[mask] = np.NaN

   iris_df_NaN = X_NaN.copy()
   iris_df_NaN['species'] = y

   # 可视化缺失值位置
ⓔ is_NaN = iris_df_NaN.isna()
   print(iris_df_NaN.isnull().sum() * 100 / len(iris_df_NaN))

   fig, ax = plt.subplots()
ⓕ ax = sns.heatmap(is_NaN,
                    cmap = 'gray_r',
                    cbar = False)

   # 用kNN插补
ⓖ knni = KNNImputer(n_neighbors = 5)
ⓗ X_NaN_kNN = knni.fit_transform(X_NaN)

   iris_df_kNN = pd.DataFrame(X_NaN_kNN, columns = X_NaN.columns,
                             index = X_NaN.index)
   iris_df_kNN['species'] = y

ⓗ sns.pairplot(iris_df_kNN, hue = 'species',
                palette = "bright")
```

29.6 处理离群值

　　离群值 (outlier)，又称逸出值，是指数据集中与其他数据点有显著差异的数据点，也就是说明显地偏大或偏小，如图29.7所示。

　　离群值可能是由于异常情况、错误测量、数据录入错误或意外事件等原因而产生的。离群值可能会对数据分析和建模造成问题，因为它们可能导致误差或偏差，并降低模型的准确性。因此，数据分析师通常会对数据集中的离群值进行检测和处理。

　　常见的离群值检测方法包括基于统计学的方法、基于距离的方法、基于密度的方法和基于模型的方法。处理离群值的方法包括删除、替换、调整或利用异常值建立新的模型等。

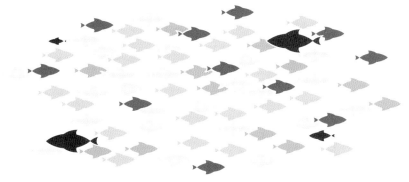

图29.7 离群点

表29.6所示为Scikit-Learn中常用处理离群值的函数。

表29.6 Scikit-Learn中常用来处理离群值的函数

函数	介绍
sklearn.ensemble.IsolationForest()	使用隔离森林方法检测异常值
sklearn.svm.OneClassSVM()	使用支持向量机方法进行单类异常值检测
sklearn.covariance.EllipticEnvelope()	使用基于高斯分布的椭圆包络方法检测异常值
sklearn.neighbors.LocalOutlierFactor()	使用局部离群因子方法检测异常值
sklearn.covariance.RobustCovariance()	使用鲁棒协方差估计进行异常值检测
sklearn.covariance.mahalanobis()	计算马哈拉诺比斯距离来检测异常值

代码29.5展示了如何使用Scikit-Learn处理离群值。这段代码参考了Scikit-Learn官方示例。

ⓐ从sklearn.svm模块中导入OneClassSVM类，该类实现**支持向量机** (Support Vector Machine, SVM) 中的单类异常值检测方法。本书后续将专门介绍支持向量机。

ⓑ从sklearn.covariance模块中导入EllipticEnvelope类，该类实现基于高斯分布的椭圆包络方法，用于检测异常值。椭圆包络假设正常数据点是从多元高斯分布中产生，然后构建一个椭圆来包围正常数据点，从而将异常数据点识别为离这个椭圆很远的点。

ⓒ从sklearn.ensemble导入IsolationForest类，该类实现**隔离森林** (Isolation Forest) 方法，用于检测异常值。隔离森林利用随机分割数据来构建一棵或多棵树，并通过观察数据点在树中的深度来确定异常值。

ⓓ定义了一个名为 blobs_params 的字典，其中包含了一些参数设置。random_state=0 用于控制随机数生成的种子值。n_samples=n_inliers控制生成的总样本数。n_features=2设定每个数据点的特征数量为2，即2个特征。

ⓔ构造了4组数据集。

ⓕ用EllipticEnvelope() 创建椭圆包络的异常值检测模型。参数contamination用于指定异常值的比例。具体来说，它表示数据中异常值的比例。这个参数是一个介于 0 到 0.5 之间的值，通常需要根据具体问题进行调整。参数random_state 用于控制随机数生成的种子值，以确保每次运行得到相同的结果。

ⓖ使用 OneClassSVM() 创建一个基于支持向量机的异常值检测模型。参数nu用于指定异常值的比例，通常在 0 和 1 之间。kernel="rbf" 指定支持向量机所使用的核函数的类型。rbf 表示**径向基函数** (Radial Basis Function，RBF)，也称为高斯核。

这个核函数在支持向量机中常用于处理非线性问题。gamma=0.1是支持向量机模型的核函数参数。较小的 gamma 值会使得支持向量具有更远的影响范围，可能会导致决策边界更平滑；较大的 gamma 值则会使支持向量的影响范围更小，可能会导致决策边界更复杂。

ⓗ使用 IsolationForest() 创建一个基于隔离森林的异常值检测模型。

ⓘ 使用 fit() 方法对样本数据进行拟合，然后使用 predict() 方法来预测数据点是否为异常值。

ⓙ 用平面等高线可视化异常值检测模型的决策边界。

通过代码29.5所绘制的图如图29.8所示。

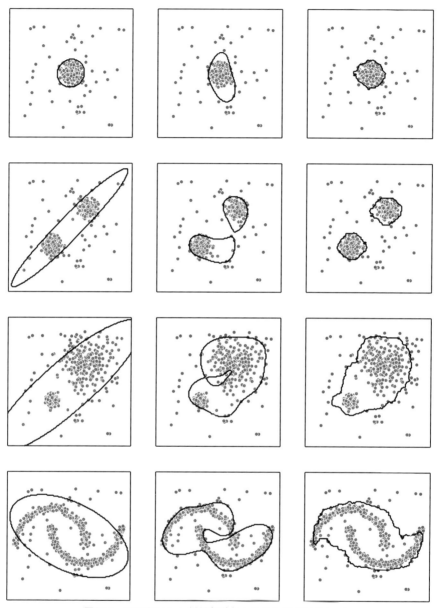

图29.8　用Scikit-Learn判断离群点 | ⊕ Bk1_Ch29_05.ipynb

特征缩放、缺失值处理、离群值处理的先后顺序需要视情况而定。

也就是说拿到样本数据，我们先快速地计算、观察数据的基本分布形态，如计算样本数、特征数、取值范围、最大值、最小值、均值、中位数、标准差、四分位、缺失值百分比、缺失值位置等。方便的话，用直方图查看数据分布形态。

有了这些对样本数据的初步印象，我们就可以决定特征缩放、缺失值处理、离群值处理三者的大致顺序，以及具体采用什么方法进行特征缩放，如何处理缺失值，用什么算法剔除离群值。

举个例子，数据存在较多离群值，而且这些离群值会在很大程度上影响特征缩放 (比如说，离群值会影响标准化时采用的均值和标准差)，那我们就先处理离群值。

```python
import matplotlib.pyplot as plt
import numpy as np
from sklearn.datasets import make_blobs, make_moons
from sklearn.svm import OneClassSVM
from sklearn.covariance import EllipticEnvelope
from sklearn.ensemble import IsolationForest

# 生成数据
n_samples = 500
outliers_fraction = 0.10
n_outliers = int(outliers_fraction * n_samples)
n_inliers = n_samples - n_outliers
X_outliers = np.random.uniform(low = -6, high = 6,
                               size = (n_outliers,2))

np.random.RandomState(0)
blobs_params = dict(random_state = 0,
                    n_samples = n_inliers, n_features = 2)
datasets = [
    make_blobs(centers = [[0, 0], [0, 0]],
               cluster_std = 0.5, **blobs_params)[0],
    make_blobs(centers = [[2, 2], [-2, -2]],
               cluster_std = [0.5, 0.5], **blobs_params)[0],
    make_blobs(centers = [[2, 2], [-2, -2]],
               cluster_std = [1.5, 0.3], **blobs_params)[0],
    4.0 * (make_moons(n_samples = n_samples, noise = 0.05,
           random_state = 0)[0]-np.array([0.5, 0.25]))]

# 处理离群值
anomaly_algorithms = [
    EllipticEnvelope(contamination = outliers_fraction,
                     random_state = 42),
    OneClassSVM(nu = outliers_fraction, kernel = "rbf",
                gamma = 0.1),
    IsolationForest(contamination = outliers_fraction,
                    random_state = 42)]

# 网格化数据，用来绘制等高线
xx, yy = np.meshgrid(np.linspace(-7, 7, 150),
                     np.linspace(-7, 7, 150))
xy = np.c_[xx.ravel(), yy.ravel()]
colors = np.array(["#377eb8", "#ff7f00"])

# 可视化
fig = plt.figure(figsize = (8,12))
plot_idx = 1
for idx, X in enumerate(datasets):
    X = np.concatenate([X, X_outliers], axis = 0)

    for algorithm in anomaly_algorithms:
        algorithm.fit(X)
        y_pred = algorithm.fit(X).predict(X)

        ax = fig.add_subplot(4,3,plot_idx); plot_idx += 1
        Z = algorithm.predict(xy)
        Z = Z.reshape(xx.shape)
        # 绘制边界
        ax.contour(xx, yy, Z, levels = [0],
                   linewidths = 2, colors = "black")
        # 绘制散点数据集
        ax.scatter(X[:, 0], X[:, 1], s = 10,
                   color = colors[(y_pred + 1) // 2])
        ax.set_xlim(-7, 7); ax.set_ylim(-7, 7)
        ax.set_xticks(()); ax.set_yticks(())
```

29.7 训练集 vs 测试集

在机器学习中，**训练集** (training set) 和**测试集** (test set) 是用于训练和评估模型性能的两个关键数据集，如图29.9所示。Scikit-Learn库提供了工具和函数来处理和划分这些数据集。

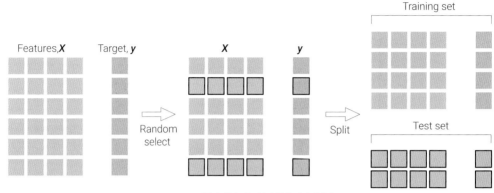

图29.9 拆分数据集为训练集和测试集

训练集是用来训练机器学习模型的数据集。模型在训练集上学习数据的模式、关系和特征，以便能够做出预测 (回归、降维、分类、聚类等)。训练集通常包含已知的输入特征和对应的目标输出，用于模型进行学习和参数调整。

测试集是用于评估机器学习模型性能的数据集。一旦模型在训练集上进行了学习，它需要在测试集上进行预测，以便判断模型在未见过的数据上的表现如何。测试集应该是与训练集相互独立的样本，以确保对模型的泛化能力进行准确评估。

在划分数据集时，常见的做法是将大部分数据用于训练 (例如80%)，少部分用于测试 (例如20%)。通过在测试集上评估模型的性能，可以获得模型在真实环境中的表现，并帮助检测过拟合等问题。

图29.10所示为将鸢尾花数据集拆分为训练集和测试集的方法。

代码29.6完成了数据拆分以及可视化，下面讲解其中关键语句。

ⓐ从sklearn.model_selection模块导入train_test_split。

train_test_split 函数的作用是将输入的数据集 (通常是特征矩阵和对应的标签向量) 分成两个部分：一个用于训练模型，另一个用于评估模型的性能。这是为了确保模型在未见过的数据上表现良好，以避免过拟合。

ⓑ用 train_test_split 函数将输入的数据集 X 和 y 划分为训练集和测试集，并将划分后的数据分别赋值给了 X_train、X_test、y_train 和 y_test 四个变量。

X为输入的特征矩阵，包含样本的特征信息。

y为输入的标签向量，包含与特征对应的目标值。

参数test_size为 0.2，表示将数据的 20% 作为测试集，剩余 80% 作为训练集。这个参数决定了训练集和测试集的划分比例。

X_train为训练集的特征矩阵，包含用于训练机器学习模型的特征数据。

X_test为测试集的特征矩阵，包含用于评估模型性能的特征数据。

y_train为训练集的标签向量，包含训练集样本对应的目标值。

y_test为测试集的标签向量，包含测试集样本对应的目标值。

ⓒ创建一个包含1行2列的子图布局。gridspec_kw={'width_ratios': [4, 1]} 参数用于控制每个子图的宽度比例，这里设置了第一个子图的宽度为第二个子图的 4 倍。

ⓓ将np.c_[X,y] 转化成Pandas DataFrame,以便后续可视化。

ⓔ将 np.c_[X_train, y_train] 转化为训练集Pandas DataFrame。

ⓕ将np.c_[X_test, y_test] 转化为测试集Pandas DataFrame。

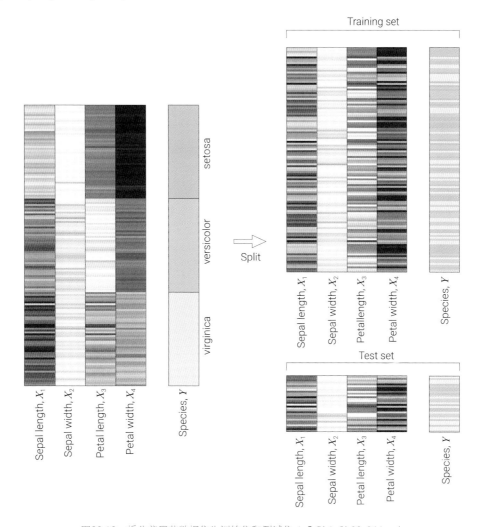

图29.10 拆分鸢尾花数据集为训练集和测试集 | ⊕ Bk1_Ch29_06.ipynb

代码29.6 将鸢尾花数据集拆分为训练集和测试集 | ⊕ Bk1_Ch29_06.ipynb

```
    from sklearn.datasets import load_iris
ⓐ  from sklearn.model_selection import train_test_split
    import matplotlib.pyplot as plt
    import pandas as pd
    import numpy as np
    import seaborn as sns

    # 导入鸢尾花数据
    X,y = load_iris(return_X_y = True)
    # 拆分鸢尾花数据集为训练集和测试集
ⓑ  X_train, X_test, y_train, y_test = train_test_split(
        X, y, test_size = 0.2)
```

```
# 自定义可视化函数
def visualize(df):
    fig, axs = plt.subplots(1, 2,
        gridspec_kw = {'width_ratios': [4, 1]})

    sns.heatmap(df.iloc[:,0:-1],
                cmap = 'RdYlBu_r', yticklabels = False,
                cbar = False, ax = axs[0])

    sns.heatmap(df.iloc[:,[-1]],
                cmap = 'Set3', yticklabels = False,
                cbar = False, ax = axs[1])

# 转化为Pandas DataFrame
columns = ['Sepal length, X1', 'Sepal width, X2',
           'Petal length, X3', 'Petal width, X4',
           'Species']
df_full = pd.DataFrame(np.c_[X,y],
                       columns = columns)
visualize(df_full)

# 训练集
df_train = pd.DataFrame(np.c_[X_train, y_train],
                        columns = columns)
visualize(df_train)

# 测试集
df_test = pd.DataFrame(np.c_[X_test, y_test],
                       columns = columns)
visualize(df_test)
```

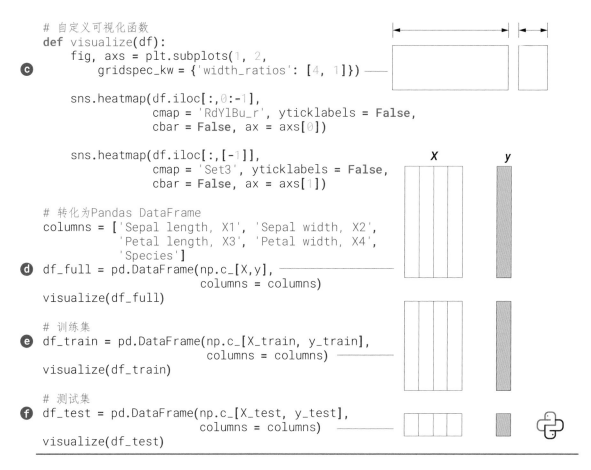

请大家完成以下题目。

Q1. 修改代码29.1，分别导入表29.1中列出的不同数据集，分析数据集的特征。

Q2. 修改代码29.3，尝试使用表29.4中其他特征缩放函数，可视化缩放前后数据变化。

* 题目很基础，本书不给答案。

　　本章介绍了Scikit-Learn中有关数据处理的常用工具。Scikit-Learn本身有大量数据集可供大家学习使用，其中"鸢尾花书"使用最频繁的数据当属鸢尾花数据集。

　　本书前文提过，Seaborn和Plotly中鸢尾花数据集数据形式都是Pandas DataFrame。Plotly中鸢尾花数据帧比Seaborn多一列 (数值分类标签)。而Scikit-Learn中鸢尾花数据集，特征数据和分类标签数据分开存放，两者数据类型都是NumPy Array。

　　本章还介绍了如何用Scikit-Learn生成可用来完成不同机器学习训练任务的"人造"数据集。此外，本章还简单介绍了特征缩放、缺失值处理、离群值处理等特征工程中常用的任务。《数据有道》会专门展开介绍这几类任务。本章最后聊了聊如何将数据集拆分成训练集和测试集。

Regression Methods in Scikit-Learn
Scikit-Learn 回归
一元线性回归、二元线性回归、多项式回归、正则化

想象力比知识更重要，因为知识是有限的，而想象力概括世界上的一切，推动着进步，并且是知识进化的源泉。

Imagination is more important than knowledge. For knowledge is limited, whereas imagination embraces the entire world, stimulating progress, giving birth to evolution. It is, strictly speaking, a real factor in scientific research.

—— 阿尔伯特 • 爱因斯坦 (Albert Einstein) | 理论物理学家 | 1879—1955年

◀ `sklearn.linear_model.LinearRegression` 线性回归模型类，用于建立和训练线性回归模型
◀ `sklearn.preprocessing.PolynomialFeatures` 特征预处理类，用于生成多项式特征，将原始特征的幂次组合以扩展特征空间，用于捕捉更复杂的非线性特征关系

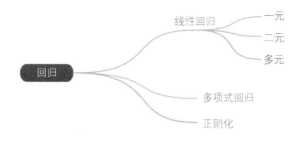

30.1 聊聊回归

回归分析是一种基础但很重要的机器学习方法，回归常用来研究变量之间的关系，并可以用来预测趋势。

本书第27章已经介绍过用Statsmodels库完成一元线性回归。一元线性回归是一种基本的统计分析方法，用于探究两个连续变量之间的关系。

"一元"表示模型中只有一个**自变量** (independent variable)。

自变量也叫**解释变量** (explanatory variable) 或**回归元** (regressor)、**外生变量** (exogenous variables)、**预测变量** (predictor variables)。

本章后续还会介绍二元、多元回归。

而"线性回归"则表明，模型假设自变量与因变量之间存在线性关系，如图30.1所示。

因变量 (dependent variable) 也叫**解释变量** (explained variable)或**回归子** (regressand)、**内生变量** (endogenous variable)、**响应变量** (response variable)。

在一元线性回归中，我们试图找到一条直线，该直线最好地拟合了自变量和因变量之间的数据关系。

具体来说，我们要找到一条直线，使得所有数据点到这条直线的纵轴方向上距离之差 (残差) 的平方和最小化。

残差项 (residuals) 也叫**误差项** (error term)、**干扰项** (disturbance term)或**噪声项** (noise term)。图30.2中灰色线段便代表残差。

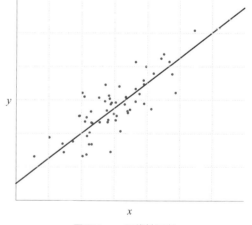

图30.1　一元线性回归

如图30.3所示，残差平方和代表图中所有蓝色正方形的面积。这些蓝色正方形的边长便是残差。这种方法叫作**最小二乘法** (Ordinary Least Square，OLS)。

如图30.4所示，**线性回归** (linear regression) 并不适合所有回归分析；很多时候，我们还需要**非线性回归** (nonlinear regression)。

非线性回归是指自变量和因变量之间存在着**非线性关系** (nonlinear relation) 的回归模型。在非线性回归中，自变量和因变量的关系不再是简单的线性关系，而可能是多项式关系、指数关系、对数关系等其他非线性形式。

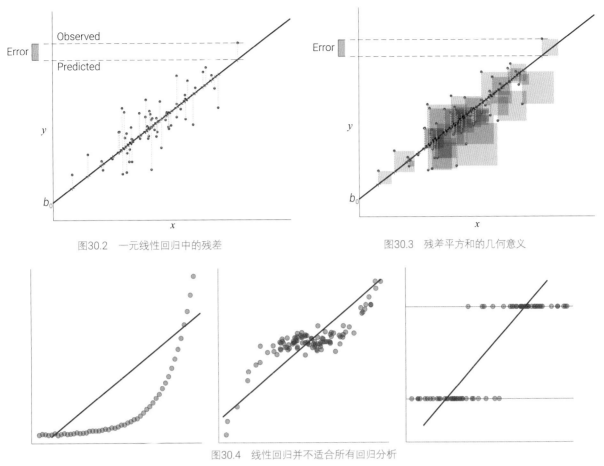

图30.2　一元线性回归中的残差

图30.3　残差平方和的几何意义

图30.4　线性回归并不适合所有回归分析

　　非线性回归可以通过拟合曲线或曲面来捕捉数据的非线性关系。本章后续将会介绍多项式回归、逻辑回归两种非线性回归。

30.2 一元线性回归

　　本书第27章介绍过用 statsmodels.regression.linear_model.OLS() 完成一元OLS线性回归。一元OLS线性回归数据关系如图30.5所示。本节采用相同样本数据，但是用Scikit-Learn库中函数完成线性回归。

　　图30.6中沿y轴方向的灰色线段代表误差，显然这些线段并不垂直于红色线。如图30.7所示，如果代表误差的灰色线段垂直于红色线的话，这种回归模型叫**正交回归** (orthogonal regression)。

　　正交回归和前文介绍的主成分分析有关。正交回归的一种常见方法是**主成分回归** (Principal Component Regression，PCR)，其中主成分分析用于寻找数据中的主要方差方向，然后利用这些主成分进行回归。

图30.5　一元OLS线性回归数据关系

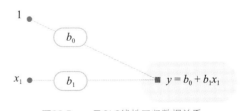

《数据有道》专门介绍正交回归。

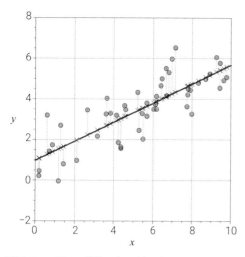

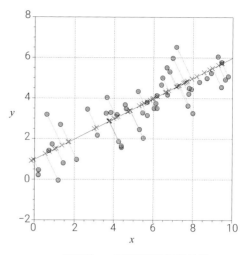

图30.6 一元OLS线性回归示例 | ⊕ Bk1_Ch30_01.ipynb   图30.7 一元正交线性回归示例

我们可以通过代码30.1绘制图30.6，下面讲解其中关键语句。

ⓐ从sklearn.linear_model导入LinearRegression。LinearRegression提供了许多方法和属性，使你能够创建、训练和使用线性回归模型。

ⓑ创建了一个名为LR的LinearRegression对象，然后你可以使用这个对象来调用线性回归模型的方法，如拟合数据、进行预测以及评估模型性能等。

例如，可以使用LR.fit(X, y)方法来拟合训练数据，其中X是输入特征数据，y是对应的目标输出数据。然后，可以使用LR.predict(X_new)来对新的输入特征数据X_new进行预测。

ⓒLR对象调用fit(X, y,[sample_weight]) 来拟合模型。其中X为自变量的数据，y为因变量的数据。该方法会求解最小二乘法的参数，拟合出一条线性回归模型，该模型可以用来预测新的数据。

如果指定了sample_weight参数，则表示样本的权重，可以用于加权最小二乘法。

ⓓ利用coef_获取线性回归模型的系数。该属性返回一个数组，其中包含每个自变量对应的系数值，可以用于分析模型的特征重要性。

ⓔ利用intercept_获取线性回归模型的截距。该属性返回一个标量，表示线性回归模型的截距值。

ⓕ利用predict(X) 对新的数据进行预测，其中X为自变量的数据。该方法会根据已经拟合的线性回归模型，对给定的自变量数据进行预测，返回对应的因变量数据。

代码30.1 一元OLS线性回归 | ⊕ Bk1_Ch30_01.ipynb ○○○

```
import numpy as np
import matplotlib.pyplot as plt
ⓐ from sklearn.linear_model import LinearRegression

# 生成随机数据
num = 50
np.random.seed(0)
x_data = np.random.uniform(0,10,num)
y_data = 0.5 * x_data + 1 + np.random.normal(0, 1, num)

x_data = x_data.reshape((-1, 1))
# 将x调整为列向量
data = np.column_stack([x_data,y_data])

# 创建回归对象并进行拟合
ⓑ LR = LinearRegression()
```

```
# 使用LinearRegression()构建了一个线性回归模型
ⓒ LR.fit(x_data, y_data)

ⓓ slope = LR.coef_ # 斜率
ⓔ intercept = LR.intercept_ # 截距

x_array = np.linspace(0,10,101).reshape((-1, 1))
# 预测
ⓕ predicted = LR.predict(x_array)

data_ = np.column_stack([x_data,LR.predict(x_data)])

fig, ax = plt.subplots()
ax.scatter(x_data, y_data)
ax.scatter(x_data, LR.predict(x_data),
           color = 'k', marker = 'x')
ax.plot(x_array, predicted,
        color = 'r')
ax.plot(([i for (i,j) in data_], [i for (i,j) in data]),
        ([j for (i,j) in data_], [j for (i,j) in data]),
        c = [0.6,0.6,0.6], alpha = 0.5)

ax.set_xlabel('x'); ax.set_ylabel('y')
ax.set_aspect('equal', adjustable = 'box')
ax.set_xlim(0,10); ax.set_ylim(-2,8)
```

30.3 二元线性回归

二元线性回归是一种线性回归模型，其中有两个自变量和一个因变量，它旨在分析两个自变量和因变量之间的线性关系，如图30.8所示。如图30.9所示，二元线性回归解析式在三维空间为一平面。

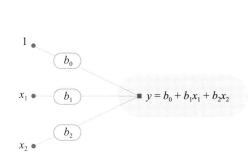

图30.8　二元OLS线性回归数据关系

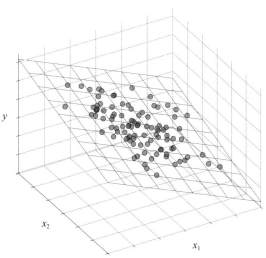

图30.9　二元线性回归示例 | ⊕ Bk1_Ch30_02.ipynb

我们可以通过代码30.2绘制图30.9，下面讲解其中关键语句。

ⓐ利用numpy.random.randn() 生成自变量数据，两个特征，100个样本点。

ⓑfig是一个Matplotlib中的Figure对象，表示一个绘图窗口或画布，可以在这个画布上添加不同类型的子图图轴对象。add_subplot(111, projection='3d') 是在fig上添加一个子图的操作。其中，111表示子图的布局。

在这里，111表示一个1 × 1的网格，即只有一个子图。

projection='3d' 指定子图的投影方式为3D投影。这意味着，我们可以在该子图中创建一个三维的可视化场景，可以用于绘制三维数据点、曲线、表面等。

ⓒ利用numpy.column_stack() 将两个一维数组按列堆叠在一起，形成一个二维数组，代表了坐标。其中，x1_grid.flatten() 和 x2_grid.flatten() 将二维数组扁平化为一维数组。

ⓓ将输入特征数据 X_grid 传递给已训练的线性回归模型 LR，然后获得预测输出值，这些预测输出值被存储在 y_pred 变量中。

ⓔ利用numpy.reshape() 调整之前计算得到的预测结果数组 y_pred 的形状，使其与另一个数组 x1_grid 具有相同的形状。

ⓕ用plot_wireframe() 绘制二元线性回归平面。

代码30.2 二元OLS线性回归 | ⊕ Bk1_Ch30_02.ipynb   ○○○

```python
import numpy as np
import matplotlib.pyplot as plt
from sklearn.linear_model import LinearRegression

# 随机生成数据集
np.random.seed(0)
n_samples = 100
X = np.random.randn(n_samples, 2)
y = -3 * X[:,0] + 2 * X[:,1] + 1 + 0.5*np.random.randn(n_samples)

# 创建线性回归模型并拟合数据
LR = LinearRegression()
y_predicted = LR.fit(X, y)

slope = LR.coef_ # 斜率
intercept = LR.intercept_ # 截距

fig = plt.figure()
ax = fig.add_subplot(111, projection = '3d')
# 绘制三维样本散点
ax.scatter(X[:,0], X[:,1], y)

# 生成回归平面的数据点
x1_grid, x2_grid = np.meshgrid(np.linspace(-3, 3, 10),
                               np.linspace(-3, 3, 10))
X_grid = np.column_stack((x1_grid.flatten(),x2_grid.flatten()))

# 预测回归平面上的响应变量
y_pred = LR.predict(X_grid)
y_pred = y_pred.reshape(x1_grid.shape)

# 绘制回归平面
ax.plot_wireframe(x1_grid, x2_grid, y_pred)

ax.set_xlabel('$x_1$'); ax.set_ylabel('$x_2$')
ax.set_zlabel('y')
ax.set_xlim([-3,3]); ax.set_ylim([-3,3])
ax.set_proj_type('ortho'); ax.view_init(azim = -120, elev = 30)
```

ⓐ X = np.random.randn(n_samples, 2)
ⓑ ax = fig.add_subplot(111, projection = '3d')
ⓒ X_grid = np.column_stack((x1_grid.flatten(),x2_grid.flatten()))
ⓓ y_pred = LR.predict(X_grid)
ⓔ y_pred = y_pred.reshape(x1_grid.shape)
ⓕ ax.plot_wireframe(x1_grid, x2_grid, y_pred)

有了二元线性回归，理解多元线性回归就很容易了。如图30.10所示，多元线性回归是一种线性回归的扩展形式，用于建立一个预测模型来描述多个输入特征与一个连续的目标输出之间的线性关系。

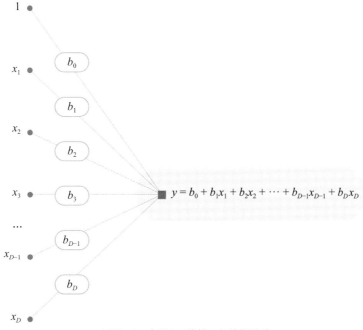

图30.10　多元OLS线性回归数据关系

30.4 多项式回归

多项式回归 (polynomial regression) 是一种线性回归的扩展，它允许我们通过引入多项式 (例如，二次、三次、四次等) 来建模非线性关系。

如图30.11所示，在多项式回归中，我们不仅使用自变量的原始值，还将其不同阶数作为额外的特征，从而能够更好地拟合数据中非线性模式。

从数据角度来看，原本单一特征数据，利用简单数学运算，便获得多特征数据，如图30.12所示。

从函数图像角度来讲，多项式回归模型好比若干曲线叠加的结果，如图30.13所示。

多项式回归的阶数影响着模型的灵活性。

如图30.14所示，较低的阶数 (比如图30.14 (a)和(b)) 可能无法很好地捕捉数据中的复杂关系；然而，较高的阶数 (比如图30.14 (e)和(f)) 可能会导致过度拟合。阶数越高，模型越能够适应训练数据，但也越容易在测试数据或实际应用中表现不佳。

过拟合 (overfitting) 是指模型在训练数据上表现得很好，但在新数据上表现较差的现象。当多项式回归的阶数过高时，模型可能会过度适应训练数据中的噪声和细节，从而失去了**泛化能力** (generalization capability或generalization)。

这意味着模型对于新的、未见过的数据可能无法进行准确的预测，因为它在训练数据上"记住了"许多细微的变化，而这些变化可能在真实数据中并不存在。

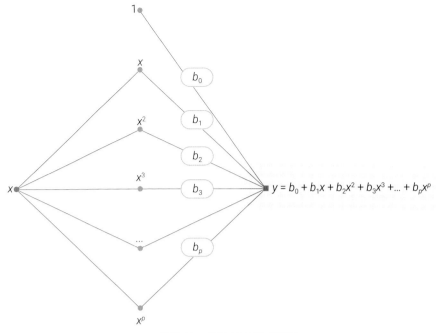

图30.11 多项式回归数据关系

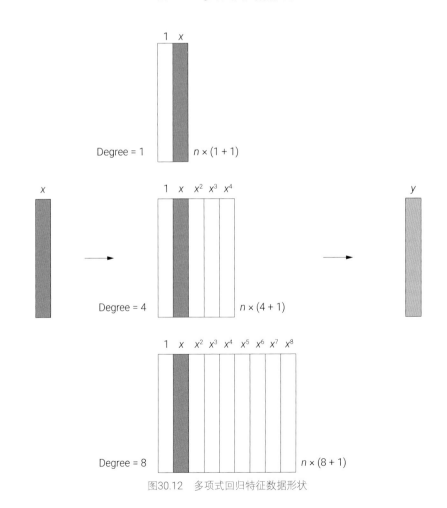

图30.12 多项式回归特征数据形状

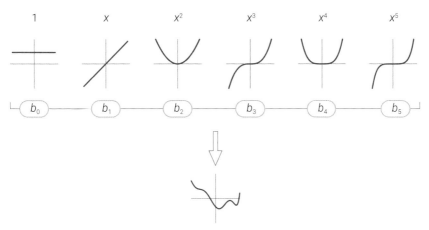

图30.13 一元五次函数可以看作是6个图像叠加的结果

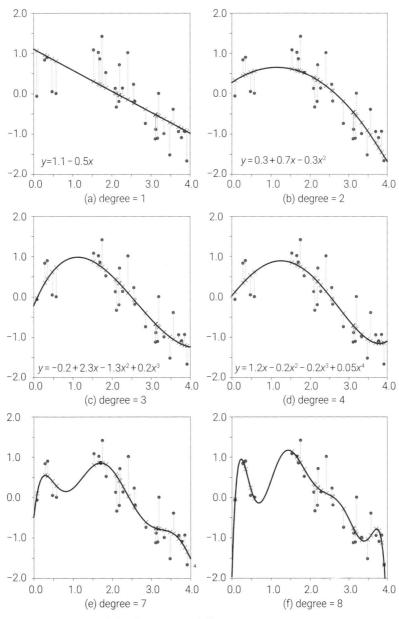

图30.14 阶数对多项式回归曲线的影响 | ⊕ Bk1_Ch30_03.ipynb

我们可以通过代码30.3绘制图30.14。下面讲解其中关键语句。

ⓐ从sklearn.preproccssing导入PolynomialFeatures。在机器学习中，有时候原始特征并不足以表达数据的复杂关系，这时可以引入多项式特征。

多项式特征是原始特征的幂次组合，通过引入这些特征，可以更好地拟合数据的非线性关系。PolynomialFeatures 类的作用就是将原始特征转换为高次的多项式特征。它可以通过设置特定的阶数来生成不同阶数的多项式特征。

ⓑ定义列表，列表中整数为指定的多项式回归阶数 (次数)。

ⓒ用PolynomialFeatures将原始特征转换为高次的多项式特征。参数 degree设置多项式的阶数。这个阶数决定了生成的多项式回归的最高阶数。

ⓓ利用X.reshape(−1, 1) 将一维数据 X 进行形状变换，将其转换为一个二维数组，其中列数为1。这是因为 fit_transform 方法接受的输入应该是一个二维数组，其中每行代表一个样本，每列代表一个特征。

在运行代码时，请大家自行查看这一行结果，并用seaborn.heatmap() 可视化结果。

ⓔ创建一个 LinearRegression 类的实例，并将其赋值给变量 poly_reg。通过这个实例，可以访问回归模型的方法和属性，如模型的拟合、预测等。

ⓕ加载样本数据，训练回归模型。

ⓖ使用已经训练好的线性回归模型对多项式特征转换后的数据进行预测。

ⓗ这行代码连续完成了多项式特征转换和模型预测。首先将输入数据 x_array 进行多项式特征转换，然后使用已经训练好的回归模型 poly_reg 对转换后的数据进行预测，并返回预测结果。

ⓘ提取系数b_1、b_2、b_3 ⋯ **ⓙ**提取截距b_0。

ⓚ创建一个包含线性方程的字符串。这一句代码首先将截距插入到字符串中。其中，{:.1f} 是一个占位符，将用来插入一个浮点数，并保留一位小数。format(intercept) 是 Python 字符串的.format() 方法，用于将特定值插入到格式化字符串中的占位符。

ⓛ利用for循环，将多项式回归系数项插入到字符串中。'+{:.1f}x^{}'.format(coef[j], j) 是一个格式化字符串，用于将系数的值 coef[j] 和次数 j 插入到字符串中的占位符位置。{:.1f} 表示插入一个浮点数，并保留一位小数；^() 表示插入一个整数。

本书第5章介绍过将特定值插入到字符串的不同方法，请大家回顾。

ⓜ用text() 在子图上打印多项式回归解析式。

```python
import numpy as np
import matplotlib.pyplot as plt
from sklearn.preprocessing import PolynomialFeatures
from sklearn.linear_model import LinearRegression

# 生成随机数据
np.random.seed(0)
num = 30
X = np.random.uniform(0,4,num)
y = np.sin(0.4*np.pi * X) + 0.4 * np.random.randn(num)
data = np.column_stack([X,y])

x_array = np.linspace(0,4,101).reshape(-1,1)
degree_array = [1,2,3,4,7,8]
fig, axes = plt.subplots(3,2,figsize=(10,20))
axes = axes.flatten()

for ax, degree_idx in zip(axes,degree_array):

    poly = PolynomialFeatures(degree = degree_idx)
    X_poly = poly.fit_transform(X.reshape(-1, 1))

    # 训练线性回归模型
    poly_reg = LinearRegression()
    poly_reg.fit(X_poly, y)
    y_poly_pred = poly_reg.predict(X_poly)
    data_ = np.column_stack([X,y_poly_pred])

    y_array_pred = poly_reg.predict(
                        poly.fit_transform(x_array))

    # 绘制散点图
    ax.scatter(X, y, s = 20)
    ax.scatter(X, y_poly_pred, marker = 'x', color='k')

    ax.plot(([i for (i,j) in data_], [i for (i,j) in data]),
            ([j for (i,j) in data_], [j for (i,j) in data]),
             c = [0.6,0.6,0.6], alpha = 0.5)

    ax.plot(x_array, y_array_pred, color = 'r')
    ax.set_title('Degree = %d' % degree_idx)

    # 提取参数
    coef = poly_reg.coef_
    intercept = poly_reg.intercept_
    # 回归解析式
    equation = '$y = {:.1f}'.format(intercept)
    for j in range(1, len(coef)):
        equation += ' + {:.1f}x^{}'.format(coef[j], j)
    equation += '$'
    equation = equation.replace("+ -", "-")
    ax.text(0.05, -1.8, equation)
    ax.set_aspect('equal', adjustable = 'box')
    ax.set_xlim(0,4)
    ax.grid(False)
    ax.set_ylim(-2,2)
```

30.5 正则化：抑制过度拟合

正则化 (regularization) 可以用来抑制过度拟合。本书前文提过，所谓过度拟合，是指模型参数过多或者结构过于复杂。

正则项 (regularizer或regularization term或penalty term) 通常被加在**目标函数** (objective function) 当中。正则项可以让估计参数变小甚至为0，这一现象也叫**特征缩减** (shrinkage)。

以下是几种常见的正则化方法。

◀ L2 正则化，也叫**岭** (ridge) 正则化。有助于减小模型参数的大小。图30.15所示为岭正则化原理。

◀ L1 正则化，也叫**套索** (Lasso) 正则化。可以将某些模型参数缩减为零。

◀ **弹性网络** (elastic net) 结合了 L2 正则化和 L1 正则化，它同时考虑两种正则化的效果。

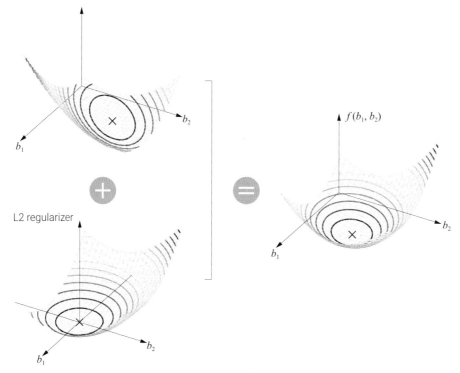

图30.15 岭回归参数曲面

这些正则化技术可以应用于各种机器学习算法，包括线性回归、多项式回归、逻辑回归、支持向量机等，以帮助改善模型的泛化性能并提高模型的健壮性。

本节简单介绍如何用岭正则化简化多项式回归模型参数。

> 《矩阵力量》介绍正则化用到的重要线性代数工具——向量范数。《数据有道》分别介绍岭回归、套索回归、弹性网络回归，并介绍如何从贝叶斯推断角度理解正则化。

图30.16所示为调整**惩罚因子** (penalty) α 对多项式回归模型的影响。显然，随着 α 不断增大，拟合得到的曲线变得更加"平滑"，这意味着模型变得更简单。表30.1给出了在不同惩罚因子 α 条件下多项式模型解析式。

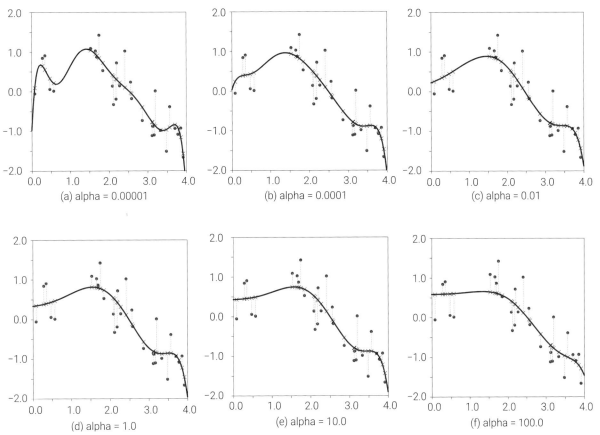

图30.16　正则化中惩罚因子α对多项式回归模型的影响 | ⊕ Bk1_Ch30_04.ipynb

表30.1　惩罚因子和多项式回归模型解析式 | ⊕ Bk1_Ch30_04.ipynb

惩罚因子α	多项式回归模型
0.00001	$y = -0.985 + 18.400x^1 - 71.750x^2 + 122.612x^3 - 108.324x^4 + 53.620x^5 - 15.058x^6 + 2.243x^7 - 0.138x^8$
0.0001	$y = 0.026 + 3.491x^1 - 13.188x^2 + 24.668x^3 - 23.210x^4 + 12.008x^5 - 3.515x^6 + 0.547x^7 - 0.035x^8$
0.01	$y = 0.222 + 0.380x^1 + 0.149x^2 + 0.258x^3 - 0.391x^4 + 0.203x^5 - 0.093x^6 + 0.027x^7 - 0.003x^8$
1.0	$y = 0.335 + 0.125x^1 + 0.132x^2 + 0.099x^3 + 0.019x^4 - 0.048x^5 - 0.033x^6 + 0.022x^7 - 0.003x^8$
10.0	$y = 0.428 + 0.045x^1 + 0.064x^2 + 0.070x^3 + 0.049x^4 - 0.008x^5 - 0.065x^6 + 0.030x^7 - 0.004x^8$
100.0	$y = 0.585 + 0.013x^1 + 0.020x^2 + 0.024x^3 + 0.019x^4 - 0.004x^5 - 0.029x^6 + 0.013x^7 - 0.002x^8$

我们可以通过代码30.4绘制图30.16，下面讲解其中关键语句。

ⓐ从sklearn.linear_model模块导入Ridge，来完成岭回归任务。

相信大家已经对ⓑ很熟悉了。简单来说，我们用PolynomialFeatures进行多项式特征扩展，可以帮助我们捕捉数据中的非线性关系。

ⓒ利用X.reshape(-1, 1) 将输入数据X转换为只有一列的矩阵。然后，再利用poly.fit_transform(X.reshape(-1, 1)) 将这个列向量作为输入，使用之前创建的多项式特征扩展器 poly 进行转换。

由于原始特征只有一个，多项式最高次项次数设定为8 (degress)，外加一个全1列向量，新生成的多项式特征矩阵有9列。

ⓓ设定一列惩罚因子。

ⓔ通过 Ridge(alpha=alpha_idx) 创建了一个岭回归模型的实例。参数alpha 是岭回归中的正则化参数，即惩罚因子，它控制了模型的复杂度。通过使用不同的 alpha 值，可以调整模型对训练数据的拟合程度以及对模型复杂度的惩罚程度。

ⓕ利用ridge.fit(X_poly, y.reshape(-1,1)) 对岭回归模型进行训练。X_poly 是经过多项式特征扩展后的特征矩阵 (本例中有9列)，y.reshape(-1,1) 是目标变量 y 经过重新调整形状变成的列向量。

ⓖ和**ⓗ**利用predict() 完成预测，

ⓘ和**ⓙ**分别提取多项式回归模型各项系数和截距项。在运行这段代码时，建议查看系数和截距项结果，大家会发现系数列表的第1个元素 (索引为0) 都是0。这是因为这个系数本应该是截距。为了避免重复，仅仅在**ⓙ**给出截距项具体值。

代码30.4　多项式回归 + 岭回归正则化 | ⊕ Bk1_Ch30_04.ipynb

```python
# 导入包
import numpy as np
import matplotlib.pyplot as plt
from sklearn.preprocessing import PolynomialFeatures
from sklearn.linear_model import Ridge                          # ⓐ

# 生成随机数据
np.random.seed(0)
num = 30
X = np.random.uniform(0,4,num)
y = np.sin(0.4*np.pi * X) + 0.4 * np.random.randn(num)
data = np.column_stack([X,y])

x_array = np.linspace(0,4,101).reshape(-1,1)
degree = 8 # 多项式回归次数
# 将数据扩展为9列
poly = PolynomialFeatures(degree = degree)                      # ⓑ
X_poly = poly.fit_transform(X.reshape(-1, 1))                   # ⓒ

fig, axes = plt.subplots(3,2,figsize = (10,20))
axes = axes.flatten()
# 惩罚因子
alpha_array = [0.00001, 0.0001, 0.01, 1, 10, 100]               # ⓓ

for ax, alpha_idx in zip(axes,alpha_array):

    # 训练岭回归模型
    ridge = Ridge(alpha = alpha_idx)                            # ⓔ
    ridge.fit(X_poly, y.reshape(-1,1))                          # ⓕ
    # 预测
    y_array_pred = ridge.predict(poly.fit_transform(x_array))  # ⓖ
    y_poly_pred = ridge.predict(X_poly)                        # ⓗ
    data_ = np.column_stack([X,y_poly_pred])
    # 绘制散点图
    ax.scatter(X, y, s = 20)
    ax.scatter(X, y_poly_pred, marker = 'x', color = 'k')
    # 绘制残差
    ax.plot(([i for (i,j) in data_], [i for (i,j) in data]),
            ([j for (i,j) in data_], [j for (i,j) in data]),
                c = [0.6,0.6,0.6], alpha = 0.5)

    ax.plot(x_array, y_array_pred, color = 'r')
    ax.set_title('Alpha = %f' % alpha_idx)
```

```
# 提取参数
coef = ridge.coef_[0]; # print(coef)
intercept = ridge.intercept_[0]; # print(intercept)
# 回归解析式
equation = '$y = {:.3f}'.format(intercept)
for j in range(1, len(coef)):
    equation += ' + {:.3f}x^{}'.format(coef[j], j)
equation += '$'
equation = equation.replace("+ -", "-")
print(equation)
ax.set_aspect('equal', adjustable = 'box')
ax.set_xlim(0,4); ax.set_ylim(-2,2); ax.grid(False)
```

为了更好地可视化惩罚因子 (正则化强度) 对多项式回归系数的影响，我们特地绘制了图30.17；这幅图的横轴为惩罚因子，刻度为对数，从右向左惩罚因子不断增大。

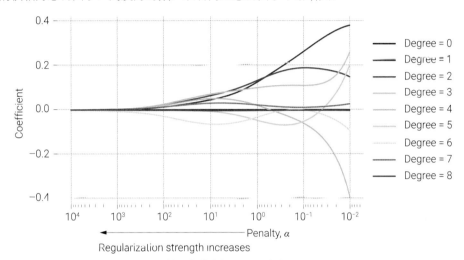

图30.17 多项式回归模型参数随惩罚因子α变化 | ⊕ Bk1_Ch30_04.ipynb

随着惩罚因子不断增大 (向左移动)，多项式系数一般都是朝着变小的方向移动。请大家格外注意，图中深蓝色线一直为0，前文提过它并非真实的截距项系数。请大家自己想办法画出能展示截距项随惩罚因子变化的图。

我们可以通过代码30.5绘制图30.17，下面讲解其中关键语句。

ⓐ用np.logspace(4, -2, 100) 生成一个包含 100 个元素的数组，这些元素是以对数刻度均匀分布在 10^4 (1e4) ~ 10^2 (1e-2) 之间的数值。这些元素作为惩罚因子，用来对正则化调参。

ⓑ首先利用np.linspace(0, 1, len(degrees)) 生成一个等差数列，表示0 ~ 1 之间的一系列数，数量与 degrees 中的元素个数相同。变量degrees是用列表生成式创建一组图例标签。

然后用plt.cm.jet将上述 0 ~ 1 的数映射为一组颜色。这样，colors 就成为一个包含了与 degrees 相关联的一组颜色的数组，从而方便渲染图30.17中的每条曲线。

ⓒ利用append()，将for循环每次迭代中生成的岭回归模型系数添加到列表中。

ⓓ在for循环中，每次迭代绘制图30.17中一条曲线，并用colors对应索引颜色渲染。

ⓔ用set_xscale("log")将ax的横轴刻度设置为对数刻度。

ⓕ调转横轴。

ⓖ利用legend() 在轴对象ax上添加图例。degrees 是包含图例标签的列表。

loc='center left' 表示将图例放置位置调整为上下居中，左右靠左。

bbox_to_anchor=(1, 0.5) 控制图例的相对位置。第一个值 1 表示横轴方向上的相对位置，0.5 表示纵轴方向上的相对位置。

```
# 多项式回归模型参数随惩罚因子 α 变化
alphas = np.logspace (4, -2, 100)
degrees = ['Degree = ' + str(d_i) for d_i in range(10)]
colors = plt.cm.jet (np.linspace (0,1,len(degrees)))
coefs = []
for alpha_idx  in alphas:
    ridge = Ridge (alpha = alpha_idx)
    ridge.fit (X_poly, y.reshape (-1,1))
    coefs.append (ridge.coef_ [0])
coefs = np.array (coefs)

fig, ax = plt.subplots (figsize = (5,3))
for idx in range(9):
    ax.plot (alphas, coefs [:,idx], color = colors [idx])
ax.set_xscale ("log")
ax.set_xlim (ax.get_xlim ()[::-1]) # 调转横轴
ax.set_xlabel (r"Regularization strength, penalty  $\alpha$")
ax.set_ylabel ("Coefficients")

ax.legend (degrees, loc = 'center left', bbox_to_anchor = (1, 0.5))
```

- ⓐ
- ⓑ
- ⓒ
- ⓓ
- ⓔ
- ⓕ
- ⓖ

请大家完成以下题目。

Q1. 修改代码30.1，以鸢尾花数据花萼长度为自变量，花萼宽度为因变量，完成回归分析并可视化结果。

Q2. 修改代码30.2，以鸢尾花数据花萼长度和花萼宽度为自变量，花瓣长度为因变量，完成回归分析并可视化结果。

Q3. 修改代码30.4，将多项式最高次项次数调整为12，重新完成岭回归。

* 题目很基础，本书不给答案。

本章介绍了机器学习第一大类问题——回归。简单来说，回归是寻找变量之间的量化关系。但请注意，回归结果并不能解释因果。

如果变量之间存在较强线性关系，我们可以用线性回归。一元线性回归，简单来说，就是找到一条直线；同理，二元线性回归，就是找到一个平面。

如果变量之间存在非线性关系，我们可以借助其他回归方法。本章介绍的多项式回归是拟合非线性关系的重要方法之一。大家在使用多项式回归时，需要注意的是过拟合问题。本章最后引入了正则化方法解决这个问题。

Dimensionality Reduction in Scikit-Learn
Scikit-Learn降维
通过投影、旋转这两个几何视角理解主成分分析

读书好比生火，每一个字都是一个火花。

To learn to read is to light a fire; every syllable that is spelled out is a spark.

—— 维克多·雨果 (Victor Hugo) | 法国文学家 | 1802—1885年

◀ `sklearn.preprocessing.StandardScaler()` 用于对数据进行标准化处理
◀ `sklearn.decomposition.PCA()` 执行主成分分析 PCA 以减少数据维度
◀ `sklearn.covariance.EmpiricalCovariance()` 计算基于样本的经验协方差矩阵

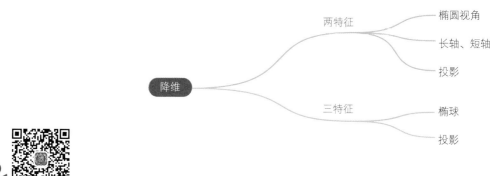

31.1 降维

降维 (dimensionality reduction) 是机器学习和数据分析领域中的重要概念，指的是将高维数据映射到低维空间中的过程。

在现实世界中，很多数据集都具有很高的维度，每个数据点可能包含大量特征或属性。然而，高维数据在处理和分析时可能会面临一些问题，如计算复杂度增加、维度诅咒、可视化困难等。

维度诅咒 (curse of dimensionality) 用来描述数据特征 (维度) 增加时，数据特征空间体积指数增大的现象。

如图31.1所示，一个特征选取6个采样点，一维空间就6个点，二维空间有36 (6^2) 个点，三维空间有216 (6^3) 个点。

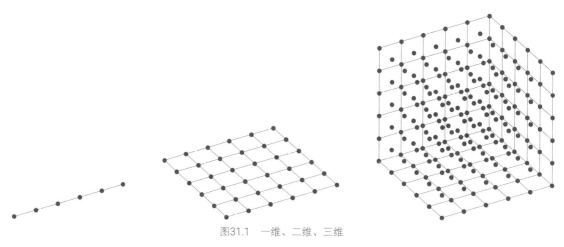

图31.1 一维、二维、三维

如图31.2所示，四维空间有1296 (6^4) 个点。而10个特征则达到让人恐惧的60466176 (6^{10})个点。

而降维的目标是通过保留尽可能多的信息，将高维数据投影到一个更低维的子空间，以便更有效地处理和分析数据，减少计算负担，提高模型的性能和可解释性。

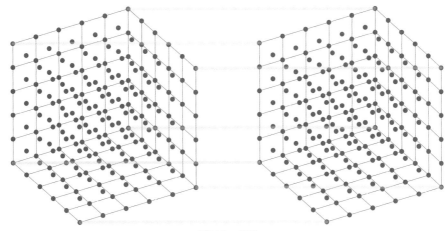

图31.2 四维

本书第27章介绍过主成分分析。简单来说，**主成分分析** (Principal Component Analysis，PCA) 将原始特征投影到新的正交特征空间上，以保留最大方差的特征。PCA能够去除数据中的冗余信息，提取最重要的特征。本章还会采用几何视角继续探讨如何用PCA完成降维。

此外，我们也可以利用流形学习完成非线性降维。**流形学习** (manifold learning) 是一种无监督学习方法，用于在高维数据中发现潜在的低维结构。在高维空间中，数据点通常是分散的，而流形学习算法的目标是将这些分散的数据点映射到一个低维流形中，从而更好地理解数据的结构和特征。本书不展开讲解流形学习。

本书前文主要是从数据角度介绍如何使用主成分分析完成数据降维和近似还原；本章则要用几何视角和大家聊聊主成分分析，让大家深度理解主成分分析背后的思想。

> 当然想要真正理解主成分分析，离不开线性代数、概率统计工具，这是《矩阵力量》和《统计至简》要解决的问题。

31.2 主成分分析

本书前文介绍过，一般情况下，PCA的基本思路是将数据投影到由主成分构成的新坐标系中，其中主成分是一组方向上方差最大的基向量。

为了方便讨论，我们先对数据进行**去均值** (demean)处理，即**中心化** (centralize)处理。如图31.3所示，几何上来看，就是把数据的**质心** (centroid) μ 移动到原点O。

此外，图31.3中椭圆和散点的关系是通过协方差矩阵联系起来的。本书前文介绍高斯分布时，大家已经建立了各种协方差矩阵和椭圆的联系。

本书前文介绍过，在进行PCA前一般要对数据进行**标准化** (standardization)。标准化可以消除数据在不同特征尺度下不同的影响，标准化过程还完成了去单位化，每个特征数据都变成了Z分数。

PCA的目标是找到数据中方差最大的方向，即主成分。如果某个特征具有很大的方差，即使它在原始数据中不是最主要的特征，它在PCA中仍然可能成为主成分，导致降维后损失了其他重要信息。

标准化可以将所有特征的标准差调整为1，从而避免特定特征过大方差主导问题。而标准化包含两步——**平移** (translation)、**缩放** (scaling)。其中，平移就是数据去均值，即中心化。

想要了解主成分分析，就必须理解数据**投影** (projection)。

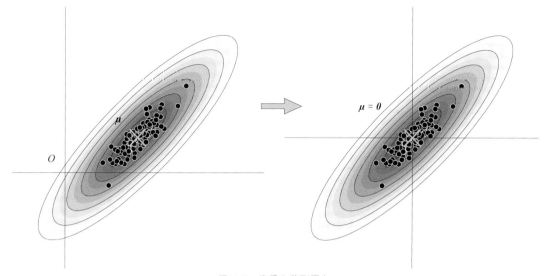

图31.3 将质心移到原点

图31.4所示为二维数据最简单的投影，分别向横轴、纵轴投影。在平面上，二维数据可以用散点图可视化。散点的横轴坐标就是数据的第一特征，散点的纵坐标就是数据的第二特征。

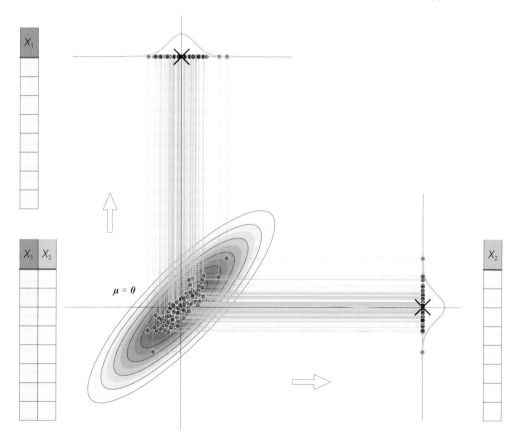

图31.4 分别向横轴、纵轴投影，并绘制一维数据分布

因此，图31.4的投影过程实际上就是将数据的第一、第二特征分离，然后分别计算各个特征的均值、标准差。由于数据已经中心化，各个特征的均值为0。

我们在《矩阵力量》中会详细了解数据投影使用的数学工具。

主成分分析的目标是将原始数据投影到一个新的坐标系中，使得投影后的数据具有最大的方差。通过这种方式，可以捕获数据中的主要变化方向，从而实现数据降维和特征提取。在进行投影时，第一个主成分的方向被选择为能够使投影后方差最大化的方向。

显然，图31.4所示的两个投影方向并不完美，我们可以尝试找到更好的投影方向。

如图31.5所示，平面散点朝16个不同方向投影，并计算投影结果的方差值。

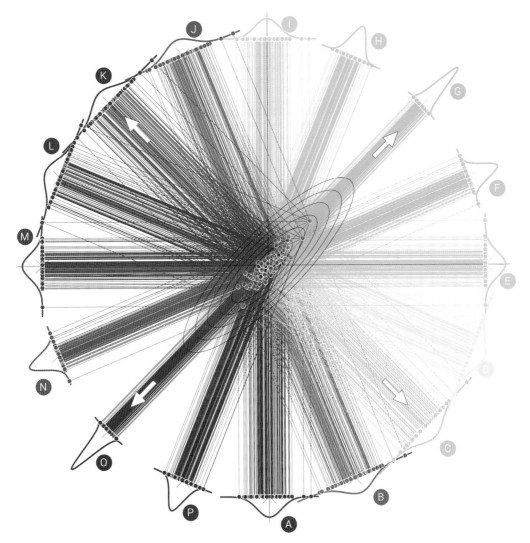

图31.5　二维数据分别朝16个不同方向投影

从图31.5中每个投影结果的分布宽度，用标准差量化，我们就可以得知*C*、*K*这两个方向就是我们要找的第一主成分方向。

G、*O*这两个方向也值得我们关注，因为这两个方向上投影结果的方差 (标准差的平方) 最小。

《可视之美》介绍如何绘制图31.5。

换个视角来看，主成分分析无非就是在不同的坐标系中看同一组数据，如图31.6所示。

数据朝不同方向投影会得到不同的投影结果，对应不同的分布；朝椭圆长轴方向投影，得到的数据标准差最大；朝椭圆短轴方向投影得到的数据标准差最小。

v_1对应的便是第一主成分PC1。这里用到的几何工具就是**旋转** (rotation)。

从椭圆的视角来看，图31.6中，v_1第一主成分PC1方向就是椭圆长轴所在方向，v_2第二主成分PC2方向就是椭圆短轴所在方向。显然，v_1和v_2垂直！

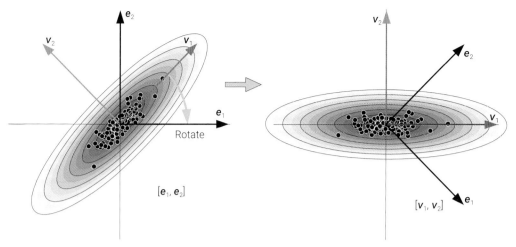

图31.6　坐标系旋转

我们管这个新的直角坐标系叫作 $[v_1, v_2]$。原来数据的坐标系记作 $[e_1, e_2]$。

图31.6的坐标系旋转也完成了旋转椭圆到正椭圆的几何转换过程。

图31.7所示为在 $[v_1, v_2]$ 中看数据投影。

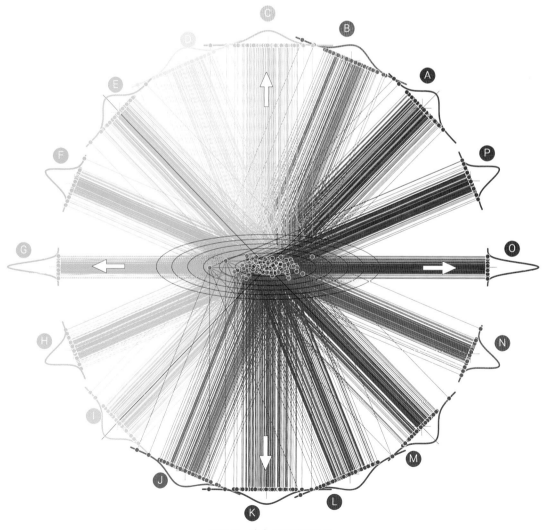

图31.7　换个坐标系看投影

大家可能要问，究竟采用怎样的数学工具才能计算得到v_1和v_2？

这就需要我们首先计算**协方差矩阵** (covariance matrix) **Σ**，然后对协方差矩阵**Σ**进行**特征值分解** (eigen value decomposition)。特征向量就是我们要找的主成分方向。

此外，除了特征值分解协方差矩阵，还有其他不同的主成分分析技术路线。《数据有道》会专门比较不同技术路线的异同。

虽然，我们不会具体介绍计算协方差、特征值分解背后的数学工具，以及这两个工具和椭圆的联系；但是大家可能已经发现，想要深入理解主成分分析，离不开概率统计、线性代数、几何这些视角。这都是鸢尾花"数学三剑客"要介绍的内容。

在主成分分析中，主成分通常是原始特征的线性组合。也就是说，PCA是一种线性降维方法，它只能捕捉数据中的线性相关性。如果数据具有复杂的非线性关系，PCA可能无法很好地捕捉这些模式，从而导致信息丢失。

核主成分分析 (Kernel Principal Component Analysis)，也叫核PCA，在高维特征空间中使用**核技巧** (kernel trick) 来进行PCA，从而能够处理非线性关系。

核PCA可以解决传统PCA无法处理的非线性问题。在处理非线性数据时，传统PCA可能会损失数据的重要信息，因为它只能发现线性关系。

核PCA通过将数据映射到高维特征空间，将数据从原始空间中的非线性关系转化为高维空间中的线性关系，因此可以有效地保留数据的非线性结构信息。

与传统的主成分分析不同，核PCA不直接使用原始数据来计算主成分，而是通过将数据映射到高维特征空间来获取主成分。核技巧的基本思想是通过**核函数** (kernel function) 将数据映射到高维特征空间中，从而使得线性模型能够处理非线性数据。

常用的核函数包括，**径向基核函数** (Radial Basis Function kernel，RBF kernel)，也叫高斯核函数、**多项式核** (polynomial kernel)、**Sigmoid核** (Sigmoid kernel)。我们在本书第32章讲解**支持向量机** (Support Vector Machine，SVM) 还会用到核技巧。本书不展开讲解核主成分分析。

下面，我们还是利用本书前文用过的利率数据，用几何视角 (投影、旋转) 和Scikit-Learn函数，和大家分别聊聊两特征、三特征主成分分析。

31.3 两特征PCA

代码31.1首先还是导入了利率数据。这部分内容大家已经在本书前文用过，下面仅做简单介绍。

ⓐpandas_datareader 是一个用于从各种数据源中获取金融和经济数据的 Python 库。大家在使用前，需要用pip install pandas_datareader安装库，大家可以回顾本书第1章。

通常，pandas_datareader从互联网上的各种金融数据提供商获取数据，如股票市场数据、货币汇率、股票指数、债券价格等。

ⓑ利用pandas_datareader从FRED下载半年期、一年期利率历史数据。

ⓒ修改数据帧列标题。

ⓓ计算利率日收益率。

ⓔ删除数据帧的缺失值。

ⓕ对数据进行标准化。

```python
import pandas as pd
import numpy as np
import matplotlib.pyplot as plt
from sklearn.preprocessing import StandardScaler
```
ⓐ
```python
import pandas_datareader as pdr
# 需要先安装库 pip install pandas_datareader
import seaborn as sns

# 下载数据 ，两个tenors
```
ⓑ
```python
df = pdr.data.DataReader (['DGS6MO' ,'DGS1'],
                          data_source ='fred',
                          start ='01-01-2022',
                          end ='12-31-2022')
df = df.dropna()

# 修改数据帧的 column names
```
ⓒ
```python
df = df.rename (columns ={'DGS6MO' : 'X1',
                          'DGS1' : 'X2'})

# 计算日收益率
```
ⓓ
```python
X_df = df.pct_change ()
# 删除缺失值
```
ⓔ
```python
X_df = X_df.dropna ()
# 数据标准化
scaler = StandardScaler()
```
ⓕ
```python
X_scaled = scaler.fit_transform (X_df)
```

图31.8所示为标准化数据的散点图。在这幅图上，我们还用椭圆代表数据的分布；更准确地说，这些椭圆代表了数据的协方差矩阵。这些椭圆等高线实际上是**马氏距离** (Mahalanobis distance)。

与**欧氏距离** (Euclidean distance) 不同，马氏距离考虑了数据之间的协方差结构，因此可以更准确地捕捉数据的相关性和分布情况。图31.8所示同心椭圆就是马氏距离的等距线。

代码31.2中ⓐ从 Scikit-Learn机器学习库中导入 EmpiricalCovariance 类。这个类是 Scikit-Learn 中用于计算数据集的经验协方差矩阵。

ⓑ生成网格化数据，用来可视化马氏距离等高线。

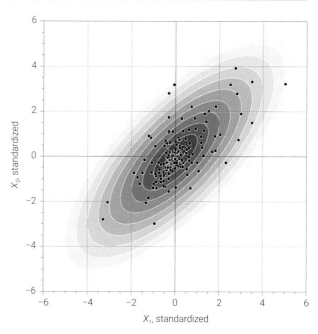

图31.8 标准化数据的散点图 | ⊕ Bk1_Ch31_01.ipynb

《矩阵力量》和《统计至简》会从不同角度介绍马氏距离背后的数学工具。

ⓒ用EmpiricalCovariance的fit 方法接受标准化数据集 X_scaled 作为参数，并使用这个数据集来拟合估计器，从而计算出协方差矩阵。然后，大家可以用COV.covariance_获得协方差矩阵的具体值。大家会发现，协方差矩阵对角线元素均为1，请大家思考为什么？

ⓓ根据样本协方差矩阵计算网格化数据的马氏距离平方值。这里需要大家格外注意，网格数据点应该与原始数据集 X_scaled 具有相同的特征维度 (两列)。这就是为什么我们需要用ⓔ调整数组形状的原因。

此外，大家需要注意，输出的结果为马氏距离的平方。ⓕ开平方后获得马氏距离。

ⓖ绘制马氏距离填充等高线。大家会发现这些等高线都是椭圆，而且椭圆的半长轴和横轴夹角为45°。大家需要学习《矩阵力量》和《统计至简》中的数学工具才能理解为什么夹角为45°。

ⓗ用散点可视化标准化样本数据。这些样本数据的质心位于原点 (0, 0)。

代码31.2　马氏距离等高线 (使用时配合前文代码)　| ⊕ Bk1_Ch31_01.ipynb　◯◯◯

```
ⓐ from sklearn.covariance import EmpiricalCovariance
   x1_array = np.linspace (-6,6,601)
   x2_array = np.linspace (-6,6,601)
ⓑ xx1, xx2 = np.meshgrid (x1_array, x2_array)
   xx12 = np.c_[xx1.ravel (), xx2.ravel ()]
   # 加载学习样本数据
ⓒ COV = EmpiricalCovariance().fit(X_scaled)
   # 计算网格化数据的马氏距离
ⓓ mahal_sq_Xc = COV.mahalanobis (xx12)
ⓔ mahal_sq_dd = mahal_sq_Xc.reshape (xx1.shape)
ⓕ mahal_dd = np.sqrt (mahal_sq_dd)


   fig, ax = plt.subplots ()
   # 绘制马氏距离填充等高线
ⓖ plt.contourf (xx1, xx2, mahal_dd,
                 cmap ='Blues_r', levels = np.linspace (0,6,13))
   # 绘制样本数据(标准化) 散点图
ⓗ plt.scatter (X_scaled [:,0],X_scaled [:,1],
                s = 38, edgecolor = 'w', alpha = 0.5,
                marker = '.', color = 'k')
   # 绘制样本数据质心
   plt.plot (X_scaled [:,0].mean (),X_scaled [:,1].mean (),
             marker = 'x', color = 'k', markersize = 18)


   ax.axvline (x = 0, c = 'k'); ax.axhline (y = 0, c = 'k')
   ax.grid ('off'); ax.set_aspect ('equal', adjustable ='box')
   ax.set_xbound (lower = -6, upper = 6)
   ax.set_ybound (lower = -6, upper = 6)
```

下面利用Scikit-Learn中的主成分分析工具完成样本数据的PCA分析。

代码31.3中ⓐ从Scikit-Learn库中导入PCA (Principal Component Analysis) 类。

ⓑ创建了一个PCA对象的实例，并且指定了降维后的维度为2。本例中，样本数据的特征数 (维度) 为2，PCA分析前后维度不变。

ⓒ在PCA对象上拟合 (训练) 样本数据。这个过程会计算数据的协方差矩阵，然后找到主成分方向。

ⓓ用属性components_获得PCA主成分的**载荷** (loadings)，这个矩阵的每一行代表一个主成分方向。矩阵经过**转置** (transpose) 后，每一列代表一个主成分。本书前文提过，这些主成分向量本质上

是原始特征数据的线性组合。我们把这个转置后的矩阵记作V。

e 计算V^T @ V，大家可以发现结果近似为2×2**单位矩阵** (identity matrix) I。

f 计算V @ V^T，可以发现结果同样近似为2×2单位矩阵I。满足以上两个条件的矩阵V叫作**正交矩阵** (orthogonal matrix)，这是《矩阵力量》要讲解的重要概念之一。

g 取出矩阵V的第1列v_1，即第一主成分方向。

h 取出矩阵V的第2列v_2，即第二主成分方向。

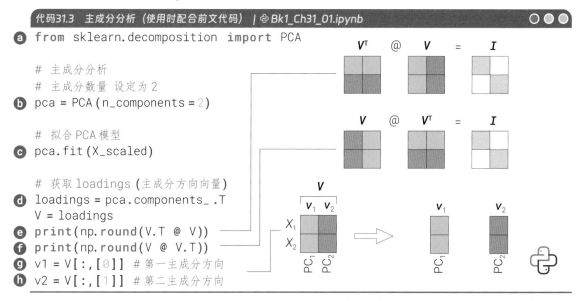

代码31.3　主成分分析（使用时配合前文代码）｜⊕ *Bk1_Ch31_01.ipynb*

```
a  from sklearn.decomposition import PCA

   # 主成分分析
   # 主成分数量 设定为2
b  pca = PCA(n_components = 2)

   # 拟合 PCA 模型
c  pca.fit(X_scaled)

   # 获取 loadings (主成分方向向量)
d  loadings = pca.components_ .T
   V = loadings
e  print(np.round(V.T @ V))
f  print(np.round(V @ V.T))
g  v1 = V[:,[0]] # 第一主成分方向
h  v2 = V[:,[1]] # 第二主成分方向
```

图31.9展示了数据的主成分方向。容易发现，v_1对应椭圆的长轴方向，v_2对应椭圆的短轴方向。代码31.4在前文可视化基础上又可视化了两个主成分方向。

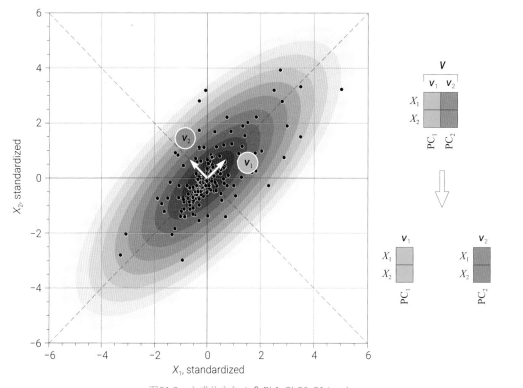

图31.9　主成分方向｜⊕ Bk1_Ch31_01.ipynb

```
# 自定义绘制向量函数
a   def draw_vector (vector, RBG):
        array = np.array ([[0, 0, vector [0], vector [1]]], dtype =object)
b       X, Y, U, V = zip(*array)
c       plt.quiver(X, Y, U, V, angles ='xy',
                    scale_units ='xy', scale =1, color = RBG,
                    zorder = 1e5)

    fig, ax = plt.subplots ()
    # 绘制马氏距离等高线
    plt.contourf(xx1, xx2, mahal_dd,
                  cmap ='Blues_r', levels =np.linspace (0,6,13))
    # 绘制标准化数据散点图
    plt.scatter(X_scaled [:,0], X_scaled [:,1],
                s = 38, edgecolor = 'w', alpha = 0.5,
                marker = '.', color = 'k')
    # 绘制质心
    plt.plot (X_scaled [:,0].mean (), X_scaled [:,1].mean (),
              marker = 'x', color = 'k', markersize = 18)
    # 可视化两个主成分方向
d   draw_vector (v1, 'r')
e   draw_vector (v2, 'r')

    # 绘制两条参考线
f   ax.plot (x1_array, x1_array *v1 [1]/v1 [0], 'r',
             lw = 0.25, ls = 'dashed')
g   ax.plot (x1_array, x1_array *v2 [1]/v2 [0], 'r',
             lw = 0.25, ls = 'dashed')

    ax.axvline (x = 0, c = 'k'); ax.axhline (y = 0, c = 'k')
    ax.grid ('off')
    ax.set_aspect ('equal', adjustable ='box')
    ax.set_xbound (lower= -6, upper = 6)
    ax.set_ybound (lower= -6, upper = 6)
```

　　图31.10所示为数据朝第一主成分方向v_1投影的结果。根据前文介绍的内容，大家应该清楚朝v_1投影得到的结果的方差最大。图31.11所示为数据朝第一主成分方向v_2投影的结果，对应方差最小。

　　$[v_1, v_2]$本身也是一个直角坐标系，在$[v_1, v_2]$中看到的数据如图31.12所示。绘制这三幅图的代码，请大家参考本章配套文件。

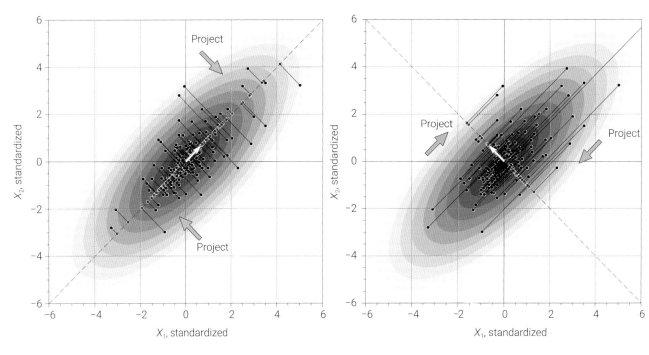

图31.10 朝第一主成分方向投影 | ⊕ Bk1_Ch31_01.ipynb

图31.11 朝第二主成分方向投影 | ⊕ Bk1_Ch31_01.ipynb

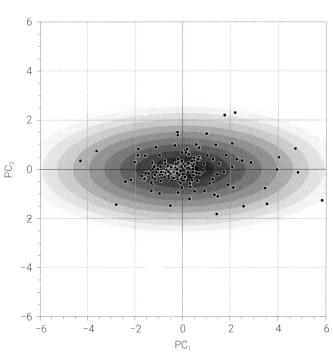

图31.12 $[v_1, v_2]$ 中看数据散点 | ⊕ Bk1_Ch31_01.ipynb

31.4 三特征PCA

　　既然，我们可以用一个旋转椭圆代替二维散点图；这一节，我们则把三维散点抽象成一个椭球。

　　图31.13所示为在直角坐标系 $[e_1, e_2, e_3]$ 中看的椭球。显然这是一个旋转椭球。红色箭头 v_1、绿色箭头 v_2、蓝色箭头 v_3 分别指向了椭球的三个主轴方向。这三个方向也就是主成分分析中三个主成分方向。

　　主成分分解得到的载荷矩阵 V 的每一个列依次对应红色箭头 v_1、绿色箭头 v_2、蓝色箭头 v_3。$[v_1, v_2, v_3]$ 也是一个三维直角坐标系。数据在 v_1 上投影结果的方差最大，在 v_2 上投影结果的方差次之，在 v_3 上投影结果的方差最小。

　　图31.14所示为在平面直角坐标系 $[e_1, e_2]$ 中看的椭球。也就是说，椭球在 $[e_1, e_2]$ 中的投影为旋转椭圆。图31.14所示椭圆就是图31.8中马氏距离为1的椭圆。

　　图31.14还展示了红色箭头 v_1、绿色箭头 v_2、蓝色箭头 v_3 在 $[e_1, e_2]$ 中的投影。

　　图31.15所示为在平面直角坐标系 $[e_1, e_3]$ 中看的椭球。

　　图31.16所示为在平面直角坐标系 $[e_2, e_3]$ 中看的椭球。

《可视之美》专门介绍这种可视化方案。

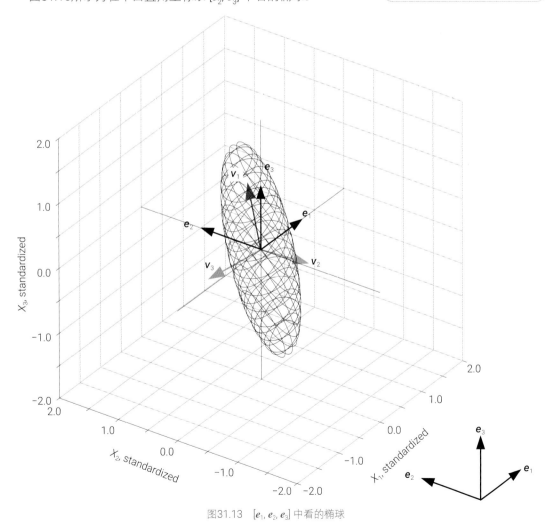

图31.13　$[e_1, e_2, e_3]$ 中看的椭球

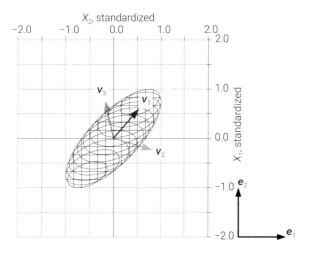

图31.14 $[e_1, e_2]$ 中看的椭球

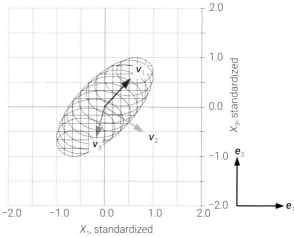

图31.15 $[e_1, e_3]$ 中看的椭球

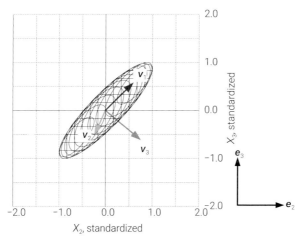

图31.16 $[e_2, e_3]$ 中看的椭球

由于 $[v_1, v_2, v_3]$ 也是一个三维直角坐标系，我们当然也可以在 $[v_1, v_2, v_3]$ 中观察椭球。如图31.17所示，在 $[v_1, v_2, v_3]$ 中，我们看的是正椭球。

这幅图中，我们还看到了 $[e_1, e_2, e_3]$。图31.18所示为在 $[v_1, v_2]$ 中看的椭球；而 e_1、e_2、e_3 在 $[v_1, v_2]$，即第一、第二主成分方向，中的投影也叫**双标图** (biplot)。

双标图可以用于可视化原始多维数据在主成分分析下的投影降维结果。

图31.19所示为在 $[v_1, v_3]$ 中看的椭球。图31.20所示为在 $[v_1, v_3]$ 中看的椭球。

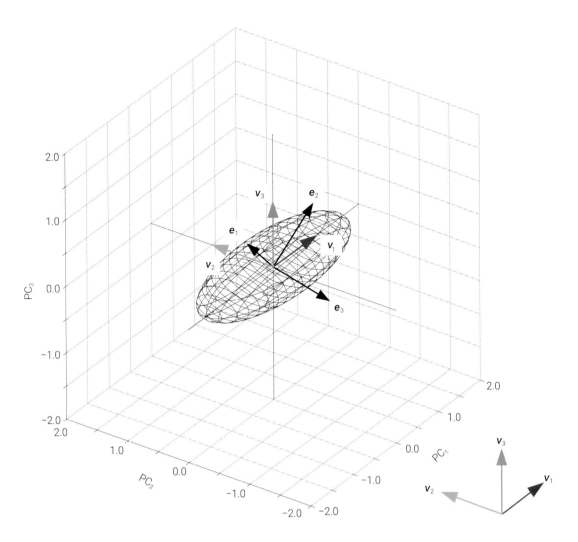

图31.17　$[v_1, v_2, v_3]$ 中看的椭球

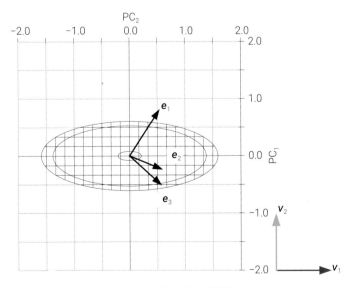

图31.18　$[v_1, v_2]$ 中看的椭球

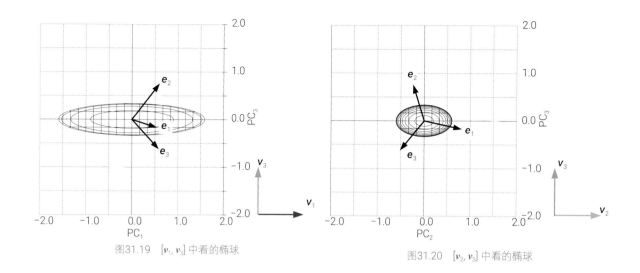

图31.19 [v_1, v_3] 中看的椭球   图31.20 [v_2, v_3] 中看的椭球

请大家完成以下题目。

Q1. 修改Bk1_Ch31_01.ipynb，将样本数据换成鸢尾花特征数据，设定主成分数量为2，重新完成本章代码中所有分析。

* 题目很基础，本书不给答案。

表面上，本章介绍了Scikit-Learn中完成PCA的工具；但是，更重要的是引入了几何视角帮大家更好地理解PCA原理。这也是本书反复提到的，"调包"并不是我们的终极目的；搞清楚这些函数背后的数学工具、算法逻辑才是我们想要达成的目标。

当然，本书仅仅要求大家知其然，不要求大家知其所以然；即便如此，在合适的时机，让大家一窥数学之美还是有必要的。

32

Classification Methods in Scikit-Learn
Scikit-Learn分类
k 最近邻、朴素贝叶斯、支持向量机、核技巧

错误，是进步的代价。
Error is the price we pay for progress.

—— 阿尔弗雷德 • 怀特海 (Alfred Whitehead) | 英国数学家、哲学家 | 1861—1947年

◀ matplotlib.colors.ListedColormap() 创建离散颜色映射的函数。函数接受一个颜色列表作为输入，并生成一个离散的颜色映射对象，用于在可视化中区分不同的类别或数据值
◀ sklearn.datasets.load_iris() 加载鸢尾花数据
◀ sklearn.naive_bayes.GaussianNB() 实现高斯朴素贝叶斯分类器算法
◀ sklearn.neighbors.KNeighborsClassifier() 实现 k 最近邻分类器算法
◀ sklearn.svm.SVC() 实现支持向量机分类器算法

32.1 什么是分类?

本书前文介绍过,**分类** (classification) 是**有监督学习** (supervised learning) 中的一类问题。分类是指根据给定的数据集,通过对样本数据的学习,建立分类模型来对新的数据进行分类的过程。

如图32.1所示,大家已经清楚鸢尾花数据集分三类 (setosa ●、versicolor ●、virginica ●)。

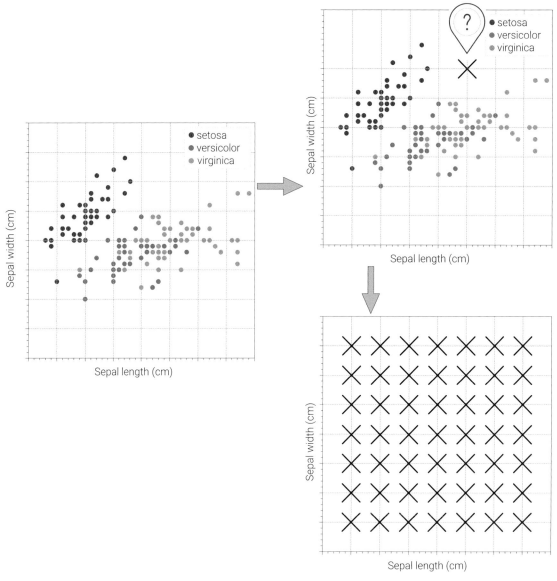

图32.1 用鸢尾花数据介绍分类算法

以**花萼长度** (sepal length)、**花萼宽度** (sepal width) 作为特征,大家如果采到一朵鸢尾花,测量后发现这朵花的花萼长度为6.5cm,花瓣长度为4.0cm,即对应图32.1中"×",又叫**查询点** (query point)。

根据已有数据，猜测这朵鸢尾花属于setosa ●、versicolor ●、virginica ● 三类的哪一类可能性更大，这就是分类问题。

决策边界 (decision boundary) 是分类模型在特征空间中划分不同类别的分界线或边界。通俗地说，决策边界就像是一道看不见的墙，把不同类别的数据点分隔开。

对于鸢尾花数据集，决策边界就是将setosa ●、versicolor ●、virginica ● 这三类点"尽可能准确地"区分开的线或曲线。

大家会在本章中看到，为了获得不同算法的决策边界，我们一般会用numpy.meshgrid() 生成一系列均匀的网格数据，然后再分别预测每个网格点的分类，以此划定决策边界。

在简单的情况下，决策边界可能是一条直线；但在复杂的问题中，决策边界可能是一条弯曲的曲线，甚至是多维空间中的超平面。

模型训练过程就是调整模型的参数，使得决策边界能够更好地拟合训练数据，并且在未见过的数据上也能表现良好。

要注意的是，决策边界的好坏直接影响分类模型的性能。一个良好的决策边界能够很好地将数据分类，而一个不合适的决策边界可能会导致模型预测错误。因此，选择合适的分类算法和调整模型参数是非常重要的，以获得有效的决策边界和准确的分类结果。

下面我们就用最通俗的语言，以几乎没有数学公式的方式，介绍几种常用分类算法。

32.2 k最近邻分类：近朱者赤，近墨者黑

k最近邻分类 (*k*-nearest neighbors)，简称*k*NN。

本书前文提过，*k*NN思路很简单——"近朱者赤，近墨者黑"。更准确地说，小范围投票，**少数服从多数** (majority rule)，如图32.2所示。*k*是参与投票的最近邻的数量，*k*为用户输入值。

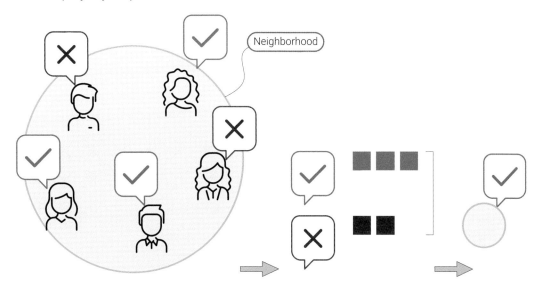

图32.2　*k*近邻分类核心思想——小范围投票，少数服从多数

最近邻数量*k*直接影响查询点分类结果；因此，选取合适的*k*值格外重要。

图32.3所示为k取四个不同值时，查询点"×"预测分类结果变化的情况。如图32.3 (a) 所示，当 k = 4时，查询点"×"近邻中，3个近邻为 ● (C_1)，1个近邻为 ● (C_2)；采用等权重投票，查询点"×"预测分类为 ● (C_1)。

当近邻数量k提高到8时，近邻社区中，4个近邻为 ● (C_1)，4个近邻为 ● (C_2)，如图32.3 (b) 所示；等权重投票的话，两个标签各占50%。因此k = 8时，查询点"×"恰好在决策边界上。

如图32.3 (c) 所示，当 k = 12时，查询点"×"近邻中5个为 ● (C_1)，7个为 ● (C_2)；等权重投票条件下，查询点"×"预测标签为 ● (C_2)。当k = 16时，如图32.3 (d) 所示，查询点"×"预测标签同样为 ● (C_2)。

《机器学习》会专门介绍kNN算法。

kNN算法选取较小的k值虽然能准确捕捉训练数据的分类模式；但是，缺点也很明显，容易受到噪声影响。

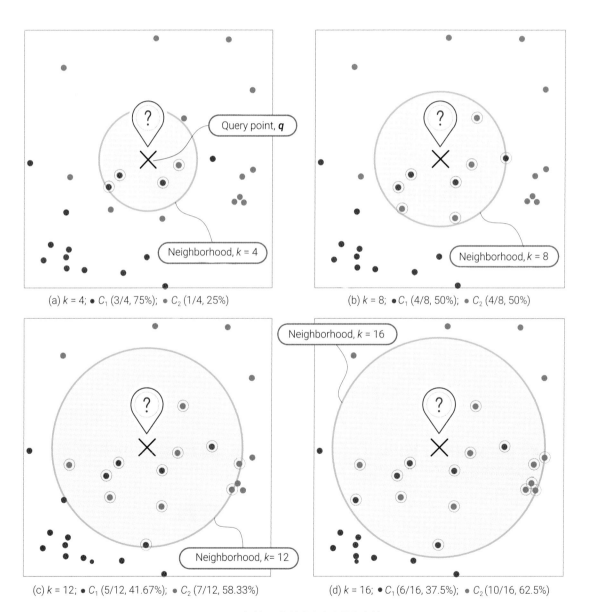

(a) k = 4; ● C_1 (3/4, 75%); ● C_2 (1/4, 25%)

(b) k = 8; ● C_1 (4/8, 50%); ● C_2 (4/8, 50%)

(c) k = 12; ● C_1 (5/12, 41.67%); ● C_2 (7/12, 58.33%)

(d) k = 16; ● C_1 (6/16, 37.5%); ● C_2 (10/16, 62.5%)

图32.3　近邻数量k值影响查询点的分类结果

图32.4所示为利用kNN算法确定的鸢尾花数据决策区域和决策边界。

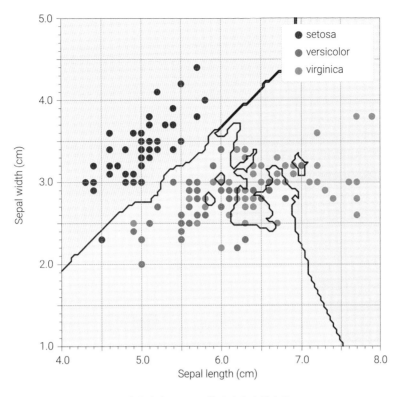

图32.4 根据花萼长度、花萼宽度，用kNN算法确定决策边界 | ⊕ Bk1_Ch32_01.ipynb

代码32.1用kNN算法确定决策边界。下面讲解其中关键语句。

ⓐ利用sklearn.datasets.load_iris() 加载了鸢尾花数据集。本书前文介绍过，在Scikit-Learn中，datasets模块提供了一些经典的示例数据集。

ⓑ提取了鸢尾花数据集的前2列——花萼长度、花萼宽度——作为分类特征。

ⓒ提取鸢尾花分类标签。

ⓓ用numpy.meshgrid() 生成网格化数据，这些就是用来预测分类的查询点。

ⓔ用matplotlib.colors.ListedColormap() 创建离散色谱，即颜色映射，展示鸢尾花预测分类的区域。

ⓕ用sklearn.neighbors.KNeighborsClassifier(k_neighbors) 创建了一个k最近邻分类器对象kNN，并将k_neighbors作为参数传递给这个分类器。这里的k_neighbors指定了算法中要使用的最近邻居数量。

ⓖ用训练数据X和相应的标签y来训练k最近邻分类器kNN。在训练过程中，分类器会学习如何根据特征向量X将其分配到相应的标签y上。

ⓗ利用numpy.c_() 将两个一维数组按列合并，形成一个新的二维数组，即查询点。numpy.ravel() 函数将二维数组展平成一维数组。

ⓘ用之前训练好的k最近邻分类器kNN对查询点进行预测，得到预测的标签y_predict。

ⓙ利用numpy.reshape() 将预测的标签y_predict调整为与xx1相同的形状，以便后续可视化。

ⓚ利用matplotlib.pyplot.contourf() 绘制分类区域。

ⓛ利用matplotlib.pyplot.contour() 绘制分类决策边界。

ⓜ利用seaborn.scatterplot() 绘制散点图展示鸢尾花数据集。

```python
import numpy as np
import matplotlib.pyplot as plt
import seaborn as sns
from matplotlib.colors import ListedColormap
from sklearn import neighbors, datasets
# 导入并整理数据
```
ⓐ
```python
iris = datasets.load_iris()
```
ⓑ
```python
X = iris.data [:, :2]
```
ⓒ
```python
y = iris.target
# 生成网格化数据
x1_array = np.linspace (4,8,101)
x2_array = np.linspace (1,5,101)
```
ⓓ
```python
xx1, xx2 = np.meshgrid (x1_array,x2_array)
# 创建色谱
rgb = [[255, 238, 255],
       [219, 238, 244],
       [228, 228, 228]]
rgb = np.array (rgb)/255.
```
ⓔ
```python
cmap_light = ListedColormap(rgb)
cmap_bold = [[255, 51, 0],
             [0, 153, 255],
             [138,138,138]]
cmap_bold = np.array (cmap_bold )/255.
k_neighbors = 4 # 定义 kNN近邻数量k
# 创建 kNN分类器对象
```
ⓕ
```python
kNN = neighbors.KNeighborsClassifier (k_neighbors)
```
ⓖ
```python
kNN.fit (X, y) # 用训练数据训练 kNN
```
ⓗ
```python
q = np.c_[xx1.ravel (), xx2.ravel ()]
# 用 kNN对一系列查询点进行预测
```
ⓘ
```python
y_predict = kNN.predict (q)
```
ⓙ
```python
y_predict = y_predict.reshape (xx1.shape)
# 可视化
fig, ax = plt.subplots()
```
ⓚ
```python
plt.contourf (xx1, xx2, y_predict, cmap = cmap_light)
```
ⓛ
```python
plt.contour (xx1, xx2, y_predict, levels = [0,1,2],
             colors =np.array ([0, 68, 138])/255.)
```
ⓜ
```python
sns.scatterplot (x = X[:, 0], y = X[:, 1],
                 hue = iris.target_names [y],
                 ax = ax,
                 palette = dict(setosa = cmap_bold [0,:],
                 versicolor = cmap_bold [1,:],
                 virginica = cmap_bold [2,:]),
                 alpha = 1.0,
                 linewidth = 1, edgecolor = [1, 1, 1])
plt.xlim (4, 8); plt.ylim (1, 5)
plt.xlabel(iris.feature_names[0])
plt.ylabel(iris.feature_names[1])
ax.grid (linestyle = '--', linewidth = 0.25,
         color = [0.5,0.5,0.5])
ax.set_aspect ('equal', adjustable = 'box')
```

32.3 高斯朴素贝叶斯分类：贝叶斯定理的应用

高斯朴素贝叶斯分类 (Gaussian Naive Bayes，GNB) 是一种基于**贝叶斯定理** (Bayes' theorem) 的分类算法。

什么是贝叶斯定理？

贝叶斯定理是一种概率论中用于计算条件概率的重要公式。它描述了在已知某个条件下，另一事件发生的概率。根据贝叶斯定理，我们可以通过已知的先验概率和条件概率，来计算更新后的后验概率。这个定理在统计学、机器学习和人工智能等领域广泛应用，尤其在贝叶斯推断和贝叶斯分类中起着重要作用。

贝叶斯定理、贝叶斯分类、贝叶斯推断中有两个重要概念——**先验概率** (prior probability或prior) 和**后验概率** (posterior probability或posterior)。

先验概率是指在考虑任何新证据之前，我们对一个事件或假设的概率的初始估计。它基于以前的经验、先前的观察或领域知识。这种概率是"先验"的，因为它不考虑新数据或新证据，只是基于我们事先已经了解的信息。

假设我们要研究某地区的流感发病率。在流感季节之前，我们可能会查阅历史数据、了解流感传播的模式以及人口的健康状况，从而得出在流感季节中某人患上流感的初始估计概率，这就是先验概率。

后验概率是指在考虑了新证据或数据后，我们对一个事件或假设的概率进行更新后的估计。在得到新信息后，我们根据贝叶斯定理来更新先验概率，以得到后验概率。贝叶斯定理将先验概率和新证据结合起来，提供了一个更准确的概率估计。

在流感季节中，我们开始收集实际发病数据，比如每天有多少人确诊患上流感。根据这些新数据，我们可以使用贝叶斯定理来更新先前的先验概率，得到一个更准确的后验概率，以更好地预测未来发病率或做出相关决策。

图32.5所示为高斯朴素贝叶斯分类的流程图。

高斯朴素贝叶斯分类假设每个特征在给定类别下是条件独立的，即给定类别的情况下，每个特征与其他特征之间条件独立。这便是高斯朴素贝叶斯分类中"朴素"两个字的来由。然后，将每个类别的特征分布建模为高斯分布，这则是高斯朴素贝叶斯分类中"高斯"两个字的来由。

以图32.5为例，给定标签为C_1 (红色点)，分别独立获得$f_{X1|Y}(x_1 \mid C_1)$ 和 $f_{X2|Y}(x_2 \mid C_1)$。假设条件独立，$f_{Y,X1,X2}(C_1, x_1, x_2) = p_Y(C_1) \cdot f_{X1|Y}(x_1 \mid C_1) \cdot f_{X2|Y}(x_2 \mid C_1)$。

在训练时，算法从训练数据中学习每个类别各个特征的 (条件) 均值和方差，用于计算每个特征在该类别下的概率密度函数，即**似然概率** (likelihood)。

大家如果对上述内容有疑惑的话，请参考《统计至简》第18、19章。

当有新的未标记样本输入时，算法将计算该样本在每个类别下的条件概率 (后验概率)，并选择具有最高概率的类别作为预测结果。

高斯朴素贝叶斯分类算法的优点是简单快速、易于实现和适用于高维数据。而且它还能够处理连续型数据，因为它假设了数据分布是高斯分布。

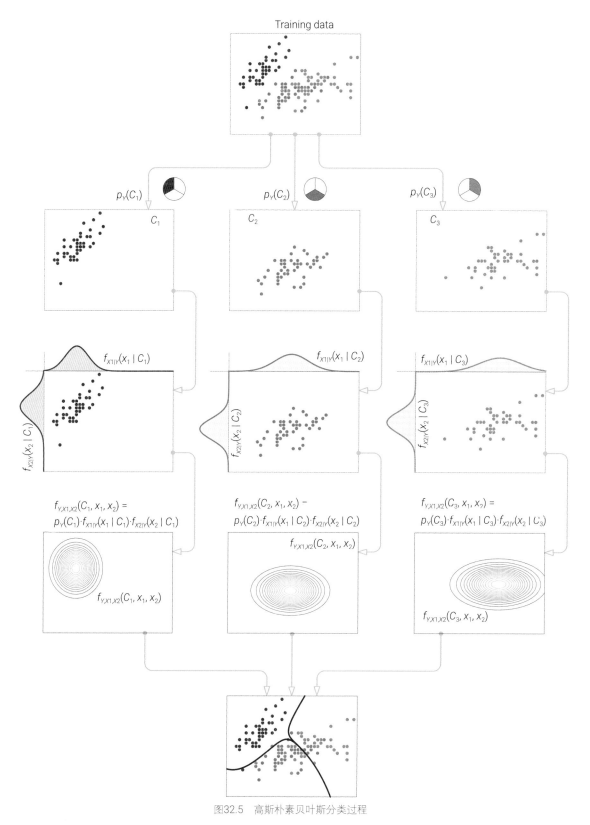

图32.5　高斯朴素贝叶斯分类过程

图32.6所示为利用高斯朴素贝叶斯分类算法获得的决策边界。

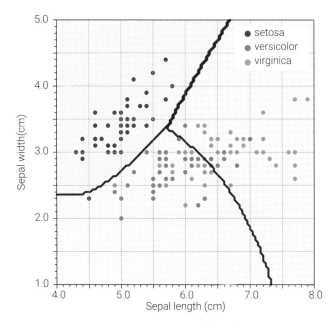

图32.6 根据花萼长度、花萼宽度，用高斯朴素贝叶斯算法确定决策边界 | ⊕ Bk1_Ch32_02.ipynb

代码32.2所示为高斯朴素贝叶斯分类算法部分代码，请大家用代码32.2替换代码32.1对应语句。Bk1_Ch32_02.ipynb中有完整代码，请大家自行分析并逐行注释。

代码32.2　用高斯朴素贝叶斯算法确定决策边界（部分代码）| ⊕ Bk1_Ch32_02.ipynb

```
a  from sklearn.naive_bayes import GaussianNB
   # 创建高斯朴素贝叶斯分类器对象
b  gnb = GaussianNB()
   # 用训练数据训练 kNN
   gnb.fit(X, y)
   # 用高斯朴素贝叶斯分类器对一系列查询点进行预测
   y_predict = gnb.predict (q)
```

32.4 支持向量机：间隔最大化

图32.7所示为**支持向量机** (Support Vector Machine，SVM) 核心思路。

如图32.7所示，一片湖面左右散布着蓝色 ● 和红色 ● 礁石，游戏规则是，皮划艇以直线路径穿越水道，保证船身恰好紧贴礁石。寻找一条路径，让该路径通过的皮划艇宽度最大。很明显，图32.7 (b) 中规划的路径好于图32.7 (a)。

图32.7 (b) 中加黑圈 ○ 的五个点，就是所谓的**支持向量** (support vector)。

图32.7中深蓝色线，便是决策边界，也称**分离超平面** (separating hyperplane)。特别提醒大家注意一点，加黑圈 ○ 支持向量确定决策边界位置；但是，其他数据并没有起到任何作用。因此，SVM对于数据特征数量远高于数据样本量的情况也有效。

图32.7中两条虚线之间宽度叫作**间隔** (margin)。支持向量机的优化目标为间隔最大化。

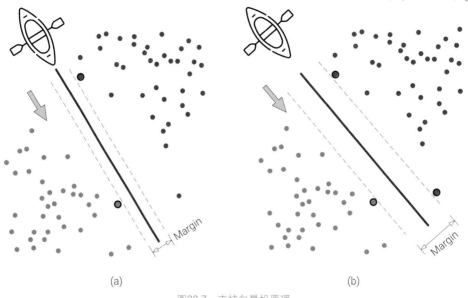

图32.7 支持向量机原理

　　从数据角度，图32.7中两类数据用一条直线便可以分割开来，这种数据叫作**线性可分** (linearly separable)。线性可分问题采用**硬间隔** (hard margin)；用大白话来说，硬间隔指的是，间隔内没有数据点。

　　实践中，并不是所有数据都是线性可分。多数时候，数据**线性不可分** (non-linearly separable)。如图32.8所示，不能找到一条直线将蓝色 ● 和红色 ● 数据分离。

　　对于线性不可分问题，就要引入两种方法——**软间隔** (soft margin) 和**核技巧** (kernel trick)。

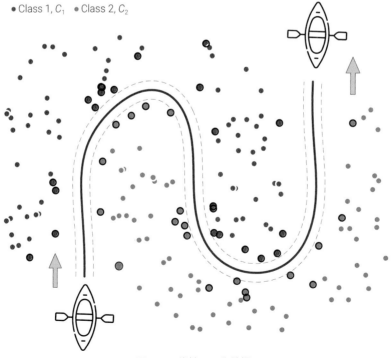

图32.8　线性不可分数据

用大白话来说，软间隔相当于一个**缓冲区** (buffer zone)，如图32.9所示。软间隔存在，且用决策边界分离数据时，有数据点侵入间隔，甚至超越间隔带。

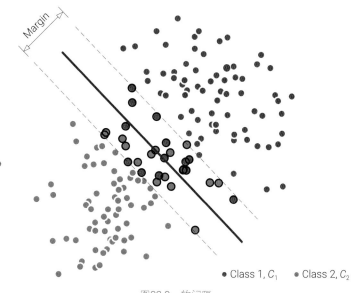

图32.9　软间隔

图32.10所示为用支持向量机确定的决策边界。

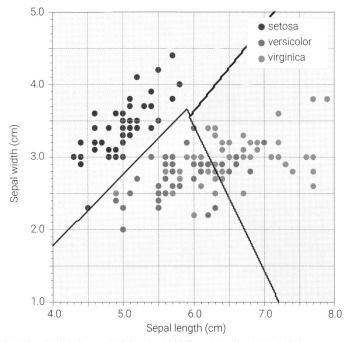

图32.10　根据花萼长度、花萼宽度，用支持向量机 (线性核，默认) 算法确定决策边界 | ⊕ Bk1_Ch32_03.ipynb

代码32.3为支持向量机 (线性核) 算法部分代码，请大家用代码32.3替换代码32.1对应语句。

线性核 (linear kernel) 是SVM中最简单的核函数之一。它适用于处理线性可分的数据集，即可以通过一个直线 (在二维空间中) 或一个超平面 (在高维空间中) 将不同类别的样本点分开。

ⓐ
```
from sklearn import svm
# 创建支持向量机 (线性核) 分类器对象
```
ⓑ
```
SVM = svm.SVC (kernel ='linear')
# 用训练数据训练 kNN
SVM.fit (X, y)
# 用支持向量机(线性核)分类器对一系列查询点进行预测
y_predict = SVM.predict (q)
```

32.5 核技巧：数据映射到高维空间

核技巧 (kernel trick) 将数据映射到高维特征空间，相当于数据升维。如图32.11所示，样本数据有两个特征，可以用平面可视化数据点位置。但是，很明显图32.11给出的原始数据线性不可分。

此时采用核技巧，将图32.11二维数据，投射到三维核曲面上；很明显，在这个高维特征空间，容易找到某个水平面，将蓝色 ● 和红色 ● 数据分离。利用核技巧，使分离线性不可分数据变得更容易。通常，采用支持向量机解决线性不可分问题，需要并用软间隔和核技巧。如图32.12所示，SVM分类环形数据时，采用了核技巧配合软间隔的方法。

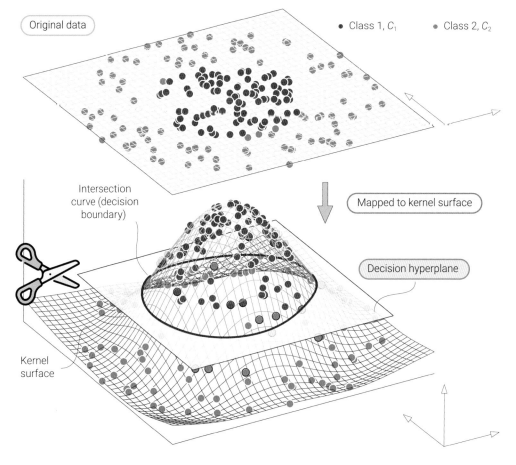

图32.11　核技巧原理

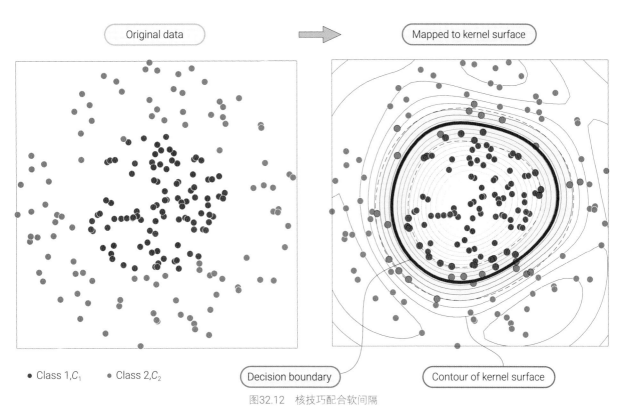

Original data   →   Mapped to kernel surface

● Class 1,C_1 ● Class 2,C_2

Decision boundary   Contour of kernel surface

图32.12 核技巧配合软间隔

代码32.4采用高斯核完成支持向量机算法并确定决策边界，请大家自行分析。通过代码32.4绘制的图如图32.13所示。

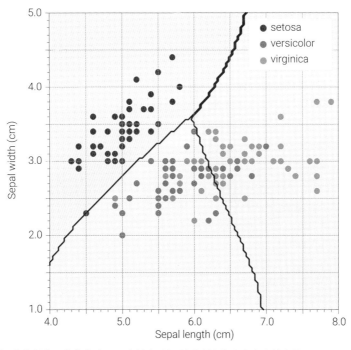

图32.13 根据花萼长度、花萼宽度，用支持向量机 (高斯核) 算法确定决策边界 | ⊕ Bk1_Ch32_04.ipynb

高斯核，也称为**径向基核** (radial basis function kernel)，是SVM中常用的非线性核函数。它能够将数据映射到无穷维的特征空间，从而在低维空间中不可分的数据变得线性可分。

ⓐ
```
from sklearn import svm
# 创建支持向量机 (高斯核) 分类器对象
```
ⓑ
```
SVM = svm.SVC (kernel = 'rbf', gamma = 'auto')
# 用训练数据训练kNN
SVM.fit (X, y)
# 用支持向量机 (线性核) 分类器对一系列查询点进行预测
y_predict = SVM.predict (q)
```

请大家完成以下题目。

Q1. 修改代码32.1，调整 k NN近邻数量，比如说尝试6、7、8、9等，然后说明 k NN近邻数量对决策边界的影响。

Q2. 使用代码32.4中的高斯核支持向量机时，请调整参数gamma的取值，并观察gamma大小对决策边界影响。

*题目很基础，本书不给答案。

本章几乎在"零公式"的条件下，向大家介绍了机器学习中三个特别重要的分类方法——k 最近邻、高斯朴素贝叶斯分类、支持向量机。

简单来说，k 最近邻分类的核心思想就是"近朱者赤，近墨者黑"，小范围投票，少数服从多数。本章在利用 k 最近邻完成分类时，用的距离是默认的欧氏距离。"鸢尾花书"中，会不断地给大家介绍各种各样其他形式的距离，以及它们背后的数学原理。

高斯朴素贝叶斯分类提到了两个重要人名——高斯、贝叶斯。在《统计至简》中，高斯和贝叶斯是最重要的两个人物。这本书中，我们会用多元高斯分布帮助大家"升维"，用贝叶斯定理完成分类和推断。本章介绍的高斯朴素贝叶斯分类算法则是两者的完美合体。

支持向量机的原理也很简单——间隔最大化。支持向量机算法背后主要数学工具都在《矩阵力量》一册中。在介绍支持向量机时，我们还聊了聊核技巧。核技巧是一种通过将数据映射到高维特征空间来处理非线性问题的方法，也离不开线性代数工具。

33 Clustering Methods in Scikit-Learn
Scikit-Learn 聚类
K 均值聚类、四种高斯混合GMM聚类

只有想象力无界的人，方能开创不可能的事。
Those who can imagine anything, can create the impossible.
—— 艾伦·图灵 (Alan Turing) | 英国计算机科学家、数学家，人工智能之父 | 1912—1954年

◀ `matplotlib.patches.Ellipse()` 创建并绘制椭圆形状的图形对象
◀ `matplotlib.pyplot.quiver()` 绘制向量箭头
◀ `numpy.arctan2()` 计算反正切，返回弧度值
◀ `numpy.linalg.svd()` 完成奇异值分解
◀ `numpy.sqrt()` 计算平方根
◀ `sklearn.cluster.KMeans()` 执行 *K* 均值聚类算法，将数据点划分成预定数量的簇
◀ `sklearn.mixture.GaussianMixture()` 用于拟合高斯混合模型，以对数据进行聚类和概率密度估计

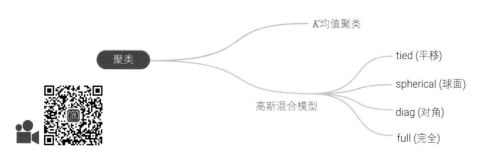

33.1 聚类

本书前文介绍过，**聚类** (clustering) 是**无监督学习** (unsupervised learning) 中的一类问题。

聚类是指将数据集中的样本按照某种相似性指标进行分组的过程。常用的聚类算法包括K均值聚类、高斯混合模型、层次聚类、密度聚类、谱聚类等。

如图33.1所示，删除鸢尾花数据集的标签，即target，仅仅根据鸢尾花**花萼长度** (sepal length)、**花萼宽度** (sepal width) 这两个特征上样本数据分布情况，我们可以将数据分成两**簇** (clusters)。

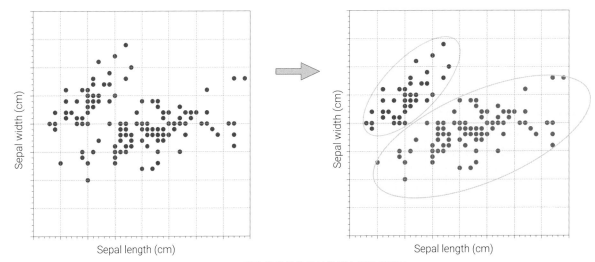

图33.1　用删除标签的鸢尾花数据介绍聚类算法

在机器学习中，决定将数据分成多少个簇是一个重要且有挑战性的问题，通常称为聚类数目的选择或者簇数选择。不同的聚类算法可能需要不同的方法来确定合适的聚类数目。本章后文在介绍具体算法时，会介绍如何选择合适的簇数。

大家在使用Scikit-Learn聚类算法时，会发现有些算法有predict() 方法。

也就是说，已经训练好的模型，有可能将全新的数据点分配到确定的簇中，如图33.2所示。有这种功能的聚类算法叫作**归纳聚类** (inductive clustering)。

本章后文要介绍的K均值聚类、高斯混合模型都属于归纳聚类。如图33.2所示，归纳聚类算法也有决策边界。这就意味着归纳聚类模型具有一定的泛化能力，可以推广到新的、之前未见过的数据。

不具备这种能力的聚类算法叫作**非归纳聚类** (non-inductive clustering)。

非归纳聚类只能对训练数据进行聚类，而不能将新数据点添加到已有的模型中进行预测。这意味着模型在训练时只能学习训练数据的模式，无法对新数据点进行簇分配。比如，层次聚类、DBSCAN聚类都是非归纳聚类。

《机器学习》专门介绍这些聚类方法。

归纳聚类强调模型的泛化能力，可以适应新数据，而非归纳聚类则更侧重于建模训练数据内部的结构。

下面我们就用最通俗的语言，也是以几乎没有数学公式的方式，介绍几种常用聚类算法。

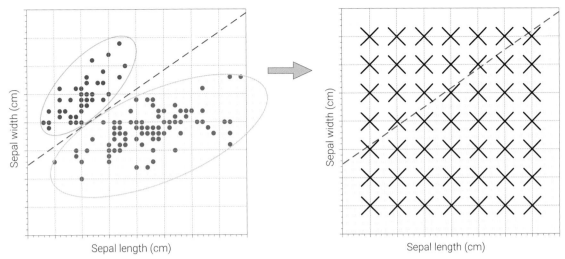

图33.2 归纳聚类算法

33.2 K均值聚类

K均值算法 (K-Means) 将样本分为 K 个簇，使得每个数据点与其所属簇的中心，也叫**质心** (centroid)，之间的距离最小化。一般情况下，每个簇的中心点是该簇中所有样本点的均值。

图33.3以二聚类为例，展示K均值聚类的操作流程。首先从样本中随机选取2个数据作为均值向量 (质心) μ_1和μ_2的初始值，然后进入以下迭代循环。

① 计算每一个样本点分别到均值向量μ_1和μ_2的距离。

② 比较每个样本到μ_1和μ_2距离，确定簇的划分。

③ 根据当前簇，重新计算并更新均值向量μ_1和μ_2。

直到均值向量μ_1和μ_2满足迭代停止条件，得到最终的簇划分时，停止循环。

图33.4所示为利用K均值算法根据鸢尾花花萼长度、花萼宽度特征划分为2和3簇的两种情况。

根据前文介绍的内容，我们知道K均值算法为归纳聚类算法；因此，K均值算法可以用训练好的模型预测其他新样本数据的聚类，从而获得聚类决策边界，如图33.4所示。

容易发现K均值聚类算法决策边界为直线段。图33.4中的"×"为K均值算法的簇质心。

我们可以通过代码33.1绘制图33.4，下面讲解其中关键语句。

ⓐ从sklearn.cluster模块导入K均值算法对象KMeans。请大家注意变量大小写。

ⓑ加载经典鸢尾花数据集。在聚类算法中，我们仅仅用到鸢尾花的**特征数据** (feature data)，不会用到**标签** (target data)。

ⓒ提取鸢尾花数据中的前两个特征 (花萼长度、花萼宽度) 数据。

ⓓ利用matplotlib.colors.ListedColormap创建离散颜色映射，以在图表中对不同的离散值进行颜色编码。颜色映射在本例中可视化鸢尾花聚类区域。

ⓔ实例化了一个KMeans对象，并指定了要进行的聚类数目。参数n_clusters 就是用来指定K均值聚类算法 K 的值，即希望将数据划分成多少个簇。

ⓕ执行了 KMeans 聚类算法，拟合模型并预测数据点所属的簇标签。fit_predict(X) 同时**拟合** (fit) 数据并**预测** (predict) 数据点所属的簇标签。

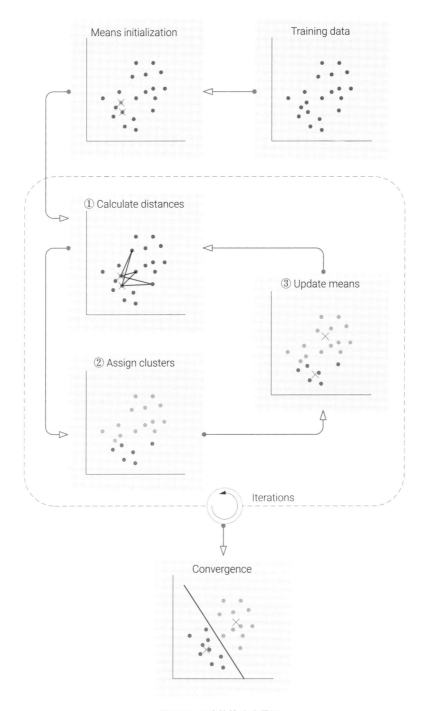

图33.3 *K*均值算法流程图

大家也可以用fit(X).predict(X) 来分两步执行。其中，X 是一个二维数组，表示输入的数据，每行代表一个数据样本，每列代表一个特征。请大家自行查看返回结果。

g利用训练好的KMeans模型对全新的数据进行聚类预测。**h**调整数组形状，用于后续可视化。**i**用填充等高线可视化聚类区域。**j**用等高线可视化聚类决策边界。**k**获取 KMeans 聚类算法拟合后得到的聚类质心的坐标。**l**用散点可视化聚类质心。

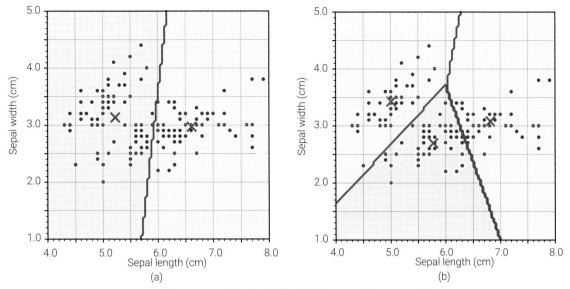

图33.4　K均值聚类确定决策边界，簇数分别为2、3 | ⊕ Bk1_Ch33_01.ipynb

代码33.1　根据花萼长度、花萼宽度，用K均值聚类算法确定聚类决策边界 | ⊕ Bk1_Ch33_01.ipynb　　○○○ ○

```
   from sklearn import datasets
ⓐ from sklearn.cluster import KMeans
   import matplotlib.pyplot as plt
   import numpy as np
   from matplotlib.colors import ListedColormap

   # 导入并整理数据
ⓑ iris = datasets.load_iris()
ⓒ X = iris.data[:, :2]

   # 生成网格化数据
   x1_array = np.linspace(4,8,101)
   x2_array = np.linspace(1,5,101)
   xx1, xx2 = np.meshgrid(x1_array,x2_array)
   # 创建色谱
   rgb = [[255, 238, 255],
          [219, 238, 244],
          [228, 228, 228]]
   rgb = np.array(rgb)/255.
ⓓ cmap_light = ListedColormap(rgb)

   # 采用KMeans聚类
ⓔ kmeans = KMeans(n_clusters=2)
ⓕ cluster_labels = kmeans.fit_predict(X)

   # 预测聚类
ⓖ Z = kmeans.predict(np.c_[xx1.ravel(), xx2.ravel()])
ⓗ Z = Z.reshape(xx1.shape)

   fig, ax = plt.subplots()

ⓘ ax.contourf(xx1, xx2, Z, cmap = cmap_light)
   ax.scatter(x = X[:, 0], y = X[:, 1],
              color = np.array([0, 68, 138])/255.,
              alpha = 1.0,
              linewidth = 1, edgecolor = [1,1,1])
```

```
    levels = np.unique(Z).tolist();
ⓙ  ax.contour(xx1, xx2, Z, levels = levels,colors = 'r')
ⓚ  centroids = kmeans.cluster_centers_
ⓛ  ax.scatter(centroids[:, 0], centroids[:, 1],
                marker = "x", s = 100, linewidths = 1.5,
                color = "r")

    ax.set_xlim(4, 8); ax.set_ylim(1, 5)
    ax.set_xlabel(iris.feature_names[0])
    ax.set_ylabel(iris.feature_names[1])
    ax.grid(linestyle = '--', linewidth = 0.25,
            color = [0.5,0.5,0.5])
    ax.set_aspect('equal', adjustable = 'box')
```

33.3 高斯混合模型

高斯混合模型 (Gaussian Mixture Model，GMM) 将样本分为多个高斯分布，每个高斯分布对应一个簇。与*K*均值聚类不同，GMM 不仅能够将数据点分配到不同的簇，还可以为每个簇分配一个概率值，表明数据点属于该簇的可能性。如图33.5所示，多元高斯分布中，协方差矩阵决定高斯分布的形状。

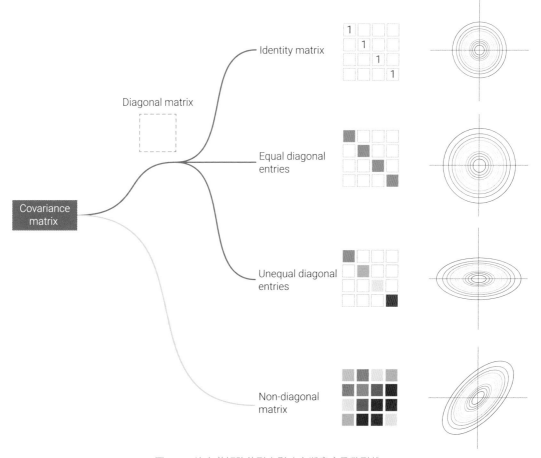

图33.5　协方差矩阵的形态影响高斯密度函数形状

如表33.1所示，Scikit-Learn工具包中sklearn.mixture高斯混合模型支持4种协方差矩阵——tied (平移)、spherical (球面)、diag (对角)、full (完全)。

表33.1　根据协方差矩阵特点将高斯混合模型分为4类

参数设置	Σ_j	Σ_j特点	多元高斯分布PDF等高线	决策边界
tied	相同	非对角矩阵	任意椭圆	直线
spherical		对角矩阵，对角线元素等值	正圆	正圆
diag	不相同	对角矩阵	正椭圆	正圆锥曲线
full		非对角矩阵	任意椭圆	圆锥曲线

tied指的是，所有分量共享一个非对角协方差矩阵Σ。每个簇对应的多元高斯分布等高线为大小相等的旋转椭圆。tied对应的决策边界为直线。

spherical指的是，每个分量协方差矩阵Σ_j (j = 1,2, ⋯, K) 不同，但是每个分量Σ_j均为对角矩阵；且Σ_j对角元素相同，即特征方差相同。每个簇对应的多元高斯分布等高线为正圆。spherical对应的决策边界为圆形弧线。

diag指每个分量有各自独立的对角协方差矩阵，也就是Σ_j为对角矩阵，特征条件独立；但是对Σ_j对角线元素大小不做限制。每个簇对应的多元高斯分布等高线为正椭圆，diag对应的决策边界为正圆锥曲线。

full指每个分量有各自独立的协方差矩阵，即对Σ_j不做任何限制。full对应的决策边界为任意圆锥曲线。

和K均值聚类算法一样，GMM也需要指定K值；GMM也是利用迭代求解优化问题。不同的是，GMM利用协方差矩阵，可以估计后验概率/成员值。前文提过，GMM的协方差矩阵有4种类型，每种类型对应不同假设，获得不同决策边界类型。

K均值聚类可以看作是GMM的一个特例，如图33.6所示。K均值聚类对应的GMM特点是，各簇协方差矩阵Σ_j相同，Σ_j为对角矩阵，并且Σ_j主对角线元素相等。

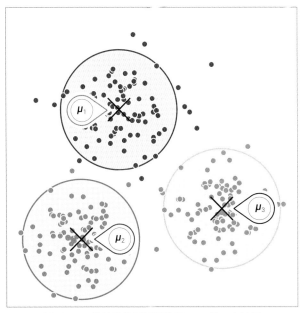

图33.6　K均值聚类可以看作是GMM的一个特例

图33.7 ~ 图33.10所示为利用GMM聚类鸢尾花数据。这四幅图采用4种不同的协方差矩阵完成GMM聚类。大家可以通过比较这四幅图的椭圆形状理解表33.1。

代码33.2定义的可视化函数绘制了这四幅图中的椭圆和向量。代码33.3完成了GMM聚类，这段代码调用了代码33.2的可视化函数。下面让我们讲解这两段代码。

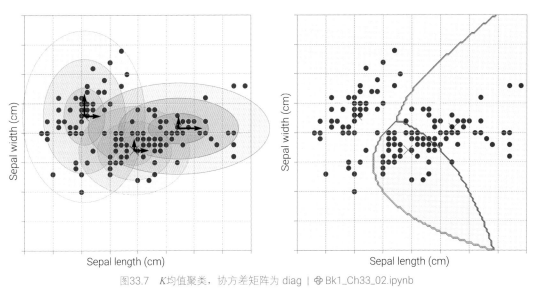

图33.7　K均值聚类，协方差矩阵为 diag | ⊕ Bk1_Ch33_02.ipynb

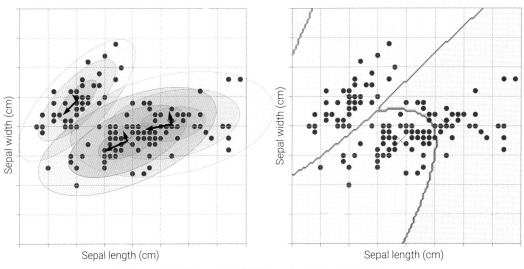

图33.8　K均值聚类，协方差矩阵为 full | ⊕ Bk1_Ch33_02.ipynb

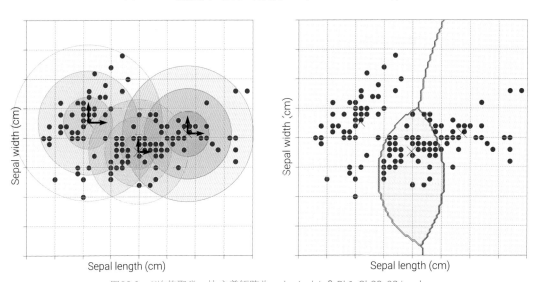

图33.9　K均值聚类，协方差矩阵为 spherical | ⊕ Bk1_Ch33_02.ipynb

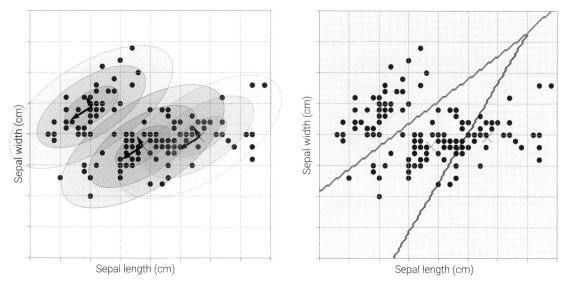

图33.10　*K*均值聚类，协方差矩阵为 tied | ⊕ Bk1_Ch33_02.ipynb

让我们首先看看代码33.2中自定义可视化函数。

ⓐ从matplotlib.patches导入Ellipse类，Ellipse用来绘制椭圆形状。

前文提过，GMM可以有不同的协方差类型，包括 full、tied、diag 和 spherical，它们分别表示完整协方差矩阵、共享协方差矩阵、对角协方差矩阵和球状协方差矩阵。

ⓑ这个条件判断语句检查GMM对象的协方差类型是否为 full。根据技术文档，这种情况下，协方差矩阵形状为 (n_components, n_features, n_features)，三维NumPy数组。

其中，axis = 0对应的是不同簇。也就是说，不同簇协方差矩阵不同，如图33.10所示。gmm.covariances_[j] 提取的是不同簇的协方差矩阵，结果为二维NumPy数组。

ⓒ判断GMM对象的协方差类型是否为 tied。根据技术文档，这种情况下，协方差矩阵形状为 (n_features, n_features)，二维NumPy数组。这意味着不同簇的协方差矩阵完全相同，如图33.7所示。

ⓓ判断GMM对象的协方差类型是否为 diag。根据技术文档，这种情况下，协方差矩阵形状为 (n_components, n_features)，二维NumPy数组。其中，axis = 0对应的是不同簇，axis = 1对应的是不同特征的方差。

也就是说，从GMM对象的 gmm.covariances_[j] 属性中获取第 j 个分量的协方差矩阵，结果为一维数组；然后，使用 np.diag() 函数将其转换为对角矩阵形式，结果为二维数组，如图33.9所示。

ⓔ判断GMM对象的协方差类型是否为 spherical。根据技术文档，这种情况下，协方差矩阵形状为 (n_components,)，一维NumPy数组。

其中，axis = 0对应不同簇。也就是说，将单位矩阵的每个维度上的方差都乘以相应的协方差值，从而形成一个球状的协方差矩阵，如图33.8所示。

ⓕ实际上用奇异值函数numpy.linalg.svd() 完成的是协方差矩阵的特征值分解。这个矩阵分解，可以帮我们了解一个旋转椭圆的半长轴、半短轴的长度，以及椭圆的旋转角度。《矩阵力量》将具体讲解数学工具背后的原理。

ⓖ计算椭圆长轴、短轴的长度。

ⓗ计算椭圆旋转角度弧度。

ⓘ绘制GMM每个簇的质心。

ⓙ使用 Matplotlib 的 quiver() 函数来在二维图中绘制箭头，用来表示椭圆长轴方向 (矩阵***U***的第1列)。

ⓚ绘制椭圆短轴方向 (矩阵***U***的第2列)。

❶建了一个椭圆对象，指定了椭圆的中心坐标、长轴宽度、短轴宽度、旋转角度、边缘颜色和填充颜色。然后，我们使用 ax.add_artist() 将椭圆添加到图中。

代码33.2　定义可视化函数 | ⊕ Bk1_Ch33_02.ipynb ○○○

```python
from matplotlib.patches import Ellipse
# 定义可视化函数
def make_ellipses(gmm, ax):

    # 可视化不同簇
    for j in range(0,K):
        # 四种不同的协方差矩阵
        if gmm.covariance_type == 'full':
            covariances = gmm.covariances_[j]
        elif gmm.covariance_type == 'tied':
            covariances = gmm.covariances_
        elif gmm.covariance_type == 'diag':
            covariances = np.diag(gmm.covariances_[j])
        elif gmm.covariance_type == 'spherical':
            covariances = np.eye(gmm.means_.shape[1])
            covariances = covariances*gmm.covariances_[j]

        # 用奇异值分解完成特征值分解
        U, S, V_T = np.linalg.svd(covariances)
        # 计算长轴、短轴长度
        major, minor = 2 * np.sqrt(S)

        # 计算椭圆长轴旋转角度
        angle = np.arctan2(U[1,0], U[0,0])
        angle = 180 * angle / np.pi

        # 多元高斯分布中心
        ax.plot(gmm.means_[j, 0],gmm.means_[j, 1],
                color = 'k',marker = 'x',markersize = 10)

        # 绘制半长轴向量
        ax.quiver(gmm.means_[j,0],gmm.means_[j,1],
                U[0,0], U[1,0], scale = 5/major)

        # 绘制半短轴向量
        ax.quiver(gmm.means_[j,0],gmm.means_[j,1],
                U[0,1], U[1,1], scale = 5/minor)

        # 绘制椭圆
        for scale in np.array([3, 2, 1]):

            ell = Ellipse(gmm.means_[j, :2],
                        scale*major,
                        scale*minor,
                        angle,
                        color = rgb[j,:],
                        alpha = 0.18)
        ax.add_artist(ell)
```

代码33.3和代码33.1比较类似。这部分代码请大家自行学习。

此外，表33.2总结了sklearn.mixture.GaussianMixture() 函数协方差数据样式，请大家参考。

```python
import matplotlib.pyplot as plt
from matplotlib.colors import ListedColormap
import numpy as np
from sklearn import datasets
from sklearn.mixture import GaussianMixture
# 创建色谱
rgb = [[255, 51, 0],
       [0, 153, 255],
       [138,138,138]]
rgb = np.array(rgb)/255.
cmap_bold = ListedColormap(rgb)

# 生成网格化数据
x1_array = np.linspace(4,8,101)
x2_array = np.linspace(1,5,101)
xx1, xx2 = np.meshgrid(x1_array,x2_array)

# 鸢尾花数据
iris = datasets.load_iris(); X = iris.data[:, :2]

K = 3 # 簇数
# 协方差类型
covariance_types = ['tied', 'spherical', 'diag', 'full']

for covariance_type in covariance_types:
    # 采用GMM聚类
    gmm = GaussianMixture(n_components = K,
                          covariance_type = covariance_type)
    gmm.fit(X)
    Z = gmm.predict(np.c_[xx1.ravel(), xx2.ravel()])
    Z = Z.reshape(xx1.shape)
    # 可视化
    fig = plt.figure(figsize = (10,5))
    ax = fig.add_subplot(1,2,1)
    ax.scatter(x = X[:, 0], y = X[:, 1],
               color = np.array([0, 68, 138])/255.,
               alpha = 1.0,
               linewidth = 1, edgecolor = [1,1,1])
    # 绘制椭圆和向量
    make_ellipses(gmm, ax)
    ax.set_xlim(4, 8); ax.set_ylim(1, 5)
    ax.set_xlabel(iris.feature_names[0])
    ax.set_ylabel(iris.feature_names[1])
    ax.grid(linestyle = '--', linewidth = 0.25,
            color = [0.5,0.5,0.5])
    ax.set_aspect('equal', adjustable = 'box')

    ax = fig.add_subplot(1,2,2)
    ax.contourf(xx1, xx2, Z, cmap = cmap_bold, alpha = 0.18)
    ax.contour(xx1, xx2, Z, levels = [0,1,2],
               colors = np.array([0, 68, 138])/255.)
    ax.scatter(x = X[:, 0], y = X[:, 1],
               color = np.array([0, 68, 138])/255.,
               alpha = 1.0,
               linewidth = 1, edgecolor = [1,1,1])
    centroids = gmm.means_
    ax.scatter(centroids[:, 0], centroids[:, 1],
               marker = "x", s = 100, linewidths = 1.5,
               color = "k")
    ax.set_xlim(4, 8); ax.set_ylim(1, 5)
    ax.set_xlabel(iris.feature_names[0])
    ax.set_ylabel(iris.feature_names[1])
    ax.grid(linestyle =' --', linewidth = 0.25,
            color =[0.5,0.5,0.5])
    ax.set_aspect('equal', adjustable = 'box')
```

表33.2 sklearn.mixture.GaussianMixture() 函数协方差数据样式

协方差类型	数据形状	可视化协方差矩阵
spherical	(n_components,) 一维数组，簇协方差矩阵为对角矩阵，且每个簇本身的对角元素相同 n_components代表簇维度	
tied	(n_features, n_features) 二维数组，完整协方差矩阵 不同簇共享一个协方差矩阵 n_features代表特征维度	
diag	(n_components, n_features) 二维数组，簇协方差矩阵为对角矩阵	
full	(n_components, n_features, n_features) 三维数组，协方差矩阵没有限制	

请大家完成以下题目。

Q1. 修改代码33.1，用鸢尾花花瓣长度、花瓣宽度作为K均值聚类算法的输入特征，重新完成可视化。

Q2. 修改代码33.2和代码33.3，用鸢尾花花瓣长度、花瓣宽度作为GMM聚类算法的输入特征，重新完成可视化。

* 题目很基础，本书不给答案。

本章是这一板块的最后一章。学完这个板块，大家可能已经发现——几何无处不在。比如，本章介绍的K均值聚类实际上和几何中的中垂线密切相关。而GMM算法中不同协方差矩阵设置又和椭圆密切相关。

在"鸢尾花书"中，几何视角是帮助我们理解各种数学工具、逻辑算法的重要工具，请大家格外重视。

下一章进入本书的收官板块，我们将用Streamlit制作应用App，来总结加强本书所学内容。

## 08

Section 08

应　用

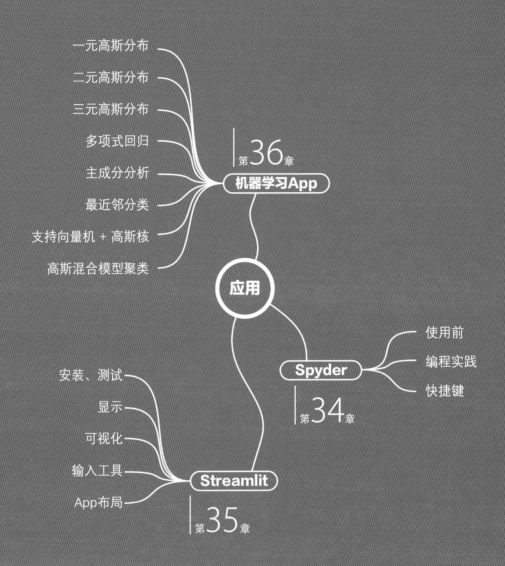

一元高斯分布

二元高斯分布

三元高斯分布

多项式回归

主成分分析

最近邻分类

支持向量机 + 高斯核

高斯混合模型聚类

第36章 机器学习App

应用

使用前

编程实践

快捷键

Spyder

第34章

安装、测试

显示

可视化

输入工具

App布局

Streamlit

第35章

学习地图 第8板块

34 Know a Bit about Spyder
了解一下Spyder
下一章学习使用Streamlit时会用到的IDE

舍得浪费一小时的人，绝没发现生命的价值。

A man who dares to waste one hour of time has not discovered the value of life.

—— 查尔斯·达尔文 (Charles Darwin) | 英国博物学家、地质学家和生物学家 | 1809—1882年

◀ `ax.plot_wireframe()` 用于在三维子图ax上绘制网格
◀ `fig.add_subplot(projection='3d')` 用于在图形对象fig上添加一个三维子图
◀ `matplotlib.pyplot.figure()` 用于创建一个新的图形窗口或画布，用于绘制各种数据可视化图表
◀ `matplotlib.pyplot.grid()` 在当前图表中添加网格线
◀ `matplotlib.pyplot.plot()` 绘制折线图
◀ `matplotlib.pyplot.scatter()` 绘制散点图
◀ `matplotlib.pyplot.subplot()` 用于在一个图表中创建一个子图，并指定子图的位置或排列方式
◀ `matplotlib.pyplot.subplots()` 创建一个包含多个子图的图表，返回一个包含图表对象和子图对象的元组
◀ `matplotlib.pyplot.xlabel()` 设置当前图表x轴的标签，等价`ax.set_xlabel()`
◀ `matplotlib.pyplot.xlim()` 设置当前图表x轴显示范围，等价`ax.set_xlim()` 或 `ax.set_xbound()`
◀ `matplotlib.pyplot.xticks()` 设置当前图表x轴刻度位置，等价`ax.set_xticks()`
◀ `matplotlib.pyplot.ylabel()` 设置当前图表y轴的标签，等价`ax.set_ylabel()`
◀ `matplotlib.pyplot.ylim()` 设置当前图表y轴显示范围，等价`ax.set_ylim()` 或 `ax.set_ybound()`
◀ `matplotlib.pyplot.yticks()` 设置当前图表y轴刻度位置，等价`ax.set_yticks()`
◀ `numpy.arange()` 生成一个包含给定范围内等间隔的数值的数组
◀ `numpy.linspace()` 生成在指定范围内均匀间隔的数值，并返回一个数组
◀ `numpy.meshgrid()` 用于生成多维网格化数据
◀ `seaborn.scatterplot()` 绘制散点图

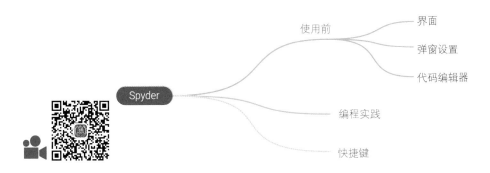

使用前 ── 界面
       ── 弹窗设置
       ── 代码编辑器

Spyder

编程实践

快捷键

34.1 什么是Spyder?

Spyder是一个免费的、开源的科学计算集成开发环境 (IDE)，旨在为Python编程语言提供高效的开发环境。Spyder提供了许多实用的功能，如代码编辑器、变量查看器、调试器、文件浏览器和交互式控制台等。

Spyder支持许多流行的Python库和框架，如NumPy、SciPy、Pandas和Matplotlib等，进而可以帮助开发人员更轻松地进行科学计算和数据分析。

Spyder的界面设计上参考了 MATLAB，比如变量查看器模仿了 MATLAB 中"工作空间"的功能。熟悉 MATLAB 的读者，很快就能上手 Spyder。Spyder是许多科学家、研究人员和数据分析师的首选开发环境之一。

对于开发者，建议使用PyCharm，本书不展开介绍。

什么是PyCharm?

PyCharm是一个由JetBrains开发的集成开发环境（IDE），专门为Python编程语言而设计。它是一个商业产品，但也提供了免费的社区版。PyCharm提供了许多功能，如代码编辑器、调试器、自动代码补全、版本控制系统集成、代码重构和代码质量分析工具等。它还支持许多流行的Python库和框架，如NumPy、SciPy、Pandas、Django和Flask等，可以帮助开发人员更轻松地进行Web开发、数据科学和机器学习等任务。PyCharm还提供了许多高级功能，如Jupyter Notebook集成、代码自动格式化、代码片段管理、可视化调试器、远程开发等。这些功能使得PyCharm成为许多Python开发人员的首选工具之一。

界面

安装Anaconda后，Spyder就已经安装好了。打开Spyder后，其界面如图34.1所示，主要包括：①工具栏，②当前文件路径，③Python代码编辑器，④变量显示区，⑤交互界面。

按快捷键 Ctrl + N 可以在③创建一个新代码文件。

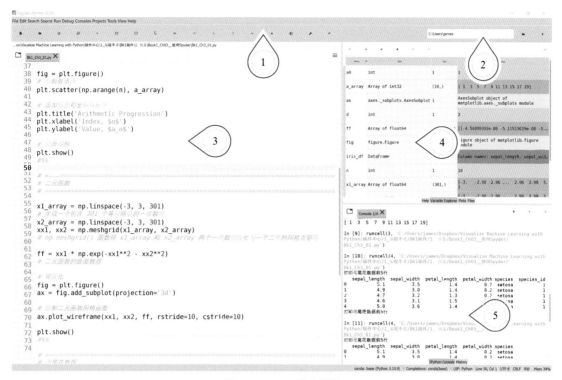

图34.1 Spyder默认界面

工具栏 ① 里包含了众多代码调试工具。代码的编写和修改则显示在Python代码编辑器②中，而交互界面⑤用于显示代码的运行结果和生成的图片。

在变量显示区④可以查看当前变量的名称、占用空间和值。若用户习惯了使用MATLAB，还可以通过设置View → Windows layouts → MATLAB layout，使得Spyder的界面接近MATLAB的界面。

弹窗方式显示图片

如果代码运行结果是以图片的方式显示，Spyder默认显示方式是嵌入在**控制台** (console) 中。若用户希望以弹窗的方式来显示图片，则可通过以下操作进行切换。

如图34.2所示，依次单击菜单栏中的Tools → Preferences → IPython console → Graphics → Graphics backend → Automatic。Automatic对应的是以弹窗方式显示图片，Inline对应的是图片在控制台中显示。完成设置后，读者需要重新打开Spyder才能使新设置生效。

> ⚠️ 按快捷键 Ctrl + Alt + Shift + P 打开图34.2。

图34.2 调整显示图片的方式

图34.3展示以弹窗方式显示图片。

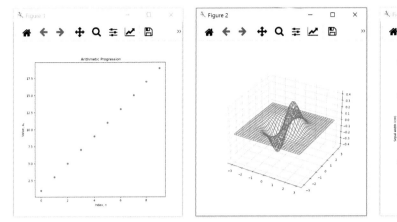

图34.3　Spyder中以弹窗的方式显示图片

图34.4所示为Spyder图片弹窗的几个操作。其中，①可以用来拖拽二维图像，或旋转三维图像；②可以用来放大图像。紧随其后的两个按钮分别打开图片边距、图片轴等设置。最后一个按钮可以用来手动保存图片，图片保存格式有很多选择。

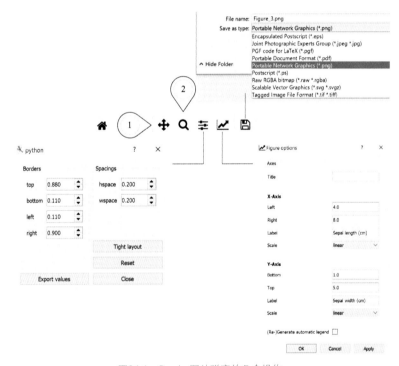

图34.4　Spyder图片弹窗的几个操作

本书前文提过一些图片格式。简单来说，**PNG** (Portable Network Graphics) 是一种无损压缩的位图图像格式，支持透明背景。**JPG** (Joint Photographic Experts Group) 是一种有损压缩的位图图像格式，对于彩色照片效果较好，但不支持透明背景。**SVG** (Scalable Vector Graphics) 是一种基于XML的矢量图像格式，支持无损放大缩小。**PDF** (Portable Document Format)、**EPS** (Encapsulated PostScript) 也是矢量图像格式。

"鸢尾花书"中最常用的图片格式为SVG。

代码编辑器样式

Spyder中的字体样式、大小和高亮颜色均可以修改，具体的修改方式如图34.5所示。

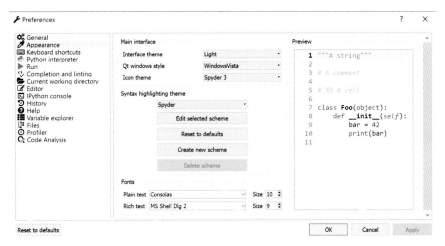

图34.5　修改Spyder中代码的字体样式 (Tools → Preferences → Appearance)

34.2 Spyder用起来

本章配套文件Bk1_Ch34_01.py核心代码如代码34.1所示。这部分代码选自本书第3章Jupyter Notebook。本书从头读到这里，相信大家已经对代码中核心语句很了解了。

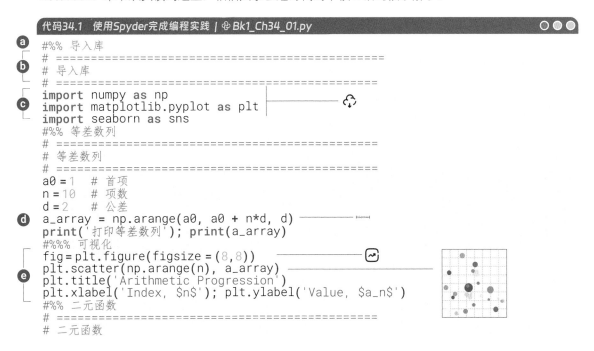

代码34.1　使用Spyder完成编程实践 | ⊕ Bk1_Ch34_01.py

```
#%% 导入库
# ==========================================
# 导入库
# ==========================================
import numpy as np
import matplotlib.pyplot as plt
import seaborn as sns
#%% 等差数列
# ==========================================
# 等差数列
# ==========================================
a0 = 1    # 首项
n = 10    # 项数
d = 2     # 公差
a_array = np.arange(a0, a0 + n*d, d)
print('打印等差数列'); print(a_array)
#%%% 可视化
fig = plt.figure(figsize = (8,8))
plt.scatter(np.arange(n), a_array)
plt.title('Arithmetic Progression')
plt.xlabel('Index, $n$'); plt.ylabel('Value, $a_n$')
#%% 二元函数
# ==========================================
# 二元函数
```

```
# ============================================
x1_array = np.linspace(-3, 3, 301)
x2_array = x1_array
xx1, xx2 = np.meshgrid(x1_array, x2_array)
ff = xx1 * np.exp(-xx1**2 - xx2**2)
#%%% 可视化
fig = plt.figure(figsize = (8,8))
ax = fig.add_subplot(projection='3d')
# 绘制二元函数网格曲面
ax.plot_wireframe(xx1, xx2, ff, rstride =10, cstride =10)
#%% 鸢尾花数据
# ============================================
# 鸢尾花数据
# ============================================
# 加载鸢尾花数据集
iris_df = sns.load_dataset('iris')
print('打印鸢尾花数据前5行'); print(iris_df.head())
#%%% 可视化
fig, ax = plt.subplots(figsize =(8,8))
ax = sns.scatterplot(data = iris_df, x = "sepal_length",
                     y = "sepal_width", hue = "species")
ax.set_xlabel('Sepal length (cm)')
ax.set_ylabel('Sepal width (cm)')
ax.set_xticks(np.arange(4, 8 + 1, step = 1))
ax.set_yticks(np.arange(1, 5 + 1, step = 1))
ax.axis('scaled')
ax.grid(linestyle = '--', linewidth = 0.25,
        color = [0.7,0.7,0.7])
ax.set_xbound(lower = 4, upper = 8)
ax.set_ybound(lower = 1, upper = 5)
```

下面简单讲解代码34.1，算是一种复习巩固。

首先请大家注意❶中 #%%。在Spyder中，#%% 是一个特殊的注释标记，#%%的作用是将代码分隔成多个单独的代码块 (cell)，以便更好地组织和运行代码。

← _____
| Ctrl + Return可以用来执行光标所在代 |
| 码块。Ctrl + Shift + O打开代码目录。 |

简单来说，在Spyder中使用#%%标记时，代码编辑器将把代码分割成以#%%为分隔符的多个片段。这使得大家可以分别运行每个代码片段，而不必运行整个脚本。这对于测试和调试代码非常有用。代码下文#%%%代表下一级代码块。

❷是用 Ctrl + 4 快捷键生成的注释代码块。

在Python中使用包或模块，通常需要先用import导入。简单来说，导入是将外部代码引入到当前代码环境中的过程，使得可以使用这些包或模块中定义的函数、类、变量等。

❸先后导入了numpy (简写为np)、matplotlib.pyplot (简写为plt)、seaborn (简写为sns)。

❹中的np.arange() 采用numpy中的arange() 函数生成等差数列，并保存在变量a_array中。a_array的数据形式叫NumPy Array。

NumPy Array是NumPy库中的主要数据结构。它是一个多维数组对象，用于存储和处理大量同类型的数据。a_array只有一维。大家可以用a_array.shape获得数组形状。

❺利用散点图可视化等差数列。利用fig = plt.figure(figsize = (8,8)) 创建一个宽8英寸、高8英寸的图形对象fig。1英寸折合约2.54cm。绘制散点图的函数为matplotlib.pyplot.scatter() (简写为plt.scatter())。利用matplotlib.pyplot.title() (简写为plt.title()) 添加图像标题，利用matplotlib.pyplot.xlabel() (简写为plt.xlabel()) 添加横轴标题，利用matplotlib.pyplot.ylabel() (简写为plt.ylabel()) 添加纵轴标题。

❻首先利用numpy.linspace() 函数在指定的区间 [-3, 3] 内生成指定数量 (301) 的等间隔数据。然后利用numpy.meshgrid() 生成网格化数据，分别保存在xx1、xx2中。xx1相当于是网格的横轴坐标，xx2是网格的纵轴坐标。xx1、xx2也都是NumPy Array，它们都是二维。

最后计算二元函数 $f(x_1, x_2) = x_1 \exp(-x_1^2 - x_2^2)$ 在网格化坐标 (xx1, xx2) 的函数值，保存在ff中。

❼利用网格面可视化二元函数。ax = fig.add_subplot(projection='3d') 在图像对象fig上创建一个三维轴对象ax。然后在三维轴对象ax上绘制三维网格图。参数rstride和cstride控制网格线的密度。

h 采用seaborn.load_dataset('iris') 加载鸢尾花数据集，赋值给变量 iris_df。鸢尾花数据集是这套"鸢尾花书"重要的分析对象。数据iris_df格式是Pandas DataFrame，叫作数据帧；大家可以把数据帧理解成有标签的表格数据。

i 利用seaborn.scatterplot() 函数绘制散点图。

j 是对ax轴对象进行装饰。

34.3 快捷键：这章可能最有用的内容

Spyder通过设定快捷键提高操作效率，表34.1列举了部分常用的默认快捷键。

表34.1 Spyder常用快捷键

快捷键组合	功能
Ctrl + S	保存
Shift + Enter	执行 + 跳转；运行当前cell中的代码，光标跳转到下一cell
Ctrl + Enter	执行；运行当前cell中的代码；F9执行当前行/选中代码
Ctrl + 1	注释/撤销注释；对所在行，或选中行进行注释/撤销注释操作
Ctrl + [	向左缩进；行首减四个空格
Ctrl +]	向右缩进；行首加四个空格
Ctrl + D	删除光标所在行
Ctrl + F	查找
Ctrl + L	输入数字，跳转到某一行
Ctrl + G	打开函数定义
Ctrl + R	替代
Ctrl + Z	撤销；撤销上一个键盘操作
Ctrl + N	创建新代码文件
Ctrl + Shift + (	上下布置窗口
Ctrl + Shift + -	左右布置窗口
Ctrl + Shift + O	打开代码目录
Ctrl + C	复制；复制选中的代码或文本
Ctrl + X	剪切；剪切选中的代码或文本
Ctrl + V	粘贴；粘贴复制/剪切的代码或文本
Home	跳到某一行开头
End	跳到某一行结尾
Ctrl + Home	跳到代码文件第一行开头
Ctrl + End	跳到代码文件最后一行结尾
Tab	代码补齐；忘记函数拼写时，可以给出前一两个字母，按Tab键得到提示

这些快捷键可以通过图34.6中的设置进行修改。如果大家同时使用JupyterLab和Spyder，建议大家统一常用快捷键。

图34.6　修改快捷键 (Tools → Preferences → Keyboard shortcuts)

请大家完成以下题目。

Q1. 在Spyder中完成代码34.1编程实践。

*题目很基础，不给答案。

本书除最后三章外都建议用JupyterLab；本书最后两章在介绍如何用Streamlit搭建机器学习应用时会用Spyder。

代码34.1算是对本书前文常用语句的一次回顾，如果大家在阅读这些代码时没有任何问题，那么恭喜大家可以进入本书最后两章学习。

Build Streamlit Apps
Streamlit搭建Apps
用Streamlit搭建数学学习、数据科学、机器学习应用

没有对已有知识进行大量练习，你不太可能发现新事物；但更进一步，你应该从解决有趣的关系和有趣的问题中获得很多乐趣。

You're unlikely to discover something new without a lot of practice on old stuff, but further, you should get a heck of a lot of fun out of working out funny relations and interesting things.

—— 理查德 • 费曼 (Richard P. Feynman) | 美国理论物理学家 | 1918—1988年

- ◀ streamlit.area_chart() 面积图
- ◀ streamlit.bar_chart() 直方图
- ◀ streamlit.button() 按钮，点击时会触发指定的动作
- ◀ streamlit.checkbox() 复选框，用户可以选择或取消选择
- ◀ streamlit.color_picker() 颜色选择器，用户可以选择颜色
- ◀ streamlit.columns() 创建多列布局
- ◀ streamlit.container() 是一个用于组织内容的容器
- ◀ streamlit.date_input() 日期输入框，用户可以选择日期
- ◀ streamlit.expander() 创建可展开的区域
- ◀ streamlit.file_uploader() 文件上传器，用户可以上传文件
- ◀ streamlit.header() 显示章节标题
- ◀ streamlit.line_chart() 线图
- ◀ streamlit.markdown() 显示Markdown文本
- ◀ streamlit.multiselect() 多选框，用户可以从给定选项中选择多个
- ◀ streamlit.number_input() 数字输入框，用户可以输入数字
- ◀ streamlit.plotly_chart() 展示Plotly图像对象
- ◀ streamlit.pyplot() 展示Matplotlib图像对象
- ◀ streamlit.radio() 一组单选按钮，用户可以从给定选项中选择一个
- ◀ streamlit.select_slider() 选择滑块，用户可以从给定选项中选择一个值
- ◀ streamlit.selectbox() 下拉选择框，用户可以从给定选项中选择一个
- ◀ streamlit.sidebar() 创建侧边栏
- ◀ streamlit.slider() 滑块，用户可以在指定范围内选择一个值
- ◀ streamlit.tabs() 创建选项卡式的布局

- ◀ `streamlit.text_area()` 多行文本输入框，用户可以输入多行文本
- ◀ `streamlit.text_input()` 文本输入框，用户可以输入文本
- ◀ `streamlit.time_input()` 时间输入框，用户可以选择时间
- ◀ `streamlit.title()` 显示标题
- ◀ `streamlit.write()` 显示字符串、数据帧、报错、函数、图像等

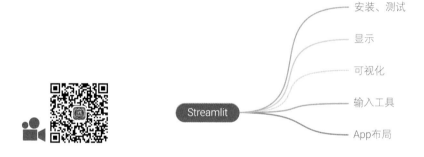

安装、测试

显示

可视化

输入工具

App布局

Streamlit

35.1 什么是Streamlit?

　　Streamlit 是一个用于构建数据科学和机器学习应用程序的开源 Python 库。Streamlit能够以简单且快速的方式创建交互式应用程序，无须烦琐的前端开发。

　　Streamlit有以下几个主要功能。

- ◀ **用户交互：** Streamlit 具有构建用户界面的功能，可以添加各种交互元素，如滑块、下拉菜单和复选框，以使用户能够与应用程序进行互动，并动态地改变应用程序的行为。
- ◀ **数据可视化：** Streamlit 提供了丰富的图表和可视化组件，能够直观地展示数据和模型的结果。Streamlit还支持Matplotlib、Seaborn、Plotly 等库创建图表，并将其集成到应用程序中。
- ◀ **模型展示：** Streamlit 支持在应用程序中展示机器学习模型的结果。可以用Streamlit加载模型并使用它们对新数据进行预测。这对于展示模型的性能、解释结果或进行实时预测非常有用。
- ◀ **部署和共享：** Streamlit 提供了一个简单的部署机制，可以轻松地将应用程序部署到 Web 上，并与其他人共享。

本章主要介绍如何使用Streamlit的核心功能，而下一章介绍如何用Streamlit创建数据分析、机器学习相关App应用。

安装

安装Anaconda后，可以进一步安装Streamlit。

如图35.1所示，对于Windows用户，先打开Anaconda Navigator，进入Environments，然后选择特定环境，单击▶打开下拉菜单，选择Open Terminal。

大家也可以直接搜索打开Anaconda Prompt，进入。

进入Prompt之后，键入"pip install streamlit"（注意，全小写，半角空格）安装。

需要更新Streamlit，请使用pip install streamlit --upgrade。

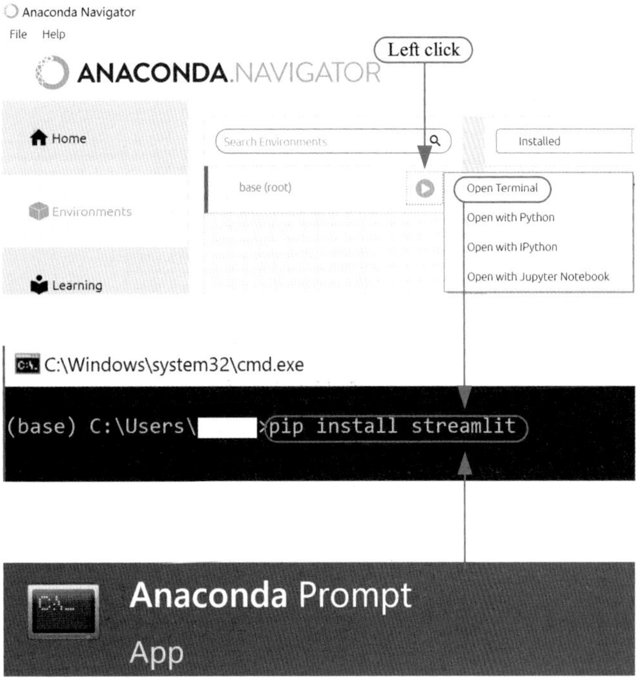

图35.1 安装Streamlit

对于macOS和Linux用户，请参考以下页面安装Streamlit：

```
https://docs.streamlit.io/library/get-started/installation
```

测试

为了测试Streamlit安装成功，在Anaconda Prompt中大家可以键入"streamlit hello"（注意，全小写、半角空格）。

如果在默认浏览器中成功打开如图35.2下图所示网页，则表明成功安装了Streamlit。

如果不成功的话，请重新安装Streamlit。如有必要可以关机后重新开机再尝试安装。还是安装失败的话，可以卸载Anaconda，再重新下载安装最新Anaconda后，再尝试重新安装Streamlit。

大家可以用本章配套代码，比如Bk1_Ch35_01.py，测试Streamlit安装。

大家将配套测试代码下载保存到特定文件夹路径，比如我将.py文件保存在桌面名为test_streamlit的文件夹中：

C:\Users\james\Desktop\test_streamlit

强调一下，以上路径仅仅是个例子，并不是要大家完全用相同的路径（当然也是不太可能的）。

如图35.3所示，如果想要演示这个App，大家可以在Anaconda Prompt键入Bk1_Ch35_01.py所在文件夹路径，即：

```
cd C:\Users\james\Desktop\test_streamlit
```

其中，cd表示Change Directory，即切换目录的意思。这是用于在命令行中导航文件系统的命令。

图35.2 安装Streamlit

⚠️
streamlit和run都是小写，中间有一个
半角空格，后再接一个半角空格，然后
是.py文件名(含.py扩展)。

然后键入"streamlit run Bk1_Ch35_01.py"。其中，
streamlit run是用于在Anaconda Prompt中启动和运行
Streamlit应用程序的命令。

图35.3 演示本章配套测试代码

IDE

虽然，Streamlit社区中有用户创建了在JupyterLab中开发Streamlit Apps的库，但是作者建议大
家还是用Spyder或PyCharm作为开发Streamlit Apps的IDE。

比如，本章配套所有.py文件都是用Spyder完成的。

强调一下，在各种IDE中运行Python文件并不能打开浏览器查看Streamlit应用程序。必须要在
Anaconda Prompt中运行streamlit run _name_of_your_streamlit_app.py (见图35.3) 才能查看交互应用
程序。

大家完全可以一边编程，一边在浏览器查看应用程序效果。如果程序运行一遍较快的话，可以
在App浏览器右上角选择Always rerun(见图35.4)，这样一边编程，App浏览器就跟着更新，这样方便
debug。

644

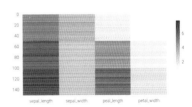

i Source file changed.   Rerun   Always rerun   ≡

图35.4　Streamlit应用页面设置

API (Application Programming Interface) 直译为应用程序编程接口。简单来说，API就是指一些预先定义好的函数。下面我们介绍几类常用的API函数。

35.2 显示

代码35.1利用Streamlit的函数显示文字、图像，浏览器呈现的App效果如图35.5所示。

ⓐ 将streamlit导入，简写作st (这是Streamlit官方通用简称，建议大家直接采用)。为了和官网技术文档保持一致，本章在介绍Streamlit 函数时，也会直接采用st.function()，而不是streamlit. function()。

ⓑ 利用st.title() 显示标题，这个函数的输入为str。

Streamlit最近还推出了渲染文本的语法，:color[text to be colored]。比如，**ⓑ** 中 :red[Streamlit] 表示用红色渲染Streamlit。

ⓒ 利用st.header() 显示章节标题。

ⓓ 利用st.markdown() 显示Markdown文本。

ⓔ 利用st.write() 显示数据帧。Streamlit官网管st.write() 叫"瑞士军刀"，根据官方技术文档，st.writc() 几乎可以显示各种对象，如字符串、数据帧、报错、函数、模块、图像对象 (比如**ⓕ**)、sympy符号数学表达式等。

其他显示文本的函数还有，st.subheader()、st.captain()、st.code()、st.text()、st.latex()。请大家在Spyder中搭建Streamlit Apps尝试这些函数。

Welcome to the world of Streamlit

Panda DataFrame

Visualize Using Heatmap

图35.5　用于显示的函数，浏览器App | ⊕ Bk1_Ch35_01.py

代码35.1　用于显示的函数 | ⊕ Bk1_Ch35_01.py

```python
import streamlit as st
import seaborn as sns
import plotly.express as px

# 显示标题
st.title ('Welcome to the world of:red[ Streamlit]')
# 显示章节标题
st.header ('Pandas DataFrame')
# 显示 markdown 文本
st.markdown ("Load:blue[Iris Data Set]")
# 从 Seaborn 导入鸢尾花数据帧
df = sns.load_dataset ('iris')
# 显示数据帧
```

```
e st.write (df)
  # 显示章节标题
  st.header ('Visualize Using Heatmap')
  fig = px.imshow (df.iloc[:,: -1])
  # 显示热图
f st.write (fig)
```

35.3 可视化

Streamlit目前本身可视化方案有限，如线图 (st.line_chart())、面积图 (st.area_chart())、直方图 (st.bar_chart()) 等。但是Streamlit支持其他主流Python可视化库，如Matplotlib、Plotly、Altair、Bokeh等。

代码35.2中❶利用st.pyplot() 专门绘制Matplotlib图像对象，大家自己打开App会发现这幅图为静态图像，也就是一幅图片。

而❷利用st.plotly_chart() 专门绘制Plotly图像对象，这幅图就是可交互的，大家可以在浏览器App中旋转、缩放这幅图。

代码35.2 Streamlit中的可视化示例 | ⊕ Bk1_Ch35_02.py ○○○

```
import plotly.graph_objects as go
import numpy as np
import matplotlib.pyplot as plt
import streamlit as st

# 产生数据
x1_array = np.linspace (-3, 3, 301)
x2_array = np.linspace (-3, 3, 301)
xx1, xx2 = np.meshgrid (x1_array, x2_array)

# 二元函数的曲面数据
ff = xx1 * np.exp (-xx1**2 - xx2**2)

# Matplotlib 图像
fig = plt.figure (figsize = (8,8))
ax = fig.add_subplot (projection = '3d')
ax.plot_wireframe (xx1, xx2, ff, rstride = 10,
cstride = 10)
```
a `st.pyplot (fig)`

```
# Plotly图像
fig = go.Figure (data = [go.Surface (z = ff, x = xx1, y = xx2,
                          colorscale = 'RdYlBu_r')])
```
b `st.plotly_chart(fig)`

646

35.4 输入工具

Streamlit还支持各种**输入工具** (input widget)，表35.1总结了常用输入工具。

请大家自行练习代码35.3，并在浏览器查看输入工具效果。此外，建议大家查看每种输入工具返回值、类型，如**ⓐ**、**ⓑ**。

表35.1　Streamlit常用输入工具

输入工具样式	说明	代码示例
Click me	按钮，单击时会触发指定的动作	`st.button("Click me")`
☑ Check me	复选框，用户可以选择或取消选择	`st.checkbox("Check me")`
Choose one: ⦿ Option 1 ○ Option 2 ○ Option 3	一组单选按钮，用户可以从给定选项中选择一个	`st.radio("Choose one:", ["Option 1", "Option 2", "Option 3"])`
Choose one: Option 2　⌄	下拉选择框，用户可以从给定选项中选择一个	`st.selectbox("Choose one:", ["Option 1", "Option 2", "Option 3"])`
Choose many: A × 　B ×　　⊗ ⌄	多选框，用户可以从给定选项中选择多个	`st.multiselect("Choose many:", ["A","B","C","D"])`
Select a value: 　　　8.69 0.00　　10.00	滑块，用户可以在指定范围内选择一个值	`st.slider("Select a value:", 0.0, 10.0, 5.0)`
Select a value: 　2 1　　5	滑块，用户可以从给定选项中选择一个值	`st.select_slider("Select a value:", options=[1, 2, 3, 4, 5])`
Enter your name Dr. Ginger	文本输入框，用户可以输入文本	`st.text_input("Enter your name")`
Enter a number 8.88　　　− +	数字输入框，用户可以输入数字	`st.number_input("Enter a number")`
Enter your message Streamlit is fun! Welcome to the world of Streamlit!	多行文本输入框，用户可以输入多行文本	`st.text_area("Enter your message")`

输入工具样式	说明	代码示例
Select a date 2028/08/08	日期输入框，用户可以选择日期	st.date_input("Select a date")
Select a time 08:30 ▾	时间输入框，用户可以选择时间	st.time_input("Select a time")
Upload a file Drag and drop file here Limit 200MB per file Browse files	文件上传器，用户可以上传文件	st.file_uploader("Upload a file")
Pick a #E63804	颜色选择器，用户可以选择颜色	st.color_picker("Pick a color")

代码35.3 Streamlit的输入工具代码示例 | ⊕ Bk1_Ch35_03.py

```python
import streamlit as st
button_return = st.button ("Click me")
st.write(button_return)
st.checkbox ("Check me")
st.radio ("Choose one:",
          ["A", "B", "C"])
st.selectbox ("Choose one:",
              ["A", "B", "C"])
st.multiselect ("Choose many:",
                ["A", "B", "C", "D"])
st.slider ("Select a value:",
           0.0, 10.0, 5.0)
st.select_slider ("Select a value:",
                  options =[1, 2, 3, 4, 5])
st.text_input("Enter your name")
st.number_input ("Enter a number")
st.text_area("Enter your message" )
st.date_input("Select a date")
st.time_input("Select a time")
st.file_uploader ("Upload a file")
st.color_picker ("Pick a color")
```

ⓐ button_return = st.button ("Click me")
ⓑ st.write(button_return)

35.5 App布局

Streamlit提供几种App布局设计。

侧边栏 (sidebar) 对应的函数为st.sidebar()，是Streamlit应用程序界面中的一个垂直边栏，可用于显示与主要内容相关的附加信息、控件和选项。

侧边栏通常用于放置与应用程序设置、参数选择、数据过滤等相关的小部件。可以使用st.sidebar方法在侧边栏中添加小部件。

如图35.6所示，这个Streamlit应用展示a、b、c三个参数对抛物线$f(x) = ax^2 + bx + c$的影响。左侧边框中，用户可以通过st.slider()滑动选择a、b、c三个参数具体值。

图35.6右侧主页面则分别打印函数，并展示函数图像。

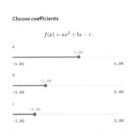

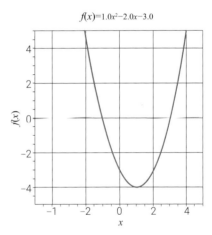

图35.6　Streamlit应用的侧边框 | ⊕ Bk1_Ch35_04.py

我们可以通过代码35.4创建图35.6中Streamlit应用。

ⓐ 用 with st.sidebar: 创建了侧边框代码块。类似for loop，四个空格缩进用来表达代码块。

ⓑ 用st.latex()打印LaTeX公式，在侧边框展示$f(x) = ax^2 + bx + c$。

ⓑ 这一句还可以这样写，st.sidebar.latex(r'f(x) = ax^2 + bx + c')；这种写法不需要缩进，可以在侧边框代码块外部写。

ⓒ 用st.slider()提供滑块输入工具——用户可以选择输入数值，并将这个数值赋值给变量a。min_value = −5.0设定滑块最小值，max_value = 5.0设定最大值，step = 0.01设定滑块滑动步长，value = 1.0设定滑块默认值。

ⓓ和ⓔ用同样的输入工具给变量b、c赋值。

ⓕ创建SymPy符号数学表达式。

ⓖ利用sympy.lambdify()将符号数学表达式转化为Python函数。

ⓗ计算抛物线函数值。

ⓘ用st.title()创建应用标题。

ⓙ用st.latex()将SymPy符号数学表达式以LaTeX形式打印在主页面上。

ⓚ用st.write()将Matplotlib fig对象显示在主页面上。

```
import streamlit as st
import numpy as np
from sympy import symbols,lambdify
import matplotlib.pyplot as plt

    # 侧边框
ⓐ  with st.sidebar:
        st.header ('Choose coefficients')
ⓑ      st.latex (r'f(x) = ax^2 + bx + c')
ⓒ      a = st.slider ("a",min_value = -5.0,
                        max_value = 5.0,
                          step = 0.01, value = 1.0)
ⓓ      b = st.slider ("b",min_value = -5.0,
                        max_value = 5.0,
                        step = 0.01, value = -2.0)
ⓔ      c = st.slider ("c",min_value = -5.0,
                        max_value = 5.0,
                        step = 0.01, value = -3.0)
    # 抛物线
    x = symbols ('x')
ⓕ  f_x = a*x**2 + b*x + c
    x_array = np.linspace (-5,5,101)
ⓖ  f_x_fcn = lambdify (x, f_x)
ⓗ  y_array = f_x_fcn (x_array)

    # 主页面
ⓘ  st.title ('Quadratic function)
    st.latex (r'f(x) = ')
ⓙ  st.latex (f_x)

    # 可视化
    fig = plt.figure ()
    ax = fig.add_subplot (111)
    ax.plot (x_array, y_array)

    ax.set_xlim ([-5, 5])
    ax.set_ylim ([-5, 5])
    ax.set_aspect ('equal', adjustable ='box')
    ax.set_xlabel ('x')
    ax.set_ylabel ('f(x)')
ⓚ  st.write (fig)
```

　　此外，函数st.columns() 在Streamlit应用程序中创建多列布局，可以将内容水平分割成几个部分。通过这种方式，可以更好地控制内容的排列方式。

　　如代码35.5所示，ⓐ 中st.columns(2) 创建2列，对象分别是col1、col2。我们还可以通过输入控制多列布局比例，比如 col1, col2 = st.columns([3, 1])，创建col1和col2比例为3：1。再比如col_A, col_B, col_C = st.columns([2,1,1])，创建col_A, col_B, col_C比例为2：1：1。

⟵ 注意：目前st.columns() 只能用在主页面中，不能用在侧边框。

　　ⓑ在col1分栏显示文字，ⓒ在col2分栏显示文字。类似侧边框，也可以用with col1: 这种语法形式创建代码块。

```python
import streamlit as st

# 在两列中显示不同的内容
```
ⓐ `col1, col2 = st.columns (2)`
ⓑ `col1.write ("This is column 1")`
`col1.latex (r'f(x) = ax^2 + bx + c')`

ⓒ `col2.write ("This is column 2")`

　　st.tabs() 可以用来创建选项卡式的布局，将相关的内容分组在不同的选项卡中，从而使应用程序界面更加清晰和易于导航。请大家自行学习代码35.6。

```python
import streamlit as st
# 创建两个选项卡，每个选项卡显示不同的内容
```
ⓐ `tab_A, tab_B = st.tabs (["Tab A", "Tab B"])`

ⓑ
```python
with tab_A:
    st.header ("Tab A Title")
    st.write ('This is Tab A.')
```

ⓒ
```python
with tab_B:
    st.header ("Tab B Title")
    st.write ('This is Tab B.')
```

　　st.expander() 创建可展开的区域，可以用来隐藏一些内容，让用户选择是否展开查看。请大家自行学习代码35.7。

```python
import streamlit as st
import seaborn as sns
import plotly.express as px

# 显示标题
st.title('Iris Dataset')

# 从Seaborn 导入鸢尾花数据帧
df = sns.load_dataset('iris')
# 第一个可展开区域
```
ⓐ
```python
with st.expander ("Open and view DataFrame"):
    # 显示数据帧
    st.write(df)
# 第二个可展开区域
```
ⓑ
```python
with st.expander ("Open and view Heatmap"):
    fig = px.imshow(df.iloc [:,:-1])
    # 显示热图
    st.write(fig)
```

　　st.container() 创建组织内容的容器，可以用于控制内容的对齐方式和排列顺序。

请大家完成以下题目。

Q1. 在Spyder中复刻Python代码，然后分别执行打开每个Streamlit应用App。

* 题目很基础，本书不给答案。

想要更全面了解Streamlit功能，请大家关注：

```
https://docs.streamlit.io/library/api-reference
```

Streamlit社区开发者、用户开发了很多小插件，请大家参考：

```
https://extras.streamlit.app/
```

请大家注意，本章仅仅介绍了一些常用Streamlit功能；Streamlit近期获得很大关注，用户量不断激增，开发团队不断增加新的功能、推出新版本，因此Streamlit语法也可能发生更新。

本书前文提过，Streamlit特别适合快速搭建、部署机器学习App。Streamlit和各种Python第三方库兼容性极高，这也是"鸢尾花书"全系列采用Streamlit的原因。下一章，也是本书最后一章，将用Streamlit搭建几个机器学习App应用，总结本书所学！

36

Build Machine Learning Apps Using Streamlit
Streamlit搭建机器学习Apps
统计描述、数据可视化、概率模型、随机过程模拟

一片幽林，野径两条；而我踏上了人迹罕至的那条。人生轨迹的千差万别，由此而起。

Two roads diverged in a wood, and I, I took the one less traveled by, And that has made all the difference.

—— 罗伯特·弗罗斯特 (Robert Frost) | 美国诗人 | 1874—1963年

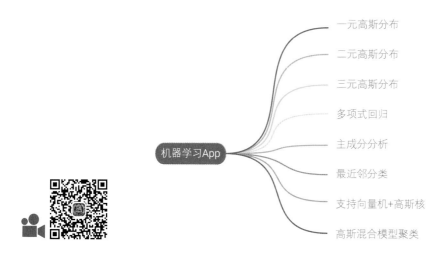

一元高斯分布
二元高斯分布
三元高斯分布
多项式回归
主成分分析
最近邻分类
支持向量机+高斯核
高斯混合模型聚类

机器学习App

36.1 搭建应用App：编程 + 数学 + 可视化 + 机器学习

本书最后一章用Streamlit搭建8个机器学习App，用来总结本书前文讲解的主要内容。本章正文不提供Python代码，请大家用Spyder自行打开配套代码查看并逐行注释。

此外，请大家按照上一章介绍的方法打开这几个App，并想办法根据本书前文所学丰富这些App的功能。

36.2 一元高斯分布

大家可能好奇，高斯分布竟然可以归类到概率统计板块，而不是机器学习算法。

但是，很多机器学习算法都离不开高斯分布。

本书前文提过，**高斯朴素贝叶斯** (Gaussian naive Bayes)、**高斯判别分析** (Gaussian discriminant analysis)、**高斯过程** (Gaussian process)、**高斯混合模型** (Gaussian mixture model)，甚至是协方差估计、随机数发生器、回归分析、主成分分析、马氏距离，也都和高斯分布有着千丝万缕的联系。

因此，把高斯分布搞得清清楚楚、明明白白格外重要。

《统计至简》专门介绍高斯分布。

本章用了三节分别设计了三个Apps，分别展示一元、二元、三元高斯分布。

简单来说，**一元高斯分布** (univariate Gaussian distribution) 是一种对称的概率分布，常见于自然界和统计学中。它呈钟形曲线，数据集中在均值附近，随着距离均值的增加，概率密度逐渐减小。

图36.1所示为一元高斯分布概率密度函数曲线的App。这个App很简单，我们通过调节期望、标准差来观察PDF曲线的变化。本书前文提过，期望影响图中曲线的位置，而标准差影响曲线"高矮胖瘦"。

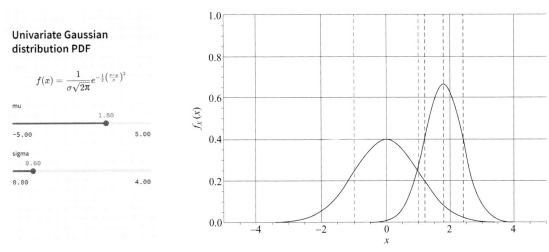

图36.1　一元高斯分布App | ⊕ Bk1_Ch36_01.py

请大家利用numpy.random.normal()生成服从App中输入参数的一元高斯分布的随机数，在App中绘制随机数分布的直方图。然后，自行了解什么是一元高斯分布的CDF，然后用scipy.stats.norm() 在图36.1中增加一幅图，展示CDF曲线随期望、标准差变化。

36.3 二元高斯分布

如图36.2所示，**二元高斯分布** (bivariate Gaussian distribution) 的PDF曲面和椭圆紧密相连。质心(期望值向量) 影响图中椭圆位置，而协方差矩阵 $\begin{bmatrix} \sigma_1^2 & \rho_{1,2}\sigma_1\sigma_2 \\ \rho_{1,2}\sigma_1\sigma_2 & \sigma_2^2 \end{bmatrix}$ 则影响椭圆的形状。

"鸢尾花书"会帮助大家"吃透"二元高斯分布，因为这个分布可以帮助我们理解圆锥曲线、几何操作 (平移、旋转、缩放、剪切)、协方差矩阵、特征值分解、马氏距离、离群值、卡方分布、主成分分析、回归分析等。

特别是，特征值分解得到的特征向量告诉我们椭圆的长轴、短轴方向，特征值和长半轴、短半轴长度直接相关。

请大家在App中显示协方差矩阵的具体值。用numpy.random.multivariate_normal()生成服从App中输入参数的二元高斯分布的随机数，在App中用seaborn.jointplot()绘制随机数分布的散点图和边缘分布。

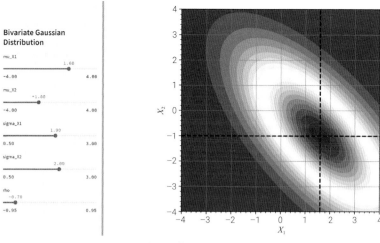

图36.2　二元高斯分布App | ⊕ Bk1_Ch36_02.py

36.4 三元高斯分布

图36.3所示为用plotly.graph_objects.Volume() 呈现的**三元高斯分布** (Trivariate Gaussian distribution)，请大家自行参考技术文档了解这个函数用法。从几何角度来看，三元高斯分布PDF相当于一层层椭球。

《统计至简》还会介绍如何将三元高斯分布椭球投影到不同平面，以及用特征值分解帮我们找到椭球的主轴方向和半轴长度。

请大家也用numpy.random.multivariate_normal()生成服从App中输入参数的三元高斯分布的随机数，在App中用plotly.express.scatter_3d() 绘制随机数分布的三维散点图。

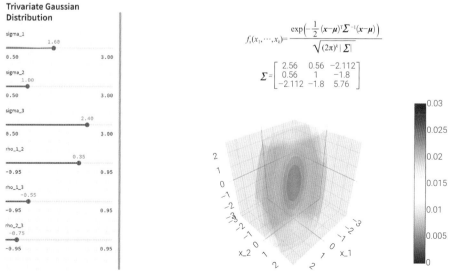

$$f_x(x_1, \cdots, x_k) = \frac{\exp\left(-\frac{1}{2}(x-\mu)^\mathrm{T}\Sigma^{-1}(x-\mu)\right)}{\sqrt{(2\pi)^k|\Sigma|}}$$

$$\Sigma = \begin{bmatrix} 2.56 & 0.56 & -2.112 \\ 0.56 & 1 & -1.8 \\ -2.112 & -1.8 & 5.76 \end{bmatrix}$$

图36.3　三元高斯分布App | ⊕ Bk1_Ch36_03.py

36.5 多项式回归

　　图36.4所示为展示**多项式回归** (polynomial regression) 的App，我们可以调节次数来观察拟合曲线变化。

　　简单来说，多项式回归利用多项式函数来拟合数据关系。

　　与线性回归不同，它可以捕捉到数据中的非线性模式，通过增加项的次数灵活地适应复杂模型。但是，随着次数增加，多项式回归模型容易出现过拟合。

　　本书前文提过，所谓的**过拟合** (overfitting) 是一种机器学习模型过度学习训练数据的现象，导致在新数据上表现不佳。模型过于复杂，拟合了训练数据中的噪声和细节，严重影响**泛化能力** (generalization capability，generalization)。

　　而本书第30章介绍的**正则化** (regularization)，比如**岭回归** (ridge regression)，可以帮助我们降低过拟合的影响。

（侧边栏）《数据有道》详细介绍各种线性和非线性回归方法。

请大家在App左侧控制栏增加岭正则化的惩罚因子，用来抑制过拟合。

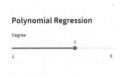

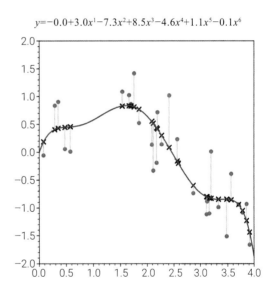

$$y=-0.0+3.0x^1-7.3x^2+8.5x^3-4.6x^4+1.1x^5-0.1x^6$$

图36.4　多项式回归App | ⊕ Bk1_Ch36_04.py

36.6 主成分分析

　　图36.5所示为展示**主成分分析** (Principal Component Analysis，PCA) 的App，我们可以通过调节主成分数量观察数据"复刻"情况。

　　主成分分析是一种重要的降维技术，通过找到数据中的主要特征，将信息压缩到较少的维度。它用于简化复杂数据集，保留关键信息。

第36章　Streamlit搭建机器学习Apps　《编程不难》657

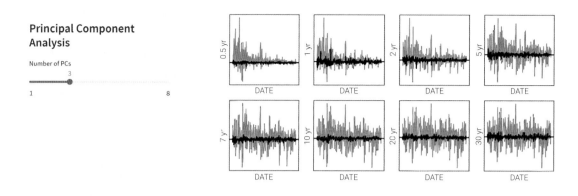

Principal Component Analysis

Number of PCs
3
1   8

图36.5　主成分分析App | ⊕ Bk1_Ch36_05.py

想要理解主成分分析，就必须要掌握**协方差矩阵估计** (estimation of covariance matrix)、**特征值分解** (Eigen Value Decomposition，EVD)、**奇异值分解** (Singular Value Decomposition，SVD)，这是"鸢尾花书"后续要帮大家攻克的难关。

《数据有道》专门介绍主成分分析的不同技术路线以及其他降维方法。

请大家在App中增加散点图和热图两种可视化方案来比较原始数据和还原数据。

36.7 k最近邻分类

图36.6展示的是k最近邻分类 (k-Nearest Neighbors，kNN) 算法，我们可以调节近邻数量来观察决策边界。本书前文提过，最近邻分类算法实际上体现的就是"近朱者赤，近墨者黑"这个朴素的思想。

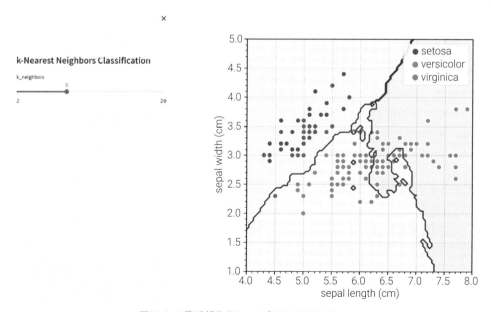

图36.6　k最近邻分类App | ⊕ Bk1_Ch36_06.py

《机器学习》专门介绍不同分类算法。

请大家在App中增加选项，分别指定横轴、纵轴特征，这两个特征数据将会被用来完成k最近邻分类。

36.8 支持向量机 + 高斯核

图36.7所示为"支持向量机 + 高斯核"分类App，我们可以修改gamma。

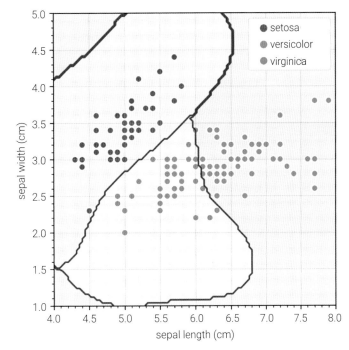

图36.7   "支持向量机 + 高斯核"分类App | ⊕ Bk1_Ch36_07.py

支持向量机 (Support Vector Machine，SVM) 可以用来完成分类和回归任务。

支持向量机的**高斯核** (Gaussian kernel)，也叫**径向基核** (radial basis function kernel)，是一种**核函数** (kernel function)。通过引入**核技巧** (kernel trick)，我们可以将数据映射到高维空间，从而有效处理非线性关系。

Scikit-Learn中SVD算法函数sklearn.svm.SVC()中参数kernel主要有linear、poly、rbf、sigmoid这几个选择。请大家在App左侧增加一个选项卡用来选择不同的核。注意，poly是多项式核，默认的次数为3，请大家增加一个选项用来调节多项式核次数。此外，请大家注意，参数gamma适用于poly、rbf、sigmoid这三个核函数。

36.9 高斯混合模型聚类

图36.8所示为**高斯混合模型** (Gaussian Mixture Model，GMM) 聚类App，我们可以选择不同的协方差矩阵类型。

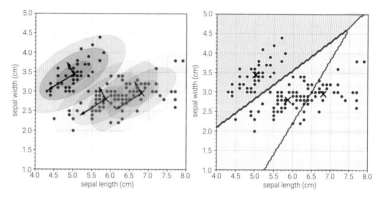

图36.8 高斯混合模型聚类App | ⊕ Bk1_Ch36_08.py

简单来说，高斯混合模型是一种概率模型，假设数据是由多个高斯分布组合而成的。它常用于聚类和密度估计，灵活地适应不同形状和大小的数据簇。

《机器学习》专门介绍不同聚类算法。

类似前文，请大家在App中增加选项，分别指定横轴、纵轴特征，这两个特征数据将会被用来完成高斯混合模型聚类。

首先祝贺大家完成了《编程不难》的"修炼"！

作为"鸢尾花书"的第一册，《编程不难》相当于从"Python编程"角度全景展示"鸢尾花书"整套内容；因此，《编程不难》内容跨度极大、涉猎话题广泛。

本书从零基础入门Python语法，到可视化，然后又介绍了各种数据处理方法以及完成复杂数学运算的工具，深入到常用机器学习算法，最后又聊了聊如何搭建App应用。

大家能够坚持到最后，实属不易！

希望大家读到这里，会有一种自信——Python也不过如此嘛！

《编程不难》在开篇强调，本书只要求大家知其然，不需要大家知其所以然；即便如此，本书还是见缝插针地不用任何公式讲解了很多数学工具和算法。相信大家读完本书，数学素养也有质的提高。请大家格外注意线性代数工具，尤其是矩阵乘法。

特别希望大家读完这本书后，开始试着利用几何图形来解释数学工具。这便引出"鸢尾花书"的下一分册——《可视之美》。

《可视之美》是"鸢尾花书"中一本真正意义的"图册"，她的目的只有一个——尽显数学之美！

《可视之美》会从美学角度展示科技制图、计算机图形学、创意编程、趣味数学实验、数学科学、机器学习等内容。

请大家相信"反复＋精进"的力量！让我们在《可视之美》一册，不见不散！

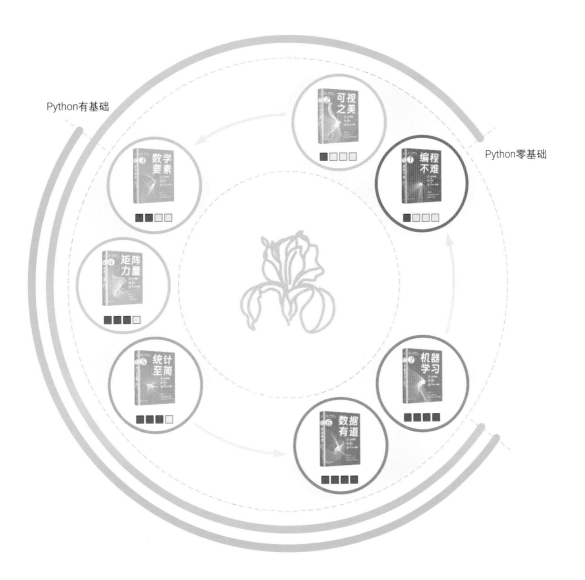

Python有基础

Python零基础